U0366881

线性代数学习指导

第3版

◆ 谢政 陈挚 戴丽 编著

清華大学出版社
北京

内容简介

本书是与谢政编著的《线性代数(第二版)》(高等教育出版社,2021)相配套的辅导教材.全书与主教材同步,共分为6章:线性方程组、矩阵、行列式、向量空间与线性空间、相似矩阵、二次型.每章包括基本要求、内容综述、疑难辨析、范例解析、拓展提高、巩固练习、单元测验(第1章除外)七个部分.书末提供了四套往年期末考试题,并给出了巩固练习、单元测验和期末考试题的参考解答.

本书既可以作为学生学习课程的辅导教材、考研复习的指导书,也可以供教师开设习题课或考研辅导课参考.

图书在版编目(CIP)数据

线性代数学习指导/谢政,陈挚,戴丽编著.—3版.—北京:清华大学出版社,2022.8(2023.11重印)
ISBN 978-7-302-61296-4

Ⅰ.①线… Ⅱ.①谢… ②陈… ③戴… Ⅲ.①线性代数—高等学校—教学参考资料 Ⅳ.①O151.2

中国版本图书馆CIP数据核字(2022)第122425号

责任编辑: 佟丽霞 陈 明
封面设计: 刘艳芝
责任校对: 王淑云
责任印制: 曹婉颖

出版发行: 清华大学出版社
网 址:http://www.tup.com.cn,http://www.wqbook.com
地 址:北京清华大学学研大厦A座 邮 编:100084
社 总 机:010-83470000 邮 购:010-62786544
投稿与读者服务:010-62776969,c-service@tup.tsinghua.edu.cn
质量反馈:010-62772015,zhiliang@tup.tsinghua.edu.cn
印 装 者: 三河市君旺印务有限公司
经 销: 全国新华书店
开 本: 185mm×260mm **印 张:** 15.75 **字 数:** 381千字
版 次: 2012年10月第1版 2022年8月第3版 **印 次:** 2023年11月第4次印刷
定 价: 48.00元

产品编号:094658-01

前言

线性代数是高等院校非数学类本科生的一门重要的数学基础课程，也是全国硕士研究生入学统一考试的必考内容.这门课程概念抽象，结论繁多，方法灵活，计算复杂，初学者普遍感到“看书抓不住重点，做题不知如何下手，证明题没思路，计算题出错误”.为了引导读者抓住重点、攻克难点、汲取精髓、拓展视野，启迪他们发现问题、分析问题和解决问题，更好地巩固基础知识、掌握基本技能、领悟基本思想，我们编写了这本学习指导书.

与谢政编著的《线性代数(第二版)》(高等教育出版社，2021)相一致，本书分为 6 章：线性方程组、矩阵、行列式、向量空间与线性空间、相似矩阵、二次型.每章包括基本要求、内容综述、疑难辨析、范例解析、拓展提高、巩固练习、单元测验(第 1 章除外)七个部分.

基本要求是根据教育部审定的线性代数课程教学基本要求和全国硕士研究生入学统一考试数学考试大纲提出的，它明确了基本知识点，并用“理解、了解、知道”或“掌握、熟悉、会”的次序表示对基本概念和基本理论或基本方法的不同要求，使读者能够心中有数，有的放矢.

内容综述系统梳理了基本概念和基本理论，简略概括了基本知识点，突出了重点与难点，厘清了各知识点之间的联系，使读者能够透视脉络，总揽全局.

疑难辨析是本书的特色部分，针对重点、难点内容，容易混淆的概念，以及读者遇到的带有共性的困惑，编者将四十余载的教学经验很好地凝聚在一问一答之中，用通俗易懂但不失严谨的语言剖析每一个精心设计的疑难问题，有效地帮助读者走出“问不出问题，学不会知识”的窘境，使其能够澄清模糊认识，领会问题实质.

范例解析是本书的重要部分，选取的例题具有很强的典型性和示范性，它涵盖了重点内容、常考内容和易错内容.编者对主要题型进行了分门别类，对解题方法进行了归纳整理，通过分析解题思路，揭示解题规律，总结解题步骤，使读者能够把握要领，事半功倍.

拓展提高则立足于综合运用，通过剖析一些难度较高或者对后续课程学习有指导意义的例题，拓展读者的解题思路，提高其综合分析能力和灵活运用能力，使其能够举一反三，融会贯通.

巩固练习是围绕各章的知识点进行自我训练，要求读者先独立思考，自己动手做题，再去消化吸收参考解答，以巩固所学知识，掌握基本解题技巧，增强独立解题能力.

单元测验要求读者在 150 分钟内独立完成，然后按照参考解答自行评分，以检查学习效果，发现学习中存在的问题，明确努力方向，提高应试能力.

书末提供了四套往年期末考试题，读者应在学完全部内容之后再做(其他要求与单元测验完全相同)，总体检验全书学习效果，同时为即将迎来的期末考试热身.

在内容综述、疑难辨析、范例解析、拓展提高等四个部分中有不少评注，它包括：概念或定理的内涵与外延，相关概念或方法的异同，与已有概念或方法的类比，解题步骤的总结，方法或结论的推广，题型的常用解法，例题的其他解法或证法，重要的提醒.这些评注具有画龙点睛的作用，值得读者仔细研读、品味.

作为一本配套辅导教材，读者在认真阅读主教材的基础上再阅读本书效果会更好.

全书有机地穿插着1987—2021年全国硕士研究生入学统一考试中的线性代数试题及解答，并且还包含了主教材中一些难度偏大的习题的解答.

本次修订中，海昕、胡小荣、李俊、刘春林、文军、杨涌等几位老师提出了一些建议性的意见，在此表示感谢.

我们真诚地希望同行和读者继续对本书提出宝贵的意见和建议.

编　者

2022年1月

于国防科技大学

目录

第 1 章

线性方程组

基本要求

1. 理解线性方程组的基本概念.
2. 知道线性方程组解的几何意义.
3. 熟悉阶梯方程组的回代法，了解线性方程组解的三种情况.
4. 掌握线性方程组的三种初等变换和消元法.

内容综述

一、线性方程组及其解

线性方程就是一次方程.

$m\times n$ 线性方程组是指 m 个含相同的 n 个未知量的线性方程所构成的组：

$$\begin{cases}a_{11}x_1+a_{12}x_2+\cdots+a_{1n}x_n=b_1,\\a_{21}x_1+a_{22}x_2+\cdots+a_{2n}x_n=b_2,\\\qquad\qquad\vdots\\a_{m1}x_1+a_{m2}x_2+\cdots+a_{mn}x_n=b_m.\end{cases}$$

若常数项 $b_1,b_2,\cdots,b_m$ 全为零，则称此方程组为 $m\times n$ 齐次线性方程组；否则称为 $m\times n$ 非齐次线性方程组.

注 “组”不同于“集合”，组中元素有序且允许重复，而集合中元素无序且相异.

用 W 表示线性方程组的解集，有相同解集的两个方程组称为同解方程组. 若 $W\neq\varnothing$，则称该方程组是相容的或有解. 若 $W=\varnothing$，则称该方程组为不相容的或矛盾的或无解. 若 W 只含一个元素，则称该方程组有唯一解. W 中任何一个元素，称为该方程组的一个特解；W 中全部元素的一个通用表达式称为该方程组的通解或一般解.

二、二元和三元线性方程组的几何意义

二元线性方程组表示平面上若干条直线的交点，方程组有唯一解等价于所有直线交于一点；方程组有无穷多解等价于所有直线都重合；方程组无解等价于所有直线既不交于一

点也不重合.

三元线性方程组表示空间中若干个平面的交点，方程组有唯一解等价于所有平面交于一点；方程组有无穷多解等价于所有平面重合或交于一条直线；方程组无解等价于所有平面没有公共交点.

三、阶梯方程组及其回代法

阶梯方程组应该满足如下两个条件：

(1) 若某个方程的未知量系数全为零，则它下方的所有方程的未知量系数均为零；

(2) 若某个方程中第一个系数不为零的未知量是 x_i，则它下方的所有方程中前 i 个未知量的系数全为零.

若阶梯方程组出现矛盾方程，则阶梯方程组无解. 否则，删去所有"0=0"的方程后，可选每个方程的第一个未知量为基本未知量，其余未知量均为自由未知量，即

自由未知量个数=未知量个数−方程个数，

基本未知量个数=方程个数.

从阶梯方程组中最后一个方程开始求解，逐次将所解得的基本未知量的值代入到前一个方程中，使得该方程只含一个基本未知量，从而可以求解，这就是回代法.

当未知量个数等于方程个数时，方程组有唯一解；当未知量个数大于方程个数时，方程组有无穷多解，可用自由未知量表示出其通解.

四、线性方程组的初等变换

(1) 对调变换 ⓘ↔ⓙ：对调第 i 个与第 j 个方程的位置；

(2) 倍乘变换 kⓘ：以数 $k\neq 0$ 乘以第 i 个方程；

(3) 倍加变换 ⓘ$+k$ⓙ：将第 j 个方程的 k 倍加到第 i 个方程上.

三种初等变换的逆变换：

ⓘ↔ⓙ 的逆变换是 ⓘ↔ⓙ；

kⓘ 的逆变换是 $\frac{1}{k}$ⓘ；

ⓘ$+k$ⓙ 的逆变换是 ⓘ$-k$ⓙ.

初等变换具有如下性质：

(1) 一个线性方程组经有限次初等变换得到的必是同解方程组，即有限次初等变换不改变方程组的解集.

(2) 任何一个线性方程组都可以经过有限次初等变换化成阶梯方程组.

利用初等变换逐次消去一些方程中的未知量，化一般线性方程组为阶梯方程组的过程称为消元.

用消元和回代两个过程求解线性方程组的方法称为消元法.

疑难辨析

问题 1 一个线性方程组经过初等变换后，出现"0=0"的方程有何含义？

答 对一个线性方程组做初等变换后，出现 k 个"0=0"的方程，则表明线性方程组中

有 k 个方程是多余的,即去掉这 k 个方程不会改变方程组的解集.例如,在线性方程组

$$\begin{cases} x_1+x_2+3x_3=1, \\ x_1-4x_2-2x_3=3, \\ 2x_1+7x_2+11x_3=0 \end{cases}$$

中,将第一个方程的(-3)倍、第二个方程都加到第三个方程,得到方程 $0=0$,这说明该方程组的解完全由前两个方程(称它们为有效方程)确定,所以第三个方程是多余的,可以去掉.

问题 2 给定有限个平面,不画图能否确定这些平面的位置关系?

答 能.例如,给定三个平面方程

$$\pi_1: x_1+x_2-x_3=2,$$
$$\pi_2: x_1+2x_2+x_3=3,$$
$$\pi_3: -x_1+2x_2+3x_3=1.$$

为了考查 π_1 与 π_2 的位置关系,只需将它们对应的两个方程联立成线性方程组

$$\begin{cases} x_1+x_2-x_3=2, \\ x_1+2x_2+x_3=3, \end{cases}$$

做初等变换得阶梯方程组

$$\begin{cases} x_1+x_2-x_3=2, \\ x_2+2x_3=1, \end{cases}$$

即知方程组有无穷多解,故 π_1 与 π_2 相交.同理 π_1 与 π_3,π_2 与 π_3 都相交.

将 π_1,π_2 和 π_3 对应的三个方程联立成线性方程组

$$\begin{cases} x_1+x_2-x_3=2, \\ x_1+2x_2+x_3=3, \\ -x_1+2x_2+3x_3=1, \end{cases}$$

通过初等变换得到阶梯方程组

$$\begin{cases} x_1+x_2-x_3=2, \\ x_2+2x_3=1, \\ -4x_3=0, \end{cases}$$

方程组有唯一解 $x_1=1,x_2=1,x_3=0$,即三个平面 π_1,π_2 和 π_3 交于点$(1,1,0)$.

问题 3 线性方程组为何不会出现 $k(1<k<\infty)$ 个解的情况?

答 下面以 $m\times 3$ 线性方程组为例给出几何解释.在空间直角坐标系中,m 个方程组对应于 m 个平面 $\pi_1,\pi_2,\cdots,\pi_m$,方程组的每个解对应于空间中一个点.假如该方程组有 k 个解,$k\geqslant 2$,则空间中至少有两点 A 和 B 均在平面 $\pi_1,\pi_2,\cdots,\pi_m$ 上,从而过 A,B 两点的直线 L 也在这 m 个平面,即直线 L 上的点都是该方程组的解,此与方程组只有有限个解相矛盾.

问题 4 当 $m<n$ 时,$m\times n$ 线性方程组的解会出现什么情况?

答 经过有限次初等变换可以将 $m\times n$ 线性方程组化成阶梯方程组,如果阶梯方程组中最后一个方程是“$0=d(d\neq 0)$”,则 $m\times n$ 线性方程组无解;如果最后一个方程含有未知量,则线性方程组有解,此时阶梯方程组中方程个数 $r\leqslant m$,从而 $r<n$,于是至少有一个自由未知量,故 $m\times n$ 线性方程组有无穷多解.这表明 $m<n$ 时 $m\times n$ 线性方程组不会有唯一解.

问题 5 当线性方程组有无穷多解时，自由未知量可以任意选取吗？

答 不可以. 例如，对线性方程组

$$\begin{cases} x_1 + x_2 = 1, \\ 2x_1 + 2x_2 + x_3 = 1, \end{cases}$$

做倍加变换②—2①，得

$$\begin{cases} x_1 + x_2 = 1, \\ x_3 = -1, \end{cases}$$

这个 2×3 阶梯方程组有 1 个自由未知量，但 x_3 不能选作自由未知量，可选 x_1 或 x_2 为自由未知量. 为防止选错，可选阶梯方程组中每个方程的第一个未知量为基本未知量，余下的未知量就是自由未知量.

范例解析

题型 1 非齐次线性方程组的求解

例 1 判断下列非齐次线性方程组是否有解.

$$\begin{cases} 3x_1 - x_2 + 2x_3 = 10, \\ 4x_1 + 2x_2 - x_3 = 2, \\ 11x_1 + 3x_2 = 8. \end{cases}$$

解 对方程组做初等变换，得

$$\begin{cases} 3x_1 - x_2 + 2x_3 = 10, \\ 4x_1 + 2x_2 - x_3 = 2, \\ 11x_1 + 3x_2 = 8, \end{cases} \xrightarrow[\text{③}-3\text{②}]{\text{②}-\text{①}} \begin{cases} 3x_1 - x_2 + 2x_3 = 10, \\ x_1 + 3x_2 - 3x_3 = -8, \\ -x_1 - 3x_2 + 3x_3 = 2, \end{cases}$$

$$\xrightarrow[\substack{\text{②}-3\text{①} \\ \text{③}+\text{①}}]{\text{①}\leftrightarrow\text{②}} \begin{cases} x_1 + 3x_2 - 3x_3 = -8, \\ -10x_2 + 11x_3 = 34, \\ 0 = -6. \end{cases}$$

因第三个方程为矛盾方程，故该方程组无解.

例 2 求下列非齐次方程组的通解：

$$\begin{cases} 2x_1 + 3x_2 + x_3 = 4, \\ 3x_1 + 8x_2 - 2x_3 = 13, \\ 4x_1 - x_2 + 9x_3 = -6, \\ x_1 - 2x_2 + 4x_3 = -5. \end{cases}$$

解 对方程组做初等变换，得

$$\begin{cases} 2x_1 + 3x_2 + x_3 = 4, \\ 3x_1 + 8x_2 - 2x_3 = 13, \\ 4x_1 - x_2 + 9x_3 = -6, \\ x_1 - 2x_2 + 4x_3 = -5, \end{cases} \to \begin{cases} x_1 - 2x_2 + 4x_3 = -5, \\ 7x_2 - 7x_3 = 14, \\ 14x_2 - 14x_3 = 28, \\ 7x_2 - 7x_3 = 14, \end{cases}$$

$$\rightarrow\begin{cases}x_1-2x_2+4x_3=-5,\\ \qquad x_2-x_3=2,\end{cases}\rightarrow\begin{cases}x_1\qquad +2x_3=-1,\\ \qquad x_2-x_3=2.\end{cases}$$

取 x_3 为自由未知量,从而求得方程组的通解

$$\begin{cases}x_1=-2x_3-1,\\ x_2=\quad x_3+2,\\ x_3=\quad x_3,\end{cases}\quad x_3\text{ 为任意数.}$$

注 消元法的一般步骤是:

(a) 将线性方程组做初等变换,化为阶梯方程组.

(b) 如果出现矛盾方程,则原方程组无解.

(c) 当线性方程组有解时,用回代法求出阶梯方程组的解.

题型 2 齐次线性方程组的求解

例 3 求下列齐次方程组的通解:

$$\begin{cases}x_1+2x_2+x_3-x_4=0,\\ 5x_1+10x_2+x_3-5x_4=0,\\ 3x_1+6x_2-x_3-3x_4=0.\end{cases}$$

解 对方程组做初等变换,得

$$\begin{cases}x_1+2x_2+x_3-x_4=0,\\ 5x_1+10x_2+x_3-5x_4=0,\\ 3x_1+6x_2-x_3-3x_4=0,\end{cases}\rightarrow\begin{cases}x_1+2x_2+x_3-x_4=0,\\ \qquad -4x_3\qquad =0,\\ \qquad -4x_3\qquad =0,\end{cases}$$

$$\rightarrow\begin{cases}x_1+2x_2\qquad -x_4=0,\\ \qquad\qquad x_3\qquad =0.\end{cases}$$

取 x_2,x_4 为自由未知量,从而方程组的通解为

$$\begin{cases}x_1=-2x_2+x_4,\\ x_2=\quad x_2,\\ x_3=\quad 0,\\ x_4=\qquad x_4,\end{cases}\quad x_2,x_4\text{ 为任意数.}$$

注 齐次线性方程组的解有两种情况:一是只有零解,即有唯一解;二是有非零解,从而有无穷多解.

题型 3 含参线性方程组解的讨论

例 4 设有线性方程组

$$\begin{cases}x_1+x_2+kx_3=4,\\ -x_1+kx_2+x_3=k^2,\\ x_1-x_2+2x_3=-4.\end{cases}$$

(1) k 取何值时,方程组无解?

(2) k 取何值时,方程组有唯一解?

(3) k 取何值时,方程组有无穷多解?并求方程组的通解.

解 对方程组做初等变换,得

$$\begin{cases} x_1+x_2+kx_3=4, \\ -x_1+kx_2+x_3=k^2, \\ x_1-x_2+2x_3=-4, \end{cases} \to \begin{cases} x_1+x_2+kx_3=4, \\ (k+1)x_2+(k+1)x_3=k^2+4, \\ -2x_2+(2-k)x_3=-8, \end{cases}$$

$$\to \begin{cases} x_1+x_2+kx_3=4, \\ 2x_2+(k-2)x_3=8, \\ \frac{1}{2}(k+1)(4-k)x_3=k(k-4). \end{cases}$$

(1) 当 $k=-1$ 时,方程组无解;

(2) 当 $k\neq-1$ 且 $k\neq4$ 时,方程组有唯一解.对方程组继续做初等变换,得

$$\begin{cases} x_1+x_2+kx_3=4, \\ 2x_2+(k-2)x_3=8, \\ \frac{1}{2}(k+1)(4-k)x_3=k(k-4), \end{cases} \to \begin{cases} x_1=\dfrac{k^2+2k}{k+1}, \\ x_2=\dfrac{k^2+2k+4}{k+1}, \\ x_3=-\dfrac{2k}{k+1}. \end{cases}$$

因此方程组的唯一解为

$$x_1=\frac{k^2+2k}{k+1}, x_2=\frac{k^2+2k+4}{k+1}, x_3=-\frac{2k}{k+1}.$$

(3) 当 $k=4$ 时,方程组有无穷多解,此时方程组化为

$$\begin{cases} x_1+x_2+4x_3=4, \\ x_2+x_3=4, \end{cases} \to \begin{cases} x_1+3x_3=0, \\ x_2+x_3=4, \end{cases}$$

取 x_3 为自由未知量,从而方程组的通解为

$$\begin{cases} x_1=-3x_3, \\ x_2=-x_3+4, \\ x_3=x_3, \end{cases} \quad x_3 \text{ 为任意数},$$

注 含参线性方程组解的讨论方法归纳如下:

(a) 对线性方程组做初等变换,将其化为阶梯方程组.

(b) 根据参数的不同取值,讨论方程组是无解、有唯一解还是有无穷多解.

例 5 设有线性方程组

$$\begin{cases} x_1+x_2+x_3+x_4+x_5=a, \\ x_2+2x_3+2x_4+6x_5=b, \\ 3x_1+2x_2+x_3+x_4-3x_5=0, \\ 5x_1+4x_2+3x_3+3x_4-x_5=2. \end{cases}$$

问当 a,b 取何值时,方程组有解,并求方程组的通解.

解 对方程组做初等变换,得

$$\begin{cases} x_1+x_2+x_3+x_4+x_5=a, \\ x_2+2x_3+2x_4+6x_5=b, \\ 3x_1+2x_2+x_3+x_4-3x_5=0, \\ 5x_1+4x_2+3x_3+3x_4-x_5=2, \end{cases} \to \begin{cases} x_1+x_2+x_3+x_4+x_5=a, \\ x_2+2x_3+2x_4+6x_5=b, \\ 0=b-3a, \\ 0=1-a. \end{cases}$$

当 $a=1$ 且 $b=3$ 时，方程组有无穷多解. 此时方程组等价于

$$\begin{cases} x_1+x_2+x_3+x_4+x_5=1, \\ x_2+2x_3+2x_4+6x_5=3, \end{cases} \rightarrow \begin{cases} x_1-x_3-x_4-5x_5=-2, \\ x_2+2x_3+2x_4+6x_5=3, \end{cases}$$

取 x_3,x_4,x_5 为自由未知量，从而方程组的通解为

$$\begin{cases} x_1=x_3+x_4+5x_5-2, \\ x_2=-2x_3-2x_4-6x_5+3, \\ x_3=x_3, \\ x_4=x_4, \\ x_5=x_5, \end{cases} \quad x_3,x_4,x_5 \text{ 为任意数.}$$

注 4×5 线性方程组不会有唯一解，参见本章疑难辨析问题 4.

拓展提高

例 6 对于空间中任意给定的三个平面，讨论它们的各种位置关系，并指出它们的公共点的数量.

解 空间中平面方程为三元线性方程，这三个平面的公共点与三个线性方程构成的方程组的解相对应，因此有下面的结果.

(1) 方程组无解当且仅当三个平面无公共交点.

此时，或三个平面两两平行，或两个平面重合且与第三个平面平行，或两个平面平行且与第三个平面相交，或三个平面两两相交但无公共交点.

(2) 方程组有唯一解当且仅当三个平面仅有一个公共交点.

此时，三个平面交于一点.

(3) 方程组有无穷多解当且仅当三个平面有无穷多个公共交点.

此时，或三个平面两两不重合且相交于一条直线，或两个平面重合且与第三个平面相交，或三个平面重合.

例 7 讨论参数 a 取何值时，使得线性方程组

$$\begin{cases} ax_1+x_2+x_3=1, \\ x_1+ax_2+x_3=a, \\ x_1+x_2+ax_3=a^2 \end{cases}$$

的解中每个未知量的取值都是正整数.

解 对线性方程组做初等变换，得

$$\begin{cases} ax_1+x_2+x_3=1, \\ x_1+ax_2+x_3=a, \\ x_1+x_2+ax_3=a^2, \end{cases} \rightarrow \begin{cases} (1-a)x_2+(1-a^2)x_3=1-a^3, \\ (a-1)x_2+(1-a)x_3=a-a^2, \\ x_1+x_2+ax_3=a^2, \end{cases}$$

$$\rightarrow \begin{cases} x_1+x_2+ax_3=a^2, \\ (a-1)x_2-(a-1)x_3=-a(a-1), \\ -(a-1)(a+2)x_3=-(a-1)(a+1)^2. \end{cases}$$

当 $a=-2$ 时,方程组无解.

当 $a=1$ 时,方程组的通解为

$$\begin{cases} x_1=-x_2-x_3+1, \\ x_2=x_2, \\ x_3=x_3, \end{cases}$$

此时线性方程组的解中每个未知量的取值不可能同时为正整数.

当 $a\neq 1$ 且 $a\neq -2$ 时,原方程组可化为

$$\begin{cases} x_1+x_2+ax_3=a^2, \\ x_2-x_3=-a, \\ x_3=\dfrac{(a+1)^2}{a+2}, \end{cases} \tag{1.1}$$

经过回代,得到方程组的唯一解

$$\begin{cases} x_1=-\dfrac{a+1}{a+2}, \\ x_2=\dfrac{1}{a+2}, \\ x_3=\dfrac{(a+1)^2}{a+2}. \end{cases}$$

若解中每个未知量的取值均为正整数,必有 $a+1<0$ 且 $a+2>0$,即 $-2<a<-1$. 又由方程组(1.1)中第二个方程可知 a 为整数,矛盾!故此时亦无法保证线性方程组的解中每个未知量的取值均为正整数.

综上所述,无论参数 a 取何值,均不能使得方程组的解中每个未知量的取值都是正整数.

例 8 某种减肥食品由脱脂牛奶、大豆粉、乳清和离析大豆蛋白四种食物混合而成. 这些食物中每 100g 含蛋白质、碳水化合物、脂肪三种营养成分的量(单位:g)以及减肥食品所提供的营养(单位:g)如表 1.1 所示.

(1) 该减肥食品需要这四种食物各多少?

(2) 用脱脂牛奶、大豆粉、乳清能配制该减肥食品吗?

(3) 用脱脂牛奶、乳清、离析大豆蛋白能配制该减肥食品吗?

表 1.1 每 100g 食物中营养含量及减肥食品所需的营养总量

	脱脂牛奶	大豆粉	乳清	离析大豆蛋白	所需营养总量
蛋白质	36	51	13	80	33
碳水化合物	52	34	74	0	45
脂肪	0	7	1.1	3.4	3

解 (1) 设该减肥食品需要脱脂牛奶、大豆粉、乳清和离析大豆蛋白各 x_1,x_2,x_3,x_4 个单位. 依题意有

$$\begin{cases} 36x_1+51x_2+13x_3+80x_4=33, \\ 52x_1+34x_2+74x_3=45, \\ 7x_2+1.1x_3+3.4x_4=3, \end{cases}$$

用消元法解得通解

$$\begin{cases} x_1 = -0.659181k + 0.17626, \\ x_2 = -0.275523k + 0.349721, \\ x_3 = \quad 0.5898k + 0.323567, \\ x_4 = \quad 0.376435k + 0.0576562, \end{cases}$$

其中 k 为任意数. 因为 x_1, x_2, x_3, x_4 的取值应为非负数,所以由通解易知

$$-0.153198 \leqslant k \leqslant 0.267392.$$

(2) 由(1)知

$$\begin{cases} 36x_1 + 51x_2 + 13x_3 = 33, \\ 52x_1 + 34x_2 + 74x_3 = 45, \\ \qquad 7x_2 + 1.1x_3 = 3, \end{cases}$$

解得

$$\begin{cases} x_1 = 0.277223, \\ x_2 = 0.391921, \\ x_3 = 0.233231. \end{cases}$$

因此,用脱脂牛奶、大豆粉、乳清配制该减肥食品是可行的.

(3) 由(1)知

$$\begin{cases} 36x_1 + 13x_3 + 80x_4 = 33, \\ 52x_1 + 74x_3 = 45, \\ \qquad 1.1x_3 + 3.4x_4 = 3, \end{cases}$$

解得

$$\begin{cases} x_1 = -0.660438, \\ x_3 = 1.0722, \\ x_4 = 0.535465, \end{cases}$$

x_1 取值为负数,不符合题意. 因此,用脱脂牛奶、乳清、离析大豆蛋白无法配制该减肥食品.

巩固练习

1. 填空题

(1) 线性方程组 $\begin{cases} x_1 + x_2 + x_3 = 0, \\ 2x_1 - 5x_2 - 3x_3 = 10, \\ 4x_1 + 8x_2 + 2x_3 = 4 \end{cases}$ 的解为________.

(2) 齐次方程组 $\begin{cases} x_1 + x_2 + x_3 = 0, \\ 2x_1 - x_2 + 3x_3 = 0 \end{cases}$ 的通解中含自由未知量的个数为________.

(3) 设方程组 $\begin{cases} x_1 + 2x_2 = 0, \\ 2x_1 + kx_2 = 0 \end{cases}$ 有非零解,则 $k=$________.

(4) 设方程组 $\begin{cases} x_1 + x_2 + 2x_3 = 1, \\ x_1 + x_3 = 2, \\ 5x_1 + 3x_2 + (a+8)x_3 = 8, \end{cases}$ 当 $a=$ ________ 时，方程组无解.

(5) 若方程组 $\begin{cases} x_1 + 2x_2 - x_3 + 3x_4 = \lambda, \\ x_1 + x_2 - 3x_3 + 5x_4 = 5, \\ x_2 + 2x_3 - 2x_4 = 2\lambda \end{cases}$ 有解，则 $\lambda=$ ________.

2. 已知平面上三条不同的直线方程分别为

$$l_1: x_1 - 2x_2 = 0, \quad l_2: x_1 + 2x_2 = 4, \quad l_3: x_1 - x_2 = a,$$

问 a 取何值时三条直线交于一点?

3. 求下列非齐次方程组的通解：

(1) $\begin{cases} x_1 + 3x_2 - 2x_3 = 4, \\ 3x_1 + 2x_2 - 5x_3 = 11, \\ 2x_1 + x_2 + x_3 = 3, \\ -2x_1 + x_2 + 3x_3 = -7. \end{cases}$ (2) $\begin{cases} 2x_1 - x_2 - x_3 + x_4 = 2, \\ 6x_1 - 9x_2 + 3x_3 - 3x_4 = 6, \\ x_1 + x_2 - 2x_3 + x_4 = 4, \\ 3x_1 + 6x_2 - 9x_3 + 7x_4 = 9. \end{cases}$

4. 求解下列齐次线性方程组：

(1) $\begin{cases} x_1 + 2x_2 + x_3 - 2x_4 = 0, \\ 2x_1 + 3x_2 - x_4 = 0, \\ x_1 - x_2 - 5x_3 + 7x_4 = 0. \end{cases}$ (2) $\begin{cases} 3x_1 + 5x_2 + 6x_3 - 4x_4 = 0, \\ x_1 + 2x_2 + 4x_3 - 3x_4 = 0, \\ 4x_1 + 5x_2 - 2x_3 + 3x_4 = 0, \\ 3x_1 + 8x_2 + 24x_3 - 19x_4 = 0. \end{cases}$

5. 讨论当 a,b 取何值时，齐次方程组

$$\begin{cases} ax_1 + x_2 + x_3 = 0, \\ x_1 + bx_2 + x_3 = 0, \\ x_1 + 2bx_2 + x_3 = 0 \end{cases}$$

有非零解? 并求出该方程组的所有解.

6. 讨论当 a,b 取何值时，非齐次方程组

$$\begin{cases} x_1 + x_2 + x_3 + x_4 = 0, \\ x_2 + 2x_3 + 2x_4 = 1, \\ x_2 + (3-a)x_3 + 2x_4 = b, \\ 3x_1 + 2x_2 + x_3 + ax_4 = -1 \end{cases}$$

有唯一解、无解、无穷多解? 在方程组有解时，求出该方程组的所有解.

7. 在光合作用下，植物利用太阳光的辐射能量把二氧化碳(CO_2)和水(H_2O)转化成葡萄糖($C_6H_{12}O_6$)和氧气(O_2)，其化学反应方程式为

$$x_1 CO_2 + x_2 H_2O \longrightarrow x_3 C_6H_{12}O_6 + x_4 O_2,$$

试确定 x_1, x_2, x_3 和 x_4，将方程式配平.

第 2 章

矩阵

基本要求

1. 理解矩阵的概念，知道矩阵的实际背景，了解特殊矩阵的定义和性质.

2. 理解矩阵的加法、数乘、乘法、转置、逆及其运算规律，知道两组变量之间的线性映射和线性变换.

3. 理解矩阵的初等变换和初等矩阵的概念及性质，掌握用初等变换化矩阵为阶梯矩阵、最简阶梯矩阵和等价标准形的方法.

4. 理解矩阵等价和矩阵秩的概念及性质.

5. 掌握用矩阵的初等变换求解线性方程组、求矩阵的秩和逆矩阵的方法.

6. 了解分块矩阵的概念及运算规律，知道分块初等变换和分块初等矩阵的概念及性质.

7. 掌握用秩给出的线性方程组有解判别准则.

8. 熟悉矩阵方程有解判别准则，会求解矩阵方程.

内容综述

一、矩阵的概念

一个 $m\times n$ 矩阵 $\boldsymbol{A}=[a_{ij}]$ 是指由 mn 个数 a_{ij} $(i=1,2,\cdots,m;j=1,2,\cdots,n)$ 排成的 m 行 n 列的矩形数表. a_{ij} 称为 $\boldsymbol{A}$ 的 (i,j) 元.

$m\times n$ 实(或复)矩阵的全体记作 $\mathbb{R}^{m\times n}$ (或 $\mathbb{C}^{m\times n}$)，用 $\mathbb{F}^{m\times n}$ 表示 $\mathbb{R}^{m\times n}$ 或者 $\mathbb{C}^{m\times n}$.

行数等于列数的矩阵称为方阵.

行数相等、列数也相等的两个矩阵称为同型矩阵.

对应元相等的两个同型矩阵称为相等矩阵.

二、特殊矩阵

1. 行矩阵(或行向量)：只有一行的矩阵.

2. 列矩阵(或列向量)：只有一列的矩阵.

3. 零矩阵 $\mathbf{0}$：元全为零的矩阵.

4. 基本矩阵 $\boldsymbol{E}_{ij}$：(i,j)元为 1、其余元全为零的矩阵.

5. 对角矩阵：主对角线以外的元都是零的方阵.

6. 数量矩阵：主对角元相等的对角矩阵.

7. 单位矩阵 $\boldsymbol{E}$：主对角元都是 1 的对角矩阵.

8. 上三角矩阵：主对角线下方的元都为零的方阵.

9. 下三角矩阵：主对角线上方的元都为零的方阵.

10. 对称矩阵：$\boldsymbol{A}^{\mathrm{T}}=\boldsymbol{A}$.

11. 反称矩阵：$\boldsymbol{A}^{\mathrm{T}}=-\boldsymbol{A}$.

12. 矩阵 $\boldsymbol{A}$ 与 $\boldsymbol{B}$ 可交换：$\boldsymbol{AB}=\boldsymbol{BA}$.

三、矩阵的运算

1. 矩阵的加减法：设 $\boldsymbol{A}=[a_{ij}]_{m\times n}$，$\boldsymbol{B}=[b_{ij}]_{m\times n}$，则 $\boldsymbol{A}\pm\boldsymbol{B}=[a_{ij}\pm b_{ij}]_{m\times n}$.

注 只有同型矩阵才能进行加法和减法运算.

运算规律：

$$\boldsymbol{A}+\boldsymbol{B}=\boldsymbol{B}+\boldsymbol{A},\ (\boldsymbol{A}+\boldsymbol{B})+\boldsymbol{C}=\boldsymbol{A}+(\boldsymbol{B}+\boldsymbol{C}),\ \boldsymbol{A}+\mathbf{0}=\boldsymbol{A},\ \boldsymbol{A}+(-\boldsymbol{A})=\mathbf{0}.$$

注 在矩阵加法中，零矩阵有类似数的加法中数 0 的作用.

2. 矩阵的数乘：设 $\boldsymbol{A}=[a_{ij}]_{m\times n}$，$k\in\mathbb{F}$，则 $k\boldsymbol{A}=[ka_{ij}]_{m\times n}$.

矩阵的加法和数乘统称为矩阵的线性运算.

运算规律：

$$1\boldsymbol{A}=\boldsymbol{A},\quad k(l\boldsymbol{A})=(kl)\boldsymbol{A},\quad k(\boldsymbol{A}+\boldsymbol{B})=k\boldsymbol{A}+k\boldsymbol{B},\quad (k+l)\boldsymbol{A}=k\boldsymbol{A}+l\boldsymbol{A}.$$

3. 矩阵的乘法：设 $\boldsymbol{A}=[a_{ij}]_{m\times s}$，$\boldsymbol{B}=[b_{ij}]_{s\times n}$，则 $\boldsymbol{AB}=[c_{ij}]_{m\times n}$，其中

$$c_{ij}=\sum_{k=1}^{s}a_{ik}b_{kj},\quad i=1,2,\cdots,m;\ j=1,2,\cdots,n.$$

注 只有当第一个矩阵的列数等于第二个矩阵的行数时，两个矩阵才能相乘；矩阵的乘法不满足交换律.

运算规律：

$$(\boldsymbol{AB})\boldsymbol{C}=\boldsymbol{A}(\boldsymbol{BC}),\quad k(\boldsymbol{AB})=(k\boldsymbol{A})\boldsymbol{B}=\boldsymbol{A}(k\boldsymbol{B}),$$

$$\boldsymbol{A}(\boldsymbol{B}+\boldsymbol{C})=\boldsymbol{AB}+\boldsymbol{AC},\quad (\boldsymbol{B}+\boldsymbol{C})\boldsymbol{D}=\boldsymbol{BD}+\boldsymbol{CD},$$

$$\boldsymbol{A}_{m\times n}=\boldsymbol{E}_m\boldsymbol{A}_{m\times n}=\boldsymbol{A}_{m\times n}\boldsymbol{E}_n,\quad k\boldsymbol{A}_{m\times n}=(k\boldsymbol{E}_m)\boldsymbol{A}_{m\times n}=\boldsymbol{A}_{m\times n}(k\boldsymbol{E}_n).$$

注 在矩阵乘法中，单位矩阵有类似数的乘法中数 1 的作用.

矩阵 $\boldsymbol{A}$ 能与所有 n 阶矩阵可交换的充要条件是 $\boldsymbol{A}$ 为 n 阶数量矩阵.

4. 从变量 $x_1,x_2,\cdots,x_n$ 到变量 $y_1,y_2,\cdots,y_m$ 的线性映射是指有关系式

$$\begin{bmatrix}y_1\\y_2\\\vdots\\y_m\end{bmatrix}=\begin{bmatrix}a_{11}&a_{12}&\cdots&a_{1n}\\a_{21}&a_{22}&\cdots&a_{2n}\\\vdots&\vdots&&\vdots\\a_{m1}&a_{m2}&\cdots&a_{mn}\end{bmatrix}\begin{bmatrix}x_1\\x_2\\\vdots\\x_n\end{bmatrix}.$$

当 $m=n$ 时，称为从变量 $x_1,x_2,\cdots,x_n$ 到变量 $y_1,y_2,\cdots,y_n$ 的线性变换.

从变量 $x_1,x_2,\cdots,x_n$ 到 $y_1,y_2,\cdots,y_m$ 的线性映射与 $m\times n$ 矩阵一一对应，矩阵的乘法

对应于线性映射的复合.

5. 矩阵的幂：设 $\boldsymbol{A}=[a_{ij}]_{n\times n}$，$k,l$ 为非负整数，则 $\boldsymbol{A}^0=\boldsymbol{E}_n$，$\boldsymbol{A}^k\boldsymbol{A}^l=\boldsymbol{A}^{k+l}$，$(\boldsymbol{A}^k)^l=\boldsymbol{A}^{kl}$.

6. n 阶矩阵 $\boldsymbol{A}$ 的多项式是指矩阵

$$f(\boldsymbol{A})=a_m\boldsymbol{A}^m+a_{m-1}\boldsymbol{A}^{m-1}+\cdots+a_1\boldsymbol{A}+a_0\boldsymbol{E}.$$

n 阶矩阵 $\boldsymbol{A}$ 的任意两个多项式 $f(\boldsymbol{A})$ 与 $g(\boldsymbol{A})$ 是可交换的.

7. 矩阵的转置：设 $\boldsymbol{A}=[a_{ij}]_{m\times n}$，则转置矩阵 $\boldsymbol{A}^{\mathrm{T}}$ 的 (i,j) 元为 a_{ji}（$i=1,2,\cdots,m$；$j=1,2,\cdots,n$）.

运算规律：

$$(\boldsymbol{A}^{\mathrm{T}})^{\mathrm{T}}=\boldsymbol{A},\quad (\boldsymbol{A}+\boldsymbol{B})^{\mathrm{T}}=\boldsymbol{A}^{\mathrm{T}}+\boldsymbol{B}^{\mathrm{T}},\quad (k\boldsymbol{A})^{\mathrm{T}}=k\boldsymbol{A}^{\mathrm{T}},\quad (\boldsymbol{A}\boldsymbol{B})^{\mathrm{T}}=\boldsymbol{B}^{\mathrm{T}}\boldsymbol{A}^{\mathrm{T}}.$$

8. 矩阵的逆：设 $\boldsymbol{A}$ 为 n 阶矩阵，若存在 n 阶矩阵 $\boldsymbol{B}$，使得 $\boldsymbol{AB}=\boldsymbol{BA}=\boldsymbol{E}$，则称 $\boldsymbol{A}$ 是可逆的，称 $\boldsymbol{B}$ 为 $\boldsymbol{A}$ 的逆矩阵或 $\boldsymbol{A}$ 的逆. 若 $\boldsymbol{A}$ 的逆矩阵不存在，则称 $\boldsymbol{A}$ 为不可逆矩阵.

矩阵的逆的性质：

$$(\boldsymbol{A}^{-1})^{-1}=\boldsymbol{A},\quad (k\boldsymbol{A})^{-1}=\frac{1}{k}\boldsymbol{A}^{-1}(k\neq 0),\quad (\boldsymbol{AB})^{-1}=\boldsymbol{B}^{-1}\boldsymbol{A}^{-1},\quad (\boldsymbol{A}^{\mathrm{T}})^{-1}=(\boldsymbol{A}^{-1})^{\mathrm{T}}.$$

注 虽然矩阵的逆是由除法引出的，但是绝不能将 $\boldsymbol{A}^{-1}$ 写成 $\dfrac{1}{\boldsymbol{A}}$ 或 $\dfrac{\boldsymbol{E}}{\boldsymbol{A}}$.

四、分块矩阵的运算

1. 矩阵分块的三种常用方法：

(1) 按矩阵的特点分块；

(2) 按列分块；

(3) 按行分块.

2. 分块矩阵的运算：只需将分块矩阵的子块看做是元，则分块矩阵的运算与普通矩阵的运算相同，而且有相同的运算规律.

(1) 分块矩阵的加减法：设分块矩阵 $\boldsymbol{A}=[\boldsymbol{A}_{ij}]_{s\times t}$，$\boldsymbol{B}=[\boldsymbol{B}_{ij}]_{s\times t}$，其中 $\boldsymbol{A}_{ij}$ 与 $\boldsymbol{B}_{ij}$ 为同型矩阵（$i=1,2,\cdots,s$；$j=1,2,\cdots,t$），则 $\boldsymbol{A}\pm\boldsymbol{B}=[\boldsymbol{A}_{ij}\pm\boldsymbol{B}_{ij}]_{s\times t}$.

(2) 分块矩阵的数乘：设分块矩阵 $\boldsymbol{A}=[\boldsymbol{A}_{ij}]_{s\times t}$，$k$ 是常数，则 $k\boldsymbol{A}=[k\boldsymbol{A}_{ij}]_{s\times t}$.

(3) 分块矩阵的乘法：设分块矩阵 $\boldsymbol{A}=[\boldsymbol{A}_{ij}]_{s\times t}$，$\boldsymbol{B}=[\boldsymbol{B}_{ij}]_{t\times r}$，且 $\boldsymbol{A}_{i1},\boldsymbol{A}_{i2},\cdots,\boldsymbol{A}_{it}$ 的列数依次等于 $\boldsymbol{B}_{1j},\boldsymbol{B}_{2j},\cdots,\boldsymbol{B}_{tj}$ 的行数，则 $\boldsymbol{AB}=[\boldsymbol{C}_{ij}]_{s\times r}$，其中

$$\boldsymbol{C}_{ij}=\sum_{k=1}^{t}\boldsymbol{A}_{ik}\boldsymbol{B}_{kj},\quad i=1,2,\cdots,s;\ j=1,2,\cdots,r.$$

(4) 分块矩阵的转置：设分块矩阵 $\boldsymbol{A}=[\boldsymbol{A}_{ij}]_{s\times t}$，则 $\boldsymbol{A}^{\mathrm{T}}=[\boldsymbol{A}_{ji}^{\mathrm{T}}]_{t\times s}$.

(5) 分块对角矩阵的幂：

$$(\mathrm{diag}(\boldsymbol{A}_1,\boldsymbol{A}_2,\cdots,\boldsymbol{A}_s))^k=\mathrm{diag}(\boldsymbol{A}_1^k,\boldsymbol{A}_2^k,\cdots,\boldsymbol{A}_s^k).$$

(6) 分块矩阵求逆：

分块对角矩阵的逆

$$(\mathrm{diag}(\boldsymbol{A}_1,\boldsymbol{A}_2,\cdots,\boldsymbol{A}_s))^{-1}=\mathrm{diag}(\boldsymbol{A}_1^{-1},\boldsymbol{A}_2^{-1},\cdots,\boldsymbol{A}_s^{-1}),$$

这里 $\boldsymbol{A}_i$（$i=1,2,\cdots,s$）均为可逆矩阵.

分块三角矩阵的逆

$$\begin{bmatrix} A & 0 \\ C & B \end{bmatrix}^{-1} = \begin{bmatrix} A^{-1} & 0 \\ -B^{-1}CA^{-1} & B^{-1} \end{bmatrix}, \quad \begin{bmatrix} A & C \\ 0 & B \end{bmatrix}^{-1} = \begin{bmatrix} A^{-1} & -A^{-1}CB^{-1} \\ 0 & B^{-1} \end{bmatrix},$$

其中 $\boldsymbol{A},\boldsymbol{B}$ 均为可逆矩阵.

五、矩阵的初等变换与初等矩阵

1. 初等行(或列)变换

(1) 对调行(或列)变换 $r_i \leftrightarrow r_j$(或 $c_i \leftrightarrow c_j$)：对调第 i 行(或列)与第 j 行(或列)；

(2) 倍乘行(或列)变换 kr_i(或 kc_i)：以数 $k \neq 0$ 乘第 i 行(或列)；

(3) 倍加行(或列)变换 $r_i + kr_j$(或 $c_i + kc_j$)：将第 j 行(或列)的 k 倍加到第 i 行(或列).

初等行变换和初等列变换统称为初等变换.

矩阵的初等变换都是可逆的,且其逆变换也是同一种类的初等变换.

2. 阶梯矩阵和最简阶梯矩阵

阶梯矩阵是满足下面两个条件的矩阵：

(1) 元全为零的行(称为零行)位于所有含非零元的行(称为非零行)的下方；

(2) 各非零行中第一个非零元(称为主元)的列标随着行标的增大而严格增大.

最简阶梯矩阵是具有如下特点的阶梯矩阵：

(1) 每个主元都为 1；

(2) 各个主元所在列的其余元全为零.

有限次初等行变换可以把矩阵化为阶梯矩阵或者最简阶梯矩阵.

3. 矩阵的等价标准形

非零矩阵 $\boldsymbol{A}_{m\times n}$ 的等价标准形为 $\begin{bmatrix} \boldsymbol{E}_r & \boldsymbol{0} \\ \boldsymbol{0} & \boldsymbol{0} \end{bmatrix}_{m\times n}$；零矩阵的等价标准形为其自身.

任何矩阵总可以经过有限次初等变换化为等价标准形.

4. 矩阵的等价

如果 $\boldsymbol{A}$ 可经有限次初等变换化为 $\boldsymbol{B}$,则称 $\boldsymbol{A}$ 等价于 $\boldsymbol{B}$,记为 $\boldsymbol{A} \cong \boldsymbol{B}$.

矩阵的等价具有自反性、对称性和传递性.

数学上,把具有自反性、对称性和传递性的关系都称为等价关系.

设 $\boldsymbol{A},\boldsymbol{B}$ 均为 $m\times n$ 矩阵,则 $\boldsymbol{A} \cong \boldsymbol{B}$ 当且仅当存在 m 阶可逆矩阵 $\boldsymbol{P}$ 和 n 阶可逆矩阵 $\boldsymbol{Q}$,使得 $\boldsymbol{PAQ} = \boldsymbol{B}$.

5. 初等矩阵

初等矩阵是由单位矩阵进行一次初等变换得到的矩阵.

对调单位矩阵中第 i 行与第 j 行(或第 i 列与第 j 列)得到对调矩阵 $\boldsymbol{P}(i,j)$；以数 $k \neq 0$ 乘单位矩阵中第 i 行(或第 i 列)得到倍乘矩阵 $\boldsymbol{P}(i(k))$；将单位矩阵中第 j 行的 k 倍加到第 i 行(或第 i 列的 k 倍加到第 j 列)得到倍加矩阵 $\boldsymbol{P}(i,j(k))$.

(1) 初等矩阵的转置矩阵仍然是初等矩阵,且

$$\boldsymbol{P}(i,j)^{\mathrm{T}} = \boldsymbol{P}(i,j), \quad \boldsymbol{P}(i(k))^{\mathrm{T}} = \boldsymbol{P}(i(k)), \quad \boldsymbol{P}(i,j(k))^{\mathrm{T}} = \boldsymbol{P}(j,i(k)).$$

(2) 初等矩阵都是可逆的,它们的逆矩阵仍为同一种类的初等矩阵,即

$$\boldsymbol{P}(i,j)^{-1} = \boldsymbol{P}(i,j), \quad \boldsymbol{P}(i(k))^{-1} = \boldsymbol{P}\left(i\left(\frac{1}{k}\right)\right), \quad \boldsymbol{P}(i,j(k))^{-1} = \boldsymbol{P}(i,j(-k)).$$

(3) 对矩阵 $\boldsymbol{A}_{m\times n}$ 进行一次某种初等行(或列)变换,相当于用对应的 m 阶初等矩阵左乘(或 n 阶初等矩阵右乘)矩阵 $\boldsymbol{A}$.

6. 初等变换与可逆矩阵

(1) 矩阵 $\boldsymbol{A}$ 可逆当且仅当 $\boldsymbol{A}$ 可以只经过有限次初等行变换或者只经过有限次初等列变换化为单位矩阵.

(2) 矩阵 $\boldsymbol{A}$ 可逆当且仅当 $\boldsymbol{A}$ 可以表示成有限个初等矩阵的乘积.

7. 分块初等变换与分块初等矩阵

(1) 分块初等变换是指将分块矩阵的块视为元所进行的"初等变换".

(2) 分块初等矩阵总是可逆矩阵.

(3) 若分块矩阵 $\boldsymbol{A}$ 经过有限次分块初等变换化为分块矩阵 $\boldsymbol{B}$,则 $\boldsymbol{A}\cong\boldsymbol{B}$.

(4) 对分块矩阵 $\boldsymbol{A}$ 做某种初等行(或列)变换,相当于用相应的分块初等矩阵左(或右)乘矩阵 $\boldsymbol{A}$.

六、矩阵的秩

矩阵 $\boldsymbol{A}$ 的等价标准形中 1 的个数称为 $\boldsymbol{A}$ 的秩,记为 $\operatorname{rank}\boldsymbol{A}$.

设 $\boldsymbol{A}$ 为 $m\times n$ 矩阵,当 $\operatorname{rank}\boldsymbol{A}=m$ 时,称 $\boldsymbol{A}$ 为行满秩矩阵;当 $\operatorname{rank}\boldsymbol{A}=n$ 时,称 $\boldsymbol{A}$ 为列满秩矩阵;行满秩的方阵称为满秩矩阵.满秩矩阵就是可逆矩阵,不可逆方阵称为降秩矩阵.

(1) 任何矩阵都有唯一的等价标准形.

(2) 初等变换不改变矩阵的等价标准形,从而不改变矩阵的秩.

(3) 同型矩阵等价的充要条件是有相同的等价标准形,即有相同的秩.

(4) n 阶矩阵 $\boldsymbol{A}$ 可逆的充要条件是 $\operatorname{rank}\boldsymbol{A}=n$.

(5) 矩阵 $\boldsymbol{A}$ 经过初等行变换化为阶梯矩阵或最简阶梯矩阵 $\boldsymbol{B}$ 后,$\boldsymbol{B}$ 中非零行的数目就是 $\operatorname{rank}\boldsymbol{A}$.

(6) 设 $\boldsymbol{A}$ 为 $m\times n$ 矩阵,$\boldsymbol{P}$ 为 m 阶可逆矩阵,$\boldsymbol{Q}$ 为 n 阶可逆矩阵,则

$$\operatorname{rank}(\boldsymbol{PA})=\operatorname{rank}(\boldsymbol{AQ})=\operatorname{rank}(\boldsymbol{PAQ})=\operatorname{rank}\boldsymbol{A}.$$

(7) 若 n 阶矩阵 $\boldsymbol{A},\boldsymbol{B}$ 满足 $\boldsymbol{AB}=\boldsymbol{E}$,则 $\boldsymbol{A}$ 和 $\boldsymbol{B}$ 都是满秩矩阵,且 $\boldsymbol{A}^{-1}=\boldsymbol{B}$.

七、线性方程组解的判别准则

1. 对于 n 元线性方程组 $\boldsymbol{Ax}=\boldsymbol{b}$,有:

(1) $\boldsymbol{Ax}=\boldsymbol{b}$ 无解的充要条件是 $\operatorname{rank}\boldsymbol{A}<\operatorname{rank}[\boldsymbol{A}\quad\boldsymbol{b}]$;

(2) $\boldsymbol{Ax}=\boldsymbol{b}$ 有唯一解的充要条件是 $\operatorname{rank}\boldsymbol{A}=\operatorname{rank}[\boldsymbol{A}\quad\boldsymbol{b}]=n$;

(3) $\boldsymbol{Ax}=\boldsymbol{b}$ 有无穷多解的充要条件是 $\operatorname{rank}\boldsymbol{A}=\operatorname{rank}[\boldsymbol{A}\quad\boldsymbol{b}]<n$.

2. n 元齐次线性方程组 $\boldsymbol{Ax}=\boldsymbol{0}$ 有非零解的充要条件是 $\operatorname{rank}\boldsymbol{A}<n$.

3. 矩阵方程 $\boldsymbol{AX}=\boldsymbol{B}$ 有解的充要条件是 $\operatorname{rank}\boldsymbol{A}=\operatorname{rank}[\boldsymbol{A}\quad\boldsymbol{B}]$.

疑难辨析

问题 1 "数"与"矩阵"这两个概念有何关系?它们的运算有何异同?

答 矩阵是由若干行若干列数组成的矩形数表,它表示一批有内在联系的数.或者说矩

阵是数的推广.一阶矩阵可以视作数,一般不能将数当做一阶矩阵.

矩阵的运算是对数进行“批处理”.矩阵的加法、数乘与数的加法、乘法是类似的,矩阵的乘法、求逆与数的乘法、求逆则大不相同.

矩阵与两组变量之间的线性映射一一对应,矩阵的乘法与线性映射的复合一一对应,矩阵的乘法不满足交换律源于映射的复合不满足交换律.正是这种复杂的矩阵乘法开辟了矩阵的一片广阔的新天地.

问题 2 为何双重有限求和符号可以交换次序?

答 在线性代数的许多证明过程中,经常会用到双重有限求和符号交换次序,即

$$\sum_{i=1}^{m}\sum_{j=1}^{n}a_{ij}=\sum_{j=1}^{n}\sum_{i=1}^{m}a_{ij}.$$

下面来证明这个等式.上式中 mn 个数 $a_{ij}(i=1,2,\cdots,m;\ j=1,2,\cdots,n)$可以排成一个 $m\times n$ 矩阵

$$\boldsymbol{A}=\begin{bmatrix}a_{11}&a_{12}&\cdots&a_{1n}\\a_{21}&a_{22}&\cdots&a_{2n}\\\vdots&\vdots&&\vdots\\a_{m1}&a_{m2}&\cdots&a_{mn}\end{bmatrix}.$$

要证明的等式的左端是先将 $\boldsymbol{A}$ 的第 i 行的 n 个数加起来得 $S_i=\sum_{j=1}^{n}a_{ij}$,再将 m 个行的和数 $S_1,S_2,\cdots,S_m$ 相加而成的;等式的右端是先将 $\boldsymbol{A}$ 的第 j 列的 m 个数加起来得 $T_j=\sum_{i=1}^{m}a_{ij}$,再将 n 个列的和数 $T_1,T_2,\cdots,T_n$ 相加而成的,即等式的左右两端都是 mn 个数之和,所以等式成立.

问题 3 如果同阶方阵 $\boldsymbol{A}$ 与 $\boldsymbol{B}$ 不是可交换的,是否有$(\boldsymbol{AB})^k=\boldsymbol{A}^k\boldsymbol{B}^k$?

答 不一定.例如

(1) 设 $\boldsymbol{A}=\begin{bmatrix}1&0\\0&-1\end{bmatrix},\boldsymbol{B}=\begin{bmatrix}0&1\\0&0\end{bmatrix}$,则 $\boldsymbol{AB}\neq\boldsymbol{BA}$,但$(\boldsymbol{AB})^2=\boldsymbol{A}^2\boldsymbol{B}^2$;

(2) 设 $\boldsymbol{A}=\begin{bmatrix}1&0\\0&-1\end{bmatrix},\boldsymbol{B}=\begin{bmatrix}1&1\\0&1\end{bmatrix}$,则 $\boldsymbol{AB}\neq\boldsymbol{BA}$,且$(\boldsymbol{AB})^2\neq\boldsymbol{A}^2\boldsymbol{B}^2$.

注 反例是否定一个命题的有效方法,构造反例应当从简单而又特殊的情形着手.

问题 4 在什么条件下,由 $\boldsymbol{AB}=\boldsymbol{0}$ 可推出 $\boldsymbol{B}=\boldsymbol{0}$ 或 $\boldsymbol{A}=\boldsymbol{0}$?

答 设 $\boldsymbol{A}$ 为 $m\times n$ 矩阵,则由 $\boldsymbol{AB}=\boldsymbol{0}$ 可推出 $\boldsymbol{B}=\boldsymbol{0}$ 当且仅当齐次线性方程组 $\boldsymbol{Ax}=\boldsymbol{0}$ 只有零解,这等价于 $\operatorname{rank}\boldsymbol{A}=n$,即 $\boldsymbol{A}$ 为列满秩矩阵.因此,由 $\boldsymbol{AB}=\boldsymbol{0}$ 可推出 $\boldsymbol{B}=\boldsymbol{0}$ 的充要条件是 $\boldsymbol{A}$ 为列满秩矩阵.同理,由 $\boldsymbol{AB}=\boldsymbol{0}$ 可推出 $\boldsymbol{A}=\boldsymbol{0}$ 的充要条件是 $\boldsymbol{B}$ 为行满秩矩阵.

问题 5 为何不能将 $\boldsymbol{A}^{-1}$ 写成$\dfrac{1}{\boldsymbol{A}}$或$\dfrac{\boldsymbol{E}}{\boldsymbol{A}}$?

答 如果可以将 $\boldsymbol{A}^{-1}$ 写成$\dfrac{1}{\boldsymbol{A}}$或$\dfrac{\boldsymbol{E}}{\boldsymbol{A}}$,那么就难以区分$\dfrac{\boldsymbol{B}}{\boldsymbol{A}}$是 $\boldsymbol{A}^{-1}\boldsymbol{B}$ 还是 $\boldsymbol{BA}^{-1}$.

问题 6 怎样理解公式$(\boldsymbol{BA})^{-1}=\boldsymbol{A}^{-1}\boldsymbol{B}^{-1}$?

答 一个方阵对应于一个线性变换,那么逆矩阵就对应于该线性变换的逆变换.如果用矩阵 $\boldsymbol{A}$ 表示穿袜子、$\boldsymbol{B}$ 表示穿鞋子,则 $\boldsymbol{A}^{-1}$ 表示脱袜子、$\boldsymbol{B}^{-1}$ 表示脱鞋子.穿的时候是先穿

袜子后穿鞋子,即 $\boldsymbol{BA}$."脱"是"穿"的逆映射,即$(\boldsymbol{BA})^{-1}$;脱的时候应当先脱鞋子后脱袜子,即 $\boldsymbol{A}^{-1}\boldsymbol{B}^{-1}$,这就说明了$(\boldsymbol{BA})^{-1}=\boldsymbol{A}^{-1}\boldsymbol{B}^{-1}$.

问题 7 怎样理解矩阵的分块运算?

答 矩阵的分块不是一种新的运算,只是将大矩阵分割成许多子块,把子块当作矩阵的元来处理,有可能使得矩阵的结构更清晰,运算更简单.

矩阵的分块是理解有关概念和证明某些结论的重要手段.

将矩阵随意分块不会给计算带来方便.只有选择合适的分块方法,使得一些子块成为便于计算的特殊矩阵,如零矩阵、单位矩阵、对角矩阵或三角矩阵等,才有可能简化计算.

分块矩阵的运算是矩阵运算的"并行处理",分块矩阵的运算规律与矩阵完全相同.

问题 8 矩阵的三种初等变换是否独立?

答 否.因为对调行变换可用三次倍加行变换和一次倍乘行变换来实现:$r_i \leftrightarrow r_j$ 等同于 $r_j+r_i, r_i-r_j, r_j+r_i, (-1)r_i$.

问题 9 只用倍加行变换能否将任何矩阵都化为阶梯矩阵?

答 能.用倍加行变换可将矩阵 $\boldsymbol{A}=[a_{ij}]$的$(i,1)$元化为零,$i\geqslant 2$,分三种情况讨论:

(1) 若 $a_{11}\neq 0$,则做倍加变换 $r_i-\dfrac{a_{i1}}{a_{11}}r_1$ 可将$(i,1)$元化为零,$i\geqslant 2$;

(2) 若 $a_{11}=0$,但某个 $a_{i1}\neq 0$,则做倍加变换 r_1+r_i,使得$(1,1)$元非零,即情况(1);

(3) 若第一列元全为零,则 $\boldsymbol{A}$ 已符合要求.

类似地,可将 $\boldsymbol{A}$ 的$(i,2)$元化为零,$i\geqslant 3$.如此继续下去,只用倍加行变换就可将 $\boldsymbol{A}$ 化为阶梯矩阵.

问题 10 两个同阶的可逆矩阵是否等价?

答 因为同型矩阵等价的充要条件是它们的秩相等,而两个同阶的可逆矩阵是同型的且秩相等,所以它们等价.

但是,两个同阶的不可逆矩阵不一定等价,因为它们虽然同型但秩不一定相等.

问题 11 若 $\boldsymbol{A},\boldsymbol{B}$ 是同型矩阵,且方程组 $\boldsymbol{Ax}=\boldsymbol{0}$ 与 $\boldsymbol{Bx}=\boldsymbol{0}$ 同解,是否有 $\boldsymbol{A}\cong\boldsymbol{B}$?反之,若 $\boldsymbol{A}\cong\boldsymbol{B}$,方程组 $\boldsymbol{Ax}=\boldsymbol{0}$ 与 $\boldsymbol{Bx}=\boldsymbol{0}$ 是否同解?

答 若 $\boldsymbol{A},\boldsymbol{B}$ 是同型矩阵,且方程组 $\boldsymbol{Ax}=\boldsymbol{0}$ 与 $\boldsymbol{Bx}=\boldsymbol{0}$ 同解,则 $\operatorname{rank}\boldsymbol{A}=\operatorname{rank}\boldsymbol{B}$,从而 $\boldsymbol{A}\cong\boldsymbol{B}$.

反过来就不一定成立,例如矩阵

$$\boldsymbol{A}=\begin{bmatrix}1 & 0\\ 0 & 0\end{bmatrix},\quad \boldsymbol{B}=\begin{bmatrix}0 & 1\\ 0 & 0\end{bmatrix},$$

则 $\operatorname{rank}\boldsymbol{A}=\operatorname{rank}\boldsymbol{B}=1$,从而 $\boldsymbol{A}\cong\boldsymbol{B}$.但是方程组 $\boldsymbol{Ax}=\boldsymbol{0}$ 与 $\boldsymbol{Bx}=\boldsymbol{0}$ 的通解分别为

$$\begin{bmatrix}0\\ k\end{bmatrix} \text{与} \begin{bmatrix}k\\ 0\end{bmatrix},\quad k \text{ 为任意数},$$

因此两个方程组不同解.

问题 12 数学中的等价关系有何意义?

答 等价关系是相等关系的推广.非空集合 S 上的等价关系可以将 S 分成若干个互不相交的子集(即等价类),使得每个子集中的元素都是等价的,然后对每个等价类选取一个元素作为代表.通过研究这些代表以达到考察整个集合 S 的目的,这样就使得我们可以忽略

细枝末节，而专注于探究集合 S 的共性.

问题 13 如何理解等价关系的自反性、对称性和传递性？

答 设非空集合 S 上有等价关系. 若 S 中元素 a 不与自身等价，则 a 就不属于任何等价类. 这表明自反性是等价关系的基石. 而对称性则说明等价关系是可逆的，传递性保证了等价关系传下去不会失真.

问题 14 为何要引入初等矩阵？

答 如果对矩阵 $\boldsymbol{A}$ 做初等变换得到矩阵 $\boldsymbol{B}$，那么 $\boldsymbol{A}$ 与 $\boldsymbol{B}$ 等价，但不一定相等. 为了得到矩阵 $\boldsymbol{A},\boldsymbol{B}$ 之间更为精确的等式关系，人们引入了初等矩阵. 例如，对矩阵 $\boldsymbol{A}$ 做倍乘行变换 kr_i 得到矩阵 $\boldsymbol{B}$，则有等式 $\boldsymbol{P}(i(k))\boldsymbol{A}=\boldsymbol{B}$；对矩阵 $\boldsymbol{A}$ 做倍加列变换 c_i+kc_j 得到矩阵 $\boldsymbol{B}$，则有等式 $\boldsymbol{AP}(j,i(k))=\boldsymbol{B}$. 这也表明借助初等矩阵可以用矩阵乘法来刻画初等变换.

问题 15 如何求初等矩阵的逆矩阵？

答 利用初等变换与对应的初等矩阵关系定理，可以方便地求出初等矩阵的逆矩阵.

对调变换 $r_i \leftrightarrow r_j$ 的逆变换是 $r_i \leftrightarrow r_j$，它们对应的初等矩阵都是 $\boldsymbol{P}(i,j)$，因此，对单位矩阵 $\boldsymbol{E}$ 做两次对调变换 $r_i \leftrightarrow r_j$，$\boldsymbol{E}$ 不会发生变化，于是 $\boldsymbol{P}(i,j)\boldsymbol{P}(i,j)\boldsymbol{E}=\boldsymbol{E}$，即知 $\boldsymbol{P}(i,j)^{-1}=\boldsymbol{P}(i,j)$.

倍乘变换 kr_i 的逆变换是 $\dfrac{1}{k}r_i$，它们对应的初等矩阵分别是 $\boldsymbol{P}(i(k))$ 和 $\boldsymbol{P}\left(i\left(\dfrac{1}{k}\right)\right)$，因此，对单位矩阵 $\boldsymbol{E}$ 依次做倍乘变换 kr_i 和 $\dfrac{1}{k}r_i$，$\boldsymbol{E}$ 不会发生变化，于是 $\boldsymbol{P}\left(i\left(\dfrac{1}{k}\right)\right)\boldsymbol{P}(i(k))\boldsymbol{E}=\boldsymbol{E}$，即知 $\boldsymbol{P}(i(k))^{-1}=\boldsymbol{P}\left(i\left(\dfrac{1}{k}\right)\right)$.

倍加变换 r_i+kr_j 的逆变换是 r_i-kr_j，它们对应的初等矩阵都是 $\boldsymbol{P}(i,j(k))$ 和 $\boldsymbol{P}(i,j(-k))$，因此，对单位矩阵 $\boldsymbol{E}$ 做依次倍加变换 r_i+kr_j 和 r_i-kr_j，$\boldsymbol{E}$ 不会发生变化，于是 $\boldsymbol{P}(i,j(-k))\boldsymbol{P}(i,j(k))\boldsymbol{E}=\boldsymbol{E}$，即知 $\boldsymbol{P}(i,j(k))^{-1}=\boldsymbol{P}(i,j(-k))$.

问题 16 讨论矩阵方程有何意义？

答 我们注意到，用消元法解线性方程组时，消元的目的是用初等行变换将系数矩阵化为阶梯矩阵，只是捎带地将增广矩阵也化成了阶梯矩阵. 因此，系数矩阵相同的有限个线性方程组可以放在一起形成所谓的矩阵方程，再用消元法求解矩阵方程就能减少计算量. 这也是“并行计算”的思想. 而且矩阵方程的有解判别准则、求解方法以及应用均与线性方程组类似.

问题 17 如何理解分块初等变换？

答 分块对调行变换是有限次对调行变换的复合；分块倍乘行变换、分块倍加行变换则是有限次倍乘行变换或倍加行变换的复合，因此，分块初等变换是初等变换的“并行处理”.

同样，分块对调矩阵是有限个对调矩阵的乘积，分块倍乘矩阵、分块倍加矩阵是有限个倍乘矩阵或倍加矩阵的乘积.

分块初等变换一般不是初等变换，分块初等矩阵一般不是初等矩阵.

问题 18 分块倍乘行变换和分块倍加行变换中，对左乘的矩阵各有什么要求？

答 用矩阵 $\boldsymbol{P}_1$ 左乘分块矩阵 $\begin{bmatrix}\boldsymbol{A}_{11} & \boldsymbol{A}_{12}\\ \boldsymbol{A}_{21} & \boldsymbol{A}_{22}\end{bmatrix}$ 的第一行全部子块，要求 $\boldsymbol{P}_1$ 的阶数等于 $\boldsymbol{A}_{11}$

的行数，且 $\boldsymbol{P}_1$ 是可逆矩阵．前者是为了 $\boldsymbol{P}_1$ 能够左乘，后者是为了保证分块倍乘行变换可逆．

用矩阵 $\boldsymbol{P}_2$ 左乘分块矩阵 $\begin{bmatrix}\boldsymbol{A}_{11} & \boldsymbol{A}_{12}\\ \boldsymbol{A}_{21} & \boldsymbol{A}_{22}\end{bmatrix}$ 的第一行全部子块加到第二行，要求 $\boldsymbol{P}_2$ 的行数等于 $\boldsymbol{A}_{21}$ 的行数、其列数等于 $\boldsymbol{A}_{11}$ 的行数，从而使分块倍加行变换能够进行．分块倍加行变换显然是可逆的．

问题 19 如何理解矩阵的秩及其应用？

答 矩阵 $\boldsymbol{A}$ 的秩等于对 $\boldsymbol{A}$ 做初等行变换化成阶梯矩阵之后非零行的数目，这相当于对齐次线性方程组 $\boldsymbol{Ax}=\boldsymbol{0}$ 做初等变换化为阶梯方程组并删去所有“0=0”之后方程的个数，即 $\boldsymbol{Ax}=\boldsymbol{0}$ 中有效方程的个数．通俗地讲，矩阵的秩表示去掉冗余信息后有效信息的个数．

初等变换不改变矩阵的秩，即等价矩阵的秩相等，所以矩阵的秩是初等变换或等价关系下的不变量，简称为等价不变量．由于秩相等的同型矩阵必定等价，因此 $m\times n$ 矩阵按秩的大小可以分成 $\min\{m,n\}+1$ 个等价类．每个类中的矩阵有相同的等价标准形，等价标准形是等价类中形式最简单的代表元．矩阵的秩贯穿着整个线性代数，它在本章中的应用有：

（1）判断两个矩阵是否等价；

（2）判断一个矩阵是否可逆；

（3）判断齐次线性方程组是否有非零解；

（4）判断非齐次线性方程组是否有解；

（5）判断矩阵方程是否有解．

范例解析

题型 1 矩阵运算规律的应用

例 1 下列结论中不正确的是 【 】

（A）设 $\boldsymbol{A}$ 为 n 阶矩阵，则 $(\boldsymbol{A}-\boldsymbol{E})(\boldsymbol{A}+\boldsymbol{E})=\boldsymbol{A}^2-\boldsymbol{E}$；

（B）设 $\boldsymbol{A},\boldsymbol{B}$ 均为 $n\times1$ 矩阵，则 $\boldsymbol{A}^{\mathrm{T}}\boldsymbol{B}=\boldsymbol{B}^{\mathrm{T}}\boldsymbol{A}$；

（C）设 $\boldsymbol{A},\boldsymbol{B}$ 均为 n 阶矩阵，且满足 $\boldsymbol{AB}=\boldsymbol{0}$，则 $(\boldsymbol{A}+\boldsymbol{B})^2=\boldsymbol{A}^2+\boldsymbol{B}^2$；

（D）设 $\boldsymbol{A},\boldsymbol{B}$ 均为 n 阶矩阵，且满足 $\boldsymbol{AB}=\boldsymbol{BA}$，则 $\boldsymbol{A}^5\boldsymbol{B}^3=\boldsymbol{B}^3\boldsymbol{A}^5$．

解 （A）因 $(\boldsymbol{A}-\boldsymbol{E})(\boldsymbol{A}+\boldsymbol{E})=\boldsymbol{A}^2+\boldsymbol{AE}-\boldsymbol{EA}-\boldsymbol{E}^2=\boldsymbol{A}^2-\boldsymbol{E}$，故结论正确．

（B）因为 $\boldsymbol{A},\boldsymbol{B}$ 均为 $n\times1$ 矩阵，所以 $\boldsymbol{A}^{\mathrm{T}}\boldsymbol{B}$ 和 $\boldsymbol{B}^{\mathrm{T}}\boldsymbol{A}$ 均为一阶矩阵，从而 $\boldsymbol{A}^{\mathrm{T}}\boldsymbol{B}=(\boldsymbol{A}^{\mathrm{T}}\boldsymbol{B})^{\mathrm{T}}=\boldsymbol{B}^{\mathrm{T}}\boldsymbol{A}$，故结论正确．

（C）由 $\boldsymbol{AB}=\boldsymbol{0}$ 一般推不出 $\boldsymbol{BA}=\boldsymbol{0}$，因此

$$(\boldsymbol{A}+\boldsymbol{B})^2=\boldsymbol{A}^2+\boldsymbol{AB}+\boldsymbol{BA}+\boldsymbol{B}^2\neq\boldsymbol{A}^2+\boldsymbol{B}^2,$$

故结论不正确．

（D）由 $\boldsymbol{AB}=\boldsymbol{BA}$，有

$$\boldsymbol{AB}^3=(\boldsymbol{AB})\boldsymbol{B}^2=(\boldsymbol{BA})\boldsymbol{B}^2=\boldsymbol{B}(\boldsymbol{AB})\boldsymbol{B}=\boldsymbol{B}^2(\boldsymbol{AB})=\boldsymbol{B}^3\boldsymbol{A},$$

$$\boldsymbol{A}^5\boldsymbol{B}^3=\boldsymbol{A}^4(\boldsymbol{AB}^3)=\boldsymbol{A}^4(\boldsymbol{B}^3\boldsymbol{A})=\boldsymbol{A}^3(\boldsymbol{AB}^3)\boldsymbol{A}=\cdots=\boldsymbol{B}^3\boldsymbol{A}^5,$$

故结论正确．

因此应选（C）．

注 当 $\boldsymbol{AB}=\boldsymbol{0}$ 时，可能有 $\boldsymbol{BA}\neq\boldsymbol{0}$，例如 $\boldsymbol{A}=\begin{bmatrix}1&1\\-1&-1\end{bmatrix}$，$\boldsymbol{B}=\begin{bmatrix}1&-1\\-1&1\end{bmatrix}$.

例 2 设矩阵 $\boldsymbol{A}=\begin{bmatrix}-1&2&1\\0&-1&2\end{bmatrix}$，$\boldsymbol{B}=\begin{bmatrix}1&2&0\\1&3&-2\\3&8&-4\end{bmatrix}$，$\boldsymbol{C}=\begin{bmatrix}-4&-8\\2&4\\1&2\end{bmatrix}$，求 $\boldsymbol{AB}$，$\boldsymbol{BC}$，$\boldsymbol{AC}$，$\boldsymbol{CA}$.

解

$$\boldsymbol{AB}=\begin{bmatrix}-1&2&1\\0&-1&2\end{bmatrix}\begin{bmatrix}1&2&0\\1&3&-2\\3&8&-4\end{bmatrix}=\begin{bmatrix}4&12&-8\\5&13&-6\end{bmatrix},$$

$$\boldsymbol{BC}=\begin{bmatrix}1&2&0\\1&3&-2\\3&8&-4\end{bmatrix}\begin{bmatrix}-4&-8\\2&4\\1&2\end{bmatrix}=\begin{bmatrix}0&0\\0&0\\0&0\end{bmatrix},$$

$$\boldsymbol{AC}=\begin{bmatrix}-1&2&1\\0&-1&2\end{bmatrix}\begin{bmatrix}-4&-8\\2&4\\1&2\end{bmatrix}=\begin{bmatrix}9&18\\0&0\end{bmatrix},$$

$$\boldsymbol{CA}=\begin{bmatrix}-4&-8\\2&4\\1&2\end{bmatrix}\begin{bmatrix}-1&2&1\\0&-1&2\end{bmatrix}=\begin{bmatrix}4&0&-20\\-2&0&10\\-1&0&5\end{bmatrix}.$$

注 矩阵的乘法不同于数的乘法，例如：

(1) $\boldsymbol{AB}\neq\boldsymbol{BA}$，这是因为 $\boldsymbol{AB}$ 有意义时，$\boldsymbol{BA}$ 未必也有意义；即使 $\boldsymbol{AB}$ 与 $\boldsymbol{BA}$ 都有意义，它们也未必同型；即使 $\boldsymbol{AB}$ 与 $\boldsymbol{BA}$ 都有意义且同型，也未必相等.

(2) $\boldsymbol{AB}=\boldsymbol{0}$ 不一定能推出 $\boldsymbol{A}=\boldsymbol{0}$ 或 $\boldsymbol{B}=\boldsymbol{0}$；若 $\boldsymbol{A}$ 为可逆矩阵，则 $\boldsymbol{B}=\boldsymbol{0}$.

(3) $\boldsymbol{CA}=\boldsymbol{CB}$ 不一定能推出 $\boldsymbol{A}=\boldsymbol{B}$；若 $\boldsymbol{C}$ 为可逆矩阵，则 $\boldsymbol{A}=\boldsymbol{B}$.

(4) $\boldsymbol{A}^2=\boldsymbol{E}$ 不一定能推出 $\boldsymbol{A}=\boldsymbol{E}$ 或 $\boldsymbol{A}=-\boldsymbol{E}$.

(5) $\boldsymbol{A}\neq\boldsymbol{0}$ 且 $\boldsymbol{B}\neq\boldsymbol{0}$ 时，$\boldsymbol{AB}=\boldsymbol{0}$ 可能成立.

例 3 设 $\boldsymbol{A}$，$\boldsymbol{B}$ 为 n 阶矩阵，$\boldsymbol{AB}+\boldsymbol{BA}=\boldsymbol{E}$，证明 $\boldsymbol{A}^3\boldsymbol{B}+\boldsymbol{BA}^3=\boldsymbol{A}^2$.

证 由题设有

$$\begin{aligned}\boldsymbol{A}^3\boldsymbol{B}&=\boldsymbol{A}^2(\boldsymbol{AB})=\boldsymbol{A}^2(\boldsymbol{E}-\boldsymbol{BA})=\boldsymbol{A}(\boldsymbol{E}-\boldsymbol{AB})\boldsymbol{A}\\&=\boldsymbol{A}(\boldsymbol{BA})\boldsymbol{A}=(\boldsymbol{AB})\boldsymbol{A}^2=(\boldsymbol{E}-\boldsymbol{BA})\boldsymbol{A}^2=\boldsymbol{A}^2-\boldsymbol{BA}^3,\end{aligned}$$

所以 $\boldsymbol{A}^3\boldsymbol{B}+\boldsymbol{BA}^3=\boldsymbol{A}^2$.

例 4 设 $\boldsymbol{A}$ 和 $\boldsymbol{B}$ 是 n 阶矩阵，$\boldsymbol{A}^2=\boldsymbol{A}$，$\boldsymbol{B}^2=\boldsymbol{B}$，$(\boldsymbol{A}+\boldsymbol{B})^2=\boldsymbol{A}+\boldsymbol{B}$，证明 $\boldsymbol{AB}=\boldsymbol{BA}=\boldsymbol{0}$.

证 由题设知

$$\boldsymbol{A}^2+\boldsymbol{B}^2=\boldsymbol{A}+\boldsymbol{B}=(\boldsymbol{A}+\boldsymbol{B})^2=\boldsymbol{A}^2+\boldsymbol{AB}+\boldsymbol{BA}+\boldsymbol{B}^2,$$

从而

$$\boldsymbol{AB}+\boldsymbol{BA}=\boldsymbol{0}. \tag{2.1}$$

用 $\boldsymbol{A}$ 左乘、右乘(2.1)式两端，并注意到 $\boldsymbol{A}^2=\boldsymbol{A}$，得

$$\boldsymbol{AB}+\boldsymbol{ABA}=\boldsymbol{0},\quad \boldsymbol{ABA}+\boldsymbol{BA}=\boldsymbol{0}.$$

两式相减，有

$$\boldsymbol{AB}-\boldsymbol{BA}=\boldsymbol{0}. \tag{2.2}$$

由(2.1)式和(2.2)式得

$$AB=BA=0.$$

例 5 已知 $A=\begin{bmatrix}1&2\\0&1\end{bmatrix}$,求一个不是数量矩阵的矩阵 B,使得 $AB=BA$.

解 由 $AB=BA$,知 B 为二阶矩阵. 设 $B=\begin{bmatrix}b_{11}&b_{12}\\b_{21}&b_{22}\end{bmatrix}$,则

$$AB=\begin{bmatrix}1&2\\0&1\end{bmatrix}\begin{bmatrix}b_{11}&b_{12}\\b_{21}&b_{22}\end{bmatrix}=\begin{bmatrix}b_{11}+2b_{21}&b_{12}+2b_{22}\\b_{21}&b_{22}\end{bmatrix},$$

$$BA=\begin{bmatrix}b_{11}&b_{12}\\b_{21}&b_{22}\end{bmatrix}\begin{bmatrix}1&2\\0&1\end{bmatrix}=\begin{bmatrix}b_{11}&2b_{11}+b_{12}\\b_{21}&2b_{21}+b_{22}\end{bmatrix},$$

从而

$$\begin{cases}b_{11}+2b_{21}=b_{11},\\b_{12}+2b_{22}=2b_{11}+b_{12},\\\qquad b_{22}=2b_{21}+b_{22},\end{cases}\quad 解得\quad \begin{cases}b_{21}=0,\\b_{22}=b_{11}.\end{cases}$$

因 B 不是数量矩阵,故有

$$B=\begin{bmatrix}k&l\\0&k\end{bmatrix},\quad k\ 为任意数,l\ 为任意非零数.$$

题型 2 矩阵幂的计算

例 6 设 $A=\begin{bmatrix}1&-1&-1&-1\\-1&1&-1&-1\\-1&-1&1&-1\\-1&-1&-1&1\end{bmatrix}$,求 A^k.

解 易知

$$A^2=\begin{bmatrix}1&-1&-1&-1\\-1&1&-1&-1\\-1&-1&1&-1\\-1&-1&-1&1\end{bmatrix}^2=\begin{bmatrix}4&0&0&0\\0&4&0&0\\0&0&4&0\\0&0&0&4\end{bmatrix}=4E=2^2E.$$

当 $k=2m$ 时,$A^k=(A^2)^m=2^{2m}E=2^kE$;

当 $k=2m+1$ 时,$A^k=A^{2m+1}=(A^2)^mA=2^{2m}A=2^{k-1}A$.

注 归纳法是求矩阵幂的一种基本方法.

例 7 已知 $A=\begin{bmatrix}a_1b_1&a_1b_2&\cdots&a_1b_n\\a_2b_1&a_2b_2&\cdots&a_2b_n\\\vdots&\vdots&&\vdots\\a_nb_1&a_nb_2&\cdots&a_nb_n\end{bmatrix}$,求 A^k.

解 记 $\boldsymbol{\alpha}=(a_1,a_2,\cdots,a_n)^{\mathrm T}$,$\boldsymbol{\beta}=(b_1,b_2,\cdots,b_n)^{\mathrm T}$,则 $A=\boldsymbol{\alpha}\boldsymbol{\beta}^{\mathrm T}$,且

$$\boldsymbol{\beta}^{\mathrm T}\boldsymbol{\alpha}=(b_1,b_2,\cdots,b_n)\begin{bmatrix}a_1\\a_2\\\vdots\\a_n\end{bmatrix}=\sum_{i=1}^n a_ib_i,$$

于是

$$\begin{aligned}\boldsymbol{A}^k &= (\boldsymbol{\alpha}\boldsymbol{\beta}^{\mathrm{T}})^k = (\boldsymbol{\alpha}\boldsymbol{\beta}^{\mathrm{T}})(\boldsymbol{\alpha}\boldsymbol{\beta}^{\mathrm{T}})\cdots(\boldsymbol{\alpha}\boldsymbol{\beta}^{\mathrm{T}})\\ &= \boldsymbol{\alpha}(\boldsymbol{\beta}^{\mathrm{T}}\boldsymbol{\alpha})(\boldsymbol{\beta}^{\mathrm{T}}\boldsymbol{\alpha})\cdots(\boldsymbol{\beta}^{\mathrm{T}}\boldsymbol{\alpha})\boldsymbol{\beta}^{\mathrm{T}}\\ &= (\boldsymbol{\beta}^{\mathrm{T}}\boldsymbol{\alpha})^{k-1}\boldsymbol{\alpha}\boldsymbol{\beta}^{\mathrm{T}} = \left(\sum_{i=1}^{n} a_i b_i\right)^{k-1}\boldsymbol{A}.\end{aligned}$$

注 (1) 当 rank $\boldsymbol{A}=1$ 时,总可以将 $\boldsymbol{A}$ 分折成列向量与行向量之积(参见本章拓展提高例 45),从而求出矩阵 $\boldsymbol{A}$ 的幂.

(2) 若 $\boldsymbol{A}=\boldsymbol{\alpha}\boldsymbol{\beta}^{\mathrm{T}}$ 时,则$\boldsymbol{\beta}^{\mathrm{T}}\boldsymbol{\alpha}=\mathrm{tr}\,\boldsymbol{A}$,其中 tr $\boldsymbol{A}$ 为 $\boldsymbol{A}$ 的主对角元之和,称为 $\boldsymbol{A}$ 的迹.

例 8 已知 $\boldsymbol{A}=\begin{bmatrix}2&0&0\\-3&2&0\\4&1&2\end{bmatrix}$,求 $\boldsymbol{A}^k$.

解 令 $\boldsymbol{A}=\boldsymbol{B}+2\boldsymbol{E}$,则

$$\boldsymbol{B}=\begin{bmatrix}0&0&0\\-3&0&0\\4&1&0\end{bmatrix},\quad \boldsymbol{B}^2=\begin{bmatrix}0&0&0\\0&0&0\\-3&0&0\end{bmatrix},\quad \boldsymbol{B}^3=\boldsymbol{B}^4=\cdots=\boldsymbol{0},$$

从而

$$\begin{aligned}\boldsymbol{A}^k &= (\boldsymbol{B}+2\boldsymbol{E})^k = \sum_{i=0}^{k}\mathrm{C}_k^i\boldsymbol{B}^i(2\boldsymbol{E})^{k-i}\\ &= \mathrm{C}_k^0\boldsymbol{B}^0(2\boldsymbol{E})^k + \mathrm{C}_k^1\boldsymbol{B}^1(2\boldsymbol{E})^{k-1} + \mathrm{C}_k^2\boldsymbol{B}^2(2\boldsymbol{E})^{k-2}\\ &= 2^k\boldsymbol{E} + k\cdot 2^{k-1}\boldsymbol{B} + \frac{k(k-1)}{2}\cdot 2^{k-2}\boldsymbol{B}^2\\ &= \begin{bmatrix}2^k&0&0\\-3k\cdot 2^{k-1}&2^k&0\\k(19-3k)\cdot 2^{k-3}&k\cdot 2^{k-1}&2^k\end{bmatrix}.\end{aligned}$$

注 (1) 将矩阵 $\boldsymbol{A}$ 折成 $\boldsymbol{A}=\boldsymbol{B}+\lambda\boldsymbol{E}$,其中 $\boldsymbol{B}^l=\boldsymbol{0}$,然后用二项式定理求矩阵幂 $\boldsymbol{A}^k$.

(2) 例 7 和例 8 中的方法统称为求矩阵幂的分折法.

(3) 若 n 阶三角矩阵 $\boldsymbol{B}$ 的主对角元为零,则 $\boldsymbol{B}^n=\boldsymbol{0}$.

题型 3 可逆矩阵的判定与逆矩阵的计算

例 9 设 $\boldsymbol{A}=\begin{bmatrix}2&1&-1\\3&-2&0\\0&0&2\end{bmatrix}$,$\boldsymbol{B}=\begin{bmatrix}1&0&1\\0&2&0\\0&0&0\end{bmatrix}$.

(1) 证明矩阵 $\boldsymbol{A}+2\boldsymbol{E}$ 可逆;

(2) 求$(\boldsymbol{A}+2\boldsymbol{E})^{-1}(\boldsymbol{A}^2+5\boldsymbol{A}+6\boldsymbol{E})$;

(3) 求 $\boldsymbol{A}(\boldsymbol{E}-\boldsymbol{A}^{-1}\boldsymbol{B}^{\mathrm{T}})^{\mathrm{T}}\boldsymbol{A}^{\mathrm{T}}-\boldsymbol{A}(\boldsymbol{E}+2\boldsymbol{B}(\boldsymbol{A}^{-1})^{\mathrm{T}})\boldsymbol{A}^{\mathrm{T}}$.

解 (1) 因为

$$\boldsymbol{A}+2\boldsymbol{E}=\begin{bmatrix}4&1&-1\\3&0&0\\0&0&4\end{bmatrix}\to\begin{bmatrix}1&0&0\\0&1&-1\\0&0&4\end{bmatrix},$$

则 rank$(\boldsymbol{A}+2\boldsymbol{E})=3$,所以 $\boldsymbol{A}+2\boldsymbol{E}$ 可逆.

(2) 由于 $\boldsymbol{A}^2+5\boldsymbol{A}+6\boldsymbol{E}=(\boldsymbol{A}+2\boldsymbol{E})(\boldsymbol{A}+3\boldsymbol{E})$,因此

$$(\boldsymbol{A}+2\boldsymbol{E})^{-1}(\boldsymbol{A}^2+5\boldsymbol{A}+6\boldsymbol{E})=\boldsymbol{A}+3\boldsymbol{E}=\begin{bmatrix}5&1&-1\\3&1&0\\0&0&5\end{bmatrix}.$$

(3) 由矩阵运算的规律得

$$\begin{aligned}&\boldsymbol{A}(\boldsymbol{E}-\boldsymbol{A}^{-1}\boldsymbol{B}^{\mathrm{T}})^{\mathrm{T}}\boldsymbol{A}^{\mathrm{T}}-\boldsymbol{A}(\boldsymbol{E}+2\boldsymbol{B}(\boldsymbol{A}^{-1})^{\mathrm{T}})\boldsymbol{A}^{\mathrm{T}}\\=&\boldsymbol{A}[(\boldsymbol{E}-\boldsymbol{A}^{-1}\boldsymbol{B}^{\mathrm{T}})^{\mathrm{T}}-(\boldsymbol{E}+2\boldsymbol{B}(\boldsymbol{A}^{-1})^{\mathrm{T}})]\boldsymbol{A}^{\mathrm{T}}\\=&\boldsymbol{A}[-\boldsymbol{B}(\boldsymbol{A}^{-1})^{\mathrm{T}}-2\boldsymbol{B}(\boldsymbol{A}^{-1})^{\mathrm{T}}]\boldsymbol{A}^{\mathrm{T}}\\=&-3\boldsymbol{A}\boldsymbol{B}(\boldsymbol{A}^{\mathrm{T}})^{-1}\boldsymbol{A}^{\mathrm{T}}=-3\boldsymbol{A}\boldsymbol{B}\\=&-3\begin{bmatrix}2&1&-1\\3&-2&0\\0&0&2\end{bmatrix}\begin{bmatrix}1&0&1\\0&2&0\\0&0&0\end{bmatrix}=\begin{bmatrix}-6&-6&-6\\-9&12&-9\\0&0&0\end{bmatrix}.\end{aligned}$$

例 10 设矩阵 $\boldsymbol{D}=\boldsymbol{A}^{-1}\boldsymbol{B}^{\mathrm{T}}(\boldsymbol{C}\boldsymbol{B}^{-1}+\boldsymbol{E})^{\mathrm{T}}-[(\boldsymbol{C}^{-1})^{\mathrm{T}}\boldsymbol{A}]^{-1}$,其中

$$\boldsymbol{A}=\begin{bmatrix}1&0&0\\0&2&0\\0&0&3\end{bmatrix},\quad\boldsymbol{B}=\begin{bmatrix}1&2&0\\2&1&0\\0&0&1\end{bmatrix},\quad\boldsymbol{C}=\begin{bmatrix}1&2&3\\4&5&6\\7&8&10\end{bmatrix},$$

求矩阵 $\boldsymbol{D}^{-1}$.

解 因为

$$\begin{aligned}\boldsymbol{D}&=\boldsymbol{A}^{-1}\boldsymbol{B}^{\mathrm{T}}(\boldsymbol{C}\boldsymbol{B}^{-1}+\boldsymbol{E})^{\mathrm{T}}-[(\boldsymbol{C}^{-1})^{\mathrm{T}}\boldsymbol{A}]^{-1}\\&=\boldsymbol{A}^{-1}[(\boldsymbol{C}\boldsymbol{B}^{-1}+\boldsymbol{E})\boldsymbol{B}]^{\mathrm{T}}-\boldsymbol{A}^{-1}[(\boldsymbol{C}^{\mathrm{T}})^{-1}]^{-1}\\&=\boldsymbol{A}^{-1}(\boldsymbol{C}+\boldsymbol{B})^{\mathrm{T}}-\boldsymbol{A}^{-1}\boldsymbol{C}^{\mathrm{T}}=\boldsymbol{A}^{-1}\boldsymbol{B}^{\mathrm{T}},\end{aligned}$$

所以

$$\boldsymbol{D}^{-1}=(\boldsymbol{B}^{\mathrm{T}})^{-1}\boldsymbol{A}=(\boldsymbol{B}^{-1})^{\mathrm{T}}\boldsymbol{A}.$$

将矩阵 $\boldsymbol{B}$ 先分块,再求逆得

$$\boldsymbol{B}^{-1}=\begin{bmatrix}3&2&0\\2&1&0\\0&0&1\end{bmatrix}^{-1}=\begin{bmatrix}-1&2&0\\2&-3&0\\0&0&1\end{bmatrix},$$

故

$$\boldsymbol{D}^{-1}=(\boldsymbol{B}^{-1})^{\mathrm{T}}\boldsymbol{A}=\begin{bmatrix}-1&2&0\\2&-3&0\\0&0&1\end{bmatrix}^{\mathrm{T}}\begin{bmatrix}1&0&0\\0&2&0\\0&0&3\end{bmatrix}=\begin{bmatrix}-1&4&0\\2&-6&0\\0&0&3\end{bmatrix}.$$

例 11 设矩阵 $\boldsymbol{A}=\begin{bmatrix}0&10&6\\1&-3&-3\\-2&10&8\end{bmatrix}$,$\boldsymbol{B}=\begin{bmatrix}2&2&3\\1&-1&0\\-1&2&1\end{bmatrix}$.求:

(1) $\boldsymbol{B}^{-1}$;

(2) $\boldsymbol{B}^{-1}\boldsymbol{A}\boldsymbol{B}$;

(3) $\boldsymbol{A}^k$.

解 (1) 利用初等行变换法求 $\boldsymbol{B}^{-1}$,得

$$[\boldsymbol{B}\quad \boldsymbol{E}]=\begin{bmatrix}2&2&3&1&0&0\\1&-1&0&0&1&0\\-1&2&1&0&0&1\end{bmatrix}\longrightarrow\begin{bmatrix}1&-1&0&0&1&0\\2&2&3&1&0&0\\-1&2&1&0&0&1\end{bmatrix}$$

$$\longrightarrow\begin{bmatrix}1&-1&0&0&1&0\\0&4&3&1&-2&0\\0&1&1&0&1&1\end{bmatrix}\longrightarrow\begin{bmatrix}1&-1&0&0&1&0\\0&1&1&0&1&1\\0&4&3&1&-2&0\end{bmatrix}$$

$$\longrightarrow\begin{bmatrix}1&0&1&0&2&1\\0&1&1&0&1&1\\0&0&-1&1&-6&-4\end{bmatrix}\longrightarrow\begin{bmatrix}1&0&0&1&-4&-3\\0&1&0&1&-5&-3\\0&0&1&-1&6&4\end{bmatrix},$$

因此

$$\boldsymbol{B}^{-1}=\begin{bmatrix}1&-4&-3\\1&-5&-3\\-1&6&4\end{bmatrix}.$$

(2) $\boldsymbol{B}^{-1}\boldsymbol{A}\boldsymbol{B}=\begin{bmatrix}1&-4&-3\\1&-5&-3\\-1&6&4\end{bmatrix}\begin{bmatrix}0&10&6\\1&-3&-3\\-2&10&8\end{bmatrix}\begin{bmatrix}2&2&3\\1&-1&0\\-1&2&1\end{bmatrix}=\begin{bmatrix}2&0&0\\0&1&0\\0&0&2\end{bmatrix}.$

(3) 由 $\boldsymbol{B}^{-1}\boldsymbol{A}\boldsymbol{B}=\begin{bmatrix}2&0&0\\0&1&0\\0&0&2\end{bmatrix}$,得 $\boldsymbol{A}=\boldsymbol{B}\begin{bmatrix}2&0&0\\0&1&0\\0&0&2\end{bmatrix}\boldsymbol{B}^{-1}$,从而

$$\boldsymbol{A}^k=\boldsymbol{B}\begin{bmatrix}2&0&0\\0&1&0\\0&0&2\end{bmatrix}^k\boldsymbol{B}^{-1}=\begin{bmatrix}2&2&3\\1&-1&0\\-1&2&1\end{bmatrix}\begin{bmatrix}2^k&0&0\\0&1&0\\0&0&2^k\end{bmatrix}\begin{bmatrix}1&-4&-3\\1&-5&-3\\-1&6&4\end{bmatrix}$$

$$=\begin{bmatrix}-2^k+2&5\cdot 2^{k+1}-10&3\cdot 2^{k+1}-6\\2^k-1&-2^{k+2}+5&-3\cdot 2^k+3\\-2^{k+1}+2&5\cdot 2^{k+1}-10&7\cdot 2^k-6\end{bmatrix}.$$

注 本例给出了求矩阵幂的一种新方法:当 $\boldsymbol{B}^{-1}\boldsymbol{A}\boldsymbol{B}=\boldsymbol{\Lambda}$ 为对角矩阵时,$\boldsymbol{A}^k=\boldsymbol{B}\boldsymbol{\Lambda}^k\boldsymbol{B}^{-1}$.第5章范例解析中题型7会详细介绍这种方法.

例12 设 $\boldsymbol{B}=\begin{bmatrix}1&-1&0&0\\0&1&-1&0\\0&0&1&-1\\0&0&0&1\end{bmatrix}$,$\boldsymbol{C}=\begin{bmatrix}2&1&3&4\\0&2&1&3\\0&0&2&1\\0&0&0&2\end{bmatrix}$,且矩阵 $\boldsymbol{A}$ 满足关系式 $\boldsymbol{A}(\boldsymbol{E}-\boldsymbol{C}^{-1}\boldsymbol{B})^{\mathrm{T}}\boldsymbol{C}^{\mathrm{T}}=\boldsymbol{E}$,求 $\boldsymbol{A}$.

解 因为

$$(\boldsymbol{E}-\boldsymbol{C}^{-1}\boldsymbol{B})^{\mathrm{T}}\boldsymbol{C}^{\mathrm{T}}=[\boldsymbol{C}(\boldsymbol{E}-\boldsymbol{C}^{-1}\boldsymbol{B})]^{\mathrm{T}}=(\boldsymbol{C}-\boldsymbol{B})^{\mathrm{T}},$$

即 $\boldsymbol{A}(\boldsymbol{C}-\boldsymbol{B})^{\mathrm{T}}=\boldsymbol{E}$,所以 $\boldsymbol{A}=[(\boldsymbol{C}-\boldsymbol{B})^{\mathrm{T}}]^{-1}$. 又

$$(\boldsymbol{C}-\boldsymbol{B})^{\mathrm{T}}=\begin{bmatrix}1&0&0&0\\2&1&0&0\\3&2&1&0\\4&3&2&1\end{bmatrix},$$

$$[(\boldsymbol{C}-\boldsymbol{B})^{\mathrm{T}}\quad \boldsymbol{E}]=\begin{bmatrix}1&0&0&0&1&0&0&0\\2&1&0&0&0&1&0&0\\3&2&1&0&0&0&1&0\\4&3&2&1&0&0&0&1\end{bmatrix}$$

$$\to\begin{bmatrix}1&0&0&0&1&0&0&0\\0&1&0&0&-2&1&0&0\\0&2&1&0&-3&0&1&0\\0&3&2&1&-4&0&0&1\end{bmatrix}$$

$$\to\begin{bmatrix}1&0&0&0&1&0&0&0\\0&1&0&0&-2&1&0&0\\0&0&1&0&1&-2&1&0\\0&0&2&1&2&-3&0&1\end{bmatrix}$$

$$\to\begin{bmatrix}1&0&0&0&1&0&0&0\\0&1&0&0&-2&1&0&0\\0&0&1&0&1&-2&1&0\\0&0&0&1&0&1&-2&1\end{bmatrix},$$

从而

$$\boldsymbol{A}=[(\boldsymbol{C}-\boldsymbol{B})^{\mathrm{T}}]^{-1}=\begin{bmatrix}1&0&0&0\\-2&1&0&0\\1&-2&1&0\\0&1&-2&1\end{bmatrix}.$$

注 若可逆矩阵 $\boldsymbol{A}$ 是具体的,则一般通过对矩阵$[\boldsymbol{A}\quad \boldsymbol{E}]$做初等行变换求 $\boldsymbol{A}^{-1}$;若可逆矩阵 $\boldsymbol{A}$ 是抽象的,则首先想到按定义 $\boldsymbol{AB}=\boldsymbol{E}$ 或 $\boldsymbol{BA}=\boldsymbol{E}$ 求 $\boldsymbol{A}^{-1}$.

例 13 设 $\boldsymbol{A}$ 为 n 阶矩阵,且 $\boldsymbol{A}^2=2\boldsymbol{E}$,$\boldsymbol{B}=\boldsymbol{A}^2-2\boldsymbol{A}+\boldsymbol{E}$,证明 $\boldsymbol{B}$ 可逆,并求 $\boldsymbol{B}^{-1}$.

解 方法 1 由 $\boldsymbol{A}^2=2\boldsymbol{E}$,可得$(\boldsymbol{A}-\boldsymbol{E})(\boldsymbol{A}+\boldsymbol{E})=\boldsymbol{E}$,故 $\boldsymbol{A}-\boldsymbol{E}$ 可逆,且

$$(\boldsymbol{A}-\boldsymbol{E})^{-1}=\boldsymbol{A}+\boldsymbol{E}.$$

从而由 $\boldsymbol{B}=\boldsymbol{A}^2-2\boldsymbol{A}+\boldsymbol{E}=(\boldsymbol{A}-\boldsymbol{E})^2$,知 $\boldsymbol{B}$ 可逆,且

$$\boldsymbol{B}^{-1}=[(\boldsymbol{A}-\boldsymbol{E})^2]^{-1}=[(\boldsymbol{A}-\boldsymbol{E})^{-1}]^2=(\boldsymbol{A}+\boldsymbol{E})^2=\boldsymbol{A}^2+2\boldsymbol{A}+\boldsymbol{E}=2\boldsymbol{A}+3\boldsymbol{E}.$$

方法 2 由 $\boldsymbol{A}^2=2\boldsymbol{E}$,知$(3\boldsymbol{E}-2\boldsymbol{A})(3\boldsymbol{E}+2\boldsymbol{A})=\boldsymbol{E}$,且

$$\boldsymbol{B}=\boldsymbol{A}^2-2\boldsymbol{A}+\boldsymbol{E}=3\boldsymbol{E}-2\boldsymbol{A},$$

所以 $\boldsymbol{B}^{-1}=(3\boldsymbol{E}-2\boldsymbol{A})^{-1}=2\boldsymbol{A}+3\boldsymbol{E}$.

题型 4 矩阵秩的计算与应用

例 14 求矩阵 $\boldsymbol{A}=\begin{bmatrix}3&-2&a&-16\\2&-3&0&1\\1&-1&1&-3\\3&b&1&-2\end{bmatrix}$的秩的最大值和最小值,其中 a,b 是参数.

解 对矩阵 $\boldsymbol{A}$ 做初等行变换,得

$$\boldsymbol{A}=\begin{bmatrix}3&-2&a&-16\\2&-3&0&1\\1&-1&1&-3\\3&b&1&-2\end{bmatrix}\to\begin{bmatrix}1&-1&1&-3\\0&-1&-2&7\\0&b+3&-2&7\\0&1&a-3&-7\end{bmatrix}\to\begin{bmatrix}1&-1&1&-3\\0&-1&-2&7\\0&b+4&0&0\\0&0&a-5&0\end{bmatrix}.$$

$a=5$ 且 $b=-4$ 时，$\text{rank}\,\boldsymbol{A}$ 的最小值为 2；$a\neq5$ 且 $b\neq-4$ 时，$\text{rank}\,\boldsymbol{A}$ 的最大值为 4.

注 求矩阵秩的一般方法是对矩阵做初等行变换化为阶梯矩阵，由阶梯矩阵的非零行数来确定矩阵的秩.

例 15 讨论 $n(n\geqslant2)$ 阶矩阵 $\boldsymbol{A}=\begin{bmatrix}a&b&\cdots&b\\b&a&\cdots&b\\\vdots&\vdots&&\vdots\\b&b&\cdots&a\end{bmatrix}$ 的秩.

解 对 $\boldsymbol{A}$ 先做初等行变换 $r_i-r_1(i=2,3,\cdots,n)$，再做初等列变换 $c_1+c_2+\cdots+c_n$，得上三角矩阵

$$\begin{bmatrix}a+(n-1)b&b&\cdots&b\\&a-b&\cdots&0\\&&\ddots&\vdots\\&&&a-b\end{bmatrix}.$$

由于初等变换不改变矩阵的秩，因此

(1) 当 $a\neq b$ 且 $a\neq-(n-1)b$ 时，$\text{rank}\,\boldsymbol{A}=n$；

(2) 当 $a=b=0$ 时，$\text{rank}\,\boldsymbol{A}=0$；

(3) 当 $a=b\neq0$ 时，$\text{rank}\,\boldsymbol{A}=1$；

(4) 当 $a=-(n-1)b\neq0$ 时，$\text{rank}\,\boldsymbol{A}=n-1$.

注 在求矩阵秩的过程中初等行变换和初等列变换可以同时使用.

例 16 设 $\boldsymbol{A}=\begin{bmatrix}1\\3\\2\end{bmatrix}(1,-1,0)$，$\boldsymbol{B}=\begin{bmatrix}1&2&-1\\2&a&2\\-1&2&3\end{bmatrix}$，且 $\text{rank}(\boldsymbol{AB}+\boldsymbol{B})=2$，求 a.

解 易知 $\boldsymbol{AB}+\boldsymbol{B}=(\boldsymbol{A}+\boldsymbol{E})\boldsymbol{B}$，且

$$\boldsymbol{A}+\boldsymbol{E}=\begin{bmatrix}1&-1&0\\3&-3&0\\2&-2&0\end{bmatrix}+\begin{bmatrix}1&0&0\\0&1&0\\0&0&1\end{bmatrix}=\begin{bmatrix}2&-1&0\\3&-2&0\\2&-2&1\end{bmatrix}.$$

用初等行变换将 $\boldsymbol{A}+\boldsymbol{E}$ 化为阶梯矩阵：

$$\boldsymbol{A}+\boldsymbol{E}=\begin{bmatrix}2&-1&0\\3&-2&0\\2&-2&1\end{bmatrix}\to\begin{bmatrix}1&-1&0\\0&1&0\\0&0&1\end{bmatrix},$$

故 $\text{rank}(\boldsymbol{A}+\boldsymbol{E})=3$，即 $\boldsymbol{A}+\boldsymbol{E}$ 为可逆矩阵，从而 $\text{rank}\,\boldsymbol{B}=\text{rank}((\boldsymbol{A}+\boldsymbol{E})\boldsymbol{B})=2$.

用初等行变换将矩阵 $\boldsymbol{B}$ 化为阶梯矩阵，得

$$\boldsymbol{B}=\begin{bmatrix}1&2&-1\\2&a&2\\-1&2&3\end{bmatrix}\to\begin{bmatrix}1&2&-1\\0&4&2\\0&0&6-\dfrac{a}{2}\end{bmatrix},$$

因此当 $6-\frac{a}{2}=0$,即 $a=12$ 时,$\mathrm{rank}(\boldsymbol{AB}+\boldsymbol{B})=2$.

例 17 设有两个非零列矩阵 $\boldsymbol{\alpha}=(a_1,a_2,\cdots,a_n)^{\mathrm{T}}$,$\boldsymbol{\beta}=(b_1,b_2,\cdots,b_n)^{\mathrm{T}}$.

(1) 计算 $\boldsymbol{\alpha}\boldsymbol{\beta}^{\mathrm{T}}$ 与 $\boldsymbol{\alpha}^{\mathrm{T}}\boldsymbol{\beta}$;

(2) 求 $\mathrm{rank}(\boldsymbol{\alpha}\boldsymbol{\beta}^{\mathrm{T}})$;

(3) 设 $\boldsymbol{A}=\boldsymbol{E}-\boldsymbol{\alpha}\boldsymbol{\beta}^{\mathrm{T}}$,证明 $\boldsymbol{A}^{\mathrm{T}}\boldsymbol{A}=\boldsymbol{E}-\boldsymbol{\alpha}\boldsymbol{\beta}^{\mathrm{T}}-\boldsymbol{\beta}\boldsymbol{\alpha}^{\mathrm{T}}+\boldsymbol{\beta}\boldsymbol{\beta}^{\mathrm{T}}$ 的充要条件是 $\boldsymbol{\alpha}^{\mathrm{T}}\boldsymbol{\alpha}=1$.

解 (1) 易知

$$\boldsymbol{\alpha}\boldsymbol{\beta}^{\mathrm{T}}=\begin{bmatrix} a_1b_1 & a_1b_2 & \cdots & a_1b_n \\ a_2b_1 & a_2b_2 & \cdots & a_2b_n \\ \vdots & \vdots & & \vdots \\ a_nb_1 & a_nb_2 & \cdots & a_nb_n \end{bmatrix},$$

$$\boldsymbol{\alpha}^{\mathrm{T}}\boldsymbol{\beta}=a_1b_1+a_2b_2+\cdots+a_nb_n.$$

(2) 因 $\boldsymbol{\alpha}$ 和 $\boldsymbol{\beta}$ 皆为非零列矩阵,故 $\boldsymbol{\alpha}\boldsymbol{\beta}^{\mathrm{T}}$ 的某一行非零,且其他各行是该行的倍数,从而 $\mathrm{rank}(\boldsymbol{\alpha}\boldsymbol{\beta}^{\mathrm{T}})=1$.

(3) 由于

$$\begin{aligned}\boldsymbol{A}^{\mathrm{T}}\boldsymbol{A}&=(\boldsymbol{E}-\boldsymbol{\alpha}\boldsymbol{\beta}^{\mathrm{T}})^{\mathrm{T}}(\boldsymbol{E}-\boldsymbol{\alpha}\boldsymbol{\beta}^{\mathrm{T}})=(\boldsymbol{E}-\boldsymbol{\beta}\boldsymbol{\alpha}^{\mathrm{T}})(\boldsymbol{E}-\boldsymbol{\alpha}\boldsymbol{\beta}^{\mathrm{T}})\\&=\boldsymbol{E}-\boldsymbol{\alpha}\boldsymbol{\beta}^{\mathrm{T}}-\boldsymbol{\beta}\boldsymbol{\alpha}^{\mathrm{T}}+\boldsymbol{\beta}\boldsymbol{\alpha}^{\mathrm{T}}\boldsymbol{\alpha}\boldsymbol{\beta}^{\mathrm{T}},\end{aligned}$$

且 $\boldsymbol{\alpha}^{\mathrm{T}}\boldsymbol{\alpha}$ 是一个数,因此 $\boldsymbol{A}^{\mathrm{T}}\boldsymbol{A}=\boldsymbol{E}-\boldsymbol{\alpha}\boldsymbol{\beta}^{\mathrm{T}}-\boldsymbol{\beta}\boldsymbol{\alpha}^{\mathrm{T}}+\boldsymbol{\beta}\boldsymbol{\beta}^{\mathrm{T}}$ 的充要条件是 $\boldsymbol{\beta}\boldsymbol{\alpha}^{\mathrm{T}}\boldsymbol{\alpha}\boldsymbol{\beta}^{\mathrm{T}}-\boldsymbol{\beta}\boldsymbol{\beta}^{\mathrm{T}}=\boldsymbol{0}$,这相当于 $(\boldsymbol{\alpha}^{\mathrm{T}}\boldsymbol{\alpha}-1)\boldsymbol{\beta}\boldsymbol{\beta}^{\mathrm{T}}=\boldsymbol{0}$. 由 $\boldsymbol{\beta}\neq\boldsymbol{0}$ 可知 $\boldsymbol{\beta}\boldsymbol{\beta}^{\mathrm{T}}\neq\boldsymbol{0}$,所以 $\boldsymbol{A}^{\mathrm{T}}\boldsymbol{A}=\boldsymbol{E}-\boldsymbol{\alpha}\boldsymbol{\beta}^{\mathrm{T}}-\boldsymbol{\beta}\boldsymbol{\alpha}^{\mathrm{T}}+\boldsymbol{\beta}\boldsymbol{\beta}^{\mathrm{T}}$ 当且仅当 $\boldsymbol{\alpha}^{\mathrm{T}}\boldsymbol{\alpha}-1=0$,即 $\boldsymbol{\alpha}^{\mathrm{T}}\boldsymbol{\alpha}=1$.

题型 5　线性方程组的矩阵解法

例 18 求解齐次线性方程组 $\begin{cases} 2x_1+x_2+x_3-x_4=0, \\ 2x_1+2x_2+x_3+2x_4=0, \\ x_1+x_2+2x_3-x_4=0. \end{cases}$

解 对方程组的系数矩阵做初等变换,得

$$\boldsymbol{A}=\begin{bmatrix} 2 & 1 & 1 & -1 \\ 2 & 2 & 1 & 2 \\ 1 & 1 & 2 & -1 \end{bmatrix}\rightarrow\begin{bmatrix} 1 & 0 & 0 & -\frac{4}{3} \\ 0 & 1 & 0 & 3 \\ 0 & 0 & 1 & -\frac{4}{3} \end{bmatrix},$$

原方程组等价于

$$\begin{cases} x_1=\frac{4}{3}x_4, \\ x_2=-3x_4, \\ x_3=\frac{4}{3}x_4. \end{cases}$$

令 $x_4=3k$(k 为任意数),得方程组的通解

$$\begin{bmatrix} x_1 \\ x_2 \\ x_3 \\ x_4 \end{bmatrix} = k \begin{bmatrix} 4 \\ -9 \\ 4 \\ 3 \end{bmatrix}.$$

注 消元法解齐次线性方程组的一般步骤如下：

(a) 消元和回代 对方程组的系数矩阵做初等行变换，使其化为最简阶梯矩阵.

(b) 求解 把最简阶梯矩阵还原为同解线性方程组，写出通解.

例 19 求解下列非齐次线性方程组：

(1) $\begin{cases} 3x_1 - x_2 + 2x_3 = 10, \\ 4x_1 + 2x_2 - x_3 = 2, \\ 11x_1 + 3x_2 = 8; \end{cases}$ (2) $\begin{cases} x_1 - x_2 - x_3 - 3x_4 = -2, \\ x_1 - x_2 + x_3 + 5x_4 = 4, \\ -4x_1 + 4x_2 + x_3 = -1. \end{cases}$

解 (1) 对增广矩阵作初等行变换化为阶梯矩阵：

$$[\boldsymbol{A} \quad \boldsymbol{b}] = \begin{bmatrix} 3 & -1 & 2 & 10 \\ 4 & 2 & -1 & 2 \\ 11 & 3 & 0 & 8 \end{bmatrix} \to \begin{bmatrix} 1 & 3 & -3 & -8 \\ 0 & -10 & 11 & 34 \\ 0 & 0 & 0 & -6 \end{bmatrix},$$

因此 $\operatorname{rank} \boldsymbol{A} = 2 < 3 = \operatorname{rank}[\boldsymbol{A} \quad \boldsymbol{b}]$，所以此方程组无解.

(2) 对增广矩阵作初等行变换化为最简阶梯矩阵：

$$[\boldsymbol{A} \quad \boldsymbol{b}] = \begin{bmatrix} 1 & -1 & -1 & -3 & -2 \\ 1 & -1 & 1 & 5 & 4 \\ -4 & 4 & 1 & 0 & -1 \end{bmatrix} \to \begin{bmatrix} 1 & -1 & 0 & 1 & 1 \\ 0 & 0 & 1 & 4 & 3 \\ 0 & 0 & 0 & 0 & 0 \end{bmatrix},$$

从而原方程组等价于

$$\begin{cases} x_1 - x_2 + x_4 = 1, \\ x_3 + 4x_4 = 3, \end{cases}$$

令 $x_2 = k_1, x_4 = k_2$，得方程组的通解为

$$\begin{bmatrix} x_1 \\ x_2 \\ x_3 \\ x_4 \end{bmatrix} = k_1 \begin{bmatrix} 1 \\ 1 \\ 0 \\ 0 \end{bmatrix} + k_2 \begin{bmatrix} -1 \\ 0 \\ -4 \\ 1 \end{bmatrix} + \begin{bmatrix} 1 \\ 0 \\ 3 \\ 0 \end{bmatrix}, \quad k_1, k_2 \text{ 为任意数}.$$

注 消元法解非齐次线性方程组的具体步骤如下：

(a) 消元和有解判别 对方程组的增广矩阵做初等行变换化为阶梯矩阵，如果阶梯矩阵的最后一个非零行中只有末尾那个元不为零，则方程组无解，否则方程组有解.

(b) 回代 若方程组有解，则将阶梯矩阵经过初等行变换化成最简阶梯矩阵.

(c) 求解 把最简阶梯矩阵还原为同解线性方程组，写出通解.

例 20 设 $\boldsymbol{\alpha} = (1,2,1)^{\mathrm{T}}, \boldsymbol{\beta} = \left(1, \frac{1}{2}, 0\right)^{\mathrm{T}}, \boldsymbol{\gamma} = (0,0,8)^{\mathrm{T}}, \boldsymbol{A} = \boldsymbol{\alpha}\boldsymbol{\beta}^{\mathrm{T}}, b = \boldsymbol{\beta}^{\mathrm{T}}\boldsymbol{\alpha}$，解方程

$$2b^2\boldsymbol{A}^2\boldsymbol{x} = \boldsymbol{A}^4\boldsymbol{x} + b^4\boldsymbol{x} + \boldsymbol{\gamma}.$$

解 因为 $\boldsymbol{A}=\boldsymbol{\alpha}\boldsymbol{\beta}^{\mathrm{T}}, b=\boldsymbol{\beta}^{\mathrm{T}}\boldsymbol{\alpha}=2$，所以

$$2b^2\boldsymbol{A}^2\boldsymbol{x}=2b^2(\boldsymbol{\alpha}\boldsymbol{\beta}^{\mathrm{T}})(\boldsymbol{\alpha}\boldsymbol{\beta}^{\mathrm{T}})\boldsymbol{x}=2^4(\boldsymbol{\alpha}\boldsymbol{\beta}^{\mathrm{T}})\boldsymbol{x},$$

$$\boldsymbol{A}^4\boldsymbol{x}=(\boldsymbol{\beta}^{\mathrm{T}}\boldsymbol{\alpha})^3\boldsymbol{A}\boldsymbol{x}=2^3(\boldsymbol{\alpha}\boldsymbol{\beta}^{\mathrm{T}})\boldsymbol{x},$$

于是原方程可化为

$$2^4(\boldsymbol{\alpha}\boldsymbol{\beta}^{\mathrm{T}})\boldsymbol{x}=2^3(\boldsymbol{\alpha}\boldsymbol{\beta}^{\mathrm{T}})\boldsymbol{x}+2^4\boldsymbol{x}+\boldsymbol{\gamma},$$

即

$$2^3(\boldsymbol{\alpha}\boldsymbol{\beta}^{\mathrm{T}}-2\boldsymbol{E})\boldsymbol{x}=\boldsymbol{\gamma}.$$

又

$$\boldsymbol{\alpha}\boldsymbol{\beta}^{\mathrm{T}}=\begin{bmatrix}1\\2\\1\end{bmatrix}\left(1,\frac{1}{2},0\right)=\begin{bmatrix}1&\frac{1}{2}&0\\2&1&0\\1&\frac{1}{2}&0\end{bmatrix},$$

从而原方程可化为

$$\begin{bmatrix}-8&4&0\\16&-8&0\\8&4&-16\end{bmatrix}\begin{bmatrix}x_1\\x_2\\x_3\end{bmatrix}=\begin{bmatrix}0\\0\\8\end{bmatrix},$$

对该方程组的增广矩阵进行初等行变换，得

$$\begin{bmatrix}-8&4&0&0\\16&-8&0&0\\8&4&-16&8\end{bmatrix}\rightarrow\begin{bmatrix}-2&1&0&0\\0&1&-2&1\\0&0&0&0\end{bmatrix}\rightarrow\begin{bmatrix}1&0&-1&\frac{1}{2}\\0&1&-2&1\\0&0&0&0\end{bmatrix},$$

因此，方程组等价于

$$\begin{cases}x_1=x_3+\dfrac{1}{2},\\x_2=2x_3+1,\\x_3=x_3,\end{cases}$$

故所求方程组的通解为

$$\begin{bmatrix}x_1\\x_2\\x_3\end{bmatrix}=k\begin{bmatrix}1\\2\\1\end{bmatrix}+\begin{bmatrix}\frac{1}{2}\\1\\0\end{bmatrix},\quad k\text{ 为任意常数}.$$

注 对于矩阵运算与方程组求解相结合的题型，一般是先化简矩阵形式，后代值求解线性方程组.

题型 6 含参线性方程组解的讨论

例 21 设矩阵 $\boldsymbol{A}=\begin{bmatrix}1&1&1\\1&2&a\\1&4&a^2\end{bmatrix}, \boldsymbol{b}=\begin{bmatrix}1\\d\\d^2\end{bmatrix}$，若集合 $\Omega=\{1,2\}$，则线性方程组 $\boldsymbol{A}\boldsymbol{x}=\boldsymbol{b}$ 有无穷多解的充要条件是 【 】

(A) $a\notin\Omega, d\notin\Omega$;　　(B) $a\notin\Omega, d\in\Omega$;

(C) $a\in\Omega, d\notin\Omega$;　　(D) $a\in\Omega, d\in\Omega$.

解 因为

$$[\boldsymbol{A}\quad \boldsymbol{b}]=\begin{bmatrix}1&1&1&1\\1&2&a&d\\1&4&a^2&d^2\end{bmatrix}\rightarrow\begin{bmatrix}1&1&1&1\\0&1&a-1&d-1\\0&0&(a-1)(a-2)&(d-1)(d-2)\end{bmatrix},$$

由已知条件知 $\operatorname{rank}\boldsymbol{A}=\operatorname{rank}[\boldsymbol{A}\quad \boldsymbol{b}]<3$,故 $a=1$ 或 $a=2$,且 $d=1$ 或 $d=2$. 所以选(D).

例 22 设有线性方程组

$$\begin{cases}x_1+x_2-2x_3+3x_4=0,\\2x_1+x_2-6x_3+4x_4=-1,\\3x_1+2x_2+ax_3+7x_4=-1,\\x_1-x_2-6x_3-x_4=b.\end{cases}$$

(1) 当 a,b 取何值时,方程组无解?

(2) 当 a,b 取何值时,方程组有无穷多解? 并求方程组的通解.

解 对增广矩阵做初等行变换化为阶梯矩阵:

$$\begin{bmatrix}1&1&-2&3&0\\2&1&-6&4&-1\\3&2&a&7&-1\\1&-1&-6&-1&b\end{bmatrix}\rightarrow\begin{bmatrix}1&1&-2&3&0\\0&1&2&2&1\\0&0&a+8&0&0\\0&0&0&0&b+2\end{bmatrix}.$$

当 $b\neq-2$ 时,方程组无解.

当 $b=-2, a=-8$ 时,方程组有无穷多解,此时原方程组等价于

$$\begin{cases}x_1+x_2-2x_3+3x_4=0,\\x_2+2x_3+2x_4=1,\end{cases}$$

回代得

$$\begin{cases}x_1=4x_3-x_4-1,\\x_2=-2x_3-2x_4+1.\end{cases}$$

令 $x_3=k, x_4=l$,得方程组的通解为

$$\begin{bmatrix}x_1\\x_2\\x_3\\x_4\end{bmatrix}=k\begin{bmatrix}4\\-2\\1\\0\end{bmatrix}+l\begin{bmatrix}-1\\-2\\0\\1\end{bmatrix}+\begin{bmatrix}-1\\1\\0\\0\end{bmatrix},\quad k,l \text{ 为任意数}.$$

当 $b=-2, a\neq-8$ 时,方程组有无穷多解,此时原方程组等价于

$$\begin{cases}x_1+x_2-2x_3+3x_4=0,\\x_2+2x_3+2x_4=1,\\(a+8)x_3=0,\end{cases}\quad\text{即}\quad\begin{cases}x_1=-x_4-1,\\x_2=-2x_4+1,\\x_3=0.\end{cases}$$

令 $x_4=k$,得方程组的通解为

$$\begin{bmatrix} x_1 \\ x_2 \\ x_3 \\ x_4 \end{bmatrix} = k\begin{bmatrix} -1 \\ -2 \\ 0 \\ 1 \end{bmatrix} + \begin{bmatrix} -1 \\ 1 \\ 0 \\ 0 \end{bmatrix},\quad k \text{ 为任意数.}$$

例 23 设 $\boldsymbol{A}=\begin{bmatrix} \lambda & 1 & 1 \\ 0 & \lambda-1 & 0 \\ 1 & 1 & \lambda \end{bmatrix}$，$\boldsymbol{b}=\begin{bmatrix} a \\ 1 \\ 1 \end{bmatrix}$，已知方程组 $\boldsymbol{Ax}=\boldsymbol{b}$ 存在两个不同的解. 求：

(1) λ, a；

(2) 方程组 $\boldsymbol{Ax}=\boldsymbol{b}$ 的通解.

解 (1) 已知方程组 $\boldsymbol{Ax}=\boldsymbol{b}$ 存在两个不同的解，则 $\operatorname{rank}\boldsymbol{A}=\operatorname{rank}[\boldsymbol{A}\quad \boldsymbol{b}]<3$. 对 $[\boldsymbol{A}\quad \boldsymbol{b}]$ 进行初等行变换：

$$[\boldsymbol{A}\quad \boldsymbol{b}]=\begin{bmatrix} \lambda & 1 & 1 & a \\ 0 & \lambda-1 & 0 & 1 \\ 1 & 1 & \lambda & 1 \end{bmatrix} \to \begin{bmatrix} 1 & 1 & \lambda & 1 \\ 0 & \lambda-1 & 0 & 1 \\ 0 & 0 & 1-\lambda^2 & a-\lambda+1 \end{bmatrix}.$$

当 $\lambda \neq \pm 1$ 时，$\operatorname{rank}\boldsymbol{A}=\operatorname{rank}[\boldsymbol{A}\quad \boldsymbol{b}]=3$，不合题意.

当 $\lambda=1$ 时，$\operatorname{rank}\boldsymbol{A}<\operatorname{rank}[\boldsymbol{A}\quad \boldsymbol{b}]$，不合题意.

当 $\lambda=-1$ 时，有

$$[\boldsymbol{A}\quad \boldsymbol{b}] \to \begin{bmatrix} 1 & 1 & -1 & 1 \\ 0 & -2 & 0 & 1 \\ 0 & 0 & 0 & a+2 \end{bmatrix},$$

由 $\operatorname{rank}\boldsymbol{A}=\operatorname{rank}[\boldsymbol{A}\quad \boldsymbol{b}]<3$，得 $a=-2$，因此 $\lambda=-1, a=-2$.

(2) 由于

$$[\boldsymbol{A}\quad \boldsymbol{b}] \to \begin{bmatrix} 1 & 1 & -1 & 1 \\ 0 & -2 & 0 & 1 \\ 0 & 0 & 0 & 0 \end{bmatrix} \to \begin{bmatrix} 1 & 0 & -1 & \frac{3}{2} \\ 0 & 1 & 0 & -\frac{1}{2} \\ 0 & 0 & 0 & 0 \end{bmatrix},$$

因此 $\boldsymbol{Ax}=\boldsymbol{b}$ 的通解为

$$\boldsymbol{x}=k\begin{bmatrix} 1 \\ 0 \\ 1 \end{bmatrix} + \begin{bmatrix} \frac{3}{2} \\ -\frac{1}{2} \\ 0 \end{bmatrix},\quad k \text{ 为任意数.}$$

注 方程组 $\boldsymbol{Ax}=\boldsymbol{b}$ 存在两个不同的解，则必存在无穷多个解，从几何上说，两个平面相交于两点，则必相交于两点确定的直线.

题型 7 矩阵方程的求解

例 24 设矩阵 $\boldsymbol{A}=\begin{bmatrix} 2 & 3 & 4 \\ 0 & 4 & 5 \\ 0 & 0 & 6 \end{bmatrix}$，解矩阵方程 $\boldsymbol{AX}=\boldsymbol{A}^2+\boldsymbol{X}-\boldsymbol{E}$.

解 由 $\boldsymbol{AX}=\boldsymbol{A}^2+\boldsymbol{X}-\boldsymbol{E}$，有 $\boldsymbol{AX}-\boldsymbol{X}=\boldsymbol{A}^2-\boldsymbol{E}$，即

$$(\boldsymbol{A}-\boldsymbol{E})\boldsymbol{X}=(\boldsymbol{A}-\boldsymbol{E})(\boldsymbol{A}+\boldsymbol{E}).$$

容易求得 $\operatorname{rank}(\boldsymbol{A}-\boldsymbol{E})=3$，所以 $\boldsymbol{A}-\boldsymbol{E}$ 可逆，且

$$\boldsymbol{X}=(\boldsymbol{A}-\boldsymbol{E})^{-1}(\boldsymbol{A}-\boldsymbol{E})(\boldsymbol{A}+\boldsymbol{E})=\boldsymbol{A}+\boldsymbol{E}=\begin{bmatrix}3&3&4\\0&5&5\\0&0&7\end{bmatrix}.$$

例 25 已知 $\boldsymbol{A}=\begin{bmatrix}1&0&0\\1&1&0\\1&1&1\end{bmatrix}$，$\boldsymbol{B}=\begin{bmatrix}0&1&1\\1&0&1\\1&1&0\end{bmatrix}$，解矩阵方程

$$\boldsymbol{AXA}+\boldsymbol{BXB}=\boldsymbol{AXB}+\boldsymbol{BXA}+\boldsymbol{A}(\boldsymbol{A}-\boldsymbol{B}).$$

解 将矩阵方程变形为

$$(\boldsymbol{A}-\boldsymbol{B})\boldsymbol{X}(\boldsymbol{A}-\boldsymbol{B})=\boldsymbol{A}(\boldsymbol{A}-\boldsymbol{B}).$$

容易算得 $\operatorname{rank}(\boldsymbol{A}-\boldsymbol{B})=3$，故 $\boldsymbol{A}-\boldsymbol{B}$ 可逆，所以 $(\boldsymbol{A}-\boldsymbol{B})\boldsymbol{X}=\boldsymbol{A}$.

使用初等行变换，得

$$[\boldsymbol{A}-\boldsymbol{B}\quad \boldsymbol{A}]=\begin{bmatrix}1&-1&-1&1&0&0\\0&1&-1&1&1&0\\0&0&1&1&1&1\end{bmatrix}\to\begin{bmatrix}1&0&0&4&3&2\\0&1&0&2&2&1\\0&0&1&1&1&1\end{bmatrix},$$

故

$$\boldsymbol{X}=(\boldsymbol{A}-\boldsymbol{B})^{-1}\boldsymbol{A}=\begin{bmatrix}4&3&2\\2&2&1\\1&1&1\end{bmatrix}.$$

注 (1) 当矩阵 $\boldsymbol{A}$ 可逆时，解矩阵方程 $\boldsymbol{AX}=\boldsymbol{B}$ 的方法是：对增广矩阵 $[\boldsymbol{A}\quad \boldsymbol{B}]$ 做一系列初等行变换，把 $\boldsymbol{A}$ 变成 $\boldsymbol{E}$ 时，$\boldsymbol{B}$ 就变成了矩阵方程的解 $\boldsymbol{X}=\boldsymbol{A}^{-1}\boldsymbol{B}$.

(2) 当矩阵 $\boldsymbol{A}$ 可逆时，解矩阵方程 $\boldsymbol{YA}=\boldsymbol{B}$ 的方法是：对矩阵 $\begin{bmatrix}\boldsymbol{A}\\\boldsymbol{B}\end{bmatrix}$ 做一系列初等列变换，把 $\boldsymbol{A}$ 变成 $\boldsymbol{E}$ 时，$\boldsymbol{B}$ 就变成了矩阵方程的解 $\boldsymbol{Y}=\boldsymbol{BA}^{-1}$.

例 26 已知 n 阶矩阵 $\boldsymbol{A}$，$\boldsymbol{B}$ 满足 $\boldsymbol{AB}=\boldsymbol{A}+\boldsymbol{B}$.

(1) 证明 $\boldsymbol{AB}=\boldsymbol{BA}$，且 $\operatorname{rank}\boldsymbol{A}=\operatorname{rank}\boldsymbol{B}$；

(2) 若矩阵 $\boldsymbol{B}=\begin{bmatrix}1&2&1\\-1&1&1\\2&1&0\end{bmatrix}$，求矩阵 $\boldsymbol{A}$.

解 (1) 因 $\boldsymbol{AB}=\boldsymbol{A}+\boldsymbol{B}$，故 $(\boldsymbol{A}-\boldsymbol{E})(\boldsymbol{B}-\boldsymbol{E})=\boldsymbol{E}$，即知 $(\boldsymbol{A}-\boldsymbol{E})^{-1}=\boldsymbol{B}-\boldsymbol{E}$，所以

$$(\boldsymbol{A}-\boldsymbol{E})(\boldsymbol{B}-\boldsymbol{E})=(\boldsymbol{B}-\boldsymbol{E})(\boldsymbol{A}-\boldsymbol{E}),$$

即得 $\boldsymbol{AB}=\boldsymbol{BA}$. 由 $\boldsymbol{AB}=\boldsymbol{A}+\boldsymbol{B}$ 有 $\boldsymbol{A}=(\boldsymbol{A}-\boldsymbol{E})\boldsymbol{B}$，而 $\boldsymbol{A}-\boldsymbol{E}$ 可逆，故 $\operatorname{rank}\boldsymbol{A}=\operatorname{rank}\boldsymbol{B}$.

(2) 由于 $\boldsymbol{AB}=\boldsymbol{A}+\boldsymbol{B}$，因此 $\boldsymbol{A}(\boldsymbol{B}-\boldsymbol{E})=\boldsymbol{B}$. 使用初等列变换，得

$$\begin{bmatrix} \boldsymbol{B}-\boldsymbol{E} \\ \boldsymbol{B} \end{bmatrix}=\begin{bmatrix} 0 & 2 & 1 \\ -1 & 0 & 1 \\ 2 & 1 & -1 \\ 1 & 2 & 1 \\ -1 & 1 & 1 \\ 2 & 1 & 0 \end{bmatrix} \to \begin{bmatrix} 1 & 0 & 0 \\ 0 & 1 & 0 \\ 0 & 0 & 1 \\ 0 & 3 & 2 \\ 1 & -1 & -1 \\ -1 & 4 & 3 \end{bmatrix},$$

于是

$$\boldsymbol{A}=\boldsymbol{B}(\boldsymbol{B}-\boldsymbol{E})^{-1}=\begin{bmatrix} 0 & 3 & 2 \\ 1 & -1 & -1 \\ -1 & 4 & 3 \end{bmatrix}.$$

例 27 解矩阵方程 $\boldsymbol{AX}+4\boldsymbol{E}=\boldsymbol{A}^2+2\boldsymbol{X}$，其中

$$\boldsymbol{A}=\begin{bmatrix} 3 & 0 & 2 \\ 1 & 2 & 2 \\ 0 & 0 & 1 \end{bmatrix}.$$

解 将矩阵方程变形为

$$(\boldsymbol{A}-2\boldsymbol{E})\boldsymbol{X}=\boldsymbol{A}^2-4\boldsymbol{E}.$$

因为 $\operatorname{rank}(\boldsymbol{A}-2\boldsymbol{E})=2$，即 $\boldsymbol{A}-2\boldsymbol{E}$ 不可逆，所以推不出 $\boldsymbol{X}=\boldsymbol{A}+2\boldsymbol{E}$！

对矩阵方程的增广矩阵做初等行变换：

$$[\boldsymbol{A}-2\boldsymbol{E} \quad \boldsymbol{A}^2-4\boldsymbol{E}]=\begin{bmatrix} 1 & 0 & 2 & 5 & 0 & 8 \\ 1 & 0 & 2 & 5 & 0 & 8 \\ 0 & 0 & -1 & 0 & 0 & -3 \end{bmatrix} \to \begin{bmatrix} 1 & 0 & 0 & 5 & 0 & 2 \\ 0 & 0 & 1 & 0 & 0 & 3 \\ 0 & 0 & 0 & 0 & 0 & 0 \end{bmatrix},$$

令 $\boldsymbol{X}=[\boldsymbol{x}_1 \quad \boldsymbol{x}_2 \quad \boldsymbol{x}_3]$，则得

$$\boldsymbol{x}_1=\begin{bmatrix} 5 \\ a \\ 0 \end{bmatrix}, \quad \boldsymbol{x}_2=\begin{bmatrix} 0 \\ b \\ 0 \end{bmatrix}, \quad \boldsymbol{x}_3=\begin{bmatrix} 2 \\ c \\ 3 \end{bmatrix}, \quad a,b,c \text{ 为任意数},$$

于是

$$\boldsymbol{X}=[\boldsymbol{x}_1 \quad \boldsymbol{x}_2 \quad \boldsymbol{x}_3]=\begin{bmatrix} 5 & 0 & 2 \\ a & b & c \\ 0 & 0 & 3 \end{bmatrix}, \quad a,b,c \text{ 为任意数}.$$

注 当矩阵 $\boldsymbol{A}$ 不可逆甚至不是方阵时，解矩阵方程 $\boldsymbol{AX}=\boldsymbol{B}$ 的步骤如下：

(a) 对增广矩阵 $[\boldsymbol{A} \quad \boldsymbol{B}]$ 做初等行变换化为阶梯矩阵 $[\boldsymbol{A}_1 \quad \boldsymbol{B}_1]$，若 $\operatorname{rank} \boldsymbol{A}_1=\operatorname{rank}[\boldsymbol{A}_1 \quad \boldsymbol{B}_1]$，则矩阵方程有解，否则矩阵方程无解.

(b) 当矩阵方程有解时，对阶梯矩阵 $[\boldsymbol{A}_1 \quad \boldsymbol{B}_1]$ 做初等行变换化成最简阶梯矩阵 $[\boldsymbol{A}_2 \quad \boldsymbol{B}_2]$.

(c) 设 $\boldsymbol{B}_2=[\boldsymbol{\beta}_1 \quad \boldsymbol{\beta}_2 \quad \cdots \quad \boldsymbol{\beta}_s]$，求出线性方程组 $\boldsymbol{A}_2\boldsymbol{x}_j=\boldsymbol{\beta}_j$ 的通解 $(j=1,2,\cdots,s)$，从而得到原矩阵方程的通解.

题型 8 初等矩阵与初等变换的应用

例 28 设 $\boldsymbol{A}$ 为 n 阶可逆矩阵，将 $\boldsymbol{A}$ 的第 j 列加到第 i 列得到矩阵 $\boldsymbol{B}$.

(1) 证明 $\boldsymbol{B}$ 可逆；

(2) 分析 $\boldsymbol{B}^{-1}$ 与 $\boldsymbol{A}^{-1}$ 的关系；

(3) 求 $\boldsymbol{B}^{-1}\boldsymbol{A}$.

解 (1) 由题设知，$\boldsymbol{B}=\boldsymbol{AP}(j,i(1))$. 因 $\boldsymbol{A}$ 与初等矩阵 $\boldsymbol{P}(j,i(1))$ 均可逆，故 $\boldsymbol{B}$ 可逆.

(2) 由(1)知 $\boldsymbol{B}^{-1}=\boldsymbol{P}(j,i(1))^{-1}\boldsymbol{A}^{-1}=\boldsymbol{P}(j,i(-1))\boldsymbol{A}^{-1}$，即将 $\boldsymbol{A}^{-1}$ 的第 i 行的 (-1) 倍加到第 j 行得到矩阵 $\boldsymbol{B}^{-1}$.

(3) $\boldsymbol{B}^{-1}\boldsymbol{A}=\boldsymbol{P}(j,i(-1))\boldsymbol{A}^{-1}\boldsymbol{A}=\boldsymbol{P}(j,i(-1))$.

例 29 计算 $\begin{bmatrix}1&0&0\\1&1&0\\0&0&1\end{bmatrix}^{99}\begin{bmatrix}1&2&3\\4&5&6\\7&8&9\end{bmatrix}\begin{bmatrix}0&0&1\\0&1&0\\1&0&0\end{bmatrix}^{100}$.

解 由初等矩阵的性质知

$$\begin{bmatrix}1&0&0\\1&1&0\\0&0&1\end{bmatrix}^{99}\begin{bmatrix}1&2&3\\4&5&6\\7&8&9\end{bmatrix}\begin{bmatrix}0&0&1\\0&1&0\\1&0&0\end{bmatrix}^{100}$$
$$=\begin{bmatrix}1&2&3\\4+1\times 99&5+2\times 99&6+3\times 99\\7&8&9\end{bmatrix}=\begin{bmatrix}1&2&3\\103&203&303\\7&8&9\end{bmatrix}.$$

注 记例 31 中间的矩阵为 $\boldsymbol{A}$，左乘矩阵 $[\boldsymbol{P}(2,1(1))]^{99}$ 表示将 $\boldsymbol{A}$ 的第一行加到第二行 99 次；右乘矩阵 $[\boldsymbol{P}(1,3)]^{100}$ 表示将 $\boldsymbol{A}$ 的第一列与第三列交换 100 次.

例 30 已知矩阵 $\boldsymbol{A}=\begin{bmatrix}1&0&-1\\2&-1&1\\-1&2&-5\end{bmatrix}$，若下三角可逆矩阵 $\boldsymbol{P}$ 和上三角可逆矩阵 $\boldsymbol{Q}$ 使得 $\boldsymbol{PAQ}$ 为对角矩阵，则 $\boldsymbol{P},\boldsymbol{Q}$ 可分别取为 【 】

(A) $\begin{bmatrix}1&0&0\\0&1&0\\0&0&1\end{bmatrix},\begin{bmatrix}1&0&1\\0&1&3\\0&0&1\end{bmatrix}$； (B) $\begin{bmatrix}1&0&0\\2&-1&0\\-3&2&1\end{bmatrix},\begin{bmatrix}1&0&0\\0&1&0\\0&0&1\end{bmatrix}$；

(C) $\begin{bmatrix}1&0&0\\2&-1&0\\-3&2&1\end{bmatrix},\begin{bmatrix}1&0&1\\0&1&3\\0&0&1\end{bmatrix}$； (D) $\begin{bmatrix}1&0&0\\0&1&0\\1&3&1\end{bmatrix},\begin{bmatrix}1&2&-3\\0&-1&2\\0&0&1\end{bmatrix}$.

解 方法 1 因为

$$\boldsymbol{PAQ}=\begin{bmatrix}1&0&0\\2&-1&0\\-3&2&1\end{bmatrix}\begin{bmatrix}1&0&-1\\2&-1&1\\-1&2&-5\end{bmatrix}\begin{bmatrix}1&0&1\\0&1&3\\0&0&1\end{bmatrix}=\begin{bmatrix}1&0&0\\0&1&0\\0&0&0\end{bmatrix},$$

所以选(C).

方法 2 因为

$$[\boldsymbol{A}\quad\boldsymbol{E}]=\begin{bmatrix}1&0&-1&1&0&0\\2&-1&1&0&1&0\\-1&2&-5&0&0&1\end{bmatrix}\to\begin{bmatrix}1&0&-1&1&0&0\\0&1&-3&2&-1&0\\0&0&0&-3&2&1\end{bmatrix}\xlongequal{\text{def}}[\boldsymbol{B}\quad\boldsymbol{P}],$$

且

$$\begin{bmatrix}B\\E\end{bmatrix}=\begin{bmatrix}1&0&-1\\0&1&-3\\0&0&0\\1&0&0\\0&1&0\\0&0&1\end{bmatrix}\to\begin{bmatrix}1&0&0\\0&1&0\\0&0&0\\1&0&1\\0&1&3\\0&0&1\end{bmatrix}\xlongequal{\text{def}}\begin{bmatrix}\Lambda\\Q\end{bmatrix},$$

所以 $P=\begin{bmatrix}1&0&0\\2&-1&0\\-3&2&1\end{bmatrix}$，$Q=\begin{bmatrix}1&0&1\\0&1&3\\0&0&1\end{bmatrix}$. 故选(C).

注 方法2给出了求可逆矩阵 P 和 Q 将 $m\times n$ 矩阵 A 化为等价标准形 PAQ 的步骤：先对分块矩阵 $[A\quad E_m]$ 做初等行变换，将 A 化为阶梯矩阵 B 时，E_m 就化为可逆矩阵 P；再对分块矩阵 $\begin{bmatrix}B\\E_n\end{bmatrix}$ 做初等列变换，将 B 化为等价标准形时，E_n 就化为可逆矩阵 Q.

例 31 已知 $A=\begin{bmatrix}1&0&1\\4&1&3\\-6&-2&-4\end{bmatrix}$，$B=\begin{bmatrix}1&0&1\\0&1&-1\\0&0&0\end{bmatrix}$.

(1) 问是否存在可逆矩阵 P，使得 $PA=B$？若不存在说明理由，若存在，求 P；

(2) 求满足 $XA=B$ 的所有三阶矩阵 X.

解 (1) 因为可逆矩阵 P 可以分解成若干个初等矩阵的乘积，P 左乘 A 相当于对 A 做有限次初等行变换，所以是否存在可逆矩阵 P 使得 $PA=B$ 的问题等价于 A 能否经过有限次初等行变换化为矩阵 B.

为了求得可逆矩阵 P，只需对矩阵 $[A\quad E]$ 做初等行变换，将 A 化为 B 的同时，E 就化成了 P，即

$$[A\quad E]=\begin{bmatrix}1&0&1&1&0&0\\4&1&3&0&1&0\\-6&-2&-4&0&0&1\end{bmatrix}\to\begin{bmatrix}1&0&1&1&0&0\\0&1&-1&-4&1&0\\0&0&0&-2&2&1\end{bmatrix}=[B\quad P],$$

从而

$$P=\begin{bmatrix}1&0&0\\-4&1&0\\-2&2&1\end{bmatrix}.$$

(2) 将矩阵方程 $XA=B$ 变形为 $A^{\mathrm T}X^{\mathrm T}=B^{\mathrm T}$，再对增广矩阵做初等行变换，得

$$[A^{\mathrm T}\quad B^{\mathrm T}]=\begin{bmatrix}1&4&-6&1&0&0\\0&1&-2&0&1&0\\1&3&-4&1&-1&0\end{bmatrix}\to\begin{bmatrix}1&0&2&1&-4&0\\0&1&-2&0&1&0\\0&0&0&0&0&0\end{bmatrix},$$

解得

$$x_1=\begin{bmatrix}-2a+1\\2a\\a\end{bmatrix},\quad x_2=\begin{bmatrix}-2b-4\\2b+1\\b\end{bmatrix},\quad x_3=\begin{bmatrix}-2c\\2c\\c\end{bmatrix},\quad a,b,c\text{ 为任意数},$$

于是 $X^T=[x_1 \quad x_2 \quad x_3]$,故

$$X=\begin{bmatrix} -2a+1 & 2a & a \\ -2b-4 & 2b+1 & b \\ -2c & 2c & c \end{bmatrix}, \quad a,b,c \text{ 为任意数}.$$

注 (1) 如果 B 比较复杂,则对 $[A \quad E]$ 做初等行变换将 A 化为 B 会很困难.

(2) 本例给出了当 A 可逆时解矩阵方程 $XA=B$ 的另一个方法.

拓展提高

例 32 设 A 为 n 阶矩阵,证明 A 为反称矩阵的充要条件是对任意 $n\times 1$ 矩阵 x,有 $x^TAx=0$.

证 必要性. 设 A 为反称矩阵,即 $A^T=-A$,则对任意 $n\times 1$ 矩阵 x,有

$$(x^TAx)^T=x^TA^Tx=-x^TAx,$$

而 x^TAx 是一个数,故 $(x^TAx)^T=x^TAx$,从而由上式得 $x^TAx=-x^TAx$,即 $x^TAx=0$.

充分性. 将 $A=[a_{ij}]$ 按列分块为 $A=[\alpha_1 \quad \alpha_2 \quad \cdots \quad \alpha_n]$,并且令 e_i 是 $(i,1)$ 元为 1、其余元为 0 的 $n\times 1$ 矩阵,$i=1,2,\cdots,n$,则由假设条件知

$$0=e_i^TAe_i=e_i^T\alpha_i=a_{ii}, \quad i=1,2,\cdots,n.$$

于是

$$\begin{aligned} 0&=(e_i+e_j)^TA(e_i+e_j)=(e_i+e_j)^T(\alpha_i+\alpha_j) \\ &=a_{ii}+a_{ij}+a_{ji}+a_{jj}=a_{ij}+a_{ji}, \quad i\neq j;i,j=1,2,\cdots,n. \end{aligned}$$

综上,A 为反称矩阵.

例 33 已知 $A=\begin{bmatrix} 3 & 1 & & & \\ & 3 & 1 & & \\ & & 3 & & \\ & & & 3 & -1 \\ & & & -9 & 3 \end{bmatrix}$,求 A^k.

解 记 $B=\begin{bmatrix} 3 & 1 & \\ & 3 & 1 \\ & & 3 \end{bmatrix}$,$C=\begin{bmatrix} 3 & -1 \\ -9 & 3 \end{bmatrix}$,再令 $B=3E+J$,则

$$J=\begin{bmatrix} 0 & 1 & \\ & 0 & 1 \\ & & 0 \end{bmatrix}, \quad J^2=\begin{bmatrix} 0 & 0 & 1 \\ & 0 & 0 \\ & & 0 \end{bmatrix}, \quad J^3=J^4=\cdots=\mathbf{0},$$

从而

$$B^k=(3E+J)^k=3^kE+C_k^1\cdot 3^{k-1}J+C_k^2\cdot 3^{k-2}J^2.$$

又

$$C=\begin{bmatrix} 1 \\ -3 \end{bmatrix}(3,-1), \quad C^2=6C, \quad \cdots, \quad C^k=6^{k-1}C,$$

所以

$$\boldsymbol{A}^k=\begin{bmatrix}\boldsymbol{B}^k & \boldsymbol{0}\\ \boldsymbol{0} & \boldsymbol{C}^k\end{bmatrix}=\begin{bmatrix}3^k & C_k^1\cdot 3^{k-1} & C_k^2\cdot 3^{k-2} & & \\ & 3^k & C_k^1\cdot 3^{k-1} & & \\ & & 3^k & & \\ & & & 3\cdot 6^{k-1} & -6^{k-1}\\ & & & -9\cdot 6^{k-1} & 3\cdot 6^{k-1}\end{bmatrix}.$$

注 一般地，若 n 阶矩阵 $\boldsymbol{J}=\begin{bmatrix}\boldsymbol{0} & \boldsymbol{E}_{n-1}\\ \boldsymbol{0} & \boldsymbol{0}\end{bmatrix}$，则对任何正整数 k，均有

$$\boldsymbol{J}^k=\begin{cases}\begin{bmatrix}\boldsymbol{0} & \boldsymbol{E}_{n-k}\\ \boldsymbol{0} & \boldsymbol{0}\end{bmatrix}, & k<n,\\ \boldsymbol{0}, & k\geqslant n.\end{cases}$$

例 34 已知 $n(n\geqslant 2)$ 阶矩阵 $\boldsymbol{A}=\begin{bmatrix}0 & 1 & 1 & \cdots & 1\\ 1 & 0 & 1 & \cdots & 1\\ 1 & 1 & 0 & \cdots & 1\\ \vdots & \vdots & \vdots & & \vdots\\ 1 & 1 & 1 & \cdots & 0\end{bmatrix}$，求 $\boldsymbol{A}^{-1}$.

解 因为

$$\boldsymbol{A}+\boldsymbol{E}=\begin{bmatrix}1 & 1 & \cdots & 1\\ 1 & 1 & \cdots & 1\\ \vdots & \vdots & & \vdots\\ 1 & 1 & \cdots & 1\end{bmatrix}=\begin{bmatrix}1\\ 1\\ \vdots\\ 1\end{bmatrix}(1,1,\cdots,1),$$

所以 $(\boldsymbol{A}+\boldsymbol{E})^2=n(\boldsymbol{A}+\boldsymbol{E})$，即 $\boldsymbol{A}^2+(2-n)\boldsymbol{A}=(n-1)\boldsymbol{E}$，从而

$$\frac{1}{n-1}[\boldsymbol{A}+(2-n)\boldsymbol{E}]\boldsymbol{A}=\boldsymbol{E},$$

则

$$\boldsymbol{A}^{-1}=\frac{1}{n-1}[\boldsymbol{A}+(2-n)\boldsymbol{E}]=\frac{1}{n-1}\begin{bmatrix}2-n & 1 & 1 & \cdots & 1\\ 1 & 2-n & 1 & \cdots & 1\\ 1 & 1 & 2-n & \cdots & 1\\ \vdots & \vdots & \vdots & & \vdots\\ 1 & 1 & 1 & \cdots & 2-n\end{bmatrix}.$$

注 本例的方法与本章范例解析例 7 相同，将 $\boldsymbol{A}+\boldsymbol{E}$ 折成列向量与行向量之积.

例 35 设逆矩阵 $\boldsymbol{A}^{-1},\boldsymbol{B}^{-1}$ 为已知，求分块矩阵 $\boldsymbol{P}=\begin{bmatrix}\boldsymbol{0} & \boldsymbol{A}\\ \boldsymbol{B} & \boldsymbol{C}\end{bmatrix}$ 的逆矩阵.

解 方法 1 设 $\boldsymbol{A}$ 的阶数为 m，$\boldsymbol{B}$ 的阶数为 n. 用 $-\boldsymbol{C}\boldsymbol{A}^{-1}$ 左乘分块矩阵 $\boldsymbol{P}$ 的第一行加到第二行，即

$$\begin{bmatrix}\boldsymbol{E}_m & \boldsymbol{0}\\ -\boldsymbol{C}\boldsymbol{A}^{-1} & \boldsymbol{E}_n\end{bmatrix}\begin{bmatrix}\boldsymbol{0} & \boldsymbol{A}\\ \boldsymbol{B} & \boldsymbol{C}\end{bmatrix}=\begin{bmatrix}\boldsymbol{0} & \boldsymbol{A}\\ \boldsymbol{B} & \boldsymbol{0}\end{bmatrix};$$

又容易验证

$$\begin{bmatrix}\boldsymbol{0} & \boldsymbol{A}\\ \boldsymbol{B} & \boldsymbol{0}\end{bmatrix}^{-1}=\begin{bmatrix}\boldsymbol{0} & \boldsymbol{B}^{-1}\\ \boldsymbol{A}^{-1} & \boldsymbol{0}\end{bmatrix},$$

于是

$$\boldsymbol{P}^{-1}=\begin{bmatrix}\boldsymbol{0} & \boldsymbol{A}\\ \boldsymbol{B} & \boldsymbol{C}\end{bmatrix}^{-1}=\begin{bmatrix}\boldsymbol{B} & \boldsymbol{0}\\ \boldsymbol{0} & \boldsymbol{A}\end{bmatrix}^{-1}\begin{bmatrix}\boldsymbol{E}_m & \boldsymbol{0}\\ -\boldsymbol{C}\boldsymbol{A}^{-1} & \boldsymbol{E}_n\end{bmatrix}$$
$$=\begin{bmatrix}\boldsymbol{0} & \boldsymbol{B}^{-1}\\ \boldsymbol{A}^{-1} & \boldsymbol{0}\end{bmatrix}\begin{bmatrix}\boldsymbol{E}_m & \boldsymbol{0}\\ -\boldsymbol{C}\boldsymbol{A}^{-1} & \boldsymbol{E}_n\end{bmatrix}$$
$$=\begin{bmatrix}-\boldsymbol{B}^{-1}\boldsymbol{C}\boldsymbol{A}^{-1} & \boldsymbol{B}^{-1}\\ \boldsymbol{A}^{-1} & \boldsymbol{0}\end{bmatrix}.$$

方法 2　设 $\boldsymbol{A},\boldsymbol{B}$ 的阶数分别为 m 和 n. 对分块矩阵 $[\boldsymbol{P}\quad \boldsymbol{E}_{m+n}]$ 做分块初等行变换:

$$[\boldsymbol{P}\quad \boldsymbol{E}_{m+n}]=\begin{bmatrix}\boldsymbol{0} & \boldsymbol{A} & \boldsymbol{E}_m & \boldsymbol{0}\\ \boldsymbol{B} & \boldsymbol{C} & \boldsymbol{0} & \boldsymbol{E}_n\end{bmatrix}\xrightarrow[\boldsymbol{B}^{-1}r_2]{\boldsymbol{A}^{-1}r_1}\begin{bmatrix}\boldsymbol{0} & \boldsymbol{E}_m & \boldsymbol{A}^{-1} & \boldsymbol{0}\\ \boldsymbol{E}_n & \boldsymbol{B}^{-1}\boldsymbol{C} & \boldsymbol{0} & \boldsymbol{B}^{-1}\end{bmatrix}$$
$$\xrightarrow{r_1\leftrightarrow r_2}\begin{bmatrix}\boldsymbol{E}_n & \boldsymbol{B}^{-1}\boldsymbol{C} & \boldsymbol{0} & \boldsymbol{B}^{-1}\\ \boldsymbol{0} & \boldsymbol{E}_m & \boldsymbol{A}^{-1} & \boldsymbol{0}\end{bmatrix}$$
$$\xrightarrow{r_1-(\boldsymbol{B}^{-1}\boldsymbol{C})r_2}\begin{bmatrix}\boldsymbol{E}_n & \boldsymbol{0} & -\boldsymbol{B}^{-1}\boldsymbol{C}\boldsymbol{A}^{-1} & \boldsymbol{B}^{-1}\\ \boldsymbol{0} & \boldsymbol{E}_m & \boldsymbol{A}^{-1} & \boldsymbol{0}\end{bmatrix},$$

因此

$$\boldsymbol{P}^{-1}=\begin{bmatrix}-\boldsymbol{B}^{-1}\boldsymbol{C}\boldsymbol{A}^{-1} & \boldsymbol{B}^{-1}\\ \boldsymbol{A}^{-1} & \boldsymbol{0}\end{bmatrix}.$$

例 36　设 $\boldsymbol{A}_1$ 为 m 阶可逆矩阵, $\boldsymbol{A}_4$ 为 n 阶可逆矩阵, $\boldsymbol{A}_2$ 为 $m\times n$ 矩阵, $\boldsymbol{A}_3$ 为 $n\times m$ 矩阵,求矩阵 $\boldsymbol{A}=\begin{bmatrix}\boldsymbol{A}_1 & \boldsymbol{A}_2\\ \boldsymbol{A}_3 & \boldsymbol{A}_4\end{bmatrix}$ 的逆矩阵.

解　采用待定系数法. 设有矩阵 $\boldsymbol{X}=\begin{bmatrix}\boldsymbol{X}_1 & \boldsymbol{X}_2\\ \boldsymbol{X}_3 & \boldsymbol{X}_4\end{bmatrix}$,使得

$$\boldsymbol{A}\boldsymbol{X}=\begin{bmatrix}\boldsymbol{A}_1 & \boldsymbol{A}_2\\ \boldsymbol{A}_3 & \boldsymbol{A}_4\end{bmatrix}\begin{bmatrix}\boldsymbol{X}_1 & \boldsymbol{X}_2\\ \boldsymbol{X}_3 & \boldsymbol{X}_4\end{bmatrix}=\begin{bmatrix}\boldsymbol{E}_m & \boldsymbol{0}\\ \boldsymbol{0} & \boldsymbol{E}_n\end{bmatrix},$$

根据分块矩阵的乘法,得矩阵方程组

$$\begin{cases}\boldsymbol{A}_1\boldsymbol{X}_1+\boldsymbol{A}_2\boldsymbol{X}_3=\boldsymbol{E}_m,\\ \boldsymbol{A}_3\boldsymbol{X}_1+\boldsymbol{A}_4\boldsymbol{X}_3=\boldsymbol{0},\\ \boldsymbol{A}_1\boldsymbol{X}_2+\boldsymbol{A}_2\boldsymbol{X}_4=\boldsymbol{0},\\ \boldsymbol{A}_3\boldsymbol{X}_2+\boldsymbol{A}_4\boldsymbol{X}_4=\boldsymbol{E}_n,\end{cases}$$

因 $\boldsymbol{A}_4$ 可逆,故由第二个矩阵方程得 $\boldsymbol{X}_3=-\boldsymbol{A}_4^{-1}\boldsymbol{A}_3\boldsymbol{X}_1$,代入第一个矩阵方程,得

$$(\boldsymbol{A}_1-\boldsymbol{A}_2\boldsymbol{A}_4^{-1}\boldsymbol{A}_3)\boldsymbol{X}_1=\boldsymbol{E}_m,$$

从而 $\boldsymbol{A}_1-\boldsymbol{A}_2\boldsymbol{A}_4^{-1}\boldsymbol{A}_3$ 和 $\boldsymbol{X}_1$ 均可逆,且

$$\boldsymbol{X}_1=(\boldsymbol{A}_1-\boldsymbol{A}_2\boldsymbol{A}_4^{-1}\boldsymbol{A}_3)^{-1},$$

于是

$$\boldsymbol{X}_3=-\boldsymbol{A}_4^{-1}\boldsymbol{A}_3(\boldsymbol{A}_1-\boldsymbol{A}_2\boldsymbol{A}_4^{-1}\boldsymbol{A}_3)^{-1}.$$

同理,由第三、第四个矩阵方程可得

$$\boldsymbol{X}_4=(\boldsymbol{A}_4-\boldsymbol{A}_3\boldsymbol{A}_1^{-1}\boldsymbol{A}_2)^{-1},$$
$$\boldsymbol{X}_2=-\boldsymbol{A}_1^{-1}\boldsymbol{A}_2(\boldsymbol{A}_4-\boldsymbol{A}_3\boldsymbol{A}_1^{-1}\boldsymbol{A}_2)^{-1},$$

所以矩阵 $\boldsymbol{A}$ 可逆，且

$$\boldsymbol{A}^{-1}=\boldsymbol{X}=\begin{bmatrix}(\boldsymbol{A}_1-\boldsymbol{A}_2\boldsymbol{A}_4^{-1}\boldsymbol{A}_3)^{-1} & -\boldsymbol{A}_1^{-1}\boldsymbol{A}_2(\boldsymbol{A}_4-\boldsymbol{A}_3\boldsymbol{A}_1^{-1}\boldsymbol{A}_2)^{-1}\\ -\boldsymbol{A}_4^{-1}\boldsymbol{A}_3(\boldsymbol{A}_1-\boldsymbol{A}_2\boldsymbol{A}_4^{-1}\boldsymbol{A}_3)^{-1} & (\boldsymbol{A}_4-\boldsymbol{A}_3\boldsymbol{A}_1^{-1}\boldsymbol{A}_2)^{-1}\end{bmatrix}.$$

注 (1) 在例 36 中分别取 $\boldsymbol{A}_3=\boldsymbol{0}$，$\boldsymbol{A}_2=\boldsymbol{0}$，得到分块三角矩阵的逆矩阵

$$\begin{bmatrix}\boldsymbol{A}_1 & \boldsymbol{A}_2\\ \boldsymbol{0} & \boldsymbol{A}_4\end{bmatrix}^{-1}=\begin{bmatrix}\boldsymbol{A}_1^{-1} & -\boldsymbol{A}_1^{-1}\boldsymbol{A}_2\boldsymbol{A}_4^{-1}\\ \boldsymbol{0} & \boldsymbol{A}_4^{-1}\end{bmatrix},$$
$$\begin{bmatrix}\boldsymbol{A}_1 & \boldsymbol{0}\\ \boldsymbol{A}_3 & \boldsymbol{A}_4\end{bmatrix}^{-1}=\begin{bmatrix}\boldsymbol{A}_1^{-1} & \boldsymbol{0}\\ -\boldsymbol{A}_4^{-1}\boldsymbol{A}_3\boldsymbol{A}_1^{-1} & \boldsymbol{A}_4^{-1}\end{bmatrix}.$$

(2) 求分块矩阵的逆矩阵，待定系数法和分块初等变换是两个常用方法.

例 37 设 $\boldsymbol{A}=\begin{bmatrix}1 & a\\ 1 & 0\end{bmatrix}$，$\boldsymbol{B}=\begin{bmatrix}0 & 1\\ 1 & b\end{bmatrix}$，问 a，b 为何值时，存在矩阵 $\boldsymbol{C}$，使得 $\boldsymbol{AC}-\boldsymbol{CA}=\boldsymbol{B}$？并求所有的矩阵 $\boldsymbol{C}$.

解 采用待定系数法. 令 $\boldsymbol{C}=\begin{bmatrix}x_1 & x_2\\ x_3 & x_4\end{bmatrix}$，则

$$\boldsymbol{AC}-\boldsymbol{CA}=\begin{bmatrix}-x_2+ax_3 & -ax_1+x_2+ax_4\\ x_1-x_3-x_4 & x_2-ax_3\end{bmatrix},$$

由 $\boldsymbol{AC}-\boldsymbol{CA}=\boldsymbol{B}$ 得四元线性方程组

$$\begin{cases}-x_2+ax_3=0,\\ -ax_1+x_2+ax_4=1,\\ x_1-x_3-x_4=1,\\ x_2-ax_3=b,\end{cases}$$

对其系数矩阵做初等行变换，得

$$\begin{bmatrix}0 & -1 & a & 0 & 0\\ -a & 1 & 0 & a & 1\\ 1 & 0 & -1 & -1 & 1\\ 0 & 1 & -a & 0 & b\end{bmatrix}\rightarrow\begin{bmatrix}1 & 0 & -1 & -1 & 1\\ 0 & 1 & -a & 0 & 0\\ 0 & 0 & 0 & 0 & 1+a\\ 0 & 0 & 0 & 0 & b\end{bmatrix}.$$

当 $a=-1$，$b=0$ 时，上述四元线性方程组有解，即存在 $\boldsymbol{C}$，使 $\boldsymbol{AC}-\boldsymbol{CA}=\boldsymbol{B}$，且该方程组的通解为

$$\begin{bmatrix}x_1\\ x_2\\ x_3\\ x_4\end{bmatrix}=c_1\begin{bmatrix}1\\ -1\\ 1\\ 0\end{bmatrix}+c_2\begin{bmatrix}1\\ 0\\ 0\\ 1\end{bmatrix}+\begin{bmatrix}1\\ 0\\ 0\\ 0\end{bmatrix}=\begin{bmatrix}c_1+c_2+1\\ -c_1\\ c_1\\ c_2\end{bmatrix}.$$

即所求矩阵为

$$\boldsymbol{C}=\begin{bmatrix}c_1+c_2+1 & -c_1\\ c_1 & c_2\end{bmatrix},\quad c_1,c_2 \text{ 为任意数}.$$

例 38 设矩阵

$$A=\begin{bmatrix}1&-1&-1\\2&a&1\\-1&1&a\end{bmatrix},\quad B=\begin{bmatrix}2&2\\1&a\\-a-1&-2\end{bmatrix},$$

问 a 为何值时，矩阵方程 $AX=B$ 无解、有唯一解或无穷多解？在有解时，求解此方程.

解 对矩阵方程的增广矩阵做初等行变换，得

$$[A\quad B]=\begin{bmatrix}1&-1&-1&2&2\\2&a&1&1&a\\-1&1&a&-a-1&2\end{bmatrix}\to\begin{bmatrix}1&-1&-1&2&2\\0&a+2&3&-3&a-4\\0&0&a-1&-a+1&0\end{bmatrix}.$$

(1) 当 $a\neq-2$ 且 $a\neq1$ 时，矩阵方程有唯一解，且

$$[A\quad B]\to\begin{bmatrix}1&-1&0&1&2\\0&a+2&0&0&a-4\\0&0&1&-1&0\end{bmatrix}\to\begin{bmatrix}1&0&0&1&\dfrac{3a}{a+2}\\0&1&0&0&\dfrac{a-4}{a+2}\\0&0&1&-1&0\end{bmatrix},$$

因此，矩阵方程的唯一解为 $X=\begin{bmatrix}1&\dfrac{3a}{a+2}\\0&\dfrac{a-4}{a+2}\\-1&0\end{bmatrix}$.

(2) 当 $a=-2$ 时

$$[A\quad B]\to\begin{bmatrix}1&-1&-1&2&2\\0&0&3&-3&-6\\0&0&-3&3&0\end{bmatrix}\to\begin{bmatrix}1&-1&-1&2&2\\0&0&3&-3&-6\\0&0&0&0&-6\end{bmatrix},$$

则 $\operatorname{rank}A=2$，$\operatorname{rank}[A\quad B]=3$，矩阵方程无解.

(3) 当 $a=1$ 时

$$[A\quad B]\to\begin{bmatrix}1&-1&-1&2&2\\0&3&3&-3&-3\\0&0&0&0&0\end{bmatrix}\to\begin{bmatrix}1&0&0&1&1\\0&1&1&-1&-1\\0&0&0&0&0\end{bmatrix},$$

则矩阵方程的通解为

$$X=\begin{bmatrix}1&1\\-k_1-1&-k_2-1\\k_1&k_2\end{bmatrix},\quad k_1,k_2\text{ 为任意数}.$$

例 39 设矩阵

$$A=\begin{bmatrix}1&2&a\\1&3&0\\2&7&-a\end{bmatrix},\quad B=\begin{bmatrix}1&a&2\\0&1&1\\-1&1&1\end{bmatrix},$$

且 A 可经过初等列变换化为 B，求：

(1) 常数 a 的值；

(2) 满足 $\boldsymbol{AP}=\boldsymbol{B}$ 的可逆矩阵 $\boldsymbol{P}$.

解 (1) 由于

$$\boldsymbol{A}=\begin{bmatrix}1&2&a\\1&3&0\\2&7&-a\end{bmatrix}\to\begin{bmatrix}1&2&a\\0&1&-a\\0&3&-3a\end{bmatrix}\to\begin{bmatrix}1&2&a\\0&1&-a\\0&0&0\end{bmatrix},$$

$$\boldsymbol{B}=\begin{bmatrix}1&a&2\\0&1&1\\-1&1&1\end{bmatrix}\to\begin{bmatrix}1&a&2\\0&1&1\\0&a+1&3\end{bmatrix}\to\begin{bmatrix}1&a&2\\0&1&1\\0&0&2-a\end{bmatrix},$$

因此,由 $\operatorname{rank}\boldsymbol{A}=\operatorname{rank}\boldsymbol{B}=2$ 得 $a=2$.

(2) 题意是解矩阵方程 $\boldsymbol{AX}=\boldsymbol{B}$,为此对增广矩阵做初等行变换,得

$$[\boldsymbol{A}\quad\boldsymbol{B}]=\begin{bmatrix}1&2&2&1&2&2\\1&3&0&0&1&1\\2&7&-2&-1&1&1\end{bmatrix}\to\begin{bmatrix}1&0&6&3&4&4\\0&1&-2&-1&-1&-1\\0&0&0&0&0&0\end{bmatrix}.$$

记 $\boldsymbol{B}=[\boldsymbol{b}_1\quad\boldsymbol{b}_2\quad\boldsymbol{b}_3]$,则方程组 $\boldsymbol{Ax}_1=\boldsymbol{b}_1$ 的通解为

$$\boldsymbol{x}_1=\begin{bmatrix}x_{11}\\x_{21}\\x_{31}\end{bmatrix}=k_1\begin{bmatrix}-6\\2\\1\end{bmatrix}+\begin{bmatrix}3\\-1\\0\end{bmatrix}=\begin{bmatrix}-6k_1+3\\2k_1-1\\k_1\end{bmatrix};$$

方程组 $\boldsymbol{Ax}_2=\boldsymbol{b}_2$ 的通解为

$$\boldsymbol{x}_2=\begin{bmatrix}x_{12}\\x_{22}\\x_{32}\end{bmatrix}=k_2\begin{bmatrix}-6\\2\\1\end{bmatrix}+\begin{bmatrix}4\\-1\\0\end{bmatrix}=\begin{bmatrix}-6k_2+4\\2k_2-1\\k_2\end{bmatrix};$$

方程组 $\boldsymbol{Ax}_3=\boldsymbol{b}_3$ 的通解为

$$\boldsymbol{x}_3=\begin{bmatrix}x_{13}\\x_{23}\\x_{33}\end{bmatrix}=k_3\begin{bmatrix}-6\\2\\1\end{bmatrix}+\begin{bmatrix}4\\-1\\0\end{bmatrix}=\begin{bmatrix}-6k_3+4\\2k_3-1\\k_3\end{bmatrix}.$$

从而矩阵方程 $\boldsymbol{AP}=\boldsymbol{B}$ 的通解为

$$\boldsymbol{P}=[\boldsymbol{x}_1\quad\boldsymbol{x}_2\quad\boldsymbol{x}_3]=\begin{bmatrix}-6k_1+3&-6k_2+4&-6k_3+4\\2k_1-1&2k_2-1&2k_3-1\\k_1&k_2&k_3\end{bmatrix},\quad k_1,k_2,k_3\text{ 为任意数}.$$

对矩阵 $\boldsymbol{P}$ 做初等行变换,得

$$\boldsymbol{P}\to\begin{bmatrix}1&0&0\\0&1&1\\0&0&k_3-k_2\end{bmatrix},$$

由 $\boldsymbol{P}$ 可逆,即知 $k_2\neq k_3$. 于是,满足 $\boldsymbol{AP}=\boldsymbol{B}$ 的可逆矩阵

$$\boldsymbol{P}=\begin{bmatrix}-6k_1+3&-6k_2+4&-6k_3+4\\2k_1-1&2k_2-1&2k_3-1\\k_1&k_2&k_3\end{bmatrix},\quad k_1,k_2,k_3\text{ 为任意数,且 }k_2\neq k_3.$$

例 40 设 a,b,c,d 是四个实数,证明 $\begin{cases}a^2+b^2=1,\\c^2+d^2=1,\\ac+bd=0\end{cases}$ 成立的充要条件是 $\begin{cases}a^2+c^2=1,\\b^2+d^2=1,\\ab+cd=0\end{cases}$ 成立.

证 记矩阵 $\boldsymbol{A}=\begin{bmatrix}a & b\\c & d\end{bmatrix}$,则 $\begin{cases}a^2+b^2=1,\\c^2+d^2=1,\\ac+bd=0\end{cases}$ 成立等价于 $\boldsymbol{A}\boldsymbol{A}^{\mathrm{T}}=\boldsymbol{E}$,这相当于 $\boldsymbol{A}^{\mathrm{T}}\boldsymbol{A}=\boldsymbol{E}$,又等价于 $\begin{cases}a^2+c^2=1,\\b^2+d^2=1,\\ab+cd=0\end{cases}$ 成立.

例 41 设有正整数 k,使得矩阵 $\boldsymbol{A}$ 满足 $\boldsymbol{A}^k=\boldsymbol{0}$,证明 $\boldsymbol{E}-\boldsymbol{A}$ 可逆,并求 $(\boldsymbol{E}-\boldsymbol{A})^{-1}$.

解 由 $\boldsymbol{A}^k=\boldsymbol{0}$ 知

$$\boldsymbol{E}=\boldsymbol{E}^k-\boldsymbol{A}^k=(\boldsymbol{E}-\boldsymbol{A})(\boldsymbol{E}+\boldsymbol{A}+\boldsymbol{A}^2+\cdots+\boldsymbol{A}^{k-1}),$$

故有 $\boldsymbol{E}-\boldsymbol{A}$ 可逆,且

$$(\boldsymbol{E}-\boldsymbol{A})^{-1}=\boldsymbol{E}+\boldsymbol{A}+\boldsymbol{A}^2+\cdots+\boldsymbol{A}^{k-1}.$$

例 42 设 $\boldsymbol{A}$ 与 $\boldsymbol{B}$ 是同阶方阵,且 $\boldsymbol{A},\boldsymbol{B},\boldsymbol{A}+\boldsymbol{B}$ 均可逆,证明 $\boldsymbol{A}^{-1}+\boldsymbol{B}^{-1}$ 可逆.

证 将 $\boldsymbol{A}^{-1}+\boldsymbol{B}^{-1}$ 恒等变形,得到 $\boldsymbol{A}^{-1}+\boldsymbol{B}^{-1}=\boldsymbol{A}^{-1}(\boldsymbol{A}+\boldsymbol{B})\boldsymbol{B}^{-1}$.

因 $\boldsymbol{A},\boldsymbol{B},\boldsymbol{A}+\boldsymbol{B}$ 均可逆,故 $\boldsymbol{A}^{-1}(\boldsymbol{A}+\boldsymbol{B})\boldsymbol{B}^{-1}$ 可逆,即 $\boldsymbol{A}^{-1}+\boldsymbol{B}^{-1}$ 可逆,从而

$$(\boldsymbol{A}^{-1}+\boldsymbol{B}^{-1})^{-1}=\boldsymbol{B}(\boldsymbol{A}+\boldsymbol{B})^{-1}\boldsymbol{A}.$$

例 43 设 $\boldsymbol{A},\boldsymbol{B}$ 分别为 $m\times n$ 和 $n\times m$ 矩阵,且 $\boldsymbol{E}_m-\boldsymbol{AB}$ 是可逆矩阵,证明 $\boldsymbol{E}_n-\boldsymbol{BA}$ 可逆,并求 $(\boldsymbol{E}_n-\boldsymbol{BA})^{-1}$.

解 因为 $\boldsymbol{E}_m-\boldsymbol{AB}$ 可逆,所以存在可逆矩阵 $\boldsymbol{C}$,使得 $(\boldsymbol{E}_m-\boldsymbol{AB})\boldsymbol{C}=\boldsymbol{E}_m$,即

$$\boldsymbol{C}-\boldsymbol{ABC}=\boldsymbol{E}_m,$$

两端同时左乘 $\boldsymbol{B}$、右乘 $\boldsymbol{A}$,得

$$\boldsymbol{B}(\boldsymbol{C}-\boldsymbol{ABC})\boldsymbol{A}=\boldsymbol{BA},$$

即

$$(\boldsymbol{E}_n-\boldsymbol{BA})\boldsymbol{BCA}+\boldsymbol{E}_n-\boldsymbol{BA}=\boldsymbol{E}_n,$$

从而

$$(\boldsymbol{E}_n-\boldsymbol{BA})(\boldsymbol{BCA}+\boldsymbol{E}_n)=\boldsymbol{E}_n,$$

因此 $\boldsymbol{E}_n-\boldsymbol{BA}$ 可逆,且

$$(\boldsymbol{E}_n-\boldsymbol{BA})^{-1}=\boldsymbol{BCA}+\boldsymbol{E}_n=\boldsymbol{E}_n+\boldsymbol{B}(\boldsymbol{E}_m-\boldsymbol{AB})^{-1}\boldsymbol{A}.$$

注 设 $\boldsymbol{\alpha},\boldsymbol{\beta}$ 均为 $n\times 1$ 矩阵,且 $\boldsymbol{\beta}^{\mathrm{T}}\boldsymbol{\alpha}\neq 1$,则由本例的结论即得

$$(\boldsymbol{E}_n-\boldsymbol{\alpha\beta}^{\mathrm{T}})^{-1}=\boldsymbol{E}_n+\boldsymbol{\alpha}(1-\boldsymbol{\beta}^{\mathrm{T}}\boldsymbol{\alpha})^{-1}\boldsymbol{\beta}^{\mathrm{T}}=\boldsymbol{E}_n+\frac{1}{1-\boldsymbol{\beta}^{\mathrm{T}}\boldsymbol{\alpha}}\boldsymbol{\alpha\beta}^{\mathrm{T}}.$$

例 44 (1) 设 $\boldsymbol{A}$ 和 $\boldsymbol{B}$ 为 n 阶矩阵,证明矩阵迹的性质:

$$\mathrm{tr}(\boldsymbol{A}+\boldsymbol{B})=\mathrm{tr}\boldsymbol{A}+\mathrm{tr}\boldsymbol{B},\quad \mathrm{tr}(\boldsymbol{AB})=\mathrm{tr}(\boldsymbol{BA});$$

(2) 设实矩阵 $\boldsymbol{A}$ 满足 $\boldsymbol{A}^{\mathrm{T}}\boldsymbol{A}=\boldsymbol{A}^2$,证明 $\boldsymbol{A}$ 为对称矩阵.

证 (1) 设 $\boldsymbol{A}=[a_{ij}]$,$\boldsymbol{B}=[b_{ij}]$,则

$$\mathrm{tr}(\boldsymbol{A}+\boldsymbol{B})=\sum_{i=1}^{n}(a_{ii}+b_{ii})=\sum_{i=1}^{n}a_{ii}+\sum_{i=1}^{n}b_{ii}=\mathrm{tr}\boldsymbol{A}+\mathrm{tr}\boldsymbol{B};$$

$$\mathrm{tr}(\boldsymbol{AB})=\sum_{i=1}^{n}\sum_{j=1}^{n}a_{ij}b_{ji}=\sum_{j=1}^{n}\sum_{i=1}^{n}b_{ji}a_{ij}=\mathrm{tr}(\boldsymbol{BA}).$$

(2) 令 $\boldsymbol{B}=\boldsymbol{A}^{\mathrm{T}}-\boldsymbol{A}$，则由假设条件和(1)，有

$$\begin{aligned}\mathrm{tr}(\boldsymbol{B}^{\mathrm{T}}\boldsymbol{B})&=\mathrm{tr}[(\boldsymbol{A}^{\mathrm{T}}-\boldsymbol{A})^{\mathrm{T}}(\boldsymbol{A}^{\mathrm{T}}-\boldsymbol{A})]\\&=\mathrm{tr}[(\boldsymbol{A}-\boldsymbol{A}^{\mathrm{T}})(\boldsymbol{A}^{\mathrm{T}}-\boldsymbol{A})]\\&=\mathrm{tr}[\boldsymbol{AA}^{\mathrm{T}}-\boldsymbol{A}^{2}-(\boldsymbol{A}^{\mathrm{T}})^{2}+\boldsymbol{A}^{\mathrm{T}}\boldsymbol{A}]\\&=\mathrm{tr}[\boldsymbol{AA}^{\mathrm{T}}-\boldsymbol{A}^{\mathrm{T}}\boldsymbol{A}-\boldsymbol{A}^{\mathrm{T}}\boldsymbol{A}+\boldsymbol{A}^{\mathrm{T}}\boldsymbol{A}]\\&=\mathrm{tr}(\boldsymbol{AA}^{\mathrm{T}})-\mathrm{tr}(\boldsymbol{A}^{\mathrm{T}}\boldsymbol{A})=0,\end{aligned}$$

因此 $\boldsymbol{B}=\boldsymbol{0}$，即 $\boldsymbol{A}^{\mathrm{T}}=\boldsymbol{A}$.

例 45 设 $m\times n$ 矩阵 $\boldsymbol{A}$ 的秩为 r，$r\geqslant 1$，证明：存在 $m\times r$ 列满秩矩阵 $\boldsymbol{B}$，$r\times n$ 行满秩矩阵 $\boldsymbol{C}$，使得 $\boldsymbol{A}=\boldsymbol{BC}$.

证 由条件知，存在 m 阶可逆矩阵 $\boldsymbol{P}$ 和 n 阶可逆矩阵 $\boldsymbol{Q}$，使得

$$\boldsymbol{A}=\boldsymbol{P}^{-1}\begin{bmatrix}\boldsymbol{E}_r & \boldsymbol{0}\\ \boldsymbol{0} & \boldsymbol{0}\end{bmatrix}\boldsymbol{Q}^{-1}=\boldsymbol{P}^{-1}\begin{bmatrix}\boldsymbol{E}_r\\ \boldsymbol{0}\end{bmatrix}\begin{bmatrix}\boldsymbol{E}_r & \boldsymbol{0}\end{bmatrix}\boldsymbol{Q}^{-1}.$$

记

$$\boldsymbol{B}=\boldsymbol{P}^{-1}\begin{bmatrix}\boldsymbol{E}_r\\ \boldsymbol{0}\end{bmatrix},\quad \boldsymbol{C}=\begin{bmatrix}\boldsymbol{E}_r & \boldsymbol{0}\end{bmatrix}\boldsymbol{Q}^{-1},$$

则 $\boldsymbol{B}$ 为 $m\times r$ 列满秩矩阵，$\boldsymbol{C}$ 为 $r\times n$ 行满秩矩阵，且 $\boldsymbol{A}=\boldsymbol{BC}$.

注 此例中的 $\boldsymbol{A}=\boldsymbol{BC}$ 称为矩阵 $\boldsymbol{A}$ 的满秩分解.

例 46 设 $\boldsymbol{A}\in\mathbb{C}^{m\times n}$，且 $\mathrm{rank}\,\boldsymbol{A}=r\geqslant 1$，试求满足下式的所有矩阵 $\boldsymbol{X}$ 的表达式：

$$\boldsymbol{AXA}=\boldsymbol{A}.$$

解 因为 $\mathrm{rank}\,\boldsymbol{A}=r$，所以存在 m 阶可逆矩阵 $\boldsymbol{P}$ 和 n 阶可逆矩阵 $\boldsymbol{Q}$，使得

$$\boldsymbol{PAQ}=\begin{bmatrix}\boldsymbol{E}_r & \boldsymbol{0}\\ \boldsymbol{0} & \boldsymbol{0}\end{bmatrix}.$$

对于满足 $\boldsymbol{AXA}=\boldsymbol{A}$ 的任何矩阵 $\boldsymbol{X}$，有

$$\boldsymbol{P}^{-1}\begin{bmatrix}\boldsymbol{E}_r & \boldsymbol{0}\\ \boldsymbol{0} & \boldsymbol{0}\end{bmatrix}\boldsymbol{Q}^{-1}\boldsymbol{XP}^{-1}\begin{bmatrix}\boldsymbol{E}_r & \boldsymbol{0}\\ \boldsymbol{0} & \boldsymbol{0}\end{bmatrix}\boldsymbol{Q}^{-1}=\boldsymbol{P}^{-1}\begin{bmatrix}\boldsymbol{E}_r & \boldsymbol{0}\\ \boldsymbol{0} & \boldsymbol{0}\end{bmatrix}\boldsymbol{Q}^{-1},$$

即

$$\begin{bmatrix}\boldsymbol{E}_r & \boldsymbol{0}\\ \boldsymbol{0} & \boldsymbol{0}\end{bmatrix}\boldsymbol{Q}^{-1}\boldsymbol{XP}^{-1}\begin{bmatrix}\boldsymbol{E}_r & \boldsymbol{0}\\ \boldsymbol{0} & \boldsymbol{0}\end{bmatrix}=\begin{bmatrix}\boldsymbol{E}_r & \boldsymbol{0}\\ \boldsymbol{0} & \boldsymbol{0}\end{bmatrix}. \tag{2.3}$$

令 $\boldsymbol{Q}^{-1}\boldsymbol{XP}^{-1}=\begin{bmatrix}\boldsymbol{B} & \boldsymbol{C}\\ \boldsymbol{D} & \boldsymbol{F}\end{bmatrix}$，其中 $\boldsymbol{B}$ 为 r 阶矩阵，代入(2.3)式得

$$\begin{bmatrix}\boldsymbol{B} & \boldsymbol{0}\\ \boldsymbol{0} & \boldsymbol{0}\end{bmatrix}=\begin{bmatrix}\boldsymbol{E}_r & \boldsymbol{0}\\ \boldsymbol{0} & \boldsymbol{0}\end{bmatrix},$$

即 $\boldsymbol{B}=\boldsymbol{E}_r$，故满足 $\boldsymbol{AXA}=\boldsymbol{A}$ 的任何矩阵 $\boldsymbol{X}$ 必具有如下形式：

$$\boldsymbol{X}=\boldsymbol{Q}\begin{bmatrix}\boldsymbol{E}_r & \boldsymbol{C}\\ \boldsymbol{D} & \boldsymbol{F}\end{bmatrix}\boldsymbol{P}, \tag{2.4}$$

这里 $\boldsymbol{C}\in\mathbb{C}^{r\times(m-r)}$，$\boldsymbol{D}\in\mathbb{C}^{(n-r)\times r}$ 和 $\boldsymbol{F}\in\mathbb{C}^{(n-r)\times(m-r)}$ 为任意矩阵.

另一方面,对任意矩阵 $\boldsymbol{C}\in\mathbb{C}^{r\times(m-r)}$, $\boldsymbol{D}\in\mathbb{C}^{(n-r)\times r}$ 和 $\boldsymbol{F}\in\mathbb{C}^{(n-r)\times(m-r)}$,有

$$\boldsymbol{P}^{-1}\begin{bmatrix}\boldsymbol{E}_r & \boldsymbol{0}\\ \boldsymbol{0} & \boldsymbol{0}\end{bmatrix}\boldsymbol{Q}^{-1}\boldsymbol{Q}\begin{bmatrix}\boldsymbol{E}_r & \boldsymbol{C}\\ \boldsymbol{D} & \boldsymbol{F}\end{bmatrix}\boldsymbol{P}\boldsymbol{P}^{-1}\begin{bmatrix}\boldsymbol{E}_r & \boldsymbol{0}\\ \boldsymbol{0} & \boldsymbol{0}\end{bmatrix}\boldsymbol{Q}^{-1}=\boldsymbol{P}^{-1}\begin{bmatrix}\boldsymbol{E}_r & \boldsymbol{0}\\ \boldsymbol{0} & \boldsymbol{0}\end{bmatrix}\boldsymbol{Q}^{-1}=\boldsymbol{A},$$

因此具有(2.4)式形式的任何矩阵都满足 $\boldsymbol{AXA}=\boldsymbol{A}$.

注 满足 $\boldsymbol{AXA}=\boldsymbol{A}$ 的矩阵 $\boldsymbol{X}$ 称为矩阵 $\boldsymbol{A}$ 的减号逆,它是广义逆矩阵的一种.

巩固练习

1. 填空题

(1) 已知矩阵 $\boldsymbol{A}$ 满足 $\boldsymbol{A}^2-3\boldsymbol{A}+5\boldsymbol{E}=\boldsymbol{0}$,则 $(\boldsymbol{A}+\boldsymbol{E})^{-1}=$________.

(2) 设矩阵 $\boldsymbol{A}=\begin{bmatrix}0 & -1 & 0\\ 1 & 0 & 0\\ 0 & 0 & -1\end{bmatrix}$, $\boldsymbol{B}=\boldsymbol{P}^{-1}\boldsymbol{AP}$,则 $\boldsymbol{B}^{2012}-2\boldsymbol{A}^2=$________.

(3) 设矩阵 $\boldsymbol{A},\boldsymbol{B},\boldsymbol{C}$ 均可逆,则 $\begin{bmatrix}\boldsymbol{0} & \boldsymbol{A} & \boldsymbol{0}\\ \boldsymbol{0} & \boldsymbol{0} & \boldsymbol{B}\\ \boldsymbol{C} & \boldsymbol{0} & \boldsymbol{0}\end{bmatrix}^{-1}=$________.

(4) 设 $\boldsymbol{A}=\begin{bmatrix}1 & -1\\ 2 & 3\end{bmatrix}$, $\boldsymbol{B}=\boldsymbol{A}^2-3\boldsymbol{A}+2\boldsymbol{E}$,则 $\boldsymbol{B}^{-1}=$________.

(5) 设五阶矩阵 $\boldsymbol{A},\boldsymbol{B}$ 的秩分别为 3 和 5,则 $\boldsymbol{BAB}$ 的秩是________.

(6) 已知 $\boldsymbol{\alpha}=(1,0,-1,2)^{\mathrm{T}}$, $\boldsymbol{\beta}=(0,1,0,2)^{\mathrm{T}}$, $\boldsymbol{A}=\boldsymbol{\alpha}^{\mathrm{T}}\boldsymbol{\beta}$,则 $\operatorname{rank}\boldsymbol{A}=$________.

(7) 设矩阵 $\boldsymbol{A}=\begin{bmatrix}k & 1 & 1 & 1\\ 1 & k & 1 & 1\\ 1 & 1 & k & 1\\ 1 & 1 & 1 & k\end{bmatrix}$,且 $\operatorname{rank}\boldsymbol{A}=3$,则 $k=$________.

(8) 设矩阵 $\boldsymbol{A}=\begin{bmatrix}0 & 1 & 0 & 0\\ 0 & 0 & 1 & 0\\ 0 & 0 & 0 & 1\\ 0 & 0 & 0 & 0\end{bmatrix}$,则 $\operatorname{rank}\boldsymbol{A}^3=$________.

(9) 已知 $\boldsymbol{A}=\begin{bmatrix}5 & 0 & 0\\ 0 & 1 & 2\\ 0 & 2 & 4\end{bmatrix}$, $\boldsymbol{B}$ 为三阶满秩矩阵,则 $\operatorname{rank}(\boldsymbol{AB})=$________.

(10) 已知 $\boldsymbol{A}=\begin{bmatrix}1 & \lambda & -1 & 2\\ 2 & -1 & \lambda & 5\\ 1 & 10 & -6 & 1\end{bmatrix}$,当 $\lambda=$________时, $\operatorname{rank}\boldsymbol{A}$ 最小.

2. 单选题

(1) 设 $\boldsymbol{A},\boldsymbol{B}$ 都是 n 阶矩阵,以下结论正确的是 【 】

(A) $(\boldsymbol{A}+\boldsymbol{B})^2=\boldsymbol{A}^2+2\boldsymbol{AB}+\boldsymbol{B}^2$;　　(B) $\boldsymbol{A}(\boldsymbol{A}+\boldsymbol{B})=(\boldsymbol{A}+\boldsymbol{B})\boldsymbol{A}$;

(C) $\boldsymbol{A}(\boldsymbol{A}+7\boldsymbol{E})=(\boldsymbol{A}+7\boldsymbol{E})\boldsymbol{A}$;　　(D) $\boldsymbol{AB}(\boldsymbol{A}+\boldsymbol{E})=(\boldsymbol{A}+\boldsymbol{E})\boldsymbol{BA}$.

(2) 设 $\boldsymbol{A}=\begin{bmatrix}1 & 2 & 3\\ 3 & -1 & 2\end{bmatrix}$，$\boldsymbol{P}(1,2)$是对调单位矩阵的第一列与第二列所得的二阶初等矩阵，则 $\boldsymbol{P}(1,2)\boldsymbol{A}$ 等于【 】

(A) $\begin{bmatrix}2 & 1 & 3\\ -1 & 3 & 2\end{bmatrix}$； (B) $\begin{bmatrix}1 & 3 & 2\\ 3 & 2 & -1\end{bmatrix}$；

(C) $\begin{bmatrix}2 & 4 & 6\\ 3 & -1 & 2\end{bmatrix}$； (D) $\begin{bmatrix}3 & -1 & 2\\ 1 & 2 & 3\end{bmatrix}$.

(3) 设 $\boldsymbol{A},\boldsymbol{B}$ 均为 n 阶矩阵，则必有【 】

(A) $(\boldsymbol{A}-\boldsymbol{B})(\boldsymbol{A}+\boldsymbol{B})=\boldsymbol{A}^2-\boldsymbol{B}^2$；

(B) 当 $\boldsymbol{AB}=\boldsymbol{0}$ 时，$(\boldsymbol{A}+\boldsymbol{B})^2=\boldsymbol{A}^2+\boldsymbol{B}^2$；

(C) 当 $\boldsymbol{AB}=\boldsymbol{BA}$ 时，对任意正整数 k,m，$\boldsymbol{A}^k\boldsymbol{B}^m=\boldsymbol{B}^m\boldsymbol{A}^k$；

(D) 当 $\boldsymbol{A},\boldsymbol{B}$ 可逆时，$[(\boldsymbol{AB})^{\mathrm{T}}]^{-1}=(\boldsymbol{B}^{-1})^{\mathrm{T}}(\boldsymbol{A}^{-1})^{\mathrm{T}}$.

(4) 已知 $\boldsymbol{A},\boldsymbol{B},\boldsymbol{C}$ 均为 n 阶矩阵，且满足 $\boldsymbol{ABAC}=\boldsymbol{E}$，则必有【 】

(A) $\boldsymbol{A}^{\mathrm{T}}\boldsymbol{B}^{\mathrm{T}}\boldsymbol{A}^{\mathrm{T}}\boldsymbol{C}^{\mathrm{T}}=\boldsymbol{E}$； (B) $\boldsymbol{A}^2\boldsymbol{B}^2\boldsymbol{A}^2\boldsymbol{C}^2=\boldsymbol{E}$；

(C) $\boldsymbol{BA}^2\boldsymbol{C}=\boldsymbol{E}$； (D) $\boldsymbol{CA}^2\boldsymbol{B}=\boldsymbol{E}$.

(5) 设 $\boldsymbol{A},\boldsymbol{B},\boldsymbol{C}$ 为 n 阶矩阵，且 $\boldsymbol{AB}=\boldsymbol{BC}=\boldsymbol{CA}=\boldsymbol{E}$，则 $\boldsymbol{A}^2+\boldsymbol{B}^2+\boldsymbol{C}^2$ 为【 】

(A) $\boldsymbol{0}$； (B) $\boldsymbol{E}$； (C) $2\boldsymbol{E}$； (D) $3\boldsymbol{E}$.

(6) 设 $\boldsymbol{A}$ 为 n 阶非零矩阵，若 $\boldsymbol{A}^3=\boldsymbol{0}$，则【 】

(A) $\boldsymbol{E}-\boldsymbol{A}$ 不可逆，$\boldsymbol{E}+\boldsymbol{A}$ 不可逆； (B) $\boldsymbol{E}-\boldsymbol{A}$ 不可逆，$\boldsymbol{E}+\boldsymbol{A}$ 可逆；

(C) $\boldsymbol{E}-\boldsymbol{A}$ 可逆，$\boldsymbol{E}+\boldsymbol{A}$ 可逆； (D) $\boldsymbol{E}-\boldsymbol{A}$ 可逆，$\boldsymbol{E}+\boldsymbol{A}$ 不可逆.

(7) 设 $\boldsymbol{A}$ 是三阶矩阵，对调 $\boldsymbol{A}$ 的第一列与第二列得 $\boldsymbol{B}$，再把 $\boldsymbol{B}$ 的第二列加到第三列得 $\boldsymbol{C}$，则满足 $\boldsymbol{AQ}=\boldsymbol{C}$ 的可逆矩阵 $\boldsymbol{Q}$ 为【 】

(A) $\begin{bmatrix}0 & 1 & 1\\ 1 & 0 & 0\\ 0 & 0 & 1\end{bmatrix}$； (B) $\begin{bmatrix}0 & 1 & 0\\ 1 & 0 & 1\\ 0 & 0 & 1\end{bmatrix}$；

(C) $\begin{bmatrix}0 & 1 & 0\\ 1 & 0 & 0\\ 0 & 1 & 1\end{bmatrix}$； (D) $\begin{bmatrix}0 & 1 & 0\\ 1 & 0 & 0\\ 1 & 0 & 1\end{bmatrix}$.

(8) 设 $\boldsymbol{A},\boldsymbol{B}$ 是同阶可逆方阵，下列结论正确的是【 】

(A) $\boldsymbol{AB}=\boldsymbol{BA}$；

(B) 存在可逆矩阵 $\boldsymbol{P}$，使得 $\boldsymbol{P}^{-1}\boldsymbol{AP}=\boldsymbol{B}$；

(C) 存在可逆矩阵 $\boldsymbol{C}$，使得 $\boldsymbol{C}^{\mathrm{T}}\boldsymbol{AC}=\boldsymbol{B}$；

(D) 存在可逆矩阵 $\boldsymbol{P}$ 和 $\boldsymbol{Q}$，使得 $\boldsymbol{PAQ}=\boldsymbol{B}$.

(9) 设 $\boldsymbol{A},\boldsymbol{B}$ 是 n 阶方阵，下列结论正确的是【 】

(A) 若 $\boldsymbol{A},\boldsymbol{B}$ 都可逆，则 $\boldsymbol{A}+\boldsymbol{B}$ 也可逆；

(B) 若 $\boldsymbol{A}+\boldsymbol{B}$ 都可逆，则 $\boldsymbol{A},\boldsymbol{B}$ 都可逆；

(C) 若 $\boldsymbol{AB}$ 不可逆，则 $\boldsymbol{A},\boldsymbol{B}$ 都不可逆；

(D) 若 $\boldsymbol{A},\boldsymbol{B}$ 中至少有一个不可逆，则 $\boldsymbol{AB}$ 不可逆.

(10) 设 $\boldsymbol{A}$ 为三阶矩阵，将 $\boldsymbol{A}$ 的第二列加到第一列得到 $\boldsymbol{B}$，再对调 $\boldsymbol{B}$ 的第二行与第三行

得到单位矩阵，记 $\boldsymbol{P}_1=\begin{bmatrix}1&0&0\\1&1&0\\0&0&1\end{bmatrix}$，$\boldsymbol{P}_2=\begin{bmatrix}1&0&0\\0&0&1\\0&1&0\end{bmatrix}$，则　　【　】

(A) $\boldsymbol{A}=\boldsymbol{P}_1\boldsymbol{P}_2$；　(B) $\boldsymbol{A}=\boldsymbol{P}_2\boldsymbol{P}_1^{-1}$；　(C) $\boldsymbol{A}=\boldsymbol{P}_2\boldsymbol{P}_1$；　(D) $\boldsymbol{A}=\boldsymbol{P}_1^{-1}\boldsymbol{P}_2$.

3. 设 $\boldsymbol{A}=\left(\frac{1}{2},0,\frac{1}{2}\right)$，$\boldsymbol{B}=\boldsymbol{E}-\boldsymbol{A}^{\mathrm{T}}\boldsymbol{A}$，$\boldsymbol{C}=\boldsymbol{E}+2\boldsymbol{A}^{\mathrm{T}}\boldsymbol{A}$，求 $\boldsymbol{BC}$.

4. 设 $\boldsymbol{A}=\begin{bmatrix}1&0\\3&2\end{bmatrix}$，求与 $\boldsymbol{A}$ 可交换的矩阵.

5. 设 n 阶矩阵 $\boldsymbol{A}$ 满足 $\boldsymbol{A}^2=\boldsymbol{A}$，证明 $\boldsymbol{E}-2\boldsymbol{A}$ 可逆.

6. 设四阶矩阵 $\boldsymbol{A}=\begin{bmatrix}3&4&0&0\\4&-3&0&0\\0&0&2&0\\0&0&2&2\end{bmatrix}$，求 $\boldsymbol{A}^4$.

7. 设 $\boldsymbol{\alpha}=(1,-1,2)^{\mathrm{T}}$，$\boldsymbol{\beta}=(-1,1,1)^{\mathrm{T}}$，$\boldsymbol{A}=\boldsymbol{E}+\boldsymbol{\alpha}\boldsymbol{\beta}^{\mathrm{T}}$，求 $\boldsymbol{A}^n$.

8. 设 $\boldsymbol{A}$，$\boldsymbol{B}$ 为三阶矩阵，且 $\boldsymbol{A}^2-\boldsymbol{AB}=\boldsymbol{E}$，其中 $\boldsymbol{A}=\begin{bmatrix}1&1&-1\\0&1&1\\0&0&-1\end{bmatrix}$，求 $\boldsymbol{B}$.

9. 已知 $\boldsymbol{A}$，$\boldsymbol{B}$ 为三阶矩阵，且满足 $2\boldsymbol{A}^{-1}\boldsymbol{B}=\boldsymbol{B}-4\boldsymbol{E}$.

(1) 证明 $\boldsymbol{A}-2\boldsymbol{E}$ 可逆，并用 $\boldsymbol{A}^{-1}$，$\boldsymbol{B}$ 表示 $(\boldsymbol{A}-2\boldsymbol{E})^{-1}$；

(2) 若 $\boldsymbol{B}=\begin{bmatrix}1&-2&0\\1&2&0\\0&0&2\end{bmatrix}$，求矩阵 $\boldsymbol{A}$.

10. 问 a，b 为何值时，矩阵

$$\boldsymbol{A}=\begin{bmatrix}1&1&1&1&0\\0&1&2&2&1\\0&-1&a-3&-2&b\\3&2&1&a&-1\end{bmatrix}$$

的秩为 2.

11. 讨论并求解非齐次线性方程组

$$\begin{cases}x_1+x_2+x_3+x_4+x_5=a,\\ x_2+2x_3+2x_4+6x_5=b,\\ 3x_1+2x_2+x_3+x_4-3x_5=0,\\ 5x_1+4x_2+3x_3+3x_4-x_5=2.\end{cases}$$

12. 设 $\boldsymbol{A}=\begin{bmatrix}2&1&1&2\\0&1&3&1\\1&a&c&1\end{bmatrix}$，$\boldsymbol{b}=\begin{bmatrix}0\\1\\0\end{bmatrix}$，$\boldsymbol{\eta}=\begin{bmatrix}1\\-1\\1\\-1\end{bmatrix}$，且 $\boldsymbol{\eta}$ 是方程组 $\boldsymbol{Ax}=\boldsymbol{b}$ 的一个解，试求方程组 $\boldsymbol{Ax}=\boldsymbol{b}$ 的通解.

单元测验

一、填空题(每小题 3 分,共 18 分)

1. 设 $\boldsymbol{A}=\begin{bmatrix}3&0&0\\1&4&0\\0&0&3\end{bmatrix}$,则$(\boldsymbol{A}-2\boldsymbol{E})^{-1}=$________;

2. 设 $\boldsymbol{A},\boldsymbol{B}$ 均为 n 阶可逆矩阵,则 $\begin{bmatrix}\boldsymbol{0}&\boldsymbol{A}^{\mathrm{T}}\\2\boldsymbol{B}^{-1}&\boldsymbol{0}\end{bmatrix}^{-1}=$________;

3. 设 $\boldsymbol{A}=(1,2)$,$\boldsymbol{B}=(2,1)$,$\boldsymbol{C}=\boldsymbol{A}^{\mathrm{T}}\boldsymbol{B}$,则 $\boldsymbol{C}^{99}=$________;

4. $\begin{bmatrix}1&0&0\\0&1&0\\1&0&1\end{bmatrix}^{12}\begin{bmatrix}1&1&1\\2&2&2\\3&3&3\end{bmatrix}\begin{bmatrix}1&0&0\\0&1&0\\1&0&1\end{bmatrix}^{10}=$________;

5. 设 $\boldsymbol{A}$ 为 4×3 矩阵,且 $\operatorname{rank}\boldsymbol{A}=2$,$\boldsymbol{B}=\begin{bmatrix}1&0&2\\0&2&0\\-1&0&3\end{bmatrix}$,则 $\operatorname{rank}(\boldsymbol{AB})=$________;

6. 设矩阵 $\boldsymbol{A}$ 满足 $\boldsymbol{A}^2+\boldsymbol{A}-8\boldsymbol{E}=\boldsymbol{0}$,则$(\boldsymbol{A}-2\boldsymbol{E})^{-1}=$________.

二、单选题(每小题 3 分,共 18 分)

1. 设 $\boldsymbol{A},\boldsymbol{B},\boldsymbol{C}$ 是 n 阶矩阵,且 $\boldsymbol{A}$ 可逆,则下列结论中必成立的是 【 】

(A) 若 $\boldsymbol{AC}=\boldsymbol{BC}$,则 $\boldsymbol{A}=\boldsymbol{B}$;　(B) 若 $\boldsymbol{BC}=\boldsymbol{0}$,则 $\boldsymbol{B}=\boldsymbol{0}$;

(C) 若 $\boldsymbol{BA}=\boldsymbol{CA}$,则 $\boldsymbol{B}=\boldsymbol{C}$;　(D) 若 $\boldsymbol{A}^{-1}\boldsymbol{B}=\boldsymbol{CA}^{-1}$,则 $\boldsymbol{B}=\boldsymbol{C}$.

2. 若矩阵 $\boldsymbol{A}=\begin{bmatrix}1&2&4\\2&\lambda&1\\1&1&0\end{bmatrix}$,为使 $\boldsymbol{A}$ 的秩达到最小值,则 λ 的取值为 【 】

(A) 2;　(B) -1;

(C) $\dfrac{1}{2}$;　(D) $\dfrac{9}{4}$.

3. 设 $\boldsymbol{A}=\begin{bmatrix}a_{11}&a_{12}&a_{13}\\a_{21}&a_{22}&a_{23}\\a_{31}&a_{32}&a_{33}\end{bmatrix}$,$\boldsymbol{B}=\begin{bmatrix}a_{21}&a_{22}&a_{23}\\a_{11}&a_{12}&a_{13}\\a_{31}-a_{21}&a_{32}-a_{22}&a_{33}-a_{23}\end{bmatrix}$,$\boldsymbol{P}_1=\begin{bmatrix}0&1&0\\1&0&0\\0&0&1\end{bmatrix}$.若 $\boldsymbol{P}_2\boldsymbol{P}_1\boldsymbol{A}=\boldsymbol{B}$,则 【 】

(A) $\boldsymbol{P}_2=\begin{bmatrix}1&0&0\\0&1&0\\1&0&1\end{bmatrix}$;　(B) $\boldsymbol{P}_2=\begin{bmatrix}1&0&0\\0&1&0\\-1&0&1\end{bmatrix}$;

(C) $\boldsymbol{P}_2=\begin{bmatrix}1&0&1\\0&1&0\\0&0&1\end{bmatrix}$;　(D) $\boldsymbol{P}_2=\begin{bmatrix}1&0&-1\\0&1&0\\0&0&1\end{bmatrix}$.

4. 设 $\boldsymbol{A}=\begin{bmatrix}1&0&-1\\2&\lambda&-1\\1&2&1\end{bmatrix}$,$\boldsymbol{B}$ 为三阶矩阵,$\operatorname{rank}\boldsymbol{B}=2$,$\operatorname{rank}(\boldsymbol{AB})=1$,则 λ 的取值为 【 】

(A) 1;　　(B) -1;　　(C) 3;　　(D) -3.

5. 齐次线性方程组 $\begin{cases} x_1 + x_2 + x_3 = 0, \\ 2x_1 - x_2 - ax_3 = 0, \\ x_1 - 2x_2 + 3x_3 = 0 \end{cases}$ 有非零解当且仅当 a 的值为 【 】

(A) 1;　　(B) -2;　　(C) 3;　　(D) -4.

6. 设 $\boldsymbol{A}, \boldsymbol{B}$ 为 n 阶对称矩阵,下列矩阵中不一定为对称矩阵的是 【 】

(A) $\boldsymbol{A}+2\boldsymbol{B}$;　　(B) $\boldsymbol{AB}-\boldsymbol{BA}$;

(C) $\boldsymbol{AB}+\boldsymbol{BA}$;　　(D) $\boldsymbol{ABA}$.

三、(10 分) 设 $\boldsymbol{A}=\begin{bmatrix} 1 & \lambda & -1 & 2 \\ 2 & -1 & \lambda & 5 \\ 1 & 10 & -6 & 1 \end{bmatrix}$,对 λ 的不同取值,讨论 $\operatorname{rank} \boldsymbol{A}$.

四、(10 分) 设 $\boldsymbol{A}=\begin{bmatrix} 0 & 0 & 0 & 2 & -3 \\ 0 & 0 & 0 & -5 & 7 \\ 2 & 0 & 0 & 0 & 0 \\ 1 & -3 & 5 & 0 & 0 \\ 0 & 1 & -2 & 0 & 0 \end{bmatrix}$,求 $\boldsymbol{A}^{-1}$.

五、(10 分) 已知 $\boldsymbol{A}=\begin{bmatrix} 3 & 4 & 0 & 0 \\ 4 & -3 & 0 & 0 \\ 0 & 0 & -1 & 0 \\ 0 & 0 & 0 & 2 \end{bmatrix}$,求 $\boldsymbol{A}^k$.

六、(10 分) 若 $\boldsymbol{A}, \boldsymbol{B}, \boldsymbol{AB}-\boldsymbol{E}$ 为可逆阵,证明 $\boldsymbol{A}-\boldsymbol{B}^{-1}$,$(\boldsymbol{A}-\boldsymbol{B}^{-1})^{-1}-\boldsymbol{A}^{-1}$ 均可逆.

七、(12 分) 设 $\boldsymbol{A}=\begin{bmatrix} 2 & 2 & 0 \\ 2 & 1 & 1 \\ -1 & 1 & 1 \end{bmatrix}$,且有 $\boldsymbol{ABA}=-2\boldsymbol{E}+\boldsymbol{AB}$,求矩阵 $\boldsymbol{B}$.

八、(12 分) 当 k 取何值时,方程组 $\begin{cases} x_1 + x_2 + kx_3 = 4, \\ (k+1)x_2 + (k+1)x_3 = k^2+4, \\ 2x_1 + (k+2)x_3 = 0 \end{cases}$ 有唯一解、无解、有无穷多解? 并在有无穷多解时,求通解表达式.

第 3 章

行　列　式

基本要求

1. 理解行列式的概念.
2. 掌握行列式的按行(列)展开法则和初等变换性质.
3. 理解可逆矩阵的充要条件,熟悉求逆矩阵的伴随矩阵法.
4. 熟悉行列式的乘积法则和分块三角行列式的公式,会用 Cramer 法则讨论齐次线性方程组的解.
5. 掌握降阶法、三角化方法、归纳法、升阶法,熟悉递推法,会用分拆法.
6. 理解矩阵秩的子式定义,会用子式求矩阵秩,了解矩阵秩的性质及其证明.

内容综述

一、行列式的概念

n 阶行列式$|\boldsymbol{A}|$(或 $\det\boldsymbol{A}$)是 n 阶矩阵$\boldsymbol{A}=[a_{ij}]$的一种运算,规定它是按下述运算法则得到的一个算式:

当 $n=1$ 时,$|\boldsymbol{A}|=|a_{11}|=a_{11}$;

当 $n\geqslant 2$ 时,

$$|\boldsymbol{A}|=a_{11}A_{11}+a_{12}A_{12}+\cdots+a_{1n}A_{1n},$$

其中对一切 $j=1,2,\cdots,n$,有

$$A_{1j}=(-1)^{1+j}M_{1j},$$

这里 M_{1j} 是$\boldsymbol{A}$ 中删去元a_{1j} 所在的第一行和第 j 列后余下的元按原来相对位置组成的$n-1$阶行列式,称 M_{1j} 为a_{1j} 的余子式,称 A_{1j} 为a_{1j} 的代数余子式. $|\boldsymbol{A}|$也称为 n 阶矩阵$\boldsymbol{A}$ 的行列式.

矩阵$\boldsymbol{A}=[a_{ij}]$的行列式$|\boldsymbol{A}|$的完全展开式为 $n!$个带正负号的项之和,其中每一项都是不同行不同列的 n 个元的乘积.

二、行列式的性质

1. 行列式按行(列)展开法则

$$\sum_{k=1}^{n} a_{ik}A_{jk}=a_{i1}A_{j1}+a_{i2}A_{j2}+\cdots+a_{in}A_{jn}=|\boldsymbol{A}|\delta_{ij},$$

$$\sum_{k=1}^{n} a_{ki}A_{kj}=a_{1i}A_{1j}+a_{2i}A_{2j}+\cdots+a_{ni}A_{nj}=|\boldsymbol{A}|\delta_{ij},$$

其中 Kronecker 符号

$$\delta_{ij}=\begin{cases}0, & i\neq j,\\ 1, & i=j.\end{cases}$$

2. 行列式初等变换的性质

(1) 对调变换使得行列式的值反号.

(2) 倍乘变换只是放大或缩小行列式的值.

(3) 倍加变换不改变行列式的值.

3. 另外一些重要性质

(1) 若行列式的某两行(或列)成比例,则其值为零.

(2) 若 $\boldsymbol{A}$ 为 n 阶矩阵,k 为任意数,则 $|k\boldsymbol{A}|=k^n|\boldsymbol{A}|$.

(3) 若行列式的某一行(或列)的元都是两数之和,则行列式等于两个行列式的和,例如

$$|\boldsymbol{\alpha}_1\quad \boldsymbol{\alpha}_2\quad \cdots\quad \boldsymbol{\alpha}_i+\boldsymbol{\beta}_i\quad \cdots\quad \boldsymbol{\alpha}_n|=|\boldsymbol{\alpha}_1\quad \boldsymbol{\alpha}_2\quad \cdots\quad \boldsymbol{\alpha}_i\quad \cdots\quad \boldsymbol{\alpha}_n|+|\boldsymbol{\alpha}_1\quad \boldsymbol{\alpha}_2\quad \cdots\quad \boldsymbol{\beta}_i\quad \cdots\quad \boldsymbol{\alpha}_n|.$$

(4) 行列式与它的转置行列式相等,即转置运算不改变行列式的值.

4. 行列式的乘积法则:对任何 n 阶矩阵 $\boldsymbol{A}$ 和 $\boldsymbol{B}$,均有 $|\boldsymbol{AB}|=|\boldsymbol{A}||\boldsymbol{B}|$.

注 对任何 n 阶矩阵 $\boldsymbol{A}$ 和 $\boldsymbol{B}$,均有 $|\boldsymbol{AB}|=|\boldsymbol{BA}|$.

(1) 设 $\boldsymbol{A}$ 为方阵,则 $|\boldsymbol{A}^k|=|\boldsymbol{A}|^k$.

(2) 设 $\boldsymbol{A}$ 为可逆矩阵,则 $|\boldsymbol{A}^{-1}|=|\boldsymbol{A}|^{-1}$.

(3) 分块对角行列式和分块三角行列式:

$$|\mathrm{diag}(\boldsymbol{A}_1,\boldsymbol{A}_2,\cdots,\boldsymbol{A}_s)|=|\boldsymbol{A}_1||\boldsymbol{A}_2|\cdots|\boldsymbol{A}_s|;$$

$$\begin{vmatrix}\boldsymbol{A} & \boldsymbol{0}\\ \boldsymbol{C} & \boldsymbol{B}\end{vmatrix}=|\boldsymbol{A}||\boldsymbol{B}|,\quad \begin{vmatrix}\boldsymbol{A} & \boldsymbol{D}\\ \boldsymbol{0} & \boldsymbol{B}\end{vmatrix}=|\boldsymbol{A}||\boldsymbol{B}|.$$

三、行列式的计算

1. 典型方法:降阶法、三角化方法、归纳法、升阶法、递推法、分拆法.

2. 设 $n\geqslant 2$,n 阶 Vandermonde 行列式 V_n 的 (i,j) 元为 $x_j^{i-1}(i,j=1,2,\cdots,n)$,且

$$V_n=\prod_{1\leqslant j<i\leqslant n}(x_i-x_j).$$

四、伴随矩阵与矩阵的逆

当 $n\geqslant 2$ 时,n 阶矩阵 $\boldsymbol{A}$ 的伴随矩阵 $\boldsymbol{A}^*$ 为 n 阶矩阵,它的 (i,j) 元为 A_{ji},这里 A_{ji} 是矩阵 $\boldsymbol{A}$ 中 (j,i) 元的代数余子式 $(i,j=1,2,\cdots,n)$.

注 只有阶数大于1的方阵才有伴随矩阵;伴随矩阵 $\boldsymbol{A}^*$ 的 (i,j) 元是代数余子式 A_{ji},而不是 A_{ij}.

当 $|\boldsymbol{A}|\neq 0$ 时,称 $\boldsymbol{A}$ 为非奇异矩阵,否则称 $\boldsymbol{A}$ 为奇异矩阵.

如果 $\boldsymbol{A}$ 是 n 阶矩阵，且 $n\geqslant 2$，那么

(1) $\boldsymbol{A}\boldsymbol{A}^*=\boldsymbol{A}^*\boldsymbol{A}=|\boldsymbol{A}|\boldsymbol{E}$；

(2) 当 $\boldsymbol{A}$ 可逆时，有

$$\boldsymbol{A}^{-1}=\frac{1}{|\boldsymbol{A}|}\boldsymbol{A}^*,\quad \boldsymbol{A}^*=|\boldsymbol{A}|\boldsymbol{A}^{-1},\quad (\boldsymbol{A}^*)^{-1}=\frac{1}{|\boldsymbol{A}|}\boldsymbol{A};$$

(3) $|\boldsymbol{A}^*|=|\boldsymbol{A}|^{n-1}$，$(k\boldsymbol{A})^*=k^{n-1}\boldsymbol{A}^*$；

(4) $\operatorname{rank}\boldsymbol{A}^*=\begin{cases}n, & \operatorname{rank}\boldsymbol{A}=n,\\ 1, & \operatorname{rank}\boldsymbol{A}=n-1,\\ 0, & \operatorname{rank}\boldsymbol{A}<n-1;\end{cases}$

(5) $\boldsymbol{A}$ 为可逆矩阵的充要条件是 $|\boldsymbol{A}|\neq 0$.

五、Cramer 法则

1. 如果 $n\times n$ 线性方程组 $\boldsymbol{A}\boldsymbol{x}=\boldsymbol{b}$ 的系数行列式 $|\boldsymbol{A}|\neq 0$，则方程组有唯一的解

$$x_1=\frac{|\boldsymbol{A}_1|}{|\boldsymbol{A}|},\quad x_2=\frac{|\boldsymbol{A}_2|}{|\boldsymbol{A}|},\quad \cdots,\quad x_n=\frac{|\boldsymbol{A}_n|}{|\boldsymbol{A}|},$$

其中 $|\boldsymbol{A}_j|(j=1,2,\cdots,n)$ 是用常数项向量 $\boldsymbol{b}$ 替代 $\boldsymbol{A}$ 中的第 j 列得到的行列式.

2. $n\times n$ 齐次线性方程组 $\boldsymbol{A}\boldsymbol{x}=\boldsymbol{0}$ 有非零解的充要条件是系数行列式 $|\boldsymbol{A}|=0$.

六、矩阵的子式与秩

1. 矩阵 $\boldsymbol{A}$ 的秩等于 $\boldsymbol{A}$ 的非零子式的最高阶数.

2. 矩阵秩的性质：

(1) $0\leqslant\operatorname{rank}\boldsymbol{A}_{m\times n}\leqslant\min\{m,n\}$.

(2) $\operatorname{rank}\boldsymbol{A}^{\mathrm{T}}=\operatorname{rank}\boldsymbol{A}$.

(3) $\operatorname{rank}(k\boldsymbol{A})=\operatorname{rank}\boldsymbol{A}\ (k\neq 0)$.

(4) $\operatorname{rank}\begin{bmatrix}\boldsymbol{A} & \boldsymbol{0}\\ \boldsymbol{0} & \boldsymbol{B}\end{bmatrix}=\operatorname{rank}\boldsymbol{A}+\operatorname{rank}\boldsymbol{B}$，$\quad\operatorname{rank}\begin{bmatrix}\boldsymbol{0} & \boldsymbol{A}\\ \boldsymbol{B} & \boldsymbol{0}\end{bmatrix}=\operatorname{rank}\boldsymbol{A}+\operatorname{rank}\boldsymbol{B}$.

(5) $\boldsymbol{A}\cong\boldsymbol{B}$ 当且仅当 $\operatorname{rank}\boldsymbol{A}=\operatorname{rank}\boldsymbol{B}$.

(6) 若 $\boldsymbol{P}$，$\boldsymbol{Q}$ 是可逆矩阵，则

$$\operatorname{rank}(\boldsymbol{P}\boldsymbol{A})=\operatorname{rank}(\boldsymbol{A}\boldsymbol{Q})=\operatorname{rank}(\boldsymbol{P}\boldsymbol{A}\boldsymbol{Q})=\operatorname{rank}\boldsymbol{A}.$$

(7) $\max\{\operatorname{rank}\boldsymbol{A},\operatorname{rank}\boldsymbol{B}\}\leqslant\operatorname{rank}[\boldsymbol{A}\quad\boldsymbol{B}]\leqslant\operatorname{rank}\boldsymbol{A}+\operatorname{rank}\boldsymbol{B}$.

(8) $\operatorname{rank}\boldsymbol{A}-\operatorname{rank}\boldsymbol{B}\leqslant\operatorname{rank}(\boldsymbol{A}+\boldsymbol{B})\leqslant\operatorname{rank}\boldsymbol{A}+\operatorname{rank}\boldsymbol{B}$.

(9) Sylvester 不等式：设 $\boldsymbol{A}$ 为 $m\times n$ 矩阵，$\boldsymbol{B}$ 为 $n\times s$ 矩阵，则

$$\operatorname{rank}\boldsymbol{A}+\operatorname{rank}\boldsymbol{B}-n\leqslant\operatorname{rank}(\boldsymbol{A}\boldsymbol{B})\leqslant\min\{\operatorname{rank}\boldsymbol{A},\operatorname{rank}\boldsymbol{B}\};$$

特别地，当 $\boldsymbol{A}\boldsymbol{B}=\boldsymbol{0}$ 时，有 $\operatorname{rank}\boldsymbol{A}+\operatorname{rank}\boldsymbol{B}\leqslant n$.

疑难辨析

问题 1 二阶、三阶行列式的对角线法则是否适用于四阶及四阶以上的行列式？

答 否. 由行列式的完全展开式可知，四阶行列式是 24 个带正负号的项之和，而按照对

角线法则只能写出8项，因此对角线法则不适用于四阶及四阶以上的行列式.

问题2 行列式与矩阵有何不同？

答 行列式与矩阵是两个完全不同的概念，行列式是一个算式，一个行列式经过计算可求得其数值；而矩阵仅仅是一个数表，它的行数和列数可以不同. 行列式是方阵的函数，是矩阵的一种运算. 一阶行列式与一阶矩阵都可以看做是一个数.

不同的方阵可以有相同的行列式值，例如

$$\begin{vmatrix} 1 & 3 \\ 0 & 2 \end{vmatrix} = \begin{vmatrix} 1 & 0 \\ 0 & 2 \end{vmatrix}.$$

行列式的加法与数乘完全不同于矩阵的加法与数乘，例如

$$\begin{bmatrix} a_{11} & a_{12} \\ a_{21} & a_{22} \end{bmatrix} + \begin{bmatrix} b_{11} & b_{12} \\ b_{21} & b_{22} \end{bmatrix} = \begin{bmatrix} a_{11}+b_{11} & a_{12}+b_{12} \\ a_{21}+b_{21} & a_{22}+b_{22} \end{bmatrix},$$

$$k\begin{bmatrix} a_{11} & a_{12} \\ a_{21} & a_{22} \end{bmatrix} = \begin{bmatrix} ka_{11} & ka_{12} \\ ka_{21} & ka_{22} \end{bmatrix},$$

但是一般地

$$\begin{vmatrix} a_{11} & a_{12} \\ a_{21} & a_{22} \end{vmatrix} + \begin{vmatrix} b_{11} & b_{12} \\ b_{21} & b_{22} \end{vmatrix} \neq \begin{vmatrix} a_{11}+b_{11} & a_{12}+b_{12} \\ a_{21}+b_{21} & a_{22}+b_{22} \end{vmatrix},$$

$$k\begin{vmatrix} a_{11} & a_{12} \\ a_{21} & a_{22} \end{vmatrix} \neq \begin{vmatrix} ka_{11} & ka_{12} \\ ka_{21} & ka_{22} \end{vmatrix}.$$

行列式的乘法与方阵乘法却有着惊人的一致：当 $\boldsymbol{A},\boldsymbol{B}$ 为 n 阶矩阵时，有

$$|\boldsymbol{A}||\boldsymbol{B}| = |\boldsymbol{AB}|.$$

问题3 如何确定行列式的完全展开式中每一项的正负号？

答 矩阵 $\boldsymbol{A}=[a_{ij}]$ 的行列式 $|\boldsymbol{A}|$ 的完全展开式是 $n!$ 个带正负号的项之和，每一项都是不同行不同列的 n 个元的乘积.

完全展开式中每一项 $a_{1j_1}a_{2j_2}\cdots a_{nj_n}$ 的符号为 $(-1)^{\tau(j_1j_2\cdots j_n)}$，其中 $j_1j_2\cdots j_n$ 是自然数 $1,2,\cdots,n$ 的一个排列，这样的排列共有 $n!$ 个；$\tau(j_1j_2\cdots j_n)$ 表示排列 $j_1j_2\cdots j_n$ 的逆序数：大的数 j_s 排在小的数 j_t 前面(即 $j_s>j_t$ 但 $s<t$)的数对 (j_s,j_t) 的个数. 例如，在排列 4 2 3 1 5 中，4 的前面有 0 个比它大的数，2 的前面有 1 个比它大的数，3 的前面有 1 个比它大的数，1 的前面有 3 个比它大的数，5 的前面有 0 个比它大的数，所以逆序数

$$\tau(42315) = 0+1+1+3+0=5.$$

至此，矩阵 $\boldsymbol{A}$ 的行列式又可定义为

$$|\boldsymbol{A}| = \sum_{j_1j_2\cdots j_n}(-1)^{\tau(j_1j_2\cdots j_n)}a_{1j_1}a_{2j_2}\cdots a_{nj_n}.$$

问题4 行列式的初等变换与矩阵的初等变换有何异同？

答 行列式的三种初等变换与矩阵的三种初等变换具有相同的定义.

任何矩阵都可以经过有限次初等行变换化成阶梯矩阵，因此任何 n 阶矩阵 $\boldsymbol{A}$ 的行列式 $|\boldsymbol{A}|$ 都能应用初等行变换化成上三角行列式，从而计算出行列式的值. 特别地，由第2章中疑难辨析问题9可知，只用倍加行变换或倍加列变换就可将任何行列式化为三角行列式.

矩阵 $\boldsymbol{A}$ 经过有限次初等变换可化成 $\boldsymbol{B}$，则 $\boldsymbol{A}$ 等价于 $\boldsymbol{B}$，即矩阵的初等变换使得两个矩阵为等价关系.

行列式 $|\boldsymbol{A}|$ 经过初等变换后其值变化如下：对调 $|\boldsymbol{A}|$ 的两行（或列）得到 $|\boldsymbol{B}|$，则 $|\boldsymbol{B}|=-|\boldsymbol{A}|$；用非零数 k 乘 $|\boldsymbol{A}|$ 的某一行（或列）得到 $|\boldsymbol{B}|$，则 $|\boldsymbol{B}|=k|\boldsymbol{A}|$；若将 $|\boldsymbol{A}|$ 的某一行（或列）的 k 倍加到另一行（或列）得到 $\boldsymbol{B}$，则 $|\boldsymbol{B}|=|\boldsymbol{A}|$. 这说明行列式的初等变换使得两个行列式为比例关系.

问题 5 如何理解行列式转置的意义？

答 转置就是把行换成同序数的列，它不会改变行列式的值. 由此可知行列式转置的理论意义：行列式中行与列的地位是对称的，即凡是行具有的性质列也同样具有，反之亦真.

问题 6 设 n 阶矩阵 $\boldsymbol{A},\boldsymbol{B}$ 满足 $\boldsymbol{AB}=\boldsymbol{BA}=|\boldsymbol{A}|\boldsymbol{E}$，$\boldsymbol{B}$ 是否等于 $\boldsymbol{A}$ 的伴随矩阵 $\boldsymbol{A}^*$？

答 众所周知，若 $\boldsymbol{B}=\boldsymbol{A}^*$，则有 $\boldsymbol{AB}=\boldsymbol{BA}=|\boldsymbol{A}|\boldsymbol{E}$. 这里是要考查它的逆命题.

若 $\boldsymbol{A}$ 可逆，则 $\boldsymbol{B}=|\boldsymbol{A}|\boldsymbol{A}^{-1}=\boldsymbol{A}^*$，即答案是肯定的.

若 $\boldsymbol{A}$ 不可逆，则答案是否定的，例如取

$$\boldsymbol{A}=\begin{bmatrix}1 & 0\\ 1 & 0\end{bmatrix},\quad \boldsymbol{B}=\begin{bmatrix}0 & 0\\ 1 & -1\end{bmatrix},$$

显然 $\boldsymbol{AB}=\boldsymbol{BA}=\boldsymbol{0}=|\boldsymbol{A}|\boldsymbol{E}$，而

$$\boldsymbol{A}^*=\begin{bmatrix}0 & 0\\ -1 & 1\end{bmatrix},$$

故 $\boldsymbol{B}\neq\boldsymbol{A}^*$.

问题 7 若 $\boldsymbol{A},\boldsymbol{B},\boldsymbol{C},\boldsymbol{D}$ 均为 n 阶矩阵，那么是否有

$$\begin{vmatrix}\boldsymbol{A} & \boldsymbol{B}\\ \boldsymbol{C} & \boldsymbol{D}\end{vmatrix}=|\boldsymbol{A}||\boldsymbol{D}|-|\boldsymbol{B}||\boldsymbol{C}|?$$

答 当 $\boldsymbol{B}=\boldsymbol{0}$ 或 $\boldsymbol{C}=\boldsymbol{0}$ 时，上式成立.

当 $\boldsymbol{B},\boldsymbol{C}$ 都不是零矩阵时，上式不一定成立. 例如，取

$$\boldsymbol{A}=\begin{bmatrix}1 & 0\\ 0 & 2\end{bmatrix},\quad \boldsymbol{B}=\begin{bmatrix}3 & 0\\ 0 & 4\end{bmatrix},\quad \boldsymbol{C}=\begin{bmatrix}5 & 0\\ 0 & 6\end{bmatrix},\quad \boldsymbol{D}=\begin{bmatrix}7 & 0\\ 0 & 8\end{bmatrix},$$

显然 $|\boldsymbol{A}|=2$，$|\boldsymbol{B}|=12$，$|\boldsymbol{C}|=30$，$|\boldsymbol{D}|=56$，从而

$$|\boldsymbol{A}||\boldsymbol{D}|-|\boldsymbol{B}||\boldsymbol{C}|=-248;$$

但是

$$\begin{vmatrix}\boldsymbol{A} & \boldsymbol{B}\\ \boldsymbol{C} & \boldsymbol{D}\end{vmatrix}=64\neq|\boldsymbol{A}||\boldsymbol{D}|-|\boldsymbol{B}||\boldsymbol{C}|.$$

注 虽然分块矩阵与普通矩阵在线性运算、乘法、初等变换等方面极为类似，但是分块矩阵的行列式与普通矩阵的行列式却不相同.

问题 8 如何理解 Cramer 法则及其应用？

答 Cramer 法则揭示了行列式与线性方程组之间的内在联系，它用方程组的系数和常数项显性地表达出 $n\times n$ 线性方程组解中每个未知量的取值，形式简洁，便于记忆.

应用 Cramer 法则求解线性方程组有两个前提：一是方程个数必须等于未知量个数，二是系数行列式不为零.

另外，应用 Cramer 法则求解 $n\times n$ 线性方程组，需要计算 $n+1$ 个 n 阶行列式，其计算量远大于消元法，因此 Cramer 法则主要用于理论推导.

问题 9 如何应用行列式按行(列)展开法则？

答 行列式按行(列)展开法则可以将一个 n 阶行列式的计算归结为 n 个 $n-1$ 阶行列式的计算，这一般不会降低计算量. 但是当行列式中某行或某列含较多的零时，应用按行(列)展开法则将会使计算量大为降低. 因此，在应用按行(列)展开法则时，一般选择含零较多的行或列展开，或者先利用初等变换将某行或某列化为只含一个非零元后再展开.

问题 10 对调变换使得行列式的值反号，分块对调变换也会使行列式的值反号吗？

答 不一定. 例如，当子块 $\boldsymbol{A}_{11},\boldsymbol{A}_{21}$ 的行数分别为 s,t 时，将分块矩阵

$$\begin{bmatrix}\boldsymbol{A}_{11} & \boldsymbol{A}_{12}\\ \boldsymbol{A}_{21} & \boldsymbol{A}_{22}\end{bmatrix}$$

的两行子块对调，等价于将上述分块矩阵的第 $s+1$ 行依次对调 s 次换到第一行，然后将其第 $s+2$ 行依次对调 s 次换到第二行……最后将其第 $s+t$ 行依次对调 s 次换到第 t 行，一共做 st 次对调行变换，于是

$$\begin{vmatrix}\boldsymbol{A}_{11} & \boldsymbol{A}_{12}\\ \boldsymbol{A}_{21} & \boldsymbol{A}_{22}\end{vmatrix}=(-1)^{st}\begin{vmatrix}\boldsymbol{A}_{21} & \boldsymbol{A}_{22}\\ \boldsymbol{A}_{11} & \boldsymbol{A}_{12}\end{vmatrix},$$

即分块对调变换使得行列式的值是否反号，取决于 s,t 是否同为奇数.

问题 11 倍乘变换只是放大或缩小行列式的值，分块倍乘变换也只是放大或缩小行列式的值吗？

答 对. 例如，用可逆矩阵 $\boldsymbol{P}$ 左乘分块矩阵

$$\begin{bmatrix}\boldsymbol{A}_{11} & \boldsymbol{A}_{12}\\ \boldsymbol{A}_{21} & \boldsymbol{A}_{22}\end{bmatrix}$$

的第二行全部子块，等价于

$$\begin{bmatrix}\boldsymbol{E}_s & \boldsymbol{0}\\ \boldsymbol{0} & \boldsymbol{P}\end{bmatrix}\begin{bmatrix}\boldsymbol{A}_{11} & \boldsymbol{A}_{12}\\ \boldsymbol{A}_{21} & \boldsymbol{A}_{22}\end{bmatrix}=\begin{bmatrix}\boldsymbol{A}_{11} & \boldsymbol{A}_{12}\\ \boldsymbol{P}\boldsymbol{A}_{21} & \boldsymbol{P}\boldsymbol{A}_{22}\end{bmatrix},$$

上式两边取行列式，得到

$$|\boldsymbol{P}|\begin{vmatrix}\boldsymbol{A}_{11} & \boldsymbol{A}_{12}\\ \boldsymbol{A}_{21} & \boldsymbol{A}_{22}\end{vmatrix}=\begin{vmatrix}\boldsymbol{A}_{11} & \boldsymbol{A}_{12}\\ \boldsymbol{P}\boldsymbol{A}_{21} & \boldsymbol{P}\boldsymbol{A}_{22}\end{vmatrix},$$

即，分块倍乘行变换只是放大或缩小行列式的值.

问题 12 倍加变换不改变行列式的值，分块倍加变换也不改变行列式的值吗？

答 对. 例如，用矩阵 $\boldsymbol{P}$ 右乘分块矩阵

$$\begin{bmatrix}\boldsymbol{A}_{11} & \boldsymbol{A}_{12}\\ \boldsymbol{A}_{21} & \boldsymbol{A}_{22}\end{bmatrix}$$

的第一列全部子块后加到第二列，等价于

$$\begin{bmatrix}\boldsymbol{A}_{11} & \boldsymbol{A}_{12}\\ \boldsymbol{A}_{21} & \boldsymbol{A}_{22}\end{bmatrix}\begin{bmatrix}\boldsymbol{E}_s & \boldsymbol{P}\\ \boldsymbol{0} & \boldsymbol{E}_t\end{bmatrix}=\begin{bmatrix}\boldsymbol{A}_{11} & \boldsymbol{A}_{12}+\boldsymbol{A}_{11}\boldsymbol{P}\\ \boldsymbol{A}_{21} & \boldsymbol{A}_{22}+\boldsymbol{A}_{21}\boldsymbol{P}\end{bmatrix},$$

上式两边取行列式，得到

$$\begin{vmatrix}\boldsymbol{A}_{11} & \boldsymbol{A}_{12}\\ \boldsymbol{A}_{21} & \boldsymbol{A}_{22}\end{vmatrix}=\begin{vmatrix}\boldsymbol{A}_{11} & \boldsymbol{A}_{12}+\boldsymbol{A}_{11}\boldsymbol{P}\\ \boldsymbol{A}_{21} & \boldsymbol{A}_{22}+\boldsymbol{A}_{21}\boldsymbol{P}\end{vmatrix},$$

即,分块倍加列变换不改变行列式的值.

问题 13 如何理解和应用非零子式求矩阵的秩?

答 定理"矩阵 $\boldsymbol{A}$ 的秩等于 $\boldsymbol{A}$ 的非零子式的最高阶数"包含两层意思:$\operatorname{rank}\boldsymbol{A}\geqslant r$ 的充要条件是 $\boldsymbol{A}$ 有一个 r 阶子式不为零;$\operatorname{rank}\boldsymbol{A}\leqslant r$ 的充要条件是 $\boldsymbol{A}$ 的所有 $r+1$ 阶子式全为零. 在计算矩阵秩的时候,常常将这两个结论分开使用,即从高阶到低阶或者从低阶到高阶逐个考虑矩阵的子式. 但是,当矩阵的行数和列数较大时,用这种方法求秩是非常麻烦的.

范例解析

题型 1 行列式概念与性质的应用

例 1 计算四阶行列式 $D=\begin{vmatrix} a & b & c+d & 1\\ b & c & a+d & 1\\ c & d & a+b & 1\\ d & a & b+c & 1\end{vmatrix}$.

解 将行列式的第一、二列加到第三列,得

$$D\xlongequal{c_3+c_2+c_1}\begin{vmatrix} a & b & a+b+c+d & 1\\ b & c & a+b+c+d & 1\\ c & d & a+b+c+d & 1\\ d & a & a+b+c+d & 1\end{vmatrix}=(a+b+c+d)\begin{vmatrix} a & b & 1 & 1\\ b & c & 1 & 1\\ c & d & 1 & 1\\ d & a & 1 & 1\end{vmatrix}=0.$$

注 若行列式的各列前 k 个元之和相等,则可做初等行变换 $r_1+r_2+\cdots+r_k$,使得新的行列式中第一行的元相等;再提取第一行的公因子,使新的行列式第一行元全为 1,从而为后面的计算带来方便. 若行列式的各行前 k 个元之和相等,也可如法炮制.

例 2 解方程 $\begin{vmatrix} 1 & 1 & 1 & 1\\ -1 & 1 & 2 & 3\\ 1 & 1 & 4 & 15\\ 1 & x & x^2 & x^3\end{vmatrix}+\begin{vmatrix} 1 & 1 & 1 & 1\\ 2 & 1 & 2 & 5\\ 1 & 1 & 4 & 15\\ 1 & x & x^2 & x^3\end{vmatrix}+\begin{vmatrix} 1 & 1 & 1 & 1\\ 1 & 2 & 4 & 8\\ 0 & 2 & 5 & 12\\ 1 & x & x^2 & x^3\end{vmatrix}=0$.

解 由行列式的性质和 Vandermonde 行列式,得

$$\begin{aligned}&\begin{vmatrix} 1 & 1 & 1 & 1\\ -1 & 1 & 2 & 3\\ 1 & 1 & 4 & 15\\ 1 & x & x^2 & x^3\end{vmatrix}+\begin{vmatrix} 1 & 1 & 1 & 1\\ 2 & 1 & 2 & 5\\ 1 & 1 & 4 & 15\\ 1 & x & x^2 & x^3\end{vmatrix}+\begin{vmatrix} 1 & 1 & 1 & 1\\ 1 & 2 & 4 & 8\\ 0 & 2 & 5 & 12\\ 1 & x & x^2 & x^3\end{vmatrix}\\ =&\begin{vmatrix} 1 & 1 & 1 & 1\\ 1 & 2 & 4 & 8\\ 1 & 1 & 4 & 15\\ 1 & x & x^2 & x^3\end{vmatrix}+\begin{vmatrix} 1 & 1 & 1 & 1\\ 1 & 2 & 4 & 8\\ 0 & 2 & 5 & 12\\ 1 & x & x^2 & x^3\end{vmatrix}=\begin{vmatrix} 1 & 1 & 1 & 1\\ 1 & 2 & 4 & 8\\ 1 & 3 & 9 & 27\\ 1 & x & x^2 & x^3\end{vmatrix}\\ =&2(x-1)(x-2)(x-3),\end{aligned}$$

即知题中方程的 3 个根为 1,2,3.

例 3 设 a,b,c 是方程 $x^3+px+q=0$ 的三个根,计算行列式 $\begin{vmatrix} a & b & c \\ c & a & b \\ b & c & a \end{vmatrix}$.

解 因为 a,b,c 是方程 $x^3+px+q=0$ 的三个根,所以

$$x^3+px+q=(x-a)(x-b)(x-c),$$

比较上式两端 x^2 的系数,即得 $a+b+c=0$. 从而

$$\begin{vmatrix} a & b & c \\ c & a & b \\ b & c & a \end{vmatrix} \xlongequal{r_1+r_2+r_3} \begin{vmatrix} a+b+c & a+b+c & a+b+c \\ c & a & b \\ b & c & a \end{vmatrix} = 0.$$

例 4 设 M_{ij}, A_{ij} 分别为矩阵 $\boldsymbol{A}=\begin{bmatrix} 2 & -3 & 1 & 5 \\ -1 & 5 & 7 & -8 \\ 2 & 2 & 2 & 2 \\ 0 & 1 & -1 & 0 \end{bmatrix}$ 中元 a_{ij} 的余子式和代数余子式$(i,j=1,2,3,4)$,计算:

(1) $A_{11}+A_{12}+A_{13}+A_{14}$;

(2) $2A_{31}-3A_{32}+A_{33}+5A_{34}$;

(3) $M_{14}+M_{24}+M_{34}+M_{44}$.

解 (1) 显然有

$$A_{11}+A_{12}+A_{13}+A_{14}=\begin{vmatrix} 1 & 1 & 1 & 1 \\ -1 & 5 & 7 & -8 \\ 2 & 2 & 2 & 2 \\ 0 & 1 & -1 & 0 \end{vmatrix}=0.$$

(2) 由于 $2A_{31}-3A_{32}+A_{33}+5A_{34}$ 表示行列式 $|\boldsymbol{A}|$ 中第一行各元与第三行对应元的代数余子式乘积之和,因此

$$2A_{31}-3A_{32}+A_{33}+5A_{34}=0.$$

(3) 因为 $M_{14}+M_{24}+M_{34}+M_{44}=-A_{14}+A_{24}-A_{34}+A_{44}$,所以

$$M_{14}+M_{24}+M_{34}+M_{44}=\begin{vmatrix} 2 & -3 & 1 & -1 \\ -1 & 5 & 7 & 1 \\ 2 & 2 & 2 & -1 \\ 0 & 1 & -1 & 1 \end{vmatrix}=\begin{vmatrix} 2 & -2 & 0 & -1 \\ -1 & 4 & 8 & 1 \\ 2 & 3 & 1 & -1 \\ 0 & 0 & 0 & 1 \end{vmatrix}$$

$$=\begin{vmatrix} 2 & -2 & 0 \\ -1 & 4 & 8 \\ 2 & 3 & 1 \end{vmatrix}=\begin{vmatrix} 2 & 0 & 0 \\ -1 & 3 & 8 \\ 2 & 5 & 1 \end{vmatrix}=-74.$$

注 此类题型无需直接计算指定的 M_{ij} 或 A_{ij},而应联想行列式的按行(列)展开法则.

例 5 求矩阵

$$\boldsymbol{A}=\begin{bmatrix} 1 & 1 & 1 \\ 1 & 2 & -2 \\ 1 & 4 & -4 \end{bmatrix}$$

中所有元的代数余子式之和 $\sum\limits_{i=1}^{3}\sum\limits_{j=1}^{3}A_{ij}$，其中 A_{ij} 为 **A** 中元 a_{ij} 的代数余子式($i,j=1,2,3$).

解 由行列式按行展开法则得

$$|\boldsymbol{A}|=a_{11}A_{11}+a_{12}A_{12}+a_{13}A_{13}=A_{11}+A_{12}+A_{13},$$
$$0=a_{11}A_{21}+a_{12}A_{22}+a_{13}A_{23}=A_{21}+A_{22}+A_{23},$$
$$0=a_{11}A_{31}+a_{12}A_{32}+a_{13}A_{33}=A_{31}+A_{32}+A_{33},$$

所以

$$\sum_{i=1}^{3}\sum_{j=1}^{3}A_{ij}=|\boldsymbol{A}|=\begin{vmatrix}1&1&1\\1&2&-2\\1&4&-4\end{vmatrix}=\begin{vmatrix}1&1&1\\0&1&-3\\0&3&-5\end{vmatrix}=4.$$

注 一般地，若矩阵 **A** 的某一行(或列)的元均为 1，则 **A** 中所有元的代数余子式之和等于 $|\boldsymbol{A}|$.

题型 2 具体行列式的计算与证明

例 6 计算行列式

$$\begin{vmatrix}1-a&a&0&0&0\\-1&1-a&a&0&0\\0&-1&1-a&a&0\\0&0&-1&1-a&a\\0&0&0&-1&1-a\end{vmatrix}.$$

解 将上述五阶行列式记为 D_5，按第一行展开得到递推关系式

$$D_5=(1-a)D_4+aD_3.$$

方法 1(递推法) 上式可变形为 $D_5-D_4=-a(D_4-D_3)$，于是

$$D_1=1-a,$$
$$D_2-D_1=a^2,$$
$$D_3-D_2=-a(D_2-D_1)=-a^3,$$
$$D_4-D_3=(-a)^2(D_2-D_1)=a^4,$$
$$D_5-D_4=(-a)^3(D_2-D_1)=-a^5,$$

将上述五个式子左右两端分别相加，得到

$$D_5=-a^5+a^4-a^3+a^2-a+1.$$

方法 2(数学归纳法) 由前可知 $D_1=1-a$，$D_2=1-a+a^2$.

假设 $D_k=\sum\limits_{i=0}^{k}(-a)^i(k\leqslant n-1)$ 成立，则

$$\begin{aligned}D_n&=(1-a)D_{n-1}+aD_{n-2}=(1-a)\sum_{i=0}^{n-1}(-a)^i+a\sum_{i=0}^{n-2}(-a)^i\\&=(1-a)(-a)^{n-1}+(1-a)\sum_{i=0}^{n-2}(-a)^i+a\sum_{i=0}^{n-2}(-a)^i\\&=(-a)^n+(-a)^{n-1}+\sum_{i=0}^{n-2}(-a)^i=\sum_{i=0}^{n}(-a)^i,\end{aligned}$$

故结论在 $k=n$ 时也成立,因此 $D_5=\sum_{i=0}^{5}(-a)^i$.

例 7 计算四阶行列式 $\begin{vmatrix} a & b & c & d \\ b & -a & d & -c \\ c & -d & -a & b \\ d & c & -b & -a \end{vmatrix}$.

解 记例中行列式为 $|\boldsymbol{A}|$,则 $\boldsymbol{A}\boldsymbol{A}^{\mathrm{T}}=(a^2+b^2+c^2+d^2)\boldsymbol{E}$,从而

$$|\boldsymbol{A}|^2=(a^2+b^2+c^2+d^2)^4,$$

即

$$|\boldsymbol{A}|=\pm(a^2+b^2+c^2+d^2)^2.$$

显然,由行列式的完全展开式知 $|\boldsymbol{A}|$ 中含有 $-a^4$,故 $|\boldsymbol{A}|=-(a^2+b^2+c^2+d^2)^2$.

例 8 计算四阶行列式

$$\begin{vmatrix} (a_1+b_1)^3 & (a_1+b_2)^3 & (a_1+b_3)^3 & (a_1+b_4)^3 \\ (a_2+b_1)^3 & (a_2+b_2)^3 & (a_2+b_3)^3 & (a_2+b_4)^3 \\ (a_3+b_1)^3 & (a_3+b_2)^3 & (a_3+b_3)^3 & (a_3+b_4)^3 \\ (a_4+b_1)^3 & (a_4+b_2)^3 & (a_4+b_3)^3 & (a_4+b_4)^3 \end{vmatrix}.$$

解 分拆法. 将题中的四阶行列式 D_4 的每个元都按公式展开,得

$$D_4=\begin{vmatrix} a_1^3 & 3a_1^2 & 3a_1 & 1 \\ a_2^3 & 3a_2^2 & 3a_2 & 1 \\ a_3^3 & 3a_3^2 & 3a_3 & 1 \\ a_4^3 & 3a_4^2 & 3a_4 & 1 \end{vmatrix}\cdot\begin{vmatrix} 1 & 1 & 1 & 1 \\ b_1 & b_2 & b_3 & b_4 \\ b_1^2 & b_2^2 & b_3^2 & b_4^2 \\ b_1^3 & b_2^3 & b_3^3 & b_4^3 \end{vmatrix}$$

$$=9\prod_{1\leqslant j<i\leqslant 4}(a_i-a_j)\cdot\prod_{1\leqslant j<i\leqslant 4}(b_i-b_j).$$

例 9 计算 n 阶行列式 $D_n=\begin{vmatrix} 2a & 1 & & & & \\ a^2 & 2a & 1 & & & \\ & a^2 & 2a & \ddots & & \\ & & \ddots & \ddots & \ddots & \\ & & & \ddots & \ddots & 1 \\ & & & & a^2 & 2a \end{vmatrix}$.

解 方法 1 将行列式 D_n 按第一行拆成两个行列式之和,得

$$D_n=\begin{vmatrix} a & 0 & & & & \\ a^2 & 2a & 1 & & & \\ & a^2 & 2a & \ddots & & \\ & & \ddots & \ddots & \ddots & \\ & & & \ddots & \ddots & 1 \\ & & & & a^2 & 2a \end{vmatrix}+\begin{vmatrix} a & 1 & & & & \\ a^2 & 2a & 1 & & & \\ & a^2 & 2a & \ddots & & \\ & & \ddots & \ddots & \ddots & \\ & & & \ddots & \ddots & 1 \\ & & & & a^2 & 2a \end{vmatrix}$$

$$=aD_{n-1}+\begin{vmatrix} a & 1 & & & & \\ a^2 & 2a & 1 & & & \\ & a^2 & 2a & \ddots & & \\ & & \ddots & \ddots & \ddots & \\ & & & \ddots & \ddots & 1 \\ & & & & a^2 & 2a \end{vmatrix}.$$

将最后一个行列式的第一行的$(-a)$倍加到第二行，再将第二行的$(-a)$倍加到第三行……将第$n-1$行的$(-a)$倍加到第n行，得

$$\begin{vmatrix} a & 1 & & & & \\ a^2 & 2a & 1 & & & \\ & a^2 & 2a & \ddots & & \\ & & \ddots & \ddots & \ddots & \\ & & & \ddots & \ddots & 1 \\ & & & & a^2 & 2a \end{vmatrix}=\begin{vmatrix} a & 1 & & & \\ & a & 1 & & \\ & & a & \ddots & \\ & & & \ddots & \ddots & \\ & & & & \ddots & 1 \\ & & & & & a \end{vmatrix}=a^n,$$

于是得到递推关系式$D_n=aD_{n-1}+a^n$，因此

$$\begin{aligned} D_n &= a(aD_{n-2}+a^{n-1})+a^n=a^2D_{n-2}+2a^n=\cdots \\ &= a^{n-1}D_1+(n-1)a^n=(n+1)a^n. \end{aligned}$$

注 从行列式的左上角元或右下角元出发，寻找突破口，这是行列式计算的常用思路.

方法2 将行列式D_n的第一行的$\left(-\frac{1}{2}a\right)$倍加到第二行，再将第二行的$\left(-\frac{2}{3}a\right)$倍加到第三行……将第$n-1$行的$\left(-\frac{n-1}{n}a\right)$倍加到第$n$行，得

$$D_n=\begin{vmatrix} 2a & 1 & & & & \\ a^2 & 2a & 1 & & & \\ & a^2 & 2a & \ddots & & \\ & & \ddots & \ddots & \ddots & \\ & & & \ddots & \ddots & 1 \\ & & & & a^2 & 2a \end{vmatrix}=\begin{vmatrix} 2a & 1 & & & & \\ 0 & \frac{3a}{2} & 1 & & & \\ & a^2 & 2a & \ddots & & \\ & & \ddots & \ddots & \ddots & \\ & & & \ddots & \ddots & 1 \\ & & & & a^2 & 2a \end{vmatrix}=\cdots$$

$$=\begin{vmatrix} 2a & 1 & & & & \\ 0 & \frac{3a}{2} & 1 & & & \\ & 0 & \frac{4a}{3} & \ddots & & \\ & & \ddots & \ddots & \ddots & \\ & & & \ddots & \ddots & 1 \\ & & & & 0 & \frac{(n+1)a}{n} \end{vmatrix}=2a\cdot\frac{3a}{2}\cdot\frac{4a}{3}\cdot\cdots\cdot\frac{(n+1)a}{n}=(n+1)a^n.$$

注 本例和例6中的行列式称为三对角行列式(只有主对角线及其上下两条平行线上的元不全为零).递推法和三角化方法是计算三对角行列式的常用方法.

例 10 证明 $n(n\geqslant 3)$阶行列式

$$D_n=\begin{vmatrix} \cos(\alpha_1-\beta_1) & \cos(\alpha_1-\beta_2) & \cdots & \cos(\alpha_1-\beta_n) \\ \cos(\alpha_2-\beta_1) & \cos(\alpha_2-\beta_2) & \cdots & \cos(\alpha_2-\beta_n) \\ \vdots & \vdots & & \vdots \\ \cos(\alpha_n-\beta_1) & \cos(\alpha_n-\beta_2) & \cdots & \cos(\alpha_n-\beta_n) \end{vmatrix}=0.$$

证 将行列式 D_n 表示成两个行列式的乘积,再利用三角函数的加法公式,可得

$$D_n=\left|\begin{bmatrix} \cos\alpha_1 & \sin\alpha_1 \\ \cos\alpha_2 & \sin\alpha_2 \\ \vdots & \vdots \\ \cos\alpha_n & \sin\alpha_n \end{bmatrix}\begin{bmatrix} \cos\beta_1 & \cos\beta_2 & \cdots & \cos\beta_n \\ \sin\beta_1 & \sin\beta_2 & \cdots & \sin\beta_n \end{bmatrix}\right|$$

$$=\left|\begin{bmatrix} \cos\alpha_1 & \sin\alpha_1 & 0 & \cdots & 0 \\ \cos\alpha_2 & \sin\alpha_2 & 0 & \cdots & 0 \\ \vdots & \vdots & \vdots & & \vdots \\ \cos\alpha_n & \sin\alpha_n & 0 & \cdots & 0 \end{bmatrix}_{n\times n}\begin{bmatrix} \cos\beta_1 & \cos\beta_2 & \cdots & \cos\beta_n \\ \sin\beta_1 & \sin\beta_2 & \cdots & \sin\beta_n \\ 0 & 0 & \cdots & 0 \\ \vdots & \vdots & & \vdots \\ 0 & 0 & \cdots & 0 \end{bmatrix}_{n\times n}\right|$$

$$=\begin{vmatrix} \cos\alpha_1 & \sin\alpha_1 & 0 & \cdots & 0 \\ \cos\alpha_2 & \sin\alpha_2 & 0 & \cdots & 0 \\ \vdots & \vdots & \vdots & & \vdots \\ \cos\alpha_n & \sin\alpha_n & 0 & \cdots & 0 \end{vmatrix}\begin{vmatrix} \cos\beta_1 & \cos\beta_2 & \cdots & \cos\beta_n \\ \sin\beta_1 & \sin\beta_2 & \cdots & \sin\beta_n \\ 0 & 0 & \cdots & 0 \\ \vdots & \vdots & & \vdots \\ 0 & 0 & \cdots & 0 \end{vmatrix}$$

$$=0,\quad n\geqslant 3.$$

例 11 证明 $\begin{vmatrix} a_1 & b_1 & & & \\ c_1 & a_2 & \ddots & & \\ & \ddots & \ddots & b_{n-1} \\ & & c_{n-1} & a_n \end{vmatrix}=\begin{vmatrix} a_1 & b_1c_1 & & & \\ 1 & a_2 & \ddots & & \\ & \ddots & \ddots & b_{n-1}c_{n-1} \\ & & 1 & a_n \end{vmatrix}$.

证 分别记上式左、右两端的 n 阶行列式为 D_n 和 Δ_n.

当 $n=1$ 时,$D_1=\Delta_1=a_1$.

当 $n=2$ 时,容易算得 $D_2=a_1a_2-b_1c_1=\Delta_2$.

假设 $n\leqslant k$ 时,$D_n=\Delta_n$.当 $n=k+1$ 时,将 D_{k+1} 和 Δ_{k+1} 先按第一行展开,再将展开式中第二个行列式按第一列展开,得

$$D_{k+1}=a_1\begin{vmatrix} a_2 & b_2 & & \\ c_2 & a_3 & \ddots & \\ & \ddots & \ddots & b_k \\ & & c_k & a_{k+1} \end{vmatrix}-b_1c_1\begin{vmatrix} a_3 & b_3 & & \\ c_3 & a_4 & \ddots & \\ & \ddots & \ddots & b_k \\ & & c_k & a_{k+1} \end{vmatrix}=a_1D_k-b_1c_1D_{k-1},$$

$$\Delta_{k+1}=a_1\begin{vmatrix} a_2 & b_2c_2 & & \\ 1 & a_3 & \ddots & \\ & \ddots & \ddots & b_kc_k \\ & & 1 & a_{k+1} \end{vmatrix}-b_1c_1\begin{vmatrix} a_3 & b_3c_3 & & \\ 1 & a_4 & \ddots & \\ & \ddots & \ddots & b_kc_k \\ & & 1 & a_{k+1} \end{vmatrix}=a_1\Delta_k-b_1c_1\Delta_{k-1},$$

所以由归纳假设知 $D_{k+1}=\Delta_{k+1}$，从而对任意 $n=1,2,\cdots$，都有 $D_n=\Delta_n$ 成立.

注 对于没有指明阶数的行列式，首先要确定行列式的阶数.

例 12 计算 n 阶行列式

$$\begin{vmatrix} 1 & a_1 & a_1^2 & \cdots & a_1^{n-2} & a_1^{n-1}+\dfrac{x}{a_1} \\ 1 & a_2 & a_2^2 & \cdots & a_2^{n-2} & a_2^{n-1}+\dfrac{x}{a_2} \\ \vdots & \vdots & \vdots & & \vdots & \vdots \\ 1 & a_n & a_n^2 & \cdots & a_n^{n-2} & a_n^{n-1}+\dfrac{x}{a_n} \end{vmatrix}.$$

解 记上述 n 阶行列式为 D_n，则

$$D_n=\begin{vmatrix} 1 & a_1 & a_1^2 & \cdots & a_1^{n-2} & a_1^{n-1} \\ 1 & a_2 & a_2^2 & \cdots & a_2^{n-2} & a_2^{n-1} \\ \vdots & \vdots & \vdots & & \vdots & \vdots \\ 1 & a_n & a_n^2 & \cdots & a_n^{n-2} & a_n^{n-1} \end{vmatrix}+\begin{vmatrix} 1 & a_1 & a_1^2 & \cdots & a_1^{n-2} & \dfrac{x}{a_1} \\ 1 & a_2 & a_2^2 & \cdots & a_2^{n-2} & \dfrac{x}{a_2} \\ \vdots & \vdots & \vdots & & \vdots & \vdots \\ 1 & a_n & a_n^2 & \cdots & a_n^{n-2} & \dfrac{x}{a_n} \end{vmatrix}$$

$$=\prod_{1\leqslant j<i\leqslant n}(a_i-a_j)+\frac{1}{a_1}\frac{1}{a_2}\cdots\frac{1}{a_n}x\begin{vmatrix} a_1 & a_1^2 & a_1^3 & \cdots & a_1^{n-1} & 1 \\ a_2 & a_2^2 & a_2^3 & \cdots & a_2^{n-1} & 1 \\ \vdots & \vdots & \vdots & & \vdots & \vdots \\ a_n & a_n^2 & a_n^3 & \cdots & a_n^{n-1} & 1 \end{vmatrix}$$

$$=\prod_{1\leqslant j<i\leqslant n}(a_i-a_j)+(-1)^{n-1}x\frac{1}{a_1a_2\cdots a_n}\prod_{1\leqslant j<i\leqslant n}(a_i-a_j)$$

$$=\left[1+(-1)^{n-1}x\prod_{i=1}^{n}\frac{1}{a_i}\right]\prod_{1\leqslant j<i\leqslant n}(a_i-a_j).$$

题型 3 抽象行列式的计算与证明

例 13 设 $\boldsymbol{\alpha}_1,\boldsymbol{\alpha}_2,\boldsymbol{\alpha}_3,\boldsymbol{\beta}_1,\boldsymbol{\beta}_2$ 为 4×1 矩阵，且 $|\boldsymbol{\alpha}_1\ \ \boldsymbol{\alpha}_2\ \ \boldsymbol{\alpha}_3\ \ \boldsymbol{\beta}_1|=a$，$|\boldsymbol{\alpha}_1\ \ \boldsymbol{\alpha}_2\ \ \boldsymbol{\beta}_2\ \ \boldsymbol{\alpha}_3|=b$，则行列式 $|\boldsymbol{\alpha}_3\ \ \boldsymbol{\alpha}_2\ \ \boldsymbol{\alpha}_1\ \ \boldsymbol{\beta}_1+\boldsymbol{\beta}_2|=$________.

解 因为 $|\boldsymbol{\alpha}_1\ \ \boldsymbol{\alpha}_2\ \ \boldsymbol{\alpha}_3\ \ \boldsymbol{\beta}_2|=-|\boldsymbol{\alpha}_1\ \ \boldsymbol{\alpha}_2\ \ \boldsymbol{\beta}_2\ \ \boldsymbol{\alpha}_3|=-b$，所以

$$\begin{aligned}|\boldsymbol{\alpha}_3\ \ \boldsymbol{\alpha}_2\ \ \boldsymbol{\alpha}_1\ \ \boldsymbol{\beta}_1+\boldsymbol{\beta}_2|&=-|\boldsymbol{\alpha}_1\ \ \boldsymbol{\alpha}_2\ \ \boldsymbol{\alpha}_3\ \ \boldsymbol{\beta}_1+\boldsymbol{\beta}_2|\\&=-|\boldsymbol{\alpha}_1\ \ \boldsymbol{\alpha}_2\ \ \boldsymbol{\alpha}_3\ \ \boldsymbol{\beta}_1|-|\boldsymbol{\alpha}_1\ \ \boldsymbol{\alpha}_2\ \ \boldsymbol{\alpha}_3\ \ \boldsymbol{\beta}_2|=b-a.\end{aligned}$$

注 利用行列式的初等变换性质是计算行列式的一个基本方法.

例 14 设三阶行列式 $|\boldsymbol{A}|=|\boldsymbol{\alpha}_1\ \ \boldsymbol{\alpha}_2\ \ \boldsymbol{\alpha}_3|=2$，计算行列式

$$|\boldsymbol{\alpha}_1+\boldsymbol{\alpha}_2+\boldsymbol{\alpha}_3\ \ \ \boldsymbol{\alpha}_1+3\boldsymbol{\alpha}_2+9\boldsymbol{\alpha}_3\ \ \ \boldsymbol{\alpha}_1+4\boldsymbol{\alpha}_2+16\boldsymbol{\alpha}_3|.$$

解 因为

$$[\boldsymbol{\alpha}_1+\boldsymbol{\alpha}_2+\boldsymbol{\alpha}_3 \quad \boldsymbol{\alpha}_1+3\boldsymbol{\alpha}_2+9\boldsymbol{\alpha}_3 \quad \boldsymbol{\alpha}_1+4\boldsymbol{\alpha}_2+16\boldsymbol{\alpha}_3]=[\boldsymbol{\alpha}_1 \quad \boldsymbol{\alpha}_2 \quad \boldsymbol{\alpha}_3]\begin{bmatrix}1&1&1\\1&3&4\\1&9&16\end{bmatrix},$$

所以

$$|\boldsymbol{\alpha}_1+\boldsymbol{\alpha}_2+\boldsymbol{\alpha}_3 \quad \boldsymbol{\alpha}_1+3\boldsymbol{\alpha}_2+9\boldsymbol{\alpha}_3 \quad \boldsymbol{\alpha}_1+4\boldsymbol{\alpha}_2+16\boldsymbol{\alpha}_3|=|\boldsymbol{\alpha}_1 \quad \boldsymbol{\alpha}_2 \quad \boldsymbol{\alpha}_3|\begin{vmatrix}1&1&1\\1&3&4\\1&9&16\end{vmatrix}$$

$$=12.$$

注 利用行列式的乘积法则计算行列式也是一个非常好的思路.

例 15 已知矩阵 $\boldsymbol{A}=\begin{bmatrix}2&0&1\\0&1&0\\1&2&-1\end{bmatrix}$,若三阶矩阵 $\boldsymbol{B}$ 满足方程 $\boldsymbol{A}^2\boldsymbol{B}-\boldsymbol{A}-4\boldsymbol{B}=2\boldsymbol{E}$,则 $|\boldsymbol{B}|=$________.

解 由 $\boldsymbol{A}^2\boldsymbol{B}-\boldsymbol{A}-4\boldsymbol{B}=2\boldsymbol{E}$,知 $(\boldsymbol{A}+2\boldsymbol{E})(\boldsymbol{A}-2\boldsymbol{E})\boldsymbol{B}=\boldsymbol{A}+2\boldsymbol{E}$,故

$$|\boldsymbol{A}+2\boldsymbol{E}||\boldsymbol{A}-2\boldsymbol{E}||\boldsymbol{B}|=|\boldsymbol{A}+2\boldsymbol{E}|.$$

容易算得 $|\boldsymbol{A}+2\boldsymbol{E}|=9\neq0$,$|\boldsymbol{A}-2\boldsymbol{E}|=1$,因此 $|\boldsymbol{B}|=1$.

例 16 设矩阵 $\boldsymbol{A},\boldsymbol{B}$ 为三阶矩阵,且 $|\boldsymbol{A}|=3$,$|\boldsymbol{B}|=2$,$|\boldsymbol{A}^{-1}+\boldsymbol{B}|=2$,则 $|\boldsymbol{A}+\boldsymbol{B}^{-1}|=$________.

解 因为

$$\boldsymbol{A}+\boldsymbol{B}^{-1}=(\boldsymbol{A}\boldsymbol{B}+\boldsymbol{E})\boldsymbol{B}^{-1}=\boldsymbol{A}(\boldsymbol{A}^{-1}+\boldsymbol{B})\boldsymbol{B}^{-1},$$

所以

$$|\boldsymbol{A}+\boldsymbol{B}^{-1}|=|\boldsymbol{A}||\boldsymbol{A}^{-1}+\boldsymbol{B}||\boldsymbol{B}^{-1}|=3.$$

例 17 设 $\boldsymbol{A}$ 是 n 阶矩阵,满足 $\boldsymbol{A}\boldsymbol{A}^{\mathrm{T}}=\boldsymbol{E}$,证明:$|\boldsymbol{A}|=1$ 或者 $|\boldsymbol{A}+\boldsymbol{E}|=0$.

证 因 $\boldsymbol{A}\boldsymbol{A}^{\mathrm{T}}=\boldsymbol{E}$,故 $|\boldsymbol{A}|^2=1$,即 $|\boldsymbol{A}|=1$ 或者 $|\boldsymbol{A}|=-1$.

当 $|\boldsymbol{A}|=-1$ 时,由 $\boldsymbol{A}\boldsymbol{A}^{\mathrm{T}}=\boldsymbol{E}$ 有

$$\begin{aligned}|\boldsymbol{A}+\boldsymbol{E}|&=|\boldsymbol{A}+\boldsymbol{A}\boldsymbol{A}^{\mathrm{T}}|=|\boldsymbol{A}||\boldsymbol{E}+\boldsymbol{A}^{\mathrm{T}}|\\&=-|(\boldsymbol{E}+\boldsymbol{A})^{\mathrm{T}}|=-|\boldsymbol{A}+\boldsymbol{E}|,\end{aligned}$$

即 $2|\boldsymbol{A}+\boldsymbol{E}|=0$,因此 $|\boldsymbol{A}+\boldsymbol{E}|=0$.

例 18 设 $\boldsymbol{A}=[a_{ij}]$ 是三阶非零实矩阵,A_{ij} 为 a_{ij} 的代数余子式,若 $a_{ij}+A_{ij}=0(i,j=1,2,3)$,求 $|\boldsymbol{A}|$.

解 由 $a_{ij}+A_{ij}=0$ 知 $A_{ij}=-a_{ij}$,即

$$\boldsymbol{A}^*=-\boldsymbol{A}^{\mathrm{T}},$$

两边取行列式得 $|\boldsymbol{A}^*|=|-\boldsymbol{A}^{\mathrm{T}}|$,即 $|\boldsymbol{A}|^2=-|\boldsymbol{A}|$,从而

$$|\boldsymbol{A}|(|\boldsymbol{A}|+1)=0.$$

又 $\boldsymbol{A}=[a_{ij}]$ 是三阶非零实矩阵,不妨设 $a_{11}\neq0$,则

$$|\boldsymbol{A}|=a_{11}A_{11}+a_{12}A_{12}+a_{13}A_{13}=-(a_{11}^2+a_{12}^2+a_{13}^2)<0,$$

故 $|\boldsymbol{A}|=-1$.

题型 4 伴随矩阵的计算与应用

例 19 设 $\boldsymbol{A}$ 为三阶矩阵,且 $|\boldsymbol{A}|=\frac{1}{2}$,求 $\left|\left(\frac{1}{3}\boldsymbol{A}\right)^{-1}-10\boldsymbol{A}^*\right|$.

解
$$\left|\left(\frac{1}{3}\boldsymbol{A}\right)^{-1}-10\boldsymbol{A}^*\right|=|3\boldsymbol{A}^{-1}-10|\boldsymbol{A}|\boldsymbol{A}^{-1}|$$
$$=|3\boldsymbol{A}^{-1}-5\boldsymbol{A}^{-1}|=(-2)^3|\boldsymbol{A}^{-1}|=-16.$$

注 当题设条件与 $\boldsymbol{A}^*$ 有关,则立即联想到应用 $\boldsymbol{A}\boldsymbol{A}^*=\boldsymbol{A}^*\boldsymbol{A}=|\boldsymbol{A}|\boldsymbol{E}$ 来处理.如果 $\boldsymbol{A}$ 可逆,则 $\boldsymbol{A}^*=|\boldsymbol{A}|\boldsymbol{A}^{-1}$,即 $\boldsymbol{A}^*$ 与 $\boldsymbol{A}^{-1}$ 只相差一个常数.

例 20 已知 $\boldsymbol{A}$ 的逆矩阵为 $\boldsymbol{A}^{-1}=\begin{bmatrix}1&1&1\\1&2&1\\1&1&3\end{bmatrix}$,试求 $(\boldsymbol{A}^*)^{-1}$.

解 由 $\boldsymbol{A}^*=|\boldsymbol{A}|\boldsymbol{A}^{-1}$,得 $(\boldsymbol{A}^*)^{-1}=\frac{\boldsymbol{A}}{|\boldsymbol{A}|}=|\boldsymbol{A}^{-1}|\boldsymbol{A}$.又

$$[\boldsymbol{A}^{-1}\quad \boldsymbol{E}]=\begin{bmatrix}1&1&1&1&0&0\\1&2&1&0&1&0\\1&1&3&0&0&1\end{bmatrix}\to\begin{bmatrix}1&0&0&\frac{5}{2}&-1&-\frac{1}{2}\\0&1&0&-1&1&0\\0&0&1&-\frac{1}{2}&0&\frac{1}{2}\end{bmatrix},$$

所以

$$\boldsymbol{A}=\begin{bmatrix}\frac{5}{2}&-1&-\frac{1}{2}\\-1&1&0\\-\frac{1}{2}&0&\frac{1}{2}\end{bmatrix}.$$

而 $|\boldsymbol{A}^{-1}|=2$,故知

$$(\boldsymbol{A}^*)^{-1}=|\boldsymbol{A}^{-1}|\boldsymbol{A}=\begin{bmatrix}5&-2&-1\\-2&2&0\\-1&0&1\end{bmatrix}.$$

例 21 设矩阵 $\boldsymbol{A},\boldsymbol{B}$ 满足 $\boldsymbol{A}\boldsymbol{B}\boldsymbol{A}^*=3\boldsymbol{A}\boldsymbol{B}-10\boldsymbol{E}$,$|\boldsymbol{A}|>0$,$\boldsymbol{A}^*=\begin{bmatrix}-2&0&0\\0&1&0\\0&0&-2\end{bmatrix}$,求 $\boldsymbol{B}$.

解 由 $|\boldsymbol{A}^*|=|\boldsymbol{A}|^2=4$,$|\boldsymbol{A}|>0$,得 $|\boldsymbol{A}|=2$.又由 $\boldsymbol{A}\boldsymbol{B}\boldsymbol{A}^*=3\boldsymbol{A}\boldsymbol{B}-10\boldsymbol{E}$,得

$$\boldsymbol{A}^*\boldsymbol{A}\boldsymbol{B}\boldsymbol{A}^*\boldsymbol{A}=3\boldsymbol{A}^*\boldsymbol{A}\boldsymbol{B}\boldsymbol{A}-10\boldsymbol{A}^*\boldsymbol{A},$$

即 $2\boldsymbol{B}=3\boldsymbol{B}\boldsymbol{A}-10\boldsymbol{E}$,故 $\boldsymbol{B}=10(3\boldsymbol{A}-2\boldsymbol{E})^{-1}$.而

$$\boldsymbol{A}^{-1}=\frac{\boldsymbol{A}^*}{|\boldsymbol{A}|}=\begin{bmatrix}-1&0&0\\0&\frac{1}{2}&0\\0&0&-1\end{bmatrix},\quad \boldsymbol{A}=\begin{bmatrix}-1&0&0\\0&2&0\\0&0&-1\end{bmatrix},$$

因此

$$B=10(3A-2E)^{-1}=10\begin{bmatrix}-5&&\\&4&\\&&-5\end{bmatrix}^{-1}=\begin{bmatrix}-2&&\\&\frac{5}{2}&\\&&-2\end{bmatrix}.$$

注 对于涉及矩阵方程的题型，一般先对已知关系式进行化简，再将未知矩阵从中分离出来，得到未知矩阵的表达式，最后再代值计算.

例 22 对三阶矩阵 A 的伴随矩阵 A^*，先交换第一行和第三行，然后将第二列的(-2)倍加到第三列，得到$-E$，求 A.

解 由题设条件知

$$\begin{bmatrix}0&0&1\\0&1&0\\1&0&0\end{bmatrix}A^*\begin{bmatrix}1&0&0\\0&1&-2\\0&0&1\end{bmatrix}=-E,$$

从而

$$A^*=-\begin{bmatrix}0&0&1\\0&1&0\\1&0&0\end{bmatrix}^{-1}\begin{bmatrix}1&0&0\\0&1&-2\\0&0&1\end{bmatrix}^{-1}=\begin{bmatrix}0&0&-1\\0&-1&-2\\-1&0&0\end{bmatrix}.$$

于是

$$A=|A|(A^*)^{-1}=|A|\begin{bmatrix}0&0&-1\\2&-1&0\\-1&0&0\end{bmatrix},$$

而$|A|^2=|A^*|=1$，故$|A|=\pm1$，因此

$$A=\pm\begin{bmatrix}0&0&-1\\2&-1&0\\-1&0&0\end{bmatrix}.$$

例 23 设 A,B 均为二阶矩阵，若$|A|=2$，$|B|=3$，求$\begin{bmatrix}\mathbf{0}&A\\B&\mathbf{0}\end{bmatrix}$的伴随矩阵.

解 因为$A^*=|A|A^{-1}$，且

$$\begin{vmatrix}\mathbf{0}&A\\B&\mathbf{0}\end{vmatrix}=(-1)^4\begin{vmatrix}A&\mathbf{0}\\\mathbf{0}&B\end{vmatrix}=|A||B|=6,$$

所以

$$\begin{bmatrix}\mathbf{0}&A\\B&\mathbf{0}\end{bmatrix}^*=\begin{vmatrix}\mathbf{0}&A\\B&\mathbf{0}\end{vmatrix}\begin{bmatrix}\mathbf{0}&A\\B&\mathbf{0}\end{bmatrix}^{-1}=6\begin{bmatrix}\mathbf{0}&B^{-1}\\A^{-1}&\mathbf{0}\end{bmatrix}=\begin{bmatrix}\mathbf{0}&2B^*\\3A^*&\mathbf{0}\end{bmatrix}.$$

例 24 设 $A=\begin{bmatrix}1&1&-1\\-1&1&1\\1&-1&1\end{bmatrix}$，且$A^*X\left(\frac{1}{2}A^*\right)^*=8A^{-1}X+E$，求矩阵 X.

解 因为$|A|=4\neq0$，所以 A 可逆. 由$A^*=|A|A^{-1}=4A^{-1}$，得

$$\left(\frac{1}{2}A^*\right)^*=(2A^{-1})^*=|2A^{-1}|(2A^{-1})^{-1}=\frac{2^3}{|A|}\cdot\frac{1}{2}A=A,$$

代入题中的矩阵方程，得 $4A^{-1}XA=8A^{-1}X+E$，从而 $4XA=8X+A$，故

$$X(A-2E)=\frac{1}{4}A.$$

由于

$$\begin{bmatrix}A-2E\\A\end{bmatrix}=\begin{bmatrix}-1&1&-1\\-1&-1&1\\1&-1&-1\\1&1&-1\\-1&1&1\\1&-1&1\end{bmatrix}\rightarrow\begin{bmatrix}1&0&0\\0&1&0\\0&0&1\\0&-1&0\\0&0&-1\\-1&0&0\end{bmatrix},$$

因此

$$X=\frac{1}{4}A(A-2E)^{-1}=-\frac{1}{4}\begin{bmatrix}0&1&0\\0&0&1\\1&0&0\end{bmatrix}.$$

注　在计算 $X(A-2E)=\frac{1}{4}A$ 时，也可以先取转置，得 $(A-2E)^{\mathrm{T}}X^{\mathrm{T}}=\frac{1}{4}A^{\mathrm{T}}$，利用初等行变换将 $\begin{bmatrix}(A-2E)^{\mathrm{T}} & \frac{1}{4}A^{\mathrm{T}}\end{bmatrix}$ 中的 $(A-2E)^{\mathrm{T}}$ 化为单位矩阵，则 $\frac{1}{4}A^{\mathrm{T}}$ 就化为 X^{T}.

题型 5　可逆矩阵的行列式判定法

例 25　设 A,B 为 n 阶矩阵，且 $A^2=B^2$，$|A|\neq|B|$，证明 $A+B$ 是不可逆矩阵.

证　因为 $A^2=B^2$，所以

$$|A||A+B|=|A^2+AB|=|B^2+AB|=|A+B||B|,$$

即

$$(|A|-|B|)|A+B|=0,$$

从而由 $|A|\neq|B|$ 知 $|A+B|=0$，于是 $A+B$ 是不可逆矩阵.

例 26　设 A 是主对角元均为零的四阶实对称可逆矩阵，且

$$B=\begin{bmatrix}0&0&0&0\\0&0&0&0\\0&0&k&0\\0&0&0&l\end{bmatrix},\quad k>0,l>0.$$

(1) 计算 $|E+AB|$，并分析 A 中元满足什么条件时，$E+AB$ 可逆；

(2) 当 $E+AB$ 可逆时，证明 $(E+AB)^{-1}A$ 为实对称矩阵.

解　(1) 设 $A=[a_{ij}]_{4\times4}$，则 $a_{ii}=0(i=1,2,3,4)$，$a_{ij}=a_{ji}(i\neq j)$，从而

$$E+AB=\begin{bmatrix}1&0&0&0\\0&1&0&0\\0&0&1&0\\0&0&0&1\end{bmatrix}+\begin{bmatrix}0&a_{12}&a_{13}&a_{14}\\a_{12}&0&a_{23}&a_{24}\\a_{13}&a_{23}&0&a_{34}\\a_{14}&a_{24}&a_{34}&0\end{bmatrix}\begin{bmatrix}0&0&0&0\\0&0&0&0\\0&0&k&0\\0&0&0&l\end{bmatrix}$$

$$=\begin{bmatrix}1&0&ka_{13}&la_{14}\\0&1&ka_{23}&la_{24}\\0&0&1&la_{34}\\0&0&ka_{34}&1\end{bmatrix},$$

于是$|\boldsymbol{E}+\boldsymbol{AB}|=1-kla_{34}^2$,故当$a_{34}^2\neq\dfrac{1}{kl}$时,$\boldsymbol{E}+\boldsymbol{AB}$可逆.

(2) 由$\boldsymbol{A}$和$\boldsymbol{E}+\boldsymbol{AB}$可逆,有

$$(\boldsymbol{E}+\boldsymbol{AB})^{-1}\boldsymbol{A}=[\boldsymbol{A}^{-1}(\boldsymbol{E}+\boldsymbol{AB})]^{-1}=(\boldsymbol{A}^{-1}+\boldsymbol{B})^{-1}.$$

因为$\boldsymbol{A},\boldsymbol{B}$为实对称矩阵,所以$\boldsymbol{A}^{-1}$,$\boldsymbol{A}^{-1}+\boldsymbol{B}$,$(\boldsymbol{A}^{-1}+\boldsymbol{B})^{-1}$都是实对称矩阵,从而$(\boldsymbol{E}+\boldsymbol{AB})^{-1}\boldsymbol{A}$为实对称矩阵.

注 两个实对称矩阵之和仍是实对称矩阵,可逆实对称矩阵的逆矩阵是实对称矩阵.

题型6 Cramer法则的应用

例27 若一元n次方程$a_0+a_1x+a_2x^2+\cdots+a_nx^n=0$有$n+1$个不同的根,证明$a_0+a_1x+a_2x^2+\cdots+a_nx^n\equiv0$.

证 设$x_1,x_2,\cdots,x_{n+1}$是题中一元n次方程的$n+1$个互异的根,即

$$\begin{cases}a_0+a_1x_1+a_2x_1^2+\cdots+a_nx_1^n=0,\\a_0+a_1x_2+a_2x_2^2+\cdots+a_nx_2^n=0,\\\qquad\vdots\\a_0+a_1x_{n+1}+a_2x_{n+1}^2+\cdots+a_nx_{n+1}^n=0,\end{cases}$$

将上式看做以$a_0,a_1,a_2,\cdots,a_n$为未知量的齐次线性方程组,其系数行列式D是$n+1$阶Vandermonde行列式的转置.由于$x_1,x_2,\cdots,x_{n+1}$互异,因此$D\neq0$,故由Cramer法则知上述齐次方程组只有零解$a_0=a_1=a_2=\cdots=a_n=0$,从而$a_0+a_1x+a_2x^2+\cdots+a_nx^n\equiv0$.

例28 证明三条不同的直线

$$ax+by+c=0,\quad bx+cy+a=0,\quad cx+ay+b=0$$

相交于一点的充要条件是$a+b+c=0$.

证 必要性.设所给三条直线相交于点$M(x_0,y_0)$,则$x=x_0,y=y_0,z=1$可看做齐次方程组

$$\begin{cases}ax+by+cz=0,\\bx+cy+az=0,\\cx+ay+bz=0\end{cases}$$

的非零解,从而其系数行列式满足

$$\begin{vmatrix}a&b&c\\b&c&a\\c&a&b\end{vmatrix}=-\frac{1}{2}(a+b+c)[(a-b)^2+(b-c)^2+(c-a)^2]=0.$$

因三条直线互不相同,故a,b,c不全相同,所以$a+b+c=0$.

充分性.如果$a+b+c=0$,则将方程组(Ⅰ)

$$\begin{cases}ax+by=-c,\\bx+cy=-a,\\cx+ay=-b\end{cases}$$

的第一、二两个方程加到第三个方程,得同解方程组(Ⅱ)

$$\begin{cases} ax+by=-c, \\ bx+cy=-a. \end{cases}$$

若方程组(Ⅱ)的系数行列式 $ac-b^2=0$,则 $ac=b^2\geqslant 0$. 由 $b=-(a+c)$ 得

$$ac=[-(a+c)]^2=a^2+2ac+c^2,$$

于是 $ac=-(a^2+c^2)\leqslant 0$,从而 $ac=0$. 不妨设 $a=0$,由 $b^2=ac$ 得 $b=0$,再由 $a+b+c=0$ 得 $c=0$,与已知矛盾. 故方程组(Ⅱ)的系数行列式不为零. 由 Cramer 法则知,方程组(Ⅱ)有唯一解,从而方程组(Ⅰ)有唯一解,即题中三条不同直线相交于一点.

例 29 设平面上不在同一直线上的三点为 $(x_i,y_i)(i=1,2,3)$,证明:通过这三点的圆方程为

$$\begin{vmatrix} x^2+y^2 & x & y & 1 \\ x_1^2+y_1^2 & x_1 & y_1 & 1 \\ x_2^2+y_2^2 & x_2 & y_2 & 1 \\ x_3^2+y_3^2 & x_3 & y_3 & 1 \end{vmatrix}=0.$$

证 圆的一般方程为

$$a(x^2+y^2)+bx+cy+d=0 \quad (a\neq 0).$$

因为三点 $(x_i,y_i)(i=1,2,3)$ 均在圆上,所以这三点满足此方程. 设 (x,y) 为圆上任一点,则有

$$\begin{cases} a(x^2+y^2)+bx+cy+d=0, \\ a(x_1^2+y_1^2)+bx_1+cy_1+d=0, \\ a(x_2^2+y_2^2)+bx_2+cy_2+d=0, \\ a(x_3{}^2+y_3{}^2)+bx_3+cy_3+d=0, \end{cases}$$

这可看成以 a,b,c,d 为未知量的四元齐次线性方程组. 由 $a\neq 0$ 知上述方程组总有非零解 $(a,b,c,d)^{\mathrm T}$,因此其系数行列式必等于零,即

$$\begin{vmatrix} x^2+y^2 & x & y & 1 \\ x_1^2+y_1^2 & x_1 & y_1 & 1 \\ x_2^2+y_2^2 & x_2 & y_2 & 1 \\ x_3^2+y_3^2 & x_3 & y_3 & 1 \end{vmatrix}=0,$$

这就是所求圆的方程.

题型 7 矩阵秩的计算与证明

例 30 设 $\boldsymbol{A}=\begin{bmatrix} 1 & 2 & 3 & 1 \\ 2 & -1 & k & 2 \\ 0 & 1 & 1 & 3 \\ 1 & -1 & 0 & 4 \\ 2 & 0 & 2 & 5 \end{bmatrix}$,若 $\operatorname{rank}\boldsymbol{A}=3$,则 $k=$________.

解 由于 $\operatorname{rank}\boldsymbol{A}=3$,因此 $\boldsymbol{A}$ 的所有四阶子式全为零,特别地 $\boldsymbol{A}$ 的前四行构成的行列式满足 $12(1-k)=0$,解得 $k=1$.

例 31 设 $\boldsymbol{A},\boldsymbol{B}$ 为 n 阶矩阵,则 【 】

(A) $\text{rank}[\boldsymbol{A}\quad \boldsymbol{AB}]=\text{rank}\,\boldsymbol{A}$; (B) $\text{rank}[\boldsymbol{A}\quad \boldsymbol{BA}]=\text{rank}\,\boldsymbol{A}$;

(C) $\text{rank}[\boldsymbol{A}\quad \boldsymbol{B}]=\max\{\text{rank}\,\boldsymbol{A},\text{rank}\,\boldsymbol{B}\}$; (D) $\text{rank}[\boldsymbol{A}\quad \boldsymbol{B}]=\text{rank}[\boldsymbol{A}^{\mathrm{T}}\quad \boldsymbol{B}^{\mathrm{T}}]$.

解 记 $\boldsymbol{AB}=\boldsymbol{C}$,即矩阵方程 $\boldsymbol{AX}=\boldsymbol{C}$ 有解 $\boldsymbol{X}=\boldsymbol{B}$,因此

$$\text{rank}\,\boldsymbol{A}=\text{rank}[\boldsymbol{A}\quad \boldsymbol{C}]=\text{rank}[\boldsymbol{A}\quad \boldsymbol{AB}].$$

所以选(A).

(B)不成立的反例:$\boldsymbol{A}=\begin{bmatrix}1&1\\1&1\end{bmatrix},\boldsymbol{B}=\begin{bmatrix}0&0\\1&2\end{bmatrix}$.

(C)和(D)不成立的反例:$\boldsymbol{A}=\begin{bmatrix}1&0\\0&0\end{bmatrix},\boldsymbol{B}=\begin{bmatrix}0&0\\1&0\end{bmatrix}$.

例 32 设 $\boldsymbol{A}$ 为三阶非零矩阵,$\boldsymbol{B}=\begin{bmatrix}1&3&-2\\2&t&-4\\-3&-9&6\end{bmatrix}$,且 $\boldsymbol{AB}=\boldsymbol{0}$,则下列结论不成立的是 【 】

(A) $t=6,\text{rank}\,\boldsymbol{A}=1$; (B) $t=6,\text{rank}\,\boldsymbol{A}=2$;

(C) $t\neq 6,\text{rank}\,\boldsymbol{A}=1$; (D) $t\neq 6,\text{rank}\,\boldsymbol{A}=2$.

解 由 $\boldsymbol{AB}=\boldsymbol{0}$ 有 $\text{rank}\,\boldsymbol{A}+\text{rank}\,\boldsymbol{B}\leqslant 3$;由 $\boldsymbol{A}$ 为非零矩阵知 $\text{rank}\,\boldsymbol{A}\geqslant 1$.

当 $t=6$ 时,$\text{rank}\,\boldsymbol{B}=1$,则由上可知 $\text{rank}\,\boldsymbol{A}\leqslant 2$,即 $\text{rank}\,\boldsymbol{A}=1$ 或 $\text{rank}\,\boldsymbol{A}=2$. 于是(A)和(B)都有可能成立.

当 $t\neq 6$ 时,$\text{rank}\,\boldsymbol{B}=2$,则由前可知 $\text{rank}\,\boldsymbol{A}\leqslant 1$,$\text{rank}\,\boldsymbol{A}\geqslant 1$,即 $\text{rank}\,\boldsymbol{A}=1$. 因此(C)成立,故选(D).

例 33 设 $\boldsymbol{\alpha},\boldsymbol{\beta}$ 为 3×1 矩阵,$\boldsymbol{A}=\boldsymbol{\alpha\alpha}^{\mathrm{T}}+\boldsymbol{\beta\beta}^{\mathrm{T}}$,证明:

(1) $\text{rank}\,\boldsymbol{A}\leqslant 2$;

(2) 若 $\boldsymbol{\beta}=k\boldsymbol{\alpha}$,则 $\text{rank}\,\boldsymbol{A}<2$.

证 (1) 因 $\boldsymbol{\alpha},\boldsymbol{\beta}$ 为 3×1 矩阵,故 $\text{rank}(\boldsymbol{\alpha\alpha}^{\mathrm{T}})\leqslant 1$,$\text{rank}(\boldsymbol{\beta\beta}^{\mathrm{T}})\leqslant 1$,于是

$$\text{rank}(\boldsymbol{A})=\text{rank}(\boldsymbol{\alpha\alpha}^{\mathrm{T}}+\boldsymbol{\beta\beta}^{\mathrm{T}})\leqslant \text{rank}(\boldsymbol{\alpha\alpha}^{\mathrm{T}})+\text{rank}(\boldsymbol{\beta\beta}^{\mathrm{T}})\leqslant 2.$$

(2) 由 $\boldsymbol{\beta}=k\boldsymbol{\alpha}$,得 $\boldsymbol{A}=(1+k^2)\boldsymbol{\alpha\alpha}^{\mathrm{T}}$,从而

$$\text{rank}\,\boldsymbol{A}=\text{rank}[(1+k^2)\boldsymbol{\alpha\alpha}^{\mathrm{T}}]\leqslant \text{rank}(\boldsymbol{\alpha\alpha}^{\mathrm{T}})\leqslant 1<2.$$

注 对于涉及矩阵秩的题型,应充分利用矩阵的结构特点以及秩的不等式.

例 34 设三阶矩阵 $\boldsymbol{A}$ 满足 $\boldsymbol{A}^2=\boldsymbol{E},\boldsymbol{A}\neq\pm\boldsymbol{E}$,证明

$$[\text{rank}(\boldsymbol{A}+\boldsymbol{E})-1][\text{rank}(\boldsymbol{A}-\boldsymbol{E})-1]=0.$$

证 由 $\boldsymbol{A}\neq\pm\boldsymbol{E}$,故 $\boldsymbol{A}+\boldsymbol{E}\neq\boldsymbol{0},\boldsymbol{A}-\boldsymbol{E}\neq\boldsymbol{0}$,即

$$\text{rank}(\boldsymbol{A}+\boldsymbol{E})\geqslant 1,\quad \text{rank}(\boldsymbol{A}-\boldsymbol{E})\geqslant 1,$$

又由 $\boldsymbol{A}^2=\boldsymbol{E}$,得 $(\boldsymbol{A}+\boldsymbol{E})(\boldsymbol{A}-\boldsymbol{E})=\boldsymbol{0}$,于是

$$\text{rank}(\boldsymbol{A}+\boldsymbol{E})+\text{rank}(\boldsymbol{A}-\boldsymbol{E})\leqslant 3,$$

从而 $\text{rank}(\boldsymbol{A}+\boldsymbol{E})$ 和 $\text{rank}(\boldsymbol{A}-\boldsymbol{E})$ 至少有一个为 1,因此

$$[\text{rank}(\boldsymbol{A}+\boldsymbol{E})-1][\text{rank}(\boldsymbol{A}-\boldsymbol{E})-1]=0.$$

拓展提高

例 35 计算 n 阶行列式

$$D_n=\begin{vmatrix} a & b & \cdots & b & b \\ b & a & \cdots & b & b \\ \vdots & \vdots & & \vdots & \vdots \\ b & b & \cdots & a & b \\ b & b & \cdots & b & a \end{vmatrix} \quad (a\neq b).$$

解 方法 1 将第一行的(−1)倍加到以下各行；再把其他各列都加到第一列，得

$$D_n=\begin{vmatrix} a & b & \cdots & b & b \\ b-a & a-b & \cdots & 0 & 0 \\ \vdots & \vdots & & \vdots & \vdots \\ b-a & 0 & \cdots & a-b & 0 \\ b-a & 0 & \cdots & 0 & a-b \end{vmatrix}$$

$$=\begin{vmatrix} a+(n-1)b & b & \cdots & b & b \\ 0 & a-b & \cdots & 0 & 0 \\ \vdots & \vdots & & \vdots & \vdots \\ 0 & 0 & \cdots & a-b & 0 \\ 0 & 0 & \cdots & 0 & a-b \end{vmatrix}$$

$$=[a+(n-1)b](a-b)^{n-1}.$$

方法 2 将其他各列加到第一列，提取公因子 $a+(n-1)b$；再将第一列的 $(-b)$ 倍加到其他各列，得

$$D_n=[a+(n-1)b]\begin{vmatrix} 1 & b & \cdots & b & b \\ 1 & a & \cdots & b & b \\ \vdots & \vdots & & \vdots & \vdots \\ 1 & b & \cdots & a & b \\ 1 & b & \cdots & b & a \end{vmatrix}$$

$$=[a+(n-1)b]\begin{vmatrix} 1 & 0 & \cdots & 0 & 0 \\ 1 & a-b & \cdots & 0 & 0 \\ \vdots & \vdots & & \vdots & \vdots \\ 1 & 0 & \cdots & a-b & 0 \\ 1 & 0 & \cdots & 0 & a-b \end{vmatrix}$$

$$=[a+(n-1)b](a-b)^{n-1}.$$

方法 3 将各列加到第一列，提取公因子 $a+(n-1)b$；再将第一行的(−1)倍加到其他各行，得

$$D_n=[a+(n-1)b]\begin{vmatrix} 1 & b & \cdots & b & b \\ 1 & a & \cdots & b & b \\ \vdots & \vdots & & \vdots & \vdots \\ 1 & b & \cdots & a & b \\ 1 & b & \cdots & b & a \end{vmatrix}$$

$$=[a+(n-1)b]\begin{vmatrix} 1 & b & \cdots & b & b \\ 0 & a-b & \cdots & 0 & 0 \\ \vdots & \vdots & & \vdots & \vdots \\ 0 & 0 & \cdots & a-b & 0 \\ 0 & 0 & \cdots & 0 & a-b \end{vmatrix}$$

$$=[a+(n-1)b](a-b)^{n-1}.$$

方法4 将(n,n)元拆分成$b+(a-b)$，第n列其他元拆分成$b+0$，得

$$D_n=\begin{vmatrix} a & b & \cdots & b & 0 \\ b & a & \cdots & b & 0 \\ \vdots & \vdots & & \vdots & \vdots \\ b & b & \cdots & a & 0 \\ b & b & \cdots & b & a-b \end{vmatrix}+\begin{vmatrix} a & b & \cdots & b & b \\ b & a & \cdots & b & b \\ \vdots & \vdots & & \vdots & \vdots \\ b & b & \cdots & a & b \\ b & b & \cdots & b & b \end{vmatrix}$$

$$=(a-b)D_{n-1}+b(a-b)^{n-1}$$

$$=(a-b)[(a-b)D_{n-2}+b(a-b)^{n-2}]+b(a-b)^{n-1}$$

$$=(a-b)^2D_{n-2}+2b(a-b)^{n-1}$$

$$=\cdots=[a+(n-1)b](a-b)^{n-1}.$$

方法5 将D_n升阶为$n+1$阶行列式，得

$$D_n=\begin{vmatrix} 1 & b & b & \cdots & b & b \\ 0 & a & b & \cdots & b & b \\ 0 & b & a & \cdots & b & b \\ \vdots & \vdots & \vdots & & \vdots & \vdots \\ 0 & b & b & \cdots & a & b \\ 0 & b & b & \cdots & b & a \end{vmatrix}=\begin{vmatrix} 1 & b & b & \cdots & b & b \\ -1 & a-b & 0 & \cdots & 0 & 0 \\ -1 & 0 & a-b & \cdots & 0 & 0 \\ \vdots & \vdots & \vdots & & \vdots & \vdots \\ -1 & 0 & 0 & \cdots & a-b & 0 \\ -1 & 0 & 0 & \cdots & 0 & a-b \end{vmatrix}$$

$$=(a-b)^n\begin{vmatrix} 1 & \frac{b}{a-b} & \frac{b}{a-b} & \cdots & \frac{b}{a-b} & \frac{b}{a-b} \\ -1 & 1 & 0 & \cdots & 0 & 0 \\ -1 & 0 & 1 & \cdots & 0 & 0 \\ \vdots & \vdots & \vdots & & \vdots & \vdots \\ -1 & 0 & 0 & \cdots & 1 & 0 \\ -1 & 0 & 0 & \cdots & 0 & 1 \end{vmatrix}$$

$$=(a-b)^n\left(1+\frac{nb}{a-b}\right)=[a+(n-1)b](a-b)^{n-1}.$$

注 本例中行列式的特点是各行元之和或各列元之和相等，其基本方法是将各列都加到第一列或将各行都加到第一行，再提取公因式，然后用初等变换将其化为三角行列式，如本例的方法2和方法3.

例36 计算n阶行列式

$$D_n=\begin{vmatrix} x & -1 & 0 & \cdots & 0 & 0 \\ 0 & x & -1 & \cdots & 0 & 0 \\ \vdots & \vdots & \vdots & & \vdots & \vdots \\ 0 & 0 & 0 & \cdots & x & -1 \\ a_n & a_{n-1} & a_{n-2} & \cdots & a_2 & x+a_1 \end{vmatrix}.$$

解 方法1 将 D_n 按第 n 行展开,得

$$D_n=(-1)^{n+1}a_n\begin{vmatrix}-1&0&\cdots&0&0\\x&-1&\cdots&0&0\\\vdots&\vdots&&\vdots&\vdots\\0&0&\cdots&-1&0\\0&0&\cdots&x&-1\end{vmatrix}+(-1)^{n+2}a_{n-1}\begin{vmatrix}x&0&\cdots&0&0\\0&-1&\cdots&0&0\\\vdots&\vdots&&\vdots&\vdots\\0&0&\cdots&-1&0\\0&0&\cdots&x&-1\end{vmatrix}+\cdots+$$

$$(-1)^{n+(n-1)}a_2\begin{vmatrix}x&-1&\cdots&0&0\\0&x&\cdots&0&0\\\vdots&\vdots&&\vdots&\vdots\\0&0&\cdots&x&0\\0&0&\cdots&0&-1\end{vmatrix}+(-1)^{n+n}(a_1+x)\begin{vmatrix}x&-1&\cdots&0&0\\0&x&\cdots&0&0\\\vdots&\vdots&&\vdots&\vdots\\0&0&\cdots&x&-1\\0&0&\cdots&0&x\end{vmatrix}$$

$$=(-1)^{n+1}(-1)^{n-1}a_n+(-1)^{n+2}(-1)^{n-2}xa_{n-1}+\cdots+(-1)^{n+(n-1)}(-1)x^{n-2}a_2+(-1)^{n+n}x^{n-1}(a_1+x)$$

$$=a_n+a_{n-1}x+\cdots+a_1x^{n-1}+x^n.$$

方法2 将 D_n 按第一列展开,得

$$D_n=xD_{n-1}+a_n(-1)^{n+1}(-1)^{n-1}=xD_{n-1}+a_n,$$

从而

$$\begin{aligned}D_n&=xD_{n-1}+a_n=x^2D_{n-2}+a_{n-1}x+a_n\\&=x^3D_{n-3}+a_{n-2}x^2+a_{n-1}x+a_n\\&=\cdots=x^{n-1}D_1+a_1x^{n-1}+\cdots+a_{n-1}x+a_n\\&=x^n+a_1x^{n-1}+\cdots+a_{n-1}x+a_n.\end{aligned}$$

方法3 记 $a_0=1$,将第 k 列的 x 倍加到第 $k-1$ 列($k=n,n-1,\cdots,3,2$),得

$$D_n=\begin{vmatrix}x&-1&0&\cdots&0&0\\0&x&-1&\cdots&0&0\\\vdots&\vdots&\vdots&&\vdots&\vdots\\0&0&0&\cdots&0&-1\\a_n&a_{n-1}&a_{n-2}&\cdots&x^2+a_1x+a_2&x+a_1\end{vmatrix}=\cdots$$

$$=\begin{vmatrix}0&-1&0&\cdots&0&0\\0&0&-1&\cdots&0&0\\\vdots&\vdots&\vdots&&\vdots&\vdots\\0&0&0&\cdots&0&-1\\\sum\limits_{k=0}^{n}a_kx^{n-k}&\sum\limits_{k=0}^{n-1}a_kx^{(n-1)-k}&\sum\limits_{k=0}^{n-2}a_kx^{(n-2)-k}&\cdots&\sum\limits_{k=0}^{2}a_kx^{2-k}&x+a_1\end{vmatrix}$$

$$=(-1)^{n+1}(-1)^{n-1}\sum_{k=0}^{n}a_kx^{n-k}=x^n+a_1x^{n-1}+\cdots+a_{n-1}x+a_n.$$

方法4 因为 $D_1=x+a_1$,$D_2=x^2+a_1x+a_2$,猜想

$$D_n=x^n+a_1x^{n-1}+\cdots+a_{n-1}x+a_n.$$

下面用数学归纳法证明. 当 $k=2$ 时结论成立, 假设当 $k=n>2$ 时, 有

$$D_n=x^n+a_1x^{n-1}+\cdots+a_{n-1}x+a_n,$$

则当 $k=n+1$ 时, 将行列式 D_{n+1} 按第一列展开, 得

$$D_{n+1}=x(x^n+a_1x^{n-1}+\cdots+a_{n-1}x+a_n)+a_{n+1}=x^{n+1}+a_1x^n+\cdots+a_nx+a_{n+1}.$$

因此

$$D_n=x^n+a_1x^{n-1}+\cdots+a_{n-1}x+a_n.$$

注 此例中的行列式称为三线行列式(只有主对角线和另外两条线的元不全为零), 它是三对角行列式(见本章范例解析例6和例9)的推广. 递推法和三角化方法是求三线行列式的两种主要方法.

例 37 计算 n 阶行列式 $D_n=\begin{vmatrix} 1+a_1^2 & a_1a_2 & \cdots & a_1a_{n-1} & a_1a_n \\ a_2a_1 & 2+a_2^2 & \cdots & a_2a_{n-1} & a_2a_n \\ \vdots & \vdots & & \vdots & \vdots \\ a_{n-1}a_1 & a_{n-1}a_2 & \cdots & (n-1)+a_{n-1}^2 & a_{n-1}a_n \\ a_na_1 & a_na_2 & \cdots & a_{n-1}a_n & n+a_n^2 \end{vmatrix}$.

解 把行列式 D_n 增加一行、一列变成一个与 D_n 等值的 $n+1$ 阶行列式

$$D_n=\begin{vmatrix} 1 & a_1 & a_2 & \cdots & a_{n-1} & a_n \\ 0 & 1+a_1^2 & a_1a_2 & \cdots & a_1a_{n-1} & a_1a_n \\ 0 & a_2a_1 & 2+a_2^2 & \cdots & a_2a_{n-1} & a_2a_n \\ \vdots & \vdots & \vdots & & \vdots & \vdots \\ 0 & a_{n-1}a_1 & a_{n-1}a_2 & \cdots & (n-1)+a_{n-1}^2 & a_{n-1}a_n \\ 0 & a_na_1 & a_na_2 & \cdots & a_na_{n-1} & n+a_n^2 \end{vmatrix},$$

将第一行乘 $(-a_i)$ 加到第 $i+1$ 行 $(i=1,2,\cdots,n)$, 再将第 $j+1$ 列乘 $\frac{a_j}{j}$ 加到第一列 $(j=1,2,\cdots,n)$, 得

$$D_n=\begin{vmatrix} 1 & a_1 & a_2 & \cdots & a_{n-1} & a_n \\ -a_1 & 1 & 0 & \cdots & 0 & 0 \\ -a_2 & 0 & 2 & \cdots & 0 & 0 \\ \vdots & \vdots & \vdots & & \vdots & \vdots \\ -a_{n-1} & 0 & 0 & \cdots & n-1 & 0 \\ -a_n & 0 & 0 & \cdots & 0 & n \end{vmatrix}$$

$$=\begin{vmatrix} 1+\sum\limits_{i=1}^{n}\frac{a_i^2}{i} & a_1 & a_2 & \cdots & a_n \\ 0 & 1 & 0 & \cdots & 0 \\ 0 & 0 & 2 & \cdots & 0 \\ \vdots & \vdots & \vdots & & \vdots \\ 0 & 0 & 0 & \cdots & n \end{vmatrix}=n!\left(1+\sum_{i=1}^{n}\frac{a_i^2}{i}\right).$$

例 38 计算 n 阶行列式

$$D_n=\begin{vmatrix}1 & 2 & 3 & \cdots & n-1 & n\\ n & 1 & 2 & \cdots & n-2 & n-1\\ n-1 & n & 1 & \cdots & n-3 & n-2\\ \vdots & \vdots & \vdots & & \vdots & \vdots\\ 3 & 4 & 5 & \cdots & 1 & 2\\ 2 & 3 & 4 & \cdots & n & 1\end{vmatrix}.$$

解 将 D_n 的其他各列都加到第一列,并提取公因式;再将第一行的(-1)倍加到第 i 行$(i=2,3,\cdots,n)$;然后将第二行的$(n-i+1)$倍加到第 i 行$(i=3,4,\cdots,n)$,得

$$D_n=\frac{n(n+1)}{2}\begin{vmatrix}1 & 2 & 3 & \cdots & n-1 & n\\ 1 & 1 & 2 & \cdots & n-2 & n-1\\ 1 & n & 1 & \cdots & n-3 & n-2\\ \vdots & \vdots & \vdots & & \vdots & \vdots\\ 1 & 4 & 5 & \cdots & 1 & 2\\ 1 & 3 & 4 & \cdots & n & 1\end{vmatrix}$$

$$=\frac{n(n+1)}{2}\begin{vmatrix}1 & 2 & 3 & \cdots & n-1 & n\\ 0 & -1 & -1 & \cdots & -1 & -1\\ 0 & n-2 & -2 & \cdots & -2 & -2\\ \vdots & \vdots & \vdots & & \vdots & \vdots\\ 0 & 2 & 2 & \cdots & -(n-2) & -(n-2)\\ 0 & 1 & 1 & \cdots & 1 & -(n-1)\end{vmatrix}$$

$$=\frac{n(n+1)}{2}\begin{vmatrix}1 & 2 & 3 & \cdots & n-1 & n\\ 0 & -1 & -1 & \cdots & -1 & -1\\ 0 & 0 & -n & \cdots & -n & -n\\ \vdots & \vdots & \vdots & & \vdots & \vdots\\ 0 & 0 & 0 & \cdots & -n & -n\\ 0 & 0 & 0 & \cdots & 0 & -n\end{vmatrix}$$

$$=\frac{n(n+1)}{2}(-1)^{n-1}n^{n-2}=(-1)^{n-1}\frac{1}{2}n^{n-1}(n+1).$$

注 本例中的行列式称为循环行列式.

例 39 计算 n 阶行列式 $D_n=\begin{vmatrix}1 & 1 & 1 & \cdots & 1\\ a_1 & a_2 & a_3 & \cdots & a_n\\ a_1^2 & a_2^2 & a_3^2 & \cdots & a_n^2\\ \vdots & \vdots & \vdots & & \vdots\\ a_1^{n-2} & a_2^{n-2} & a_3^{n-2} & \cdots & a_n^{n-2}\\ a_1^n & a_2^n & a_3^n & \cdots & a_n^n\end{vmatrix}$.

解 注意到 D_n 很像 Vandermonde 行列式,为此构造 $n+1$ 阶 Vandermonde 行列式

$$f_{n+1}(x)=\begin{vmatrix}1&1&1&\cdots&1&1\\a_1&a_2&a_3&\cdots&a_n&x\\a_1^2&a_2^2&a_3^2&\cdots&a_n^2&x^2\\\vdots&\vdots&\vdots&&\vdots&\vdots\\a_1^{n-2}&a_2^{n-2}&a_3^{n-2}&\cdots&a_n^{n-2}&x^{n-2}\\a_1^{n-1}&a_2^{n-1}&a_3^{n-1}&\cdots&a_n^{n-1}&x^{n-1}\\a_1^n&a_2^n&a_3^n&\cdots&a_n^n&x^n\end{vmatrix},$$

则

$$f_{n+1}(x)=\prod_{i=1}^{n}(x-a_i)\cdot\prod_{1\leqslant i<j\leqslant n}(a_j-a_i),$$

且 D_n 是行列式 $f_{n+1}(x)$ 中元 x^{n-1} 的余子式.

由上式知 x^{n-1} 的系数为 $-\sum_{i=1}^{n}a_i\cdot\prod_{1\leqslant i<j\leqslant n}(a_j-a_i)$. 将 $f_{n+1}(x)$ 按第 $n+1$ 列展开,得

$$f_{n+1}(x)=A_{1,n+1}+xA_{2,n+1}+\cdots+x^{n-1}A_{n,n+1}+x^nA_{n+1,n+1},$$

其中 $A_{n,n+1}=(-1)^{n+(n+1)}M_{n,n+1}=-D_n$,从而

$$D_n=\sum_{i=1}^{n}a_i\cdot\prod_{1\leqslant i<j\leqslant n}(a_j-a_i).$$

注 本例提供了计算行列式 D_n 的一种新思路:构造 $n+1$ 阶行列式,使得 D_n 成为 $n+1$ 阶行列式的一个余子式,其前提是 $n+1$ 阶行列式的计算非常简便,并且从 $n+1$ 阶行列式的表达式中能方便地得到 D_n. 这种方法与升阶法有异曲同工之处.

例 40 设 $\boldsymbol{A},\boldsymbol{B}$ 分别是 $m\times n$ 和 $n\times m$ 矩阵,λ 为任意数,证明

$$\lambda^n\left|\lambda\boldsymbol{E}_m-\boldsymbol{AB}\right|=\lambda^m\left|\lambda\boldsymbol{E}_n-\boldsymbol{BA}\right|.$$

证 因为

$$\begin{bmatrix}\boldsymbol{E}_m&-\boldsymbol{A}\\\boldsymbol{0}&\boldsymbol{E}_n\end{bmatrix}\begin{bmatrix}\boldsymbol{AB}&\boldsymbol{0}\\\boldsymbol{B}&\boldsymbol{0}\end{bmatrix}=\begin{bmatrix}\boldsymbol{0}&\boldsymbol{0}\\\boldsymbol{B}&\boldsymbol{0}\end{bmatrix}=\begin{bmatrix}\boldsymbol{0}&\boldsymbol{0}\\\boldsymbol{B}&\boldsymbol{BA}\end{bmatrix}\begin{bmatrix}\boldsymbol{E}_m&-\boldsymbol{A}\\\boldsymbol{0}&\boldsymbol{E}_n\end{bmatrix},$$

所以

$$\begin{bmatrix}\boldsymbol{AB}&\boldsymbol{0}\\\boldsymbol{B}&\boldsymbol{0}\end{bmatrix}=\begin{bmatrix}\boldsymbol{E}_m&-\boldsymbol{A}\\\boldsymbol{0}&\boldsymbol{E}_n\end{bmatrix}^{-1}\begin{bmatrix}\boldsymbol{0}&\boldsymbol{0}\\\boldsymbol{B}&\boldsymbol{BA}\end{bmatrix}\begin{bmatrix}\boldsymbol{E}_m&-\boldsymbol{A}\\\boldsymbol{0}&\boldsymbol{E}_n\end{bmatrix},$$

从而

$$\lambda\begin{bmatrix}\boldsymbol{E}_m&\boldsymbol{0}\\\boldsymbol{0}&\boldsymbol{E}_n\end{bmatrix}-\begin{bmatrix}\boldsymbol{AB}&\boldsymbol{0}\\\boldsymbol{B}&\boldsymbol{0}\end{bmatrix}=\begin{bmatrix}\boldsymbol{E}_m&-\boldsymbol{A}\\\boldsymbol{0}&\boldsymbol{E}_n\end{bmatrix}^{-1}\left(\lambda\begin{bmatrix}\boldsymbol{E}_m&\boldsymbol{0}\\\boldsymbol{0}&\boldsymbol{E}_n\end{bmatrix}-\begin{bmatrix}\boldsymbol{0}&\boldsymbol{0}\\\boldsymbol{B}&\boldsymbol{BA}\end{bmatrix}\right)\begin{bmatrix}\boldsymbol{E}_m&-\boldsymbol{A}\\\boldsymbol{0}&\boldsymbol{E}_n\end{bmatrix},$$

两边取行列式,得

$$\begin{vmatrix}\lambda\boldsymbol{E}_m-\boldsymbol{AB}&\boldsymbol{0}\\-\boldsymbol{B}&\lambda\boldsymbol{E}_n\end{vmatrix}=\begin{vmatrix}\lambda\boldsymbol{E}_m&\boldsymbol{0}\\-\boldsymbol{B}&\lambda\boldsymbol{E}_n-\boldsymbol{BA}\end{vmatrix},$$

故

$$\lambda^n\left|\lambda\boldsymbol{E}_m-\boldsymbol{AB}\right|=\lambda^m\left|\lambda\boldsymbol{E}_n-\boldsymbol{BA}\right|.$$

注 当 $\lambda=1$ 时,$|\boldsymbol{E}_m-\boldsymbol{AB}|=|\boldsymbol{E}_n-\boldsymbol{BA}|$,这可以作为行列式计算的一个公式.

例 41 计算 $D_n=\begin{vmatrix} a_1^2 & 1+a_1a_2 & \cdots & 1+a_1a_n \\ 1+a_2a_1 & a_2^2 & \cdots & 1+a_2a_n \\ \vdots & \vdots & & \vdots \\ 1+a_na_1 & 1+a_na_2 & \cdots & a_n^2 \end{vmatrix}$.

解 根据例 40 的结果,有

$$D_n=(-1)^n\left|\boldsymbol{E}_n-\begin{bmatrix}1 & a_1\\ 1 & a_2\\ \vdots & \vdots \\ 1 & a_n\end{bmatrix}\begin{bmatrix}1 & 1 & \cdots & 1\\ a_1 & a_2 & \cdots & a_n\end{bmatrix}\right|$$

$$=(-1)^n\left|\boldsymbol{E}_2-\begin{bmatrix}1 & 1 & \cdots & 1\\ a_1 & a_2 & \cdots & a_n\end{bmatrix}\begin{bmatrix}1 & a_1\\ 1 & a_2\\ \vdots & \vdots \\ 1 & a_n\end{bmatrix}\right|$$

$$=(-1)^n\begin{vmatrix}1-n & -\sum_{i=1}^{n}a_i\\ -\sum_{i=1}^{n}a_i & 1-\sum_{i=1}^{n}a_i^2\end{vmatrix}$$

$$=(-1)^n\left[(1-n)\left(1-\sum_{i=1}^{n}a_i^2\right)-\left(\sum_{i=1}^{n}a_i\right)^2\right].$$

例 42 设 $\boldsymbol{A},\boldsymbol{D}$ 都是方阵,证明

$$\begin{vmatrix}\boldsymbol{A} & \boldsymbol{B}\\ \boldsymbol{C} & \boldsymbol{D}\end{vmatrix}=\begin{cases}|\boldsymbol{A}|\,|\boldsymbol{D}-\boldsymbol{C}\boldsymbol{A}^{-1}\boldsymbol{B}|, & 当\ \boldsymbol{A}\ 可逆,\\ |\boldsymbol{D}|\,|\boldsymbol{A}-\boldsymbol{B}\boldsymbol{D}^{-1}\boldsymbol{C}|, & 当\ \boldsymbol{D}\ 可逆.\end{cases}$$

证 当 $\boldsymbol{A}$ 可逆时,对分块矩阵做分块倍加行变换化为分块上三角矩阵,得

$$\begin{bmatrix}\boldsymbol{E} & \boldsymbol{0}\\ -\boldsymbol{C}\boldsymbol{A}^{-1} & \boldsymbol{E}\end{bmatrix}\begin{bmatrix}\boldsymbol{A} & \boldsymbol{B}\\ \boldsymbol{C} & \boldsymbol{D}\end{bmatrix}=\begin{bmatrix}\boldsymbol{A} & \boldsymbol{B}\\ \boldsymbol{0} & \boldsymbol{D}-\boldsymbol{C}\boldsymbol{A}^{-1}\boldsymbol{B}\end{bmatrix},$$

上式两边取行列式,利用分块三角行列式的性质,得

$$\begin{vmatrix}\boldsymbol{A} & \boldsymbol{B}\\ \boldsymbol{C} & \boldsymbol{D}\end{vmatrix}=\begin{vmatrix}\boldsymbol{A} & \boldsymbol{B}\\ \boldsymbol{0} & \boldsymbol{D}-\boldsymbol{C}\boldsymbol{A}^{-1}\boldsymbol{B}\end{vmatrix}=|\boldsymbol{A}|\,|\boldsymbol{D}-\boldsymbol{C}\boldsymbol{A}^{-1}\boldsymbol{B}|.$$

当 $\boldsymbol{D}$ 可逆时,同理有

$$\begin{bmatrix}\boldsymbol{E} & -\boldsymbol{B}\boldsymbol{D}^{-1}\\ \boldsymbol{0} & \boldsymbol{E}\end{bmatrix}\begin{bmatrix}\boldsymbol{A} & \boldsymbol{B}\\ \boldsymbol{C} & \boldsymbol{D}\end{bmatrix}=\begin{bmatrix}\boldsymbol{A}-\boldsymbol{B}\boldsymbol{D}^{-1}\boldsymbol{C} & \boldsymbol{0}\\ \boldsymbol{C} & \boldsymbol{D}\end{bmatrix},$$

从而

$$\begin{vmatrix}\boldsymbol{A} & \boldsymbol{B}\\ \boldsymbol{C} & \boldsymbol{D}\end{vmatrix}=\begin{vmatrix}\boldsymbol{A}-\boldsymbol{B}\boldsymbol{D}^{-1}\boldsymbol{C} & \boldsymbol{0}\\ \boldsymbol{C} & \boldsymbol{D}\end{vmatrix}=|\boldsymbol{D}|\,|\boldsymbol{A}-\boldsymbol{B}\boldsymbol{D}^{-1}\boldsymbol{C}|.$$

注 (1) 本例的结论称为行列式第一降阶公式.

（2）当 $\boldsymbol{A},\boldsymbol{D}$ 都是可逆矩阵时，由行列式第一降阶公式立即得到行列式第二降阶公式：

$$|\boldsymbol{A}||\boldsymbol{D}-\boldsymbol{C}\boldsymbol{A}^{-1}\boldsymbol{B}|=|\boldsymbol{D}||\boldsymbol{A}-\boldsymbol{B}\boldsymbol{D}^{-1}\boldsymbol{C}|.$$

例 43 计算下列行列式：

（1）$D=\begin{vmatrix} 3 & 1 & 7 & -1 & 2 \\ -5 & 5 & 4 & -2 & 6 \\ 2 & -3 & 9 & -3 & 8 \\ 1 & 2 & 3 & 1 & 0 \\ 2 & 3 & 4 & 0 & 2 \end{vmatrix}$；　　（2）$D_n=\begin{vmatrix} 0 & 2 & 3 & \cdots & n-1 & n \\ 1 & 0 & 3 & \cdots & n-1 & n \\ 1 & 2 & 0 & \cdots & n-1 & n \\ \vdots & \vdots & \vdots & & \vdots & \vdots \\ 1 & 2 & 3 & \cdots & n-1 & 0 \end{vmatrix}$.

解 （1）先将行列式 D 分块，再利用行列式第一降阶公式，得

$$D=\begin{vmatrix} 3 & 1 & 7 & -1 & 2 \\ -5 & 5 & 4 & -2 & 6 \\ 2 & -3 & 9 & -3 & 8 \\ 1 & 2 & 3 & 1 & 0 \\ 2 & 3 & 4 & 0 & 2 \end{vmatrix}$$

$$=\begin{vmatrix} 1 & 0 \\ 0 & 2 \end{vmatrix}\cdot\left|\begin{bmatrix} 3 & 1 & 7 \\ -5 & 5 & 4 \\ 2 & -3 & 9 \end{bmatrix}-\begin{bmatrix} -1 & 2 \\ -2 & 6 \\ -3 & 8 \end{bmatrix}\begin{bmatrix} 1 & 0 \\ 0 & 2 \end{bmatrix}^{-1}\begin{bmatrix} 1 & 2 & 3 \\ 2 & 3 & 4 \end{bmatrix}\right|$$

$$=2\left|\begin{bmatrix} 3 & 1 & 7 \\ -5 & 5 & 4 \\ 2 & -3 & 9 \end{bmatrix}-\begin{bmatrix} 1 & 1 & 1 \\ 4 & 5 & 6 \\ 5 & 6 & 7 \end{bmatrix}\right|=2\begin{vmatrix} 2 & 0 & 6 \\ -9 & 0 & -2 \\ -3 & -9 & 2 \end{vmatrix}$$

$$=2\times 9\begin{vmatrix} 2 & 6 \\ -9 & -2 \end{vmatrix}=900.$$

（2）先将行列式 D_n 凑成 $|\boldsymbol{A}||\boldsymbol{D}-\boldsymbol{C}\boldsymbol{A}^{-1}\boldsymbol{B}|$ 的形式（要求 $\boldsymbol{A}$ 的阶数小于 $\boldsymbol{D}$ 的阶数），再利用行列式第二降阶公式，得

$$D_n=\left|\begin{bmatrix} -1 & & & \\ & -2 & & \\ & & \ddots & \\ & & & -n \end{bmatrix}+\begin{bmatrix} 1 \\ 1 \\ \vdots \\ 1 \end{bmatrix}(1,2,\cdots,n)\right|$$

$$=\begin{vmatrix} -1 & & & \\ & -2 & & \\ & & \ddots & \\ & & & -n \end{vmatrix}\cdot\left|1+(1,2,\cdots,n)\begin{bmatrix} -1 & & & \\ & -2 & & \\ & & \ddots & \\ & & & -n \end{bmatrix}^{-1}\begin{bmatrix} 1 \\ 1 \\ \vdots \\ 1 \end{bmatrix}\right|$$

$$=(-1)^n n!(1-n).$$

例 44 证明可逆上三角矩阵的逆矩阵仍是上三角矩阵.

证 记可逆上三角矩阵 $\boldsymbol{A}=[a_{ij}]$ 中元 a_{ij} 的代数余子式为 $A_{ij}(i,j=1,2,\cdots,n)$，则当 $1\leqslant j<i\leqslant n$ 时，$a_{ij}=0$，因此当 $1\leqslant i<j\leqslant n$ 时，a_{ij} 的余子式 M_{ij} 仍是上三角行列式，且其主对角元必有零，于是 $M_{ij}=0$，从而 $A_{ij}=0(1\leqslant i<j\leqslant n)$. 所以

$$A^{-1}=\frac{1}{|A|}A^{*}=\frac{1}{|A|}\begin{bmatrix}A_{11}&A_{21}&\cdots&A_{n1}\\A_{12}&A_{22}&\cdots&A_{n2}\\\vdots&\vdots&&\vdots\\A_{1n}&A_{2n}&\cdots&A_{nn}\end{bmatrix}=\frac{1}{|A|}\begin{bmatrix}A_{11}&A_{21}&\cdots&A_{n1}\\&A_{22}&\cdots&A_{n2}\\&&\ddots&\vdots\\&&&A_{nn}\end{bmatrix}$$

是上三角矩阵.

注 可逆上三角矩阵的逆矩阵仍是上三角矩阵,可逆下三角矩阵的逆矩阵仍是下三角矩阵,可逆对角矩阵的逆矩阵仍是对角矩阵.

例 45 设 $\boldsymbol{A}$ 为 n 阶可逆矩阵($n\geqslant 2$),$\boldsymbol{A}$ 的每一行各元之和都等于 k,证明 $k\neq 0$,且 $\boldsymbol{A}$ 的伴随矩阵 $\boldsymbol{A}^{*}$ 的每一行各元之和都等于 $\dfrac{|\boldsymbol{A}|}{k}$.

证 记 $\boldsymbol{\alpha}=(1,1,\cdots,1)^{\mathrm{T}}$,则有 $\boldsymbol{A\alpha}=k\boldsymbol{\alpha}$. 因 $\boldsymbol{A}$ 为可逆矩阵,故 $\boldsymbol{\alpha}=k\boldsymbol{A}^{-1}\boldsymbol{\alpha}$,从而 $k\neq 0$,于是由 $\boldsymbol{A}^{*}=|\boldsymbol{A}|\boldsymbol{A}^{-1}$ 得

$$\boldsymbol{A}^{*}\boldsymbol{\alpha}=|\boldsymbol{A}|\boldsymbol{A}^{-1}\boldsymbol{\alpha}=\frac{|\boldsymbol{A}|}{k}\boldsymbol{\alpha},$$

这表明 $\boldsymbol{A}^{*}$ 的每一行各元之和都等于 $\dfrac{|\boldsymbol{A}|}{k}$.

例 46 设 $\boldsymbol{A}$ 为 n 阶矩阵,$n\geqslant 2$,证明

$$\operatorname{rank}\boldsymbol{A}^{*}=\begin{cases}n, & \operatorname{rank}\boldsymbol{A}=n,\\1, & \operatorname{rank}\boldsymbol{A}=n-1,\\0, & \operatorname{rank}\boldsymbol{A}<n-1.\end{cases}$$

证 当 $\operatorname{rank}\boldsymbol{A}=n$ 时,$|\boldsymbol{A}|\neq 0$,故 $|\boldsymbol{A}^{*}|=|\boldsymbol{A}|^{n-1}\neq 0$,所以 $\operatorname{rank}\boldsymbol{A}^{*}=n$.

当 $\operatorname{rank}\boldsymbol{A}=n-1$ 时,$\boldsymbol{A}$ 有一个 $n-1$ 阶子式不等于 0,故 $\boldsymbol{A}^{*}\neq\boldsymbol{0}$,即 $\operatorname{rank}\boldsymbol{A}^{*}\geqslant 1$; 由 $\operatorname{rank}\boldsymbol{A}<n$ 知 $|\boldsymbol{A}|=0$,从而 $\boldsymbol{A}\boldsymbol{A}^{*}=|\boldsymbol{A}|\boldsymbol{E}=\boldsymbol{0}$,故 $\operatorname{rank}\boldsymbol{A}^{*}\leqslant n-\operatorname{rank}\boldsymbol{A}=1$,于是 $\operatorname{rank}\boldsymbol{A}^{*}=1$.

当 $\operatorname{rank}\boldsymbol{A}<n-1$ 时,$\boldsymbol{A}$ 的所有 $n-1$ 阶子式均等于 0,即 $\boldsymbol{A}^{*}=\boldsymbol{0}$,故 $\operatorname{rank}\boldsymbol{A}^{*}=0$.

注 本例的结论很重要,应当视作矩阵秩的一个公式.

例 47 设 $\boldsymbol{A}$ 是 2021 阶实矩阵,且 $\boldsymbol{A}^{9}=\boldsymbol{0}$,问 $\operatorname{rank}\boldsymbol{A}$ 的最大值是多少?

解 由 Sylvester 不等式知,对于任何 n 阶矩阵 $\boldsymbol{A}$ 的 k 次幂,有

$$\begin{aligned}\operatorname{rank}(\boldsymbol{A}^{k})&\geqslant\operatorname{rank}\boldsymbol{A}+\operatorname{rank}(\boldsymbol{A}^{k-1})-n\\&\geqslant 2\operatorname{rank}\boldsymbol{A}+\operatorname{rank}(\boldsymbol{A}^{k-2})-2n\\&\geqslant\cdots\geqslant k\operatorname{rank}\boldsymbol{A}+\operatorname{rank}\boldsymbol{A}^{0}-kn\\&=k\operatorname{rank}\boldsymbol{A}-(k-1)n,\end{aligned}$$

从而

$$\operatorname{rank}\boldsymbol{A}\leqslant\frac{k-1}{k}\cdot n=\frac{8}{9}\times 2021=1796.4,$$

因此 $\operatorname{rank}\boldsymbol{A}\leqslant 1796$.

构造 2021 阶矩阵 $\boldsymbol{B}=\begin{bmatrix}\boldsymbol{0}&\boldsymbol{E}_{2020}\\\boldsymbol{0}&\boldsymbol{0}\end{bmatrix}$,根据第 2 章拓展提高例 33 的评注,有

$$\boldsymbol{B}^{225}=\begin{bmatrix}\boldsymbol{0}&\boldsymbol{E}_{1796}\\\boldsymbol{0}&\boldsymbol{0}\end{bmatrix},\boldsymbol{B}^{2021}=\boldsymbol{0}.$$

于是取 $\boldsymbol{A}=\boldsymbol{B}^{225}$，则 $\boldsymbol{A}^{9}=\boldsymbol{B}^{2025}=\boldsymbol{0}$，且 rank $\boldsymbol{A}=1796$. 即 rank $\boldsymbol{A}$ 在 $\boldsymbol{A}=\boldsymbol{B}^{225}$ 处取得最大值 1796.

例 48 若 $\boldsymbol{A},\boldsymbol{B}$ 为同阶矩阵，证明 $\operatorname{rank}(\boldsymbol{AB}-\boldsymbol{E})\leqslant\operatorname{rank}(\boldsymbol{A}-\boldsymbol{E})+\operatorname{rank}(\boldsymbol{B}-\boldsymbol{E})$.

证 对分块矩阵做两次分块倍加行变换，得

$$\begin{bmatrix}\boldsymbol{A}-\boldsymbol{E} & \boldsymbol{0}\\ \boldsymbol{0} & \boldsymbol{B}-\boldsymbol{E}\end{bmatrix}\to\begin{bmatrix}\boldsymbol{A}-\boldsymbol{E} & \boldsymbol{AB}-\boldsymbol{B}\\ \boldsymbol{0} & \boldsymbol{B}-\boldsymbol{E}\end{bmatrix}\to\begin{bmatrix}\boldsymbol{A}-\boldsymbol{E} & \boldsymbol{AB}-\boldsymbol{B}\\ \boldsymbol{A}-\boldsymbol{E} & \boldsymbol{AB}-\boldsymbol{E}\end{bmatrix},$$

所以

$$\begin{aligned}\operatorname{rank}(\boldsymbol{A}-\boldsymbol{E})+\operatorname{rank}(\boldsymbol{B}-\boldsymbol{E})&=\operatorname{rank}\begin{bmatrix}\boldsymbol{A}-\boldsymbol{E} & \boldsymbol{0}\\ \boldsymbol{0} & \boldsymbol{B}-\boldsymbol{E}\end{bmatrix}\\&=\operatorname{rank}\begin{bmatrix}\boldsymbol{A}-\boldsymbol{E} & \boldsymbol{AB}-\boldsymbol{B}\\ \boldsymbol{A}-\boldsymbol{E} & \boldsymbol{AB}-\boldsymbol{E}\end{bmatrix}\geqslant\operatorname{rank}(\boldsymbol{AB}-\boldsymbol{E}).\end{aligned}$$

例 49 设 $\boldsymbol{A},\boldsymbol{B},\boldsymbol{C}$ 均为 n 阶矩阵，且 rank $\boldsymbol{A}=\operatorname{rank}(\boldsymbol{BA})$，证明 $\operatorname{rank}(\boldsymbol{AC})=\operatorname{rank}(\boldsymbol{BAC})$.

证 根据矩阵秩的性质，$\operatorname{rank}(\boldsymbol{AC})\geqslant\operatorname{rank}(\boldsymbol{BAC})$. 再由分块初等变换得

$$\begin{bmatrix}\boldsymbol{A} & \boldsymbol{0}\\ \boldsymbol{0} & \boldsymbol{BAC}\end{bmatrix}\to\begin{bmatrix}\boldsymbol{A} & \boldsymbol{AC}\\ \boldsymbol{0} & \boldsymbol{BAC}\end{bmatrix}\to\begin{bmatrix}\boldsymbol{A} & \boldsymbol{AC}\\ -\boldsymbol{BA} & \boldsymbol{0}\end{bmatrix}\to\begin{bmatrix}\boldsymbol{AC} & \boldsymbol{A}\\ \boldsymbol{0} & \boldsymbol{BA}\end{bmatrix},$$

于是

$$\operatorname{rank}\boldsymbol{A}+\operatorname{rank}(\boldsymbol{BAC})\geqslant\operatorname{rank}(\boldsymbol{AC})+\operatorname{rank}(\boldsymbol{BA}),$$

即

$$\operatorname{rank}(\boldsymbol{BAC})\geqslant\operatorname{rank}(\boldsymbol{AC})+\operatorname{rank}(\boldsymbol{BA})-\operatorname{rank}\boldsymbol{A}=\operatorname{rank}(\boldsymbol{AC}),$$

因此 $\operatorname{rank}(\boldsymbol{AC})=\operatorname{rank}(\boldsymbol{BAC})$.

注 证明算式中等号成立，可转化为证明两个相反的不等号同时成立.

例 50 设 $\boldsymbol{A},\boldsymbol{B}$ 均为 n 阶矩阵，证明：$\boldsymbol{ABA}=\boldsymbol{B}^{-1}$ 的充要条件是

$$\operatorname{rank}(\boldsymbol{E}-\boldsymbol{AB})+\operatorname{rank}(\boldsymbol{E}+\boldsymbol{AB})=n.$$

证 必要性. 设 $\boldsymbol{ABA}=\boldsymbol{B}^{-1}$，则 $\boldsymbol{ABAB}=\boldsymbol{E}$，即 $(\boldsymbol{E}-\boldsymbol{AB})(\boldsymbol{E}+\boldsymbol{AB})=\boldsymbol{0}$，因此

$$\operatorname{rank}(\boldsymbol{E}-\boldsymbol{AB})+\operatorname{rank}(\boldsymbol{E}+\boldsymbol{AB})\leqslant n.$$

而 $(\boldsymbol{E}-\boldsymbol{AB})+(\boldsymbol{E}+\boldsymbol{AB})=2\boldsymbol{E}$，故

$$\operatorname{rank}(\boldsymbol{E}-\boldsymbol{AB})+\operatorname{rank}(\boldsymbol{E}+\boldsymbol{AB})\geqslant\operatorname{rank}(2\boldsymbol{E})=n,$$

所以

$$\operatorname{rank}(\boldsymbol{E}-\boldsymbol{AB})+\operatorname{rank}(\boldsymbol{E}+\boldsymbol{AB})=n.$$

充分性. 设 $\operatorname{rank}(\boldsymbol{E}-\boldsymbol{AB})+\operatorname{rank}(\boldsymbol{E}+\boldsymbol{AB})=n$，则

$$\operatorname{rank}\begin{bmatrix}\boldsymbol{E}-\boldsymbol{AB} & \boldsymbol{0}\\ \boldsymbol{0} & \boldsymbol{E}+\boldsymbol{AB}\end{bmatrix}=n.$$

而

$$\begin{aligned}\begin{bmatrix}\boldsymbol{E}-\boldsymbol{AB} & \boldsymbol{0}\\ \boldsymbol{0} & \boldsymbol{E}+\boldsymbol{AB}\end{bmatrix}&\to\begin{bmatrix}\boldsymbol{E}-\boldsymbol{AB} & \boldsymbol{E}-\boldsymbol{AB}\\ \boldsymbol{0} & \boldsymbol{E}+\boldsymbol{AB}\end{bmatrix}\to\begin{bmatrix}\boldsymbol{E}-\boldsymbol{AB} & \boldsymbol{E}-\boldsymbol{AB}\\ \boldsymbol{E}-\boldsymbol{AB} & 2\boldsymbol{E}\end{bmatrix}\\&\to\begin{bmatrix}\frac{1}{2}[\boldsymbol{E}-(\boldsymbol{AB})^{2}] & \boldsymbol{0}\\ \boldsymbol{E}-\boldsymbol{AB} & 2\boldsymbol{E}\end{bmatrix}\to\begin{bmatrix}\frac{1}{2}[\boldsymbol{E}-(\boldsymbol{AB})^{2}] & \boldsymbol{0}\\ \boldsymbol{0} & 2\boldsymbol{E}\end{bmatrix},\end{aligned}$$

故

$$\operatorname{rank}\left\{\frac{1}{2}[\boldsymbol{E}-(\boldsymbol{AB})^2]\right\}+\operatorname{rank}(2\boldsymbol{E})=n,$$

即

$$\operatorname{rank}\left\{\frac{1}{2}[\boldsymbol{E}-(\boldsymbol{AB})^2]\right\}=0,$$

所以$(\boldsymbol{AB})^2=\boldsymbol{E}$，即 $\boldsymbol{ABA}=\boldsymbol{B}^{-1}$.

例 51 设 n 阶行列式 $\det \boldsymbol{A}$ 的元都是变量 t 的可微函数，证明行列式的微分

$$\frac{\mathrm{d}(\det \boldsymbol{A})}{\mathrm{d}t}=\det \boldsymbol{A}_1+\det \boldsymbol{A}_2+\cdots+\det \boldsymbol{A}_n,$$

其中$\boldsymbol{A}_i(i=1,2,\cdots,n)$是对矩阵 $\boldsymbol{A}$ 的第 i 行求导，而其余各行不变所得到的矩阵.

证 设 $\boldsymbol{A}=[a_{ij}(t)]_{n\times n}$，则 $\det \boldsymbol{A}$ 是

$$a_{11}(t),a_{12}(t),\cdots,a_{1n}(t),a_{21}(t),a_{22}(t),\cdots,a_{2n}(t),\cdots,a_{n1}(t),a_{n2}(t),\cdots,a_{nn}(t)$$

的函数，而 $a_{ij}(t)(i,j=1,2,\cdots,n)$又是 t 的函数，因此由复合函数求导法则得

$$\frac{\mathrm{d}(\det \boldsymbol{A})}{\mathrm{d}t}=\sum_{i=1}^{n}\sum_{j=1}^{n}\frac{\partial(\det \boldsymbol{A})}{\partial a_{ij}}\frac{\mathrm{d}a_{ij}(t)}{\mathrm{d}t}.$$

将行列式按第 i 行展开得

$$\det \boldsymbol{A}=a_{i1}(t)A_{i1}+a_{i2}(t)A_{i2}+\cdots+a_{in}(t)A_{in},$$

注意到代数余子式 $A_{i1},A_{i2},\cdots,A_{in}$ 中均不含 $a_{ij}(t)$，所以

$$\frac{\partial(\det \boldsymbol{A})}{\partial a_{ij}}=A_{ij},\quad i,j=1,2,\cdots,n.$$

于是

$$\begin{aligned}\frac{\mathrm{d}(\det \boldsymbol{A})}{\mathrm{d}t}&=\sum_{i=1}^{n}\sum_{j=1}^{n}A_{ij}\frac{\mathrm{d}a_{ij}(t)}{\mathrm{d}t}\\&=\sum_{i=1}^{n}\begin{vmatrix}a_{11}(t) & a_{12}(t) & \cdots & a_{1n}(t)\\ \vdots & \vdots & & \vdots\\ \dfrac{\mathrm{d}a_{i1}(t)}{\mathrm{d}t} & \dfrac{\mathrm{d}a_{i2}(t)}{\mathrm{d}t} & \cdots & \dfrac{\mathrm{d}a_{in}(t)}{\mathrm{d}t}\\ \vdots & \vdots & & \vdots\\ a_{n1}(t) & a_{n2}(t) & \cdots & a_{nn}(t)\end{vmatrix}=\sum_{i=1}^{n}\det \boldsymbol{A}_i.\end{aligned}$$

巩固练习

1. 填空题

(1) 设 $D=\begin{vmatrix}1 & 1 & 3 & 1\\ 1 & 0 & 0 & 0\\ 2 & 1 & 0 & 3\\ 4 & 5 & 1 & 2\end{vmatrix}$，$A_{ij}$ 是 D 中元 a_{ij} 的代数余子式，则 $A_{41}+A_{42}+A_{43}=$________.

(2) 设 $\boldsymbol{A}$ 是三阶矩阵，$|\boldsymbol{A}|=2$，则$|2\boldsymbol{A}^{-1}|=$________.

(3) 设 $\boldsymbol{A}$ 为三阶矩阵，$|\boldsymbol{A}|=\frac{1}{3}$，则 $\left|\left(\frac{1}{7}\boldsymbol{A}\right)^{-1}-12\boldsymbol{A}^*\right|=$________.

(4) 设 $\boldsymbol{A},\boldsymbol{B}$ 均为 n 阶矩阵，$|\boldsymbol{A}|=a$，$|\boldsymbol{B}|=b\neq 0$，则 $\left|-3\begin{bmatrix}\boldsymbol{A}^{\mathrm{T}} & \boldsymbol{0}\\ \boldsymbol{0} & \boldsymbol{B}^{-1}\end{bmatrix}\right|=$________.

(5) 设已知 $|\boldsymbol{A}|=3$，则 $|(\boldsymbol{P}^{-1}\boldsymbol{A}\boldsymbol{P})^k|=$________ ($k$ 为正整数).

(6) 已知 $\boldsymbol{A}=\begin{bmatrix}1 & 1 & 1\\ 2 & a & 1\\ 4 & 2 & a\end{bmatrix}$，$\boldsymbol{B}$ 为三阶非零矩阵，且 $\boldsymbol{B}\boldsymbol{A}=\boldsymbol{0}$，则 $\operatorname{rank}\boldsymbol{B}=$________.

(7) 设三阶矩阵 $\boldsymbol{A}=[\boldsymbol{\alpha}_1\quad \boldsymbol{\alpha}_2\quad \boldsymbol{\alpha}_3]$，$\boldsymbol{B}=[\boldsymbol{\alpha}_3\quad \boldsymbol{\alpha}_2\quad \boldsymbol{\alpha}_1]$，$\boldsymbol{C}=2\boldsymbol{A}-\boldsymbol{B}$，且 $|\boldsymbol{A}|=1$，则 $|\boldsymbol{C}|=$________.

(8) 设 $\boldsymbol{A}_1=\frac{1}{2}\begin{bmatrix}1 & -2\\ -3 & 2\end{bmatrix}$，$\boldsymbol{A}_2=\begin{bmatrix}1 & 1\\ -1 & 1\end{bmatrix}$，$\boldsymbol{B}=\begin{bmatrix}\boldsymbol{A}_1 & \boldsymbol{0}\\ \boldsymbol{0} & \boldsymbol{A}_2^{-1}\end{bmatrix}$，则 $|\boldsymbol{B}^*|=$________.

(9) 已知三阶矩阵 $\boldsymbol{A}$ 的逆矩阵为 $\boldsymbol{A}^{-1}=\begin{bmatrix}1 & 1 & 1\\ 1 & 2 & 1\\ 1 & 1 & 3\end{bmatrix}$，则 $(\boldsymbol{A}^*)^{-1}=$________.

(10) 设三阶矩阵 $\boldsymbol{A}$ 的逆矩阵 $\boldsymbol{A}^{-1}=\begin{bmatrix}1 & 1 & 1\\ 1 & 2 & 1\\ 1 & 1 & 3\end{bmatrix}$，则 $(\boldsymbol{A}^*)^*=$________.

2. 单选题

(1) 设 $\boldsymbol{\alpha}_1,\boldsymbol{\alpha}_2,\boldsymbol{\alpha}_3$ 为 3×1 矩阵，$\boldsymbol{A}=[\boldsymbol{\alpha}_1\quad \boldsymbol{\alpha}_2\quad \boldsymbol{\alpha}_3]$，$\boldsymbol{B}=[\boldsymbol{\alpha}_2\quad 2\boldsymbol{\alpha}_1+\boldsymbol{\alpha}_2\quad \boldsymbol{\alpha}_3]$，若 $|\boldsymbol{A}|=3$，则 【　】

(A) $|\boldsymbol{B}|=3$；　(B) $|\boldsymbol{B}|=6$；　(C) $|\boldsymbol{B}|=-3$；　(D) $|\boldsymbol{B}|=-6$.

(2) 设 $\boldsymbol{A}$ 为 n 阶矩阵，则 $||\boldsymbol{A}|\boldsymbol{A}^*|$ 等于 【　】

(A) $|\boldsymbol{A}|^2$；　(B) $|\boldsymbol{A}|^n$；　(C) $|\boldsymbol{A}|^{2n}$；　(D) $|\boldsymbol{A}|^{2n-1}$.

(3) 设 $\boldsymbol{A}$ 可逆，将 $\boldsymbol{A}$ 的第二列加到第一列得到 $\boldsymbol{B}$，则 【　】

(A) 将 $\boldsymbol{A}^*$ 的第二列加到第一列得到 $\boldsymbol{B}^*$；

(B) 将 $\boldsymbol{A}^*$ 的第二行加到第一行得到 $\boldsymbol{B}^*$；

(C) 将 $\boldsymbol{A}^*$ 的第二行的 (-1) 倍加到第一行得到 $\boldsymbol{B}^*$；

(D) 将 $\boldsymbol{A}^*$ 的第一行的 (-1) 倍加到第二行得到 $\boldsymbol{B}^*$.

(4) 设 $\boldsymbol{A}$ 为 n 阶可逆矩阵，则 $(-\boldsymbol{A})^*$ 等于 【　】

(A) $-\boldsymbol{A}^*$；　(B) $\boldsymbol{A}^*$；　(C) $(-1)^n\boldsymbol{A}^*$；　(D) $(-1)^{n-1}\boldsymbol{A}^*$.

(5) 设 $\boldsymbol{A},\boldsymbol{B}$ 为 n 阶矩阵，则下列结论正确的是 【　】

(A) $|\boldsymbol{A}+\boldsymbol{B}|=|\boldsymbol{A}|+|\boldsymbol{B}|$；　(B) $|\boldsymbol{A}\boldsymbol{B}|=|\boldsymbol{B}\boldsymbol{A}|$；

(C) $\boldsymbol{A}\boldsymbol{B}=\boldsymbol{B}\boldsymbol{A}$；　(D) $(\boldsymbol{A}+\boldsymbol{B})^{-1}=\boldsymbol{A}^{-1}+\boldsymbol{B}^{-1}$.

(6) 设 $\boldsymbol{A}$ 为 $n(n\geqslant 3)$ 阶矩阵，k 为常数，且 $k\neq 0,\pm 1$，则必有 $(k\boldsymbol{A})^*$ 等于 【　】

(A) $k\boldsymbol{A}^*$；　(B) $k^{n-1}\boldsymbol{A}^*$；　(C) $k^n\boldsymbol{A}^*$；　(D) $k^{-1}\boldsymbol{A}^*$.

(7) 设三阶行列式 $|\boldsymbol{A}|<0$，且 $\begin{bmatrix} & & 1\\ & 1 & \\ 1 & & \end{bmatrix}\boldsymbol{A}^*\begin{bmatrix}1 & & \\ & 1 & -2\\ & & 1\end{bmatrix}=-\boldsymbol{E}$，则 $\boldsymbol{A}$ 为 【　】

(A) $\begin{bmatrix} & & 1 \\ & 1 & \\ 1 & -2 & \end{bmatrix}$； (B) $\begin{bmatrix} & & -1 \\ & -1 & \\ -1 & 2 & \end{bmatrix}$；

(C) $\begin{bmatrix} & & 1 \\ -2 & 1 & \\ 1 & & \end{bmatrix}$； (D) $\begin{bmatrix} & & -1 \\ 2 & -1 & \\ -1 & & \end{bmatrix}$.

(8) 设 n 阶矩阵 $\boldsymbol{A}, \boldsymbol{B}$ 等价，则必有 【 】

(A) 当 $|\boldsymbol{A}|=a\neq 0$ 时，$|\boldsymbol{B}|=a$；

(B) 当 $|\boldsymbol{A}|=a\neq 0$ 时，$|\boldsymbol{B}|=-a$；

(C) 当 $|\boldsymbol{A}|\neq 0$ 时，$|\boldsymbol{B}|=0$；

(D) 当 $|\boldsymbol{A}|=0$ 时，$|\boldsymbol{B}|=0$.

(9) 设矩阵 $\boldsymbol{A}=[a_{ij}]_{3\times 3}$ 满足 $\boldsymbol{A}^*=\boldsymbol{A}^{\mathrm{T}}$，$a_{11}=a_{12}=a_{13}>0$，则 a_{11} 为 【 】

(A) $\dfrac{\sqrt{3}}{3}$； (B) 3； (C) $\dfrac{1}{3}$； (D) $\sqrt{3}$.

(10) 设分块矩阵 $\boldsymbol{A}=\begin{bmatrix} \boldsymbol{0} & -\boldsymbol{E}_{n-1} \\ -1 & \boldsymbol{0} \end{bmatrix}$，则 【 】

(A) $|\boldsymbol{A}|=1$； (B) $|\boldsymbol{A}|=-1$；

(C) $|\boldsymbol{A}|=(-1)^{n-1}$； (D) $|\boldsymbol{A}|=(-1)^n$.

3. 计算下列行列式：

(1) $\begin{vmatrix} a-x & a-y & a-z \\ b-x & b-y & b-z \\ c-x & c-y & c-z \end{vmatrix}$； (2) $\begin{vmatrix} a^2 & ab & b^2 \\ 2a & a+b & 2b \\ 1 & 1 & 1 \end{vmatrix}$.

4. 计算四阶行列式 $\begin{vmatrix} 1 & -1 & 1 & x-1 \\ 1 & -1 & x+1 & -1 \\ 1 & x-1 & 1 & -1 \\ x+1 & -1 & 1 & -1 \end{vmatrix}$.

5. 证明奇数阶反称矩阵的行列式为零.

6. 计算 n 阶行列式：

(1) $\begin{vmatrix} a & 1 & 0 & \cdots & 0 & 0 \\ 0 & a & 1 & \cdots & 0 & 0 \\ \vdots & \vdots & \vdots & & \vdots & \vdots \\ 0 & 0 & 0 & \cdots & a & 1 \\ (-1)^n & 0 & 0 & \cdots & 0 & a \end{vmatrix}$；

(2) $\begin{vmatrix} x & a_2 & \cdots & a_n \\ a_1 & x & \cdots & a_n \\ a_1 & a_2 & \cdots & a_n \\ \vdots & \vdots & & \vdots \\ a_1 & a_2 & \cdots & x \end{vmatrix}$；

(3) $\begin{vmatrix} x_1^2+1 & x_1x_2 & \cdots & x_1x_n \\ x_2x_1 & x_2^2+1 & \cdots & x_2x_n \\ \vdots & \vdots & & \vdots \\ x_nx_1 & x_nx_2 & \cdots & x_n^2+1 \end{vmatrix}$;

(4) $\begin{vmatrix} a_n & x & \cdots & x & x \\ y & a_{n-1} & \cdots & x & x \\ \vdots & \vdots & & \vdots & \vdots \\ y & y & \cdots & a_2 & x \\ y & y & \cdots & y & a_1 \end{vmatrix}$ $(x\neq y)$.

7. 设$\boldsymbol{A}=[a_{ij}]$为三阶矩阵,A_{ij} 为 $\boldsymbol{A}$ 中元 a_{ij} 的代数余子式,且 $A_{ij}=2a_{ij}(i,j=1,2,3)$,$a_{11}\neq 0$,求$|\boldsymbol{A}^*|$.

8. 设$\boldsymbol{\alpha},\boldsymbol{\beta},\boldsymbol{\gamma}$ 是 3×1 矩阵,$\boldsymbol{A}_1=[\boldsymbol{\alpha}\quad \boldsymbol{\beta}\quad \boldsymbol{\gamma}]$,$\boldsymbol{A}_2=[2\boldsymbol{\alpha}\quad 3\boldsymbol{\beta}\quad \boldsymbol{\gamma}]$,若$|\boldsymbol{A}_1|=2$,求分块行列式$\begin{vmatrix} \boldsymbol{0} & \boldsymbol{A}_1 \\ \boldsymbol{A}_2 & \boldsymbol{0} \end{vmatrix}$.

9. 设$\boldsymbol{A}=\begin{bmatrix} 1 & 1 & -1 \\ -1 & 1 & 1 \\ 1 & -1 & 1 \end{bmatrix}$,矩阵 $\boldsymbol{X}$ 满足$\boldsymbol{A}^*\boldsymbol{X}=\boldsymbol{A}^{-1}+2\boldsymbol{X}$,求 $\boldsymbol{X}$.

10. 设 $\boldsymbol{A}$ 的逆矩阵为

$$\boldsymbol{A}^{-1}=\begin{bmatrix} 1 & -1 & 2 & 3 \\ 0 & 1 & -1 & 1 \\ 1 & 2 & 0 & 3 \\ 0 & 1 & -2 & 2 \end{bmatrix},$$

A_{ij} 为 $\boldsymbol{A}$ 中元 a_{ij} 的代数余子式,求 $A_{12}+2A_{34}-A_{41}$.

11. 设 $\boldsymbol{A}$ 为 n 阶可逆矩阵,$\boldsymbol{\alpha},\boldsymbol{\beta}$ 为 $n\times 1$ 矩阵,k 为常数,记分块矩阵

$$\boldsymbol{B}=\begin{bmatrix} \boldsymbol{A} & \boldsymbol{\beta} \\ \boldsymbol{\alpha}^{\mathrm{T}} & 0 \end{bmatrix},\quad \boldsymbol{C}=\begin{bmatrix} \boldsymbol{A} & \boldsymbol{\beta} \\ \boldsymbol{\alpha}^{\mathrm{T}} & k \end{bmatrix}.$$

(1) 计算$|\boldsymbol{B}|$;

(2) 证明 $\boldsymbol{C}$ 可逆的充要条件是 $\boldsymbol{\alpha}^{\mathrm{T}}\boldsymbol{A}^{-1}\boldsymbol{\beta}\neq k$.

单元测验

一、填空题(每小题 3 分,共 18 分)

1. 已知三阶矩阵 $\boldsymbol{A}$ 的逆矩阵为$\boldsymbol{A}^{-1}=\begin{bmatrix} 1 & 1 & 1 \\ 1 & 2 & 1 \\ 1 & 1 & 3 \end{bmatrix}$,则$\boldsymbol{A}^*=$________.

2. 设 $D=\begin{vmatrix} 3 & 0 & 4 & 0 \\ 2 & 2 & 2 & 2 \\ 0 & -7 & 0 & 0 \\ 5 & 3 & -2 & 2 \end{vmatrix}$,则 D 中第四行各元的余子式之和 $M_{41}+M_{42}+M_{43}+M_{44}=$________.

3. 设 $D_1=\begin{vmatrix}1&3&2\\2&2&3\\3&5&5\end{vmatrix}$，$D_2=\begin{vmatrix}\lambda&0&1\\0&\lambda-1&0\\-1&0&\lambda\end{vmatrix}$，$D_1=D_2$，则 $\lambda=$________.

4. 设 $\boldsymbol{A},\boldsymbol{B}$ 为 n 阶矩阵，$|\boldsymbol{A}|=3$，$|\boldsymbol{B}|=-2$，则 $|2\boldsymbol{A}^*\boldsymbol{B}^{-1}|=$________.

5. 设 $\boldsymbol{\alpha}=(a_1,a_2,a_3)^{\mathrm{T}}$，且 $\boldsymbol{\alpha}\boldsymbol{\alpha}^{\mathrm{T}}=\begin{bmatrix}1&-1&1\\-1&1&-1\\1&-1&1\end{bmatrix}$，则 $\boldsymbol{\alpha}^{\mathrm{T}}\boldsymbol{\alpha}=$________.

6. 设 $\boldsymbol{A}$ 为 $n(n\geqslant 2)$ 阶矩阵，$|\boldsymbol{A}|=a\neq 0$，则 $||\boldsymbol{A}^*|\boldsymbol{A}|=$________.

二、单选题（每小题 3 分，共 18 分）

1. 设 $\boldsymbol{A},\boldsymbol{B},\boldsymbol{C}$ 是同阶方阵，下列说法正确的是 【 】

(A) 若 $\boldsymbol{A}^2=\boldsymbol{0}$，则 $\boldsymbol{A}=\boldsymbol{0}$；

(B) 若 $\boldsymbol{A}$ 可逆，且 $\boldsymbol{AB}=\boldsymbol{AC}$，则 $\boldsymbol{B}=\boldsymbol{C}$；

(C) $(\boldsymbol{A}+\boldsymbol{B})^2=\boldsymbol{A}^2+2\boldsymbol{AB}+\boldsymbol{B}^2$；

(D) 若 $\boldsymbol{A}^2=\boldsymbol{A}$，则 $\boldsymbol{A}=\boldsymbol{0}$ 或 $\boldsymbol{A}=\boldsymbol{E}$.

2. 设 $\boldsymbol{A},\boldsymbol{B}$ 为 $n(n>1)$ 阶可逆矩阵，k 为非零常数，则下列结论正确的是 【 】

(A) $(\boldsymbol{A}+\boldsymbol{B})^{-1}=\boldsymbol{A}^{-1}+\boldsymbol{B}^{-1}$；

(B) $(\boldsymbol{AB})^{-1}=\boldsymbol{A}^{-1}\boldsymbol{B}^{-1}$；

(C) $|(k\boldsymbol{A})^{-1}|=\dfrac{1}{k}|\boldsymbol{A}^{-1}|$；

(D) $[(\boldsymbol{AB})^{\mathrm{T}}]^{-1}=(\boldsymbol{A}^{-1})^{\mathrm{T}}(\boldsymbol{B}^{-1})^{\mathrm{T}}$.

3. 设三阶矩阵 $\boldsymbol{A}=\begin{bmatrix}a&b&b\\b&a&b\\b&b&a\end{bmatrix}$，若 $\operatorname{rank}\boldsymbol{A}=2$，则必有 【 】

(A) $a=b$ 或 $a+2b=0$；　　(B) $a=b$ 或 $a+2b\neq 0$；

(C) $a\neq b$ 且 $a+2b=0$；　　(D) $a\neq b$ 且 $a+2b\neq 0$.

4. 设 $n(n\geqslant 2)$ 阶矩阵 $\boldsymbol{A}$ 可逆，则 【 】

(A) $(\boldsymbol{A}^*)^*=|\boldsymbol{A}|^{n-1}\boldsymbol{A}$；　　(B) $(\boldsymbol{A}^*)^*=|\boldsymbol{A}|^{n+1}\boldsymbol{A}$；

(C) $(\boldsymbol{A}^*)^*=|\boldsymbol{A}|^{n+2}\boldsymbol{A}$；　　(D) $(\boldsymbol{A}^*)^*=|\boldsymbol{A}|^{n-2}\boldsymbol{A}$.

5. 齐次线性方程组 $\begin{cases}\lambda x_1+x_2+\lambda^2x_3=0,\\x_1+\lambda x_2+x_3=0,\\x_1+x_2+\lambda x_3=0\end{cases}$ 的系数矩阵记为 $\boldsymbol{A}$，若存在三阶矩阵 $\boldsymbol{B}\neq\boldsymbol{0}$，使得 $\boldsymbol{AB}=\boldsymbol{0}$，则 【 】

(A) $\lambda=-2$ 且 $|\boldsymbol{B}|=0$；　　(B) $\lambda=1$ 且 $|\boldsymbol{B}|=0$；

(C) $\lambda=-2$ 且 $|\boldsymbol{B}|\neq 0$；　　(D) $\lambda=1$ 且 $|\boldsymbol{B}|\neq 0$.

6. 设 $\boldsymbol{A},\boldsymbol{B}$ 均为二阶矩阵，若 $|\boldsymbol{A}|=k$，$|\boldsymbol{B}|=l$，则 $\begin{bmatrix}\boldsymbol{0}&\boldsymbol{A}\\\boldsymbol{B}&\boldsymbol{0}\end{bmatrix}^*$ 为 【 】

(A) $\begin{bmatrix}\boldsymbol{0}&l\boldsymbol{B}^*\\k\boldsymbol{A}^*&\boldsymbol{0}\end{bmatrix}$；　　(B) $\begin{bmatrix}\boldsymbol{0}&k\boldsymbol{B}^*\\l\boldsymbol{A}^*&\boldsymbol{0}\end{bmatrix}$；

(C) $\begin{bmatrix} \mathbf{0} & l\mathbf{A}^* \\ k\mathbf{B}^* & \mathbf{0} \end{bmatrix}$； (D) $\begin{bmatrix} \mathbf{0} & k\mathbf{A}^* \\ l\mathbf{B}^* & \mathbf{0} \end{bmatrix}$.

三、(10分) 计算行列式 $D_{n+1}=\begin{vmatrix} 1 & x_1 & x_1^2 & \cdots & x_1^n \\ 1 & x_2 & x_2^2 & \cdots & x_2^n \\ \vdots & \vdots & \vdots & & \vdots \\ 1 & x_n & x_n^2 & \cdots & x_n^n \\ 0 & -2 & -2 & \cdots & -2 \end{vmatrix}$.

四、(10分) 设行列式 $D=\begin{vmatrix} 1 & 1 & 1 & 1 \\ -1 & 2 & -2 & 4 \\ 1 & 4 & -4 & 8 \\ -1 & 8 & -8 & 16 \end{vmatrix}$，求 D 中各元的代数余子式之和.

五、(10分) 设矩阵 $\mathbf{A}=\begin{bmatrix} 2 & 0 & 0 \\ 3 & 2 & 0 \\ 3 & 3 & 2 \end{bmatrix}$，且 $8\mathbf{A}+\mathbf{A}^*\mathbf{X}\mathbf{A}=8\mathbf{A}\mathbf{X}\mathbf{A}+8\mathbf{E}$，求矩阵 $\mathbf{X}$.

六、(10分) 已知 $2n+1$ 阶矩阵 $\mathbf{A}$ 满足 $\mathbf{A}\mathbf{A}^{\mathrm{T}}=\mathbf{E}$，证明 $|\mathbf{E}-\mathbf{A}^2|=0$.

七、(12分) 已知 $\mathbf{A}=[a_{ij}]\in\mathbb{R}^{3\times 3}$，满足 $|\mathbf{A}|=1, a_{33}=-1, a_{ij}=A_{ij}(i,j=1,2,3)$，其中 A_{ij} 为元 a_{ij} 的代数余子式，且 $\mathbf{b}=(0,0,1)^{\mathrm{T}}$，求方程组 $\mathbf{A}\mathbf{x}=\mathbf{b}$ 的解.

八、(12分) 设 $\mathbf{A},\mathbf{B},\mathbf{C}$ 均为 n 阶矩阵，证明 $\mathbf{M}=\begin{bmatrix} \mathbf{A} & \mathbf{A} \\ \mathbf{C}-\mathbf{B} & \mathbf{C} \end{bmatrix}$ 可逆的充要条件是 $\mathbf{A},\mathbf{B}$ 可逆. 当 $\mathbf{M}$ 可逆时，求其逆.

第 4 章

向量空间与线性空间

基本要求

1. 理解 n 维向量及其线性组合与线性表示的概念,掌握线性表示的判别准则.

2. 理解向量组线性相关、线性无关的概念,掌握线性相关性的性质及判别准则.

3. 理解向量组等价的概念,掌握向量组等价的判别准则.

4. 理解向量组的极大线性无关组和向量组秩的概念,掌握求向量组的极大线性无关组及秩的方法.

5. 理解非齐次线性方程组的通解、导出方程组的基础解系与通解,掌握用初等行变换求线性方程组通解的方法.

6. 了解 n 维向量空间、子空间、生成子空间、基、维数、坐标等概念,知道基变换和坐标变换公式,会求过渡矩阵.

7. 了解内积、正交向量组和标准正交向量组的概念与性质,熟悉线性无关向量组正交规范化的 Gram-Schmidt 方法,了解标准正交基、正交矩阵的概念及其性质.

8. 知道线性空间、线性子空间、基、维数、坐标和线性变换的概念,会求线性变换在一组基下的矩阵,知道线性变换在不同基下的矩阵之间的关系.

内容综述

一、n 维向量的概念及其线性运算规律

列向量就是列矩阵,行向量就是行矩阵.

全体 n 维实(或复)向量的集合记作$\mathbb{R}^n$(或$\mathbb{C}^n$).用$\mathbb{F}^n$代表$\mathbb{R}^n$ 或者$\mathbb{C}^n$.

矩阵的线性运算也适合于向量,且向量的加法与数乘也满足矩阵的线性运算的八条运算规律.

二、向量组的线性表示

1. 给定向量 $\boldsymbol{\beta}$ 和向量组 $\boldsymbol{\alpha}_1,\boldsymbol{\alpha}_2,\cdots,\boldsymbol{\alpha}_m$,若存在一组数 $k_1,k_2,\cdots,k_m$,使得

$$\boldsymbol{\beta}=k_1\boldsymbol{\alpha}_1+k_2\boldsymbol{\alpha}_2+\cdots+k_m\boldsymbol{\alpha}_m,$$

则称 $\boldsymbol{\beta}$ 可由向量组 $\boldsymbol{\alpha}_1,\boldsymbol{\alpha}_2,\cdots,\boldsymbol{\alpha}_m$ 线性表示，或称 $\boldsymbol{\beta}$ 为向量组 $\boldsymbol{\alpha}_1,\boldsymbol{\alpha}_2,\cdots,\boldsymbol{\alpha}_m$ 的线性组合.

2. 设有 n 维向量组 $\boldsymbol{\alpha}_1,\boldsymbol{\alpha}_2,\cdots,\boldsymbol{\alpha}_m$ 和 n 维向量 $\boldsymbol{b}$，且 $\boldsymbol{A}=[\boldsymbol{\alpha}_1\quad\boldsymbol{\alpha}_2\quad\cdots\quad\boldsymbol{\alpha}_m]$，则下列三个命题等价：

(1) 向量 $\boldsymbol{b}$ 可由向量组 $\boldsymbol{\alpha}_1,\boldsymbol{\alpha}_2,\cdots,\boldsymbol{\alpha}_m$ 线性表示；

(2) 线性方程组 $\boldsymbol{Ax}=\boldsymbol{b}$ 有解；

(3) $\operatorname{rank}\boldsymbol{A}=\operatorname{rank}[\boldsymbol{A}\quad\boldsymbol{b}]$.

3. 向量 $\boldsymbol{b}$ 可由向量组 $\boldsymbol{\alpha}_1,\boldsymbol{\alpha}_2,\cdots,\boldsymbol{\alpha}_m$ 线性表示且表示式是唯一的当且仅当 $\operatorname{rank}\boldsymbol{A}=\operatorname{rank}[\boldsymbol{A}\quad\boldsymbol{b}]=m$.

三、向量组的线性相关性

1. 给定向量组 $\boldsymbol{\alpha}_1,\boldsymbol{\alpha}_2,\cdots,\boldsymbol{\alpha}_m$，若存在一组不全为零的数 $k_1,k_2,\cdots,k_m$，使得

$$k_1\boldsymbol{\alpha}_1+k_2\boldsymbol{\alpha}_2+\cdots+k_m\boldsymbol{\alpha}_m=\boldsymbol{0},$$

则称向量组 $\boldsymbol{\alpha}_1,\boldsymbol{\alpha}_2,\cdots,\boldsymbol{\alpha}_m$ 线性相关，否则称向量组 $\boldsymbol{\alpha}_1,\boldsymbol{\alpha}_2,\cdots,\boldsymbol{\alpha}_m$ 线性无关. 也就是说，若 $\boldsymbol{\alpha}_1,\boldsymbol{\alpha}_2,\cdots,\boldsymbol{\alpha}_m$ 线性无关，则上式成立当且仅当 $k_1=k_2=\cdots=k_m=0$.

2. 设矩阵 $\boldsymbol{A}=[\boldsymbol{\alpha}_1\quad\boldsymbol{\alpha}_2\quad\cdots\quad\boldsymbol{\alpha}_m]$，则下列三个命题等价：

(1) 向量组 $\boldsymbol{\alpha}_1,\boldsymbol{\alpha}_2,\cdots,\boldsymbol{\alpha}_m$ 线性相关；

(2) 齐次线性方程组 $\boldsymbol{Ax}=\boldsymbol{0}$ 有非零解；

(3) $\operatorname{rank}\boldsymbol{A}<m$，即 $\boldsymbol{A}$ 的秩小于向量组所含向量的个数 m.

3. 设矩阵 $\boldsymbol{A}=[\boldsymbol{\alpha}_1\quad\boldsymbol{\alpha}_2\quad\cdots\quad\boldsymbol{\alpha}_m]$，则下列三个命题等价：

(1) 向量组 $\boldsymbol{\alpha}_1,\boldsymbol{\alpha}_2,\cdots,\boldsymbol{\alpha}_m$ 线性无关；

(2) 齐次线性方程组 $\boldsymbol{Ax}=\boldsymbol{0}$ 只有零解；

(3) $\operatorname{rank}\boldsymbol{A}=m$，即 $\boldsymbol{A}$ 的秩等于向量组所含向量的个数 m.

4. 一个向量 $\boldsymbol{\alpha}$ 线性相关当且仅当 $\boldsymbol{\alpha}=\boldsymbol{0}$.

向量组 $\boldsymbol{\alpha}_1,\boldsymbol{\alpha}_2$ 线性相关当且仅当 $\boldsymbol{\alpha}_1,\boldsymbol{\alpha}_2$ 对应分量成比例.

5. 向量 $\boldsymbol{\beta}$ 可由向量组 $\boldsymbol{\alpha}_1,\boldsymbol{\alpha}_2,\cdots,\boldsymbol{\alpha}_m$ 线性表示，且表示式是唯一的当且仅当向量组 $\boldsymbol{\alpha}_1,\boldsymbol{\alpha}_2,\cdots,\boldsymbol{\alpha}_m$ 线性无关，而向量组 $\boldsymbol{\alpha}_1,\boldsymbol{\alpha}_2,\cdots,\boldsymbol{\alpha}_m,\boldsymbol{\beta}$ 线性相关.

6. n 维基本向量组 $\boldsymbol{e}_1,\boldsymbol{e}_2,\cdots,\boldsymbol{e}_n$ 线性无关.

7. 对于 n 维向量组 $\boldsymbol{\alpha}_1,\boldsymbol{\alpha}_2,\cdots,\boldsymbol{\alpha}_m$，如果 $m>n$，那么 $\boldsymbol{\alpha}_1,\boldsymbol{\alpha}_2,\cdots,\boldsymbol{\alpha}_m$ 必定线性相关.

8. 若一个向量组线性无关，则它的每个部分组都线性无关；若一个向量组的某个部分组线性相关，则该向量组线性相关.

9. 若一个向量组线性无关，则它的升维组也线性无关；若一个向量组线性相关，则它的降维组也线性相关.

10. 向量组 $\boldsymbol{\alpha}_1,\boldsymbol{\alpha}_2,\cdots,\boldsymbol{\alpha}_m(m\geqslant 2)$ 线性相关当且仅当该向量组中至少有一个向量能由其余 $m-1$ 个向量线性表示.

向量组 $\boldsymbol{\alpha}_1,\boldsymbol{\alpha}_2,\cdots,\boldsymbol{\alpha}_m(m\geqslant 2)$ 线性无关当且仅当该向量组中任意一个向量都不能由其余 $m-1$ 个向量线性表示.

注 一个向量组线性相关可以解释为该向量组的向量之间存在着线性表示关系.

11. 矩阵的初等行变换不改变列向量之间的线性相关性和线性组合关系；矩阵的初等列变换不改变行向量之间的线性相关性和线性组合关系.

四、等价向量组

1. 若向量组(Ⅱ)中每个向量都可由向量组(Ⅰ)线性表示,则称向量组(Ⅱ)可由向量组(Ⅰ)线性表示.若向量组(Ⅰ)和向量组(Ⅱ)能相互线性表示,则称向量组(Ⅰ)与向量组(Ⅱ)等价.

向量组的等价具有自反性、对称性和传递性.

2. 设矩阵 $\boldsymbol{A}=[\boldsymbol{\alpha}_1 \quad \boldsymbol{\alpha}_2 \quad \cdots \quad \boldsymbol{\alpha}_r]$,$\boldsymbol{B}=[\boldsymbol{\beta}_1 \quad \boldsymbol{\beta}_2 \quad \cdots \quad \boldsymbol{\beta}_s]$,那么

(1) 向量组 $\boldsymbol{\beta}_1,\boldsymbol{\beta}_2,\cdots,\boldsymbol{\beta}_s$ 能由向量组 $\boldsymbol{\alpha}_1,\boldsymbol{\alpha}_2,\cdots,\boldsymbol{\alpha}_r$ 线性表示当且仅当矩阵方程 $\boldsymbol{AX}=\boldsymbol{B}$ 有解,即 $\operatorname{rank}\boldsymbol{A}=\operatorname{rank}[\boldsymbol{A} \quad \boldsymbol{B}]$.

(2) 向量组 $\boldsymbol{\beta}_1,\boldsymbol{\beta}_2,\cdots,\boldsymbol{\beta}_s$ 与向量组 $\boldsymbol{\alpha}_1,\boldsymbol{\alpha}_2,\cdots,\boldsymbol{\alpha}_r$ 等价当且仅当矩阵方程 $\boldsymbol{AX}=\boldsymbol{B}$ 与 $\boldsymbol{BY}=\boldsymbol{A}$ 均有解,即 $\operatorname{rank}\boldsymbol{A}=\operatorname{rank}\boldsymbol{B}=\operatorname{rank}[\boldsymbol{A} \quad \boldsymbol{B}]$.

3. 若向量组 $\boldsymbol{\beta}_1,\boldsymbol{\beta}_2,\cdots,\boldsymbol{\beta}_s$ 能由向量组 $\boldsymbol{\alpha}_1,\boldsymbol{\alpha}_2,\cdots,\boldsymbol{\alpha}_r$ 线性表示,且 $s>r$,则向量组 $\boldsymbol{\beta}_1,\boldsymbol{\beta}_2,\cdots,\boldsymbol{\beta}_s$ 线性相关.

若向量组 $\boldsymbol{\beta}_1,\boldsymbol{\beta}_2,\cdots,\boldsymbol{\beta}_s$ 能由向量组 $\boldsymbol{\alpha}_1,\boldsymbol{\alpha}_2,\cdots,\boldsymbol{\alpha}_r$ 线性表示,且 $\boldsymbol{\beta}_1,\boldsymbol{\beta}_2,\cdots,\boldsymbol{\beta}_s$ 线性无关,则 $s\leqslant r$.

4. 若两个线性无关的向量组等价,则它们所含向量个数相等.

五、向量组的秩

1. 若向量组(Ⅰ)中有含 r 个向量的部分组(Ⅱ)线性无关,且向量组(Ⅰ)中任何 $r+1$ 个向量都线性相关,则称(Ⅱ)是向量组(Ⅰ)的一个极大线性无关组,数 r 称为向量组(Ⅰ)的秩.

规定只含零向量的向量组的秩为零.

向量组的秩是唯一确定的,一个向量组的极大线性无关组不一定是唯一的.

2. 向量组(Ⅰ)的部分组(Ⅱ)为(Ⅰ)的极大线性无关组当且仅当(Ⅱ)线性无关,且(Ⅰ)中任何向量都可由向量组(Ⅱ)线性表示.

注 向量组的秩可以理解为向量组中"有效"向量的个数.

3. 若向量组(Ⅱ)可由向量组(Ⅰ)线性表示,则(Ⅱ)的秩不超过(Ⅰ)的秩.

4. 矩阵的秩等于其列向量组的秩(即列秩),也等于其行向量组的秩(即行秩).

六、线性方程组解的结构

1. 齐次方程组的解对向量加法和数乘是封闭的.

2. 齐次方程组 $\boldsymbol{Ax}=\boldsymbol{0}$ 的每个基础解系都含 $n-\operatorname{rank}\boldsymbol{A}$ 个解向量.

3. 非齐次方程组的解对向量加法和数乘是不封闭的.

4. 非齐次方程组 $\boldsymbol{Ax}=\boldsymbol{b}$ 的任意两解之差是其导出方程组 $\boldsymbol{Ax}=\boldsymbol{0}$ 的解.

5. 非齐次方程组的通解等于它的一个特解与导出方程组的通解之和.

七、向量空间

1. 设 V 是数域 $\mathbb{F}$ 上的 n 维向量构成的非空集合,如果 V 对于加法及数乘两种运算封闭,则称集合 V 为数域 $\mathbb{F}$ 上的向量空间.

若$\mathbb{F}$为实(或复)数域,则称 V 为实(或复)向量空间.

2. 设 V,W 为两个向量空间,若 $W\subseteq V$,则称 W 是 V 的子空间.

3. 设 $\boldsymbol{\alpha}_1,\boldsymbol{\alpha}_2,\cdots,\boldsymbol{\alpha}_m\in\mathbb{F}^n$,由 $\boldsymbol{\alpha}_1,\boldsymbol{\alpha}_2,\cdots,\boldsymbol{\alpha}_m$ 生成的向量空间是指

$$\mathrm{span}(\boldsymbol{\alpha}_1,\boldsymbol{\alpha}_2,\cdots,\boldsymbol{\alpha}_m)=\{k_1\boldsymbol{\alpha}_1+k_2\boldsymbol{\alpha}_2+\cdots+k_m\boldsymbol{\alpha}_m \mid k_1,k_2,\cdots,k_m\in\mathbb{F}\}.$$

4. 向量空间 V 的一个极大线性无关向量组(Ⅰ)称为 V 的基,(Ⅰ)中向量个数 r 称为 V 的维数,记为 $\dim V$,并称 V 为 r 维向量空间.

零空间$\{\mathbf{0}\}$的维数规定为0.

注 向量空间的维数与其所含向量的维数是两个不同的概念.

5. 向量组$\boldsymbol{\alpha}_1,\boldsymbol{\alpha}_2,\cdots,\boldsymbol{\alpha}_m$ 的一个极大线性无关组就是向量空间 $\mathrm{span}(\boldsymbol{\alpha}_1,\boldsymbol{\alpha}_2,\cdots,\boldsymbol{\alpha}_m)$的一个基,向量组$\boldsymbol{\alpha}_1,\boldsymbol{\alpha}_2,\cdots,\boldsymbol{\alpha}_m$ 的秩就是向量空间 $\mathrm{span}(\boldsymbol{\alpha}_1,\boldsymbol{\alpha}_2,\cdots,\boldsymbol{\alpha}_m)$的维数.

6. 向量空间 V 中任一向量 $\boldsymbol{\beta}$ 都可以由它的基 $\boldsymbol{\alpha}_1,\boldsymbol{\alpha}_2,\cdots,\boldsymbol{\alpha}_r$ 唯一线性表示为

$$\boldsymbol{\beta}=x_1\boldsymbol{\alpha}_1+x_2\boldsymbol{\alpha}_2+\cdots+x_r\boldsymbol{\alpha}_r,$$

向量$(x_1,x_2,\cdots,x_r)^{\mathrm{T}}$ 称为 $\boldsymbol{\beta}$ 在基 $\boldsymbol{\alpha}_1,\boldsymbol{\alpha}_2,\cdots,\boldsymbol{\alpha}_r$ 下的坐标.

7. 设 $\boldsymbol{\alpha}_1,\boldsymbol{\alpha}_2,\cdots,\boldsymbol{\alpha}_r$ 与 $\boldsymbol{\beta}_1,\boldsymbol{\beta}_2,\cdots,\boldsymbol{\beta}_r$ 是向量空间 V 的两个基,则有基变换公式

$$[\boldsymbol{\beta}_1\quad \boldsymbol{\beta}_2\quad \cdots\quad \boldsymbol{\beta}_r]=[\boldsymbol{\alpha}_1\quad \boldsymbol{\alpha}_2\quad \cdots\quad \boldsymbol{\alpha}_r]\boldsymbol{C},$$

称 $\boldsymbol{C}$ 为由基 $\boldsymbol{\alpha}_1,\boldsymbol{\alpha}_2,\cdots,\boldsymbol{\alpha}_r$ 到基 $\boldsymbol{\beta}_1,\boldsymbol{\beta}_2,\cdots,\boldsymbol{\beta}_r$ 的过渡矩阵.易知 $\boldsymbol{C}$ 是可逆矩阵.

8. 设在向量空间 V 中,由基 $\boldsymbol{\alpha}_1,\boldsymbol{\alpha}_2,\cdots,\boldsymbol{\alpha}_r$ 到基 $\boldsymbol{\beta}_1,\boldsymbol{\beta}_2,\cdots,\boldsymbol{\beta}_r$ 的过渡矩阵为$\boldsymbol{C}$,则 V 中任何向量 $\boldsymbol{\alpha}$ 在基 $\boldsymbol{\alpha}_1,\boldsymbol{\alpha}_2,\cdots,\boldsymbol{\alpha}_r$ 下的坐标$\boldsymbol{x}$ 和在基 $\boldsymbol{\beta}_1,\boldsymbol{\beta}_2,\cdots,\boldsymbol{\beta}_r$ 下的坐标 $\boldsymbol{y}$,满足坐标变换公式 $\boldsymbol{x}=\boldsymbol{C}\boldsymbol{y}$,或 $\boldsymbol{y}=\boldsymbol{C}^{-1}\boldsymbol{x}$.

八、Euclid 空间

1. 设有$\boldsymbol{\alpha}=(a_1,a_2,\cdots,a_n)^{\mathrm{T}}$,$\boldsymbol{\beta}=(b_1,b_2,\cdots,b_n)^{\mathrm{T}}\in\mathbb{R}^n$,则$\boldsymbol{\alpha}$ 与$\boldsymbol{\beta}$ 的内积定义为

$$\langle\boldsymbol{\alpha},\boldsymbol{\beta}\rangle=a_1b_1+a_2b_2+\cdots+a_nb_n.$$

定义了内积的向量空间$\mathbb{R}^n$ 称为 n 维 Euclid 空间.

2. 向量 $\boldsymbol{\alpha}=(a_1,a_2,\cdots,a_n)^{\mathrm{T}}$ 的长度(或范数)定义为

$$\|\boldsymbol{\alpha}\|=\sqrt{\langle\boldsymbol{\alpha},\boldsymbol{\alpha}\rangle}=\sqrt{a_1^2+a_2^2+\cdots+a_n^2}.$$

3. Cauchy-Schwarz 不等式:$|\langle\boldsymbol{\alpha},\boldsymbol{\beta}\rangle|\leqslant\|\boldsymbol{\alpha}\|\,\|\boldsymbol{\beta}\|$.

4. 三角不等式:$\|\boldsymbol{\alpha}+\boldsymbol{\beta}\|\leqslant\|\boldsymbol{\alpha}\|+\|\boldsymbol{\beta}\|$.

5. 两个非零实向量 $\boldsymbol{\alpha}$ 与 $\boldsymbol{\beta}$ 的夹角定义为

$$\theta=\arccos\frac{\langle\boldsymbol{\alpha},\boldsymbol{\beta}\rangle}{\|\boldsymbol{\alpha}\|\,\|\boldsymbol{\beta}\|},\quad 0\leqslant\theta\leqslant\pi.$$

若$\langle\boldsymbol{\alpha},\boldsymbol{\beta}\rangle=0$,则称向量 $\boldsymbol{\alpha}$ 与 $\boldsymbol{\beta}$ 正交.零向量与任何向量正交.

6. 设 $\boldsymbol{\alpha}_i\in\mathbb{R}^n$,$\boldsymbol{\alpha}_i\neq\mathbf{0}$,$i=1,2,\cdots,m$,若 $\boldsymbol{\alpha}_1,\boldsymbol{\alpha}_2,\cdots,\boldsymbol{\alpha}_m$ 两两正交,则称 $\boldsymbol{\alpha}_1,\boldsymbol{\alpha}_2,\cdots,\boldsymbol{\alpha}_m$ 为正交向量组;若还有 $\|\boldsymbol{\alpha}_i\|=1(i=1,2,\cdots,m)$,则称 $\boldsymbol{\alpha}_1,\boldsymbol{\alpha}_2,\cdots,\boldsymbol{\alpha}_m$ 为标准正交向量组.

Euclid 空间$\mathbb{R}^n$ 的 n 个(标准)正交向量称为$\mathbb{R}^n$ 的(标准)正交基.

7. 设 $\boldsymbol{\alpha}_1,\boldsymbol{\alpha}_2,\cdots,\boldsymbol{\alpha}_m$ 为 Euclid 空间$\mathbb{R}^n$ 的正交向量组,则

(1) 勾股定理:$\|\boldsymbol{\alpha}_1+\boldsymbol{\alpha}_2+\cdots+\boldsymbol{\alpha}_m\|^2=\|\boldsymbol{\alpha}_1\|^2+\|\boldsymbol{\alpha}_2\|^2+\cdots+\|\boldsymbol{\alpha}_m\|^2$;

(2) $\boldsymbol{\alpha}_1,\boldsymbol{\alpha}_2,\cdots,\boldsymbol{\alpha}_m$ 线性无关;

(3) 若 $m<n$,则存在$\boldsymbol{\alpha}\in\mathbb{R}^n$,使得 $\boldsymbol{\alpha}_1,\boldsymbol{\alpha}_2,\cdots,\boldsymbol{\alpha}_m,\boldsymbol{\alpha}$ 为正交向量组.

注 线性无关的向量组不一定正交,因此线性无关概念是正交概念的推广.

8. 设 $\boldsymbol{\alpha}_1,\boldsymbol{\alpha}_2,\cdots,\boldsymbol{\alpha}_n$ 是 Euclid 空间$\mathbb{R}^n$ 的一个标准正交基,则对$\mathbb{R}^n$ 中任一向量 $\boldsymbol{\beta}$,在基 $\boldsymbol{\alpha}_1,\boldsymbol{\alpha}_2,\cdots,\boldsymbol{\alpha}_n$ 下的坐标的第 j 个分量为$\langle\boldsymbol{\beta},\boldsymbol{\alpha}_j\rangle$,$j=1,2,\cdots,n$.

9. Gram-Schmidt 正交化方法:设$\boldsymbol{\alpha}_1,\boldsymbol{\alpha}_2,\cdots,\boldsymbol{\alpha}_m$ 是 Euclid 空间$\mathbb{R}^n$ 中线性无关向量组,则由

$$\boldsymbol{\beta}_1=\boldsymbol{\alpha}_1,\quad \boldsymbol{\beta}_j=\boldsymbol{\alpha}_j-\sum_{i=1}^{j-1}\frac{\langle\boldsymbol{\alpha}_j,\boldsymbol{\beta}_i\rangle}{\langle\boldsymbol{\beta}_i,\boldsymbol{\beta}_i\rangle}\boldsymbol{\beta}_i,\quad j=2,3,\cdots,m;$$

$$\boldsymbol{\gamma}_j=\frac{\boldsymbol{\beta}_j}{\|\boldsymbol{\beta}_j\|},\quad j=1,2,\cdots,m$$

所得的向量组 $\boldsymbol{\gamma}_1,\boldsymbol{\gamma}_2,\cdots,\boldsymbol{\gamma}_m$ 是标准正交向量组.

九、正交矩阵

1. 若 $\boldsymbol{A}$ 为 n 阶实矩阵且满足 $\boldsymbol{A}^{\mathrm{T}}\boldsymbol{A}=\boldsymbol{E}$,则称 $\boldsymbol{A}$ 为正交矩阵.

2. 正交矩阵具有下列性质:

(1) 若 $\boldsymbol{A}$ 为正交矩阵,则$|\boldsymbol{A}|=1$ 或-1;

(2) 若 $\boldsymbol{A}$ 为正交矩阵,则$\boldsymbol{A}^{\mathrm{T}},\boldsymbol{A}^{-1},\boldsymbol{A}^*$ 都是正交矩阵;

(3) 若 $\boldsymbol{A},\boldsymbol{B}$ 为n 阶正交矩阵,则 $\boldsymbol{AB}$ 也是正交矩阵.

3. n 阶实矩阵$\boldsymbol{A}$ 为正交矩阵当且仅当$\boldsymbol{A}$ 的列向量组或行向量组为标准正交向量组.

十、线性空间

1. 设V 是一个非空集合,在 V 上定义了一种叫做加法的运算:对任何 $\alpha,\beta\in V$,有 $\alpha+\beta\in V$;在$\mathbb{F}$ 与 V 的元素之间定义了一种叫做数乘的运算:对任何 $\alpha\in V$ 与任何 $k\in\mathbb{F}$,有 $k\alpha\in V$. 如果这两种运算还满足以下八条运算规律($\alpha,\beta,\gamma\in V,k,l\in\mathbb{F}$):

(1) 交换律:$\alpha+\beta=\beta+\alpha$;

(2) 结合律:$(\alpha+\beta)+\gamma=\alpha+(\beta+\gamma)$;

(3) 存在零元素 $0\in V$,使得对任何 $\alpha\in V$,有 $\alpha+0=\alpha$;

(4) 对任何 $\alpha\in V$,都存在负元素 $\beta\in V$,使得 $\alpha+\beta=0$;

(5) 对任何 $\alpha\in V$,都有 $1\alpha=\alpha$;

(6) 结合律:$k(l\alpha)=(kl)\alpha$;

(7) 分配律:$(k+l)\alpha=k\alpha+l\alpha$;

(8) 分配律:$k(\alpha+\beta)=k\alpha+k\beta$,

则称 V 是$\mathbb{F}$ 上的线性空间.

若$\mathbb{F}$ 为实(或复)数域,则称 V 为实(或复)线性空间.

线性空间中的零元素是唯一的,任一元素 α 的负元素是唯一的.

2. 闭区间$[a,b]$上所有连续实函数的集合记为 C$[a,b]$,闭区间$[a,b]$上全体实系数多项式的集合记为 P$[a,b]$,$[a,b]$上所有次数不超过 n 的实系数多项式的集合记为 $\mathrm{P}_n[a,b]$. 按照实函数的线性运算,C$[a,b]$,P$[a,b]$和 $\mathrm{P}_n[a,b]$成为$\mathbb{R}$ 上的线性空间.

3. 设V 是线性空间,W 是 V 的一个非空子集,若 W 关于 V 的线性运算是封闭的,则称

W 是 V 的线性子空间.

4. 在线性空间 V 中,若存在 n 个线性无关的元素 $\alpha_1,\alpha_2,\cdots,\alpha_n$,使得 V 中任何元素都可由 $\alpha_1,\alpha_2,\cdots,\alpha_n$ 线性表示,则称 $\alpha_1,\alpha_2,\cdots,\alpha_n$ 为 V 的一个基,n 称为 V 的维数.

5. 闭区间$[a,b]$上的一组函数 $1,x,x^2,\cdots,x^n$ 是 $\mathrm{P}_n[a,b]$的一个基.

6. 设 $\alpha_1,\alpha_2,\cdots,\alpha_n$ 与 $\beta_1,\beta_2,\cdots,\beta_n$ 是 n 维线性空间 V 的两个基,则有

$$(\beta_1,\beta_2,\cdots,\beta_n)=(\alpha_1,\alpha_2,\cdots,\alpha_n)\boldsymbol{C},$$

称矩阵 $\boldsymbol{C}$ 为由基 $\alpha_1,\alpha_2,\cdots,\alpha_n$ 到基 $\beta_1,\beta_2,\cdots,\beta_n$ 的过渡矩阵. 易证 $\boldsymbol{C}$ 是可逆矩阵.

7. 线性空间 V 中元素 α 在基 $\alpha_1,\alpha_2,\cdots,\alpha_n$ 下的坐标 $\boldsymbol{x}$ 和在基 $\beta_1,\beta_2,\cdots,\beta_n$ 下的坐标 $\boldsymbol{y}$,满足坐标变换公式 $\boldsymbol{x}=\boldsymbol{C}\boldsymbol{y}$.

十一、线性变换

1. 设 U 和 V 是 $\mathbb{F}$ 上的两个线性空间,T 是 U 到 V 的映射. 如果映射 T 保持线性运算:对任何 $\alpha,\beta\in U$ 及任何 $k\in\mathbb{F}$,有

$$T(\alpha+\beta)=T(\alpha)+T(\beta),\quad T(k\alpha)=kT(\alpha),$$

则称 T 为 U 到 V 的一个线性映射. 当 $U=V$ 时,称 T 为 V 上的一个线性变换.

2. 线性空间 V 上的线性变换 T 具有如下性质:

(1) $T(0)=0,T(-\alpha)=-T(\alpha)$;

(2) $T(k_1\alpha_1+k_2\alpha_2+\cdots+k_m\alpha_m)=k_1T(\alpha_1)+k_2T(\alpha_2)+\cdots+k_m(\alpha_m)$;

(3) 若 $\alpha_1,\alpha_2,\cdots,\alpha_m$ 线性相关,则 $T(\alpha_1),T(\alpha_2),\cdots,T(\alpha_m)$也线性相关.

3. 设 $\alpha_1,\alpha_2,\cdots,\alpha_n$ 是 $\mathbb{F}$ 上线性空间 V 的一个基,T 是 V 上任一线性变换,如果 $T(\alpha_1,\alpha_2,\cdots,\alpha_n)=(\alpha_1,\alpha_2,\cdots,\alpha_n)\boldsymbol{A}$,则 $\boldsymbol{A}$ 称为线性变换 T 在基 $\alpha_1,\alpha_2,\cdots,\alpha_n$ 下的矩阵.

若给定 n 维线性空间 V 的一个基,则 V 上的线性变换 T 与 n 阶矩阵 $\boldsymbol{A}$ 一一对应.

4. 设 n 维线性空间 V 的基 $\alpha_1,\alpha_2,\cdots,\alpha_n$ 到基 $\beta_1,\beta_2,\cdots,\beta_n$ 的过渡矩阵为 $\boldsymbol{C}$,T 是 n 维线性空间 V 上的线性变换,T 在这两个基下的矩阵分别为 $\boldsymbol{A},\boldsymbol{B}$,则 $\boldsymbol{B}=\boldsymbol{C}^{-1}\boldsymbol{A}\boldsymbol{C}$.

疑难辨析

问题 1 若向量组 $\boldsymbol{\alpha}_1,\boldsymbol{\alpha}_2,\cdots,\boldsymbol{\alpha}_m$ 线性相关,那么是否对任何一组不全为零的数 $k_1,k_2,\cdots,k_m$,都有 $k_1\boldsymbol{\alpha}_1+k_2\boldsymbol{\alpha}_2+\cdots+k_m\boldsymbol{\alpha}_m=\boldsymbol{0}$?

答 否. 因为向量组 $\boldsymbol{\alpha}_1,\boldsymbol{\alpha}_2,\cdots,\boldsymbol{\alpha}_m$ 线性相关是指存在一组(而不是对任何一组!)不全为零的数 $k_1,k_2,\cdots,k_m$,使得 $k_1\boldsymbol{\alpha}_1+k_2\boldsymbol{\alpha}_2+\cdots+k_m\boldsymbol{\alpha}_m=\boldsymbol{0}$. 例如,向量组

$$\boldsymbol{\alpha}_1=\begin{bmatrix}1\\2\end{bmatrix},\quad \boldsymbol{\alpha}_2=\begin{bmatrix}2\\4\end{bmatrix}$$

线性相关,如果取 $k_1=1,k_2=1$,则 $k_1\boldsymbol{\alpha}_1+k_2\boldsymbol{\alpha}_2\neq\boldsymbol{0}$.

问题 2 若对任何不全为零的数 $k_1,k_2,\cdots,k_m$,都有 $k_1\boldsymbol{\alpha}_1+k_2\boldsymbol{\alpha}_2+\cdots+k_m\boldsymbol{\alpha}_m\neq\boldsymbol{0}$,那么向量组 $\boldsymbol{\alpha}_1,\boldsymbol{\alpha}_2,\cdots,\boldsymbol{\alpha}_m$ 是否线性无关?

答 是. 假如向量组 $\boldsymbol{\alpha}_1,\boldsymbol{\alpha}_2,\cdots,\boldsymbol{\alpha}_m$ 线性相关,则存在不全为零的数 $k_1,k_2,\cdots,k_m$,使得 $k_1\boldsymbol{\alpha}_1+k_2\boldsymbol{\alpha}_2+\cdots+k_m\boldsymbol{\alpha}_m=\boldsymbol{0}$,此与条件矛盾.

问题 3 若对任意的数 $k_1,k_2,\cdots,k_m$,都有 $k_1\boldsymbol{\alpha}_1+k_2\boldsymbol{\alpha}_2+\cdots+k_m\boldsymbol{\alpha}_m=\boldsymbol{0}$,那么是否可推

出向量 $\boldsymbol{\alpha}_1=\boldsymbol{\alpha}_2=\cdots=\boldsymbol{\alpha}_m=\mathbf{0}$？

答 是.因为对任意的数 $k_1,k_2,\cdots,k_m$，都有

$$k_1\boldsymbol{\alpha}_1+k_2\boldsymbol{\alpha}_2+\cdots+k_m\boldsymbol{\alpha}_m=\mathbf{0},$$

所以在上式中取 $k_1=1,k_2=\cdots=k_m=0$，可得 $\boldsymbol{\alpha}_1=\mathbf{0}$. 同理可得出 $\boldsymbol{\alpha}_2=\cdots=\boldsymbol{\alpha}_m=\mathbf{0}$.

问题4 若向量组 $\boldsymbol{\alpha}_1,\boldsymbol{\alpha}_2,\cdots,\boldsymbol{\alpha}_m(m\geqslant 2)$ 线性相关，是否它的每个向量都是其余向量的线性组合？

答 否.向量组 $\boldsymbol{\alpha}_1,\boldsymbol{\alpha}_2,\cdots,\boldsymbol{\alpha}_m(m\geqslant 2)$ 线性相关当且仅当其中至少有一个(并非每个)向量能由其余 $m-1$ 个向量线性表示.例如，向量组

$$\boldsymbol{\alpha}_1=\begin{bmatrix}1\\0\end{bmatrix},\quad \boldsymbol{\alpha}_2=\begin{bmatrix}0\\0\end{bmatrix}$$

线性相关，虽然 $\boldsymbol{\alpha}_2$ 能由 $\boldsymbol{\alpha}_1$ 线性表示，但 $\boldsymbol{\alpha}_1$ 不能由 $\boldsymbol{\alpha}_2$ 线性表示.

问题5 如何理解一个向量组线性相关(线性无关)的含义？

答 因为向量组 $\boldsymbol{\alpha}_1,\boldsymbol{\alpha}_2,\cdots,\boldsymbol{\alpha}_m(m\geqslant 2)$ 线性相关当且仅当其中至少有一个向量能由其余 $m-1$ 个向量线性表示，所以向量组线性相关是指其向量之间有线性表示关系，向量组线性无关是指其向量之间无线性表示关系.

线性相关的向量组中含有冗余信息，即有些向量是多余的(这些向量可由其他向量线性表示)，而线性无关的向量组则无冗余信息.

问题6 列向量组 $\boldsymbol{\alpha}_1,\boldsymbol{\alpha}_2,\cdots,\boldsymbol{\alpha}_m$ 的秩和极大线性无关组，与行向量组 $\boldsymbol{\alpha}_1^{\mathrm{T}},\boldsymbol{\alpha}_2^{\mathrm{T}},\cdots,\boldsymbol{\alpha}_m^{\mathrm{T}}$ 的秩和极大线性无关组有何关系？

答 因为在考查向量组的线性相关性时，是将其作为列向量组还是行向量组都是可以的，所以这两个向量组的秩相等，并且 $\boldsymbol{\alpha}_{i_1},\boldsymbol{\alpha}_{i_2},\cdots,\boldsymbol{\alpha}_{i_r}$ 是向量组 $\boldsymbol{\alpha}_1,\boldsymbol{\alpha}_2,\cdots,\boldsymbol{\alpha}_m$ 的极大线性无关组当且仅当 $\boldsymbol{\alpha}_{i_1}^{\mathrm{T}},\boldsymbol{\alpha}_{i_2}^{\mathrm{T}},\cdots,\boldsymbol{\alpha}_{i_r}^{\mathrm{T}}$ 是向量组 $\boldsymbol{\alpha}_1^{\mathrm{T}},\boldsymbol{\alpha}_2^{\mathrm{T}},\cdots,\boldsymbol{\alpha}_m^{\mathrm{T}}$ 的极大线性无关组.

问题7 如何理解两个向量组的向量之间有相同的线性相关性、有相同的线性组合关系？

答 设有 m 维向量组(Ⅰ)：$\boldsymbol{\alpha}_1,\boldsymbol{\alpha}_2,\cdots,\boldsymbol{\alpha}_s$ 和 n 维向量组(Ⅱ)：$\boldsymbol{\beta}_1,\boldsymbol{\beta}_2,\cdots,\boldsymbol{\beta}_s$，$m$ 与 n 不一定相等.

向量组(Ⅰ)与向量组(Ⅱ)的向量之间有相同的线性相关性是指：对于任何的 $1\leqslant i_1<i_2<\cdots<i_r\leqslant s$，向量组 $\boldsymbol{\alpha}_{i_1},\boldsymbol{\alpha}_{i_2},\cdots,\boldsymbol{\alpha}_{i_r}$ 线性相关(线性无关)当且仅当向量组 $\boldsymbol{\beta}_{i_1},\boldsymbol{\beta}_{i_2},\cdots,\boldsymbol{\beta}_{i_r}$ 线性相关(线性无关).

向量组(Ⅰ)与向量组(Ⅱ)的向量之间有相同的线性组合关系是指：设 $1\leqslant i_1<i_2<\cdots<i_r\leqslant s$，$1\leqslant j\leqslant s$，则 $\boldsymbol{\alpha}_j=k_1\boldsymbol{\alpha}_{i_1}+k_2\boldsymbol{\alpha}_{i_2}+\cdots+k_r\boldsymbol{\alpha}_{i_r}$ 当且仅当 $\boldsymbol{\beta}_j=k_1\boldsymbol{\beta}_{i_1}+k_2\boldsymbol{\beta}_{i_2}+\cdots+k_r\boldsymbol{\beta}_{i_r}$.

问题8 如何理解向量组的极大线性无关组和秩？

答 向量组(Ⅰ)的极大线性无关组具有双重属性：极大线性无关组是向量组(Ⅰ)的所有线性无关组中含向量最多者(极大性)，也是所有能线性表示向量组(Ⅰ)的部分组中含向量最少者(极小性).因此，向量组(Ⅰ)的极大线性无关组是向量组(Ⅰ)中代表最广泛、成员最精干的“有效”部分组.

向量组(Ⅰ)的秩是向量组(Ⅰ)的极大线性无关组中向量的个数，它可以理解为向量组(Ⅰ)中有效向量的个数.向量组的秩越大，向量组中的有效信息就越多，冗余信息就越少.

问题9 秩相等的向量组一定等价吗？

答 不一定.例如,对于向量

$$\boldsymbol{\alpha}_1=\begin{bmatrix}1\\0\\0\end{bmatrix},\quad \boldsymbol{\alpha}_2=\begin{bmatrix}0\\1\\0\end{bmatrix},\quad \boldsymbol{\beta}_1=\begin{bmatrix}0\\1\\0\end{bmatrix},\quad \boldsymbol{\beta}_2=\begin{bmatrix}0\\0\\1\end{bmatrix},$$

则向量组 $\boldsymbol{\alpha}_1,\boldsymbol{\alpha}_2$ 和向量组 $\boldsymbol{\beta}_1,\boldsymbol{\beta}_2$ 的秩都等于 2;但是 $\boldsymbol{\alpha}_1$ 不能由向量组 $\boldsymbol{\beta}_1,\boldsymbol{\beta}_2$ 线性表示,$\boldsymbol{\beta}_2$ 不能由向量组 $\boldsymbol{\alpha}_1,\boldsymbol{\alpha}_2$ 线性表示,因此这两个向量组不等价.

问题 10 矩阵 $\boldsymbol{A}=[\boldsymbol{\alpha}_1\quad \boldsymbol{\alpha}_2\quad \cdots\quad \boldsymbol{\alpha}_m]$ 与 $\boldsymbol{B}=[\boldsymbol{\beta}_1\quad \boldsymbol{\beta}_2\quad \cdots\quad \boldsymbol{\beta}_m]$ 等价,同向量组 $\boldsymbol{\alpha}_1,\boldsymbol{\alpha}_2,\cdots,\boldsymbol{\alpha}_m$ 与 $\boldsymbol{\beta}_1,\boldsymbol{\beta}_2,\cdots,\boldsymbol{\beta}_m$ 等价有何联系?

答 若向量组 $\boldsymbol{\alpha}_1,\boldsymbol{\alpha}_2,\cdots,\boldsymbol{\alpha}_m$ 与 $\boldsymbol{\beta}_1,\boldsymbol{\beta}_2,\cdots,\boldsymbol{\beta}_m$ 等价,则矩阵 $\boldsymbol{A}$ 与 $\boldsymbol{B}$ 同型,且 $\operatorname{rank}\boldsymbol{A}=\operatorname{rank}\boldsymbol{B}$,从而矩阵 $\boldsymbol{A}$ 与 $\boldsymbol{B}$ 等价.

反过来,若矩阵 $\boldsymbol{A}$ 与 $\boldsymbol{B}$ 等价,向量组 $\boldsymbol{\alpha}_1,\boldsymbol{\alpha}_2,\cdots,\boldsymbol{\alpha}_m$ 与 $\boldsymbol{\beta}_1,\boldsymbol{\beta}_2,\cdots,\boldsymbol{\beta}_m$ 不一定等价,例如

$$\boldsymbol{A}=\begin{bmatrix}1&0\\0&0\end{bmatrix},\quad \boldsymbol{B}=\begin{bmatrix}0&0\\0&1\end{bmatrix},$$

则 $\boldsymbol{A}$ 与 $\boldsymbol{B}$ 等价,但是它们的列向量组并不等价.

问题 11 齐次线性方程组 $\boldsymbol{Ax}=\boldsymbol{0}$ 有多少个基础解系?两个不同的基础解系之间有何关系?

答 若 $\boldsymbol{Ax}=\boldsymbol{0}$ 只有零解,则没有基础解系.

若 $\boldsymbol{Ax}=\boldsymbol{0}$ 有非零解,则必有基础解系.把一个基础解系中某些解向量乘非零常数得到的仍是基础解系,而非零常数可以是任意的,所以 $\boldsymbol{Ax}=\boldsymbol{0}$ 有无穷多个基础解系.由于基础解系就是解集的极大线性无关组,而同一个向量组中不同的极大线性无关组是等价的,因此 $\boldsymbol{Ax}=\boldsymbol{0}$ 的两个不同基础解系必定等价.

问题 12 下面的命题对吗?

(1) 非齐次线性方程组 $\boldsymbol{Ax}=\boldsymbol{b}$ 有唯一解当且仅当导出方程组 $\boldsymbol{Ax}=\boldsymbol{0}$ 只有零解;

(2) 非齐次线性方程组 $\boldsymbol{Ax}=\boldsymbol{b}$ 有无穷多解当且仅当导出方程组 $\boldsymbol{Ax}=\boldsymbol{0}$ 有非零解.

答 (1) 当非齐次线性方程组 $\boldsymbol{Ax}=\boldsymbol{b}$ 有唯一解 $\boldsymbol{\eta}$ 时,方程组 $\boldsymbol{Ax}=\boldsymbol{0}$ 必只有零解.否则 $\boldsymbol{Ax}=\boldsymbol{0}$ 有非零解 $\boldsymbol{\xi}$,从而 $\boldsymbol{Ax}=\boldsymbol{b}$ 有解 $\boldsymbol{\xi}+\boldsymbol{\eta}\neq\boldsymbol{\eta}$,与 $\boldsymbol{Ax}=\boldsymbol{b}$ 有唯一解矛盾.

当方程组 $\boldsymbol{Ax}=\boldsymbol{0}$ 只有零解时,方程组 $\boldsymbol{Ax}=\boldsymbol{b}$ 可能无解.例如,方程组

$$\begin{bmatrix}1&1\\1&2\\2&2\end{bmatrix}\begin{bmatrix}x_1\\x_2\end{bmatrix}=\begin{bmatrix}0\\1\\1\end{bmatrix}$$

无解,但它的导出方程组只有零解.

这说明命题(1)的必要性成立,充分性不成立.

(2) 当非齐次方程组 $\boldsymbol{Ax}=\boldsymbol{b}$ 有无穷多解时,任取它的两个相异解 $\boldsymbol{\eta}_1,\boldsymbol{\eta}_2$,得到 $\boldsymbol{Ax}=\boldsymbol{0}$ 的非零解 $\boldsymbol{\eta}_1-\boldsymbol{\eta}_2$.

当方程组 $\boldsymbol{Ax}=\boldsymbol{0}$ 有非零解时,方程组 $\boldsymbol{Ax}=\boldsymbol{b}$ 可能无解.例如,方程组

$$\begin{bmatrix}1&2\\2&4\end{bmatrix}\begin{bmatrix}x_1\\x_2\end{bmatrix}=\begin{bmatrix}0\\1\end{bmatrix}$$

无解,但它的导出方程组有非零解.

因此,命题(2)的必要性成立,充分性不成立.

问题 13 若向量组 $\boldsymbol{\alpha}_1,\boldsymbol{\alpha}_2,\cdots,\boldsymbol{\alpha}_m$ 为向量空间 V 的一个基，那么 $\boldsymbol{\alpha}_2,\boldsymbol{\alpha}_1,\cdots,\boldsymbol{\alpha}_m$ 也是 V 的一个基吗？如果是，那么它们是相同的基吗？

答 从基的定义可以看出，若向量组 $\boldsymbol{\alpha}_1,\boldsymbol{\alpha}_2,\cdots,\boldsymbol{\alpha}_m$ 为向量空间 V 的一个基，则 $\boldsymbol{\alpha}_2,\boldsymbol{\alpha}_1,\cdots,\boldsymbol{\alpha}_m$ 也是 V 的一个基.

$\boldsymbol{\alpha}_1,\boldsymbol{\alpha}_2,\cdots,\boldsymbol{\alpha}_m$ 与 $\boldsymbol{\alpha}_2,\boldsymbol{\alpha}_1,\cdots,\boldsymbol{\alpha}_m$ 是向量空间 V 的两个不同的基，因为基是一个向量组，从而是有序的. 另一方面，为了使得向量空间中向量在同一个基下的坐标唯一，基中的向量必须有序.

问题 14 如何理解齐次线性方程组解空间的维数？如何理解向量空间的维数？

答 设 $\boldsymbol{A}\in\mathbb{F}^{m\times n}$，则齐次线性方程组 $\boldsymbol{Ax}=\boldsymbol{0}$ 的解空间 $N(\boldsymbol{A})$ 的维数为 $n-\operatorname{rank}\boldsymbol{A}$，即 $\dim N(\boldsymbol{A})$ 等于齐次线性方程组 $\boldsymbol{Ax}=\boldsymbol{0}$ 经初等变换化为阶梯方程组之后，自由未知量的个数，即等于 $N(\boldsymbol{A})$ 中向量可以自由取值的分量的个数，或者说，$\dim N(\boldsymbol{A})$ 等于 $N(\boldsymbol{A})$ 中向量的自由度.

设 V 为 n 维向量构成的向量空间，$\dim V=r$. 若 $r=n$，则 $V=\mathbb{F}^n$，n 维基本向量组 $\boldsymbol{e}_1,\boldsymbol{e}_2,\cdots,\boldsymbol{e}_n$ 是 V 的一个基，此时，$\dim V$ 等于 V 中向量可以自由取值的分量的个数 n. 下设 $r<n$，$\boldsymbol{\beta}_1,\boldsymbol{\beta}_2,\cdots,\boldsymbol{\beta}_r$ 为 V 的一个基. 记 $\boldsymbol{B}=[\boldsymbol{\beta}_1\quad\boldsymbol{\beta}_2\quad\cdots\quad\boldsymbol{\beta}_r]$，则 $\boldsymbol{B}$ 可经有限次初等行变换化为最简阶梯矩阵，即存在 n 阶可逆矩阵 $\boldsymbol{P}$，使得

$$\boldsymbol{PB}=\begin{bmatrix}\boldsymbol{E}_r\\ \boldsymbol{0}\end{bmatrix},\quad 或\quad \boldsymbol{B}=\boldsymbol{P}^{-1}\begin{bmatrix}\boldsymbol{E}_r\\ \boldsymbol{0}\end{bmatrix}.$$

令 $\boldsymbol{A}=[\boldsymbol{0}\quad\boldsymbol{E}_{n-r}]\boldsymbol{P}$，则 $\operatorname{rank}\boldsymbol{A}=n-r$，且 $\boldsymbol{AB}=\boldsymbol{0}$，从而 $\boldsymbol{\beta}_1,\boldsymbol{\beta}_2,\cdots,\boldsymbol{\beta}_r$ 是 $\boldsymbol{Ax}=\boldsymbol{0}$ 的一个基础解系，即 $V=N(\boldsymbol{A})$，故 $\dim V$ 等于 V 中向量可以自由取值的分量的个数 r. 因此，$\dim V$ 等于 V 中向量的自由度. 例如，向量空间

$$V=\{(a,b,c,d)^{\mathrm{T}}\in\mathbb{R}^4\mid a+2b+3c=0,a=4d\}$$

中，向量的自由度为 2，所以 $\dim V=2$.

问题 15 在什么条件下，Cauchy-Schwarz 不等式中等号成立？

答 Cauchy-Schwarz 不等式中等号成立的充要条件是 $\boldsymbol{\alpha},\boldsymbol{\beta}$ 线性相关.

事实上，若 $\boldsymbol{\alpha},\boldsymbol{\beta}$ 线性相关，不妨设 $\boldsymbol{\alpha}=k\boldsymbol{\beta}$，则

$$\langle\boldsymbol{\alpha},\boldsymbol{\beta}\rangle^2=\langle k\boldsymbol{\beta},\boldsymbol{\beta}\rangle^2=k^2\langle\boldsymbol{\beta},\boldsymbol{\beta}\rangle^2=\langle k\boldsymbol{\beta},k\boldsymbol{\beta}\rangle\langle\boldsymbol{\beta},\boldsymbol{\beta}\rangle=\langle\boldsymbol{\alpha},\boldsymbol{\alpha}\rangle\langle\boldsymbol{\beta},\boldsymbol{\beta}\rangle,$$

即 Cauchy-Schwarz 不等式中等号成立.

若 $\boldsymbol{\alpha},\boldsymbol{\beta}$ 线性无关，则对任意 $t\in\mathbb{R}$，有 $t\boldsymbol{\alpha}+\boldsymbol{\beta}\neq\boldsymbol{0}$，从而

$$0<\langle t\boldsymbol{\alpha}+\boldsymbol{\beta},t\boldsymbol{\alpha}+\boldsymbol{\beta}\rangle=\|\boldsymbol{\alpha}\|^2t^2+2\langle\boldsymbol{\alpha},\boldsymbol{\beta}\rangle t+\|\boldsymbol{\beta}\|^2.$$

上式右端是关于 t 的二次多项式，其函数值恒为正，所以它的判别式小于零，即

$$4\langle\boldsymbol{\alpha},\boldsymbol{\beta}\rangle^2-4\|\boldsymbol{\alpha}\|^2\|\boldsymbol{\beta}\|^2<0,$$

故

$$|\langle\boldsymbol{\alpha},\boldsymbol{\beta}\rangle|<\|\boldsymbol{\alpha}\|\|\boldsymbol{\beta}\|,$$

即 Cauchy-Schwarz 不等式中等号不成立.

问题 16 两两正交的非零向量组是正交向量组，那么两两线性无关的向量组是线性无关向量组吗？

答 否. 两两线性无关的向量组可能线性无关也可能线性相关. 例如，下面四个向量

$$\boldsymbol{\alpha}_1=\begin{bmatrix}0\\1\\1\end{bmatrix},\quad \boldsymbol{\alpha}_2=\begin{bmatrix}0\\1\\2\end{bmatrix},\quad \boldsymbol{\alpha}_3=\begin{bmatrix}2\\0\\1\end{bmatrix},\quad \boldsymbol{\alpha}_4=\begin{bmatrix}0\\1\\0\end{bmatrix}$$

中任何两个向量都是线性无关的，但是向量组 $\boldsymbol{\alpha}_1,\boldsymbol{\alpha}_2,\boldsymbol{\alpha}_3$ 线性无关，向量组 $\boldsymbol{\alpha}_1,\boldsymbol{\alpha}_2,\boldsymbol{\alpha}_4$ 线性相关.

问题 17 设 $\boldsymbol{\alpha}_1,\boldsymbol{\alpha}_2,\cdots,\boldsymbol{\alpha}_n$ 是 Euclid 空间$\mathbb{R}^n$ 的一个正交基，那么$\mathbb{R}^n$ 中与每个$\boldsymbol{\alpha}_j(j=1,2,\cdots,n)$都正交的向量是什么？

答 设$\mathbb{R}^n$ 中向量 $\boldsymbol{\beta}$ 与每个 $\boldsymbol{\alpha}_j(j=1,2,\cdots,n)$都正交，则 $\boldsymbol{\beta}=\sum\limits_{i=1}^{n}k_i\boldsymbol{\alpha}_i$，且$\langle\boldsymbol{\beta},\boldsymbol{\alpha}_j\rangle=0(j=1,2,\cdots,n)$，于是有

$$0=\langle\boldsymbol{\beta},\boldsymbol{\alpha}_j\rangle=\langle\sum_{i=1}^{n}k_i\boldsymbol{\alpha}_i,\boldsymbol{\alpha}_j\rangle=\sum_{i=1}^{n}k_i\langle\boldsymbol{\alpha}_i,\boldsymbol{\alpha}_j\rangle=k_j\langle\boldsymbol{\alpha}_j,\boldsymbol{\alpha}_j\rangle,$$

由$\langle\boldsymbol{\alpha}_j,\boldsymbol{\alpha}_j\rangle\neq0$ 知 $k_j=0(j=1,2,\cdots,n)$，从而$\boldsymbol{\beta}=\mathbf{0}$. 这表明$\mathbb{R}^n$ 中与正交基的每个向量都正交的向量必为零向量.

问题 18 如何理解正交矩阵中“正交”的含义？

答 之所以将满足 $\mathbf{A}^{\mathrm{T}}\mathbf{A}=\mathbf{E}$ 的实方阵称为正交矩阵，是因为实方阵 $\mathbf{A}$ 为正交矩阵等价于$\mathbf{A}$ 的列向量组或行向量组为标准正交向量组.

问题 19 如何理解线性空间？

答 线性空间是向量空间的推广，是定义了满足封闭性和八条运算规律的线性运算的非空集合. 线性空间中“线性”二字源于其线性运算. 线性运算是构建线性空间的方法，它所建成的线性空间具有精致的线性结构；封闭性表明线性空间足够大，足以容纳线性运算所产生的一切元素；八条运算规律则是移植了向量的加法和数乘的运算规律，这是为了保证我们早已习惯的“合并同类项”“移项”等操作在一般的线性运算中依然有效.

问题 20 如何理解线性变换？

答 线性变换是研究线性空间的工具，线性变换的本质是保持线性运算，而线性运算又是线性空间的灵魂，因此，不能保持线性运算的变换就无法充分利用和反映线性空间的关键信息.

给定了 n 维线性空间 V 的一个基，则 V 上的线性变换 T 与 n 阶矩阵 $\mathbf{A}$ 是一一对应的. 这样就可以方便地利用具体的矩阵来研究抽象的线性变换.

线性变换 T 在 V 的基 $\alpha_1,\alpha_2,\cdots,\alpha_n$ 下的矩阵 $\mathbf{A}$ 的第 j 列就是 $T(\alpha_j)$在基 $\alpha_1,\alpha_2,\cdots,\alpha_n$ 下的坐标，$j=1,2,\cdots,n$. 所以，只要弄清楚 $T(\alpha_1),T(\alpha_2),\cdots,T(\alpha_n)$就知道了 T 的全部信息，或者说，线性变换的所有信息显现于它对基的作用过程中.

问题 21 线性变换中零元素的原像的集合有何意义？

答 设 T 是线性空间 V 上的线性变换，则零元素 0 关于 T 的原像的集合

$$N(T)=\{\alpha\in V\mid T\alpha=0\}$$

是V 的非空子集，并且它对于加法和数乘运算是封闭的，故 $N(T)$是V 的子空间，称为 T 的零空间. 线性变换 T 将 $N(T)$中所有元素都变成了零元素. 维数 $\dim N(T)$表示线性变换 T 丢失的信息的多寡：$\dim N(T)$越大，就说明线性变换 T 把越多的非零元素都变成了零元素，即 T 丢失的信息就越多. 当 T 为可逆线性变换时，$N(T)=\{0\}$，即 T 没有丢失任何信息.

问题 22 给定 n 维线性空间 V 的一个基之后，n 阶矩阵与 V 上线性变换一一对应，那么它们的运算是否也有对应关系？

答 容易验证：给定 n 维线性空间 V 的一个基，则两个 n 阶矩阵的和对应于 V 上两个线性变换的和；n 阶矩阵与数 k 的乘积对应于 V 上线性变换与数 k 的乘积；两个 n 阶矩阵的乘积对应于 V 上两个线性变换的复合；n 阶可逆矩阵的逆矩阵对应于 V 上可逆线性变换的逆变换.

n 阶实矩阵 $\boldsymbol{A}$ 对应着 $\mathbb{R}^n$ 上的线性变换 T：$T\boldsymbol{x}=\boldsymbol{A}\boldsymbol{x}(\boldsymbol{x}\in\mathbb{R}^n)$；转置矩阵 $\boldsymbol{A}^{\mathrm{T}}$ 对应着 $\mathbb{R}^n$ 上的线性变换 S：$S\boldsymbol{y}=\boldsymbol{A}^{\mathrm{T}}\boldsymbol{y}(\boldsymbol{y}\in\mathbb{R}^n)$. 由 $\mathbb{R}^n$ 的内积知，对一切 $\boldsymbol{x},\boldsymbol{y}\in\mathbb{R}^n$，有

$$\langle T\boldsymbol{x},\boldsymbol{y}\rangle=\langle\boldsymbol{A}\boldsymbol{x},\boldsymbol{y}\rangle=\boldsymbol{y}^{\mathrm{T}}(\boldsymbol{A}\boldsymbol{x})=(\boldsymbol{y}^{\mathrm{T}}\boldsymbol{A})\boldsymbol{x}=\langle\boldsymbol{x},\boldsymbol{A}^{\mathrm{T}}\boldsymbol{y}\rangle=\langle\boldsymbol{x},S\boldsymbol{y}\rangle.$$

一般地，若 $\mathbb{R}^n$ 上线性变换 T 和 S 满足：对一切 $\boldsymbol{x},\boldsymbol{y}\in\mathbb{R}^n$，有 $\langle T\boldsymbol{x},\boldsymbol{y}\rangle=\langle\boldsymbol{x},S\boldsymbol{y}\rangle$，则称 S 为 T 的伴随算子. 因此，n 阶实矩阵的转置矩阵对应于 $\mathbb{R}^n$ 上线性变换的伴随算子.

范例解析

题型 1 具体向量组线性相关性的判定与讨论

例 1 判定下列向量组的线性相关性：

(1) $\boldsymbol{\alpha}_1=(1,2,3)^{\mathrm{T}},\boldsymbol{\alpha}_2=(2,3,1)^{\mathrm{T}},\boldsymbol{\alpha}_3=(3,1,2)^{\mathrm{T}}$；

(2) $\boldsymbol{\beta}_1=(1,-1,1,-1)^{\mathrm{T}},\boldsymbol{\beta}_2=(1,2,3,1)^{\mathrm{T}},\boldsymbol{\beta}_3=(3,3,7,1)^{\mathrm{T}}$.

解 (1) 方法 1 令 $\boldsymbol{A}=[\boldsymbol{\alpha}_1\ \ \boldsymbol{\alpha}_2\ \ \boldsymbol{\alpha}_3]$，则 $|\boldsymbol{A}|=-18\neq0$，从而向量组 $\boldsymbol{\alpha}_1,\boldsymbol{\alpha}_2,\boldsymbol{\alpha}_3$ 线性无关.

方法 2 令 $\boldsymbol{A}=[\boldsymbol{\alpha}_1\ \ \boldsymbol{\alpha}_2\ \ \boldsymbol{\alpha}_3]$，对矩阵 $\boldsymbol{A}$ 进行初等行变换化为阶梯矩阵：

$$\boldsymbol{A}=\begin{bmatrix}1&2&3\\2&3&1\\3&1&2\end{bmatrix}\to\begin{bmatrix}1&2&3\\0&-1&-5\\0&0&18\end{bmatrix},$$

由于 $\operatorname{rank}\boldsymbol{A}=3$，因此向量组 $\boldsymbol{\alpha}_1,\boldsymbol{\alpha}_2,\boldsymbol{\alpha}_3$ 线性无关.

(2) 令 $\boldsymbol{B}=[\boldsymbol{\beta}_1\ \ \boldsymbol{\beta}_2\ \ \boldsymbol{\beta}_3]$，对矩阵 $\boldsymbol{B}$ 进行初等行变换化为阶梯矩阵：

$$\boldsymbol{B}=\begin{bmatrix}1&1&3\\-1&2&3\\1&3&7\\-1&1&1\end{bmatrix}\to\begin{bmatrix}1&1&3\\0&3&6\\0&0&0\\0&0&0\end{bmatrix},$$

由于 $\operatorname{rank}\boldsymbol{B}=2<3$，因此向量组 $\boldsymbol{\beta}_1,\boldsymbol{\beta}_2,\boldsymbol{\beta}_3$ 线性相关.

注 在判定具体向量组 $\boldsymbol{\alpha}_1,\boldsymbol{\alpha}_2,\cdots,\boldsymbol{\alpha}_m$ 的线性相关性时，一般对矩阵 $\boldsymbol{A}=[\boldsymbol{\alpha}_1\ \ \boldsymbol{\alpha}_2\ \ \cdots\ \ \boldsymbol{\alpha}_m]$ 做初等行变换化为阶梯矩阵，求得 $\operatorname{rank}\boldsymbol{A}$. 若 $\operatorname{rank}\boldsymbol{A}=m$，则 $\boldsymbol{\alpha}_1,\boldsymbol{\alpha}_2,\cdots,\boldsymbol{\alpha}_m$ 线性无关；若 $\operatorname{rank}\boldsymbol{A}<m$，则 $\boldsymbol{\alpha}_1,\boldsymbol{\alpha}_2,\cdots,\boldsymbol{\alpha}_m$ 线性相关.

当 $\boldsymbol{\alpha}_1,\boldsymbol{\alpha}_2,\cdots,\boldsymbol{\alpha}_m$ 为 m 维向量组时，也可考查 $\boldsymbol{A}=[\boldsymbol{\alpha}_1\ \ \boldsymbol{\alpha}_2\ \ \cdots\ \ \boldsymbol{\alpha}_m]$ 的行列式，若 $|\boldsymbol{A}|\neq0$，则 $\boldsymbol{\alpha}_1,\boldsymbol{\alpha}_2,\cdots,\boldsymbol{\alpha}_m$ 线性无关；若 $|\boldsymbol{A}|=0$，则 $\boldsymbol{\alpha}_1,\boldsymbol{\alpha}_2,\cdots,\boldsymbol{\alpha}_m$ 线性相关.

例 2 设 $\boldsymbol{\alpha}_1=\begin{bmatrix}0\\0\\c_1\end{bmatrix},\boldsymbol{\alpha}_2=\begin{bmatrix}0\\1\\c_2\end{bmatrix},\boldsymbol{\alpha}_3=\begin{bmatrix}1\\-1\\c_3\end{bmatrix},\boldsymbol{\alpha}_4=\begin{bmatrix}-1\\1\\c_4\end{bmatrix}$，其中 c_1,c_2,c_3,c_4 为任意常数，则

下列向量组线性相关的是　【　】

(A) $\boldsymbol{\alpha}_1,\boldsymbol{\alpha}_2,\boldsymbol{\alpha}_3$;　(B) $\boldsymbol{\alpha}_1,\boldsymbol{\alpha}_2,\boldsymbol{\alpha}_4$;　(C) $\boldsymbol{\alpha}_1,\boldsymbol{\alpha}_3,\boldsymbol{\alpha}_4$;　(D) $\boldsymbol{\alpha}_2,\boldsymbol{\alpha}_3,\boldsymbol{\alpha}_4$.

解　因为

$$|\boldsymbol{\alpha}_1\ \ \boldsymbol{\alpha}_3\ \ \boldsymbol{\alpha}_4|=\begin{vmatrix}0&1&-1\\0&-1&1\\c_1&c_3&c_4\end{vmatrix}=0,$$

所以，无论 c_1,c_2,c_3,c_4 取何数值，$\boldsymbol{\alpha}_1,\boldsymbol{\alpha}_3,\boldsymbol{\alpha}_4$ 都线性相关，所以选(C).

例 3　设 $\boldsymbol{\alpha}_i=(1,t_i,t_i^2,\cdots,t_i^{n-1})^{\mathrm{T}}(i=1,2,\cdots,m)$，其中数 $t_1,t_2,\cdots,t_m$ 互异，讨论向量组 $\boldsymbol{\alpha}_1,\boldsymbol{\alpha}_2,\cdots,\boldsymbol{\alpha}_m$ 的线性相关性.

解　(1) 当 $m>n$ 时，$\operatorname{rank}[\boldsymbol{\alpha}_1\ \ \boldsymbol{\alpha}_2\ \ \cdots\ \ \boldsymbol{\alpha}_m]\leqslant n<m$，故 $\boldsymbol{\alpha}_1,\boldsymbol{\alpha}_2,\cdots,\boldsymbol{\alpha}_m$ 线性相关.

(2) 当 $m=n$ 时，由于 $t_1,t_2,\cdots,t_m$ 互不相同，因此

$$|\boldsymbol{\alpha}_1\ \ \boldsymbol{\alpha}_2\ \ \cdots\ \ \boldsymbol{\alpha}_m|=\begin{vmatrix}1&1&\cdots&1\\t_1&t_2&\cdots&t_m\\t_1^2&t_2^2&\cdots&t_m^2\\\vdots&\vdots&&\vdots\\t_1^{m-1}&t_2^{m-1}&\cdots&t_m^{m-1}\end{vmatrix}=\prod_{1\leqslant i<j\leqslant m}(t_j-t_i)\neq 0,$$

从而 $\boldsymbol{\alpha}_1,\boldsymbol{\alpha}_2,\cdots,\boldsymbol{\alpha}_m$ 线性无关.

(3) 当 $m<n$ 时，记 $\boldsymbol{\beta}_i=(1,t_i,\cdots,t_i^{m-1})^{\mathrm{T}}(i=1,2,\cdots,m)$，由(2)知，$\boldsymbol{\beta}_1,\boldsymbol{\beta}_2,\cdots,\boldsymbol{\beta}_m$ 线性无关. 因为 $\boldsymbol{\beta}_1,\boldsymbol{\beta}_2,\cdots,\boldsymbol{\beta}_m$ 是 $\boldsymbol{\alpha}_1,\boldsymbol{\alpha}_2,\cdots,\boldsymbol{\alpha}_m$ 的降维组，所以 $\boldsymbol{\alpha}_1,\boldsymbol{\alpha}_2,\cdots,\boldsymbol{\alpha}_m$ 线性无关.

例 4　设 $\boldsymbol{\alpha}_1=(1,-1,1)^{\mathrm{T}},\boldsymbol{\alpha}_2=(2,1,0)^{\mathrm{T}},\boldsymbol{\alpha}_3=(-1,4,k)^{\mathrm{T}}$. 问：当 k 为何值时，向量组 $\boldsymbol{\alpha}_1,\boldsymbol{\alpha}_2,\boldsymbol{\alpha}_3$ 线性相关？当 k 为何值时，向量组 $\boldsymbol{\alpha}_1,\boldsymbol{\alpha}_2,\boldsymbol{\alpha}_3$ 线性无关？

解　方法 1　因为 $|\boldsymbol{\alpha}_1\ \ \boldsymbol{\alpha}_2\ \ \boldsymbol{\alpha}_3|=3k+9$，所以当 $3k+9=0$，即 $k=-3$ 时，$\boldsymbol{\alpha}_1,\boldsymbol{\alpha}_2,\boldsymbol{\alpha}_3$ 线性相关；当 $k\neq-3$ 时，$\boldsymbol{\alpha}_1,\boldsymbol{\alpha}_2,\boldsymbol{\alpha}_3$ 线性无关.

方法 2　对矩阵 $\boldsymbol{A}=[\boldsymbol{\alpha}_1\ \ \boldsymbol{\alpha}_2\ \ \boldsymbol{\alpha}_3]$ 做初等行变换化为阶梯矩阵：

$$\boldsymbol{A}=\begin{bmatrix}1&2&-1\\-1&1&4\\1&0&k\end{bmatrix}\rightarrow\begin{bmatrix}1&2&-1\\0&1&1\\0&0&k+3\end{bmatrix},$$

因此当 $k+3=0$，即 $k=-3$ 时，$\boldsymbol{\alpha}_1,\boldsymbol{\alpha}_2,\boldsymbol{\alpha}_3$ 线性相关；当 $k\neq-3$ 时，$\boldsymbol{\alpha}_1,\boldsymbol{\alpha}_2,\boldsymbol{\alpha}_3$ 线性无关.

例 5　已知向量组 $\boldsymbol{\alpha}_1=(1,3,2,1)^{\mathrm{T}},\boldsymbol{\alpha}_2=(2,7,5,5)^{\mathrm{T}},\boldsymbol{\alpha}_3=(3,-1,-4,k)^{\mathrm{T}}$ 线性相关，则 $k=$________.

解　方法 1　因为

$$[\boldsymbol{\alpha}_1\ \ \boldsymbol{\alpha}_2\ \ \boldsymbol{\alpha}_3]=\begin{bmatrix}1&2&3\\3&7&-1\\2&5&-4\\1&5&k\end{bmatrix}\rightarrow\begin{bmatrix}1&2&3\\0&1&-10\\0&0&k+27\\0&0&0\end{bmatrix},$$

而 $\boldsymbol{\alpha}_1,\boldsymbol{\alpha}_2,\boldsymbol{\alpha}_3$ 线性相关，所以 $k=-27$.

方法 2　因为 $\boldsymbol{\alpha}_1,\boldsymbol{\alpha}_2,\boldsymbol{\alpha}_3$ 线性相关，所以 $\operatorname{rank}[\boldsymbol{\alpha}_1\ \ \boldsymbol{\alpha}_2\ \ \boldsymbol{\alpha}_3]<3$，从而矩阵 $[\boldsymbol{\alpha}_1\ \ \boldsymbol{\alpha}_2\ \ \boldsymbol{\alpha}_3]$ 的第一、二、四行构成的三阶子式 $k+27=0$，从而 $k=-27$.

注 方法2说明，当向量组所含向量个数不等于其维数时，也可以用行列式来确定向量组的线性相关性.请读者自己仔细体会.

题型2 抽象向量组线性相关性的证明

例6 设 $\boldsymbol{A},\boldsymbol{B}$ 是满足 $\boldsymbol{AB}=\boldsymbol{0}$ 的任意两个非零矩阵，则 【 】

(A) $\boldsymbol{A}$ 的列向量组线性相关，$\boldsymbol{B}$ 的行向量组线性相关；

(B) $\boldsymbol{A}$ 的列向量组线性相关，$\boldsymbol{B}$ 的列向量组线性相关；

(C) $\boldsymbol{A}$ 的行向量组线性相关，$\boldsymbol{B}$ 的行向量组线性相关；

(D) $\boldsymbol{A}$ 的行向量组线性相关，$\boldsymbol{B}$ 的列向量组线性相关.

解 设 $\boldsymbol{A}$ 为 $m\times n$ 矩阵，$\boldsymbol{B}$ 为 $n\times s$ 矩阵，因 $\boldsymbol{AB}=\boldsymbol{0}$，故 $\operatorname{rank}\boldsymbol{A}+\operatorname{rank}\boldsymbol{B}\leqslant n$. 又已知 $\boldsymbol{A}$，$\boldsymbol{B}$ 是非零矩阵，则 $\operatorname{rank}\boldsymbol{A}\geqslant 1$，$\operatorname{rank}\boldsymbol{B}\geqslant 1$，从而 $\operatorname{rank}\boldsymbol{A}<n$，$\operatorname{rank}\boldsymbol{B}<n$，故 $\boldsymbol{A}$ 的列向量组线性相关，$\boldsymbol{B}$ 的行向量组线性相关，选(A).

例7 设 $\boldsymbol{\alpha}_1,\boldsymbol{\alpha}_2,\boldsymbol{\alpha}_3$ 为三维向量，则对任意常数 k,l，向量组 $\boldsymbol{\alpha}_1+k\boldsymbol{\alpha}_3,\boldsymbol{\alpha}_2+l\boldsymbol{\alpha}_3$ 线性无关是向量组 $\boldsymbol{\alpha}_1,\boldsymbol{\alpha}_2,\boldsymbol{\alpha}_3$ 线性无关的 【 】

(A) 必要非充分条件； (B) 充分非必要条件；

(C) 充分必要条件； (D) 既非充分又非必要条件.

解 设 $t_1(\boldsymbol{\alpha}_1+k\boldsymbol{\alpha}_3)+t_2(\boldsymbol{\alpha}_2+l\boldsymbol{\alpha}_3)=\boldsymbol{0}$，则

$$t_1\boldsymbol{\alpha}_1+t_2\boldsymbol{\alpha}_2+(kt_1+lt_2)\boldsymbol{\alpha}_3=\boldsymbol{0},$$

由 $\boldsymbol{\alpha}_1,\boldsymbol{\alpha}_2,\boldsymbol{\alpha}_3$ 线性无关，得 $t_1=0,t_2=0,kt_1+lt_2=0$，从而向量组 $\boldsymbol{\alpha}_1+k\boldsymbol{\alpha}_3,\boldsymbol{\alpha}_2+l\boldsymbol{\alpha}_3$ 线性无关.

但是，若向量组 $\boldsymbol{\alpha}_1+k\boldsymbol{\alpha}_3,\boldsymbol{\alpha}_2+l\boldsymbol{\alpha}_3$ 线性无关，则向量组 $\boldsymbol{\alpha}_1,\boldsymbol{\alpha}_2,\boldsymbol{\alpha}_3$ 不一定线性无关，例如

$$\boldsymbol{\alpha}_1=\begin{bmatrix}1\\0\\0\end{bmatrix},\quad \boldsymbol{\alpha}_2=\begin{bmatrix}0\\1\\0\end{bmatrix},\quad \boldsymbol{\alpha}_3=\begin{bmatrix}0\\0\\0\end{bmatrix}.$$

所以选(A).

例8 设向量组 $\boldsymbol{\alpha}_1,\boldsymbol{\alpha}_2,\cdots,\boldsymbol{\alpha}_m(m\geqslant 2)$ 线性无关，令

$$\boldsymbol{\beta}_1=\boldsymbol{\alpha}_1+l_1\boldsymbol{\alpha}_m,\quad \boldsymbol{\beta}_2=\boldsymbol{\alpha}_2+l_2\boldsymbol{\alpha}_m,\quad \cdots,\quad \boldsymbol{\beta}_{m-1}=\boldsymbol{\alpha}_{m-1}+l_{m-1}\boldsymbol{\alpha}_m,$$

证明向量组 $\boldsymbol{\beta}_1,\boldsymbol{\beta}_2,\cdots,\boldsymbol{\beta}_{m-1}$ 线性无关.

证 设有一组数 $k_1,k_2,\cdots,k_{m-1}$，使得

$$k_1\boldsymbol{\beta}_1+k_2\boldsymbol{\beta}_2+\cdots+k_{m-1}\boldsymbol{\beta}_{m-1}=\boldsymbol{0},$$

将 $\boldsymbol{\beta}_1,\boldsymbol{\beta}_2,\cdots,\boldsymbol{\beta}_{m-1}$ 的表示式代入上式

$$k_1(\boldsymbol{\alpha}_1+l_1\boldsymbol{\alpha}_m)+k_2(\boldsymbol{\alpha}_2+l_2\boldsymbol{\alpha}_m)+\cdots+k_{m-1}(\boldsymbol{\alpha}_{m-1}+l_{m-1}\boldsymbol{\alpha}_m)=\boldsymbol{0},$$

整理后得

$$k_1\boldsymbol{\alpha}_1+k_2\boldsymbol{\alpha}_2+\cdots+k_{m-1}\boldsymbol{\alpha}_{m-1}+(k_1l_1+k_2l_2+\cdots+k_{m-1}l_{m-1})\boldsymbol{\alpha}_m=\boldsymbol{0},$$

从而由 $\boldsymbol{\alpha}_1,\boldsymbol{\alpha}_2,\cdots,\boldsymbol{\alpha}_m$ 线性无关，得

$$k_1=k_2=\cdots=k_{m-1}=k_1l_1+k_2l_2+\cdots+k_{m-1}l_{m-1}=0,$$

故向量组 $\boldsymbol{\beta}_1,\boldsymbol{\beta}_2,\cdots,\boldsymbol{\beta}_{m-1}$ 线性无关.

注 在证明抽象向量组 $\boldsymbol{\alpha}_1,\boldsymbol{\alpha}_2,\cdots,\boldsymbol{\alpha}_m$ 线性无关时，首先考虑用定义尝试：先假设 $k_1\boldsymbol{\alpha}_1+k_2\boldsymbol{\alpha}_2+\cdots+k_m\boldsymbol{\alpha}_m=\boldsymbol{0}$，再证明 $k_1=k_2=\cdots=k_m=0$.

例9 若向量组 $\boldsymbol{\alpha}_1,\boldsymbol{\alpha}_2,\boldsymbol{\alpha}_3$ 线性无关，向量组 $\boldsymbol{\alpha}_1,\boldsymbol{\alpha}_2,\boldsymbol{\alpha}_3,\boldsymbol{\alpha}_4$ 线性相关，向量组 $\boldsymbol{\alpha}_1,\boldsymbol{\alpha}_2,\boldsymbol{\alpha}_3,\boldsymbol{\alpha}_5$ 线性无关，证明向量组 $\boldsymbol{\alpha}_1,\boldsymbol{\alpha}_2,\boldsymbol{\alpha}_3,\boldsymbol{\alpha}_5-\boldsymbol{\alpha}_4$ 线性无关.

证 由于向量组 $\boldsymbol{\alpha}_1,\boldsymbol{\alpha}_2,\boldsymbol{\alpha}_3$ 线性无关，向量组 $\boldsymbol{\alpha}_1,\boldsymbol{\alpha}_2,\boldsymbol{\alpha}_3,\boldsymbol{\alpha}_4$ 线性相关，因此 $\boldsymbol{\alpha}_4$ 可由向量组 $\boldsymbol{\alpha}_1,\boldsymbol{\alpha}_2,\boldsymbol{\alpha}_3$ 唯一线性表示，即

$$\boldsymbol{\alpha}_4=k_1\boldsymbol{\alpha}_1+k_2\boldsymbol{\alpha}_2+k_3\boldsymbol{\alpha}_3.$$

设有一组数 l_1,l_2,l_3,l_4，使得

$$l_1\boldsymbol{\alpha}_1+l_2\boldsymbol{\alpha}_2+l_3\boldsymbol{\alpha}_3+l_4(\boldsymbol{\alpha}_5-\boldsymbol{\alpha}_4)=\mathbf{0},$$

将 $\boldsymbol{\alpha}_4$ 代入，整理得

$$(l_1-k_1l_4)\boldsymbol{\alpha}_1+(l_2-k_2l_4)\boldsymbol{\alpha}_2+(l_3-k_3l_4)\boldsymbol{\alpha}_3+l_4\boldsymbol{\alpha}_5=\mathbf{0}.$$

因为向量组 $\boldsymbol{\alpha}_1,\boldsymbol{\alpha}_2,\boldsymbol{\alpha}_3,\boldsymbol{\alpha}_5$ 线性无关，所以

$$\begin{cases}l_1-k_1l_4=0,\\ l_2-k_2l_4=0,\\ l_3-k_3l_4=0,\\ \qquad l_4=0,\end{cases}$$

解得 $l_1=l_2=l_3=l_4=0$，故向量组 $\boldsymbol{\alpha}_1,\boldsymbol{\alpha}_2,\boldsymbol{\alpha}_3,\boldsymbol{\alpha}_5-\boldsymbol{\alpha}_4$ 线性无关.

例 10 证明：n 维列向量组 $\boldsymbol{\alpha}_1,\boldsymbol{\alpha}_2,\cdots,\boldsymbol{\alpha}_n$ 线性无关的充要条件是

$$\begin{vmatrix}\boldsymbol{\alpha}_1^{\mathrm{T}}\boldsymbol{\alpha}_1 & \boldsymbol{\alpha}_1^{\mathrm{T}}\boldsymbol{\alpha}_2 & \cdots & \boldsymbol{\alpha}_1^{\mathrm{T}}\boldsymbol{\alpha}_n\\ \boldsymbol{\alpha}_2^{\mathrm{T}}\boldsymbol{\alpha}_1 & \boldsymbol{\alpha}_2^{\mathrm{T}}\boldsymbol{\alpha}_2 & \cdots & \boldsymbol{\alpha}_2^{\mathrm{T}}\boldsymbol{\alpha}_n\\ \vdots & \vdots & & \vdots\\ \boldsymbol{\alpha}_n^{\mathrm{T}}\boldsymbol{\alpha}_1 & \boldsymbol{\alpha}_n^{\mathrm{T}}\boldsymbol{\alpha}_2 & \cdots & \boldsymbol{\alpha}_n^{\mathrm{T}}\boldsymbol{\alpha}_n\end{vmatrix}\neq 0.$$

证 设 $\mathbf{A}=[\boldsymbol{\alpha}_1\quad\boldsymbol{\alpha}_2\quad\cdots\quad\boldsymbol{\alpha}_n]$，则 $\boldsymbol{\alpha}_1,\boldsymbol{\alpha}_2,\cdots,\boldsymbol{\alpha}_n$ 线性无关当且仅当 $\operatorname{rank}\mathbf{A}=n$，这等价于 $|\mathbf{A}|\neq 0$，这又等价于 $|\mathbf{A}^{\mathrm{T}}\mathbf{A}|=|\mathbf{A}^{\mathrm{T}}||\mathbf{A}|\neq 0$，即

$$\begin{vmatrix}\boldsymbol{\alpha}_1^{\mathrm{T}}\boldsymbol{\alpha}_1 & \boldsymbol{\alpha}_1^{\mathrm{T}}\boldsymbol{\alpha}_2 & \cdots & \boldsymbol{\alpha}_1^{\mathrm{T}}\boldsymbol{\alpha}_n\\ \boldsymbol{\alpha}_2^{\mathrm{T}}\boldsymbol{\alpha}_1 & \boldsymbol{\alpha}_2^{\mathrm{T}}\boldsymbol{\alpha}_2 & \cdots & \boldsymbol{\alpha}_2^{\mathrm{T}}\boldsymbol{\alpha}_n\\ \vdots & \vdots & & \vdots\\ \boldsymbol{\alpha}_n^{\mathrm{T}}\boldsymbol{\alpha}_1 & \boldsymbol{\alpha}_n^{\mathrm{T}}\boldsymbol{\alpha}_2 & \cdots & \boldsymbol{\alpha}_n^{\mathrm{T}}\boldsymbol{\alpha}_n\end{vmatrix}=\left|\begin{bmatrix}\boldsymbol{\alpha}_1^{\mathrm{T}}\\ \boldsymbol{\alpha}_2^{\mathrm{T}}\\ \vdots\\ \boldsymbol{\alpha}_n^{\mathrm{T}}\end{bmatrix}[\boldsymbol{\alpha}_1\quad\boldsymbol{\alpha}_2\quad\cdots\quad\boldsymbol{\alpha}_n]\right|\neq 0.$$

例 11 已知向量组 $\boldsymbol{\alpha}_1,\boldsymbol{\alpha}_2,\cdots,\boldsymbol{\alpha}_s(s\geqslant 2)$ 线性相关，但其中任意 $s-1$ 个向量都线性无关. 证明：

(1) 使得等式 $k_1\boldsymbol{\alpha}_1+k_2\boldsymbol{\alpha}_2+\cdots+k_s\boldsymbol{\alpha}_s=\mathbf{0}$ 成立的系数 $k_1,k_2,\cdots,k_s$ 或者全为零或者全不为零；

(2) 若存在等式 $k_1\boldsymbol{\alpha}_1+k_2\boldsymbol{\alpha}_2+\cdots+k_s\boldsymbol{\alpha}_s=\mathbf{0}$ 和 $l_1\boldsymbol{\alpha}_1+l_2\boldsymbol{\alpha}_2+\cdots+l_s\boldsymbol{\alpha}_s=\mathbf{0}$，且 $l_1\neq 0$，则有 $\dfrac{k_1}{l_1}=\dfrac{k_2}{l_2}=\cdots=\dfrac{k_s}{l_s}$.

证 (1) 设 $k_1,k_2,\cdots,k_s$ 中有一个为零，不妨设 $k_1=0$，则 $k_2\boldsymbol{\alpha}_2+\cdots+k_s\boldsymbol{\alpha}_s=\mathbf{0}$. 因 $\boldsymbol{\alpha}_2,\cdots,\boldsymbol{\alpha}_s$ 线性无关，故 $k_2=\cdots=k_s=0$. 这表明：若系数 $k_1,k_2,\cdots,k_s$ 中有一个为零，则其余系数全为零. 由此即知：若有一个系数不为零，则所有系数全不为零.

(2) 由 $l_1\neq 0$ 和(1)知，$l_1,l_2,\cdots,l_s$ 全不为零，且

$$\left(k_1-\frac{k_1}{l_1}l_1\right)\boldsymbol{\alpha}_1+\left(k_2-\frac{k_1}{l_1}l_2\right)\boldsymbol{\alpha}_2+\cdots+\left(k_s-\frac{k_1}{l_1}l_s\right)\boldsymbol{\alpha}_s=\mathbf{0},$$

而 $k_1-\frac{k_1}{l_1}l_1=0$,由(1)知

$$k_2-\frac{k_1}{l_1}l_2=0,\quad \cdots,\quad k_s-\frac{k_1}{l_1}l_s=0,$$

即

$$\frac{k_1}{l_1}=\frac{k_2}{l_2}=\cdots=\frac{k_s}{l_s}.$$

题型 3　线性表示的判定与讨论

例 12　设有向量组 $\boldsymbol{\alpha}_1=(2,4,0,0)^{\mathrm{T}}$, $\boldsymbol{\alpha}_2=(2,5,0,0)^{\mathrm{T}}$, $\boldsymbol{\alpha}_3=(1,2,4,2)^{\mathrm{T}}$, $\boldsymbol{\alpha}_4=(3,1,2,2)^{\mathrm{T}}$和向量 $\boldsymbol{\beta}=(-1,3,2,2)^{\mathrm{T}}$. 试问:

(1) 向量组 $\boldsymbol{\alpha}_1,\boldsymbol{\alpha}_2,\boldsymbol{\alpha}_3,\boldsymbol{\alpha}_4$ 是否线性无关?

(2) 向量 $\boldsymbol{\beta}$ 能否由 $\boldsymbol{\alpha}_1,\boldsymbol{\alpha}_2,\boldsymbol{\alpha}_3,\boldsymbol{\alpha}_4$ 线性表示? 若能表示,写出具体表示式.

解　(1) 令 $\boldsymbol{A}=[\boldsymbol{\alpha}_1\quad\boldsymbol{\alpha}_2\quad\boldsymbol{\alpha}_3\quad\boldsymbol{\alpha}_4]$,因为 $|\boldsymbol{A}|=8\neq 0$,所以向量组 $\boldsymbol{\alpha}_1,\boldsymbol{\alpha}_2,\boldsymbol{\alpha}_3,\boldsymbol{\alpha}_4$ 线性无关.

(2) 令 $\boldsymbol{\beta}=x_1\boldsymbol{\alpha}_1+x_2\boldsymbol{\alpha}_2+x_3\boldsymbol{\alpha}_3+x_4\boldsymbol{\alpha}_4$,即

$$\begin{cases}2x_1+2x_2+x_3+3x_4=-1,\\4x_1+5x_2+2x_3+x_4=3,\\4x_3+2x_4=2,\\2x_3+2x_4=2,\end{cases}$$

解得 $x_1=-12,x_2=10,x_3=0,x_4=1$,从而 $\boldsymbol{\beta}$ 能由 $\boldsymbol{\alpha}_1,\boldsymbol{\alpha}_2,\boldsymbol{\alpha}_3,\boldsymbol{\alpha}_4$ 线性表示为

$$\boldsymbol{\beta}=-12\boldsymbol{\alpha}_1+10\boldsymbol{\alpha}_2+0\boldsymbol{\alpha}_3+\boldsymbol{\alpha}_4.$$

例 13　问 k 取何值时,$\boldsymbol{\beta}=(1,k,5)$能由向量组 $\boldsymbol{\alpha}_1=(1,-3,2)$,$\boldsymbol{\alpha}_2=(2,-1,1)$线性表示? 又 k 取何值时,$\boldsymbol{\beta}$ 不能由向量组 $\boldsymbol{\alpha}_1,\boldsymbol{\alpha}_2$ 线性表示?

解　记 $\boldsymbol{A}=[\boldsymbol{\alpha}_1^{\mathrm{T}}\quad\boldsymbol{\alpha}_2^{\mathrm{T}}]$,对矩阵$[\boldsymbol{A}\quad\boldsymbol{\beta}^{\mathrm{T}}]$做初等行变换化为阶梯矩阵:

$$[\boldsymbol{A}\quad\boldsymbol{\beta}^{\mathrm{T}}]=\begin{bmatrix}1&2&1\\-3&-1&k\\2&1&5\end{bmatrix}\to\begin{bmatrix}1&2&1\\0&-1&1\\0&0&k+8\end{bmatrix}.$$

当 $k=-8$ 时,$\operatorname{rank}\boldsymbol{A}=\operatorname{rank}[\boldsymbol{A}\quad\boldsymbol{\beta}^{\mathrm{T}}]$,方程组 $\boldsymbol{A}\boldsymbol{x}=\boldsymbol{\beta}^{\mathrm{T}}$有解,$\boldsymbol{\beta}$ 能由向量组 $\boldsymbol{\alpha}_1,\boldsymbol{\alpha}_2$线性表示.

当 $k\neq-8$ 时,$\operatorname{rank}\boldsymbol{A}<\operatorname{rank}[\boldsymbol{A}\quad\boldsymbol{\beta}^{\mathrm{T}}]$,方程组 $\boldsymbol{A}\boldsymbol{x}=\boldsymbol{\beta}^{\mathrm{T}}$无解,$\boldsymbol{\beta}$ 不能由向量组$\boldsymbol{\alpha}_1,\boldsymbol{\alpha}_2$ 线性表示.

例 14　设 $\boldsymbol{\alpha}_1=\begin{bmatrix}1+b\\1\\1\end{bmatrix}$,$\boldsymbol{\alpha}_2=\begin{bmatrix}1\\1+b\\1\end{bmatrix}$,$\boldsymbol{\alpha}_3=\begin{bmatrix}1\\1\\1+b\end{bmatrix}$,$\boldsymbol{\beta}=\begin{bmatrix}0\\b\\b^2\end{bmatrix}$,问当 b 取何值时,

(1) $\boldsymbol{\beta}$ 可由 $\boldsymbol{\alpha}_1,\boldsymbol{\alpha}_2,\boldsymbol{\alpha}_3$ 线性表示,且表达式不唯一;

(2) $\boldsymbol{\beta}$ 可由 $\boldsymbol{\alpha}_1,\boldsymbol{\alpha}_2,\boldsymbol{\alpha}_3$ 线性表示,且表达式唯一;

(3) $\boldsymbol{\beta}$ 不能由 $\boldsymbol{\alpha}_1,\boldsymbol{\alpha}_2,\boldsymbol{\alpha}_3$ 线性表示.

解　记 $\boldsymbol{A}=[\boldsymbol{\alpha}_1\quad\boldsymbol{\alpha}_2\quad\boldsymbol{\alpha}_3]$,对矩阵$[\boldsymbol{A}\quad\boldsymbol{\beta}]$做初等行变换:

$$[\boldsymbol{A}\quad\boldsymbol{\beta}]=\begin{bmatrix}1+b & 1 & 1 & 0\\ 1 & 1+b & 1 & b\\ 1 & 1 & 1+b & b^2\end{bmatrix}\to\begin{bmatrix}1 & 1 & 1+b & b^2\\ 0 & b & -b & b-b^2\\ b & 0 & -b & -b^2\end{bmatrix}.$$

(1) 当 $b=0$ 时,得到 $\boldsymbol{Ax}=\boldsymbol{\beta}$ 的同解方程组

$$x_1=-x_2-x_3,$$

求得方程组 $\boldsymbol{Ax}=\boldsymbol{\beta}$ 的通解为

$$(x_1,x_2,x_3)^{\mathrm{T}}=(-k-l,k,l)^{\mathrm{T}},$$

从而得表达式

$$\boldsymbol{\beta}=(-k-l)\boldsymbol{\alpha}_1+k\boldsymbol{\alpha}_2+l\boldsymbol{\alpha}_3,\quad k,l\text{ 可取任意数}.$$

$\boldsymbol{\beta}$ 可由 $\boldsymbol{\alpha}_1,\boldsymbol{\alpha}_2,\boldsymbol{\alpha}_3$ 线性表示,且表达式不唯一.

(2) 当 $b\neq 0$ 时,对$[\boldsymbol{A}\quad\boldsymbol{\beta}]$继续做初等行变换:

$$[\boldsymbol{A}\quad\boldsymbol{\beta}]\to\begin{bmatrix}1 & 1 & 1+b & b^2\\ 0 & 1 & -1 & 1-b\\ 0 & 0 & -3-b & 1-2b-b^2\end{bmatrix}.$$

当 $b\neq -3$ 时,$\boldsymbol{\beta}$ 可由 $\boldsymbol{\alpha}_1,\boldsymbol{\alpha}_2,\boldsymbol{\alpha}_3$ 线性表示,且表达式唯一.

(3) 当 $b=-3$ 时,$\boldsymbol{\beta}$ 不能由 $\boldsymbol{\alpha}_1,\boldsymbol{\alpha}_2,\boldsymbol{\alpha}_3$ 线性表示.

题型 4 向量组的极大线性无关组与秩的求法

例 15 设矩阵 $\boldsymbol{A}=\begin{bmatrix}1 & 0 & 1\\ 1 & 1 & 2\\ 0 & 1 & 1\end{bmatrix}$,$\boldsymbol{\alpha}_1,\boldsymbol{\alpha}_2,\boldsymbol{\alpha}_3$ 为三个线性无关的列向量,则向量组 $\boldsymbol{A\alpha}_1$,$\boldsymbol{A\alpha}_2,\boldsymbol{A\alpha}_3$ 的秩为________.

解 因$\boldsymbol{\alpha}_1,\boldsymbol{\alpha}_2,\boldsymbol{\alpha}_3$ 线性无关,故矩阵$[\boldsymbol{\alpha}_1\quad\boldsymbol{\alpha}_2\quad\boldsymbol{\alpha}_3]$可逆. 又 $\operatorname{rank}\boldsymbol{A}=2$,则

$$\operatorname{rank}[\boldsymbol{A\alpha}_1\quad\boldsymbol{A\alpha}_2\quad\boldsymbol{A\alpha}_3]=\operatorname{rank}(\boldsymbol{A}[\boldsymbol{\alpha}_1\quad\boldsymbol{\alpha}_2\quad\boldsymbol{\alpha}_3])=\operatorname{rank}\boldsymbol{A}=2.$$

例 16 求向量组

$$\boldsymbol{\alpha}_1=\begin{bmatrix}1\\2\\3\\1\end{bmatrix},\quad\boldsymbol{\alpha}_2=\begin{bmatrix}-1\\-2\\-3\\-1\end{bmatrix},\quad\boldsymbol{\alpha}_3=\begin{bmatrix}-1\\-1\\-1\\1\end{bmatrix},\quad\boldsymbol{\alpha}_4=\begin{bmatrix}0\\2\\4\\1\end{bmatrix},\quad\boldsymbol{\alpha}_5=\begin{bmatrix}3\\4\\5\\8\end{bmatrix},\quad\boldsymbol{\alpha}_6=\begin{bmatrix}-1\\-2\\-3\\2\end{bmatrix}$$

的秩,以及该向量组的极大线性无关组,并将其余向量用极大线性无关组来线性表示.

解 令矩阵 $\boldsymbol{A}=[\boldsymbol{\alpha}_1\quad\boldsymbol{\alpha}_2\quad\boldsymbol{\alpha}_3\quad\boldsymbol{\alpha}_4\quad\boldsymbol{\alpha}_5\quad\boldsymbol{\alpha}_6]$,对 $\boldsymbol{A}$ 做初等行变换化为阶梯矩阵:

$$\boldsymbol{A}=\begin{bmatrix}1 & -1 & -1 & 0 & 3 & -1\\ 2 & -2 & -1 & 2 & 4 & -2\\ 3 & -3 & -1 & 4 & 5 & -3\\ 1 & -1 & 1 & 1 & 8 & 2\end{bmatrix}\to\begin{bmatrix}1 & -1 & -1 & 0 & 3 & -1\\ 0 & 0 & 1 & 2 & -2 & 0\\ 0 & 0 & 0 & -3 & 9 & 3\\ 0 & 0 & 0 & 0 & 0 & 0\end{bmatrix}=\boldsymbol{B},$$

所以向量组 $\boldsymbol{\alpha}_1,\boldsymbol{\alpha}_2,\boldsymbol{\alpha}_3,\boldsymbol{\alpha}_4,\boldsymbol{\alpha}_5,\boldsymbol{\alpha}_6$ 的秩为 3, $\boldsymbol{\alpha}_1,\boldsymbol{\alpha}_3,\boldsymbol{\alpha}_4$ 是它的极大线性无关组.

再对矩阵 $\boldsymbol{B}$ 做初等行变换化为最简阶梯矩阵:

$$\boldsymbol{B}\to\begin{bmatrix}1 & -1 & 0 & 0 & 7 & 1\\ 0 & 0 & 1 & 0 & 4 & 2\\ 0 & 0 & 0 & 1 & -3 & -1\\ 0 & 0 & 0 & 0 & 0 & 0\end{bmatrix},$$

则

$$\boldsymbol{\alpha}_2=-\boldsymbol{\alpha}_1,\quad \boldsymbol{\alpha}_5=7\boldsymbol{\alpha}_1+4\boldsymbol{\alpha}_3-3\boldsymbol{\alpha}_4,\quad \boldsymbol{\alpha}_6=\boldsymbol{\alpha}_1+2\boldsymbol{\alpha}_3-\boldsymbol{\alpha}_4.$$

注 用初等行变换求列向量组 $\boldsymbol{\alpha}_1,\boldsymbol{\alpha}_2,\cdots,\boldsymbol{\alpha}_s$ 的秩与极大线性无关组以及将其余向量用极大线性无关组来线性表示的方法：

(a) 对矩阵 $\boldsymbol{A}=[\boldsymbol{\alpha}_1\quad \boldsymbol{\alpha}_2\quad \cdots\quad \boldsymbol{\alpha}_s]$ 做初等行变换化为阶梯矩阵 $\boldsymbol{B}=[\boldsymbol{\beta}_1\quad \boldsymbol{\beta}_2\quad \cdots\quad \boldsymbol{\beta}_s]$，则 $\boldsymbol{B}$ 的非零行数 r 就是向量组 $\boldsymbol{\alpha}_1,\boldsymbol{\alpha}_2,\cdots,\boldsymbol{\alpha}_s$ 的秩 r；

(b) $\boldsymbol{B}$ 的 r 个非零行中主元所在的列向量 $\boldsymbol{\beta}_{i_1},\boldsymbol{\beta}_{i_2},\cdots,\boldsymbol{\beta}_{i_r}$ 就是向量组 $\boldsymbol{\beta}_1,\boldsymbol{\beta}_2,\cdots,\boldsymbol{\beta}_s$ 的一个极大线性无关组，从而向量组 $\boldsymbol{\alpha}_{i_1},\boldsymbol{\alpha}_{i_2},\cdots,\boldsymbol{\alpha}_{i_r}$ 是向量组 $\boldsymbol{\alpha}_1,\boldsymbol{\alpha}_2,\cdots,\boldsymbol{\alpha}_s$ 的一个极大线性无关组；

(c) 再对 $\boldsymbol{B}$ 做初等行变换得到最简阶梯矩阵 $\boldsymbol{C}=[\boldsymbol{\gamma}_1\quad \boldsymbol{\gamma}_2\quad \cdots\quad \boldsymbol{\gamma}_s]$，则 $\boldsymbol{C}$ 的 r 个非零行中主元所在的列向量 $\boldsymbol{\gamma}_{i_1},\boldsymbol{\gamma}_{i_2},\cdots,\boldsymbol{\gamma}_{i_r}$ 均为基本向量，它们是向量组 $\boldsymbol{\gamma}_1,\boldsymbol{\gamma}_2,\cdots,\boldsymbol{\gamma}_s$ 的一个极大线性无关组，而 $\boldsymbol{C}$ 中其他任何列向量 $\boldsymbol{\gamma}_j$ 都可以很容易地表示为 $\boldsymbol{\gamma}_{i_1},\boldsymbol{\gamma}_{i_2},\cdots,\boldsymbol{\gamma}_{i_r}$ 的线性组合

$$\boldsymbol{\gamma}_j=k_{j_1}\boldsymbol{\gamma}_{i_1}+k_{j_2}\boldsymbol{\gamma}_{i_2}+\cdots+k_{j_r}\boldsymbol{\gamma}_{i_r},$$

于是 $\boldsymbol{\alpha}_j$ 可以由极大线性无关组 $\boldsymbol{\alpha}_{i_1},\boldsymbol{\alpha}_{i_2},\cdots,\boldsymbol{\alpha}_{i_r}$ 线性表示为

$$\boldsymbol{\alpha}_j=k_{j_1}\boldsymbol{\alpha}_{i_1}+k_{j_2}\boldsymbol{\alpha}_{i_2}+\cdots+k_{j_r}\boldsymbol{\alpha}_{i_r}.$$

例 17 设

$$\boldsymbol{A}=[\boldsymbol{\alpha}_1\quad \boldsymbol{\alpha}_2\quad \boldsymbol{\alpha}_3\quad \boldsymbol{\alpha}_4]=\begin{bmatrix}1&1&2&2\\3&2&a&7\\1&0&1&3\\-1&2&1&b\end{bmatrix},$$

求 $\operatorname{rank}\boldsymbol{A}$ 和向量组 $\boldsymbol{\alpha}_1,\boldsymbol{\alpha}_2,\boldsymbol{\alpha}_3,\boldsymbol{\alpha}_4$ 的一个极大线性无关组.

解 对矩阵 $\boldsymbol{A}$ 做初等行变换，得

$$\boldsymbol{A}=\begin{bmatrix}1&1&2&2\\3&2&a&7\\1&0&1&3\\-1&2&1&b\end{bmatrix}\to\begin{bmatrix}1&1&2&2\\0&-1&-1&1\\0&0&a-5&0\\0&0&0&b+5\end{bmatrix}.$$

(1) 当 $a=5,b=-5$ 时，$\operatorname{rank}\boldsymbol{A}=2$，$\boldsymbol{\alpha}_1,\boldsymbol{\alpha}_2$ 是一个极大线性无关组；

(2) 当 $a=5,b\neq-5$ 时，$\operatorname{rank}\boldsymbol{A}=3$，$\boldsymbol{\alpha}_1,\boldsymbol{\alpha}_2,\boldsymbol{\alpha}_4$ 是一个极大线性无关组；

(3) 当 $a\neq5,b=-5$ 时，$\operatorname{rank}\boldsymbol{A}=3$，$\boldsymbol{\alpha}_1,\boldsymbol{\alpha}_2,\boldsymbol{\alpha}_3$ 是一个极大线性无关组；

(4) 当 $a\neq5,b\neq-5$ 时，$\operatorname{rank}\boldsymbol{A}=4$，$\boldsymbol{\alpha}_1,\boldsymbol{\alpha}_2,\boldsymbol{\alpha}_3,\boldsymbol{\alpha}_4$ 是一个极大线性无关组.

例 18 设四维向量组

$$\boldsymbol{\alpha}_1=\begin{bmatrix}1+a\\1\\1\\1\end{bmatrix},\boldsymbol{\alpha}_2=\begin{bmatrix}2\\2+a\\2\\2\end{bmatrix},\boldsymbol{\alpha}_3=\begin{bmatrix}3\\3\\3+a\\3\end{bmatrix},\boldsymbol{\alpha}_4=\begin{bmatrix}4\\4\\4\\4+a\end{bmatrix},$$

问 a 为何值时 $\boldsymbol{\alpha}_1,\boldsymbol{\alpha}_2,\boldsymbol{\alpha}_3,\boldsymbol{\alpha}_4$ 线性相关？当 $\boldsymbol{\alpha}_1,\boldsymbol{\alpha}_2,\boldsymbol{\alpha}_3,\boldsymbol{\alpha}_4$ 线性相关时，求其一个极大线性无关组，并将其余向量用该极大线性无关组线性表示.

解 对矩阵 $\boldsymbol{A}=[\boldsymbol{\alpha}_1\quad \boldsymbol{\alpha}_2\quad \boldsymbol{\alpha}_3\quad \boldsymbol{\alpha}_4]$ 做初等行变换：

$$A=\begin{bmatrix}1+a&2&3&4\\1&2+a&3&4\\1&2&3+a&4\\1&2&3&4+a\end{bmatrix}\to\begin{bmatrix}1&2&3&4+a\\0&0&a&-a\\0&a&0&-a\\a&0&0&-a\end{bmatrix},$$

由上可知，$|A|=0$ 即 $\alpha_1,\alpha_2,\alpha_3,\alpha_4$ 线性相关的充要条件是 $a=0$ 或 $a=-10$.

当 $a=0$ 时，$\alpha_1,\alpha_2,\alpha_3,\alpha_4$ 的秩为 1，$\alpha_1,\alpha_2,\alpha_3,\alpha_4$ 中的任何一个向量都能成为其极大线性无关组. 当 α_1 作为极大线性无关组时，有 $\alpha_2=2\alpha_1,\alpha_3=3\alpha_1,\alpha_4=4\alpha_1$.

当 $a=-10$ 时，继续对 A 做初等行变换：

$$A\to\begin{bmatrix}1&2&3&-6\\0&0&-10&10\\0&-10&0&10\\-10&0&0&10\end{bmatrix}\to\begin{bmatrix}1&0&0&-1\\0&1&0&-1\\0&0&1&-1\\0&0&0&0\end{bmatrix},$$

因此 $\alpha_1,\alpha_2,\alpha_3$ 是 $\alpha_1,\alpha_2,\alpha_3,\alpha_4$ 的一个极大线性无关组，且 $\alpha_4=-\alpha_1-\alpha_2-\alpha_3$.

题型 5 两个向量组线性表示与等价的证明

例 19 设向量组 $\alpha_1,\alpha_2,\alpha_3,\alpha_4$ 线性无关，则 【 】

(A) $\alpha_1+\alpha_2,\alpha_2+\alpha_3,\alpha_3+\alpha_4,\alpha_4+\alpha_1$ 线性无关；

(B) $\alpha_1-\alpha_2,\alpha_2-\alpha_3,\alpha_3-\alpha_4,\alpha_4-\alpha_1$ 线性无关；

(C) $\alpha_1+\alpha_2,\alpha_2+\alpha_3,\alpha_3-\alpha_4,\alpha_4-\alpha_1$ 线性无关；

(D) $\alpha_1+\alpha_2,\alpha_2-\alpha_3,\alpha_3-\alpha_4,\alpha_4-\alpha_1$ 线性无关.

解 四个选项中各向量组用 $\alpha_1,\alpha_2,\alpha_3,\alpha_4$ 线性表示的表示系数矩阵依次为

$$K_1=\begin{bmatrix}1&0&0&1\\1&1&0&0\\0&1&1&0\\0&0&1&1\end{bmatrix},\quad K_2=\begin{bmatrix}1&0&0&-1\\-1&1&0&0\\0&-1&1&0\\0&0&-1&1\end{bmatrix},$$

$$K_3=\begin{bmatrix}1&0&0&-1\\1&1&0&0\\0&1&1&0\\0&0&-1&1\end{bmatrix},\quad K_4=\begin{bmatrix}1&0&0&-1\\1&1&0&0\\0&-1&1&0\\0&0&-1&1\end{bmatrix}.$$

因 $|K_1|=|K_2|=|K_3|=0$，$|K_4|=2\neq0$，故选(D).

例 20 设

$$\beta_1=\alpha_2+\alpha_3+\cdots+\alpha_n,\quad \beta_2=\alpha_1+\alpha_3+\cdots+\alpha_n,\quad \cdots,\quad \beta_n=\alpha_1+\alpha_2+\cdots+\alpha_{n-1},$$

证明当 $n\geqslant2$ 时向量组 $\alpha_1,\alpha_2,\cdots,\alpha_n$ 与 $\beta_1,\beta_2,\cdots,\beta_n$ 有相同的秩.

证 由题设知

$$[\beta_1\quad\beta_2\quad\cdots\quad\beta_n]=[\alpha_1\quad\alpha_2\quad\cdots\quad\alpha_n]\begin{bmatrix}0&1&\cdots&1\\1&0&\cdots&1\\\vdots&\vdots&&\vdots\\1&1&\cdots&0\end{bmatrix},$$

记上式中表示系数矩阵为 K，则 $|K|=(-1)^{n-1}(n-1)\neq0$，故 K 可逆，因此

$$[\alpha_1\quad\alpha_2\quad\cdots\quad\alpha_n]=[\beta_1\quad\beta_2\quad\cdots\quad\beta_n]K^{-1},$$

即这两个向量组等价，从而它们的秩相同.

例 21 设 $\boldsymbol{A},\boldsymbol{B},\boldsymbol{C}$ 均为 n 阶矩阵，若 $\boldsymbol{AB}=\boldsymbol{C}$，且 $\boldsymbol{B}$ 可逆，则 【 】

(A) 矩阵 $\boldsymbol{C}$ 的行向量组与矩阵 $\boldsymbol{A}$ 的行向量组等价；

(B) 矩阵 $\boldsymbol{C}$ 的列向量组与矩阵 $\boldsymbol{A}$ 的列向量组等价；

(C) 矩阵 $\boldsymbol{C}$ 的行向量组与矩阵 $\boldsymbol{B}$ 的行向量组等价；

(D) 矩阵 $\boldsymbol{C}$ 的列向量组与矩阵 $\boldsymbol{B}$ 的列向量组等价.

解 将矩阵 $\boldsymbol{A},\boldsymbol{C}$ 按列分块，由 $\boldsymbol{AB}=\boldsymbol{C}$ 知矩阵 $\boldsymbol{C}$ 的列向量组可由矩阵 $\boldsymbol{A}$ 的列向量表示. 因 $\boldsymbol{B}$ 可逆，故 $\boldsymbol{A}=\boldsymbol{CB}^{-1}$，矩阵 $\boldsymbol{A}$ 的列向量组可由矩阵 $\boldsymbol{C}$ 的列向量表示，从而矩阵 $\boldsymbol{C}$ 的列向量组与矩阵 $\boldsymbol{A}$ 的列向量组等价. 所以选(B).

例 22 设向量组 $\boldsymbol{\alpha}_1=(1,0,1)^{\mathrm{T}},\boldsymbol{\alpha}_2=(0,1,1)^{\mathrm{T}},\boldsymbol{\alpha}_3=(1,3,5)^{\mathrm{T}}$ 不能由向量组 $\boldsymbol{\beta}_1=(1,1,1)^{\mathrm{T}},\boldsymbol{\beta}_2=(1,2,3)^{\mathrm{T}},\boldsymbol{\beta}_3=(3,4,a)^{\mathrm{T}}$ 线性表示.

(1) 求 a 的值；

(2) 将 $\boldsymbol{\beta}_1,\boldsymbol{\beta}_2,\boldsymbol{\beta}_3$ 用 $\boldsymbol{\alpha}_1,\boldsymbol{\alpha}_2,\boldsymbol{\alpha}_3$ 线性表示.

解 (1) 因为四个三维向量 $\boldsymbol{\beta}_1,\boldsymbol{\beta}_2,\boldsymbol{\beta}_3,\boldsymbol{\alpha}_i$ 线性相关($i=1,2,3$)，所以若 $\boldsymbol{\beta}_1,\boldsymbol{\beta}_2,\boldsymbol{\beta}_3$ 线性无关，则 $\boldsymbol{\alpha}_i(i=1,2,3)$ 可由 $\boldsymbol{\beta}_1,\boldsymbol{\beta}_2,\boldsymbol{\beta}_3$ 线性表示，与题设矛盾. 于是 $\boldsymbol{\beta}_1,\boldsymbol{\beta}_2,\boldsymbol{\beta}_3$ 线性相关，从而 $|\boldsymbol{\beta}_1\quad\boldsymbol{\beta}_2\quad\boldsymbol{\beta}_3|=a-5=0$，于是 $a=5$.

(2) 因为

$$[\boldsymbol{\alpha}_1\quad\boldsymbol{\alpha}_2\quad\boldsymbol{\alpha}_3\quad\boldsymbol{\beta}_1\quad\boldsymbol{\beta}_2\quad\boldsymbol{\beta}_3]=\begin{bmatrix}1&0&1&1&1&3\\0&1&3&1&2&4\\1&1&5&1&3&5\end{bmatrix}\to\begin{bmatrix}1&0&0&2&1&5\\0&1&0&4&2&10\\0&0&1&-1&0&-2\end{bmatrix},$$

从而

$$\boldsymbol{\beta}_1=2\boldsymbol{\alpha}_1+4\boldsymbol{\alpha}_2-\boldsymbol{\alpha}_3,\quad \boldsymbol{\beta}_2=\boldsymbol{\alpha}_1+2\boldsymbol{\alpha}_2,\quad \boldsymbol{\beta}_3=5\boldsymbol{\alpha}_1+10\boldsymbol{\alpha}_2-2\boldsymbol{\alpha}_3.$$

注 本例中(1)也可以对矩阵$[\boldsymbol{\beta}_1\quad\boldsymbol{\beta}_2\quad\boldsymbol{\beta}_3\quad\boldsymbol{\alpha}_1\quad\boldsymbol{\alpha}_2\quad\boldsymbol{\alpha}_3]$做初等行变换化为阶梯矩阵，以 $\operatorname{rank}[\boldsymbol{\beta}_1\quad\boldsymbol{\beta}_2\quad\boldsymbol{\beta}_3]<\operatorname{rank}[\boldsymbol{\beta}_1\quad\boldsymbol{\beta}_2\quad\boldsymbol{\beta}_3\quad\boldsymbol{\alpha}_1\quad\boldsymbol{\alpha}_2\quad\boldsymbol{\alpha}_3]$来确定 a 的取值，但计算量较大.

例 23 设有两个向量组

(Ⅰ)：$\boldsymbol{\alpha}_1=(2,4,-2)^{\mathrm{T}},\boldsymbol{\alpha}_2=(-1,a-3,1)^{\mathrm{T}},\boldsymbol{\alpha}_3=(2,8,b-1)^{\mathrm{T}}$；

(Ⅱ)：$\boldsymbol{\beta}_1=(2,b+5,-2)^{\mathrm{T}},\boldsymbol{\beta}_2=(3,7,a-4)^{\mathrm{T}},\boldsymbol{\beta}_3=(1,2b+4,-1)^{\mathrm{T}}$.

问：(1) 当 a,b 为何值时，向量组(Ⅰ)与(Ⅱ)的秩相等且等价？

(2) 当 a,b 为何值时，向量组(Ⅰ)与(Ⅱ)的秩相等但不等价？

解 对矩阵$[\boldsymbol{\alpha}_1\quad\boldsymbol{\alpha}_2\quad\boldsymbol{\alpha}_3\quad\boldsymbol{\beta}_1\quad\boldsymbol{\beta}_2\quad\boldsymbol{\beta}_3]$做初等行变换，得

$$[\boldsymbol{\alpha}_1\quad\boldsymbol{\alpha}_2\quad\boldsymbol{\alpha}_3\quad\boldsymbol{\beta}_1\quad\boldsymbol{\beta}_2\quad\boldsymbol{\beta}_3]=\begin{bmatrix}2&-1&2&2&3&1\\4&a-3&8&b+5&7&2b+4\\-2&1&b-1&-2&a-4&-1\end{bmatrix}$$

$$\to\begin{bmatrix}2&-1&2&2&3&1\\0&a-1&4&b+1&1&2b+2\\0&0&b+1&0&a-1&0\end{bmatrix}.$$

当 $a\neq1,b\neq-1$ 时，$\operatorname{rank}[\boldsymbol{\alpha}_1\quad\boldsymbol{\alpha}_2\quad\boldsymbol{\alpha}_3]=\operatorname{rank}[\boldsymbol{\alpha}_1\quad\boldsymbol{\alpha}_2\quad\boldsymbol{\alpha}_3\quad\boldsymbol{\beta}_1\quad\boldsymbol{\beta}_2\quad\boldsymbol{\beta}_3]=3$，且

$$|\boldsymbol{\beta}_1\quad\boldsymbol{\beta}_2\quad\boldsymbol{\beta}_3|=-3(a-1)(b+1)\neq0,$$

即 $\operatorname{rank}[\boldsymbol{\beta}_1\quad\boldsymbol{\beta}_2\quad\boldsymbol{\beta}_3]=3$，从而向量组(Ⅰ)与(Ⅱ)的秩相等且等价.

当 $a=1,b=-1$ 时，$\text{rank}\,[\boldsymbol{\alpha}_1\quad\boldsymbol{\alpha}_2\quad\boldsymbol{\alpha}_3]=\text{rank}\,[\boldsymbol{\alpha}_1\quad\boldsymbol{\alpha}_2\quad\boldsymbol{\alpha}_3\quad\boldsymbol{\beta}_1\quad\boldsymbol{\beta}_2\quad\boldsymbol{\beta}_3]=2$，且 $\text{rank}\,[\boldsymbol{\beta}_1\quad\boldsymbol{\beta}_2\quad\boldsymbol{\beta}_3]=2$，从而向量组(Ⅰ)与(Ⅱ)的秩相等且等价.

当 $a=1,b\neq-1$，或者 $a\neq1,b=-1$ 时，$\text{rank}\,[\boldsymbol{\alpha}_1\quad\boldsymbol{\alpha}_2\quad\boldsymbol{\alpha}_3]=\text{rank}\,[\boldsymbol{\beta}_1\quad\boldsymbol{\beta}_2\quad\boldsymbol{\beta}_3]=2$，$\text{rank}\,[\boldsymbol{\alpha}_1\quad\boldsymbol{\alpha}_2\quad\boldsymbol{\alpha}_3\quad\boldsymbol{\beta}_1\quad\boldsymbol{\beta}_2\quad\boldsymbol{\beta}_3]=3$，从而向量组(Ⅰ)与(Ⅱ)的秩相等但不等价.

注 设 $\boldsymbol{\alpha}_1,\boldsymbol{\alpha}_2,\cdots,\boldsymbol{\alpha}_s$ 与 $\boldsymbol{\beta}_1,\boldsymbol{\beta}_2,\cdots,\boldsymbol{\beta}_t$ 是两个 n 维向量组，则它们等价的充要条件是 $\text{rank}\,[\boldsymbol{\alpha}_1\quad\boldsymbol{\alpha}_2\quad\cdots\quad\boldsymbol{\alpha}_s]=\text{rank}\,[\boldsymbol{\beta}_1\quad\boldsymbol{\beta}_2\quad\cdots\quad\boldsymbol{\beta}_t]=\text{rank}\,[\boldsymbol{\alpha}_1\quad\boldsymbol{\alpha}_2\quad\cdots\quad\boldsymbol{\alpha}_s\quad\boldsymbol{\beta}_1\quad\boldsymbol{\beta}_2\quad\cdots\quad\boldsymbol{\beta}_t]$.

题型 6 线性方程组解的结构分析

例 24 设 $\boldsymbol{A}=[\boldsymbol{\alpha}_1\quad\boldsymbol{\alpha}_2\quad\boldsymbol{\alpha}_3\quad\boldsymbol{\alpha}_4]$ 为四阶矩阵，$\boldsymbol{A}^*$ 为 $\boldsymbol{A}$ 的伴随矩阵，若 $(1,0,1,0)^{\mathrm{T}}$ 是方程组 $\boldsymbol{Ax}=\boldsymbol{0}$ 的一个基础解系，则方程组 $\boldsymbol{A}^*\boldsymbol{x}=\boldsymbol{0}$ 的基础解系为 【 】

(A) $\boldsymbol{\alpha}_1,\boldsymbol{\alpha}_3$； (B) $\boldsymbol{\alpha}_1,\boldsymbol{\alpha}_2$； (C) $\boldsymbol{\alpha}_1,\boldsymbol{\alpha}_2,\boldsymbol{\alpha}_3$； (D) $\boldsymbol{\alpha}_2,\boldsymbol{\alpha}_3,\boldsymbol{\alpha}_4$.

解 因为 $(1,0,1,0)^{\mathrm{T}}$ 是 $\boldsymbol{Ax}=\boldsymbol{0}$ 的一个基础解系，所以 $\boldsymbol{\alpha}_1+\boldsymbol{\alpha}_3=\boldsymbol{0}$，且 $\text{rank}\,\boldsymbol{A}=3$，从而 $\text{rank}\,\boldsymbol{A}^*=1$，则 $\boldsymbol{A}^*\boldsymbol{x}=\boldsymbol{0}$ 的解空间的维数是 3，而 $\boldsymbol{A}^*\boldsymbol{A}=|\boldsymbol{A}|\boldsymbol{E}=\boldsymbol{0}$，且 $\boldsymbol{\alpha}_2,\boldsymbol{\alpha}_3,\boldsymbol{\alpha}_4$ 线性无关，因此选(D).

例 25 设向量 $\boldsymbol{\alpha}_1,\boldsymbol{\alpha}_2,\boldsymbol{\alpha}_3$ 是方程组 $\boldsymbol{Ax}=\boldsymbol{0}$ 的一个基础解系，令 $\boldsymbol{\beta}_1=\boldsymbol{\alpha}_1-\boldsymbol{\alpha}_2+\boldsymbol{\alpha}_3$，$\boldsymbol{\beta}_2=2\boldsymbol{\alpha}_1+3\boldsymbol{\alpha}_2-\boldsymbol{\alpha}_3$，$\boldsymbol{\beta}_3=\boldsymbol{\alpha}_1+2\boldsymbol{\alpha}_2-3\boldsymbol{\alpha}_3$，证明向量组 $\boldsymbol{\beta}_1,\boldsymbol{\beta}_2,\boldsymbol{\beta}_3$ 是方程组 $\boldsymbol{Ax}=\boldsymbol{0}$ 的基础解系.

证 由题设知，$\boldsymbol{\beta}_1,\boldsymbol{\beta}_2,\boldsymbol{\beta}_3$ 都是方程组 $\boldsymbol{Ax}=\boldsymbol{0}$ 的解，且

$$[\boldsymbol{\beta}_1\quad\boldsymbol{\beta}_2\quad\boldsymbol{\beta}_3]=[\boldsymbol{\alpha}_1\quad\boldsymbol{\alpha}_2\quad\boldsymbol{\alpha}_3]\begin{bmatrix}1&2&1\\-1&3&2\\1&-1&-3\end{bmatrix},$$

易知上式中表示系数矩阵可逆. 而 $\boldsymbol{\alpha}_1,\boldsymbol{\alpha}_2,\boldsymbol{\alpha}_3$ 线性无关，故 $\boldsymbol{\beta}_1,\boldsymbol{\beta}_2,\boldsymbol{\beta}_3$ 线性无关.

因为方程组 $\boldsymbol{Ax}=\boldsymbol{0}$ 的基础解系含有三个线性无关的解向量，所以 $\boldsymbol{\beta}_1,\boldsymbol{\beta}_2,\boldsymbol{\beta}_3$ 是方程组 $\boldsymbol{Ax}=\boldsymbol{0}$ 的基础解系.

注 证明一个向量组是 n 元齐次线性方程组 $\boldsymbol{Ax}=\boldsymbol{0}$ 的基础解系需要验验三个条件：

(1) 该向量组中每个向量都是方程组 $\boldsymbol{Ax}=\boldsymbol{0}$ 的解；

(2) 该向量组线性无关；

(3) 该向量组的向量个数为 $n-\text{rank}\,\boldsymbol{A}$.

例 26 设四阶矩阵 $\boldsymbol{A}$ 的秩为 2，且 $\boldsymbol{A\eta}_i=\boldsymbol{b}\,(i=1,2,3,4)$，其中

$$\boldsymbol{\eta}_1+\boldsymbol{\eta}_2=\begin{bmatrix}1\\1\\0\\0\end{bmatrix},\quad\boldsymbol{\eta}_2+\boldsymbol{\eta}_3=\begin{bmatrix}1\\-1\\1\\0\end{bmatrix},\quad\boldsymbol{\eta}_3+\boldsymbol{\eta}_4=\begin{bmatrix}2\\2\\2\\2\end{bmatrix},$$

求非齐次方程组 $\boldsymbol{Ax}=\boldsymbol{b}$ 的通解.

解 因为 $\text{rank}\,\boldsymbol{A}=2$，所以 $\boldsymbol{Ax}=\boldsymbol{0}$ 的基础解系所含向量个数为 2，令

$$\boldsymbol{\xi}_1=(\boldsymbol{\eta}_1+\boldsymbol{\eta}_2)-(\boldsymbol{\eta}_2+\boldsymbol{\eta}_3)=(0,2,-1,0)^{\mathrm{T}},$$

$$\boldsymbol{\xi}_2=(\boldsymbol{\eta}_3+\boldsymbol{\eta}_4)-(\boldsymbol{\eta}_2+\boldsymbol{\eta}_3)=(1,3,1,2)^{\mathrm{T}},$$

则 $\boldsymbol{\xi}_1,\boldsymbol{\xi}_2$ 为齐次线性方程组 $\boldsymbol{Ax}=\boldsymbol{0}$ 的一个基础解系. 而 $\frac{1}{2}(\boldsymbol{\eta}_3+\boldsymbol{\eta}_4)=(1,1,1,1)^{\mathrm{T}}$ 为非齐次线性方程组 $\boldsymbol{Ax}=\boldsymbol{b}$ 的一个特解，故其通解为

$$\boldsymbol{x}=k_1(0,2,-1,0)^{\mathrm{T}}+k_2(1,3,1,2)^{\mathrm{T}}+(1,1,1,1)^{\mathrm{T}},\quad k_1,k_2\text{ 为任意数}.$$

例 27 设 $\boldsymbol{A}=\begin{bmatrix}1&2&1&2\\0&1&t&t\\1&t&0&1\end{bmatrix}$，且齐次方程组 $\boldsymbol{Ax}=\boldsymbol{0}$ 的基础解系中含有两个解向量，求 $\boldsymbol{Ax}=\boldsymbol{0}$ 的通解.

解 因为 $n=4$，$n-\operatorname{rank}\boldsymbol{A}=2$，所以 $\operatorname{rank}\boldsymbol{A}=2$，对 $\boldsymbol{A}$ 做初等行变换，得

$$\boldsymbol{A}=\begin{bmatrix}1&2&1&2\\0&1&t&t\\1&t&0&1\end{bmatrix}\to\begin{bmatrix}1&0&1-2t&2-2t\\0&1&t&t\\0&0&-(1-t)^2&-(1-t)^2\end{bmatrix},$$

要使 $\operatorname{rank}\boldsymbol{A}=2$，则必有 $t=1$，此时与 $\boldsymbol{Ax}=\boldsymbol{0}$ 同解的方程组为

$$\begin{cases}x_1=x_3,\\x_2=-x_3-x_4,\end{cases}$$

得基础解系 $\boldsymbol{\xi}_1=(1,-1,1,0)^{\mathrm{T}}$，$\boldsymbol{\xi}_2=(0,-1,0,1)^{\mathrm{T}}$，故方程组的通解为

$$\boldsymbol{x}=k_1\boldsymbol{\xi}_1+k_2\boldsymbol{\xi}_2,\quad k_1,k_2\text{ 为任意数.}$$

例 28 设 $\boldsymbol{\alpha}_1=(1,-2,0,1)^{\mathrm{T}}$，$\boldsymbol{\alpha}_2=(1,0,1,0)^{\mathrm{T}}$，$\boldsymbol{\alpha}_3=(2,3,7,1)^{\mathrm{T}}$ 是方程组

$$\begin{cases}a_1x_1+x_2+a_3x_3+x_4=b_1,\\3x_1+a_2x_2+x_3+a_4x_4=b_2,\\x_1+4x_2-3x_3+5x_4=-2\end{cases}$$

的解，求该方程组的通解，并写出该方程组.

解 方程组的系数矩阵为

$$\boldsymbol{A}=\begin{bmatrix}a_1&1&a_3&1\\3&a_2&1&a_4\\1&4&-3&5\end{bmatrix},$$

由于 $\boldsymbol{A}$ 中存在非零二阶子式，因此 $\operatorname{rank}\boldsymbol{A}\geqslant 2$. 又

$$\boldsymbol{\alpha}_1-\boldsymbol{\alpha}_2=(0,-2,-1,1)^{\mathrm{T}},\quad \boldsymbol{\alpha}_1-\boldsymbol{\alpha}_3=(-1,-5,-7,0)^{\mathrm{T}}$$

是已知方程组的导出方程组 $\boldsymbol{Ax}=\boldsymbol{0}$ 的两个线性无关的解，故 $4-\operatorname{rank}\boldsymbol{A}\geqslant 2$，即 $\operatorname{rank}\boldsymbol{A}\leqslant 2$，于是 $\operatorname{rank}\boldsymbol{A}=2$，$\boldsymbol{\alpha}_1-\boldsymbol{\alpha}_2$ 和 $\boldsymbol{\alpha}_1-\boldsymbol{\alpha}_3$ 是 $\boldsymbol{Ax}=\boldsymbol{0}$ 的基础解系，从而所给方程组的通解为

$$\begin{aligned}\boldsymbol{x}&=k_1(\boldsymbol{\alpha}_1-\boldsymbol{\alpha}_2)+k_2(\boldsymbol{\alpha}_1-\boldsymbol{\alpha}_3)+\boldsymbol{\alpha}_1\\&=k_1\begin{bmatrix}0\\-2\\-1\\1\end{bmatrix}+k_2\begin{bmatrix}-1\\-5\\-7\\0\end{bmatrix}+\begin{bmatrix}1\\-2\\0\\1\end{bmatrix},\quad k_1,k_2\text{ 为任意数.}\end{aligned}$$

将 $\boldsymbol{\alpha}_1-\boldsymbol{\alpha}_2$ 和 $\boldsymbol{\alpha}_1-\boldsymbol{\alpha}_3$ 代入齐次方程组 $\boldsymbol{Ax}=\boldsymbol{0}$，有

$$\begin{cases}-1-a_3=0,\\-2a_2-1+a_4=0,\\-a_1-5-7a_3=0,\\-10-5a_2=0,\end{cases}$$

得 $a_1=2$，$a_2=-2$，$a_3=-1$，$a_4=-3$；再将 $\boldsymbol{\alpha}_1=(1,-2,0,1)^{\mathrm{T}}$ 代入原方程组，得 $b_1=1$，$b_2=4$，从而原方程组为

$$\begin{cases}2x_1+x_2-x_3+x_4=1,\\3x_1-2x_2+x_3-3x_4=4,\\x_1+4x_2-3x_3+5x_4=-2.\end{cases}$$

注 当方程组系数矩阵 $\boldsymbol{A}$ 的秩已知或基础解系的解向量的个数已知时，n 元齐次线性方程组 $\boldsymbol{Ax}=\boldsymbol{0}$ 的任何 $n-\operatorname{rank}\boldsymbol{A}$ 个线性无关的解向量都构成其基础解系.

题型7 两个线性方程组同解的判定与公共解的求法

例29 设有齐次方程组 $\boldsymbol{Ax}=\boldsymbol{0}$ 和 $\boldsymbol{Bx}=\boldsymbol{0}$，其中 $\boldsymbol{A},\boldsymbol{B}$ 均为 $m\times n$ 矩阵.

① 若 $\boldsymbol{Ax}=\boldsymbol{0}$ 的解均是 $\boldsymbol{Bx}=\boldsymbol{0}$ 的解，则 $\operatorname{rank}\boldsymbol{A}\geqslant\operatorname{rank}\boldsymbol{B}$；

② 若 $\operatorname{rank}\boldsymbol{A}\geqslant\operatorname{rank}\boldsymbol{B}$，则 $\boldsymbol{Ax}=\boldsymbol{0}$ 的解均是 $\boldsymbol{Bx}=\boldsymbol{0}$ 的解；

③ 若 $\boldsymbol{Ax}=\boldsymbol{0}$ 与 $\boldsymbol{Bx}=\boldsymbol{0}$ 同解，则 $\operatorname{rank}\boldsymbol{A}=\operatorname{rank}\boldsymbol{B}$；

④ 若 $\operatorname{rank}\boldsymbol{A}=\operatorname{rank}\boldsymbol{B}$，则 $\boldsymbol{Ax}=\boldsymbol{0}$ 与 $\boldsymbol{Bx}=\boldsymbol{0}$ 同解.

以上命题正确的是 【 】

(A) ①②；　(B) ①③；　(C) ②④；　(D) ③④.

解 若 $\boldsymbol{Ax}=\boldsymbol{0}$ 与 $\boldsymbol{Bx}=\boldsymbol{0}$ 同解，则 $n-\operatorname{rank}\boldsymbol{A}=n-\operatorname{rank}\boldsymbol{B}$，从而 $\operatorname{rank}\boldsymbol{A}=\operatorname{rank}\boldsymbol{B}$，即命题③成立，排除(A)和(C).

若 $\boldsymbol{Ax}=\boldsymbol{0}$ 的解均是 $\boldsymbol{Bx}=\boldsymbol{0}$ 的解，则 $\boldsymbol{Ax}=\boldsymbol{0}$ 的解空间是 $\boldsymbol{Bx}=\boldsymbol{0}$ 的解空间的子空间，故 $n-\operatorname{rank}\boldsymbol{A}\leqslant n-\operatorname{rank}\boldsymbol{B}$，从而 $\operatorname{rank}\boldsymbol{A}\geqslant\operatorname{rank}\boldsymbol{B}$，命题①成立，故选(B).

例30 设 $\boldsymbol{A},\boldsymbol{B}$ 均为 $m\times n$ 矩阵，则 $\boldsymbol{Ax}=\boldsymbol{0}$ 与 $\boldsymbol{Bx}=\boldsymbol{0}$ 同解的充要条件是 【 】

(A) $\boldsymbol{A}$ 与 $\boldsymbol{B}$ 等价；　(B) $\boldsymbol{A}^{\mathrm{T}}\boldsymbol{y}=\boldsymbol{0}$ 与 $\boldsymbol{B}^{\mathrm{T}}\boldsymbol{y}=\boldsymbol{0}$ 同解；

(C) $\boldsymbol{A},\boldsymbol{B}$ 的行向量组等价；　(D) $\boldsymbol{A},\boldsymbol{B}$ 的列向量组等价.

解 可用反例通过排除法得到正确选项.

对于(A)，相当于 $\operatorname{rank}\boldsymbol{A}=\operatorname{rank}\boldsymbol{B}$，显然只是必要而非充分条件，排除(A)；

对于(B)，例如 $\boldsymbol{A}=\begin{bmatrix}1&0&0\\2&0&0\end{bmatrix}$，$\boldsymbol{B}=\begin{bmatrix}2&0&0\\1&0&0\end{bmatrix}$，显然 $\boldsymbol{Ax}=\boldsymbol{0}$ 与 $\boldsymbol{Bx}=\boldsymbol{0}$ 同解，但 $\boldsymbol{A}^{\mathrm{T}}\boldsymbol{y}=\boldsymbol{0}$ 与 $\boldsymbol{B}^{\mathrm{T}}\boldsymbol{y}=\boldsymbol{0}$ 并不同解，排除(B)；

对于(D)，考虑 $\boldsymbol{A}=\begin{bmatrix}1&1&0\\1&0&1\end{bmatrix}$，$\boldsymbol{B}=\begin{bmatrix}0&1&0\\0&0&1\end{bmatrix}$，显然 $\boldsymbol{A},\boldsymbol{B}$ 的列向量组等价，但 $\boldsymbol{Ax}=\boldsymbol{0}$ 与 $\boldsymbol{Bx}=\boldsymbol{0}$ 不同解，排除(D). 故应选(C).

事实上，对于(C)，$\boldsymbol{Ax}=\boldsymbol{0}$ 与 $\boldsymbol{Bx}=\boldsymbol{0}$ 同解的充要条件是下面三个方程组

$$\boldsymbol{Ax}=\boldsymbol{0},\quad \boldsymbol{Bx}=\boldsymbol{0},\quad \begin{cases}\boldsymbol{Ax}=\boldsymbol{0},\\\boldsymbol{Bx}=\boldsymbol{0}\end{cases}$$

同解，这等同于 $\operatorname{rank}\boldsymbol{A}=\operatorname{rank}\boldsymbol{B}=\operatorname{rank}\begin{bmatrix}\boldsymbol{A}\\\boldsymbol{B}\end{bmatrix}$，这又等价于 $\boldsymbol{A},\boldsymbol{B}$ 的行向量组等价.

例31 设有线性方程组

$$(\text{Ⅰ}):\begin{cases}x_1+x_2=0,\\x_2-x_4=0,\end{cases}\qquad(\text{Ⅱ}):\begin{cases}x_1-x_2+x_3=0,\\x_2-x_3+x_4=0.\end{cases}$$

(1) 分别求方程组(Ⅰ)和(Ⅱ)的基础解系；

(2) 求方程组(Ⅰ)和(Ⅱ)的公共解.

解 (1) 分别记方程组(Ⅰ)和(Ⅱ)的系数矩阵为

$$A=\begin{bmatrix}1&1&0&0\\0&1&0&-1\end{bmatrix},\quad B=\begin{bmatrix}1&-1&1&0\\0&1&-1&1\end{bmatrix},$$

分别对矩阵 A,B 做初等行变换,不难得到方程组(Ⅰ)和(Ⅱ)的基础解系依次为

$$\boldsymbol{\xi}_1=(0,0,1,0)^{\mathrm T},\quad \boldsymbol{\xi}_2=(-1,1,0,1)^{\mathrm T};$$

$$\boldsymbol{\eta}_1=(0,1,1,0)^{\mathrm T},\quad \boldsymbol{\eta}_2=(-1,-1,0,1)^{\mathrm T}.$$

(2) 联立(Ⅰ)、(Ⅱ)得方程组 $\begin{bmatrix}A\\B\end{bmatrix}\boldsymbol{x}=\boldsymbol{0}$,对系数矩阵做初等行变换,得到方程组(Ⅰ)和(Ⅱ)的公共解为 $k(-1,1,2,1)^{\mathrm T}$,k 为任意数.

注 求两个线性方程组的公共解有三种方法:

(1) 将两个线性方程组联立求解;

(2) 先求出一个方程组的通解,再代入另一个方程组中,确定通解中参数的关系;

(3) 先分别求出两个方程组的通解,令两个通解表达式相等,确定参数的关系.

例 32 已知齐次方程组

$$\begin{cases}x_1+x_2+x_4=0,\\ax_1+a^2x_3=0,\\ax_2+a^2x_4=0\end{cases}$$

的任何解都满足方程 $x_1+x_2+x_3=0$,求 a 的值和齐次方程组的通解.

解 令

$$A=\begin{bmatrix}1&1&0&1\\a&0&a^2&0\\0&a&0&a^2\end{bmatrix},\quad B=(1,1,1,0),\quad C=\begin{bmatrix}A\\B\end{bmatrix},$$

则齐次方程组 $A\boldsymbol{x}=\boldsymbol{0}$ 与 $C\boldsymbol{x}=\boldsymbol{0}$ 同解. 事实上,若 $\boldsymbol{x}_0$ 是 $A\boldsymbol{x}=\boldsymbol{0}$ 的解,则由题设知,$\boldsymbol{x}_0$ 是 $B\boldsymbol{x}=\boldsymbol{0}$ 的解,从而 $\boldsymbol{x}_0$ 是 $C\boldsymbol{x}=\boldsymbol{0}$ 的解;反之,$C\boldsymbol{x}=\boldsymbol{0}$ 的解显然也是 $A\boldsymbol{x}=\boldsymbol{0}$ 的解.

由上知,$\operatorname{rank} A=\operatorname{rank} C$. 对矩阵 A,C 都做初等行变换,得

$$A\to\begin{bmatrix}1&1&0&1\\0&a&0&a^2\\0&0&a^2&a^2-a\end{bmatrix},\quad C\to\begin{bmatrix}1&1&0&1\\0&a&0&a^2\\0&0&1&-1\\0&0&0&2a^2-a\end{bmatrix},$$

因此,若 $a=0$,则 $\operatorname{rank} A=1\neq\operatorname{rank} C=2$,不合题意. 所以 $a\neq0$. 此时

$$A\to\begin{bmatrix}1&1&0&1\\0&1&0&a\\0&0&a&a-1\end{bmatrix},\quad C\to\begin{bmatrix}1&1&0&1\\0&1&0&a\\0&0&1&-1\\0&0&0&2a-1\end{bmatrix},$$

即知 $\operatorname{rank} A=\operatorname{rank} C=3$ 的充要条件是 $a=\dfrac{1}{2}$.

把 $a=\dfrac{1}{2}$ 代入方程组 $A\boldsymbol{x}=\boldsymbol{0}$,易得其基础解系 $\boldsymbol{\xi}=\left(-\dfrac{1}{2},-\dfrac{1}{2},1,1\right)^{\mathrm T}$,从而通解为 $\boldsymbol{x}=k\boldsymbol{\xi}$,$k$ 为任意数.

例 33 设有四元齐次线性方程组

$$(\text{Ⅰ}):\begin{cases}2x_1+3x_2-x_3=0,\\x_1+2x_2+x_3-x_4=0,\end{cases}$$

且已知另一个四元齐次线性方程组(Ⅱ)的一个基础解系为

$$\boldsymbol{\alpha}_1=(2,-1,a+2,1)^{\mathrm{T}},\quad \boldsymbol{\alpha}_2=(-1,2,4,a+8)^{\mathrm{T}}.$$

(1) 求方程组(Ⅰ)的一个基础解系；

(2) 当 a 为何值时，方程组(Ⅰ)与(Ⅱ)有非零公共解？在有非零公共解时，求出全部非零公共解.

解 (1) 对方程组(Ⅰ)的系数矩阵做初等行变换：

$$\begin{bmatrix}2&3&-1&0\\1&2&1&-1\end{bmatrix}\to\begin{bmatrix}2&3&-1&0\\3&5&0&-1\end{bmatrix},$$

得到(Ⅰ)的同解方程组

$$\begin{cases}2x_1+3x_2=x_3,\\3x_1+5x_2=x_4,\end{cases}$$

解得一个基础解系

$$\boldsymbol{\beta}_1=(1,0,2,3)^{\mathrm{T}},\quad \boldsymbol{\beta}_2=(0,1,3,5)^{\mathrm{T}}.$$

(2) 方法1 方程组(Ⅰ)与(Ⅱ)有非零公共解当且仅当存在不全为零的数 y_1,y_2,y_3,y_4，使得

$$y_1\boldsymbol{\beta}_1+y_2\boldsymbol{\beta}_2=y_3\boldsymbol{\alpha}_1+y_4\boldsymbol{\alpha}_2,$$

这又等价于齐次方程组(Ⅲ)：

$$[\boldsymbol{\beta}_1\quad \boldsymbol{\beta}_2\quad -\boldsymbol{\alpha}_1\quad -\boldsymbol{\alpha}_2]\begin{bmatrix}y_1\\y_2\\y_3\\y_4\end{bmatrix}=\mathbf{0}$$

有非零解. 对齐次方程组(Ⅲ)的系数矩阵做初等行变换，得

$$[\boldsymbol{\beta}_1\quad \boldsymbol{\beta}_2\quad -\boldsymbol{\alpha}_1\quad -\boldsymbol{\alpha}_2]=\begin{bmatrix}1&0&-2&1\\0&1&1&-2\\2&3&-a-2&-4\\3&5&-1&-a-8\end{bmatrix}\to\begin{bmatrix}1&0&-2&1\\0&1&1&-2\\0&0&a+1&0\\0&0&0&a+1\end{bmatrix},$$

所以 $a=-1$ 时，方程组(Ⅲ)有非零解，此时由同解方程组

$$\begin{cases}y_1=2y_3-y_4,\\y_2=-y_3+2y_4\end{cases}$$

解得基础解系 $(2,-1,1,0)^{\mathrm{T}}$，$(-1,2,0,1)^{\mathrm{T}}$，即方程组(Ⅲ)的全部非零解为

$$\begin{bmatrix}y_1\\y_2\\y_3\\y_4\end{bmatrix}=k_1\begin{bmatrix}2\\-1\\1\\0\end{bmatrix}+k_2\begin{bmatrix}-1\\2\\0\\1\end{bmatrix},\quad k_1,k_2\text{ 不同时为零},$$

从而

$$y_1=2k_1-k_2,\quad y_2=-k_1+2k_2.$$

于是方程组(Ⅰ)、(Ⅱ)的全部非零公共解为

$$(2k_1-k_2)\boldsymbol{\beta}_1+(-k_1+2k_2)\boldsymbol{\beta}_2=k_1\begin{bmatrix}2\\-1\\1\\1\end{bmatrix}+k_2\begin{bmatrix}-1\\2\\4\\7\end{bmatrix},\quad k_1,k_2\text{ 不同时为零.}$$

方法 2　方程组(Ⅱ)的通解为

$$\begin{bmatrix}x_1\\x_2\\x_3\\x_4\end{bmatrix}=k_1\boldsymbol{\alpha}_1+k_2\boldsymbol{\alpha}_2=\begin{bmatrix}2k_1-k_2\\-k_1+2k_2\\(a+2)k_1+4k_2\\k_1+(a+8)k_2\end{bmatrix},$$

代入方程组(Ⅰ),化简得关于 k_1,k_2 的线性方程组(Ⅳ):

$$\begin{cases}-(a+1)k_1=0,\\(a+1)k_1-(a+1)k_2=0,\end{cases}$$

方程组(Ⅰ)与(Ⅱ)有非零公共解当且仅当方程组(Ⅳ)有非零解,这又等价于方程组(Ⅳ)的系数行列式$(a+1)^2=0$,即得 $a=-1$. 此时方程组(Ⅳ)的全部非零解是 k_1,k_2 不全为零,从而方程组(Ⅰ)、(Ⅱ)的全部非零公共解为

$$\begin{bmatrix}x_1\\x_2\\x_3\\x_4\end{bmatrix}=k_1\boldsymbol{\alpha}_1+k_2\boldsymbol{\alpha}_2=k_1\begin{bmatrix}2\\-1\\1\\1\end{bmatrix}+k_2\begin{bmatrix}-1\\2\\4\\7\end{bmatrix},\quad k_1,k_2\text{ 不全为零.}$$

例 34　已知 $\boldsymbol{A}=\begin{bmatrix}-6&2&10\\-4&1&7\\-3&1&a-2\end{bmatrix}$是齐次方程组(Ⅰ)的系数矩阵,$\boldsymbol{\beta}=(b,c,1)^{\mathrm{T}}$ 是齐次方程组(Ⅱ)的基础解系,且方程组(Ⅰ)与(Ⅱ)同解. 求:

(1) a,b,c 的值;

(2) 非齐次方程组 $\boldsymbol{Ax}=\boldsymbol{\beta}$ 的通解.

解　(1) 因为 $\boldsymbol{\beta}\neq\boldsymbol{0}$,且方程组(Ⅰ)与(Ⅱ)同解,所以齐次方程组(Ⅰ)有非零解 $\boldsymbol{\beta}$,从而 $|\boldsymbol{A}|=2(a-7)=0$,故 $a=7$. 将 $a=7$ 和 $\boldsymbol{\beta}$ 代入到方程组(Ⅰ),有

$$\begin{cases}-6b+2c+10=0,\\-4b+c+7=0,\\-3b+c+5=0,\end{cases}$$

得 $b=2,c=1$.

(2) 对增广矩阵$[\boldsymbol{A}\quad\boldsymbol{\beta}]$做初等行变换,得

$$[\boldsymbol{A}\quad\boldsymbol{\beta}]=\begin{bmatrix}-6&2&10&2\\-4&1&7&1\\-3&1&5&1\end{bmatrix}\rightarrow\begin{bmatrix}1&0&-2&0\\0&1&-1&1\\0&0&0&0\end{bmatrix},$$

求得 $\boldsymbol{Ax}=\boldsymbol{\beta}$ 的通解为

$$x=k\begin{bmatrix}2\\1\\1\end{bmatrix}+\begin{bmatrix}0\\1\\0\end{bmatrix},\quad k \text{ 为任意数.}$$

题型 8 向量空间的基、维数与过渡矩阵的计算

例 35 设

$$\boldsymbol{\alpha}_1=\begin{bmatrix}1\\1\\0\\0\end{bmatrix},\quad \boldsymbol{\alpha}_2=\begin{bmatrix}1\\0\\1\\1\end{bmatrix},\quad \boldsymbol{\beta}_1=\begin{bmatrix}2\\-1\\3\\3\end{bmatrix},\quad \boldsymbol{\beta}_2=\begin{bmatrix}0\\1\\-1\\-1\end{bmatrix},$$

证明 $\text{span}(\boldsymbol{\alpha}_1,\boldsymbol{\alpha}_2)=\text{span}(\boldsymbol{\beta}_1,\boldsymbol{\beta}_2)$.

证 对矩阵$[\boldsymbol{\alpha}_1\ \ \boldsymbol{\alpha}_2\ \ \boldsymbol{\beta}_1\ \ \boldsymbol{\beta}_2]$做初等行变换化为阶梯矩阵：

$$[\boldsymbol{\alpha}_1\ \ \boldsymbol{\alpha}_2\ \ \boldsymbol{\beta}_1\ \ \boldsymbol{\beta}_2]=\begin{bmatrix}1&1&2&0\\1&0&-1&1\\0&1&3&-1\\0&1&3&-1\end{bmatrix}\rightarrow\begin{bmatrix}1&1&2&0\\0&1&3&-1\\0&0&0&0\\0&0&0&0\end{bmatrix},$$

由阶梯矩阵可看出

$$\text{rank}[\boldsymbol{\alpha}_1\ \ \boldsymbol{\alpha}_2]=\text{rank}[\boldsymbol{\beta}_1\ \ \boldsymbol{\beta}_2]=\text{rank}[\boldsymbol{\alpha}_1\ \ \boldsymbol{\alpha}_2\ \ \boldsymbol{\beta}_1\ \ \boldsymbol{\beta}_2],$$

所以向量组$\boldsymbol{\alpha}_1$，$\boldsymbol{\alpha}_2$ 与向量组$\boldsymbol{\beta}_1$，$\boldsymbol{\beta}_2$ 等价，它们生成相同的向量空间，即 $\text{span}(\boldsymbol{\alpha}_1,\boldsymbol{\alpha}_2)=\text{span}(\boldsymbol{\beta}_1,\boldsymbol{\beta}_2)$.

例 36 设$\boldsymbol{\alpha}_1=(1,2,-1,0)^{\mathrm{T}}$，$\boldsymbol{\alpha}_2=(1,1,0,2)^{\mathrm{T}}$，$\boldsymbol{\alpha}_3=(2,1,1,6)^{\mathrm{T}}$，求$\text{span}(\boldsymbol{\alpha}_1,\boldsymbol{\alpha}_2,\boldsymbol{\alpha}_3)$的一个基，并将这个基扩充为$\mathbb{R}^4$的一个基.

解 求 $\text{span}(\boldsymbol{\alpha}_1,\boldsymbol{\alpha}_2,\boldsymbol{\alpha}_3)$的基就是求向量组$\boldsymbol{\alpha}_1,\boldsymbol{\alpha}_2,\boldsymbol{\alpha}_3$ 的极大线性无关组. 因此，对矩阵$[\boldsymbol{\alpha}_1\ \ \boldsymbol{\alpha}_2\ \ \boldsymbol{\alpha}_3]$做初等行变换化为阶梯矩阵：

$$[\boldsymbol{\alpha}_1\ \ \boldsymbol{\alpha}_2\ \ \boldsymbol{\alpha}_3]=\begin{bmatrix}1&1&2\\2&1&1\\-1&0&1\\0&2&6\end{bmatrix}\rightarrow\begin{bmatrix}1&1&2\\0&1&3\\0&0&0\\0&0&0\end{bmatrix},$$

即知 $\boldsymbol{\alpha}_1,\boldsymbol{\alpha}_2$ 是 $\boldsymbol{\alpha}_1,\boldsymbol{\alpha}_2,\boldsymbol{\alpha}_3$ 的一个极大线性无关组，故 $\boldsymbol{\alpha}_1,\boldsymbol{\alpha}_2$ 是 $\text{span}(\boldsymbol{\alpha}_1,\boldsymbol{\alpha}_2,\boldsymbol{\alpha}_3)$的一个基.

因为$\mathbb{R}^4$是四维向量空间，所以只需找 $\boldsymbol{\alpha}_4,\boldsymbol{\alpha}_5\in\mathbb{R}^4$使 $\boldsymbol{\alpha}_1,\boldsymbol{\alpha}_2,\boldsymbol{\alpha}_4,\boldsymbol{\alpha}_5$ 线性无关. 为此可分别取 $\boldsymbol{\alpha}_4,\boldsymbol{\alpha}_5$ 为四维基本向量 $\boldsymbol{e}_3,\boldsymbol{e}_4$，容易验证向量组 $\boldsymbol{\alpha}_1,\boldsymbol{\alpha}_2,\boldsymbol{e}_3,\boldsymbol{e}_4$ 线性无关，即为$\mathbb{R}^4$的一个基.

注 (1) 将$\mathbb{F}^n$中向量组$\boldsymbol{\alpha}_1,\boldsymbol{\alpha}_2,\cdots,\boldsymbol{\alpha}_m(m<n)$扩充为$\mathbb{F}^n$的一个基的一般方法是：对矩阵$[\boldsymbol{\alpha}_1\ \ \boldsymbol{\alpha}_2\ \ \cdots\ \ \boldsymbol{\alpha}_m\ \ \boldsymbol{e}_1\ \ \boldsymbol{e}_2\ \ \cdots\ \ \boldsymbol{e}_n]$做初等行变换化为阶梯矩阵（其中 $\boldsymbol{e}_1,\boldsymbol{e}_2,\cdots,\boldsymbol{e}_n$ 是$\mathbb{F}^n$的自然基），则阶梯矩阵中前 n 个线性无关的列就构成了$\mathbb{F}^n$的一个基.

(2) $\mathbb{F}^n$ 中任何线性无关的向量组都可以扩充为$\mathbb{F}^n$的一个基.

例 37 设向量空间 V 的两个基为

$$\boldsymbol{\alpha}_1=\begin{bmatrix}1\\-1\\0\\0\end{bmatrix},\quad \boldsymbol{\alpha}_2=\begin{bmatrix}1\\0\\-1\\0\end{bmatrix},\quad \boldsymbol{\alpha}_3=\begin{bmatrix}1\\0\\0\\-1\end{bmatrix};$$

$$\boldsymbol{\beta}_1=\begin{bmatrix}1\\0\\-2\\1\end{bmatrix},\quad \boldsymbol{\beta}_2=\begin{bmatrix}2\\1\\-3\\0\end{bmatrix},\quad \boldsymbol{\beta}_3=\begin{bmatrix}0\\1\\-1\\0\end{bmatrix},$$

已知向量$\boldsymbol{\alpha}$ 在基 $\boldsymbol{\alpha}_1,\boldsymbol{\alpha}_2,\boldsymbol{\alpha}_3$ 下的坐标为$(1,2,3)^{\mathrm{T}}$,求$\boldsymbol{\alpha}$ 在基 $\boldsymbol{\beta}_1,\boldsymbol{\beta}_2,\boldsymbol{\beta}_3$ 下的坐标.

解 由于$[\boldsymbol{\alpha}_1\quad\boldsymbol{\alpha}_2\quad\boldsymbol{\alpha}_3]=[\boldsymbol{\beta}_1\quad\boldsymbol{\beta}_2\quad\boldsymbol{\beta}_3]\boldsymbol{X}$ 的解便是由基 $\boldsymbol{\beta}_1,\boldsymbol{\beta}_2,\boldsymbol{\beta}_3$ 到基 $\boldsymbol{\alpha}_1,\boldsymbol{\alpha}_2,\boldsymbol{\alpha}_3$ 的过渡矩阵 $\boldsymbol{C}$,因此对增广矩阵$[\boldsymbol{\beta}_1\quad\boldsymbol{\beta}_2\quad\boldsymbol{\beta}_3\quad\boldsymbol{\alpha}_1\quad\boldsymbol{\alpha}_2\quad\boldsymbol{\alpha}_3]$做初等行变换,得

$$[\boldsymbol{\beta}_1\quad\boldsymbol{\beta}_2\quad\boldsymbol{\beta}_3\quad\boldsymbol{\alpha}_1\quad\boldsymbol{\alpha}_2\quad\boldsymbol{\alpha}_3]=\begin{bmatrix}1&2&0&1&1&1\\0&1&1&-1&0&0\\-2&-3&-1&0&-1&0\\1&0&0&0&0&-1\end{bmatrix}$$

$$\to\begin{bmatrix}1&0&0&0&0&-1\\0&1&0&\frac{1}{2}&\frac{1}{2}&1\\0&0&1&-\frac{3}{2}&-\frac{1}{2}&-1\\0&0&0&0&0&0\end{bmatrix},$$

故由基 $\boldsymbol{\beta}_1,\boldsymbol{\beta}_2,\boldsymbol{\beta}_3$ 到基 $\boldsymbol{\alpha}_1,\boldsymbol{\alpha}_2,\boldsymbol{\alpha}_3$ 的过渡矩阵为

$$\boldsymbol{C}=\begin{bmatrix}0&0&-1\\\frac{1}{2}&\frac{1}{2}&1\\-\frac{3}{2}&-\frac{1}{2}&-1\end{bmatrix},$$

所以

$$\boldsymbol{\alpha}=[\boldsymbol{\alpha}_1\quad\boldsymbol{\alpha}_2\quad\boldsymbol{\alpha}_3]\begin{bmatrix}1\\2\\3\end{bmatrix}=[\boldsymbol{\beta}_1\quad\boldsymbol{\beta}_2\quad\boldsymbol{\beta}_3]\boldsymbol{C}\begin{bmatrix}1\\2\\3\end{bmatrix},$$

故

$$\boldsymbol{C}\begin{bmatrix}1\\2\\3\end{bmatrix}=\begin{bmatrix}-3\\\frac{9}{2}\\-\frac{11}{2}\end{bmatrix}$$

即为 $\boldsymbol{\alpha}$ 在基 $\boldsymbol{\alpha}_1,\boldsymbol{\alpha}_2,\boldsymbol{\alpha}_3$ 下的坐标.

例 38 设向量组$\boldsymbol{\alpha}_1,\boldsymbol{\alpha}_2,\boldsymbol{\alpha}_3$ 是$\mathbb{R}^3$ 的一个基,$\boldsymbol{\beta}_1=2\boldsymbol{\alpha}_1+2k\boldsymbol{\alpha}_3,\boldsymbol{\beta}_2=2\boldsymbol{\alpha}_2,\boldsymbol{\beta}_3=\boldsymbol{\alpha}_1+(k+1)\boldsymbol{\alpha}_3$.

(1) 证明向量组$\boldsymbol{\beta}_1,\boldsymbol{\beta}_2,\boldsymbol{\beta}_3$ 是$\mathbb{R}^3$ 的一个基;

(2) 讨论当 k 为何值时,存在非零向量$\boldsymbol{\xi}$ 在基$\boldsymbol{\alpha}_1,\boldsymbol{\alpha}_2,\boldsymbol{\alpha}_3$ 与基$\boldsymbol{\beta}_1,\boldsymbol{\beta}_2,\boldsymbol{\beta}_3$ 下的坐标相同,并求出所有的$\boldsymbol{\xi}$.

解 (1) 因为

$$[\boldsymbol{\beta}_1 \quad \boldsymbol{\beta}_2 \quad \boldsymbol{\beta}_3]=[\boldsymbol{\alpha}_1 \quad \boldsymbol{\alpha}_2 \quad \boldsymbol{\alpha}_3]\begin{bmatrix}2 & 0 & 1\\0 & 2 & 0\\2k & 0 & k+1\end{bmatrix},$$

且

$$\begin{vmatrix}2 & 0 & 1\\0 & 2 & 0\\2k & 0 & k+1\end{vmatrix}=2\begin{vmatrix}2 & 1\\2k & k+1\end{vmatrix}=4\neq 0,$$

所以向量组$\boldsymbol{\beta}_1,\boldsymbol{\beta}_2,\boldsymbol{\beta}_3$是$\mathbb{R}^3$的一个基.

(2) 由题意知,存在不全为零的数 x_1,x_2,x_3,使得

$$\boldsymbol{\xi}=x_1\boldsymbol{\beta}_1+x_2\boldsymbol{\beta}_2+x_3\boldsymbol{\beta}_3=x_1\boldsymbol{\alpha}_1+x_2\boldsymbol{\alpha}_2+x_3\boldsymbol{\alpha}_3,$$

即

$$x_1(\boldsymbol{\beta}_1-\boldsymbol{\alpha}_1)+x_2(\boldsymbol{\beta}_2-\boldsymbol{\alpha}_2)+x_3(\boldsymbol{\beta}_3-\boldsymbol{\alpha}_3)=\mathbf{0}.$$

将$\boldsymbol{\beta}_1=2\boldsymbol{\alpha}_1+2k\boldsymbol{\alpha}_3,\boldsymbol{\beta}_2=2\boldsymbol{\alpha}_2,\boldsymbol{\beta}_3=\boldsymbol{\alpha}_1+(k+1)\boldsymbol{\alpha}_3$代入上式,得线性方程组

$$x_1(\boldsymbol{\alpha}_1+2k\boldsymbol{\alpha}_3)+x_2\boldsymbol{\alpha}_2+x_3(\boldsymbol{\alpha}_1+k\boldsymbol{\alpha}_3)=\mathbf{0}.$$

由于该方程组有非零解,因此系数行列式$|\boldsymbol{\alpha}_1+2k\boldsymbol{\alpha}_3 \quad \boldsymbol{\alpha}_2 \quad \boldsymbol{\alpha}_1+k\boldsymbol{\alpha}_3|=0$,即

$$\begin{vmatrix}1 & 0 & 1\\0 & 1 & 0\\2k & 0 & k\end{vmatrix}=0,$$

解得 $k=0$. 于是上述方程组化为

$$(x_1+x_3)\boldsymbol{\alpha}_1+x_2\boldsymbol{\alpha}_2=\mathbf{0},$$

由$\boldsymbol{\alpha}_1,\boldsymbol{\alpha}_2$线性无关即知

$$\begin{cases}x_1+x_3=0,\\x_2=0.\end{cases}$$

解得 $x_1=l,x_2=0,x_3=-l$,从而$\boldsymbol{\xi}=l(\boldsymbol{\alpha}_1-\boldsymbol{\alpha}_3)$,$l$ 为任意非零数.

题型 9 内积空间及正交矩阵的计算与证明

例 39 已知$\mathbb{R}^4$中向量 $\boldsymbol{\alpha}_1=(1,0,-1,0)^{\mathrm{T}},\boldsymbol{\alpha}_2=(1,1,-1,-1)^{\mathrm{T}},\boldsymbol{\alpha}_3=(-1,0,1,1)^{\mathrm{T}}$. 求:

(1) $\|\boldsymbol{\alpha}_1\|$ 和$\langle\boldsymbol{\alpha}_1+2\boldsymbol{\alpha}_2,2\boldsymbol{\alpha}_1+\boldsymbol{\alpha}_3\rangle$;

(2) $\boldsymbol{\alpha}_2$ 与 $\boldsymbol{\alpha}_3$ 的夹角;

(3) 与 $\boldsymbol{\alpha}_1,\boldsymbol{\alpha}_2,\boldsymbol{\alpha}_3$ 都正交的全部向量.

解 (1) $\|\boldsymbol{\alpha}_1\|=\sqrt{\langle\boldsymbol{\alpha}_1,\boldsymbol{\alpha}_1\rangle}=\sqrt{1^2+0^2+(-1)^2+0^2}=\sqrt{2}$;

$$\begin{aligned}\langle\boldsymbol{\alpha}_1+2\boldsymbol{\alpha}_2,2\boldsymbol{\alpha}_1+\boldsymbol{\alpha}_3\rangle&=2\langle\boldsymbol{\alpha}_1,\boldsymbol{\alpha}_1\rangle+\langle\boldsymbol{\alpha}_1,\boldsymbol{\alpha}_3\rangle+4\langle\boldsymbol{\alpha}_2,\boldsymbol{\alpha}_1\rangle+2\langle\boldsymbol{\alpha}_2,\boldsymbol{\alpha}_3\rangle\\&=2\times 2+(-2)+4\times 2+2\times(-3)=4.\end{aligned}$$

(2) 记 $\boldsymbol{\alpha}_2$ 与 $\boldsymbol{\alpha}_3$ 的夹角为 θ,则

$$\cos\theta=\frac{\langle\boldsymbol{\alpha}_2,\boldsymbol{\alpha}_3\rangle}{\|\boldsymbol{\alpha}_2\|\,\|\boldsymbol{\alpha}_3\|}=-\frac{\sqrt{3}}{2},\quad 即\quad \theta=\frac{5\pi}{6}.$$

(3) 设与 $\boldsymbol{\alpha}_1,\boldsymbol{\alpha}_2,\boldsymbol{\alpha}_3$ 都正交的向量为 $\boldsymbol{x}=(x_1,x_2,x_3,x_4)^{\mathrm{T}}$,则

$$\boldsymbol{\alpha}_1^{\mathrm{T}}\boldsymbol{x}=0,\quad \boldsymbol{\alpha}_2^{\mathrm{T}}\boldsymbol{x}=0,\quad \boldsymbol{\alpha}_3^{\mathrm{T}}\boldsymbol{x}=0,$$

即

$$\begin{cases} x_1 - x_3 = 0, \\ x_1 + x_2 - x_3 - x_4 = 0, \\ -x_1 + x_3 + x_4 = 0. \end{cases}$$

求得上述方程组的基础解系为 $\boldsymbol{\alpha}_4=(1,0,1,0)^{\mathrm{T}}$，于是与 $\boldsymbol{\alpha}_1,\boldsymbol{\alpha}_2,\boldsymbol{\alpha}_3$ 都正交的全部向量为 $k\boldsymbol{\alpha}_4=(1,0,1,0)^{\mathrm{T}}$，$k$ 为任意数.

例 40 设 $\boldsymbol{\alpha}_1=\begin{bmatrix}1\\0\\1\end{bmatrix}$，$\boldsymbol{\alpha}_2=\begin{bmatrix}1\\2\\1\end{bmatrix}$，$\boldsymbol{\alpha}_3=\begin{bmatrix}3\\1\\2\end{bmatrix}$，且 $\boldsymbol{\beta}_1=\boldsymbol{\alpha}_1$，$\boldsymbol{\beta}_2=\boldsymbol{\alpha}_2-k\boldsymbol{\beta}_1$，$\boldsymbol{\beta}_3=\boldsymbol{\alpha}_3-l_1\boldsymbol{\beta}_1-l_2\boldsymbol{\beta}_2$. 若 $\boldsymbol{\beta}_1,\boldsymbol{\beta}_2,\boldsymbol{\beta}_3$ 两两正交，则 l_1 和 l_2 依次为 【 】

(A) $\frac{5}{2},\frac{1}{2}$； (B) $-\frac{5}{2},\frac{1}{2}$； (C) $\frac{5}{2},-\frac{1}{2}$； (D) $-\frac{5}{2},-\frac{1}{2}$.

解 方法 1 由于

$$\boldsymbol{\beta}_1=\begin{bmatrix}1\\0\\1\end{bmatrix},\quad \boldsymbol{\beta}_2=\begin{bmatrix}1-k\\2\\1-k\end{bmatrix},\quad \boldsymbol{\beta}_3=\begin{bmatrix}3-l_1-(1-k)l_2\\1-2l_2\\2-l_1-(1-k)l_2\end{bmatrix},$$

因此由 $\boldsymbol{\beta}_1,\boldsymbol{\beta}_2$ 正交，知 $\langle\boldsymbol{\beta}_1,\boldsymbol{\beta}_2\rangle=2(1-k)=0$，得 $k=1$. 于是

$$\boldsymbol{\beta}_2=\begin{bmatrix}0\\2\\0\end{bmatrix},\quad \boldsymbol{\beta}_3=\begin{bmatrix}3-l_1\\1-2l_2\\2-l_1\end{bmatrix}.$$

又由 $\boldsymbol{\beta}_1,\boldsymbol{\beta}_2,\boldsymbol{\beta}_3$ 两两正交，有

$$\langle\boldsymbol{\beta}_1,\boldsymbol{\beta}_3\rangle=(3-l_1)+(2-l_1)=0,$$
$$\langle\boldsymbol{\beta}_2,\boldsymbol{\beta}_3\rangle=2(1-2l_2)=0,$$

分别解得 $l_1=\frac{5}{2}$，$l_2=\frac{1}{2}$，故选(A).

方法 2 由 Gram-Schmidt 正交化过程知

$$\boldsymbol{\beta}_1=\boldsymbol{\alpha}_1=\begin{bmatrix}1\\0\\1\end{bmatrix},\quad \boldsymbol{\beta}_2=\boldsymbol{\alpha}_2-\frac{\langle\boldsymbol{\alpha}_2,\boldsymbol{\beta}_1\rangle}{\langle\boldsymbol{\beta}_1,\boldsymbol{\beta}_1\rangle}\boldsymbol{\beta}_1=\boldsymbol{\alpha}_2-\boldsymbol{\beta}_1=\begin{bmatrix}0\\2\\0\end{bmatrix},$$

$$\boldsymbol{\beta}_3=\boldsymbol{\alpha}_3-\frac{\langle\boldsymbol{\alpha}_3,\boldsymbol{\beta}_1\rangle}{\langle\boldsymbol{\beta}_1,\boldsymbol{\beta}_1\rangle}\boldsymbol{\beta}_1-\frac{\langle\boldsymbol{\alpha}_3,\boldsymbol{\beta}_2\rangle}{\langle\boldsymbol{\beta}_2,\boldsymbol{\beta}_2\rangle}\boldsymbol{\beta}_2=\boldsymbol{\alpha}_3-\frac{5}{2}\boldsymbol{\beta}_1-\frac{1}{2}\boldsymbol{\beta}_2,$$

所以 $l_1=\frac{5}{2}$，$l_2=\frac{1}{2}$，故选(A).

例 41 设 $\boldsymbol{B}$ 是秩为 2 的 5×4 矩阵，$\boldsymbol{\alpha}_1=(1,1,2,3)^{\mathrm{T}}$，$\boldsymbol{\alpha}_2=(-1,1,4,-1)^{\mathrm{T}}$，$\boldsymbol{\alpha}_3=(5,-1,-8,9)^{\mathrm{T}}$ 是齐次方程组 $\boldsymbol{Bx}=\boldsymbol{0}$ 的解向量，求 $\boldsymbol{Bx}=\boldsymbol{0}$ 的解空间的一个标准正交基.

解 齐次方程组 $\boldsymbol{Bx}=\boldsymbol{0}$ 的解空间的维数 $n-\mathrm{rank}\,\boldsymbol{B}=2$，又 $\boldsymbol{\alpha}_1=(1,1,2,3)^{\mathrm{T}}$，$\boldsymbol{\alpha}_2=(-1,1,4,-1)^{\mathrm{T}}$ 线性无关，所以 $\boldsymbol{\alpha}_1,\boldsymbol{\alpha}_2$ 为 $\boldsymbol{Bx}=\boldsymbol{0}$ 的解空间的基. 将 $\boldsymbol{\alpha}_1,\boldsymbol{\alpha}_2$ 标准正交化，令

$$\boldsymbol{\beta}_1=\boldsymbol{\alpha}_1=(1,1,2,3)^{\mathrm{T}},\quad \boldsymbol{\beta}_2=\boldsymbol{\alpha}_2-\frac{\langle\boldsymbol{\alpha}_2,\boldsymbol{\beta}_1\rangle}{\langle\boldsymbol{\beta}_1,\boldsymbol{\beta}_1\rangle}\boldsymbol{\beta}_1=\frac{1}{3}(-4,2,10,-6)^{\mathrm{T}},$$

将 $\boldsymbol{\beta}_1,\boldsymbol{\beta}_2$ 单位化，得

$$\boldsymbol{\gamma}_1=\frac{\boldsymbol{\beta}_1}{\|\boldsymbol{\beta}_1\|}=\frac{1}{\sqrt{15}}(1,1,2,3)^{\mathrm{T}},\quad \boldsymbol{\gamma}_2=\frac{\boldsymbol{\beta}_2}{\|\boldsymbol{\beta}_2\|}=\frac{1}{\sqrt{39}}(-2,1,5,-3)^{\mathrm{T}},$$

因此 $\boldsymbol{\gamma}_1,\boldsymbol{\gamma}_2$ 是 $\boldsymbol{Bx}=\boldsymbol{0}$ 的解空间的一个标准正交基.

注 已知齐次方程组 $\boldsymbol{Bx}=\boldsymbol{0}$ 的三个解向量 $\boldsymbol{\alpha}_1,\boldsymbol{\alpha}_2,\boldsymbol{\alpha}_3$，并不意味着它的解空间是三维的，这里是先找出解空间的一个基础解系，然后再标准正交化. 当然，也可以直接将 $\boldsymbol{\alpha}_1,\boldsymbol{\alpha}_2,\boldsymbol{\alpha}_3$ 正交化，此时会出现 $\boldsymbol{\beta}_3=\boldsymbol{0}$，即知 $\boldsymbol{\alpha}_1,\boldsymbol{\alpha}_2,\boldsymbol{\alpha}_3$ 线性相关，再将 $\boldsymbol{\beta}_1,\boldsymbol{\beta}_2$ 单位化，得到 $\boldsymbol{\gamma}_1,\boldsymbol{\gamma}_2$.

例 42 设 $\boldsymbol{\alpha}_1,\boldsymbol{\alpha}_2,\cdots,\boldsymbol{\alpha}_{n-1}$ 是 $\mathbb{R}^n$ 中线性无关的向量组，且 $\boldsymbol{\alpha}_1,\boldsymbol{\alpha}_2,\cdots,\boldsymbol{\alpha}_{n-1}$ 中每个向量都与向量 $\boldsymbol{\beta}_1$ 和 $\boldsymbol{\beta}_2$ 正交，证明 $\boldsymbol{\beta}_1,\boldsymbol{\beta}_2$ 线性相关.

证 方法 1 由于 $n+1$ 个 n 维向量 $\boldsymbol{\alpha}_1,\boldsymbol{\alpha}_2,\cdots,\boldsymbol{\alpha}_{n-1},\boldsymbol{\beta}_1,\boldsymbol{\beta}_2$ 线性相关，即存在一组不全为零的常数 $k_1,k_2,\cdots,k_{n-1},l_1,l_2$，使得

$$k_1\boldsymbol{\alpha}_1+k_2\boldsymbol{\alpha}_2+\cdots+k_{n-1}\boldsymbol{\alpha}_{n-1}+l_1\boldsymbol{\beta}_1+l_2\boldsymbol{\beta}_2=\boldsymbol{0},$$

又 $\boldsymbol{\alpha}_1,\boldsymbol{\alpha}_2,\cdots,\boldsymbol{\alpha}_{n-1}$ 线性无关，因此 l_1,l_2 必不全为零.

对上式两边分别与 $\boldsymbol{\beta}_1,\boldsymbol{\beta}_2$ 作内积，得

$$k_1\langle\boldsymbol{\alpha}_1,\boldsymbol{\beta}_1\rangle+k_2\langle\boldsymbol{\alpha}_2,\boldsymbol{\beta}_1\rangle+\cdots+k_{n-1}\langle\boldsymbol{\alpha}_{n-1},\boldsymbol{\beta}_1\rangle+l_1\langle\boldsymbol{\beta}_1,\boldsymbol{\beta}_1\rangle+l_2\langle\boldsymbol{\beta}_2,\boldsymbol{\beta}_1\rangle=0,$$
$$k_1\langle\boldsymbol{\alpha}_1,\boldsymbol{\beta}_2\rangle+k_2\langle\boldsymbol{\alpha}_2,\boldsymbol{\beta}_2\rangle+\cdots+k_{n-1}\langle\boldsymbol{\alpha}_{n-1},\boldsymbol{\beta}_2\rangle+l_1\langle\boldsymbol{\beta}_1,\boldsymbol{\beta}_2\rangle+l_2\langle\boldsymbol{\beta}_2,\boldsymbol{\beta}_2\rangle=0,$$

由题设知

$$l_1\langle\boldsymbol{\beta}_1,\boldsymbol{\beta}_1\rangle+l_2\langle\boldsymbol{\beta}_2,\boldsymbol{\beta}_1\rangle=0,\quad l_1\langle\boldsymbol{\beta}_1,\boldsymbol{\beta}_2\rangle+l_2\langle\boldsymbol{\beta}_2,\boldsymbol{\beta}_2\rangle=0,$$

即

$$\langle l_1\boldsymbol{\beta}_1+l_2\boldsymbol{\beta}_2,\boldsymbol{\beta}_1\rangle=0,\quad \langle l_1\boldsymbol{\beta}_1+l_2\boldsymbol{\beta}_2,\boldsymbol{\beta}_2\rangle=0,$$

从而

$$l_1\langle l_1\boldsymbol{\beta}_1+l_2\boldsymbol{\beta}_2,\boldsymbol{\beta}_1\rangle=0,\quad l_2\langle l_1\boldsymbol{\beta}_1+l_2\boldsymbol{\beta}_2,\boldsymbol{\beta}_2\rangle=0,$$

故

$$\langle l_1\boldsymbol{\beta}_1+l_2\boldsymbol{\beta}_2,l_1\boldsymbol{\beta}_1+l_2\boldsymbol{\beta}_2\rangle=0,$$

由此得 $l_1\boldsymbol{\beta}_1+l_2\boldsymbol{\beta}_2=\boldsymbol{0}$. 而 l_1,l_2 不全为零，所以 $\boldsymbol{\beta}_1,\boldsymbol{\beta}_2$ 线性相关.

方法 2 设 $\boldsymbol{A}=\begin{bmatrix}\boldsymbol{\alpha}_1^{\mathrm{T}}\\ \boldsymbol{\alpha}_2^{\mathrm{T}}\\ \vdots\\ \boldsymbol{\alpha}_{n-1}^{\mathrm{T}}\end{bmatrix}$，则 $\boldsymbol{A}$ 是 $(n-1)\times n$ 矩阵. 由 $\boldsymbol{\alpha}_1,\boldsymbol{\alpha}_2,\cdots,\boldsymbol{\alpha}_{n-1}$ 线性无关，知 $\operatorname{rank}\boldsymbol{A}=n-1$，所以 n 元线性方程组 $\boldsymbol{Ax}=\boldsymbol{0}$ 的解空间的维数为 1.

因向量组 $\boldsymbol{\alpha}_1,\boldsymbol{\alpha}_2,\cdots,\boldsymbol{\alpha}_{n-1}$ 与 $\boldsymbol{\beta}_1$ 和 $\boldsymbol{\beta}_2$ 都正交，故 $\boldsymbol{\beta}_1,\boldsymbol{\beta}_2$ 是 $\boldsymbol{Ax}=\boldsymbol{0}$ 的解，于是 $\boldsymbol{\beta}_1,\boldsymbol{\beta}_2$ 必线性相关.

注 方法 1 是利用向量内积按定义证明线性相关，方法 2 是利用线性方程组解空间的维数证明线性相关. 两种方法的简繁是显而易见的.

例 43 设 $\boldsymbol{A},\boldsymbol{B}$ 为正交矩阵，证明 $\boldsymbol{A}^{\mathrm{T}},\boldsymbol{B}^{-1},\boldsymbol{A}^{-1}\boldsymbol{B}^{\mathrm{T}}$ 及 $\begin{bmatrix}\boldsymbol{A} & \\ & \boldsymbol{B}\end{bmatrix}$ 都是正交矩阵.

证 由 $\boldsymbol{A},\boldsymbol{B}$ 为正交矩阵，知 $\boldsymbol{AA}^{\mathrm{T}}=\boldsymbol{A}^{\mathrm{T}}\boldsymbol{A}=\boldsymbol{E}$，$\boldsymbol{BB}^{\mathrm{T}}=\boldsymbol{B}^{\mathrm{T}}\boldsymbol{B}=\boldsymbol{E}$，于是

$$\boldsymbol{A}^{\mathrm{T}}(\boldsymbol{A}^{\mathrm{T}})^{\mathrm{T}}=\boldsymbol{A}^{\mathrm{T}}\boldsymbol{A}=\boldsymbol{E},$$

$$\boldsymbol{B}^{-1}(\boldsymbol{B}^{-1})^{\mathrm{T}}=\boldsymbol{B}^{-1}(\boldsymbol{B}^{\mathrm{T}})^{-1}=(\boldsymbol{B}^{\mathrm{T}}\boldsymbol{B})^{-1}=\boldsymbol{E},$$

$$\boldsymbol{A}^{-1}\boldsymbol{B}^{\mathrm{T}}(\boldsymbol{A}^{-1}\boldsymbol{B}^{\mathrm{T}})^{\mathrm{T}}=\boldsymbol{A}^{-1}\boldsymbol{B}^{\mathrm{T}}\boldsymbol{B}(\boldsymbol{A}^{-1})^{\mathrm{T}}=\boldsymbol{A}^{-1}(\boldsymbol{A}^{-1})^{\mathrm{T}}=\boldsymbol{E},$$

$$\begin{bmatrix}\boldsymbol{A}&\\&\boldsymbol{B}\end{bmatrix}\begin{bmatrix}\boldsymbol{A}&\\&\boldsymbol{B}\end{bmatrix}^{\mathrm{T}}=\begin{bmatrix}\boldsymbol{A}&\\&\boldsymbol{B}\end{bmatrix}\begin{bmatrix}\boldsymbol{A}^{\mathrm{T}}&\\&\boldsymbol{B}^{\mathrm{T}}\end{bmatrix}=\begin{bmatrix}\boldsymbol{A}\boldsymbol{A}^{\mathrm{T}}&\\&\boldsymbol{B}\boldsymbol{B}^{\mathrm{T}}\end{bmatrix}=\begin{bmatrix}\boldsymbol{E}&\\&\boldsymbol{E}\end{bmatrix}.$$

从而 $\boldsymbol{A}^{\mathrm{T}},\boldsymbol{B}^{-1},\boldsymbol{A}^{-1}\boldsymbol{B}^{\mathrm{T}}$ 及 $\begin{bmatrix}\boldsymbol{A}&\\&\boldsymbol{B}\end{bmatrix}$ 都是正交矩阵.

例 44 设 $\boldsymbol{A},\boldsymbol{B}$ 为 n 阶正交矩阵,证明:

(1) 若 $|\boldsymbol{A}|\neq|\boldsymbol{B}|$,则 $\boldsymbol{A}+\boldsymbol{B}$ 为不可逆矩阵;

(2) 若 n 为奇数,则 $|(\boldsymbol{A}-\boldsymbol{B})(\boldsymbol{A}+\boldsymbol{B})|=0$.

证 (1) 由于 $\boldsymbol{A},\boldsymbol{B}$ 为正交矩阵,即 $\boldsymbol{A}^{\mathrm{T}}\boldsymbol{A}=\boldsymbol{E},\boldsymbol{B}^{\mathrm{T}}\boldsymbol{B}=\boldsymbol{E}$,因此

$$\boldsymbol{A}^{\mathrm{T}}(\boldsymbol{A}+\boldsymbol{B})=\boldsymbol{E}+\boldsymbol{A}^{\mathrm{T}}\boldsymbol{B}=\boldsymbol{B}^{\mathrm{T}}\boldsymbol{B}+\boldsymbol{A}^{\mathrm{T}}\boldsymbol{B}=(\boldsymbol{B}^{\mathrm{T}}+\boldsymbol{A}^{\mathrm{T}})\boldsymbol{B}=(\boldsymbol{A}+\boldsymbol{B})^{\mathrm{T}}\boldsymbol{B},$$

两边取行列式得 $|\boldsymbol{A}||\boldsymbol{A}+\boldsymbol{B}|=|\boldsymbol{A}+\boldsymbol{B}||\boldsymbol{B}|$,即

$$(|\boldsymbol{A}|-|\boldsymbol{B}|)|\boldsymbol{A}+\boldsymbol{B}|=0,$$

从而由 $|\boldsymbol{A}|\neq|\boldsymbol{B}|$ 知 $|\boldsymbol{A}+\boldsymbol{B}|=0$,故 $\boldsymbol{A}+\boldsymbol{B}$ 为不可逆矩阵.

(2) 因为 $\boldsymbol{A},\boldsymbol{B}$ 为正交矩阵,所以 $|\boldsymbol{A}|^2=1,|\boldsymbol{B}|^2=1$,且由(1)知

$$(|\boldsymbol{A}|-|\boldsymbol{B}|)|\boldsymbol{A}+\boldsymbol{B}|=0.$$

当 $|\boldsymbol{A}|\neq|\boldsymbol{B}|$ 时,则 $|\boldsymbol{A}+\boldsymbol{B}|=0$,故 $|(\boldsymbol{A}-\boldsymbol{B})(\boldsymbol{A}+\boldsymbol{B})|=0$. 与(1)类似可证:

$$\boldsymbol{A}^{\mathrm{T}}(\boldsymbol{A}-\boldsymbol{B})=(\boldsymbol{B}-\boldsymbol{A})^{\mathrm{T}}\boldsymbol{B},$$

由于 n 为奇数,两边取行列式得

$$(|\boldsymbol{A}|+|\boldsymbol{B}|)|\boldsymbol{A}-\boldsymbol{B}|=0.$$

当 $|\boldsymbol{A}|=|\boldsymbol{B}|$ 时,则 $|\boldsymbol{A}|+|\boldsymbol{B}|\neq0$,从而 $|\boldsymbol{A}-\boldsymbol{B}|=0$,故 $|(\boldsymbol{A}-\boldsymbol{B})(\boldsymbol{A}+\boldsymbol{B})|=0$.

题型 10 线性空间与线性变换的计算

例 45 验证 $\mathbb{R}^2$ 上对于如下的加法 $\oplus$ 和数乘 $\circ$ 运算是否构成实线性空间:

$$(x_1,x_2)^{\mathrm{T}}\oplus(y_1,y_2)^{\mathrm{T}}=(x_1+y_1,x_2+y_2+x_1y_1)^{\mathrm{T}},$$

$$k\circ(x_1,x_2)^{\mathrm{T}}=\left(kx_1,kx_2+\frac{k(k-1)}{2}x_1^2\right)^{\mathrm{T}}.$$

解 显然,$\mathbb{R}^2$ 对于加法 $\oplus$ 和数乘 $\circ$ 两种运算是封闭的,并且关于加法 $\oplus$ 满足交换律和结合律. 下面验证:对任何 $(x_1,x_2)^{\mathrm{T}},(y_1,y_2)^{\mathrm{T}}\in\mathbb{R}^2$,及 $k,l\in\mathbb{R}$,满足线性空间的其余六条运算规律.

零元素为 $(0,0)^{\mathrm{T}}$;

$(x_1,x_2)^{\mathrm{T}}$ 的负元素为 $(-1)\circ(x_1,x_2)^{\mathrm{T}}=(-x_1,-x_2+x_1^2)^{\mathrm{T}}$;

$1\circ(x_1,x_2)^{\mathrm{T}}=(x_1,x_2)^{\mathrm{T}}$;

$$\begin{aligned}k\circ(l\circ(x_1,x_2)^{\mathrm{T}})&=k\circ\left(lx_1,lx_2+\frac{l(l-1)}{2}x_1^2\right)^{\mathrm{T}}\\&=\left(klx_1,klx_2+k\frac{l(l-1)}{2}x_1^2+\frac{k(k-1)}{2}l^2x_1^2\right)^{\mathrm{T}}\\&=\left(klx_1,klx_2+k\frac{kl(kl-1)}{2}x_1^2\right)^{\mathrm{T}}=(kl)\circ(x_1,x_2)^{\mathrm{T}};\end{aligned}$$

$$k\circ(x_1,x_2)^{\mathrm T}\oplus l\circ(x_1,x_2)^{\mathrm T}=\left(kx_1,kx_2+\frac{k(k-1)}{2}x_1^2\right)^{\mathrm T}\oplus\left(lx_1,lx_2+\frac{l(l-1)}{2}x_1^2\right)^{\mathrm T}$$

$$=\left((k+l)x_1,(k+l)x_2+\frac{(k+l)(k+l-1)}{2}x_1^2\right)^{\mathrm T}$$

$$=(k+l)\circ(x_1,x_2)^{\mathrm T};$$

$$k\circ((x_1,x_2)^{\mathrm T}\oplus(y_1,y_2)^{\mathrm T})=k\circ(x_1+y_1,x_2+y_2+x_1y_1)^{\mathrm T}$$

$$=\left(k(x_1+y_1),k(x_2+y_2+x_1y_1)+\frac{k(k-1)}{2}(x_1+y_1)^2\right)^{\mathrm T}$$

$$=\left(kx_1+ky_1,kx_2+ky_2+\frac{k(k-1)}{2}(x_1^2+y_1^2)+k^2x_1y_1\right)^{\mathrm T}$$

$$=\left(kx_1,kx_2+\frac{k(k-1)}{2}x_1^2\right)^{\mathrm T}\oplus\left(ky_1,ky_2+\frac{k(k-1)}{2}y_1^2\right)^{\mathrm T}$$

$$=k\circ(x_1,x_2)^{\mathrm T}\oplus k\circ(y_1,y_2)^{\mathrm T},$$

因此$\mathbb{R}^2$按照加法$\oplus$和数乘$\circ$构成实线性空间.

例 46 设有$\mathbb{R}^{2\times2}$的子空间$W=\{\boldsymbol{A}\mid\boldsymbol{A}\in\mathbb{R}^{2\times2},\boldsymbol{A}^{\mathrm T}=-\boldsymbol{A}\}$,则$W$的维数是 【 】

(A) 1; (B) 2; (C) 3; (D) 4.

解 因为$\boldsymbol{A}^{\mathrm T}=-\boldsymbol{A}$,所以$\boldsymbol{A}=\begin{bmatrix}0&a\\-a&0\end{bmatrix}$,从而$W$的维数是1,故选(A).

例 47 设X是定义在$\mathbb{R}$上的全体实函数构成的线性空间,计算下列集合所生成的子空间的基和维数:

(1) $\{1,\mathrm e^{ax},x\mathrm e^{bx}\}(a\neq b)$;

(2) $\{1,\cos2x,\sin^2x\}$.

解 (1) 当$a\neq0$时,$1,\mathrm e^{ax},x\mathrm e^{bx}$线性无关,从而它是$\mathrm{span}(1,\mathrm e^{ax},x\mathrm e^{bx})$的一个基,因此$\mathrm{span}(1,\mathrm e^{ax},x\mathrm e^{bx})$的维数为3. 当$a=0$时,$\{1,x\mathrm e^{bx}\}$为$\mathrm{span}(1,\mathrm e^{ax},x\mathrm e^{bx})$的一个基,$\mathrm{span}(1,\mathrm e^{ax},x\mathrm e^{bx})$的维数为2.

(2) 因$1=\cos2x+2\sin^2x$,且$\cos2x$,$2\sin^2x$线性无关,故$\cos2x,\sin^2x$为$\mathrm{span}(1,\cos2x,\sin^2x)$的一个基,其维数为2.

例 48 在四维线性空间$\mathbb{R}^{2\times2}$中,证明:

$$\begin{bmatrix}1&1\\1&1\end{bmatrix},\quad\begin{bmatrix}1&1\\-1&-1\end{bmatrix},\quad\begin{bmatrix}1&-1\\1&-1\end{bmatrix},\quad\begin{bmatrix}-1&1\\1&-1\end{bmatrix}$$

是$\mathbb{R}^{2\times2}$的一个基,并求矩阵$\boldsymbol{A}=\begin{bmatrix}1&2\\4&3\end{bmatrix}$在这个基下的坐标.

解 设有一组数k_1,k_2,k_3,k_4,使得

$$k_1\begin{bmatrix}1&1\\1&1\end{bmatrix}+k_2\begin{bmatrix}1&1\\-1&-1\end{bmatrix}+k_3\begin{bmatrix}1&-1\\1&-1\end{bmatrix}+k_4\begin{bmatrix}-1&1\\1&-1\end{bmatrix}=\boldsymbol{0},$$

这等价于

$$\begin{cases}k_1+k_2+k_3-k_4=0,\\k_1+k_2-k_3+k_4=0,\\k_1-k_2+k_3+k_4=0,\\k_1-k_2-k_3-k_4=0,\end{cases}$$

上述齐次方程组的系数行列式等于 16,因此方程组只有唯一零解,即

$$\begin{bmatrix}1 & 1\\1 & 1\end{bmatrix},\quad \begin{bmatrix}1 & 1\\-1 & -1\end{bmatrix},\quad \begin{bmatrix}1 & -1\\1 & -1\end{bmatrix},\quad \begin{bmatrix}-1 & 1\\1 & -1\end{bmatrix}$$

线性无关,故这是$\mathbb{R}^{2\times 2}$的一组基.

设矩阵 $\boldsymbol{A}$ 在上述这个基下的坐标为$(x_1,x_2,x_3,x_4)^{\mathrm{T}}$,则

$$x_1\begin{bmatrix}1 & 1\\1 & 1\end{bmatrix}+x_2\begin{bmatrix}1 & 1\\-1 & -1\end{bmatrix}+x_3\begin{bmatrix}1 & -1\\1 & -1\end{bmatrix}+x_4\begin{bmatrix}-1 & 1\\1 & -1\end{bmatrix}=\begin{bmatrix}1 & 2\\4 & 3\end{bmatrix},$$

这等价一个非齐次线性方程组,求解得

$$x_1=\frac{5}{2},\quad x_2=-1,\quad x_3=0,\quad x_4=\frac{1}{2},$$

所以矩阵 $\boldsymbol{A}$ 的坐标为$\left(\frac{5}{2},-1,0,\frac{1}{2}\right)^{\mathrm{T}}$.

例 49 设 T 是三维线性空间 X 上的线性变换,它关于基 $\alpha_1,\alpha_2,\alpha_3$ 的矩阵是

$$\boldsymbol{A}=\begin{bmatrix}1 & 2 & 3\\-1 & 0 & 3\\2 & 1 & 5\end{bmatrix},$$

令 $\beta_1=\alpha_1,\beta_2=\alpha_1+\alpha_2,\beta_3=\alpha_1+\alpha_2+\alpha_3$,证明 β_1,β_2,β_3 是线性空间 X 的一个基,并求 T 关于基β_1,β_2,β_3 的矩阵.

解 注意到

$$(\beta_1,\beta_2,\beta_3)=(\alpha_1,\alpha_2,\alpha_3)\begin{bmatrix}1 & 1 & 1\\0 & 1 & 1\\0 & 0 & 1\end{bmatrix},$$

且上式右端矩阵可逆,因此 β_1,β_2,β_3 为线性空间 X 的基. 于是

$$\begin{aligned}T(\beta_1,\beta_2,\beta_3)&=T(\alpha_1,\alpha_2,\alpha_3)\begin{bmatrix}1 & 1 & 1\\0 & 1 & 1\\0 & 0 & 1\end{bmatrix}=(\alpha_1,\alpha_2,\alpha_3)\boldsymbol{A}\begin{bmatrix}1 & 1 & 1\\0 & 1 & 1\\0 & 0 & 1\end{bmatrix}\\&=(\beta_1,\beta_2,\beta_3)\begin{bmatrix}1 & 1 & 1\\0 & 1 & 1\\0 & 0 & 1\end{bmatrix}^{-1}\begin{bmatrix}1 & 2 & 3\\-1 & 0 & 3\\2 & 1 & 5\end{bmatrix}\begin{bmatrix}1 & 1 & 1\\0 & 1 & 1\\0 & 0 & 1\end{bmatrix}\\&=(\beta_1,\beta_2,\beta_3)\begin{bmatrix}2 & 4 & 4\\-3 & -4 & -6\\2 & 3 & 8\end{bmatrix},\end{aligned}$$

因此 T 关于基β_1,β_2,β_3 的矩阵为

$$\begin{bmatrix}2 & 4 & 4\\-3 & -4 & -6\\2 & 3 & 8\end{bmatrix}.$$

拓展提高

例 50 设 $\boldsymbol{A}$ 为 n 阶矩阵,$\boldsymbol{\alpha}_1,\boldsymbol{\alpha}_2,\boldsymbol{\alpha}_3$ 为 n 维向量组,其中$\boldsymbol{\alpha}_1\neq\boldsymbol{0}$,且满足 $\boldsymbol{A}\boldsymbol{\alpha}_1=2\boldsymbol{\alpha}_1,\boldsymbol{A}\boldsymbol{\alpha}_2=$

$\boldsymbol{\alpha}_1+2\boldsymbol{\alpha}_2, \boldsymbol{A}\boldsymbol{\alpha}_3=\boldsymbol{\alpha}_2+2\boldsymbol{\alpha}_3$，证明 $\boldsymbol{\alpha}_1,\boldsymbol{\alpha}_2,\boldsymbol{\alpha}_3$ 线性无关.

证 由题设知$(2\boldsymbol{E}-\boldsymbol{A})\boldsymbol{\alpha}_1=\boldsymbol{0}$，$(2\boldsymbol{E}-\boldsymbol{A})\boldsymbol{\alpha}_2=-\boldsymbol{\alpha}_1$，$(2\boldsymbol{E}-\boldsymbol{A})\boldsymbol{\alpha}_3=-\boldsymbol{\alpha}_2$. 令

$$k_1\boldsymbol{\alpha}_1+k_2\boldsymbol{\alpha}_2+k_3\boldsymbol{\alpha}_3=\boldsymbol{0},$$

上式两边左乘 $2\boldsymbol{E}-\boldsymbol{A}$，得

$$k_2\boldsymbol{\alpha}_1+k_3\boldsymbol{\alpha}_2=\boldsymbol{0},$$

两边再左乘 $2\boldsymbol{E}-\boldsymbol{A}$，得

$$k_3\boldsymbol{\alpha}_1=\boldsymbol{0},$$

由$\boldsymbol{\alpha}_1\neq\boldsymbol{0}$ 得 $k_3=0$，分别代入上面两式得 $k_2=0, k_1=0$，从而 $\boldsymbol{\alpha}_1,\boldsymbol{\alpha}_2,\boldsymbol{\alpha}_3$ 线性无关.

例 51 设 $\boldsymbol{A}$ 是 n 阶矩阵，若存在正整数 k，使线性方程组 $\boldsymbol{A}^k\boldsymbol{x}=\boldsymbol{0}$ 有解向量 $\boldsymbol{\alpha}$，且 $\boldsymbol{A}^{k-1}\boldsymbol{\alpha}\neq\boldsymbol{0}$，证明向量组 $\boldsymbol{\alpha},\boldsymbol{A}\boldsymbol{\alpha},\cdots,\boldsymbol{A}^{k-1}\boldsymbol{\alpha}$ 线性无关.

证 设有一组数 $l_1,l_2,\cdots,l_k$，使得

$$l_1\boldsymbol{\alpha}+l_2\boldsymbol{A}\boldsymbol{\alpha}+l_3\boldsymbol{A}^2\boldsymbol{\alpha}+\cdots+l_k\boldsymbol{A}^{k-1}\boldsymbol{\alpha}=\boldsymbol{0}, \tag{4.1}$$

在上式两端同时左乘 $\boldsymbol{A}^{k-1}$，得到

$$l_1\boldsymbol{A}^{k-1}\boldsymbol{\alpha}+l_2\boldsymbol{A}^k\boldsymbol{\alpha}+l_3\boldsymbol{A}^{k+1}\boldsymbol{\alpha}+\cdots+l_k\boldsymbol{A}^{2k-2}\boldsymbol{\alpha}=\boldsymbol{0},$$

即 $l_1\boldsymbol{A}^{k-1}\boldsymbol{\alpha}=\boldsymbol{0}$，从而 $l_1=0$. 代入(4.1)式有

$$l_2\boldsymbol{A}\boldsymbol{\alpha}+l_3\boldsymbol{A}^2\boldsymbol{\alpha}+\cdots+l_k\boldsymbol{A}^{k-1}\boldsymbol{\alpha}=\boldsymbol{0},$$

再在上式两边同时左乘 $\boldsymbol{A}^{k-2}$，得到

$$l_2\boldsymbol{A}^{k-1}\boldsymbol{\alpha}+l_3\boldsymbol{A}^k\boldsymbol{\alpha}+\cdots+l_k\boldsymbol{A}^{2k-3}\boldsymbol{\alpha}=\boldsymbol{0},$$

即 $l_2\boldsymbol{A}^{k-1}\boldsymbol{\alpha}=\boldsymbol{0}$，故 $l_2=0$. 类似可得 $l_3=0,\cdots,l_k=0$，这说明向量组 $\boldsymbol{\alpha},\boldsymbol{A}\boldsymbol{\alpha},\cdots,\boldsymbol{A}^{k-1}\boldsymbol{\alpha}$ 线性无关.

例 52 设向量$\boldsymbol{\alpha}_i=(a_{i1},a_{i2},\cdots,a_{in})$，$i=1,2,\cdots,m$，$m\leqslant n$，满足 $|a_{jj}|>\sum\limits_{i\neq j}|a_{ij}|$ $(j=1,2,\cdots,n)$，证明向量组 $\boldsymbol{\alpha}_1,\boldsymbol{\alpha}_2,\cdots,\boldsymbol{\alpha}_m$ 线性无关.

证 反证法 若 $\boldsymbol{\alpha}_1,\boldsymbol{\alpha}_2,\cdots,\boldsymbol{\alpha}_m$ 线性相关，则存在不全为零的数 $k_1,k_2,\cdots,k_m$，使得

$$k_1\boldsymbol{\alpha}_1+k_2\boldsymbol{\alpha}_2+\cdots+k_m\boldsymbol{\alpha}_m=\boldsymbol{0},$$

即

$$\begin{bmatrix}\boldsymbol{\alpha}_1^{\mathrm{T}} & \boldsymbol{\alpha}_2^{\mathrm{T}} & \cdots & \boldsymbol{\alpha}_m^{\mathrm{T}}\end{bmatrix}\begin{bmatrix}k_1\\k_2\\\vdots\\k_m\end{bmatrix}=\begin{bmatrix}a_{11} & a_{21} & \cdots & a_{m1}\\a_{12} & a_{22} & \cdots & a_{m2}\\\vdots & \vdots & & \vdots\\a_{1n} & a_{2n} & \cdots & a_{mn}\end{bmatrix}\begin{bmatrix}k_1\\k_2\\\vdots\\k_m\end{bmatrix}=\boldsymbol{0},$$

因此

$$a_{1j}k_1+\cdots+a_{jj}k_j+\cdots+a_{mj}k_m=0,\quad j=1,2,\cdots,n.$$

不妨设 k_j 为 $k_1,k_2,\cdots,k_m$ 中绝对值最大的数，即$|k_j|\geqslant|k_i|$ $(i\neq j)$，从而

$$|a_{jj}||k_j|=|a_{jj}k_j|=\left|\sum_{i\neq j}a_{ij}k_i\right|\leqslant\sum_{i\neq j}|a_{ij}||k_i|\leqslant\sum_{i\neq j}|a_{ij}||k_j|,$$

所以 $|a_{jj}|\leqslant\sum\limits_{i\neq j}|a_{ij}|$，矛盾，即 $\boldsymbol{\alpha}_1,\boldsymbol{\alpha}_2,\cdots,\boldsymbol{\alpha}_m$ 线性无关.

注 在证明向量组线性无关时，若正面论证、推理不易表达，则常常采用反证法. 一般来说，反证法适合于证明“唯一性”“至多”“不存在”等命题.

例 53 设有向量 $\boldsymbol{\alpha}_1=\begin{bmatrix}1\\1\\a\end{bmatrix},\boldsymbol{\alpha}_2=\begin{bmatrix}1\\a\\1\end{bmatrix},\boldsymbol{\alpha}_3=\begin{bmatrix}a\\1\\1\end{bmatrix},\boldsymbol{\beta}_1=\begin{bmatrix}1\\1\\a\end{bmatrix},\boldsymbol{\beta}_2=\begin{bmatrix}-2\\a\\4\end{bmatrix},\boldsymbol{\beta}_3=\begin{bmatrix}-2\\a\\a\end{bmatrix}$.
试确定常数 a，使得向量组 $\boldsymbol{\alpha}_1,\boldsymbol{\alpha}_2,\boldsymbol{\alpha}_3$ 由向量组 $\boldsymbol{\beta}_1,\boldsymbol{\beta}_2,\boldsymbol{\beta}_3$ 线性表示，但向量组 $\boldsymbol{\beta}_1,\boldsymbol{\beta}_2,\boldsymbol{\beta}_3$ 不能由向量组 $\boldsymbol{\alpha}_1,\boldsymbol{\alpha}_2,\boldsymbol{\alpha}_3$ 线性表示.

解 记 $\boldsymbol{A}=[\boldsymbol{\alpha}_1\quad\boldsymbol{\alpha}_2\quad\boldsymbol{\alpha}_3]$，$\boldsymbol{B}=[\boldsymbol{\beta}_1\quad\boldsymbol{\beta}_2\quad\boldsymbol{\beta}_3]$，对矩阵 $[\boldsymbol{B}\quad\boldsymbol{A}]$ 做初等行变换：

$$[\boldsymbol{B}\quad\boldsymbol{A}]=\begin{bmatrix}1&-2&-2&1&1&a\\1&a&a&1&a&1\\a&4&a&a&1&1\end{bmatrix}$$

$$\rightarrow\begin{bmatrix}1&-2&-2&1&1&a\\0&a+2&a+2&0&a-1&1-a\\0&0&a-4&0&3(1-a)&-(1-a)^2\end{bmatrix}.$$

当 $a=-2$ 时，则

$$[\boldsymbol{B}\quad\boldsymbol{A}]\rightarrow\begin{bmatrix}1&-2&-2&1&1&-2\\0&0&0&0&-3&3\\0&0&-6&0&9&-9\end{bmatrix},$$

显然 $\boldsymbol{\alpha}_2,\boldsymbol{\alpha}_3$ 不能由 $\boldsymbol{\beta}_1,\boldsymbol{\beta}_2,\boldsymbol{\beta}_3$ 线性表示，因此 $a\neq-2$.

当 $a=4$ 时，则

$$[\boldsymbol{B}\quad\boldsymbol{A}]\rightarrow\begin{bmatrix}1&-2&-2&1&1&4\\0&6&6&0&3&-3\\0&0&0&0&-9&-9\end{bmatrix},$$

显然 $\boldsymbol{\alpha}_2,\boldsymbol{\alpha}_3$ 不能由 $\boldsymbol{\beta}_1,\boldsymbol{\beta}_2,\boldsymbol{\beta}_3$ 线性表示，因此 $a\neq4$.

而当 $a\neq-2$，且 $a\neq4$ 时，$\operatorname{rank}\boldsymbol{B}=\operatorname{rank}[\boldsymbol{A}\quad\boldsymbol{B}]=3$，此时 $\boldsymbol{\alpha}_1,\boldsymbol{\alpha}_2,\boldsymbol{\alpha}_3$ 可由 $\boldsymbol{\beta}_1,\boldsymbol{\beta}_2,\boldsymbol{\beta}_3$ 线性表示.

对矩阵 $[\boldsymbol{A}\quad\boldsymbol{B}]$ 做初等行变换：

$$[\boldsymbol{A}\quad\boldsymbol{B}]=\begin{bmatrix}1&1&a&1&-2&-2\\1&a&1&1&a&a\\a&1&1&a&4&a\end{bmatrix}$$

$$\rightarrow\begin{bmatrix}1&1&a&1&-2&-2\\0&a-1&1-a&0&a+2&a+2\\0&0&2-a-a^2&0&6+3a&4a+2\end{bmatrix},$$

由题设，$\boldsymbol{\beta}_1,\boldsymbol{\beta}_2,\boldsymbol{\beta}_3$ 不能由 $\boldsymbol{\alpha}_1,\boldsymbol{\alpha}_2,\boldsymbol{\alpha}_3$ 线性表示，于是必有 $a-1=0$ 或者 $2-a-a^2=0$，即 $a=1$ 或者 $a=-2$.

综上所述，满足题设条件的只能是 $a=1$.

例 54 设 $\boldsymbol{\alpha}_1,\boldsymbol{\alpha}_2,\boldsymbol{\alpha}_3,\boldsymbol{\alpha}_4,\boldsymbol{\beta}$ 都为四维列向量，矩阵 $\boldsymbol{A}=[\boldsymbol{\alpha}_1\quad\boldsymbol{\alpha}_2\quad\boldsymbol{\alpha}_3\quad\boldsymbol{\alpha}_4]$，并且方程组 $\boldsymbol{Ax}=\boldsymbol{\beta}$ 的通解为 $(-1,1,0,2)^{\mathrm{T}}+k(1,-1,2,0)^{\mathrm{T}}$.

(1) 问向量 $\boldsymbol{\beta}$ 能否由向量组 $\boldsymbol{\alpha}_1,\boldsymbol{\alpha}_2,\boldsymbol{\alpha}_3$ 线性表示？

(2) 求向量组 $\boldsymbol{\alpha}_1,\boldsymbol{\alpha}_2,\boldsymbol{\alpha}_3,\boldsymbol{\alpha}_4,\boldsymbol{\beta}$ 的一个极大线性无关组.

解 (1) 假如 $\boldsymbol{\beta}$ 能由 $\boldsymbol{\alpha}_1,\boldsymbol{\alpha}_2,\boldsymbol{\alpha}_3$ 线性表示，则有

$$\boldsymbol{\beta}=k_1\boldsymbol{\alpha}_1+k_2\boldsymbol{\alpha}_2+k_3\boldsymbol{\alpha}_3+0\boldsymbol{\alpha}_4,$$

即$(k_1,k_2,k_3,0)^{\mathrm{T}}$是方程组$\boldsymbol{Ax}=\boldsymbol{\beta}$的解,因此

$$(k_1,k_2,k_3,0)^{\mathrm{T}}-(-1,1,0,2)^{\mathrm{T}}=(k_1+1,k_2-1,k_3,-2)^{\mathrm{T}}$$

是齐次方程组$\boldsymbol{Ax}=\boldsymbol{0}$的解,从而它可由$(1,-1,2,0)^{\mathrm{T}}$线性表示,但向量组$(k_1+1,k_2-1,k_3,-2)^{\mathrm{T}}$,$(1,-1,2,0)^{\mathrm{T}}$线性无关,矛盾,所以$\boldsymbol{\beta}$不能由$\boldsymbol{\alpha}_1,\boldsymbol{\alpha}_2,\boldsymbol{\alpha}_3$线性表示.

(2) 因为$(1,-1,2,0)^{\mathrm{T}}$是方程组$\boldsymbol{Ax}=\boldsymbol{0}$的解,所以$\boldsymbol{\alpha}_1-\boldsymbol{\alpha}_2+2\boldsymbol{\alpha}_3=\boldsymbol{0}$,即$\boldsymbol{\alpha}_3$可由$\boldsymbol{\alpha}_1,\boldsymbol{\alpha}_2,\boldsymbol{\alpha}_4$线性表示.而$\boldsymbol{\beta}$可由$\boldsymbol{\alpha}_1,\boldsymbol{\alpha}_2,\boldsymbol{\alpha}_3,\boldsymbol{\alpha}_4$线性表示,所以$\boldsymbol{\beta}$可由$\boldsymbol{\alpha}_1,\boldsymbol{\alpha}_2,\boldsymbol{\alpha}_4$线性表示.又向量组$\boldsymbol{\alpha}_1,\boldsymbol{\alpha}_2,\boldsymbol{\alpha}_3,\boldsymbol{\alpha}_4,\boldsymbol{\beta}$的秩为3,于是$\boldsymbol{\alpha}_1,\boldsymbol{\alpha}_2,\boldsymbol{\alpha}_4$为向量组$\boldsymbol{\alpha}_1,\boldsymbol{\alpha}_2,\boldsymbol{\alpha}_3,\boldsymbol{\alpha}_4,\boldsymbol{\beta}$的一个极大线性无关组.

例 55 已知$\operatorname{rank}\boldsymbol{A}_{m\times n}=r$,$\boldsymbol{\xi}_1,\boldsymbol{\xi}_2,\cdots,\boldsymbol{\xi}_{n-r}$是非齐次方程组$\boldsymbol{Ax}=\boldsymbol{b}$的导出方程组$\boldsymbol{Ax}=\boldsymbol{0}$的基础解系,$\boldsymbol{\eta}$为$\boldsymbol{Ax}=\boldsymbol{b}$的一个特解.证明:

(1) 向量组$\boldsymbol{\eta},\boldsymbol{\xi}_1,\boldsymbol{\xi}_2,\cdots,\boldsymbol{\xi}_{n-r}$线性无关;

(2) $\boldsymbol{\eta},\boldsymbol{\xi}_1+\boldsymbol{\eta},\boldsymbol{\xi}_2+\boldsymbol{\eta},\cdots,\boldsymbol{\xi}_{n-r}+\boldsymbol{\eta}$是$\boldsymbol{Ax}=\boldsymbol{b}$的线性无关的解;

(3) 方程组$\boldsymbol{Ax}=\boldsymbol{b}$的任意$n-r+2$个解线性相关;

(4) 方程组$\boldsymbol{Ax}=\boldsymbol{b}$的任意一个解可写成$\boldsymbol{x}=k_1\boldsymbol{\eta}_1+k_2\boldsymbol{\eta}_2+\cdots+k_{n-r+1}\boldsymbol{\eta}_{n-r+1}$的形式,其中$\boldsymbol{\eta}_1,\boldsymbol{\eta}_2,\cdots,\boldsymbol{\eta}_{n-r+1}$是$\boldsymbol{Ax}=\boldsymbol{b}$的线性无关的解,$k_1+k_2+\cdots+k_{n-r+1}=1$.

证 (1) 由题设知$\boldsymbol{\xi}_1,\boldsymbol{\xi}_2,\cdots,\boldsymbol{\xi}_{n-r}$为$\boldsymbol{Ax}=\boldsymbol{0}$的基础解系,故$\boldsymbol{\xi}_1,\boldsymbol{\xi}_2,\cdots,\boldsymbol{\xi}_{n-r}$线性无关.假如$\boldsymbol{\eta},\boldsymbol{\xi}_1,\boldsymbol{\xi}_2,\cdots,\boldsymbol{\xi}_{n-r}$线性相关,则$\boldsymbol{\eta}$可由$\boldsymbol{\xi}_1,\boldsymbol{\xi}_2,\cdots,\boldsymbol{\xi}_{n-r}$线性表示,不妨设

$$\boldsymbol{\eta}=c_1\boldsymbol{\xi}_1+c_2\boldsymbol{\xi}_2+\cdots+c_{n-r}\boldsymbol{\xi}_{n-r},$$

于是

$$\boldsymbol{A\eta}=c_1\boldsymbol{A}\boldsymbol{\xi}_1+c_2\boldsymbol{A}\boldsymbol{\xi}_2+\cdots+c_{n-r}\boldsymbol{A}\boldsymbol{\xi}_{n-r}=\boldsymbol{0},$$

与$\boldsymbol{\eta}$为$\boldsymbol{Ax}=\boldsymbol{b}$的解矛盾,因此向量组$\boldsymbol{\eta},\boldsymbol{\xi}_1,\boldsymbol{\xi}_2,\cdots,\boldsymbol{\xi}_{n-r}$线性无关.

(2) 因为$\boldsymbol{\eta}$是方程组$\boldsymbol{Ax}=\boldsymbol{b}$的解,$\boldsymbol{\xi}_1,\boldsymbol{\xi}_2,\cdots,\boldsymbol{\xi}_{n-r}$是齐次方程组$\boldsymbol{Ax}=\boldsymbol{0}$的解,从而$\boldsymbol{\eta}$,$\boldsymbol{\xi}_1+\boldsymbol{\eta},\boldsymbol{\xi}_2+\boldsymbol{\eta},\cdots,\boldsymbol{\xi}_{n-r}+\boldsymbol{\eta}$为$\boldsymbol{Ax}=\boldsymbol{b}$的解.

设存在常数$k,k_1,k_2,\cdots,k_{n-r}$,使得

$$k\boldsymbol{\eta}+k_1(\boldsymbol{\xi}_1+\boldsymbol{\eta})+k_2(\boldsymbol{\xi}_2+\boldsymbol{\eta})+\cdots+k_{n-r}(\boldsymbol{\xi}_{n-r}+\boldsymbol{\eta})=\boldsymbol{0},$$

即

$$(k+k_1+k_2+\cdots+k_{n-r})\boldsymbol{\eta}+k_1\boldsymbol{\xi}_1+k_2\boldsymbol{\xi}_2+\cdots+k_{n-r}\boldsymbol{\xi}_{n-r}=\boldsymbol{0},$$

由$\boldsymbol{\eta},\boldsymbol{\xi}_1,\boldsymbol{\xi}_2,\cdots,\boldsymbol{\xi}_{n-r}$线性无关,可得

$$k+k_1+k_2+\cdots+k_{n-r}=0,\quad k_1=k_2=\cdots=k_{n-r}=0,$$

故$k=k_1=k_2=\cdots=k_{n-r}=0$,因此$\boldsymbol{\eta},\boldsymbol{\xi}_1+\boldsymbol{\eta},\boldsymbol{\xi}_2+\boldsymbol{\eta},\cdots,\boldsymbol{\xi}_{n-r}+\boldsymbol{\eta}$线性无关.

(3) 由于方程组$\boldsymbol{Ax}=\boldsymbol{b}$的通解为$\boldsymbol{x}=\boldsymbol{\eta}+k_1\boldsymbol{\xi}_1+k_2\boldsymbol{\xi}_2+\cdots+k_{n-r}\boldsymbol{\xi}_{n-r}$,因此$\boldsymbol{Ax}=\boldsymbol{b}$的任一解都可由向量组$\boldsymbol{\eta},\boldsymbol{\xi}_1,\boldsymbol{\xi}_2,\cdots,\boldsymbol{\xi}_{n-r}$线性表示,于是它的任意$n-r+2$个解都线性相关.

(4) 设$\boldsymbol{\eta}_1,\boldsymbol{\eta}_2,\cdots,\boldsymbol{\eta}_{n-r},\boldsymbol{\eta}_{n-r+1}$为$\boldsymbol{Ax}=\boldsymbol{b}$的$n-r+1$个线性无关的解,由(3)知$\boldsymbol{Ax}=\boldsymbol{b}$的任意$n-r+2$个解线性相关,故对$\boldsymbol{Ax}=\boldsymbol{b}$的任一解$\boldsymbol{x}$,有$\boldsymbol{x},\boldsymbol{\eta}_1,\boldsymbol{\eta}_2,\cdots,\boldsymbol{\eta}_{n-r},\boldsymbol{\eta}_{n-r+1}$线性相关,从而$\boldsymbol{x}$可由$\boldsymbol{\eta}_1,\boldsymbol{\eta}_2,\cdots,\boldsymbol{\eta}_{n-r},\boldsymbol{\eta}_{n-r+1}$唯一线性表示,即存在$k_1,k_2,\cdots,k_{n-r},k_{n-r+1}$,使得

$$\boldsymbol{x}=k_1\boldsymbol{\eta}_1+k_2\boldsymbol{\eta}_2+\cdots+k_{n-r}\boldsymbol{\eta}_{n-r}+k_{n-r+1}\boldsymbol{\eta}_{n-r+1},$$

两边同时乘以$\boldsymbol{A}$,得到

$$\begin{aligned} \boldsymbol{b} &= \boldsymbol{A}\boldsymbol{x} = \boldsymbol{A}(k_1\boldsymbol{\eta}_1 + k_2\boldsymbol{\eta}_2 + \cdots + k_{n-r}\boldsymbol{\eta}_{n-r} + k_{n-r+1}\boldsymbol{\eta}_{n-r+1}) \\ &= k_1\boldsymbol{A}\boldsymbol{\eta}_1 + k_2\boldsymbol{A}\boldsymbol{\eta}_2 + \cdots + k_{n-r}\boldsymbol{A}\boldsymbol{\eta}_{n-r} + k_{n-r+1}\boldsymbol{A}\boldsymbol{\eta}_{n-r+1} \\ &= (k_1 + k_2 + \cdots + k_{n-r} + k_{n-r+1})\boldsymbol{b}, \end{aligned}$$

由 $\boldsymbol{b}\neq\boldsymbol{0}$，知 $k_1+k_2+\cdots+k_{n-r}+k_{n-r+1}=1$.

注 由本例可知：系数矩阵秩为 r 的 n 元非齐次线性方程组存在 $n-r+1$ 个线性无关的解，它的任意 $n-r+2$ 个解都线性相关，因此有时也把非齐次方程组的 $n-r+1$ 个线性无关的解称为其基础解系，所不同的是它的线性组合只有当组合系数之和为 1 时，才是非齐次方程组的解. 这也说明非齐次方程组的解不能构成向量空间.

例 56 已知三阶矩阵 $\boldsymbol{A}$ 的第一行 $(a,b,c)\neq\boldsymbol{0}$，矩阵 $\boldsymbol{B}=\begin{bmatrix}1&2&3\\2&4&6\\3&6&k\end{bmatrix}$（$k$ 为常数），且 $\boldsymbol{AB}=\boldsymbol{0}$，求线性方程组 $\boldsymbol{Ax}=\boldsymbol{0}$ 的通解.

解 容易看出，当 $k\neq9$ 时，$\text{rank}\,\boldsymbol{B}=2$，从而由 $\boldsymbol{AB}=\boldsymbol{0}$ 知 $\text{rank}\,\boldsymbol{A}+\text{rank}\,\boldsymbol{B}\leqslant3$，于是 $\text{rank}\,\boldsymbol{A}\leqslant1$. 而 a,b,c 不全为零，即 $\text{rank}\,\boldsymbol{A}\geqslant1$，故 $\text{rank}\,\boldsymbol{A}=1$. 此时

$$\dim N(\boldsymbol{A}) = n - \text{rank}\,\boldsymbol{A} = 2,$$

即 $\boldsymbol{Ax}=\boldsymbol{0}$ 的基础解系含两个向量. 矩阵 $\boldsymbol{B}$ 的第一列和第三列线性无关，可作为基础解系，因此 $\boldsymbol{Ax}=\boldsymbol{0}$ 的通解为

$$\boldsymbol{x} = k_1(1,2,3)^{\mathrm{T}} + k_2(3,6,k)^{\mathrm{T}}, \quad k_1,k_2 \text{ 为任意数}.$$

当 $k=9$ 时，$\text{rank}\,\boldsymbol{B}=1$，类似地有 $\text{rank}\,\boldsymbol{A}\leqslant2$，$\text{rank}\,\boldsymbol{A}\geqslant1$，从而 $\text{rank}\,\boldsymbol{A}=1$ 或 $\text{rank}\,\boldsymbol{A}=2$.

若 $\text{rank}\,\boldsymbol{A}=2$，则

$$\dim N(\boldsymbol{A}) = n - \text{rank}\,\boldsymbol{A} = 1,$$

方程组 $\boldsymbol{Ax}=\boldsymbol{0}$ 的通解为

$$\boldsymbol{x} = k_1(1,2,3)^{\mathrm{T}}, \quad k_1 \text{ 为任意数}.$$

若 $\text{rank}\,\boldsymbol{A}=1$，则

$$\dim N(\boldsymbol{A}) = n - \text{rank}\,\boldsymbol{A} = 2,$$

此时与 $\boldsymbol{Ax}=\boldsymbol{0}$ 同解的方程组为

$$ax_1 + bx_2 + cx_3 = 0.$$

不妨设 $a\neq0$，则 $\boldsymbol{Ax}=\boldsymbol{0}$ 的通解为

$$\boldsymbol{x} = k_1\left(-\frac{b}{a},1,0\right)^{\mathrm{T}} + k_2\left(-\frac{c}{a},0,1\right)^{\mathrm{T}}, \quad k_1,k_2 \text{ 为任意数}.$$

例 57 设 $\boldsymbol{\alpha}_i=(a_{i1},a_{i2},\cdots,a_{in})^{\mathrm{T}}(i=1,2,\cdots,r;r<n)$ 是 n 维实向量，且 $\boldsymbol{\alpha}_1,\boldsymbol{\alpha}_2,\cdots,\boldsymbol{\alpha}_r$ 线性无关. 又已知 $\boldsymbol{\beta}=(b_1,b_2,\cdots,b_n)^{\mathrm{T}}$ 是齐次线性方程组

$$\begin{cases} a_{11}x_1 + a_{12}x_2 + \cdots + a_{1n}x_n = 0, \\ a_{21}x_1 + a_{22}x_2 + \cdots + a_{2n}x_n = 0, \\ \qquad\vdots \\ a_{r1}x_1 + a_{r2}x_2 + \cdots + a_{rn}x_n = 0 \end{cases}$$

的非零解，试判断向量组 $\boldsymbol{\alpha}_1,\boldsymbol{\alpha}_2,\cdots,\boldsymbol{\alpha}_r,\boldsymbol{\beta}$ 的线性相关性.

解 设有 $r+1$ 个数 $k_1,k_2,\cdots,k_r,k$，使得

$$k_1\boldsymbol{\alpha}_1 + k_2\boldsymbol{\alpha}_2 + \cdots + k_r\boldsymbol{\alpha}_r + k\boldsymbol{\beta} = \boldsymbol{0}, \tag{4.2}$$

两边均与向量 $\boldsymbol{\beta}$ 作内积得

$$\langle \boldsymbol{\beta}, k_1\boldsymbol{\alpha}_1 + k_2\boldsymbol{\alpha}_2 + \cdots + k_r\boldsymbol{\alpha}_r + k\boldsymbol{\beta} \rangle = 0. \tag{4.3}$$

由于 $\boldsymbol{\beta}$ 是题中齐次方程组的非零解，即

$$\langle \boldsymbol{\beta}, \boldsymbol{\alpha}_1 \rangle = \langle \boldsymbol{\beta}, \boldsymbol{\alpha}_2 \rangle = \cdots = \langle \boldsymbol{\beta}, \boldsymbol{\alpha}_r \rangle = 0,$$

因此由(4.3)式得

$$\langle \boldsymbol{\beta}, k\boldsymbol{\beta} \rangle = k\langle \boldsymbol{\beta}, \boldsymbol{\beta} \rangle = 0.$$

因 $\boldsymbol{\beta}$ 为非零向量，故 $\langle \boldsymbol{\beta}, \boldsymbol{\beta} \rangle \neq 0$，从而 $k=0$. 代入(4.2)式得

$$k_1\boldsymbol{\alpha}_1 + k_2\boldsymbol{\alpha}_2 + \cdots + k_r\boldsymbol{\alpha}_r = \mathbf{0},$$

由 $\boldsymbol{\alpha}_1, \boldsymbol{\alpha}_2, \cdots, \boldsymbol{\alpha}_r$ 线性无关，可知 $k_1 = k_2 = \cdots = k_r = 0$，故 $\boldsymbol{\alpha}_1, \boldsymbol{\alpha}_2, \cdots, \boldsymbol{\alpha}_r, \boldsymbol{\beta}$ 的线性无关.

例 58 设 $\boldsymbol{A}$ 为 n 阶矩阵，证明 $\operatorname{rank}(\boldsymbol{A}^n) = \operatorname{rank}(\boldsymbol{A}^{n+1})$.

证 考虑两个齐次线性方程组 $\boldsymbol{A}^n\boldsymbol{x} = \mathbf{0}$ 和 $\boldsymbol{A}^{n+1}\boldsymbol{x} = \mathbf{0}$.

显然，$\boldsymbol{A}^n\boldsymbol{x} = \mathbf{0}$ 的解一定是 $\boldsymbol{A}^{n+1}\boldsymbol{x} = \mathbf{0}$ 的解. 反之，设 $\boldsymbol{\xi}$ 是 $\boldsymbol{A}^{n+1}\boldsymbol{x} = \mathbf{0}$ 的解，若 $\boldsymbol{\xi}$ 不是 $\boldsymbol{A}^n\boldsymbol{x} = \mathbf{0}$ 的解，则 $\boldsymbol{A}^{n+1}\boldsymbol{\xi} = \mathbf{0}, \boldsymbol{A}^n\boldsymbol{\xi} \neq \mathbf{0}$. 因为 $n+1$ 个 n 维向量组 $\boldsymbol{\xi}, \boldsymbol{A\xi}, \boldsymbol{A}^2\boldsymbol{\xi}, \cdots, \boldsymbol{A}^n\boldsymbol{\xi}$ 线性相关，即存在不全为零的数 $k_0, k_1, k_2, \cdots, k_n$，使得

$$k_0\boldsymbol{\xi} + k_1\boldsymbol{A\xi} + k_2\boldsymbol{A}^2\boldsymbol{\xi} + \cdots + k_n\boldsymbol{A}^n\boldsymbol{\xi} = \mathbf{0},$$

上式左乘 $\boldsymbol{A}^n$ 得 $k_0\boldsymbol{A}^n\boldsymbol{\xi} = \mathbf{0}$，从而 $k_0 = 0$. 同理可得 $k_1 = k_2 = \cdots = k_n = 0$，矛盾. 故 $\boldsymbol{\xi}$ 是 $\boldsymbol{A}^n\boldsymbol{x} = \mathbf{0}$ 的一个解.

综上所述，方程组 $\boldsymbol{A}^n\boldsymbol{x} = \mathbf{0}$ 与 $\boldsymbol{A}^{n+1}\boldsymbol{x} = \mathbf{0}$ 同解，从而 $\operatorname{rank}(\boldsymbol{A}^n) = \operatorname{rank}(\boldsymbol{A}^{n+1})$.

注 类似可证：若 $\boldsymbol{A}$ 为实矩阵，则 $\boldsymbol{A}$ 与 $\boldsymbol{A}^{\mathrm{T}}\boldsymbol{A}$ 有相同的秩.

例 59 设 $\boldsymbol{A}$ 为 n 阶实矩阵，证明：$\boldsymbol{A}$ 为正交矩阵当且仅当对任意 n 维非零实向量 $\boldsymbol{\alpha}$，均有 $\|\boldsymbol{\alpha}\| = \|\boldsymbol{A\alpha}\|$.

证 设 $\boldsymbol{A}$ 是正交矩阵，即 $\boldsymbol{A}^{\mathrm{T}}\boldsymbol{A} = \boldsymbol{E}$，则对任意 n 维非零实向量 $\boldsymbol{\alpha}$，有

$$\|\boldsymbol{A\alpha}\|^2 = (\boldsymbol{A\alpha})^{\mathrm{T}}\boldsymbol{A\alpha} = \boldsymbol{\alpha}^{\mathrm{T}}\boldsymbol{A}^{\mathrm{T}}\boldsymbol{A\alpha} = \boldsymbol{\alpha}^{\mathrm{T}}\boldsymbol{\alpha} = \|\boldsymbol{\alpha}\|^2,$$

从而对任意 n 维非零实向量 $\boldsymbol{\alpha}$，均有 $\|\boldsymbol{\alpha}\| = \|\boldsymbol{A\alpha}\|$.

反之，若对任意 n 维非零实向量 $\boldsymbol{\alpha}$，均有 $\|\boldsymbol{\alpha}\| = \|\boldsymbol{A\alpha}\|$，即 $\boldsymbol{\alpha}^{\mathrm{T}}\boldsymbol{\alpha} = \boldsymbol{\alpha}^{\mathrm{T}}\boldsymbol{A}^{\mathrm{T}}\boldsymbol{A\alpha}$，亦即 $\boldsymbol{\alpha}^{\mathrm{T}}(\boldsymbol{E} - \boldsymbol{A}^{\mathrm{T}}\boldsymbol{A})\boldsymbol{\alpha} = 0$，则由第 2 章拓展提高例 32 知，$\boldsymbol{E} - \boldsymbol{A}^{\mathrm{T}}\boldsymbol{A}$ 为实反称矩阵. 而 $\boldsymbol{E} - \boldsymbol{A}^{\mathrm{T}}\boldsymbol{A}$ 显然是实对称矩阵，所以 $\boldsymbol{E} - \boldsymbol{A}^{\mathrm{T}}\boldsymbol{A} = \mathbf{0}$，故 $\boldsymbol{A}$ 是正交矩阵.

例 60 已知齐次线性方程组

$$\begin{cases} (a_1+b)x_1 + a_2x_2 + a_3x_3 + \cdots + a_nx_n = 0, \\ a_1x_1 + (a_2+b)x_2 + a_3x_3 + \cdots + a_nx_n = 0, \\ a_1x_1 + a_2x_2 + (a_3+b)x_3 + \cdots + a_nx_n = 0, \\ \qquad\qquad\vdots \\ a_1x_1 + a_2x_2 + a_3x_3 + \cdots + (a_n+b)x_n = 0, \end{cases}$$

其中 $\sum\limits_{i=1}^{n} a_i \neq 0$. 试讨论 $a_1, a_2, \cdots, a_n$ 和 b 满足何种关系时，

(1) 方程组仅有零解；

(2) 方程组有非零解，在有非零解时，求此方程组的一个基础解系.

解 (1) 上述方程组只有零解当且仅当系数行列式不为零，即 $b^{n-1}\left(\sum\limits_{i=1}^{n} a_i + b\right) \neq 0$，因此，当 $b \neq 0$ 且 $b \neq -\sum\limits_{i=1}^{n} a_i$ 时，方程组仅有零解.

(2) 当 $b=0$ 或 $b=-\sum_{i=1}^{n}a_i$ 时,方程组有非零解.

当 $b=0$ 时,方程组变为

$$a_1x_1+a_2x_2+a_3x_3+\cdots+a_nx_n=0.$$

因 $\sum_{i=1}^{n}a_i\neq 0$,故不妨设 $a_1\neq 0$. 此时,方程组的基础解系为

$$\left(-\frac{a_2}{a_1},1,0,0,\cdots,0\right)^{\mathrm{T}},\quad \left(-\frac{a_3}{a_1},0,1,0,\cdots,0\right)^{\mathrm{T}},\cdots,\left(-\frac{a_n}{a_1},0,0,0,\cdots,1\right)^{\mathrm{T}}.$$

当 $b=-\sum_{i=1}^{n}a_i$ 时,由 $\sum_{i=1}^{n}a_i\neq 0$ 知 $b\neq 0$. 对方程组的系数矩阵做初等行变换:将第 n 行的(-1)倍加到前 $n-1$ 行;再将前 $n-1$ 行都除以 b;然后将第 i 行的$(-a_i)$倍加到第 n 行$(i=1,2,\cdots,n-1)$,此时第 n 行全为零,即

$$\begin{bmatrix} a_1+b & a_2 & a_3 & \cdots & a_{n-1} & a_n \\ a_1 & a_2+b & a_3 & \cdots & a_{n-1} & a_n \\ a_1 & a_2 & a_3+b & \cdots & a_{n-1} & a_n \\ \vdots & \vdots & \vdots & & \vdots & \vdots \\ a_1 & a_2 & a_3 & \cdots & a_{n-1}+b & a_n \\ a_1 & a_2 & a_3 & \cdots & a_{n-1} & a_n+b \end{bmatrix} \to \begin{bmatrix} 1 & 0 & 0 & \cdots & 0 & -1 \\ 0 & 1 & 0 & \cdots & 0 & -1 \\ 0 & 0 & 1 & \cdots & 0 & -1 \\ \vdots & \vdots & \vdots & & \vdots & \vdots \\ 0 & 0 & 0 & \cdots & 1 & -1 \\ 0 & 0 & 0 & \cdots & 0 & 0 \end{bmatrix},$$

从而方程组的一个基础解系为$(1,1,\cdots,1)^{\mathrm{T}}$.

例 61 设 n 元线性方程组 $\boldsymbol{Ax}=\boldsymbol{b}$,其中

$$\boldsymbol{A}=\begin{bmatrix} 2a & 1 & & & & \\ a^2 & 2a & 1 & & & \\ & a^2 & 2a & 1 & & \\ & & \ddots & \ddots & \ddots & \\ & & & a^2 & 2a & 1 \\ & & & & a^2 & 2a \end{bmatrix}_{n\times n},\quad \boldsymbol{x}=\begin{bmatrix} x_1 \\ x_2 \\ \vdots \\ x_n \end{bmatrix},\quad \boldsymbol{b}=\begin{bmatrix} 1 \\ 0 \\ \vdots \\ 0 \end{bmatrix}.$$

(1) 证明行列式 $|\boldsymbol{A}|=(n+1)a^n$;

(2) 当 a 为何值时,该方程组有唯一解,并求 x_1;

(3) 当 a 为何值时,该方程组有无穷多解,并求通解.

解 (1) 对 $|\boldsymbol{A}|$ 做初等行变换 $r_{i+1}-\frac{ia}{i+1}r_i(i=1,2,\cdots,n-1)$ 化为上三角行列式,得

$$|\boldsymbol{A}|=\begin{vmatrix} 2a & 1 & & & & \\ 0 & \frac{3a}{2} & 1 & & & \\ & 0 & \frac{4a}{3} & 1 & & \\ & & \ddots & \ddots & \ddots & \\ & & & 0 & \frac{na}{n-1} & 1 \\ & & & & 0 & \frac{(n+1)a}{n} \end{vmatrix}=(n+1)a^n.$$

(2) 方程组有唯一解的充要条件是$|\boldsymbol{A}|=(n+1)a^n\neq 0$,即 $a\neq 0$. 由 Cramer 法则知 $x_1=\dfrac{|\boldsymbol{A}_1|}{|\boldsymbol{A}|}$,将行列式$|\boldsymbol{A}_1|$按第一列展开即得与$|\boldsymbol{A}|$相同的 $n-1$ 阶行列式,故

$$|\boldsymbol{A}_1|=\begin{vmatrix}1 & 1 & & & & \\ 0 & 2a & 1 & & & \\ & a^2 & 2a & 1 & & \\ & & \ddots & \ddots & \ddots & \\ & & & a^2 & 2a & 1 \\ & & & & a^2 & 2a\end{vmatrix}=na^{n-1},$$

于是 $x_1=\dfrac{n}{(n+1)a}$.

(3) 当 $a=0$ 时,易知方程组的通解为

$$k(1,0,0,\cdots,0)^{\mathrm{T}}+(0,1,0,\cdots,0)^{\mathrm{T}},\quad k \text{ 为任意数}.$$

巩固练习

1. 填空题

(1) 已知向量组$(1,3,1)^{\mathrm{T}},(3,5,1)^{\mathrm{T}},(t,2,3)^{\mathrm{T}}$线性相关,则 $t=$________.

(2) 设向量组 $\boldsymbol{\alpha}_1=(1,1,2)^{\mathrm{T}},\boldsymbol{\alpha}_2=(2,3,a)^{\mathrm{T}},\boldsymbol{\alpha}_3=(1,2,b)^{\mathrm{T}}$ 可线性表示任何一个三维列向量,则 a,b 满足条件________.

(3) 设向量组 $\boldsymbol{\alpha}_1=(a,0,c),\boldsymbol{\alpha}_2=(b,c,0),\boldsymbol{\alpha}_3=(0,a,b)$线性无关,则 a,b,c 必满足关系式________.

(4) 若向量 $\boldsymbol{\beta}=(1,k,5)^{\mathrm{T}}$ 不能由向量组 $\boldsymbol{\alpha}_1=(1,-3,2)^{\mathrm{T}},\boldsymbol{\alpha}_2=(2,-1,1)^{\mathrm{T}}$ 线性表示,则 k 必满足条件________.

(5) 设$\|\boldsymbol{\alpha}\|=2,\|\boldsymbol{\beta}\|=3,\|\boldsymbol{\alpha}+\boldsymbol{\beta}\|=\sqrt{19}$,则 $\boldsymbol{\alpha},\boldsymbol{\beta}$ 之间的夹角 $\theta=$________.

(6) 设 $\boldsymbol{\alpha}_1=(1,2,-1,0)^{\mathrm{T}},\boldsymbol{\alpha}_2=(1,1,0,2)^{\mathrm{T}},\boldsymbol{\alpha}_3=(2,1,1,a)^{\mathrm{T}}$,若由 $\boldsymbol{\alpha}_1,\boldsymbol{\alpha}_2,\boldsymbol{\alpha}_3$ 生成的向量空间的维数是 2,则 $a=$________.

(7) 所有 n 阶反称矩阵构成的线性空间的维数是________.

(8) 设 $\boldsymbol{\alpha}_1=(1,1,1),\boldsymbol{\alpha}_2=(1,1,0),\boldsymbol{\alpha}_3=(1,0,0)$为$\mathbb{R}^3$的一组基,$T$ 为$\mathbb{R}^3$的线性变换,且 $T(\boldsymbol{\alpha}_1)=(1,2,3),T(\boldsymbol{\alpha}_2)=(0,1,2),T(\boldsymbol{\alpha}_3)=(0,0,1)$,则 T 在基 $\boldsymbol{\alpha}_1,\boldsymbol{\alpha}_2,\boldsymbol{\alpha}_3$ 下的矩阵为________.

(9) 设三阶非零矩阵 $\boldsymbol{B}$ 的每一个列向量都是方程组$\begin{cases}x_1+2x_2-2x_3=0,\\ 2x_1-x_2+\lambda x_3=0,\\ 3x_1+x_2-x_3=0\end{cases}$的解,则 $\lambda=$________.

(10) 设矩阵 $\boldsymbol{A}=\begin{bmatrix}2 & 1 & 0\\ 1 & 2 & 0\\ 0 & 0 & 1\end{bmatrix}$,且满足 $\boldsymbol{ABA}^*=2\boldsymbol{BA}^*+\boldsymbol{E}$,则方程组 $\boldsymbol{Bx}=\boldsymbol{0}$ 的解为________.

2. 单选题

(1) 设 $\boldsymbol{A}$ 为正交矩阵,则下列结论必成立的是 【 】

(A) $|\boldsymbol{A}|=1$; (B) $|\boldsymbol{A}|=-1$;

(C) $\boldsymbol{A}$ 为对称矩阵; (D) $\boldsymbol{A}^{\mathrm{T}}$ 与 $\boldsymbol{A}$ 可交换.

(2) 若向量组 $\boldsymbol{\alpha}_1,\boldsymbol{\alpha}_2,\cdots,\boldsymbol{\alpha}_m$ 的秩为 r,则下列结论不成立的是 【 】

(A) $\boldsymbol{\alpha}_1,\boldsymbol{\alpha}_2,\cdots,\boldsymbol{\alpha}_m$ 中任意 r 个向量都线性无关;

(B) $\boldsymbol{\alpha}_1,\boldsymbol{\alpha}_2,\cdots,\boldsymbol{\alpha}_m$ 中任意 r 个线性无关的向量组与 $\boldsymbol{\alpha}_1,\boldsymbol{\alpha}_2,\cdots,\boldsymbol{\alpha}_m$ 等价;

(C) $\boldsymbol{\alpha}_1,\boldsymbol{\alpha}_2,\cdots,\boldsymbol{\alpha}_m$ 中至少有一个含 r 个向量的向量组线性无关;

(D) $\boldsymbol{\alpha}_1,\boldsymbol{\alpha}_2,\cdots,\boldsymbol{\alpha}_m$ 中任意 $r+1$ 个向量均线性相关.

(3) 设 $\boldsymbol{\beta},\boldsymbol{\alpha}_1,\boldsymbol{\alpha}_2$ 线性相关,$\boldsymbol{\beta},\boldsymbol{\alpha}_2,\boldsymbol{\alpha}_3$ 线性无关,则 【 】

(A) $\boldsymbol{\alpha}_1,\boldsymbol{\alpha}_2,\boldsymbol{\alpha}_3$ 线性相关; (B) $\boldsymbol{\alpha}_1,\boldsymbol{\alpha}_2,\boldsymbol{\alpha}_3$ 线性无关;

(C) $\boldsymbol{\beta}$ 可由 $\boldsymbol{\alpha}_1,\boldsymbol{\alpha}_2$ 线性表示; (D) $\boldsymbol{\alpha}_1$ 可由 $\boldsymbol{\beta},\boldsymbol{\alpha}_2,\boldsymbol{\alpha}_3$ 线性表示.

(4) 设 $\boldsymbol{\alpha}_1,\boldsymbol{\alpha}_2,\boldsymbol{\alpha}_3$ 是$\mathbb{R}^3$的一组基,则由基 $\boldsymbol{\alpha}_1,\frac{1}{2}\boldsymbol{\alpha}_2,\frac{1}{3}\boldsymbol{\alpha}_3$ 到 $\boldsymbol{\alpha}_1+\boldsymbol{\alpha}_2,\boldsymbol{\alpha}_2+\boldsymbol{\alpha}_3,\boldsymbol{\alpha}_3+\boldsymbol{\alpha}_1$ 的过渡矩阵为 【 】

(A) $\begin{bmatrix}1&0&1\\2&2&0\\0&3&3\end{bmatrix}$; (B) $\begin{bmatrix}1&2&0\\0&2&3\\1&0&3\end{bmatrix}$;

(C) $\begin{bmatrix}\frac{1}{2}&\frac{1}{4}&-\frac{1}{6}\\-\frac{1}{2}&\frac{1}{4}&\frac{1}{6}\\\frac{1}{2}&-\frac{1}{4}&\frac{1}{6}\end{bmatrix}$; (D) $\begin{bmatrix}\frac{1}{2}&-\frac{1}{2}&\frac{1}{2}\\\frac{1}{4}&\frac{1}{4}&-\frac{1}{4}\\-\frac{1}{6}&\frac{1}{6}&\frac{1}{6}\end{bmatrix}$.

(5) 设向量组(Ⅰ):$\boldsymbol{\alpha}_1,\boldsymbol{\alpha}_2,\cdots,\boldsymbol{\alpha}_s$ 可由向量组(Ⅱ):$\boldsymbol{\beta}_1,\boldsymbol{\beta}_2,\cdots,\boldsymbol{\beta}_t$ 线性表示,则 【 】

(A) 当 $s<t$ 时,向量组(Ⅰ)必线性相关;

(B) 当 $s>t$ 时,向量组(Ⅰ)必线性相关;

(C) 当 $s<t$ 时,向量组(Ⅱ)必线性相关;

(D) 当 $s<t$ 时,向量组(Ⅱ)必线性相关.

(6) 已知 $\boldsymbol{\beta}_1,\boldsymbol{\beta}_2$ 是非齐次方程组 $\boldsymbol{Ax}=\boldsymbol{b}$ 的两个不同的解,$\boldsymbol{\alpha}_1,\boldsymbol{\alpha}_2$ 是其导出方程组 $\boldsymbol{Ax}=\boldsymbol{0}$ 的基础解系,k_1,k_2 为任意常数,则 $\boldsymbol{Ax}=\boldsymbol{b}$ 的通解为 【 】

(A) $k_1\boldsymbol{\alpha}_1+k_2(\boldsymbol{\alpha}_1+\boldsymbol{\alpha}_2)+\frac{\boldsymbol{\beta}_1-\boldsymbol{\beta}_2}{2}$; (B) $k_1\boldsymbol{\alpha}_1+k_2(\boldsymbol{\alpha}_1-\boldsymbol{\alpha}_2)+\frac{\boldsymbol{\beta}_1+\boldsymbol{\beta}_2}{2}$;

(C) $k_1\boldsymbol{\alpha}_1+k_2(\boldsymbol{\beta}_1+\boldsymbol{\beta}_2)+\frac{\boldsymbol{\beta}_1-\boldsymbol{\beta}_2}{2}$; (D) $k_1\boldsymbol{\alpha}_1+k_2(\boldsymbol{\beta}_1-\boldsymbol{\beta}_2)+\frac{\boldsymbol{\beta}_1+\boldsymbol{\beta}_2}{2}$.

(7) 设 $\boldsymbol{A}$ 为 n 阶矩阵,$\operatorname{rank}\boldsymbol{A}=n-3$,且 $\boldsymbol{\alpha}_1,\boldsymbol{\alpha}_2,\boldsymbol{\alpha}_3$ 是方程组 $\boldsymbol{Ax}=\boldsymbol{0}$ 的三个线性无关的解向量,则 $\boldsymbol{Ax}=\boldsymbol{0}$ 的基础解系为 【 】

(A) $\boldsymbol{\alpha}_2-\boldsymbol{\alpha}_1,\boldsymbol{\alpha}_3-\boldsymbol{\alpha}_2,\boldsymbol{\alpha}_1-\boldsymbol{\alpha}_3$; (B) $\boldsymbol{\alpha}_1+\boldsymbol{\alpha}_2,\boldsymbol{\alpha}_2+\boldsymbol{\alpha}_3,\boldsymbol{\alpha}_3+\boldsymbol{\alpha}_1$;

(C) $2\boldsymbol{\alpha}_2-\boldsymbol{\alpha}_1,\frac{1}{2}\boldsymbol{\alpha}_3-\boldsymbol{\alpha}_2,\boldsymbol{\alpha}_1-\boldsymbol{\alpha}_3$; (D) $\boldsymbol{\alpha}_1+\boldsymbol{\alpha}_2+\boldsymbol{\alpha}_3,\boldsymbol{\alpha}_3-\boldsymbol{\alpha}_2,-\boldsymbol{\alpha}_1-2\boldsymbol{\alpha}_3$.

(8) 设 $\boldsymbol{A}$ 为 $m\times s$ 矩阵，$\boldsymbol{B}$ 为 $s\times n$ 矩阵，则 $\boldsymbol{ABx}=\boldsymbol{0}$ 与 $\boldsymbol{Bx}=\boldsymbol{0}$ 为同解方程组的充分条件是 【 】

(A) $\operatorname{rank}\boldsymbol{A}=m$； (B) $\operatorname{rank}\boldsymbol{A}=s$；

(C) $\operatorname{rank}\boldsymbol{B}=s$； (D) $\operatorname{rank}\boldsymbol{B}=n$.

(9) 设 $\boldsymbol{A}$ 为 $n(n>2)$ 阶矩阵，且 $|\boldsymbol{A}|=0$，则齐次方程组 $(\boldsymbol{A}^*)^*\boldsymbol{x}=\boldsymbol{0}$ 【 】

(A) 只有零解；

(B) 有非零解，其基础解系含有 1 个解向量；

(C) 有非零解，其基础解系含有 n 个解向量；

(D) 有非零解，其基础解系所含解向量的个数与矩阵 $\boldsymbol{A}$ 的秩有关.

(10) 设 $\boldsymbol{\eta}_1=(1,a,1,-2)^{\mathrm{T}}$，$\boldsymbol{\eta}_2=(1,2,1,-a)^{\mathrm{T}}$ 是齐次方程组 $\boldsymbol{Ax}=\boldsymbol{0}$ 的基础解系，$\boldsymbol{\eta}_3=(1,0,b,0)^{\mathrm{T}}$ 也是 $\boldsymbol{Ax}=\boldsymbol{0}$ 的解，则 【 】

(A) $a=-2,b=1$； (B) $a=2,b=-1$；

(C) $a=-2,b=0$； (D) $a=2,b=0$.

3. 判断下列向量组是否线性相关？

(1) $\begin{bmatrix}3\\-4\\1\\1\end{bmatrix},\begin{bmatrix}4\\-2\\1\\0\end{bmatrix},\begin{bmatrix}-1\\-2\\0\\1\end{bmatrix}$； (2) $\begin{bmatrix}2\\1\\-3\\3\end{bmatrix},\begin{bmatrix}-1\\0\\1\\2\end{bmatrix},\begin{bmatrix}0\\2\\1\\0\end{bmatrix},\begin{bmatrix}1\\3\\-1\\2\end{bmatrix}$.

4. 求向量组 $\boldsymbol{\alpha}_1=(1,0,5,2)^{\mathrm{T}}$，$\boldsymbol{\alpha}_2=(3,-2,3,-4)^{\mathrm{T}}$，$\boldsymbol{\alpha}_3=(-1,1,1,3)^{\mathrm{T}}$ 的秩与它的一个极大线性无关组，并将其余的向量由该极大线性无关组表示.

5. 设 $\boldsymbol{\alpha}_1=(1-\lambda,2,3)^{\mathrm{T}}$，$\boldsymbol{\alpha}_2=(2,1-\lambda,3)^{\mathrm{T}}$，$\boldsymbol{\alpha}_3=(3,3,6-\lambda)^{\mathrm{T}}$.

(1) 问 λ 为何值时，$\boldsymbol{\alpha}_1,\boldsymbol{\alpha}_2,\boldsymbol{\alpha}_3$ 线性相关？

(2) 问 λ 为何值时，$\boldsymbol{\alpha}_1,\boldsymbol{\alpha}_2,\boldsymbol{\alpha}_3$ 线性无关？

6. 设 n 维向量组 $\boldsymbol{\beta}_1,\boldsymbol{\beta}_2,\cdots,\boldsymbol{\beta}_m$ 能由 n 维向量组 $\boldsymbol{\alpha}_1,\boldsymbol{\alpha}_2,\cdots,\boldsymbol{\alpha}_m$ 线性表示，即存在矩阵 $\boldsymbol{K}=[k_{ij}]_{m\times m}$，使得 $[\boldsymbol{\beta}_1\ \ \boldsymbol{\beta}_2\ \ \cdots\ \ \boldsymbol{\beta}_m]=[\boldsymbol{\alpha}_1\ \ \boldsymbol{\alpha}_2\ \ \cdots\ \ \boldsymbol{\alpha}_m]\boldsymbol{K}$. 证明：

(1) 由 $\boldsymbol{\alpha}_1,\boldsymbol{\alpha}_2,\cdots,\boldsymbol{\alpha}_m$ 线性无关推出 $\boldsymbol{\beta}_1,\boldsymbol{\beta}_2,\cdots,\boldsymbol{\beta}_m$ 线性无关的充要条件是 $\boldsymbol{K}$ 可逆；

(2) 若 $\boldsymbol{K}$ 可逆，则由 $\boldsymbol{\beta}_1,\boldsymbol{\beta}_2,\cdots,\boldsymbol{\beta}_m$ 线性无关可推出 $\boldsymbol{\alpha}_1,\boldsymbol{\alpha}_2,\cdots,\boldsymbol{\alpha}_m$ 线性无关；

(3) 若 $m=n$，则由 $\boldsymbol{\beta}_1,\boldsymbol{\beta}_2,\cdots,\boldsymbol{\beta}_m$ 线性无关可推出 $\boldsymbol{\alpha}_1,\boldsymbol{\alpha}_2,\cdots,\boldsymbol{\alpha}_m$ 线性无关.

7. 设 $\boldsymbol{A}=\begin{bmatrix}1&-1&-1\\-1&1&1\\0&-4&-2\end{bmatrix}$，$\boldsymbol{\xi}_1=\begin{bmatrix}-1\\1\\-2\end{bmatrix}$.

(1) 求满足 $\boldsymbol{A\xi}_2=\boldsymbol{\xi}_1$ 和 $\boldsymbol{A}^2\boldsymbol{\xi}_3=\boldsymbol{\xi}_1$ 的所有向量 $\boldsymbol{\xi}_2,\boldsymbol{\xi}_3$；

(2) 对(1)中的任意向量 $\boldsymbol{\xi}_2,\boldsymbol{\xi}_3$，证明 $\boldsymbol{\xi}_1,\boldsymbol{\xi}_2,\boldsymbol{\xi}_3$ 线性无关.

8. 若向量 $\boldsymbol{\beta}=(0,k,k^2)^{\mathrm{T}}$ 能由 $\boldsymbol{\alpha}_1=(1+k,1,1)^{\mathrm{T}}$，$\boldsymbol{\alpha}_2=(1,1+k,1)^{\mathrm{T}}$，$\boldsymbol{\alpha}_3=(1,1,1+k)^{\mathrm{T}}$ 唯一线性表示，求 k 的值.

9. 设在向量组 $\boldsymbol{\alpha}_1,\boldsymbol{\alpha}_2,\cdots,\boldsymbol{\alpha}_m$ 中，$\boldsymbol{\alpha}_1\neq\boldsymbol{0}$，并且每一个 $\boldsymbol{\alpha}_i$ 都不能由前面的 $\boldsymbol{\alpha}_1,\boldsymbol{\alpha}_2,\cdots,\boldsymbol{\alpha}_{i-1}$ 线性表示，证明 $\boldsymbol{\alpha}_1,\boldsymbol{\alpha}_2,\cdots,\boldsymbol{\alpha}_m$ 线性无关.

10. 证明 n 阶矩阵 $\boldsymbol{A}$ 的秩为 1 的充要条件是存在 n 维非零列向量 $\boldsymbol{\alpha},\boldsymbol{\beta}$，使得 $\boldsymbol{A}=\boldsymbol{\alpha\beta}^{\mathrm{T}}$.

11. 设有两个向量组

$$\boldsymbol{\alpha}_1=(0,1,2)^{\mathrm{T}},\quad \boldsymbol{\alpha}_2=(3,0,6)^{\mathrm{T}},\quad \boldsymbol{\alpha}_3=(2,3,10)^{\mathrm{T}};$$

$$\boldsymbol{\beta}_1=(2,1,6)^{\mathrm{T}},\quad \boldsymbol{\beta}_2=(0,-2,-4)^{\mathrm{T}},\quad \boldsymbol{\beta}_3=(4,4,16)^{\mathrm{T}},$$

问它们是否等价？

12. 设有两个向量组

(Ⅰ)：$\boldsymbol{\alpha}_1=(1,0,2)^{\mathrm{T}},\boldsymbol{\alpha}_2=(1,1,3)^{\mathrm{T}},\boldsymbol{\alpha}_3=(1,-1,a+2)^{\mathrm{T}}$；

(Ⅱ)：$\boldsymbol{\beta}_1=(1,2,a+3)^{\mathrm{T}},\boldsymbol{\beta}_2=(2,1,a+6)^{\mathrm{T}},\boldsymbol{\beta}_3=(2,2,a+2)^{\mathrm{T}}$.

(1) 当 a 为何值时，(Ⅰ)与(Ⅱ)等价？当 a 为何值时，(Ⅰ)与(Ⅱ)不等价？

(2) 当 a 为何值时，(Ⅰ)能被(Ⅱ)线性表示，但(Ⅱ)不能被(Ⅰ)线性表示？

13. 设 $\boldsymbol{\alpha}_1=(a,1,1)^{\mathrm{T}},\boldsymbol{\alpha}_2=(1,b,3b)^{\mathrm{T}},\boldsymbol{\alpha}_3=(1,1,1)^{\mathrm{T}},\boldsymbol{\beta}=(4,3,9)^{\mathrm{T}}$，讨论 a,b 取何值时，

(1) $\boldsymbol{\beta}$ 不能被向量组 $\boldsymbol{\alpha}_1,\boldsymbol{\alpha}_2,\boldsymbol{\alpha}_3$ 线性表示；

(2) $\boldsymbol{\beta}$ 能被向量组 $\boldsymbol{\alpha}_1,\boldsymbol{\alpha}_2,\boldsymbol{\alpha}_3$ 线性表示，且表达式唯一，求出其表达式；

(3) $\boldsymbol{\beta}$ 能被向量组 $\boldsymbol{\alpha}_1,\boldsymbol{\alpha}_2,\boldsymbol{\alpha}_3$ 线性表示，但表达式不唯一，并求出一般表达式.

14. 设 $(2,-1,1,-1)^{\mathrm{T}}$ 是方程组

$$\begin{cases} x_1+ax_2+bx_3+2x_4=0,\\ x_1+x_2+x_3+x_4=1,\\ 3x_1+(2+a)x_2+(4+b)x_3+4x_4=4 \end{cases}$$

的一个解，求：

(1) 该方程组的全部解；

(2) 该方程组满足条件 $x_2=x_3$ 的解.

15. 已知齐次方程组(Ⅰ)：

$$\begin{cases} x_1+x_2+3x_3=0,\\ x_1+3x_2+ax_3=0,\\ 3x_1+9x_2+a^2x_3=0 \end{cases}$$

和方程(Ⅱ)：$x_1+3x_2+3x_3=a^2-9$ 有公共解，求 a 的值及所有公共解.

16. 设 n 阶矩阵 $\boldsymbol{A}=[\boldsymbol{\alpha}_1\quad \boldsymbol{\alpha}_2\quad \cdots\quad \boldsymbol{\alpha}_n]$的前 $n-1$ 个列向量线性相关，后 $n-1$ 个列向量线性无关，且 $\boldsymbol{\beta}=\boldsymbol{\alpha}_1+\boldsymbol{\alpha}_2+\cdots+\boldsymbol{\alpha}_n$.

(1) 证明方程组 $\boldsymbol{Ax}=\boldsymbol{\beta}$ 有无穷多解；

(2) 求方程组 $\boldsymbol{Ax}=\boldsymbol{\beta}$ 的通解.

单元测验

一、填空题(每小题 3 分，共 18 分)

1. 设向量组$\boldsymbol{\alpha}_1=(2,1,1,1)^{\mathrm{T}},\boldsymbol{\alpha}_2=(2,1,a,a)^{\mathrm{T}},\boldsymbol{\alpha}_3=(3,2,1,a)^{\mathrm{T}},\boldsymbol{\alpha}_4=(4,3,2,1)^{\mathrm{T}}$ 线性相关，且 $a\neq1$，则 $a=$________.

2. 设向量组 $\boldsymbol{\alpha}_1=(2,1,1,-1)^{\mathrm{T}},\boldsymbol{\alpha}_2=(1,2,1,3)^{\mathrm{T}},\boldsymbol{\alpha}_3=(1,1,2,5)^{\mathrm{T}}$ 与向量组 $\boldsymbol{\beta}_1,\boldsymbol{\beta}_2,\boldsymbol{\beta}_3,\boldsymbol{\beta}_4$ 等价，则 $\boldsymbol{\beta}_1,\boldsymbol{\beta}_2,\boldsymbol{\beta}_3,\boldsymbol{\beta}_4$ 的秩等于________.

3. 设向量组 $\boldsymbol{\alpha}_1,\boldsymbol{\alpha}_2,\boldsymbol{\alpha}_3$ 线性无关，且向量组 $p\boldsymbol{\alpha}_1-\boldsymbol{\alpha}_2,s\boldsymbol{\alpha}_2-\boldsymbol{\alpha}_3,t\boldsymbol{\alpha}_3-\boldsymbol{\alpha}_1$ 线性相关，则 p，s,t 应满足条件________.

4. 若 $\boldsymbol{\alpha}_1=(1,1,0)^{\mathrm{T}},\boldsymbol{\alpha}_2=(0,1,1)^{\mathrm{T}},\boldsymbol{\alpha}_3=(1,1,1)^{\mathrm{T}}$ 是 $\mathbb{R}^3$ 的一个基，则 $\boldsymbol{\beta}=(3,4,3)^{\mathrm{T}}$ 在该基下的坐标为________.

5. 设 n 阶矩阵 $\boldsymbol{A}$ 的各行元之和为 0，且 $\operatorname{rank}\boldsymbol{A}=n-1$，则方程组 $\boldsymbol{Ax}=\boldsymbol{0}$ 的通解为________.

6. 设 $\operatorname{rank}\boldsymbol{A}_{4\times3}=2,\boldsymbol{\eta}_1,\boldsymbol{\eta}_2$ 都是方程组 $\boldsymbol{Ax}=\boldsymbol{b}$ 的解，且 $2\boldsymbol{\eta}_1+3\boldsymbol{\eta}_2=(3,1,2)^{\mathrm{T}},3\boldsymbol{\eta}_1+5\boldsymbol{\eta}_2=(6,3,-2)^{\mathrm{T}}$，则方程组 $\boldsymbol{Ax}=\boldsymbol{b}$ 的通解为________.

二、单选题（每小题 3 分，共 18 分）

1. 设 $\boldsymbol{\alpha}_1,\boldsymbol{\alpha}_2,\boldsymbol{\alpha}_3$ 线性无关，则下列向量组中，线性无关的是 【 】

(A) $\boldsymbol{\alpha}_1+3\boldsymbol{\alpha}_2+2\boldsymbol{\alpha}_3,3\boldsymbol{\alpha}_1+2\boldsymbol{\alpha}_2+5\boldsymbol{\alpha}_3,2\boldsymbol{\alpha}_1-\boldsymbol{\alpha}_2+3\boldsymbol{\alpha}_3$；

(B) $\boldsymbol{\alpha}_1+2\boldsymbol{\alpha}_3,2\boldsymbol{\alpha}_1+\boldsymbol{\alpha}_2+\boldsymbol{\alpha}_3,3\boldsymbol{\alpha}_1+2\boldsymbol{\alpha}_2$；

(C) $3\boldsymbol{\alpha}_1+\boldsymbol{\alpha}_2,\boldsymbol{\alpha}_1+2\boldsymbol{\alpha}_3,2\boldsymbol{\alpha}_1+\boldsymbol{\alpha}_2-2\boldsymbol{\alpha}_3$；

(D) $\boldsymbol{\alpha}_1-2\boldsymbol{\alpha}_2+2\boldsymbol{\alpha}_3,\boldsymbol{\alpha}_2+3\boldsymbol{\alpha}_3,2\boldsymbol{\alpha}_1-\boldsymbol{\alpha}_2+\boldsymbol{\alpha}_3$.

2. 设矩阵 $\boldsymbol{A}=[\boldsymbol{\alpha}_1\quad\boldsymbol{\alpha}_2\quad\boldsymbol{\alpha}_3\quad\boldsymbol{\alpha}_4]$ 经初等行变换化为 $\begin{bmatrix}1&1&1&3\\0&1&1&2\\0&0&1&1\end{bmatrix}$，则 【 】

(A) $\boldsymbol{\alpha}_4=3\boldsymbol{\alpha}_1+2\boldsymbol{\alpha}_2+\boldsymbol{\alpha}_3$；　(B) $\boldsymbol{\alpha}_4=\boldsymbol{\alpha}_1+\boldsymbol{\alpha}_2+\boldsymbol{\alpha}_3$；

(C) $\boldsymbol{\alpha}_4=-2\boldsymbol{\alpha}_1+\boldsymbol{\alpha}_2+\boldsymbol{\alpha}_3$；　(D) $\boldsymbol{\alpha}_1,\boldsymbol{\alpha}_2,\boldsymbol{\alpha}_3,\boldsymbol{\alpha}_4$ 线性无关.

3. 设 $\boldsymbol{A},\boldsymbol{B}$ 为正交矩阵，则下列矩阵不是正交矩阵的是 【 】

(A) $\boldsymbol{A}^{\mathrm{T}}$；　(B) $\boldsymbol{B}^{-1}$；　(C) $\boldsymbol{A}^{\mathrm{T}}+\boldsymbol{B}^{-1}$；　(D) $\boldsymbol{A}^{-1}\boldsymbol{B}^{\mathrm{T}}$.

4. 设向量组 $\boldsymbol{\alpha}_1,\boldsymbol{\alpha}_2,\boldsymbol{\alpha}_3$ 线性无关，$\boldsymbol{\beta}_1$ 可由 $\boldsymbol{\alpha}_1,\boldsymbol{\alpha}_2,\boldsymbol{\alpha}_3$ 线性表示，而向量 $\boldsymbol{\beta}_2$ 不能由 $\boldsymbol{\alpha}_1,\boldsymbol{\alpha}_2,\boldsymbol{\alpha}_3$ 线性表示，则对于任意常数 k，必有 【 】

(A) $\boldsymbol{\alpha}_1,\boldsymbol{\alpha}_2,\boldsymbol{\alpha}_3,k\boldsymbol{\beta}_1+\boldsymbol{\beta}_2$ 线性无关；　(B) $\boldsymbol{\alpha}_1,\boldsymbol{\alpha}_2,\boldsymbol{\alpha}_3,k\boldsymbol{\beta}_1+\boldsymbol{\beta}_2$ 线性相关；

(C) $\boldsymbol{\alpha}_1,\boldsymbol{\alpha}_2,\boldsymbol{\alpha}_3,\boldsymbol{\beta}_1+k\boldsymbol{\beta}_2$ 线性无关；　(D) $\boldsymbol{\alpha}_1,\boldsymbol{\alpha}_2,\boldsymbol{\alpha}_3,\boldsymbol{\beta}_1+k\boldsymbol{\beta}_2$ 线性相关.

5. 设 $\boldsymbol{A}=[a_{ij}]\in\mathbb{R}^{3\times3}$ 为不可逆矩阵，A_{ij} 为 $\boldsymbol{A}$ 中元 a_{uj} 的代数余子式$(i,j=1,2,3)$，且 $A_{22}\neq0$，则齐次方程组 $\boldsymbol{Ax}=\boldsymbol{0}$ 的一个基础解系是 【 】

(A) $(A_{12},A_{22},A_{32})^{\mathrm{T}}$；

(B) $(A_{21},A_{22},A_{23})^{\mathrm{T}}$；

(C) $(A_{11},A_{21},A_{31})^{\mathrm{T}},(A_{12},A_{22},A_{32})^{\mathrm{T}}$；

(D) $(A_{11},A_{12},A_{13})^{\mathrm{T}},(A_{21},A_{22},A_{23})^{\mathrm{T}}$.

6. 设 $\boldsymbol{\alpha}_1,\boldsymbol{\alpha}_2,\boldsymbol{\alpha}_3,\boldsymbol{\alpha}_4$ 是四维非零列向量，$\boldsymbol{A}=[\boldsymbol{\alpha}_1\quad\boldsymbol{\alpha}_2\quad\boldsymbol{\alpha}_3\quad\boldsymbol{\alpha}_4]$，方程组 $\boldsymbol{Ax}=\boldsymbol{0}$ 的基础解系为 $(1,0,2,0)^{\mathrm{T}}$，则 $\boldsymbol{A}^*\boldsymbol{x}=\boldsymbol{0}$ 的基础解系为 【 】

(A) $\boldsymbol{\alpha}_2,\boldsymbol{\alpha}_3,\boldsymbol{\alpha}_4$；　(B) $\boldsymbol{\alpha}_1,\boldsymbol{\alpha}_2,\boldsymbol{\alpha}_3$；

(C) $\boldsymbol{\alpha}_1+\boldsymbol{\alpha}_2,\boldsymbol{\alpha}_2+\boldsymbol{\alpha}_3,\boldsymbol{\alpha}_3+\boldsymbol{\alpha}_1$；　(D) $\boldsymbol{\alpha}_1+\boldsymbol{\alpha}_2,\boldsymbol{\alpha}_2+\boldsymbol{\alpha}_3,\boldsymbol{\alpha}_3+\boldsymbol{\alpha}_4,\boldsymbol{\alpha}_4+\boldsymbol{\alpha}_1$.

三、（10 分）　设 $\boldsymbol{\alpha}_1=(1,3,2,1)^{\mathrm{T}}$，求向量 $\boldsymbol{\alpha}_2,\boldsymbol{\alpha}_3,\boldsymbol{\alpha}_4$，使得 $\boldsymbol{\alpha}_1,\boldsymbol{\alpha}_2,\boldsymbol{\alpha}_3,\boldsymbol{\alpha}_4$ 为正交向量组.

四、（10 分）　(1) 设 $\boldsymbol{\alpha}_1=\begin{bmatrix}1\\0\\1\end{bmatrix},\boldsymbol{\alpha}_2=\begin{bmatrix}1\\1\\2\end{bmatrix},\boldsymbol{\alpha}_3=\begin{bmatrix}1\\2\\a\end{bmatrix},\boldsymbol{\beta}_1=\begin{bmatrix}-1\\2\\1\end{bmatrix},\boldsymbol{\beta}_2=\begin{bmatrix}1\\0\\b\end{bmatrix}$，问 a,b 为

何值时，向量组 $\boldsymbol{\beta}_1,\boldsymbol{\beta}_2$ 不能由向量组 $\boldsymbol{\alpha}_1,\boldsymbol{\alpha}_2,\boldsymbol{\alpha}_3$ 线性表示；

(2) 设 $\boldsymbol{A}=\begin{bmatrix}1&1&1\\0&1&2\\1&2&a\end{bmatrix}$，$\boldsymbol{B}=\begin{bmatrix}-1&1\\2&0\\1&b\end{bmatrix}$，问 a,b 为何值时，矩阵方程 $\boldsymbol{AX}=\boldsymbol{B}$ 有解，并求出所有的解.

五、(10 分) 已知下面两个线性方程组有公共解：

$$(\text{Ⅰ}):\begin{cases}x_1+x_2+x_3=0,\\x_1+2x_2+ax_3=0,\\x_1+4x_2+a^2x_3=0,\end{cases}\qquad(\text{Ⅱ}):x_1+2x_2+x_3=a-1.$$

求常数 a 的值和所有的公共解.

六、(10 分) 设向量组 $\boldsymbol{\alpha}_1,\boldsymbol{\alpha}_2,\cdots,\boldsymbol{\alpha}_s$ 是齐次线性方程组 $\mathbf{A}\boldsymbol{x}=\mathbf{0}$ 的一个基础解系，向量 $\boldsymbol{\beta}$ 不是方程组 $\mathbf{A}\boldsymbol{x}=\mathbf{0}$ 的解，即 $\mathbf{A}\boldsymbol{\beta}\neq\mathbf{0}$，试证明：向量组 $\boldsymbol{\beta},\boldsymbol{\beta}+\boldsymbol{\alpha}_1,\boldsymbol{\beta}+\boldsymbol{\alpha}_2,\cdots,\boldsymbol{\beta}+\boldsymbol{\alpha}_s$ 线性无关.

七、(12 分) 给出一个以

$$\boldsymbol{x}=k_1\begin{bmatrix}14\\-20\\1\\3\\2\end{bmatrix}+k_2\begin{bmatrix}12\\-20\\2\\5\\1\end{bmatrix}+k_3\begin{bmatrix}14\\-20\\3\\1\\2\end{bmatrix}+\begin{bmatrix}-16\\23\\0\\0\\0\end{bmatrix}$$

为通解的线性方程组.

八、(12 分) 设 $\mathbf{A}$ 是 $m\times n$ 矩阵，$\boldsymbol{\eta}_1$ 与 $\boldsymbol{\eta}_2$ 是非齐次线性方程组 $\mathbf{A}\boldsymbol{x}=\boldsymbol{b}$ 的两个不同解，$\boldsymbol{\xi}$ 是对应的齐次线性方程组 $\mathbf{A}\boldsymbol{x}=\mathbf{0}$ 的非零解，证明：

(1) 向量组 $\boldsymbol{\eta}_1,\boldsymbol{\eta}_1-\boldsymbol{\eta}_2$ 线性无关；

(2) 若 $\operatorname{rank}\mathbf{A}=n-1$，则向量组 $\boldsymbol{\xi},\boldsymbol{\eta}_1,\boldsymbol{\eta}_2$ 线性相关.

第 5 章

相似矩阵

基本要求

1. 理解矩阵的特征值和特征向量的概念及性质，掌握求特征值和特征向量的方法.

2. 理解相似矩阵的概念和性质，了解矩阵相似对角化的条件，熟悉矩阵相似对角化的方法.

3. 理解实对称矩阵的特征值和特征向量的性质，掌握实对称矩阵的正交相似对角化方法.

4. 知道 Jordan 块、Jordan 矩阵、Jordan 定理、特征值相同的两个矩阵相似的充要条件和 Cayley-Hamilton 定理，会求 Jordan 标准形和相似变换矩阵.

内容综述

一、特征值与特征向量

1. 设 $\boldsymbol{A}\in\mathbb{C}^{n\times n}$，如果存在数 λ 和 n 维非零向量 $\boldsymbol{p}$，使得 $\boldsymbol{A}\boldsymbol{p}=\lambda\boldsymbol{p}$，则称数 λ 为矩阵 $\boldsymbol{A}$ 的一个特征值，向量 $\boldsymbol{p}$ 为 $\boldsymbol{A}$ 的对应于 λ 的一个特征向量.

2. 行列式 $|\lambda\boldsymbol{E}-\boldsymbol{A}|$ 称为矩阵 $\boldsymbol{A}$ 的特征多项式. 方程 $|\lambda\boldsymbol{E}-\boldsymbol{A}|=0$ 称为矩阵 $\boldsymbol{A}$ 的特征方程.

3. 矩阵 $\boldsymbol{A}$ 的特征值就是特征方程的根，$\boldsymbol{A}$ 的对应于特征值 λ_0 的特征向量就是齐次方程组 $(\lambda_0\boldsymbol{E}-\boldsymbol{A})\boldsymbol{x}=\boldsymbol{0}$ 的非零解.

注 矩阵 $\boldsymbol{A}$ 对应于特征值 λ_0 的有限个特征向量的线性组合所产生的任何非零向量都是 $\boldsymbol{A}$ 对应于 λ_0 的特征向量.

4. 若 λ_0 是 n 阶矩阵 $\boldsymbol{A}$ 的特征方程的 t 重根，则称 λ_0 为 $\boldsymbol{A}$ 的 t 重特征值，称 t 为 λ_0 的代数重数；$V_{\lambda_0}=\{\boldsymbol{p}\in\mathbb{C}^n \mid \boldsymbol{A}\boldsymbol{p}=\lambda_0\boldsymbol{p}\}$ 称为 $\boldsymbol{A}$ 的对应于特征值 λ_0 的特征子空间，$n-\operatorname{rank}(\lambda_0\boldsymbol{E}-\boldsymbol{A})$ 称为特征值 λ_0 的几何重数.

5. 设 λ 是 n 阶矩阵 $\boldsymbol{A}$ 的特征值，那么

(1) 对任何非负整数 k，λ^k 是 $\boldsymbol{A}^k$ 的特征值；

(2) 对任何多项式 $f(x)$，$f(\lambda)$ 是矩阵多项式 $f(\boldsymbol{A})$ 的特征值；

(3) 若 $\boldsymbol{A}$ 可逆,则 λ^{-1} 是逆矩阵 $\boldsymbol{A}^{-1}$ 的特征值,$|\boldsymbol{A}|\lambda^{-1}$ 是伴随矩阵 $\boldsymbol{A}^*$ 的特征值.

6. 设 n 阶矩阵 $\boldsymbol{A}=[a_{ij}]$的 n 个特征值为$\lambda_1,\lambda_2,\cdots,\lambda_n$,则

(1) $\prod\limits_{i=1}^{n}\lambda_i=|\boldsymbol{A}|$;

(2) $\sum\limits_{i=1}^{n}\lambda_i=\sum\limits_{i=1}^{n}a_{ii}=\mathrm{tr}\,\boldsymbol{A}$.

7. 矩阵 $\boldsymbol{A}$ 的相异特征值对应的特征向量线性无关.

二、相似矩阵的概念和性质

1. 设矩阵 $\boldsymbol{A},\boldsymbol{B}$ 为 n 阶矩阵,若存在可逆矩阵 $\boldsymbol{P}$,使得 $\boldsymbol{P}^{-1}\boldsymbol{A}\boldsymbol{P}=\boldsymbol{B}$,则称 $\boldsymbol{A}$ 与 $\boldsymbol{B}$ 相似,或 $\boldsymbol{A}$ 相似于 $\boldsymbol{B}$,记作 $\boldsymbol{A}\sim\boldsymbol{B}$,并且称 $\boldsymbol{P}$ 为相似变换矩阵.

注 相似是方阵之间的一种等价关系;与数量矩阵相似的矩阵只能是它自己.

2. 若 $\boldsymbol{A}\sim\boldsymbol{B}$,则

(1) $\mathrm{rank}\,\boldsymbol{A}=\mathrm{rank}\,\boldsymbol{B}$;

(2) $|\boldsymbol{A}|=|\boldsymbol{B}|$;

(3) 对于任何多项式 $f(x)$,有 $f(\boldsymbol{A})\sim f(\boldsymbol{B})$;

(4) $\boldsymbol{A}$ 与 $\boldsymbol{B}$ 有相同的特征多项式,从而有相同的特征值;

(5) $\boldsymbol{A}$ 与 $\boldsymbol{B}$ 有相同的迹.

注 上述的(1)、(2)、(4)、(5)不是矩阵相似的充分条件,(3)是矩阵相似的充要条件.

三、相似对角化的条件

1. $\boldsymbol{A}$ 可对角化的充要条件是$\boldsymbol{A}$ 有 n 个线性无关的特征向量(相似变换矩阵的 n 个列就是特征向量,对角矩阵的主对角元就是特征值). 特别地,若 n 阶矩阵 $\boldsymbol{A}$ 有 n 个互异的特征值,则 $\boldsymbol{A}$ 可对角化.

2. 若两个 n 阶矩阵$\boldsymbol{A}$ 与$\boldsymbol{B}$ 有相同的特征值$\lambda_1,\lambda_2,\cdots,\lambda_n$,且 $\lambda_1,\lambda_2,\cdots,\lambda_n$ 互异,则 $\boldsymbol{A}$ 与 $\boldsymbol{B}$ 相似.

3. n 阶矩阵 $\boldsymbol{A}$ 中任一特征值的几何重数不大于代数重数.

4. n 阶矩阵 $\boldsymbol{A}$ 可对角化的充要条件是$\boldsymbol{A}$ 的全部相异特征值的几何重数之和等于 n,这等价于 $\boldsymbol{A}$ 的每个相异特征值的几何重数等于代数重数.

5. 设 n 阶矩阵 $\boldsymbol{A}$ 可对角化,即存在可逆矩阵 $\boldsymbol{P}$,使得

$$\boldsymbol{A}=\boldsymbol{P}\mathrm{diag}(\lambda_1,\lambda_2,\cdots,\lambda_n)\boldsymbol{P}^{-1},$$

则对于任何多项式 $f(x)$,均有

$$f(\boldsymbol{A})=\boldsymbol{P}\mathrm{diag}(f(\lambda_1),f(\lambda_2),\cdots,f(\lambda_n))\boldsymbol{P}^{-1}.$$

四、实对称矩阵的对角化

1. 实对称矩阵的特征值均为实数、特征向量可以取为实向量.

2. 实对称矩阵的相异特征值对应的特征向量是正交的.

3. n 阶实对称矩阵 $\boldsymbol{A}$ 可正交相似对角化,即存在正交矩阵 $\boldsymbol{Q}$,使得

$$\boldsymbol{Q}^{\mathrm{T}}\boldsymbol{A}\boldsymbol{Q}=\boldsymbol{Q}^{-1}\boldsymbol{A}\boldsymbol{Q}=\mathrm{diag}(\lambda_1,\lambda_2,\cdots,\lambda_n),$$

其中$\lambda_1,\lambda_2,\cdots,\lambda_n$为$\boldsymbol{A}$的全部特征值，$\boldsymbol{Q}$的列向量是$\boldsymbol{A}$的$n$个两两正交的单位特征向量，它们依次对应于特征值$\lambda_1,\lambda_2,\cdots,\lambda_n$.

五、Jordan 标准形

1. 形如

$$\boldsymbol{J}_m(\lambda)=\begin{bmatrix}\lambda & 1 & & \\ & \lambda & \ddots & \\ & & \ddots & 1 \\ & & & \lambda\end{bmatrix}_{m\times m}$$

的矩阵称为一个m阶 Jordan 块，其中$\lambda\in\mathbb{C}$.

2. 由若干个 Jordan 块组成的分块对角矩阵

$$\boldsymbol{J}=\operatorname{diag}(\boldsymbol{J}_{m_1}(\lambda_1),\boldsymbol{J}_{m_2}(\lambda_2),\cdots,\boldsymbol{J}_{m_s}(\lambda_s))$$

称为$m_1+m_2+\cdots+m_s$阶 Jordan 矩阵.

3. Jordan 定理：对于任何$\boldsymbol{A}\in\mathbb{C}^{n\times n}$，总存在$n$阶可逆矩阵$\boldsymbol{P}$，使得

$$\boldsymbol{P}^{-1}\boldsymbol{A}\boldsymbol{P}=\boldsymbol{J}=\operatorname{diag}(\boldsymbol{J}_{m_1}(\lambda_1),\boldsymbol{J}_{m_2}(\lambda_2),\cdots,\boldsymbol{J}_{m_s}(\lambda_s)),$$

若不考虑各 Jordan 块的排列次序，则 Jordan 矩阵$\boldsymbol{J}$是由$\boldsymbol{A}$唯一确定的. $\boldsymbol{J}$称为$\boldsymbol{A}$的 Jordan 标准形.

4. 设n阶矩阵$\boldsymbol{A}$与$\boldsymbol{B}$有相同的特征值$\lambda_1,\lambda_2,\cdots,\lambda_n$，则$\boldsymbol{A}$与$\boldsymbol{B}$相似当且仅当

$$\operatorname{rank}((\boldsymbol{A}-\lambda_i\boldsymbol{E})^k)=\operatorname{rank}((\boldsymbol{B}-\lambda_i\boldsymbol{E})^k),\quad i,k=1,2,\cdots,n.$$

5. Cayley-Hamilton 定理：设$\boldsymbol{A}\in\mathbb{C}^{n\times n}$，$\varphi(\lambda)=|\lambda\boldsymbol{E}-\boldsymbol{A}|$，则$\varphi(\boldsymbol{A})=\boldsymbol{0}$.

疑难辨析

问题 1 矩阵的相似与矩阵的等价有何关系？

答 矩阵的相似是同阶矩阵之间的一种关系，矩阵的等价是同型矩阵之间的一种关系.

若矩阵$\boldsymbol{A}\sim\boldsymbol{B}$，则存在可逆矩阵$\boldsymbol{P}$，使得$\boldsymbol{P}^{-1}\boldsymbol{A}\boldsymbol{P}=\boldsymbol{B}$，从而$\boldsymbol{A}\cong\boldsymbol{B}$，即相似的矩阵必定等价. 但是，等价的矩阵不一定相似. 对于矩阵

$$\boldsymbol{A}=\begin{bmatrix}1 & 0\\0 & 1\end{bmatrix},\quad \boldsymbol{B}=\begin{bmatrix}1 & 2\\0 & 1\end{bmatrix},$$

$\boldsymbol{A}\cong\boldsymbol{B}$. 因为$\boldsymbol{A}$是数量矩阵，而$\boldsymbol{B}$不是数量矩阵，所以$\boldsymbol{A}$与$\boldsymbol{B}$不相似.

问题 2 矩阵$\boldsymbol{A}$的一个特征值对应无穷多个特征向量，试问：矩阵$\boldsymbol{A}$的一个特征向量能否同时对应于$\boldsymbol{A}$的两个不同的特征值？

答 否. 这是因为，若$\boldsymbol{p}$是$\boldsymbol{A}$的对应于相异特征值λ_1,λ_2的特征向量，即

$$\boldsymbol{A}\boldsymbol{p}=\lambda_1\boldsymbol{p},\quad \boldsymbol{A}\boldsymbol{p}=\lambda_2\boldsymbol{p},\quad \boldsymbol{p}\neq\boldsymbol{0},$$

则$(\lambda_1-\lambda_2)\boldsymbol{p}=\boldsymbol{0}$，由$\lambda_1\neq\lambda_2$知$\boldsymbol{p}=\boldsymbol{0}$，矛盾. 即$\boldsymbol{A}$的一个特征向量只能对应于$\boldsymbol{A}$的一个特征值.

问题 3 矩阵$\boldsymbol{A}$的相异特征值对应的特征向量的线性组合是否为$\boldsymbol{A}$的特征向量？

答 设λ_1,λ_2是$\boldsymbol{A}$的相异特征值，它们对应的特征向量依次为$\boldsymbol{p}_1,\boldsymbol{p}_2$，则

$$\boldsymbol{A}\boldsymbol{p}_1=\lambda_1\boldsymbol{p}_1,\quad \boldsymbol{A}\boldsymbol{p}_2=\lambda_2\boldsymbol{p}_2.$$

下面考察线性组合 $k_1\boldsymbol{p}_1+k_2\boldsymbol{p}_2$.

(1) 当 k_1,k_2 全为零时, $k_1\boldsymbol{p}_1+k_2\boldsymbol{p}_2=\boldsymbol{0}$ 不是 $\boldsymbol{A}$ 的特征向量.

(2) 当 k_1,k_2 中一个为零、另一个不为零时,显然 $k_1\boldsymbol{p}_1+k_2\boldsymbol{p}_2$ 是 $\boldsymbol{A}$ 的特征向量.

(3) 当 k_1,k_2 全不为零时, $k_1\boldsymbol{p}_1+k_2\boldsymbol{p}_2$ 不是 $\boldsymbol{A}$ 的特征向量.事实上,若 $k_1\boldsymbol{p}_1+k_2\boldsymbol{p}_2$ 是 $\boldsymbol{A}$ 的特征向量,则存在数 λ,使得

$$\boldsymbol{A}(k_1\boldsymbol{p}_1+k_2\boldsymbol{p}_2)=\lambda(k_1\boldsymbol{p}_1+k_2\boldsymbol{p}_2),$$

从而 $k_1\lambda_1\boldsymbol{p}_1+k_2\lambda_2\boldsymbol{p}_2=\lambda(k_1\boldsymbol{p}_1+k_2\boldsymbol{p}_2)$,即

$$k_1(\lambda_1-\lambda)\boldsymbol{p}_1+k_2(\lambda_2-\lambda)\boldsymbol{p}_2=\boldsymbol{0}.$$

因 $\lambda_1\neq\lambda_2$,故 $\boldsymbol{p}_1,\boldsymbol{p}_2$ 线性无关,于是由上式知

$$k_1(\lambda_1-\lambda)=0,\quad k_2(\lambda_2-\lambda)=0,$$

而 k_1,k_2 全不为零,所以 $\lambda_1=\lambda_2=\lambda$,与 λ_1,λ_2 相异的假设矛盾.

问题 4 方阵 $\boldsymbol{A}$ 与其转置矩阵 $\boldsymbol{A}^{\mathrm{T}}$ 有相同的特征值,试问它们对应于同一个特征值的特征向量是否相同?

答 否.例如,对应于

$$\boldsymbol{A}=\begin{bmatrix}1&2\\0&3\end{bmatrix},\quad \boldsymbol{A}^{\mathrm{T}}=\begin{bmatrix}1&0\\2&3\end{bmatrix}$$

的同一个特征值 1, $\boldsymbol{A}$ 的所有特征向量和 $\boldsymbol{A}^{\mathrm{T}}$ 的所有特征向量分别为

$$k\begin{bmatrix}1\\0\end{bmatrix},\quad l\begin{bmatrix}1\\-1\end{bmatrix},\quad k,l\text{ 为任意非零数},$$

即 $\boldsymbol{A}$ 与 $\boldsymbol{A}^{\mathrm{T}}$ 对应于特征值 1 的特征向量不相同.

问题 5 相似矩阵的特征值是相同的,试问相似矩阵对应于同一个特征值的特征向量之间有何关系?

答 设 $\boldsymbol{A}\sim\boldsymbol{B}$,即存在可逆矩阵 $\boldsymbol{P}$,使得 $\boldsymbol{P}^{-1}\boldsymbol{A}\boldsymbol{P}=\boldsymbol{B}$; λ 是 $\boldsymbol{A}$ 和 $\boldsymbol{B}$ 的任一特征值,则 $\boldsymbol{p}$ 是 $\boldsymbol{A}$ 的对应于特征值 λ 的特征向量当且仅当

$$\boldsymbol{A}\boldsymbol{p}=\lambda\boldsymbol{p},\quad \boldsymbol{p}\neq\boldsymbol{0},$$

从而

$$\boldsymbol{B}\boldsymbol{P}^{-1}\boldsymbol{p}=\boldsymbol{P}^{-1}\boldsymbol{A}\boldsymbol{p}=\lambda\boldsymbol{P}^{-1}\boldsymbol{p},\quad \boldsymbol{P}^{-1}\boldsymbol{p}\neq\boldsymbol{0},$$

即 $\boldsymbol{P}^{-1}\boldsymbol{p}$ 是 $\boldsymbol{B}$ 的对应于特征值 λ 的特征向量.

问题 6 设 $\boldsymbol{A}$ 和 $\boldsymbol{B}$ 为同阶方阵,下列哪些命题是正确的?

(1) 若 λ 是 $\boldsymbol{A},\boldsymbol{B}$ 的特征值,则 λ 也是 $\boldsymbol{A}+\boldsymbol{B}$ 的特征值.

(2) 若 λ 是 $\boldsymbol{A},\boldsymbol{B}$ 的特征值,则 λ 也是 $\boldsymbol{A}\boldsymbol{B}$ 的特征值.

(3) 若 $\boldsymbol{p}$ 是 $\boldsymbol{A},\boldsymbol{B}$ 的特征向量,则 $\boldsymbol{p}$ 也是 $\boldsymbol{A}+\boldsymbol{B}$ 的特征向量.

(4) 若 $\boldsymbol{p}$ 是 $\boldsymbol{A},\boldsymbol{B}$ 的特征向量,则 $\boldsymbol{p}$ 也是 $\boldsymbol{A}\boldsymbol{B}$ 的特征向量.

答 (1) 错误.反例如下:2 是矩阵

$$\boldsymbol{A}=\begin{bmatrix}2&1\\0&3\end{bmatrix},\quad \boldsymbol{B}=\begin{bmatrix}2&3\\0&0\end{bmatrix}$$

的特征值,但是 2 不是 $\boldsymbol{A}+\boldsymbol{B}$ 的特征值.

(2) 错误.反例同(1),2 是矩阵 $\boldsymbol{A},\boldsymbol{B}$ 的特征值,但是 2 不是 $\boldsymbol{A}\boldsymbol{B}$ 的特征值.

(3) 正确.这是因为,由条件知存在数 λ_1 和 λ_2,使得

$$Ap=\lambda_1 p,\quad Bp=\lambda_2 p,\quad p\neq 0,$$

从而

$$(A+B)p=Ap+Bp=(\lambda_1+\lambda_2)p,\quad p\neq 0,$$

即 p 也是 $A+B$ 的对应于特征值 $\lambda_1+\lambda_2$ 的特征向量.

(4) 正确. 证明与(3)类似.

题 7 如何理解矩阵相似对角化的意义?

答 从矩阵的视角看,就是希望找一个可逆矩阵 P,使得 $P^{-1}AP$ 成为对角矩阵 Λ,从而可以由

$$A^k=(P\Lambda P^{-1})^k=P\Lambda^k P^{-1}$$

方便地求出矩阵的幂.

从线性变换的视角看,相似矩阵是一个线性变换在不同的基下的矩阵,这就是说,希望找到线性空间的一个新的基,使得线性变换在新基下的矩阵成为最简单的对角矩阵,从而得以简化线性变换的表示形式.

另外,矩阵的正交相似对角化在二次曲线和二次曲面的化简中有着重要的应用,可参见第6章疑难辨析问题8.

问题 8 方阵的非零特征值个数与它的秩有何关系?

答 设 n 阶矩阵 A 的秩 $r\geqslant 1$,根据第2章拓展提高例45,存在 $n\times r$ 列满秩矩阵 B 和 $r\times n$ 行满秩矩阵 C,使得 $A=BC$. 由本章拓展提高例41知,n 阶矩阵 BC 与 r 阶矩阵 CB 有相同的非零特征值. 而 CB 的非零特征值个数不会超过其阶数 r,于是 A 的非零特征值个数小于或等于它的秩 r.

也可以从矩阵特征值几何重数与代数重数的角度来回答. 设 n 阶矩阵 A 的非零特征值的个数(即所有非零特征值的代数重数之和)为 s. 因为 A 的任一特征值的几何重数不大于代数重数,而 A 的零特征值的几何重数就是它的特征子空间 $\{p\in\mathbb{C}^n \mid Ap=0\}$ 的维数 $n-\operatorname{rank} A$,且 A 的零特征值的代数重数等于 $n-s$,所以 $n-\operatorname{rank} A\leqslant n-s$,故 $s\leqslant \operatorname{rank} A$,因此 A 的非零特征值的个数不大于它的秩.

若 A 是可对角化矩阵或满秩矩阵,则易知 A 的非零特征值个数等于它的秩.

若 A 是不能对角化的降秩矩阵,则 A 的非零特征值个数等于或小于它的秩. 例如,在不能对角化的降秩矩阵 $\begin{bmatrix}1 & -1\\ 1 & -1\end{bmatrix}$ 和 $\begin{bmatrix}1 & 1 & 0\\ 0 & 0 & 1\\ 0 & 0 & 1\end{bmatrix}$ 中,前者的特征值为0,0,秩为1;后者的特征值为1,1,0,秩为2.

问题 9 实对称矩阵必能对角化,那么可对角化的矩阵一定是实对称矩阵吗?

答 不一定. 例如,矩阵

$$A=\begin{bmatrix}1 & 3\\ 0 & 4\end{bmatrix},\quad B=\begin{bmatrix}1 & 0\\ 0 & 4\end{bmatrix},\quad P=\begin{bmatrix}1 & 1\\ 0 & 1\end{bmatrix},\quad P^{-1}=\begin{bmatrix}1 & -1\\ 0 & 1\end{bmatrix}$$

满足 $P^{-1}AP=B$,且 B 是对角矩阵,故 A 可对角化,但 A 不是对称矩阵.

问题 10 实方阵的特征向量一定是实向量吗?

答 当实方阵 A 是对称矩阵时,A 的特征向量不一定是实向量,但由于 A 的特征值是实数,因此其特征向量可以取为实向量.

当实方阵 $\boldsymbol{A}$ 不是对称矩阵时，$\boldsymbol{A}$ 的特征向量可能取不到实向量. 例如矩阵

$$\boldsymbol{A}=\begin{bmatrix}1 & 1\\ -1 & 1\end{bmatrix}$$

的特征值为 $1+\mathrm{i}$ 和 $1-\mathrm{i}$. 不难求得对应于 $1+\mathrm{i}$ 和 $1-\mathrm{i}$ 的全部特征向量分别为

$$k\begin{bmatrix}1\\ \mathrm{i}\end{bmatrix} \quad 和 \quad l\begin{bmatrix}\mathrm{i}\\ 1\end{bmatrix}, \quad k \text{ 和 } l \text{ 是任意非零数.}$$

这说明 $\boldsymbol{A}$ 的特征向量都不是实向量.

问题 11 实对称矩阵的特征值必为实数，那么正交矩阵的特征值有何特点？

答 设 λ 是 n 阶实矩阵 $\boldsymbol{A}$ 的任一特征值，$\boldsymbol{p}=(a_1,a_2,\cdots,a_n)^{\mathrm{T}}$ 是对应于 λ 的特征向量，则 $\boldsymbol{A}\boldsymbol{p}=\lambda\boldsymbol{p}$，$\boldsymbol{p}\neq\boldsymbol{0}$.

由于正交矩阵 $\boldsymbol{A}$ 是实矩阵，因此

$$\bar{\boldsymbol{p}}^{\mathrm{T}}\boldsymbol{A}^{\mathrm{T}}=\bar{\boldsymbol{p}}^{\mathrm{T}}\bar{\boldsymbol{A}}^{\mathrm{T}}=\bar{\lambda}\bar{\boldsymbol{p}}^{\mathrm{T}},$$

上式两边右乘 $\boldsymbol{A}\boldsymbol{p}$，得

$$\bar{\boldsymbol{p}}^{\mathrm{T}}\boldsymbol{A}^{\mathrm{T}}\boldsymbol{A}\boldsymbol{p}=\bar{\lambda}\bar{\boldsymbol{p}}^{\mathrm{T}}\boldsymbol{A}\boldsymbol{p}=\bar{\lambda}\lambda\bar{\boldsymbol{p}}^{\mathrm{T}}\boldsymbol{p}, \quad 即 \quad \bar{\boldsymbol{p}}^{\mathrm{T}}\boldsymbol{p}=|\lambda|^2\bar{\boldsymbol{p}}^{\mathrm{T}}\boldsymbol{p}.$$

又由 $\boldsymbol{p}\neq\boldsymbol{0}$ 知

$$\bar{\boldsymbol{p}}^{\mathrm{T}}\boldsymbol{p}=\bar{a}_1a_1+\bar{a}_2a_2+\cdots+\bar{a}_na_n>0,$$

于是 $|\lambda|=1$，即正交矩阵的任何特征值的模均为 1.

问题 12 将实对称矩阵 $\boldsymbol{A}$ 的 t 重($t\geqslant 2$)特征值 λ 对应的 t 个线性无关的特征向量正交化之后得到的 t 个向量还是 λ 对应的特征向量吗？

答 设 $\boldsymbol{\alpha}_1,\boldsymbol{\alpha}_2,\cdots,\boldsymbol{\alpha}_t$ 是 $\boldsymbol{A}$ 的对应于 λ 的 t 个线性无关的特征向量，将其正交化后得到 $\boldsymbol{\beta}_1,\boldsymbol{\beta}_2,\cdots,\boldsymbol{\beta}_t$. 根据 Gram-Schmidt 正交化方法，每个 $\boldsymbol{\beta}_i$ 都是 $\boldsymbol{\alpha}_1,\boldsymbol{\alpha}_2,\cdots,\boldsymbol{\alpha}_t$ 的线性组合，从而都是 $\boldsymbol{A}$ 的对应于 λ 的特征向量.

问题 13 若方阵 $\boldsymbol{A}$ 不是实对称矩阵，能否将 $\boldsymbol{A}$ 正交相似对角化？

答 否. 这是因为，$\boldsymbol{A}$ 的相异特征值对应的特征向量不一定正交，所以将 $\boldsymbol{A}$ 正交相似对角化必定要把 $\boldsymbol{A}$ 的相异特征值对应的特征向量正交化，即将相异特征值对应的特征向量进行线性组合，这样产生的向量不是 $\boldsymbol{A}$ 的特征向量.

范例解析

题型 1 特征值概念与性质的应用

例 1 设二阶矩阵 $\boldsymbol{A}$ 有两个相异特征值，$\boldsymbol{\alpha}_1,\boldsymbol{\alpha}_2$ 是 $\boldsymbol{A}$ 的线性无关的特征向量，且 $\boldsymbol{A}^2(\boldsymbol{\alpha}_1+\boldsymbol{\alpha}_2)=\boldsymbol{\alpha}_1+\boldsymbol{\alpha}_2$，则 $|\boldsymbol{A}|=$________.

解 设 λ_1,λ_2 为 $\boldsymbol{A}$ 的相异特征值，不妨设 $\boldsymbol{A}\boldsymbol{\alpha}_1=\lambda_1\boldsymbol{\alpha}_1$，则必有 $\boldsymbol{A}\boldsymbol{\alpha}_2=\lambda_2\boldsymbol{\alpha}_2$. 因

$$\boldsymbol{A}^2(\boldsymbol{\alpha}_1+\boldsymbol{\alpha}_2)=\boldsymbol{\alpha}_1+\boldsymbol{\alpha}_2,$$

即

$$\lambda_1^2\boldsymbol{\alpha}_1+\lambda_2^2\boldsymbol{\alpha}_2=\boldsymbol{\alpha}_1+\boldsymbol{\alpha}_2,$$

故

$$(\lambda_1^2-1)\boldsymbol{\alpha}_1+(\lambda_2^2-1)\boldsymbol{\alpha}_2=\boldsymbol{0},$$

由 $\boldsymbol{\alpha}_1,\boldsymbol{\alpha}_2$ 线性无关，知 $\lambda_1^2=1$，$\lambda_2^2=1$. 而 $\lambda_1\neq\lambda_2$，因此 $|\boldsymbol{A}|=\lambda_1\lambda_2=-1$.

注 对于涉及 λ 是矩阵 $\boldsymbol{A}$ 的特征值，$\boldsymbol{p}$ 是 $\boldsymbol{A}$ 的对应于 λ 的特征向量的题型，首先应考虑特征值与特征向量的定义 $\boldsymbol{Ap}=\lambda\boldsymbol{p}$.

例 2 设三阶矩阵 $\boldsymbol{A}$ 满足 $|3\boldsymbol{A}+2\boldsymbol{E}|=0$，$|\boldsymbol{A}-\boldsymbol{E}|=0$，$|3\boldsymbol{E}-2\boldsymbol{A}|=0$，则 $|\boldsymbol{A}^*-\boldsymbol{E}|$ 等于 【 】

(A) $\frac{5}{3}$； (B) $\frac{2}{3}$； (C) $-\frac{2}{3}$； (D) $-\frac{5}{3}$.

解 由题设条件知 $\boldsymbol{A}$ 的三个特征值分别为 $\lambda_1=-\frac{2}{3},\lambda_2=1,\lambda_3=\frac{3}{2}$. 因此 $|\boldsymbol{A}|=\lambda_1\lambda_2\lambda_3=-1$，且 $\boldsymbol{A}^*$ 对应的特征值分别为

$$\mu_1=\frac{|\boldsymbol{A}|}{\lambda_1}=\frac{3}{2},\quad \mu_2=\frac{|\boldsymbol{A}|}{\lambda_2}=-1,\quad \mu_3=\frac{|\boldsymbol{A}|}{\lambda_3}=-\frac{2}{3},$$

故 $\boldsymbol{A}^*-\boldsymbol{E}$ 的三个特征值分别为 μ_1-1,μ_2-1,μ_3-1，从而

$$|\boldsymbol{A}^*-\boldsymbol{E}|=(\mu_1-1)(\mu_2-1)(\mu_3-1)=\frac{5}{3}.$$

所以应选(A).

注 若 $|a\boldsymbol{A}+b\boldsymbol{E}|=0(a\neq 0)$，则 $\lambda=-\frac{b}{a}$ 为 $\boldsymbol{A}$ 的特征值.

例 3 设 $\boldsymbol{\alpha}$ 是 n 维单位列向量，则 【 】

(A) $\boldsymbol{E}-\boldsymbol{\alpha\alpha}^{\mathrm{T}}$ 不可逆； (B) $\boldsymbol{E}+\boldsymbol{\alpha\alpha}^{\mathrm{T}}$ 不可逆；

(C) $\boldsymbol{E}+2\boldsymbol{\alpha\alpha}^{\mathrm{T}}$ 不可逆； (D) $\boldsymbol{E}-2\boldsymbol{\alpha\alpha}^{\mathrm{T}}$ 不可逆.

解 因为由特征值和特征向量的定义可推出，$\boldsymbol{\alpha\alpha}^{\mathrm{T}}$ 的特征值为 $n-1$ 个 0，一个 1，所以 $\boldsymbol{E}-\boldsymbol{\alpha\alpha}^{\mathrm{T}}$ 的特征值为 $n-1$ 个 1，一个 0，因此 $|\boldsymbol{E}-\boldsymbol{\alpha\alpha}^{\mathrm{T}}|=0$，从而 $\boldsymbol{E}-\boldsymbol{\alpha\alpha}^{\mathrm{T}}$ 不可逆，应选(A).

对于(B)，而 $\boldsymbol{E}+\boldsymbol{\alpha\alpha}^{\mathrm{T}}$ 的特征值为 $n-1$ 个 1，一个 2，则 $|\boldsymbol{E}+\boldsymbol{\alpha\alpha}^{\mathrm{T}}|\neq 0$.

对于(C)，而 $\boldsymbol{E}+2\boldsymbol{\alpha\alpha}^{\mathrm{T}}$ 的特征值为 $n-1$ 个 1，一个 3，则 $|\boldsymbol{E}+2\boldsymbol{\alpha\alpha}^{\mathrm{T}}|\neq 0$.

对于(D)，而 $\boldsymbol{E}-2\boldsymbol{\alpha\alpha}^{\mathrm{T}}$ 的特征值为 $n-1$ 个 1，一个 -1，则 $|\boldsymbol{E}-2\boldsymbol{\alpha\alpha}^{\mathrm{T}}|\neq 0$.

所以 $\boldsymbol{E}+\boldsymbol{\alpha\alpha}^{\mathrm{T}},\boldsymbol{E}+2\boldsymbol{\alpha\alpha}^{\mathrm{T}}$ 和 $\boldsymbol{E}-2\boldsymbol{\alpha\alpha}^{\mathrm{T}}$ 都可逆.

例 4 设 $\boldsymbol{A}$ 是 n 阶反称矩阵，λ_1 是矩阵 $\boldsymbol{A}$ 的特征值，证明 $-\lambda_1$ 也是 $\boldsymbol{A}$ 的特征值.

证 方法 1 设 $\boldsymbol{p}$ 是 $\boldsymbol{A}$ 的对应于特征值 λ_1 的特征向量，则 $\boldsymbol{Ap}=\lambda_1\boldsymbol{p},\boldsymbol{p}\neq\boldsymbol{0}$，故

$$\boldsymbol{A}^{\mathrm{T}}\boldsymbol{p}=-\boldsymbol{Ap}=(-\lambda_1)\boldsymbol{p},$$

即 $-\lambda_1$ 是 $\boldsymbol{A}^{\mathrm{T}}$ 的特征值，从而 $-\lambda_1$ 也是 $\boldsymbol{A}$ 的特征值.

方法 2 由题设知，$\boldsymbol{A}^{\mathrm{T}}=-\boldsymbol{A}$，且 $|\lambda_1\boldsymbol{E}-\boldsymbol{A}|=0$. 又

$$\begin{aligned}|(-\lambda_1)\boldsymbol{E}-\boldsymbol{A}|&=(-1)^n|\lambda_1\boldsymbol{E}+\boldsymbol{A}|=(-1)^n|\lambda_1\boldsymbol{E}+\boldsymbol{A}^{\mathrm{T}}|\\&=(-1)^n|\lambda_1\boldsymbol{E}-\boldsymbol{A}|=0,\end{aligned}$$

从而 $-\lambda_1$ 也是 $\boldsymbol{A}$ 的特征值.

例 5 设 $\boldsymbol{A}$ 为二阶矩阵，$\boldsymbol{\alpha}_1,\boldsymbol{\alpha}_2$ 为线性无关的二维列向量，且 $\boldsymbol{A\alpha}_1=\boldsymbol{0},\boldsymbol{A\alpha}_2=2\boldsymbol{\alpha}_1+\boldsymbol{\alpha}_2$，求 $\boldsymbol{A}$ 的全部特征值.

解 方法 1 由 $\boldsymbol{\alpha}_1,\boldsymbol{\alpha}_2$ 线性无关知 $\boldsymbol{\alpha}_1\neq\boldsymbol{0}$，而 $\boldsymbol{A\alpha}_1=\boldsymbol{0}=0\cdot\boldsymbol{\alpha}_1$，故 0 是 $\boldsymbol{A}$ 的一个特征值.

因为 $\boldsymbol{A\alpha}_1=\boldsymbol{0},\boldsymbol{A\alpha}_2=2\boldsymbol{\alpha}_1+\boldsymbol{\alpha}_2$，所以

$$\boldsymbol{A}(2\boldsymbol{\alpha}_1+\boldsymbol{\alpha}_2)=2\boldsymbol{A\alpha}_1+\boldsymbol{A\alpha}_2=\boldsymbol{0}+(2\boldsymbol{\alpha}_1+\boldsymbol{\alpha}_2)=2\boldsymbol{\alpha}_1+\boldsymbol{\alpha}_2.$$

又由$\boldsymbol{\alpha}_1,\boldsymbol{\alpha}_2$线性无关知$2\boldsymbol{\alpha}_1+\boldsymbol{\alpha}_2\neq\boldsymbol{0}$,因此1是$\boldsymbol{A}$的另一个特征值.

方法2　由于$\boldsymbol{\alpha}_1,\boldsymbol{\alpha}_2$为线性无关的二维列向量,所以$\boldsymbol{P}=[\boldsymbol{\alpha}_1\quad\boldsymbol{\alpha}_2]$可逆.又由已知得

$$\boldsymbol{A}[\boldsymbol{\alpha}_1\quad\boldsymbol{\alpha}_2]=[\boldsymbol{0}\quad 2\boldsymbol{\alpha}_1+\boldsymbol{\alpha}_2]=[\boldsymbol{\alpha}_1\quad\boldsymbol{\alpha}_2]\begin{bmatrix}0&2\\0&1\end{bmatrix},$$

记$\boldsymbol{B}=\begin{bmatrix}0&2\\0&1\end{bmatrix}$,则$\boldsymbol{P}^{-1}\boldsymbol{AP}=\boldsymbol{B}$,即$\boldsymbol{A}\sim\boldsymbol{B}$.而

$$|\lambda\boldsymbol{E}-\boldsymbol{B}|=\begin{vmatrix}\lambda&-2\\0&\lambda-1\end{vmatrix}=\lambda(\lambda-1),$$

因此矩阵$\boldsymbol{B}$的特征值为0,1,于是$\boldsymbol{A}$的全部特征值为0,1.

例6　设$\boldsymbol{A}$为n阶正交矩阵,且$|\boldsymbol{A}|<0$,求$(\boldsymbol{A}^{-1})^*$的一个特征值.

解　由$\boldsymbol{A}$为正交矩阵,$|\boldsymbol{A}|<0$可知$|\boldsymbol{A}|=-1$,从而$|\boldsymbol{A}^{-1}|=-1$.因为

$$|-\boldsymbol{E}-\boldsymbol{A}|=|-\boldsymbol{AA}^{\mathrm{T}}-\boldsymbol{A}|=|\boldsymbol{A}||-\boldsymbol{A}^{\mathrm{T}}-\boldsymbol{E}|=(-1)^{n+1}|\boldsymbol{A}^{\mathrm{T}}+\boldsymbol{E}|,$$

且

$$|-\boldsymbol{E}-\boldsymbol{A}|=(-1)^n|\boldsymbol{E}+\boldsymbol{A}|=(-1)^n|(\boldsymbol{E}+\boldsymbol{A})^{\mathrm{T}}|=(-1)^n|\boldsymbol{A}^{\mathrm{T}}+\boldsymbol{E}|,$$

所以比较上述两式可得$|\boldsymbol{A}^{\mathrm{T}}+\boldsymbol{E}|=0$,于是$|-\boldsymbol{E}-\boldsymbol{A}|=0$,即$\boldsymbol{A}$的一个特征值为$-1$,故$\boldsymbol{A}^{-1}$的一个特征值为$-1$,因此$(\boldsymbol{A}^{-1})^*$的一个特征值为1.

例7　设五阶矩阵$\boldsymbol{A}$满足$\boldsymbol{A}^2-5\boldsymbol{A}+6\boldsymbol{E}=\boldsymbol{0}$,$\mathrm{rank}(\boldsymbol{A}-2\boldsymbol{E})=2$,求$\boldsymbol{A}$的所有特征值.

解　设λ是$\boldsymbol{A}$的任一特征值,则由$\boldsymbol{A}^2-5\boldsymbol{A}+6\boldsymbol{E}=\boldsymbol{0}$知$\lambda^2-5\lambda+6=0$,解得$\lambda=2$或$\lambda=3$,即$\boldsymbol{A}$的特征值只能是2或3.

由$\boldsymbol{A}^2-5\boldsymbol{A}+6\boldsymbol{E}=\boldsymbol{0}$,知$(\boldsymbol{A}-2\boldsymbol{E})(\boldsymbol{A}-3\boldsymbol{E})=\boldsymbol{0}$,于是

$$\mathrm{rank}(\boldsymbol{A}-2\boldsymbol{E})+\mathrm{rank}(\boldsymbol{A}-3\boldsymbol{E})\leqslant 5.$$

而

$$\mathrm{rank}(\boldsymbol{A}-2\boldsymbol{E})+\mathrm{rank}(\boldsymbol{A}-3\boldsymbol{E})\geqslant\mathrm{rank}[(\boldsymbol{A}-2\boldsymbol{E})-(\boldsymbol{A}-3\boldsymbol{E})]=\mathrm{rank}\,\boldsymbol{E}=5,$$

所以

$$\mathrm{rank}(\boldsymbol{A}-2\boldsymbol{E})+\mathrm{rank}(\boldsymbol{A}-3\boldsymbol{E})=5,$$

即$\boldsymbol{A}$的相异特征值的几何重数之和为5,因此$\boldsymbol{A}$可对角化.已知$\mathrm{rank}(\boldsymbol{A}-2\boldsymbol{E})=2$,故$\mathrm{rank}(\boldsymbol{A}-3\boldsymbol{E})=3$,从而$\boldsymbol{A}$的特征值分别为2,2,2,3,3.

注　设n阶矩阵$\boldsymbol{A}$可对角化,则λ是$\boldsymbol{A}$的k重特征值当且仅当$\mathrm{rank}(\lambda\boldsymbol{E}-\boldsymbol{A})=n-k$.当$\boldsymbol{A}$不可对角化时,矩阵$\boldsymbol{A}$至少存在一个特征值的几何重数小于其代数重数,此时由$\mathrm{rank}(\lambda\boldsymbol{E}-\boldsymbol{A})$的值无法确定$\lambda$的代数重数.

题型2　特征值与特征向量的计算

例8　求矩阵$\boldsymbol{A}=\begin{bmatrix}-1&2&2&1&2\\2&-1&-2&2&0\\2&-2&-1&1&4\\0&0&0&1&3\\0&0&0&2&2\end{bmatrix}$的所有特征值.

解　记

$$\boldsymbol{A}=\begin{bmatrix}\boldsymbol{B}&\boldsymbol{C}\\\boldsymbol{0}&\boldsymbol{D}\end{bmatrix},\quad\boldsymbol{B}=\begin{bmatrix}-1&2&2\\2&-1&-2\\2&-2&-1\end{bmatrix},\quad\boldsymbol{C}=\begin{bmatrix}1&2\\2&0\\1&4\end{bmatrix},\quad\boldsymbol{D}=\begin{bmatrix}1&3\\2&2\end{bmatrix},$$

则

$$|\lambda \boldsymbol{E}_5-\boldsymbol{A}|=\begin{vmatrix}\lambda \boldsymbol{E}_3-\boldsymbol{B} & -\boldsymbol{C}\\ \boldsymbol{0} & \lambda \boldsymbol{E}_2-\boldsymbol{D}\end{vmatrix}=|\lambda \boldsymbol{E}_3-\boldsymbol{B}||\lambda \boldsymbol{E}_2-\boldsymbol{D}|,$$

而

$$|\lambda \boldsymbol{E}_3-\boldsymbol{B}|=(\lambda-1)^2(\lambda+5),\quad |\lambda \boldsymbol{E}_2-\boldsymbol{D}|=(\lambda+1)(\lambda-4),$$

所以

$$|\lambda \boldsymbol{E}_5-\boldsymbol{A}|=(\lambda-1)^2(\lambda+5)(\lambda+1)(\lambda-4)$$

故 $\boldsymbol{A}$ 的所有特征值为 $\lambda_1=-5,\lambda_2=-1,\lambda_3=\lambda_4=1,\lambda_5=4$.

例 9 设 $\boldsymbol{\alpha}=(a_1,a_2,\cdots,a_n)^{\mathrm{T}}$ 和 $\boldsymbol{\beta}=(b_1,b_2,\cdots,b_n)^{\mathrm{T}}$ 为两个非零向量，且$\boldsymbol{\alpha}^{\mathrm{T}}\boldsymbol{\beta}=0$，记矩阵 $\boldsymbol{A}=\boldsymbol{\alpha}\boldsymbol{\beta}^{\mathrm{T}}$，计算 $\boldsymbol{A}^2$，并求 $\boldsymbol{A}$ 的特征值和特征向量.

解 因 $\boldsymbol{\alpha}^{\mathrm{T}}\boldsymbol{\beta}=\boldsymbol{\beta}^{\mathrm{T}}\boldsymbol{\alpha}=0$，故

$$\boldsymbol{A}^2=\boldsymbol{\alpha}\boldsymbol{\beta}^{\mathrm{T}}\boldsymbol{\alpha}\boldsymbol{\beta}^{\mathrm{T}}=\boldsymbol{\alpha}(\boldsymbol{\alpha}^{\mathrm{T}}\boldsymbol{\beta})\boldsymbol{\beta}^{\mathrm{T}}=\boldsymbol{0}.$$

设 λ 是 $\boldsymbol{A}$ 的任一特征值，$\boldsymbol{p}$ 为对应于 λ 的一个特征向量，则

$$\boldsymbol{A}\boldsymbol{p}=\lambda\boldsymbol{p},\quad \boldsymbol{A}^2\boldsymbol{p}=\lambda^2\boldsymbol{p}.$$

由 $\boldsymbol{A}^2=\boldsymbol{0}$ 知 $\lambda^2\boldsymbol{p}=\boldsymbol{0}$，而 $\boldsymbol{p}\neq\boldsymbol{0}$，故 $\lambda=0$，即 $\boldsymbol{A}$ 的全部特征值为 0.

由于 $\boldsymbol{\alpha}\neq\boldsymbol{0},\boldsymbol{\beta}\neq\boldsymbol{0}$，因此不妨设 $a_1\neq0,b_1\neq0$. 解方程$(0\boldsymbol{E}-\boldsymbol{A})\boldsymbol{x}=\boldsymbol{0}$，得基础解系

$$\boldsymbol{p}_1=\begin{bmatrix}-\dfrac{b_2}{b_1}\\1\\0\\\vdots\\0\end{bmatrix},\quad \boldsymbol{p}_2=\begin{bmatrix}-\dfrac{b_3}{b_1}\\0\\1\\\vdots\\0\end{bmatrix},\quad \cdots,\quad \boldsymbol{p}_{n-1}=\begin{bmatrix}-\dfrac{b_n}{b_1}\\0\\0\\\vdots\\1\end{bmatrix},$$

所以 $\boldsymbol{A}$ 的对应于 0 的全部特征向量为 $k_1\boldsymbol{p}_1+k_2\boldsymbol{p}_2+\cdots+k_{n-1}\boldsymbol{p}_{n-1}$，$k_1,k_2,\cdots,k_{n-1}$ 是不全为零的任意数.

例 10 求 n 阶矩阵 $\boldsymbol{A}=\begin{bmatrix}1&b&\cdots&b\\b&1&\cdots&b\\\vdots&\vdots&&\vdots\\b&b&\cdots&1\end{bmatrix}$的所有特征值和特征向量.

解 因为

$$|\lambda\boldsymbol{E}-\boldsymbol{A}|=[\lambda-(1+(n-1)b)](\lambda-1+b)^{n-1},$$

所以矩阵 $\boldsymbol{A}$ 的所有特征值为

$$\lambda_1=1+(n-1)b,\quad \lambda_2=\lambda_3=\cdots=\lambda_n=1-b.$$

(1) 当 $b=0$ 时，$\lambda_1=\lambda_2=\cdots=\lambda_n=1$，且 $\boldsymbol{A}$ 为单位矩阵，所以任意非零向量都是特征值 1 对应的特征向量.

(2) 当 $b\neq0$ 时，对于 $\lambda_1=1+(n-1)b$，由

$$\lambda_1\boldsymbol{E}-\boldsymbol{A}=\begin{bmatrix}(n-1)b&-b&\cdots&-b\\-b&(n-1)b&\cdots&-b\\\vdots&\vdots&&\vdots\\-b&-b&\cdots&(n-1)b\end{bmatrix}\rightarrow\begin{bmatrix}1&0&\cdots&0&-1\\0&1&\cdots&0&-1\\\vdots&\vdots&&\vdots&\vdots\\0&0&\cdots&1&-1\\0&0&\cdots&0&0\end{bmatrix}$$

求得齐次方程组$(\lambda_1\boldsymbol{E}-\boldsymbol{A})\boldsymbol{x}=\boldsymbol{0}$的基础解系$\boldsymbol{p}_1=(1,1,\cdots,1)^{\mathrm{T}}$,从而$\boldsymbol{A}$的对应于$\lambda_1$的所有特征向量为$k_1\boldsymbol{p}_1$,其中$k_1$为任意非零数.

对于$\lambda_2=\lambda_3=\cdots=\lambda_n=1-b$,由

$$\lambda_2\boldsymbol{E}-\boldsymbol{A}=\begin{bmatrix}-b & -b & \cdots & -b\\ -b & -b & \cdots & -b\\ \vdots & \vdots & & \vdots\\ -b & -b & \cdots & -b\end{bmatrix}\rightarrow\begin{bmatrix}1 & 1 & \cdots & 1\\ 0 & 0 & \cdots & 0\\ \vdots & \vdots & & \vdots\\ 0 & 0 & \cdots & 0\end{bmatrix}$$

求得齐次方程组$(\lambda_2\boldsymbol{E}-\boldsymbol{A})\boldsymbol{x}=\boldsymbol{0}$的基础解系

$$\boldsymbol{p}_2=(1,-1,0,\cdots,0)^{\mathrm{T}},\quad \boldsymbol{p}_3=(1,0,-1,\cdots,0)^{\mathrm{T}},\quad \cdots,\quad \boldsymbol{p}_n=(1,0,0,\cdots,-1)^{\mathrm{T}},$$

从而$\boldsymbol{A}$的对应于λ_2的所有特征向量为$k_2\boldsymbol{p}_2+k_3\boldsymbol{p}_3+\cdots+k_n\boldsymbol{p}_n$,其中$k_2,k_3,\cdots,k_n$是任意不全为零的数.

注 求n阶矩阵$\boldsymbol{A}$的特征值和特征向量的步骤:

(a) 求n阶矩阵$\boldsymbol{A}$的特征多项式$|\lambda\boldsymbol{E}-\boldsymbol{A}|$;

(b) 解特征方程$|\lambda\boldsymbol{E}-\boldsymbol{A}|=0$,求得$\boldsymbol{A}$的全部相异特征值$\lambda_1,\lambda_2,\cdots,\lambda_m$;

(c) 对于每一个特征值λ_i,求出齐次线性方程组$(\lambda_i\boldsymbol{E}-\boldsymbol{A})\boldsymbol{x}=\boldsymbol{0}(i=1,2,\cdots,m)$的一个基础解系$\boldsymbol{p}_1,\boldsymbol{p}_2,\cdots,\boldsymbol{p}_{n-r}$,这里$r=\mathrm{rank}(\lambda_i\boldsymbol{E}-\boldsymbol{A})$,则$\boldsymbol{p}=\sum\limits_{j=1}^{n-r}k_j\boldsymbol{p}_j$就是对应于$\lambda_i$的全部特征向量,其中$k_1,k_2,\cdots,k_{n-r}$是任意不全为零的数.

例 11 设向量$\boldsymbol{\alpha}=(a_1,a_2,\cdots,a_n)^{\mathrm{T}}$与$\boldsymbol{\beta}=(b_1,b_2,\cdots,b_n)^{\mathrm{T}}$正交,求矩阵

$$\boldsymbol{A}=\begin{bmatrix}a_1+b_1 & a_1+b_2 & \cdots & a_1+b_n\\ a_2+b_1 & a_2+b_2 & \cdots & a_2+b_n\\ \vdots & \vdots & & \vdots\\ a_n+b_1 & a_n+b_2 & \cdots & a_n+b_n\end{bmatrix}$$

的n个特征值.

解 因为

$$\boldsymbol{A}=\begin{bmatrix}a_1+b_1 & a_1+b_2 & \cdots & a_1+b_n\\ a_2+b_1 & a_2+b_2 & \cdots & a_2+b_n\\ \vdots & \vdots & & \vdots\\ a_n+b_1 & a_n+b_2 & \cdots & a_n+b_n\end{bmatrix}\xrightarrow[i=1,2,\cdots,n-1]{r_i-r_n}\begin{bmatrix}a_1-a_n & a_1-a_n & \cdots & a_1-a_n\\ a_2-a_n & a_2-a_n & \cdots & a_2-a_n\\ \vdots & \vdots & & \vdots\\ a_n+b_1 & a_n+b_2 & \cdots & a_n+b_n\end{bmatrix},$$

所以$|\boldsymbol{A}|=0$,故$\boldsymbol{A}$有一个特征值为$\lambda_1=0$.

显然$\mathrm{rank}(0\boldsymbol{E}-\boldsymbol{A})\leqslant 2$,即特征值$\lambda_1=0$的几何重数不小于$n-2$,故代数重数不小于$n-2$,即$\boldsymbol{A}$至少有$n-2$个特征值为0.

又由$\boldsymbol{\alpha}$与$\boldsymbol{\beta}$正交有$a_1b_1+a_2b_2+\cdots+a_nb_n=0$,于是

$$A\alpha=\begin{bmatrix}a_1(a_1+b_1)+a_2(a_1+b_2)+\cdots+a_n(a_1+b_n)\\a_1(a_2+b_1)+a_2(a_2+b_2)+\cdots+a_n(a_2+b_n)\\\vdots\\a_1(a_n+b_1)+a_2(a_n+b_2)+\cdots+a_n(a_n+b_n)\end{bmatrix}$$

$$=(a_1+a_2+\cdots+a_n)\begin{bmatrix}a_1\\a_2\\\vdots\\a_n\end{bmatrix},$$

即 $\boldsymbol{A}$ 有一个特征值为 $a_1+a_2+\cdots+a_n$.

根据 $\boldsymbol{A}$ 的特征多项式

$$|\lambda\boldsymbol{E}-\boldsymbol{A}|=\begin{vmatrix}\lambda-(a_1+b_1)&-(a_1+b_2)&\cdots&-(a_1+b_n)\\-(a_2+b_1)&\lambda-(a_2+b_2)&\cdots&-(a_2+b_n)\\\vdots&\vdots&&\vdots\\-(a_n+b_1)&-(a_n+b_2)&\cdots&\lambda-(a_n+b_n)\end{vmatrix}$$

可知,λ^{n-1} 项只包含在$[\lambda-(a_1+b_1)][\lambda-(a_2+b_2)]\cdots[\lambda-(a_n+b_n)]$中,从而 λ^{n-1} 的系数为$-(a_1+b_1)-(a_2+b_2)-\cdots-(a_n+b_n)$.

前面已经确定了 $\boldsymbol{A}$ 的 $n-1$ 个特征值,设 $\boldsymbol{A}$ 的最后一个特征值为 λ_n,则

$$|\lambda\boldsymbol{E}-\boldsymbol{A}|=\lambda^{n-2}[\lambda-(a_1+a_2+\cdots+a_n)](\lambda-\lambda_n),$$

比较上式两边 λ^{n-1} 的系数,可得 $\lambda_n=b_1+b_2+\cdots+b_n$.因此 $\boldsymbol{A}$ 的全部特征值为

$$\lambda_1=\lambda_2=\cdots=\lambda_{n-2}=0,\quad \lambda_{n-1}=a_1+a_2+\cdots+a_n,\quad \lambda_n=b_1+b_2+\cdots+b_n.$$

例 12 设 $\boldsymbol{A}=\begin{bmatrix}3&2&2\\2&3&2\\2&2&3\end{bmatrix}$,$\boldsymbol{P}=\begin{bmatrix}0&1&0\\1&0&1\\0&0&1\end{bmatrix}$,$\boldsymbol{B}=\boldsymbol{P}^{-1}\boldsymbol{A}^*\boldsymbol{P}$,其中 $\boldsymbol{A}^*$ 为 $\boldsymbol{A}$ 的伴随矩阵,求 $\boldsymbol{B}+2\boldsymbol{E}$ 的特征值与特征向量.

解 因为

$$\boldsymbol{B}+2\boldsymbol{E}=\boldsymbol{P}^{-1}\boldsymbol{A}^*\boldsymbol{P}+2\boldsymbol{E}=\boldsymbol{P}^{-1}(\boldsymbol{A}^*+2\boldsymbol{E})\boldsymbol{P},$$

所以 $\boldsymbol{B}+2\boldsymbol{E}$ 与 $\boldsymbol{A}^*+2\boldsymbol{E}$ 有相同的特征值,而且,若 $\boldsymbol{p}$ 是 $\boldsymbol{A}^*+2\boldsymbol{E}$ 的对应于特征值 λ 的特征向量,则 $\boldsymbol{P}^{-1}\boldsymbol{p}$ 是 $\boldsymbol{B}+2\boldsymbol{E}$ 的对应于 λ 的特征向量.

容易求得 $|\boldsymbol{A}|=7$,$\boldsymbol{A}$ 的全部特征值为 $\lambda_1=\lambda_2=1$,$\lambda_3=7$.

解$(\boldsymbol{E}-\boldsymbol{A})\boldsymbol{x}=\boldsymbol{0}$,得基础解系 $\boldsymbol{p}_1=(1,-1,0)^{\mathrm{T}}$,$\boldsymbol{p}_2=(1,0,-1)^{\mathrm{T}}$,因此 $\boldsymbol{A}$ 的对应于 $\lambda_1=\lambda_2=1$ 的所有特征向量为 $k_1\boldsymbol{p}_1+k_2\boldsymbol{p}_2$,$k_1,k_2$ 是不全为零的任意数.

解$(7\boldsymbol{E}-\boldsymbol{A})\boldsymbol{x}=\boldsymbol{0}$,得基础解系 $\boldsymbol{p}_3=(1,1,1)^{\mathrm{T}}$,因此 $\boldsymbol{A}$ 的对应于 $\lambda_3=7$ 的所有特征向量为 $k_3\boldsymbol{p}_3$,k_3 为任意非零数.

于是,$\boldsymbol{A}^*+2\boldsymbol{E}$ 的全部特征值为

$$|\boldsymbol{A}|\lambda_j^{-1}+2=7\lambda_j^{-1}+2,\quad j=1,2,3,$$

即 $\boldsymbol{B}+2\boldsymbol{E}$ 的全部特征值为 9,9,3.并且 $\boldsymbol{B}+2\boldsymbol{E}$ 的对应于 9 的所有特征向量为

$$k_1\boldsymbol{P}^{-1}\boldsymbol{p}_1+k_2\boldsymbol{P}^{-1}\boldsymbol{p}_2=k_1(-1,1,0)^{\mathrm{T}}+k_2(1,1,-1)^{\mathrm{T}},\quad k_1,k_2\text{ 是不全为零的任意数;}$$

对应于 3 的所有特征向量为

$$k_3\boldsymbol{P}^{-1}\boldsymbol{p}_3=k_3(0,1,1)^{\mathrm{T}},\quad k_3\text{ 为任意非零数.}$$

题型 3　矩阵相似的判定与应用

例 13　下列矩阵中,与矩阵 $\boldsymbol{J}=\begin{bmatrix}1&1&0\\0&1&1\\0&0&1\end{bmatrix}$ 相似的是　　【　】

(A) $\boldsymbol{A}=\begin{bmatrix}1&1&-1\\0&1&1\\0&0&1\end{bmatrix}$;　　(B) $\boldsymbol{B}=\begin{bmatrix}1&0&-1\\0&1&1\\0&0&1\end{bmatrix}$;

(C) $\boldsymbol{C}=\begin{bmatrix}1&1&-1\\0&1&0\\0&0&1\end{bmatrix}$;　　(D) $\boldsymbol{D}=\begin{bmatrix}1&0&-1\\0&1&0\\0&0&1\end{bmatrix}$.

解　矩阵 $\boldsymbol{A},\boldsymbol{B},\boldsymbol{C},\boldsymbol{D},\boldsymbol{J}$ 的特征值均为 $\lambda_1=\lambda_2=\lambda_3=1$,且

$$\operatorname{rank}(\boldsymbol{J}-\boldsymbol{E})=2,\quad \operatorname{rank}(\boldsymbol{A}-\boldsymbol{E})=2,$$

$$\operatorname{rank}(\boldsymbol{B}-\boldsymbol{E})=1,\quad \operatorname{rank}(\boldsymbol{C}-\boldsymbol{E})=1,\quad \operatorname{rank}(\boldsymbol{D}-\boldsymbol{E})=1,$$

因此矩阵 $\boldsymbol{J}$ 与矩阵 $\boldsymbol{B},\boldsymbol{C},\boldsymbol{D}$ 都不相似. 而

$$\operatorname{rank}((\boldsymbol{J}-\boldsymbol{E})^2)=\operatorname{rank}((\boldsymbol{A}-\boldsymbol{E})^2)=1,\quad \operatorname{rank}((\boldsymbol{J}-\boldsymbol{E})^3)=\operatorname{rank}((\boldsymbol{A}-\boldsymbol{E})^3)=0,$$

故 $\boldsymbol{J}$ 与 $\boldsymbol{A}$ 相似. 所以选(A).

注　(1) 两个同阶矩阵 $\boldsymbol{A}$ 与 $\boldsymbol{B}$ 相似的必要条件是 $\boldsymbol{A}$ 与 $\boldsymbol{B}$ 有相同的秩、相同的行列式、相同的特征值、相同的迹;

(2) 判断两个矩阵不相似,通常使用(1)中必要条件的逆否命题;

(3) 判断两个矩阵相似有三种方法:定义,验证两个矩阵与同一个对角矩阵相似,特征值相同的两个矩阵相似的充要条件.

例 14　设 $\boldsymbol{A},\boldsymbol{B}$ 是可逆矩阵,且 $\boldsymbol{A}$ 与 $\boldsymbol{B}$ 相似,则下列结论错误的是　　【　】

(A) $\boldsymbol{A}^{\mathrm{T}}$ 与 $\boldsymbol{B}^{\mathrm{T}}$ 相似;　　(B) $\boldsymbol{A}^{-1}$ 与 $\boldsymbol{B}^{-1}$ 相似;

(C) $\boldsymbol{A}+\boldsymbol{A}^{\mathrm{T}}$ 与 $\boldsymbol{B}+\boldsymbol{B}^{\mathrm{T}}$ 相似;　　(D) $\boldsymbol{A}+\boldsymbol{A}^{-1}$ 与 $\boldsymbol{B}+\boldsymbol{B}^{-1}$ 相似.

解　因 $\boldsymbol{A}$ 与 $\boldsymbol{B}$ 相似,故存在可逆矩阵 $\boldsymbol{P}$,使得 $\boldsymbol{P}^{-1}\boldsymbol{A}\boldsymbol{P}=\boldsymbol{B}$,从而

$$(\boldsymbol{P}^{-1}\boldsymbol{A}\boldsymbol{P})^{\mathrm{T}}=\boldsymbol{P}^{\mathrm{T}}\boldsymbol{A}^{\mathrm{T}}(\boldsymbol{P}^{\mathrm{T}})^{-1}=\boldsymbol{B}^{\mathrm{T}},$$

$$(\boldsymbol{P}^{-1}\boldsymbol{A}\boldsymbol{P})^{-1}=\boldsymbol{P}^{-1}\boldsymbol{A}^{-1}\boldsymbol{P}=\boldsymbol{B}^{-1},$$

$$\boldsymbol{P}^{-1}(\boldsymbol{A}+\boldsymbol{A}^{-1})\boldsymbol{P}=\boldsymbol{P}^{-1}\boldsymbol{A}\boldsymbol{P}+\boldsymbol{P}^{-1}\boldsymbol{A}^{-1}\boldsymbol{P}=\boldsymbol{B}+\boldsymbol{B}^{-1},$$

则 $\boldsymbol{A}^{\mathrm{T}}\sim\boldsymbol{B}^{\mathrm{T}},\boldsymbol{A}^{-1}\sim\boldsymbol{B}^{-1},\boldsymbol{A}+\boldsymbol{A}^{-1}\sim\boldsymbol{B}+\boldsymbol{B}^{-1}$,所以选(C).

例 15　已知三阶矩阵 $\boldsymbol{A}$ 和三维向量 $\boldsymbol{x}$,使得向量组 $\boldsymbol{x},\boldsymbol{A}\boldsymbol{x},\boldsymbol{A}^2\boldsymbol{x}$ 线性无关,且满足 $\boldsymbol{A}^3\boldsymbol{x}=3\boldsymbol{A}\boldsymbol{x}-2\boldsymbol{A}^2\boldsymbol{x}$.

(1) 记 $\boldsymbol{P}=[\boldsymbol{x}\quad \boldsymbol{A}\boldsymbol{x}\quad \boldsymbol{A}^2\boldsymbol{x}]$,求三阶矩阵 $\boldsymbol{B}$,使得 $\boldsymbol{A}=\boldsymbol{P}\boldsymbol{B}\boldsymbol{P}^{-1}$;

(2) 计算行列式 $|\boldsymbol{A}+\boldsymbol{E}|$.

解　(1) 由于

$$\begin{aligned}\boldsymbol{A}\boldsymbol{P}&=\boldsymbol{A}[\boldsymbol{x}\quad \boldsymbol{A}\boldsymbol{x}\quad \boldsymbol{A}^2\boldsymbol{x}]=[\boldsymbol{A}\boldsymbol{x}\quad \boldsymbol{A}^2\boldsymbol{x}\quad \boldsymbol{A}^3\boldsymbol{x}]\\&=[\boldsymbol{A}\boldsymbol{x}\quad \boldsymbol{A}^2\boldsymbol{x}\quad 3\boldsymbol{A}\boldsymbol{x}-2\boldsymbol{A}^2\boldsymbol{x}]\\&=[\boldsymbol{x}\quad \boldsymbol{A}\boldsymbol{x}\quad \boldsymbol{A}^2\boldsymbol{x}]\begin{bmatrix}0&0&0\\1&0&3\\0&1&-2\end{bmatrix},\end{aligned}$$

因此取

$$B=\begin{bmatrix}0&0&0\\1&0&3\\0&1&-2\end{bmatrix},$$

此时有 $A=PBP^{-1}$.

(2) 由(1)的结论得

$$|A+E|=|PBP^{-1}+PP^{-1}|=|B+E|=\begin{vmatrix}1&0&0\\1&1&3\\0&1&-1\end{vmatrix}=-4.$$

题型4 矩阵对角化的判定与计算

例16 设矩阵 $A=\begin{bmatrix}2&0&0\\0&2&1\\0&0&1\end{bmatrix}$, $B=\begin{bmatrix}2&1&0\\0&2&0\\0&0&1\end{bmatrix}$, $C=\begin{bmatrix}1&0&0\\0&2&0\\0&0&2\end{bmatrix}$,则 【 】

(A) A 与 C 相似,B 与 C 相似; (B) A 与 C 相似,B 与 C 不相似;

(C) A 与 C 不相似,B 与 C 相似; (D) A 与 C 不相似,B 与 C 不相似.

解 由 $|\lambda E-A|=0$ 知 A 的特征值为 2,2,1,且 $\text{rank}(2E-A)=1$,特征值 $\lambda=2$ 的几何重数与代数重数均为 2,则矩阵 A 可对角化,即

$$A=\begin{bmatrix}2&0&0\\0&2&1\\0&0&1\end{bmatrix}\sim\begin{bmatrix}1&0&0\\0&2&0\\0&0&2\end{bmatrix}=C.$$

由 $|\lambda E-B|=0$ 知 B 的特征值也为 2,2,1,且 $\text{rank}(2E-B)=2$,特征值 $\lambda=2$ 的几何重数为 1,它的代数重数为 2,则矩阵 B 不可对角化,而矩阵 C 是对角矩阵,因此 B 与 C 不相似. 所以选(B).

注 矩阵 A 可对角化的充要条件是 A 的每个相异特征值的几何重数等于代数重数.

例17 已知 $\lambda=0$ 是矩阵

$$A=\begin{bmatrix}3&2&-2\\-k&1&k\\4&k&-3\end{bmatrix}$$

的特征值,判断 A 能否对角化,并说明理由.

解 由 $\lambda=0$ 是 A 的特征值可知 $|A|=0$. 而 $|A|=-(k-1)^2$,故 $k=1$. 于是

$$|\lambda E-A|=\lambda^2(\lambda-1),$$

所以 $\lambda=0$ 是 A 的特征值,其代数重数为 2. 容易算得

$$\text{rank}(0E-A)=\text{rank}\,A=2,$$

因此 $\lambda=0$ 的几何重数为 1,从而 A 不能对角化.

例18 已知 $A=\begin{bmatrix}1&a&-3\\-1&4&-3\\1&-2&5\end{bmatrix}$ 有重特征值,判断 A 能否相似对角化,并说明理由.

解 因为 A 有重特征值,而

$$|\lambda E-A|=(\lambda-2)(\lambda^2-8\lambda+10+a),$$

所以，或者 $\lambda^2-8\lambda+10+a=0$ 有一个根为 2，或者 $\lambda^2-8\lambda+10+a$ 可写成平方项的形式，从而解得 $a=2$ 或者 $a=6$.

当 $a=2$ 时，有二重特征值 2，因 $\operatorname{rank}(2\boldsymbol{E}-\boldsymbol{A})=1$，故几何重数等于代数重数，所以 $\boldsymbol{A}$ 能对角化.

当 $a=6$ 时，有二重特征值 4，因 $\operatorname{rank}(2\boldsymbol{E}-\boldsymbol{A})=2$，故几何重数小于代数重数，于是 $\boldsymbol{A}$ 不能对角化.

例 19 设 n 阶矩阵 $\boldsymbol{A}$ 满足 $\boldsymbol{A}^2=\boldsymbol{A}$，$\operatorname{rank}\boldsymbol{A}=r$，证明 $\boldsymbol{A}$ 可对角化，并求 $|\boldsymbol{A}-2\boldsymbol{E}|$.

解 方法 1 设 $\boldsymbol{A}=[\boldsymbol{\alpha}_1\quad\boldsymbol{\alpha}_2\quad\cdots\quad\boldsymbol{\alpha}_n]$，由 $\operatorname{rank}\boldsymbol{A}=r$ 知 $\boldsymbol{A}$ 中有 r 个列向量线性无关，不妨设为 $\boldsymbol{\alpha}_1,\boldsymbol{\alpha}_2,\cdots,\boldsymbol{\alpha}_r$. 由于 $\boldsymbol{A}^2=\boldsymbol{A}$，即

$$\boldsymbol{A}[\boldsymbol{\alpha}_1\quad\boldsymbol{\alpha}_2\quad\cdots\quad\boldsymbol{\alpha}_n]=[\boldsymbol{\alpha}_1\quad\boldsymbol{\alpha}_2\quad\cdots\quad\boldsymbol{\alpha}_n],$$

因此

$$\boldsymbol{A}\boldsymbol{\alpha}_1=\boldsymbol{\alpha}_1,\quad \boldsymbol{A}\boldsymbol{\alpha}_2=\boldsymbol{\alpha}_2,\quad \cdots,\quad \boldsymbol{A}\boldsymbol{\alpha}_r=\boldsymbol{\alpha}_r,$$

即 $\lambda=1$ 为 $\boldsymbol{A}$ 的特征值，$\boldsymbol{\alpha}_1,\boldsymbol{\alpha}_2,\cdots,\boldsymbol{\alpha}_r$ 为 $\boldsymbol{A}$ 的对应于 1 的线性无关的特征向量.

因为 $\operatorname{rank}\boldsymbol{A}=r$，所以方程组 $\boldsymbol{A}\boldsymbol{x}=\boldsymbol{0}$ 的基础解系中有 $n-r$ 个向量，这 $n-r$ 个向量为 $\boldsymbol{A}$ 的对应于特征值 0 的特征向量. 从而 $\boldsymbol{A}$ 有 n 个线性无关的特征向量，于是 $\boldsymbol{A}$ 可对角化，即存在可逆矩阵 $\boldsymbol{P}$，使得

$$\boldsymbol{P}^{-1}\boldsymbol{A}\boldsymbol{P}=\boldsymbol{\Lambda}=\operatorname{diag}(1,\cdots,1,0,\cdots,0),$$

所以

$$|\boldsymbol{A}-2\boldsymbol{E}|=|\boldsymbol{\Lambda}-2\boldsymbol{E}|=(-1)^r(-2)^{n-r}=(-1)^n2^{n-r}.$$

方法 2 由 $\boldsymbol{A}^2=\boldsymbol{A}$ 知，$\boldsymbol{A}$ 的特征值满足 $\lambda^2=\lambda$，即 $\boldsymbol{A}$ 的所有特征值只能为 0 或 1. 又由 $\boldsymbol{A}^2=\boldsymbol{A}$，有 $\boldsymbol{A}(\boldsymbol{E}-\boldsymbol{A})=\boldsymbol{0}$，于是

$$\operatorname{rank}\boldsymbol{A}+\operatorname{rank}(\boldsymbol{E}-\boldsymbol{A})\leqslant n.$$

而

$$\operatorname{rank}\boldsymbol{A}+\operatorname{rank}(\boldsymbol{E}-\boldsymbol{A})\geqslant\operatorname{rank}[\boldsymbol{A}+(\boldsymbol{E}-\boldsymbol{A})]=\operatorname{rank}\boldsymbol{E}=n,$$

所以

$$\operatorname{rank}\boldsymbol{A}+\operatorname{rank}(\boldsymbol{E}-\boldsymbol{A})=n.$$

由 $\operatorname{rank}\boldsymbol{A}=r$ 知 $\operatorname{rank}(\boldsymbol{E}-\boldsymbol{A})=n-r$，则 $\boldsymbol{A}$ 的特征值 0 的几何重数为 $n-r$，特征值 1 的几何重数为 r，即 $\boldsymbol{A}$ 有 n 个线性无关的特征向量，于是 $\boldsymbol{A}$ 可对角化，从而 $\boldsymbol{A}$ 的特征值 0 的代数重数为 $n-r$，$\boldsymbol{A}$ 的特征值 1 的代数重数为 r，从而 $\boldsymbol{A}-2\boldsymbol{E}$ 有 $n-r$ 个特征值为 -2，r 个特征值为 -1，故

$$|\boldsymbol{A}-2\boldsymbol{E}|=(-1)^r(-2)^{n-r}=(-1)^n2^{n-r}.$$

例 20 设 $a_0,a_1,\cdots,a_{n-1}$ 为常数，且

$$\boldsymbol{B}=\begin{bmatrix}0&1&0&\cdots&0&0\\0&0&1&\cdots&0&0\\\vdots&\vdots&\vdots&&\vdots&\vdots\\0&0&0&\cdots&0&1\\-a_0&-a_1&-a_2&\cdots&-a_{n-2}&-a_{n-1}\end{bmatrix}.$$

(1) 若 λ 为 $\boldsymbol{B}$ 的特征值，证明 $(1,\lambda,\cdots,\lambda^{n-1})^{\mathrm{T}}$ 为 $\boldsymbol{B}$ 的特征向量.

(2) 若 $\boldsymbol{B}$ 有 n 个相异特征值 $\lambda_1,\lambda_2,\cdots,\lambda_n$，求可逆矩阵 $\boldsymbol{P}$，使得

$$P^{-1}BP=\mathrm{diag}(\lambda_1,\lambda_2,\cdots,\lambda_n).$$

解 (1) 设 λ 是 $\boldsymbol{B}$ 的特征值,则 $|\lambda\boldsymbol{E}-\boldsymbol{B}|=0$,而

$$|\lambda\boldsymbol{E}-\boldsymbol{B}|=(-1)^{n+1}\left(\lambda^n+\sum_{i=0}^{n-1}a_i\lambda^i\right)(-1)^{n-1},$$

故

$$\lambda^n+\sum_{i=0}^{n-1}a_i\lambda^i=0.$$

令 $\boldsymbol{p}=(1,\lambda,\cdots,\lambda^{n-1})^{\mathrm{T}}$,则有

$$\boldsymbol{Bp}=\begin{bmatrix}0&1&0&\cdots&0&0\\0&0&1&\cdots&0&0\\\vdots&\vdots&\vdots&&\vdots&\vdots\\0&0&0&\cdots&0&1\\-a_0&-a_1&-a_2&\cdots&-a_{n-2}&-a_{n-1}\end{bmatrix}\begin{bmatrix}1\\\lambda\\\vdots\\\lambda^{n-1}\end{bmatrix}$$

$$=\begin{bmatrix}\lambda\\\lambda^2\\\vdots\\-\sum_{i=0}^{n-1}a_i\lambda^i\end{bmatrix}=\begin{bmatrix}\lambda\\\lambda^2\\\vdots\\\lambda^n\end{bmatrix}=\lambda\boldsymbol{p},$$

因此 $\boldsymbol{p}$ 是 $\boldsymbol{B}$ 的对应于 λ 的特征向量.

(2) 由(1)知

$$\boldsymbol{p}_1=(1,\lambda_1,\cdots,\lambda_1^{n-1})^{\mathrm{T}},\quad \boldsymbol{p}_2=(1,\lambda_2,\cdots,\lambda_2^{n-1})^{\mathrm{T}},\quad \cdots,\quad \boldsymbol{p}_n=(1,\lambda_n,\cdots,\lambda_n^{n-1})^{\mathrm{T}}$$

依次是 $\boldsymbol{B}$ 的对应于 $\lambda_1,\lambda_2,\cdots,\lambda_n$ 的特征向量.

令 $\boldsymbol{P}=[\boldsymbol{p}_1\ \ \boldsymbol{p}_2\ \ \cdots\ \ \boldsymbol{p}_n]$,因为 $\boldsymbol{p}_1,\boldsymbol{p}_2,\cdots,\boldsymbol{p}_n$ 是 $\boldsymbol{B}$ 的相异特征值对应的特征向量,所以 $\boldsymbol{P}$ 可逆,并且 $\boldsymbol{P}^{-1}\boldsymbol{BP}=\mathrm{diag}(\lambda_1,\lambda_2,\cdots,\lambda_n)$.

注 将 n 阶矩阵 $\boldsymbol{A}$ 相似对角化的一般步骤如下:

(a) 求出 $\boldsymbol{A}$ 的所有相异特征值 $\lambda_1,\lambda_2,\cdots,\lambda_m$.

(b) 对每一个特征值 λ_i,求出齐次线性方程组 $(\lambda_i\boldsymbol{E}-\boldsymbol{A})\boldsymbol{x}=\boldsymbol{0}(i=1,2,\cdots,m)$ 的一个基础解系,即得 $\boldsymbol{A}$ 的对应于 λ_i 的 s_i 个线性无关的特征向量.

(c) 若 $s_1+s_2+\cdots+s_m=n$,则将以上得到的 n 个线性无关的特征向量为列构造相似变换矩阵 $\boldsymbol{P}$,其中 $\boldsymbol{P}$ 中第 j 个列向量必须是对角矩阵的第 j 个主对角元(即特征值)对应的特征向量;否则 $\boldsymbol{A}$ 不能对角化.

题型5 实对称矩阵的对角化

例21 矩阵 $\begin{bmatrix}1&a&1\\a&b&a\\1&a&1\end{bmatrix}$ 与 $\begin{bmatrix}2&0&0\\0&b&0\\0&0&0\end{bmatrix}$ 相似的充分必要条件为 【 】

(A) $a=0,b=2$; (B) $a=0,b$ 为任意数;

(C) $a=2,b=0$; (D) $a=2,b$ 为任意数.

解 因2是矩阵 $\boldsymbol{B}=\begin{bmatrix}2&0&0\\0&b&0\\0&0&0\end{bmatrix}$ 的特征值,故也是 $\boldsymbol{A}=\begin{bmatrix}1&a&1\\a&b&a\\1&a&1\end{bmatrix}$ 特征值,从而

$$0=|2\boldsymbol{E}-\boldsymbol{A}|=\begin{vmatrix}1 & -a & -1\\ -a & 2-b & -a\\ -1 & -a & 1\end{vmatrix}=-4a^2,$$

得 $a=0$. 由此易知矩阵 $\boldsymbol{A}$,$\boldsymbol{B}$ 的特征值均为 $2,0,b$,即知 $\boldsymbol{A}$,$\boldsymbol{B}$ 相似与 b 无关,所以选(B).

注 两个同阶实对称矩阵相似的充要条件是它们有相同的特征值.

例 22 设 $\boldsymbol{\alpha}=(1,0,-1)^{\mathrm{T}}$,$\boldsymbol{A}=\boldsymbol{\alpha}\boldsymbol{\alpha}^{\mathrm{T}}$,$n$ 为正整数,计算 $|a\boldsymbol{E}-\boldsymbol{A}^n|$.

解 方法 1 显然 $\boldsymbol{A}$ 为实对称矩阵,rank $\boldsymbol{A}=1$,且 $\boldsymbol{\alpha}^{\mathrm{T}}\boldsymbol{\alpha}=2$,因此

$$\boldsymbol{A}\boldsymbol{\alpha}=\boldsymbol{\alpha}(\boldsymbol{\alpha}^{\mathrm{T}}\boldsymbol{\alpha})=2\boldsymbol{\alpha},$$

从而矩阵 $\boldsymbol{A}$ 的特征值为 $0,0,2$,故 $a\boldsymbol{E}-\boldsymbol{A}^n$ 的特征值为 $a,a,a-2^n$,所以

$$|a\boldsymbol{E}-\boldsymbol{A}^n|=a^2(a-2^n).$$

方法 2 由于

$$\boldsymbol{\alpha}^{\mathrm{T}}\boldsymbol{\alpha}=2,\quad \boldsymbol{\alpha}\boldsymbol{\alpha}^{\mathrm{T}}=\begin{bmatrix}1 & 0 & -1\\ 0 & 0 & 0\\ -1 & 0 & 1\end{bmatrix},$$

因此

$$\boldsymbol{A}^n=(\boldsymbol{\alpha}\boldsymbol{\alpha}^{\mathrm{T}})(\boldsymbol{\alpha}\boldsymbol{\alpha}^{\mathrm{T}})\cdots(\boldsymbol{\alpha}\boldsymbol{\alpha}^{\mathrm{T}})=2^{n-1}\boldsymbol{\alpha}\boldsymbol{\alpha}^{\mathrm{T}}=2^{n-1}\begin{bmatrix}1 & 0 & -1\\ 0 & 0 & 0\\ -1 & 0 & 1\end{bmatrix},$$

从而

$$|a\boldsymbol{E}-\boldsymbol{A}^n|=\begin{vmatrix}a-2^{n-1} & 0 & 2^{n-1}\\ 0 & a & 0\\ 2^{n-1} & 0 & a-2^{n-1}\end{vmatrix}=a\begin{vmatrix}a-2^{n-1} & 2^{n-1}\\ 2^{n-1} & a-2^{n-1}\end{vmatrix}=a^2(a-2^n).$$

例 23 设 $\boldsymbol{A}=\begin{bmatrix}2 & 0 & 0\\ 0 & 0 & 1\\ 0 & 1 & x\end{bmatrix}$ 与 $\boldsymbol{B}=\begin{bmatrix}2 & & \\ & y & \\ & & -1\end{bmatrix}$ 相似,求 x,y 及满足 $\boldsymbol{Q}^{\mathrm{T}}\boldsymbol{A}\boldsymbol{Q}=\boldsymbol{B}$ 的正交矩阵 $\boldsymbol{Q}$.

解 由 $\boldsymbol{A}$ 与 $\boldsymbol{B}$ 相似,有 $|\boldsymbol{A}|=|\boldsymbol{B}|$,$\mathrm{tr}\boldsymbol{A}=\mathrm{tr}\boldsymbol{B}$,即

$$\begin{cases}-2=-2y,\\ x+2=y+1,\end{cases}$$

解得 $x=0$,$y=1$. 从而 $\boldsymbol{A}$ 的特征值为 $2,1,-1$. 求得对应的特征向量为

$$\boldsymbol{p}_1=(1,0,0)^{\mathrm{T}},\quad \boldsymbol{p}_2=(0,1,1)^{\mathrm{T}},\quad \boldsymbol{p}_3=(0,1,-1)^{\mathrm{T}}.$$

将其单位化得

$$\boldsymbol{q}_1=(1,0,0)^{\mathrm{T}},\quad \boldsymbol{q}_2=\left(0,\frac{1}{\sqrt{2}},\frac{1}{\sqrt{2}}\right)^{\mathrm{T}},\quad \boldsymbol{q}_3=\left(0,\frac{1}{\sqrt{2}},-\frac{1}{\sqrt{2}}\right)^{\mathrm{T}},$$

令 $\boldsymbol{Q}=[\boldsymbol{q}_1\quad \boldsymbol{q}_2\quad \boldsymbol{q}_3]$,则 $\boldsymbol{Q}$ 为正交矩阵,且 $\boldsymbol{Q}^{\mathrm{T}}\boldsymbol{A}\boldsymbol{Q}=\boldsymbol{B}$.

例 24 设矩阵 $\boldsymbol{A}=\begin{bmatrix}1 & 1 & a\\ 1 & a & 1\\ a & 1 & 1\end{bmatrix}$,$\boldsymbol{\beta}=\begin{bmatrix}1\\ 1\\ -2\end{bmatrix}$,方程组 $\boldsymbol{A}\boldsymbol{x}=\boldsymbol{\beta}$ 有解但不唯一.

(1) 求 a 的值；

(2) 将 $\boldsymbol{A}$ 正交相似对角化.

解 (1) 由题设知 $|\boldsymbol{A}|=0$，而 $|\boldsymbol{A}|=-(a+2)(a-1)^2$，故 $a=1$ 或 $a=-2$.

当 $a=1$ 时，$\operatorname{rank}\boldsymbol{A}<\operatorname{rank}[\boldsymbol{A}\quad\boldsymbol{\beta}]$，方程组 $\boldsymbol{Ax}=\boldsymbol{\beta}$ 无解；

当 $a=-2$ 时，$\operatorname{rank}\boldsymbol{A}=\operatorname{rank}[\boldsymbol{A}\quad\boldsymbol{\beta}]<3$，方程组 $\boldsymbol{Ax}=\boldsymbol{\beta}$ 有无穷多解，所以 $a=-2$.

(2) 由 $|\lambda\boldsymbol{E}-\boldsymbol{A}|=\lambda(\lambda+3)(\lambda-3)=0$，求得 $\boldsymbol{A}$ 的特征值 $\lambda_1=0,\lambda_2=-3,\lambda_3=3$.

方程组 $(0\boldsymbol{E}-\boldsymbol{A})\boldsymbol{x}=\boldsymbol{0}$ 的基础解系为 $\boldsymbol{p}_1=(1,1,1)^{\mathrm{T}}$，即知 $\boldsymbol{p}_1$ 为 $\boldsymbol{A}$ 的 λ_1 对应的特征向量；

方程组 $(-3\boldsymbol{E}-\boldsymbol{A})\boldsymbol{x}=\boldsymbol{0}$ 的基础解系为 $\boldsymbol{p}_2=(1,-2,1)^{\mathrm{T}}$，即知 $\boldsymbol{p}_2$ 为 $\boldsymbol{A}$ 的 λ_2 对应的特征向量；

方程组 $(3\boldsymbol{E}-\boldsymbol{A})\boldsymbol{x}=\boldsymbol{0}$ 的基础解系为 $\boldsymbol{p}_3=(-1,0,1)^{\mathrm{T}}$，即知 $\boldsymbol{p}_3$ 为 $\boldsymbol{A}$ 的 λ_3 对应的特征向量.

因为 $\boldsymbol{A}$ 是实对称矩阵，所以 $\boldsymbol{p}_1,\boldsymbol{p}_2,\boldsymbol{p}_3$ 两两正交，将它们单位化，得

$$\boldsymbol{q}_1=\frac{1}{\sqrt{3}}\boldsymbol{p}_1,\quad \boldsymbol{q}_2=\frac{1}{\sqrt{6}}\boldsymbol{p}_2,\quad \boldsymbol{q}_3=\frac{1}{\sqrt{2}}\boldsymbol{p}_3,$$

令 $\boldsymbol{Q}=[\boldsymbol{q}_1\quad\boldsymbol{q}_2\quad\boldsymbol{q}_3]$，则 $\boldsymbol{Q}$ 为正交矩阵，且

$$\boldsymbol{Q}^{\mathrm{T}}\boldsymbol{AQ}=\operatorname{diag}(0,-3,3).$$

注 n 阶实对称矩阵 $\boldsymbol{A}$ 正交相似对角化的步骤如下：

(a) 求出 $\boldsymbol{A}$ 的全部互异特征值 $\lambda_1,\lambda_2,\cdots,\lambda_m$ 及其代数重数 $s_1,s_2,\cdots,s_m$.

(b) 对每一个特征值 λ_i，解齐次线性方程组 $(\lambda_i\boldsymbol{E}-\boldsymbol{A})\boldsymbol{x}=\boldsymbol{0}$，求出它的一个基础解系，将其标准正交化，就得 $\boldsymbol{A}$ 的对应于 λ_i 的 s_i 个两两正交的单位特征向量.

(c) 以上述 $s_1+s_2+\cdots+s_m=n$ 个两两正交的单位特征向量为列构造正交矩阵 $\boldsymbol{Q}$.

例 25 设 $\boldsymbol{A}=\begin{bmatrix}0&1&0&0\\1&0&0&0\\0&0&a&2\\0&0&2&1\end{bmatrix}$ 有一个特征值为 2，求一个正交矩阵 $\boldsymbol{Q}$，使 $\boldsymbol{Q}^{\mathrm{T}}\boldsymbol{AQ}$ 为对角矩阵.

解 因为 2 是 $\boldsymbol{A}$ 的特征值，所以 $|2\boldsymbol{E}-\boldsymbol{A}|=0$，而 $|2\boldsymbol{E}-\boldsymbol{A}|=-3(2+a)$，故 $a=-2$.

记 $\boldsymbol{B}=\begin{bmatrix}0&1\\1&0\end{bmatrix}$，$\boldsymbol{C}=\begin{bmatrix}-2&2\\2&1\end{bmatrix}$，则 $\boldsymbol{A}=\begin{bmatrix}\boldsymbol{B}&\boldsymbol{0}\\\boldsymbol{0}&\boldsymbol{C}\end{bmatrix}$.

令 $|\lambda\boldsymbol{E}-\boldsymbol{B}|=0$，得 $\boldsymbol{B}$ 的特征值 $\lambda_1=1,\lambda_2=-1$，求得对应的特征向量

$$\boldsymbol{p}_1=(1,1)^{\mathrm{T}},\quad \boldsymbol{p}_2=(1,-1)^{\mathrm{T}}.$$

取

$$\boldsymbol{P}_1=\begin{bmatrix}\dfrac{\boldsymbol{p}_1}{\|\boldsymbol{p}_1\|}&\dfrac{\boldsymbol{p}_2}{\|\boldsymbol{p}_2\|}\end{bmatrix}=\begin{bmatrix}\dfrac{1}{\sqrt{2}}&\dfrac{1}{\sqrt{2}}\\\dfrac{1}{\sqrt{2}}&-\dfrac{1}{\sqrt{2}}\end{bmatrix},$$

则 $\boldsymbol{P}_1^{\mathrm{T}}\boldsymbol{BP}_1=\begin{bmatrix}1&0\\0&-1\end{bmatrix}$.

同理得到正交矩阵 $\boldsymbol{P}_2=\begin{bmatrix}\frac{1}{\sqrt{5}} & -\frac{2}{\sqrt{5}}\\ \frac{2}{\sqrt{5}} & \frac{1}{\sqrt{5}}\end{bmatrix}$，使得 $\boldsymbol{P}_2^{\mathrm{T}}\boldsymbol{C}\boldsymbol{P}_2=\begin{bmatrix}2 & 0\\ 0 & -3\end{bmatrix}$.

取正交矩阵

$$\boldsymbol{Q}=\begin{bmatrix}\boldsymbol{P}_1 & \boldsymbol{0}\\ \boldsymbol{0} & \boldsymbol{P}_2\end{bmatrix}=\begin{bmatrix}\frac{1}{\sqrt{2}} & \frac{1}{\sqrt{2}} & 0 & 0\\ \frac{1}{\sqrt{2}} & -\frac{1}{\sqrt{2}} & 0 & 0\\ 0 & 0 & \frac{1}{\sqrt{5}} & -\frac{2}{\sqrt{5}}\\ 0 & 0 & \frac{2}{\sqrt{5}} & \frac{1}{\sqrt{5}}\end{bmatrix},$$

则

$$\boldsymbol{Q}^{\mathrm{T}}\boldsymbol{A}\boldsymbol{Q}=\begin{bmatrix}\boldsymbol{P}_1 & \boldsymbol{0}\\ \boldsymbol{0} & \boldsymbol{P}_2\end{bmatrix}^{\mathrm{T}}\begin{bmatrix}\boldsymbol{B} & \boldsymbol{0}\\ \boldsymbol{0} & \boldsymbol{C}\end{bmatrix}\begin{bmatrix}\boldsymbol{P}_1 & \boldsymbol{0}\\ \boldsymbol{0} & \boldsymbol{P}_2\end{bmatrix}=\begin{bmatrix}1 & & & \\ & -1 & & \\ & & 2 & \\ & & & -3\end{bmatrix}.$$

注 当分块对角矩阵是实对称的，本例给出了将其正交相似对角化的一种方法.

例 26 设 $\boldsymbol{A}=\begin{bmatrix}8 & -2 & -2\\ -2 & 5 & -4\\ -2 & -4 & 5\end{bmatrix}$，求实对称矩阵 $\boldsymbol{B}$，使得 $\boldsymbol{A}=\boldsymbol{B}^2$.

解 因 $|\lambda\boldsymbol{E}-\boldsymbol{A}|=\lambda(\lambda-9)^2$，故 $\boldsymbol{A}$ 的特征值为 9,9,0. 且 $\lambda=9$ 对应的特征向量为 $\boldsymbol{p}_1=(-2,1,0)^{\mathrm{T}}$，$\boldsymbol{p}_2=(-2,0,1)^{\mathrm{T}}$；$\lambda=0$ 对应的特征向量为 $\boldsymbol{p}_3=(1,2,2)^{\mathrm{T}}$.

令 $\boldsymbol{P}=[\boldsymbol{p}_1\quad\boldsymbol{p}_2\quad\boldsymbol{p}_3]$，则 $\boldsymbol{P}^{-1}\boldsymbol{A}\boldsymbol{P}=\mathrm{diag}(9,9,0)$，从而

$$\boldsymbol{A}=\boldsymbol{P}\begin{bmatrix}9 & & \\ & 9 & \\ & & 0\end{bmatrix}\boldsymbol{P}^{-1}=\boldsymbol{P}\begin{bmatrix}3 & & \\ & 3 & \\ & & 0\end{bmatrix}\boldsymbol{P}^{-1}\boldsymbol{P}\begin{bmatrix}3 & & \\ & 3 & \\ & & 0\end{bmatrix}\boldsymbol{P}^{-1},$$

取

$$\boldsymbol{B}=\boldsymbol{P}\begin{bmatrix}3 & & \\ & 3 & \\ & & 0\end{bmatrix}\boldsymbol{P}^{-1}=\frac{1}{3}\begin{bmatrix}8 & -2 & -2\\ -2 & 5 & -4\\ -2 & -4 & 5\end{bmatrix},$$

则 $\boldsymbol{B}$ 为实对称矩阵，且 $\boldsymbol{A}=\boldsymbol{B}^2$.

注 类似地还可以求实对称矩阵 $\boldsymbol{B}$，使得 $\boldsymbol{A}=\boldsymbol{B}^k$，其中 k 为正整数. 不过当 k 为偶数时，要求 $\boldsymbol{A}$ 的特征值非负.

例 27 证明矩阵 $\boldsymbol{A}=\begin{bmatrix}1 & 1 & \cdots & 1\\ 1 & 1 & \cdots & 1\\ \vdots & \vdots & & \vdots\\ 1 & 1 & \cdots & 1\end{bmatrix}$ 与 $\boldsymbol{B}=\begin{bmatrix}0 & \cdots & 0 & 1\\ 0 & \cdots & 0 & 2\\ \vdots & & \vdots & \vdots\\ 0 & \cdots & 0 & n\end{bmatrix}$ 相似.

证 因为

$$|\lambda \boldsymbol{E}-\boldsymbol{A}|=(\lambda-n)\lambda^{n-1},$$

所以 $\boldsymbol{A}$ 的 n 个特征值为 $\lambda_1=n,\lambda_2=\cdots=\lambda_n=0$. 而 $\boldsymbol{A}$ 是一个实对称矩阵,故 $\boldsymbol{A}$ 可以相似对角化,即

$$\boldsymbol{A}\sim \operatorname{diag}(n,0,\cdots,0).$$

由于

$$|\lambda \boldsymbol{E}-\boldsymbol{B}|=(\lambda-n)\lambda^{n-1},$$

因此 $\boldsymbol{B}$ 的 n 个特征值 $\lambda_1=n,\lambda_2=\cdots=\lambda_n=0$. 易知 $\operatorname{rank}(0\boldsymbol{E}-\boldsymbol{B})=1$,故 $\boldsymbol{B}$ 的 $n-1$ 重特征值 0 有 $n-1$ 个线性无关的特征向量,所以 $\boldsymbol{B}$ 也可以相似对角化,且

$$\boldsymbol{B}\sim \operatorname{diag}(n,0,\cdots,0),$$

所以 $\boldsymbol{A}$ 与 $\boldsymbol{B}$ 相似.

注 设 $\boldsymbol{A}\sim\boldsymbol{B}$,若 $\boldsymbol{B}$ 可对角化,则 $\boldsymbol{A}$ 也可对角化.

题型6 矩阵特征值和特征向量的反问题

例28 设三阶矩阵 $\boldsymbol{A}$ 的特征值为 $1,1,-1$,它们对应的特征向量依次为

$$\boldsymbol{p}_1=\begin{bmatrix}2\\0\\2\end{bmatrix},\quad \boldsymbol{p}_2=\begin{bmatrix}1\\0\\1\end{bmatrix},\quad \boldsymbol{p}_3=\begin{bmatrix}0\\-1\\1\end{bmatrix},$$

试求矩阵 $\boldsymbol{A}$.

解 由于 $\boldsymbol{p}_1,\boldsymbol{p}_2,\boldsymbol{p}_3$ 线性相关,因此 $\boldsymbol{A}$ 不一定能对角化. 设 $\boldsymbol{A}=[a_{ij}]_{3\times3}$,则由题设条件知

$$\boldsymbol{A}[\boldsymbol{p}_1\quad \boldsymbol{p}_2\quad \boldsymbol{p}_3]=[\boldsymbol{p}_1\quad \boldsymbol{p}_2\quad -\boldsymbol{p}_3],$$

即

$$\begin{bmatrix}a_{11}&a_{12}&a_{13}\\a_{21}&a_{22}&a_{23}\\a_{31}&a_{32}&a_{33}\end{bmatrix}\begin{bmatrix}2&1&0\\0&0&-1\\2&1&1\end{bmatrix}=\begin{bmatrix}2&1&0\\0&0&1\\2&1&-1\end{bmatrix},$$

两边同时转置,有

$$\begin{bmatrix}2&0&2\\1&0&1\\0&-1&1\end{bmatrix}\begin{bmatrix}a_{11}&a_{21}&a_{31}\\a_{12}&a_{22}&a_{32}\\a_{13}&a_{23}&a_{33}\end{bmatrix}=\begin{bmatrix}2&0&2\\1&0&1\\0&1&-1\end{bmatrix},$$

解矩阵方程,可得

$$\boldsymbol{A}=\begin{bmatrix}a_{11}&a_{12}&a_{13}\\a_{21}&a_{22}&a_{23}\\a_{31}&a_{32}&a_{33}\end{bmatrix}=\begin{bmatrix}-k_1+1&k_1&k_1\\-k_2&k_2-1&k_2\\-k_3+1&k_3+1&k_3\end{bmatrix},\quad k_1,k_2,k_3\text{ 为任意数}.$$

例29 设三阶行列式

$$D=\begin{vmatrix}a&-5&8\\0&a+1&8\\0&3a+3&25\end{vmatrix}=0,$$

且三阶矩阵 $\boldsymbol{A}$ 的三个特征值 $1,-1,0$ 对应的特征向量分别为

$$\boldsymbol{\beta}_1=\begin{bmatrix}1\\2a\\-1\end{bmatrix},\quad \boldsymbol{\beta}_2=\begin{bmatrix}a\\a+3\\a+2\end{bmatrix},\quad \boldsymbol{\beta}_3=\begin{bmatrix}a-2\\-1\\a+1\end{bmatrix},$$

试确定参数 a,并求 $\boldsymbol{A}$.

解 由行列式 $D=a(a+1)=0$,解得 $a=0$ 或 $a=-1$.

令 $\boldsymbol{P}=[\boldsymbol{\beta}_1\quad\boldsymbol{\beta}_2\quad\boldsymbol{\beta}_3]$,则

$$|\boldsymbol{P}|=\begin{vmatrix}1&a&a-2\\2a&a+3&-1\\-1&a+2&a+1\end{vmatrix}=-a-1,$$

由于$\boldsymbol{\beta}_1,\boldsymbol{\beta}_2,\boldsymbol{\beta}_3$ 是 $\boldsymbol{A}$ 的不同特征值对应的特征向量,因此$|\boldsymbol{P}|\neq 0$,从而 $a=0$. 于是

$$\boldsymbol{A}=\boldsymbol{P}\begin{bmatrix}1&&\\&-1&\\&&0\end{bmatrix}\boldsymbol{P}^{-1}=\begin{bmatrix}-5&4&-6\\3&-3&3\\7&-6&8\end{bmatrix}.$$

例 30 设 $\boldsymbol{A}$ 为三阶实对称矩阵,rank $\boldsymbol{A}=2$,且 $\boldsymbol{A}\begin{bmatrix}1&1\\0&0\\-1&1\end{bmatrix}=\begin{bmatrix}-1&1\\0&0\\1&1\end{bmatrix}$.求:

(1) $\boldsymbol{A}$ 的所有特征值和特征向量;

(2) 矩阵 $\boldsymbol{A}$.

解 (1) 由于 rank $\boldsymbol{A}=2$,因此 0 是 $\boldsymbol{A}$ 的一个特征值. 又

$$\boldsymbol{A}\begin{bmatrix}1\\0\\-1\end{bmatrix}=-\begin{bmatrix}1\\0\\-1\end{bmatrix},\quad \boldsymbol{A}\begin{bmatrix}1\\0\\1\end{bmatrix}=\begin{bmatrix}1\\0\\1\end{bmatrix},$$

故-1 是 $\boldsymbol{A}$ 的一个特征值,对应的特征向量为 $k_1\boldsymbol{p}_1$,其中 $\boldsymbol{p}_1=(1,0,-1)^{\mathrm{T}}$,$k_1$ 为任意非零数;1 也是 $\boldsymbol{A}$ 的一个特征值,对应的特征向量为 $k_2\boldsymbol{p}_2$,其中 $\boldsymbol{p}_2=(1,0,1)^{\mathrm{T}}$,$k_2$ 为任意非零数.

设对应于特征值 0 的特征向量为 $\boldsymbol{x}=(x_1,x_2,x_3)^{\mathrm{T}}$,因为 $\boldsymbol{A}$ 是实对称矩阵,所以 $\boldsymbol{x}$ 与 $\boldsymbol{p}_1$ 和 $\boldsymbol{p}_2$ 正交,即

$$\begin{cases}x_1-x_3=0,\\x_1+x_3=0,\end{cases}$$

从而解得特征值 0 对应的特征向量为 $\boldsymbol{x}=k_3\boldsymbol{p}_3$,其中 $\boldsymbol{p}_3=(0,1,0)^{\mathrm{T}}$,$k_3$ 为任意非零数.

(2) 令 $\boldsymbol{P}=[\boldsymbol{p}_1\quad\boldsymbol{p}_2\quad\boldsymbol{p}_3]$,则 $\boldsymbol{P}^{-1}\boldsymbol{A}\boldsymbol{P}=\mathrm{diag}(-1,1,0)$,于是

$$\boldsymbol{A}=\boldsymbol{P}\,\mathrm{diag}(-1,1,0)\boldsymbol{P}^{-1}=\begin{bmatrix}0&0&1\\0&0&0\\1&0&0\end{bmatrix}.$$

例 31 设 $\boldsymbol{A}$ 为三阶实对称矩阵,$\boldsymbol{A}$ 的特征值为 $\lambda_1=8,\lambda_2=\lambda_3=2$,且 $\lambda_1=8$ 对应的特征向量为 $\boldsymbol{p}_1=(1,a,1)^{\mathrm{T}}$,$\lambda_2=\lambda_3=2$ 对应的一个特征向量为 $\boldsymbol{p}_2=(1,1,1)^{\mathrm{T}}$.求:

(1) 参数 a 及特征值$\lambda_2=\lambda_3=2$ 对应的另一个线性无关的特征向量;

(2) 矩阵 $\boldsymbol{A}$.

解 (1) 因 $\boldsymbol{A}$ 为实对称矩阵,故 $\boldsymbol{p}_1^{\mathrm{T}}\boldsymbol{p}_2=0$,即 $1+a+1=0$,得 $a=-2$.

设 $\boldsymbol{A}$ 的特征值 $\lambda_2=\lambda_3=2$ 对应的另一个线性无关的特征向量 $\boldsymbol{p}_3=(x_1,x_2,x_3)^{\mathrm{T}}$,则 $\boldsymbol{p}_1^{\mathrm{T}}\boldsymbol{p}_3=0,\boldsymbol{p}_2^{\mathrm{T}}\boldsymbol{p}_3=0$,即

$$\begin{cases}x_1-2x_2+x_3=0,\\x_1+x_2+x_3=0,\end{cases}$$

解得该方程组的基础解系为 $\boldsymbol{p}_3=(1,0,-1)^{\mathrm{T}}$.

(2) 令 $\boldsymbol{P}=[\boldsymbol{p}_1\quad \boldsymbol{p}_2\quad \boldsymbol{p}_3]$,则 $\boldsymbol{P}^{-1}\boldsymbol{A}\boldsymbol{P}=\mathrm{diag}(8,2,2)$,从而

$$\boldsymbol{A}=\boldsymbol{P}\,\mathrm{diag}(8,2,2)\boldsymbol{P}^{-1}=\begin{bmatrix}3&-2&1\\-2&6&-2\\1&-2&3\end{bmatrix}.$$

注 设 $\boldsymbol{A}$ 可对角化,由 $\boldsymbol{A}$ 的特征值和特征向量反求矩阵 $\boldsymbol{A}$ 的步骤如下:

(a) 由题设确定 $\boldsymbol{A}$ 的全部互异特征值 $\lambda_1,\lambda_2,\cdots,\lambda_m$ 及其代数重数 $s_1,s_2,\cdots,s_m$.

(b) 确定每一个特征值 λ_i 对应的 s_i 个线性无关的特征向量,由此构造可逆矩阵 $\boldsymbol{P}$.

(c) $\boldsymbol{A}=\boldsymbol{P\Lambda P}^{-1}$,其中 $\boldsymbol{\Lambda}$ 是主对角元为 $\boldsymbol{A}$ 的特征值的对角矩阵.

当 $\boldsymbol{A}$ 为实对称矩阵时,还可以通过以下步骤求矩阵 $\boldsymbol{A}$:

(a) 由题设确定 $\boldsymbol{A}$ 的全部互异的特征值 $\lambda_1,\lambda_2,\cdots,\lambda_m$ 及其代数重数 $s_1,s_2,\cdots,s_m$.

(b) 确定每一个特征值 λ_i 对应的 s_i 个线性无关的特征向量,将其标准正交化,再由此构造正交矩阵 $\boldsymbol{Q}$.

(c) $\boldsymbol{A}=\boldsymbol{Q\Lambda Q}^{\mathrm{T}}$,其中 $\boldsymbol{\Lambda}$ 是主对角元为 $\boldsymbol{A}$ 的特征值的对角矩阵.

例 32 设三阶实对称矩阵 $\boldsymbol{A}$ 每一行各元之和均为 3,$\boldsymbol{\alpha}_1=(-1,2,-1)^{\mathrm{T}}$,$\boldsymbol{\alpha}_2=(0,-1,1)^{\mathrm{T}}$ 是线性方程组 $\boldsymbol{Ax}=\boldsymbol{0}$ 的两个解.求:

(1) $\boldsymbol{A}$ 的特征值与特征向量;

(2) 正交矩阵 $\boldsymbol{Q}$ 和对角矩阵 $\boldsymbol{\Lambda}$,使得 $\boldsymbol{Q}^{\mathrm{T}}\boldsymbol{AQ}=\boldsymbol{\Lambda}$;

(3) $\boldsymbol{A}$ 及 $\left(\boldsymbol{A}-\dfrac{3}{2}\boldsymbol{E}\right)^6$.

解 (1) 因 $\boldsymbol{A}$ 每一行各元之和均为 3,故

$$\boldsymbol{A}\begin{bmatrix}1\\1\\1\end{bmatrix}=3\begin{bmatrix}1\\1\\1\end{bmatrix},$$

即 $\boldsymbol{A}$ 有一个特征值为 3,对应的特征向量为 $\boldsymbol{\alpha}_3=(1,1,1)^{\mathrm{T}}$.

又 $\boldsymbol{A}\boldsymbol{\alpha}_1=\boldsymbol{0},\boldsymbol{A}\boldsymbol{\alpha}_2=\boldsymbol{0}$,且 $\boldsymbol{\alpha}_1,\boldsymbol{\alpha}_2$ 线性无关,故 $\boldsymbol{A}$ 有二重特征值 0,$\boldsymbol{\alpha}_1,\boldsymbol{\alpha}_2$ 就是对应的两个线性无关的特征向量.

(2) 对 $\boldsymbol{\alpha}_1,\boldsymbol{\alpha}_2$ 进行标准正交化,对 $\boldsymbol{\alpha}_3$ 进行单位化,得

$$\boldsymbol{q}_1=\frac{1}{\sqrt{6}}\begin{bmatrix}-1\\2\\-1\end{bmatrix},\quad \boldsymbol{q}_2=\frac{1}{\sqrt{2}}\begin{bmatrix}-1\\0\\1\end{bmatrix},\quad \boldsymbol{q}_3=\frac{1}{\sqrt{3}}\begin{bmatrix}1\\1\\1\end{bmatrix}.$$

令 $\boldsymbol{Q}=[\boldsymbol{q}_1\quad \boldsymbol{q}_2\quad \boldsymbol{q}_3]$,$\boldsymbol{\Lambda}=\mathrm{diag}(0,0,3)$,则有 $\boldsymbol{Q}^{\mathrm{T}}\boldsymbol{AQ}=\boldsymbol{\Lambda}$.

(3) 由(2)知

$$A=Q\begin{bmatrix}0&&\\&0&\\&&3\end{bmatrix}Q^{\mathrm{T}}=\begin{bmatrix}1&1&1\\1&1&1\\1&1&1\end{bmatrix},$$

$$\left(A-\frac{3}{2}E\right)^{6}=\left(Q\Lambda Q^{\mathrm{T}}-\frac{3}{2}QQ^{\mathrm{T}}\right)^{6}=Q\left(\Lambda-\frac{3}{2}E\right)^{6}Q^{\mathrm{T}}$$

$$=Q\left(\frac{729}{64}E\right)Q^{\mathrm{T}}=\frac{729}{64}E.$$

题型 7　相似矩阵在求矩阵幂中的应用

例 33　设数列$\{x_n\}$,$\{y_n\}$满足

$$\begin{cases}x_n=2x_{n-1}-y_{n-1},\\ y_n=\dfrac{3}{2}x_{n-1}-\dfrac{1}{2}y_{n-1},\end{cases}$$

且$x_0=-1,y_0=1$,试求$\lim\limits_{n\to\infty}x_n,\lim\limits_{n\to\infty}y_n$.

解　由已知条件得

$$\begin{bmatrix}x_n\\y_n\end{bmatrix}=\begin{bmatrix}2&-1\\\frac{3}{2}&-\frac{1}{2}\end{bmatrix}\begin{bmatrix}x_{n-1}\\y_{n-1}\end{bmatrix}=\cdots=\begin{bmatrix}2&-1\\\frac{3}{2}&-\frac{1}{2}\end{bmatrix}^{n}\begin{bmatrix}x_0\\y_0\end{bmatrix}.$$

记$A=\begin{bmatrix}2&-1\\\frac{3}{2}&-\frac{1}{2}\end{bmatrix}$,则$A$的特征值为$\lambda_1=1,\lambda_2=\dfrac{1}{2}$,对应的特征向量依次为$\begin{bmatrix}1\\1\end{bmatrix}$,$\begin{bmatrix}2\\3\end{bmatrix}$. 令

$P=\begin{bmatrix}1&2\\1&3\end{bmatrix}$,则

$$A^n=P\Lambda^nP^{-1}=\begin{bmatrix}1&2\\1&3\end{bmatrix}\begin{bmatrix}1&\\&\frac{1}{2^n}\end{bmatrix}\begin{bmatrix}3&-2\\-1&1\end{bmatrix}=\begin{bmatrix}3-\frac{2}{2^n}&-2+\frac{2}{2^n}\\3-\frac{3}{2^n}&-2+\frac{3}{2^n}\end{bmatrix},$$

$$\begin{bmatrix}x_n\\y_n\end{bmatrix}=\begin{bmatrix}3-\frac{2}{2^n}&-2+\frac{2}{2^n}\\3-\frac{3}{2^n}&-2+\frac{3}{2^n}\end{bmatrix}\begin{bmatrix}-1\\1\end{bmatrix}=\begin{bmatrix}-5+\frac{4}{2^n}\\-5+\frac{6}{2^n}\end{bmatrix},$$

则$\lim\limits_{n\to\infty}x_n=-5,\lim\limits_{n\to\infty}y_n=-5$.

例 34　设三阶矩阵A的特征值为$\lambda_1=1,\lambda_2=2,\lambda_3=3$,对应的特征向量依次为$\alpha_1=(1,1,1)^{\mathrm{T}},\alpha_2=(1,2,4)^{\mathrm{T}},\alpha_3=(1,3,9)^{\mathrm{T}}$,向量$\beta=(1,1,3)^{\mathrm{T}}$,求$A^n\beta$.

解　由题设知$\alpha_1,\alpha_2,\alpha_3$线性无关,$\beta$可由$\alpha_1,\alpha_2,\alpha_3$唯一线性表示. 对矩阵$[\alpha_1\ \ \alpha_2\ \ \alpha_3\ \ \beta]$做初等行变换,得

$$[\alpha_1\ \ \alpha_2\ \ \alpha_3\ \ \beta]=\begin{bmatrix}1&1&1&1\\1&2&3&1\\1&4&9&3\end{bmatrix}\to\begin{bmatrix}1&0&0&2\\0&1&0&-2\\0&0&1&1\end{bmatrix},$$

从而$\boldsymbol{\beta}=2\boldsymbol{\alpha}_1-2\boldsymbol{\alpha}_2+\boldsymbol{\alpha}_3$. 令 $\boldsymbol{P}=[\boldsymbol{\alpha}_1 \quad \boldsymbol{\alpha}_2 \quad \boldsymbol{\alpha}_3]$,则

$$\boldsymbol{P}^{-1}\boldsymbol{A}\boldsymbol{P}=\begin{bmatrix}1&&\\&2&\\&&3\end{bmatrix},\quad \boldsymbol{\beta}=[\boldsymbol{\alpha}_1 \quad \boldsymbol{\alpha}_2 \quad \boldsymbol{\alpha}_3]\begin{bmatrix}2\\-2\\1\end{bmatrix}=\boldsymbol{P}\begin{bmatrix}2\\-2\\1\end{bmatrix},$$

于是

$$\boldsymbol{A}=\boldsymbol{P}\begin{bmatrix}1&&\\&2&\\&&3\end{bmatrix}\boldsymbol{P}^{-1},\quad \boldsymbol{P}^{-1}\boldsymbol{\beta}=\begin{bmatrix}2\\-2\\1\end{bmatrix},$$

故

$$\boldsymbol{A}^n\boldsymbol{\beta}=\boldsymbol{P}\begin{bmatrix}1&&\\&2^n&\\&&3^n\end{bmatrix}\boldsymbol{P}^{-1}\boldsymbol{\beta}=\begin{bmatrix}2-2^{n+1}+3^n\\2-2^{n+2}+3^{n+1}\\2-2^{n+3}+3^{n+2}\end{bmatrix}.$$

例 35 已知矩阵

$$\boldsymbol{A}=\begin{bmatrix}0&-1&1\\2&-3&0\\0&0&0\end{bmatrix}.$$

(1) 求 $\boldsymbol{A}^{99}$;

(2) 设三阶矩阵 $\boldsymbol{B}=[\boldsymbol{\alpha}_1 \quad \boldsymbol{\alpha}_2 \quad \boldsymbol{\alpha}_3]$满足 $\boldsymbol{B}^2=\boldsymbol{B}\boldsymbol{A}$,记 $\boldsymbol{B}^{100}=[\boldsymbol{\beta}_1 \quad \boldsymbol{\beta}_2 \quad \boldsymbol{\beta}_3]$,将$\boldsymbol{\beta}_1,\boldsymbol{\beta}_2,\boldsymbol{\beta}_3$ 分别表示为$\boldsymbol{\alpha}_1,\boldsymbol{\alpha}_2,\boldsymbol{\alpha}_3$ 的线性组合.

解 (1) 由

$$|\lambda\boldsymbol{E}-\boldsymbol{A}|=\begin{vmatrix}\lambda&1&-1\\-2&\lambda+3&0\\0&0&\lambda\end{vmatrix}=\lambda(\lambda+1)(\lambda+2),$$

得矩阵 $\boldsymbol{A}$ 的特征值 0,−1,−2,对应的特征向量依次为$(3,2,2)^{\mathrm{T}}$,$(1,1,0)^{\mathrm{T}}$,$(1,2,0)^{\mathrm{T}}$. 令 $\boldsymbol{P}=\begin{bmatrix}3&1&1\\2&1&2\\2&0&0\end{bmatrix}$,则

$$\boldsymbol{P}^{-1}\boldsymbol{A}\boldsymbol{P}=\boldsymbol{\Lambda}=\begin{bmatrix}0&&\\&-1&\\&&-2\end{bmatrix},$$

因此

$$\boldsymbol{A}^{99}=\boldsymbol{P}\boldsymbol{\Lambda}^{99}\boldsymbol{P}^{-1}=\begin{bmatrix}2^{99}-2&1-2^{99}&2-2^{98}\\2^{100}-2&1-2^{100}&2-2^{99}\\0&0&0\end{bmatrix}.$$

(2) 因为 $\boldsymbol{B}^2=\boldsymbol{B}\boldsymbol{A}$,所以 $\boldsymbol{B}^{100}=\boldsymbol{B}\boldsymbol{A}^{99}$,从而

$$[\boldsymbol{\beta}_1 \quad \boldsymbol{\beta}_2 \quad \boldsymbol{\beta}_3]=[\boldsymbol{\alpha}_1 \quad \boldsymbol{\alpha}_2 \quad \boldsymbol{\alpha}_3]\begin{bmatrix}2^{99}-2&1-2^{99}&2-2^{98}\\2^{100}-2&1-2^{100}&2-2^{99}\\0&0&0\end{bmatrix},$$

即

$$\boldsymbol{\beta}_1=(2^{99}-2)\boldsymbol{\alpha}_1+(2^{100}-2)\boldsymbol{\alpha}_2,$$
$$\boldsymbol{\beta}_2=(1-2^{99})\boldsymbol{\alpha}_1+(1-2^{100})\boldsymbol{\alpha}_2,$$
$$\boldsymbol{\beta}_3=(2-2^{98})\boldsymbol{\alpha}_1+(2-2^{99})\boldsymbol{\alpha}_2.$$

例 36 设 $\boldsymbol{A}=\begin{bmatrix}1&0&0\\1&0&1\\0&1&0\end{bmatrix}$.

(1) 证明 $\boldsymbol{A}^{k+2}=\boldsymbol{A}^k+\boldsymbol{A}^2-\boldsymbol{E}(k\geqslant 1)$；

(2) 求 $\boldsymbol{A}^{100}$.

解 (1) 因为 $|\lambda\boldsymbol{E}-\boldsymbol{A}|=\lambda^3-\lambda^2-\lambda+1$,所以由 Cayley-Hamilton 定理知

$$\boldsymbol{A}^3-\boldsymbol{A}^2-\boldsymbol{A}-\boldsymbol{E}=\boldsymbol{0},$$

上式两端同乘 $\boldsymbol{A}^{k-1}$ 后整理得

$$\boldsymbol{A}^{k+2}-\boldsymbol{A}^k=\boldsymbol{A}^{k+1}-\boldsymbol{A}^{k-1},$$

于是

$$\boldsymbol{A}^{k+2}-\boldsymbol{A}^k=\boldsymbol{A}^{k+1}-\boldsymbol{A}^{k-1}=\boldsymbol{A}^k-\boldsymbol{A}^{k-2}=\cdots=\boldsymbol{A}^2-\boldsymbol{A}^0=\boldsymbol{A}^2-\boldsymbol{E},\quad k\geqslant 1,$$

即

$$\boldsymbol{A}^{k+2}=\boldsymbol{A}^k+\boldsymbol{A}^2-\boldsymbol{E},\quad k\geqslant 1.$$

(2) 由(1)知

$$\begin{aligned}\boldsymbol{A}^{100}&=\boldsymbol{A}^{98}+\boldsymbol{A}^2-\boldsymbol{E}\\&=(\boldsymbol{A}^{96}+\boldsymbol{A}^2-\boldsymbol{E})+\boldsymbol{A}^2-\boldsymbol{E}\\&=\boldsymbol{A}^{96}+2(\boldsymbol{A}^2-\boldsymbol{E})=\boldsymbol{A}^{94}+3(\boldsymbol{A}^2-\boldsymbol{E})=\cdots\\&=\boldsymbol{A}^2+49(\boldsymbol{A}^2-\boldsymbol{E})=50\boldsymbol{A}^2-49\boldsymbol{E},\end{aligned}$$

从而

$$\boldsymbol{A}^{100}=50\begin{bmatrix}1&0&0\\1&0&1\\0&1&0\end{bmatrix}\begin{bmatrix}1&0&0\\1&0&1\\0&1&0\end{bmatrix}-49\begin{bmatrix}1&0&0\\0&1&0\\0&0&1\end{bmatrix}=\begin{bmatrix}1&0&0\\50&1&0\\50&0&1\end{bmatrix}.$$

题型 8 Jordan 标准形的计算与应用

例 37 求矩阵 $\boldsymbol{A}$ 的 Jordan 标准形及其相似变换矩阵,其中

$$\boldsymbol{A}=\begin{bmatrix}3&1&-1\\-2&0&2\\-1&-1&3\end{bmatrix}.$$

解 因 $|\lambda\boldsymbol{E}-\boldsymbol{A}|=(\lambda-2)^3$,故 $\boldsymbol{A}$ 的特征值为 $\lambda_1=\lambda_2=\lambda_3=2$. 从而 $\boldsymbol{A}$ 的 Jordan 标准形为

$$\boldsymbol{J}=\begin{bmatrix}2&\delta_1&\\&2&\delta_2\\&&2\end{bmatrix},$$

其中 $\delta_i=0$ 或 $1(i=1,2)$. 易知 $\mathrm{rank}(\boldsymbol{A}-2\boldsymbol{E})=1$,从而 $\mathrm{rank}(\boldsymbol{J}-2\boldsymbol{E})=1$,所以 δ_1,δ_2 中有一个为 0,不妨设 $\delta_1=0$,则

$$\boldsymbol{J}=\begin{bmatrix}2 & & \\ & 2 & 1 \\ & & 2\end{bmatrix}.$$

令相似变换矩阵 $\boldsymbol{P}=[\boldsymbol{p}_1\quad \boldsymbol{p}_2\quad \boldsymbol{p}_3]$,则

$$\boldsymbol{A}[\boldsymbol{p}_1\quad \boldsymbol{p}_2\quad \boldsymbol{p}_3]=[\boldsymbol{p}_1\quad \boldsymbol{p}_2\quad \boldsymbol{p}_3]\begin{bmatrix}2 & & \\ & 2 & 1 \\ & & 2\end{bmatrix},$$

即 $\boldsymbol{p}_1,\boldsymbol{p}_2,\boldsymbol{p}_3$ 线性无关,且满足

$$\begin{cases}\boldsymbol{A}\boldsymbol{p}_1=2\boldsymbol{p}_1, \\ \boldsymbol{A}\boldsymbol{p}_2=2\boldsymbol{p}_2, \\ \boldsymbol{A}\boldsymbol{p}_3=\boldsymbol{p}_2+2\boldsymbol{p}_3.\end{cases}$$

解方程组 $(\boldsymbol{A}-2\boldsymbol{E})\boldsymbol{x}=\boldsymbol{0}$,得基础解系 $\boldsymbol{\xi}_1=(-1,1,0)^{\mathrm{T}}$,$\boldsymbol{\xi}_2=(1,0,1)^{\mathrm{T}}$,可取 $\boldsymbol{p}_1=\boldsymbol{\xi}_1$,$\boldsymbol{p}_2=k_1\boldsymbol{\xi}_1+k_2\boldsymbol{\xi}_2$,$k_1,k_2$ 是不全为零的数.

方程组 $(\boldsymbol{A}-2\boldsymbol{E})\boldsymbol{x}=k_1\boldsymbol{\xi}_1+k_2\boldsymbol{\xi}_2$ 有解,即

$$\begin{bmatrix}1 & 1 & -1 \\ -2 & -2 & 2 \\ -1 & -1 & 1\end{bmatrix}\begin{bmatrix}x_1 \\ x_2 \\ x_3\end{bmatrix}=\begin{bmatrix}-k_1+k_2 \\ k_1 \\ k_2\end{bmatrix}$$

有解,当且仅当 $k_1=2k_2$,此时解得 $\boldsymbol{\eta}=(0,0,k_2)^{\mathrm{T}}$,$k_2\neq 0$. 令 $k_2=1$,则 $\boldsymbol{p}_2=2\boldsymbol{\xi}_1+\boldsymbol{\xi}_2$,且 $\boldsymbol{p}_3=\boldsymbol{\eta}$. 于是

$$\boldsymbol{P}=\begin{bmatrix}-1 & -1 & 0 \\ 1 & 2 & 0 \\ 0 & 1 & 1\end{bmatrix}.$$

注 求 Jordan 标准形的步骤如下:

(a) 求出 n 阶矩阵 $\boldsymbol{A}$ 的特征多项式,从而得到 $\boldsymbol{A}$ 的特征值及其代数重数.

(b) 利用特征值的代数重数写出 Jordan 标准形 $\boldsymbol{J}$ 的可能形式.

(c) 对于代数重数为 t_i 的特征值 t_i,$t_i>1$,利用

$$\operatorname{rank}((\boldsymbol{J}-\lambda_i\boldsymbol{E})^l)=\operatorname{rank}((\boldsymbol{A}-\lambda_i\boldsymbol{E})^l),\quad l=1,2,\cdots,n$$

确定 $\boldsymbol{A}$ 的 Jordan 标准形 $\boldsymbol{J}$.

例 38 设 $\boldsymbol{A}=\begin{bmatrix}-3 & 3 & -2 \\ -7 & 6 & -3 \\ 1 & -1 & 2\end{bmatrix}$,求 $\boldsymbol{A}^k$.

解 因 $|\lambda\boldsymbol{E}-\boldsymbol{A}|=(\lambda-1)(\lambda-2)^2$,故 $\boldsymbol{A}$ 的特征值为 $\lambda_1=1$,$\lambda_2=\lambda_3=2$. 从而采用例 37 中的方法,可以得 $\boldsymbol{A}$ 的 Jordan 标准形及相似变换矩阵分别为

$$\boldsymbol{J}=\begin{bmatrix}1 & & \\ & 2 & 1 \\ & & 2\end{bmatrix},\quad \boldsymbol{P}=\begin{bmatrix}1 & 1 & 1 \\ 2 & 1 & 2 \\ 1 & -1 & 0\end{bmatrix}.$$

于是

$$\boldsymbol{A}^k=\boldsymbol{P}\begin{bmatrix}1&&\\&2&1\\&&2\end{bmatrix}^k\boldsymbol{P}^{-1}=\begin{bmatrix}1&1&1\\2&1&2\\1&-1&0\end{bmatrix}\begin{bmatrix}1&&\\&2^k&k\cdot 2^{k-1}\\&&2^k\end{bmatrix}\begin{bmatrix}2&-1&1\\2&-1&0\\-3&2&-1\end{bmatrix}$$

$$=\begin{bmatrix}2-(3k+2)2^{k-1}&-1+(k+1)2^k&1-(k+2)2^{k-1}\\4-3k\cdot 2^{k-1}&-2+(k+3)2^k&2-(k+4)2^{k-1}\\2+(3k-4)2^{k-1}&-1-(k-1)2^k&1+k\cdot 2^{k-1}\end{bmatrix}.$$

例 39 如果存在正整数 k,使得 $\boldsymbol{A}^k=\boldsymbol{0}$,则称矩阵 $\boldsymbol{A}$ 为幂零矩阵. 证明 $\boldsymbol{A}$ 是幂零矩阵当且仅当 $\boldsymbol{A}$ 的特征值全为零.

证 必要性. 设存在正整数 k,使得 $\boldsymbol{A}^k=\boldsymbol{0}$. 对于 $\boldsymbol{A}$ 的任意特征值 λ,记 $\boldsymbol{p}$ 是与之对应的特征向量,则 $\boldsymbol{A}\boldsymbol{p}=\lambda\boldsymbol{p},\boldsymbol{p}\neq\boldsymbol{0}$,因此

$$\boldsymbol{0}=\boldsymbol{A}^k\boldsymbol{p}=\lambda^k\boldsymbol{p},\quad \boldsymbol{p}\neq\boldsymbol{0},$$

于是 $\lambda=0$,即 $\boldsymbol{A}$ 的特征值只能为零.

充分性. 因为 $\boldsymbol{A}$ 的特征值全为零,所以由 Jordan 定理知,存在可逆矩阵 $\boldsymbol{P}$,使得 $\boldsymbol{A}=\boldsymbol{P}\boldsymbol{J}\boldsymbol{P}^{-1}$,其中 Jordan 标准形 $\boldsymbol{J}$ 可表示为

$$\boldsymbol{J}=\begin{bmatrix}\boldsymbol{J}_{m_1}(0)&&&\\&\boldsymbol{J}_{m_2}(0)&&\\&&\ddots&\\&&&\boldsymbol{J}_{m_s}(0)\end{bmatrix},$$

且由第 2 章拓展提高例 33 的评注知,对每个 Jordan 块

$$\boldsymbol{J}_{m_i}(0)=\begin{bmatrix}0&1&&\\&0&\ddots&\\&&\ddots&1\\&&&0\end{bmatrix}_{m_i\times m_i},\quad i=1,2,\cdots,s,$$

有 $[\boldsymbol{J}_{m_i}(0)]^{m_i}=\boldsymbol{0}(i=1,2,\cdots,s)$ 成立. 于是只要取 $k=\max\{m_i\mid 1\leqslant i\leqslant s\}$,便有

$$\boldsymbol{A}^k=\boldsymbol{P}\boldsymbol{J}^k\boldsymbol{P}^{-1}=\boldsymbol{P}\begin{bmatrix}[\boldsymbol{J}_{m_1}(0)]^k&&&\\&[\boldsymbol{J}_{m_2}(0)]^k&&\\&&\ddots&\\&&&[\boldsymbol{J}_{m_s}(0)]^k\end{bmatrix}\boldsymbol{P}^{-1}=\boldsymbol{0}.$$

注 矩阵 $\boldsymbol{A}$ 的特征值全为零并不能说明 $\boldsymbol{A}$ 与零矩阵相似,因为不知道 $\boldsymbol{A}$ 能否对角化,但一定存在与 $\boldsymbol{A}$ 相似的 Jordan 标准形.

拓展提高

例 40 设 $\boldsymbol{A},\boldsymbol{B}$ 为 n 阶非零矩阵,且 $\boldsymbol{A}^2+\boldsymbol{A}=\boldsymbol{0},\boldsymbol{B}^2+\boldsymbol{B}=\boldsymbol{0}$,证明 $\lambda=-1$ 必是 $\boldsymbol{A},\boldsymbol{B}$ 的特征值;若 $\boldsymbol{A}\boldsymbol{B}=\boldsymbol{0}$,$\boldsymbol{p}_1,\boldsymbol{p}_2$ 分别是 $\boldsymbol{A},\boldsymbol{B}$ 的对应于特征值 $\lambda=-1$ 的特征向量,证明 $\boldsymbol{p}_1,\boldsymbol{p}_2$ 线性无关.

证 如果 $\lambda=-1$ 不是 $\boldsymbol{A}$ 的特征值,则 $|-\boldsymbol{E}-\boldsymbol{A}|\neq 0$,即 $\boldsymbol{A}+\boldsymbol{E}$ 为可逆矩阵. 由 $\boldsymbol{A}^2+$

$\boldsymbol{A}=\boldsymbol{0}$ 有 $\boldsymbol{A}(\boldsymbol{A}+\boldsymbol{E})=\boldsymbol{0}$，从而推出 $\boldsymbol{A}=\boldsymbol{0}$，与 $\boldsymbol{A}$ 为非零矩阵矛盾. 同理可证 $\lambda=-1$ 是 $\boldsymbol{B}$ 的特征值.

假如 $\boldsymbol{p}_1,\boldsymbol{p}_2$ 线性相关，则不妨设有 $k\neq 0$，使得 $\boldsymbol{p}_1=k\boldsymbol{p}_2$. 而 $\boldsymbol{A}\boldsymbol{p}_1=-\boldsymbol{p}_1$，$\boldsymbol{B}\boldsymbol{p}_2=-\boldsymbol{p}_2$，所以

$$k\boldsymbol{p}_1=-k\boldsymbol{A}\boldsymbol{p}_1=-\boldsymbol{A}\boldsymbol{p}_2=\boldsymbol{A}\boldsymbol{B}\boldsymbol{p}_2=\boldsymbol{0},$$

因 $\boldsymbol{p}_1\neq\boldsymbol{0}$，故 $k=0$，此为矛盾，于是 $\boldsymbol{p}_1,\boldsymbol{p}_2$ 线性无关.

例 41 设 $\boldsymbol{A}$ 为 $m\times n$ 矩阵，$\boldsymbol{B}$ 为 $n\times m$ 矩阵，证明 $\boldsymbol{AB}$ 与 $\boldsymbol{BA}$ 有相同的非零特征值.

证 设 λ 是 $\boldsymbol{AB}$ 的任一非零特征值，$\boldsymbol{p}$ 是对应于 λ 的特征向量，则 $\boldsymbol{ABp}=\lambda\boldsymbol{p}$，故

$$\boldsymbol{BA}(\boldsymbol{Bp})=\lambda(\boldsymbol{Bp}).$$

此时必有 $\boldsymbol{Bp}\neq\boldsymbol{0}$. 这是因为，假若 $\boldsymbol{Bp}=\boldsymbol{0}$，则 $\boldsymbol{ABp}=\boldsymbol{0}=\lambda\boldsymbol{p}$；而 $\lambda\neq 0$，故 $\boldsymbol{p}=\boldsymbol{0}$，与 $\boldsymbol{p}\neq\boldsymbol{0}$ 矛盾. 于是 λ 是 n 阶矩阵 $\boldsymbol{BA}$ 的特征值，对应的特征向量为 $\boldsymbol{Bp}$.

同理可证，$\boldsymbol{BA}$ 的任一非零特征值必是 $\boldsymbol{AB}$ 的非零特征值.

注 尽管 $\boldsymbol{AB}$ 有 m 个特征值，$\boldsymbol{BA}$ 有 n 个特征值，但它们有相同的非零特征值，所不同的是零特征值的个数. 此题也可以由第3章拓展提高例40的结论

$$\lambda^n\mid\lambda\boldsymbol{E}_m-\boldsymbol{AB}\mid=\lambda^m\mid\lambda\boldsymbol{E}_n-\boldsymbol{BA}\mid,$$

即知 $\boldsymbol{AB}$ 与 $\boldsymbol{BA}$ 有相同的非零特征值.

例 42 设 $\boldsymbol{A}$ 是 n 阶矩阵，证明：$\boldsymbol{A}$ 为数量矩阵当且仅当任何 n 维非零向量都是 $\boldsymbol{A}$ 的特征向量.

证 必要性. 设数量矩阵 $\boldsymbol{A}=k\boldsymbol{E}$，则对任何 n 维非零向量 $\boldsymbol{\alpha}$，都有 $\boldsymbol{A\alpha}=k\boldsymbol{\alpha}$，所以 k 是 $\boldsymbol{A}$ 的特征值，$\boldsymbol{\alpha}$ 是 $\boldsymbol{A}$ 的对应于特征值 k 的特征向量.

充分性. 先证明 $\boldsymbol{A}$ 只有一个 n 重特征值. 若不然，设 λ_1,λ_2 是 $\boldsymbol{A}$ 的相异特征值，$\boldsymbol{p}_1,\boldsymbol{p}_2$ 分别是 $\boldsymbol{A}$ 的对应于特征值 λ_1,λ_2 的特征向量，则

$$\boldsymbol{A}\boldsymbol{p}_i=\lambda_i\boldsymbol{p}_i,\quad \boldsymbol{p}_i\neq\boldsymbol{0},\quad i=1,2.$$

由 $\lambda_1\neq\lambda_2$ 易证 $\boldsymbol{p}_1+\boldsymbol{p}_2$ 不是 $\boldsymbol{A}$ 的特征向量，与题设条件矛盾！

再证 $\boldsymbol{A}$ 是数量矩阵. 由上知 $\boldsymbol{A}$ 只有一个 n 重特征值，设为 λ. 于是对任何 n 维非零向量 $\boldsymbol{p}$，均有 $\boldsymbol{Ap}=\lambda\boldsymbol{p}$. 让 $\boldsymbol{p}$ 取遍 n 维基本向量 $\boldsymbol{e}_1,\boldsymbol{e}_2,\cdots,\boldsymbol{e}_n$，则有 $\boldsymbol{A}\boldsymbol{e}_i=\lambda\boldsymbol{e}_i$，$i=1,2,\cdots,n$，从而

$$\boldsymbol{A}[\boldsymbol{e}_1\quad\boldsymbol{e}_2\quad\cdots\quad\boldsymbol{e}_n]=\lambda[\boldsymbol{e}_1\quad\boldsymbol{e}_2\quad\cdots\quad\boldsymbol{e}_n],\quad \text{即 } \boldsymbol{A}=\lambda\boldsymbol{E},$$

故 $\boldsymbol{A}$ 为数量矩阵.

例 43 设 n 阶矩阵 $\boldsymbol{A},\boldsymbol{B}$ 满足 $\boldsymbol{AB}=2\boldsymbol{A}+\boldsymbol{B}$，证明：$\boldsymbol{A}$ 与 $\boldsymbol{B}$ 有完全相同的特征向量.

证 由 $\boldsymbol{AB}=2\boldsymbol{A}+\boldsymbol{B}$，得 $(\boldsymbol{A}-\boldsymbol{E})(\boldsymbol{B}-2\boldsymbol{E})=2\boldsymbol{E}$，从而 $(\boldsymbol{B}-2\boldsymbol{E})(\boldsymbol{A}-\boldsymbol{E})=2\boldsymbol{E}$，因此 $\boldsymbol{AB}=\boldsymbol{BA}$，且 $|\boldsymbol{A}-\boldsymbol{E}|\neq 0$，$|\boldsymbol{B}-2\boldsymbol{E}|\neq 0$，故 1 不是 $\boldsymbol{A}$ 的特征值，2 不是 $\boldsymbol{B}$ 的特征值.

设 $\boldsymbol{p}$ 是 $\boldsymbol{A}$ 的任一特征向量，λ 是 $\boldsymbol{A}$ 的对应于 $\boldsymbol{p}$ 的特征值，即 $\boldsymbol{Ap}=\lambda\boldsymbol{p}$，则由 $\boldsymbol{AB}=2\boldsymbol{A}+\boldsymbol{B}$ 及 $\boldsymbol{AB}=\boldsymbol{BA}$，有

$$\lambda\boldsymbol{Bp}=\boldsymbol{BAp}=\boldsymbol{ABp}=2\boldsymbol{Ap}+\boldsymbol{Bp}=2\lambda\boldsymbol{p}+\boldsymbol{Bp}.$$

因 $\lambda\neq 1$，故由上式即得

$$\boldsymbol{Bp}=\frac{2\lambda}{\lambda-1}\boldsymbol{p},$$

这说明 $\boldsymbol{p}$ 也是 $\boldsymbol{B}$ 的特征向量.

同理可证，$\boldsymbol{B}$ 的任一特征向量也是 $\boldsymbol{A}$ 的特征向量. 所以 $\boldsymbol{A}$ 与 $\boldsymbol{B}$ 有完全相同的特征向量.

例 44 设 n 阶矩阵 $\boldsymbol{A},\boldsymbol{B}$ 可交换,即 $\boldsymbol{AB}=\boldsymbol{BA}$,证明 $\boldsymbol{A}$ 与 $\boldsymbol{B}$ 有公共的特征向量.

证 任取 $\boldsymbol{A}$ 的一个特征值 λ,考虑 $\boldsymbol{A}$ 的对应于 λ 的特征子空间 $V_\lambda=\{\boldsymbol{p}\mid\boldsymbol{Ap}=\lambda\boldsymbol{p}\}$. 设 $\dim V_\lambda=m$,且 $\boldsymbol{\alpha}_1,\boldsymbol{\alpha}_2,\cdots,\boldsymbol{\alpha}_m$ 是 V_λ 的一个基,则

$$\boldsymbol{A\alpha}_i=\lambda\boldsymbol{\alpha}_i,\quad i=1,2,\cdots,m.$$

从而由 $\boldsymbol{AB}=\boldsymbol{BA}$ 知

$$\boldsymbol{A}(\boldsymbol{B\alpha}_i)=\boldsymbol{B}(\boldsymbol{A\alpha}_i)=\lambda\boldsymbol{B\alpha}_i,$$

故 $\boldsymbol{B\alpha}_i\in V_\lambda(i=1,2,\cdots,m)$,于是存在数 $k_{ij}(i,j=1,2,\cdots,m)$,使得

$$\boldsymbol{B\alpha}_i=k_{1i}\boldsymbol{\alpha}_1+k_{2i}\boldsymbol{\alpha}_2+\cdots+k_{mi}\boldsymbol{\alpha}_m,\quad i=1,2,\cdots,m. \tag{5.1}$$

记 $\boldsymbol{K}=[k_{ij}]_{m\times m}$,设 μ 为 $\boldsymbol{K}$ 的一个特征值,$\boldsymbol{\gamma}=(c_1,c_2,\cdots,c_m)^{\mathrm{T}}$ 是 $\boldsymbol{K}$ 的对应于特征值 μ 的特征向量,所以 $\boldsymbol{\gamma}\neq\boldsymbol{0},\boldsymbol{K\gamma}=\mu\boldsymbol{\gamma}$,即

$$\begin{cases}c_1k_{11}+c_2k_{12}+\cdots+c_mk_{1m}=\mu c_1,\\c_1k_{21}+c_2k_{22}+\cdots+c_mk_{2m}=\mu c_2,\\\qquad\vdots\\c_1k_{m1}+c_2k_{m2}+\cdots+c_mk_{mm}=\mu c_m.\end{cases} \tag{5.2}$$

又记 $\boldsymbol{\beta}=c_1\boldsymbol{\alpha}_1+c_2\boldsymbol{\alpha}_2+\cdots+c_m\boldsymbol{\alpha}_m$,则 $\boldsymbol{\beta}$ 是 $\boldsymbol{A}$ 的对应于特征值 λ 的特征向量,因此由(5.1)式和(5.2)式有

$$\begin{aligned}\boldsymbol{B\beta}&=c_1\boldsymbol{B\alpha}_1+c_2\boldsymbol{B\alpha}_2+\cdots+c_m\boldsymbol{B\alpha}_m\\&=c_1(k_{11}\boldsymbol{\alpha}_1+k_{21}\boldsymbol{\alpha}_2+\cdots+k_{m1}\boldsymbol{\alpha}_m)+\cdots+c_m(k_{1m}\boldsymbol{\alpha}_1+k_{2m}\boldsymbol{\alpha}_2+\cdots+k_{mm}\boldsymbol{\alpha}_m)\\&=(c_1k_{11}+c_2k_{12}+\cdots+c_mk_{1m})\boldsymbol{\alpha}_1+\cdots+(c_1k_{m1}+c_2k_{m2}+\cdots+c_mk_{mm})\boldsymbol{\alpha}_m\\&=\mu c_1\boldsymbol{\alpha}_1+\mu c_2\boldsymbol{\alpha}_2+\cdots+\mu c_m\boldsymbol{\alpha}_m=\mu\boldsymbol{\beta},\end{aligned}$$

即 $\boldsymbol{\beta}$ 是 $\boldsymbol{B}$ 的对应于特征值 μ 的特征向量.

例 45 设 $\boldsymbol{A}\sim\boldsymbol{B},\boldsymbol{C}\sim\boldsymbol{D}$,证明 $\begin{bmatrix}\boldsymbol{A}&\boldsymbol{0}\\\boldsymbol{0}&\boldsymbol{C}\end{bmatrix}\sim\begin{bmatrix}\boldsymbol{B}&\boldsymbol{0}\\\boldsymbol{0}&\boldsymbol{D}\end{bmatrix}$.

证 由 $\boldsymbol{A}\sim\boldsymbol{B}$ 知存在可逆矩阵 $\boldsymbol{P}$,使得 $\boldsymbol{A}=\boldsymbol{PBP}^{-1}$;由 $\boldsymbol{C}\sim\boldsymbol{D}$ 知存在可逆矩阵 $\boldsymbol{Q}$,使得 $\boldsymbol{C}=\boldsymbol{QDQ}^{-1}$. 从而

$$\begin{bmatrix}\boldsymbol{A}&\boldsymbol{0}\\\boldsymbol{0}&\boldsymbol{C}\end{bmatrix}=\begin{bmatrix}\boldsymbol{PBP}^{-1}&\boldsymbol{0}\\\boldsymbol{0}&\boldsymbol{QDQ}^{-1}\end{bmatrix}=\begin{bmatrix}\boldsymbol{P}&\boldsymbol{0}\\\boldsymbol{0}&\boldsymbol{Q}\end{bmatrix}\begin{bmatrix}\boldsymbol{B}&\boldsymbol{0}\\\boldsymbol{0}&\boldsymbol{D}\end{bmatrix}\begin{bmatrix}\boldsymbol{P}&\boldsymbol{0}\\\boldsymbol{0}&\boldsymbol{Q}\end{bmatrix}^{-1},$$

于是

$$\begin{bmatrix}\boldsymbol{A}&\boldsymbol{0}\\\boldsymbol{0}&\boldsymbol{C}\end{bmatrix}\sim\begin{bmatrix}\boldsymbol{B}&\boldsymbol{0}\\\boldsymbol{0}&\boldsymbol{D}\end{bmatrix}.$$

例 46 设三阶矩阵 $\boldsymbol{A}=[\boldsymbol{\alpha}_1\quad\boldsymbol{\alpha}_2\quad\boldsymbol{\alpha}_3]$有三个不同的特征值,且 $\boldsymbol{\alpha}_3=\boldsymbol{\alpha}_1+2\boldsymbol{\alpha}_2$.

(1) 证明 $\operatorname{rank}\boldsymbol{A}=2$;

(2) 设 $\boldsymbol{\beta}=\boldsymbol{\alpha}_1+\boldsymbol{\alpha}_2+\boldsymbol{\alpha}_3$,求线性方程组 $\boldsymbol{Ax}=\boldsymbol{\beta}$ 的通解.

解 (1) 因为矩阵 $\boldsymbol{A}$ 有三个不同的特征值,所以 $\boldsymbol{A}$ 可对角化,且 $\operatorname{rank}\boldsymbol{A}\geqslant2$. 又 $\boldsymbol{\alpha}_3=\boldsymbol{\alpha}_1+2\boldsymbol{\alpha}_2$,则 $\boldsymbol{A}$ 的列向量组线性相关,从而 $\operatorname{rank}\boldsymbol{A}<3$,故 $\operatorname{rank}\boldsymbol{A}=2$.

(2) 由 $\operatorname{rank}\boldsymbol{A}=2$ 知,齐次线性方程组 $\boldsymbol{Ax}=\boldsymbol{0}$ 的基础解系只有一个解向量. 而 $\boldsymbol{\alpha}_3=\boldsymbol{\alpha}_1+2\boldsymbol{\alpha}_2$ 即 $\boldsymbol{\alpha}_1+2\boldsymbol{\alpha}_2-\boldsymbol{\alpha}_3=\boldsymbol{0}$,故 $(1,2,-1)^{\mathrm{T}}$ 为 $\boldsymbol{Ax}=\boldsymbol{0}$ 的基础解系;又由 $\boldsymbol{\beta}=\boldsymbol{\alpha}_1+\boldsymbol{\alpha}_2+\boldsymbol{\alpha}_3$ 知 $(1,1,1)^{\mathrm{T}}$ 为 $\boldsymbol{Ax}=\boldsymbol{\beta}$ 的解,则线性方程组 $\boldsymbol{Ax}=\boldsymbol{\beta}$ 的通解为

$$k(1,2,-1)^{\mathrm{T}}+(1,1,1)^{\mathrm{T}},\quad k\ 为任意数.$$

例 47 已知二维非零向量 $\boldsymbol{x}$ 不是二阶矩阵 $\boldsymbol{A}$ 的特征向量.

(1) 证明 $\boldsymbol{x},\boldsymbol{A}\boldsymbol{x}$ 线性无关;

(2) 若 $\boldsymbol{x},\boldsymbol{A}\boldsymbol{x}$ 满足方程 $\boldsymbol{A}^2\boldsymbol{x}+\boldsymbol{A}\boldsymbol{x}-6\boldsymbol{x}=\boldsymbol{0}$,求 $\boldsymbol{A}$ 的全部特征值和特征向量,并由此判断 $\boldsymbol{A}$ 能否可对角化,若能,请写出对角矩阵.

解 (1) 设 $k_1\boldsymbol{x}+k_2\boldsymbol{A}\boldsymbol{x}=\boldsymbol{0}$,则必有 $k_2=0$. 若不然,有 $\boldsymbol{A}\boldsymbol{x}=-\dfrac{k_1}{k_2}\boldsymbol{x}$,从而 $\boldsymbol{x}$ 是 $\boldsymbol{A}$ 的对应于特征值 $-\dfrac{k_1}{k_2}$ 的特征向量,与题设矛盾. 由此有 $k_1\boldsymbol{x}=\boldsymbol{0}$. 因 $\boldsymbol{x}\neq\boldsymbol{0}$,故 $k_1=0$,这说明 $\boldsymbol{x},\boldsymbol{A}\boldsymbol{x}$ 线性无关.

(2) 由 $\boldsymbol{0}=\boldsymbol{A}^2\boldsymbol{x}+\boldsymbol{A}\boldsymbol{x}-6\boldsymbol{x}=(\boldsymbol{A}+3\boldsymbol{E})(\boldsymbol{A}-2\boldsymbol{E})\boldsymbol{x}$,得

$$\boldsymbol{A}(\boldsymbol{A}-2\boldsymbol{E})\boldsymbol{x}=-3(\boldsymbol{A}-2\boldsymbol{E})\boldsymbol{x}.$$

因为 $\boldsymbol{x},\boldsymbol{A}\boldsymbol{x}$ 线性无关,所以 $(\boldsymbol{A}-2\boldsymbol{E})\boldsymbol{x}\neq\boldsymbol{0}$,即 -3 是 $\boldsymbol{A}$ 的特征值,$\boldsymbol{A}$ 的对应于 -3 的特征向量为 $c_1(\boldsymbol{A}-2\boldsymbol{E})\boldsymbol{x}$,$c_1$ 为任意非零数. 同理,2 是 $\boldsymbol{A}$ 的特征值,$\boldsymbol{A}$ 的对应于 2 的特征向量为 $c_2(\boldsymbol{A}+3\boldsymbol{E})\boldsymbol{x}$,$c_2$ 为任意非零数.

由于 $\boldsymbol{A}$ 有两个相异特征值,因此 $\boldsymbol{A}$ 可对角化,即

$$\boldsymbol{A}\sim\begin{bmatrix}-3&0\\0&2\end{bmatrix}.$$

例 48 设三阶矩阵 $\boldsymbol{A}$ 有三个相异特征值 $\lambda_1,\lambda_2,\lambda_3$,对应的特征向量分别为 $\boldsymbol{\alpha}_1,\boldsymbol{\alpha}_2,\boldsymbol{\alpha}_3$,令 $\boldsymbol{\beta}=\boldsymbol{\alpha}_1+\boldsymbol{\alpha}_2+\boldsymbol{\alpha}_3$.

(1) 证明 $\boldsymbol{\beta},\boldsymbol{A}\boldsymbol{\beta},\boldsymbol{A}^2\boldsymbol{\beta}$ 线性无关;

(2) 若 $\boldsymbol{A}^3\boldsymbol{\beta}=\boldsymbol{A}\boldsymbol{\beta}$,求 $\operatorname{rank}(\boldsymbol{A}-\boldsymbol{E})$ 及行列式 $|\boldsymbol{A}+2\boldsymbol{E}|$.

解 (1) 因为三阶矩阵 $\boldsymbol{A}$ 有三个相异特征值 $\lambda_1,\lambda_2,\lambda_3$,从而特征向量 $\boldsymbol{\alpha}_1,\boldsymbol{\alpha}_2,\boldsymbol{\alpha}_3$ 线性无关,所以 $\boldsymbol{A}$ 可对角化. 令 $\boldsymbol{P}=[\boldsymbol{\alpha}_1\quad\boldsymbol{\alpha}_2\quad\boldsymbol{\alpha}_3]$,则 $\boldsymbol{P}$ 为可逆矩阵,且

$$\begin{aligned}[\boldsymbol{\beta}\quad\boldsymbol{A}\boldsymbol{\beta}\quad\boldsymbol{A}^2\boldsymbol{\beta}]&=[\boldsymbol{\alpha}_1+\boldsymbol{\alpha}_2+\boldsymbol{\alpha}_3\quad\lambda_1\boldsymbol{\alpha}_1+\lambda_2\boldsymbol{\alpha}_2+\lambda_3\boldsymbol{\alpha}_3\quad\lambda_1^2\boldsymbol{\alpha}_1+\lambda_1^2\boldsymbol{\alpha}_2+\lambda_1^2\boldsymbol{\alpha}_3]\\&=\boldsymbol{P}\begin{bmatrix}1&\lambda_1&\lambda_1^2\\1&\lambda_2&\lambda_2^2\\1&\lambda_3&\lambda_3^2\end{bmatrix}.\end{aligned}$$

由 $\lambda_1,\lambda_2,\lambda_3$ 相异知上式最后一个矩阵的行列式不为零,因此矩阵 $[\boldsymbol{\beta}\quad\boldsymbol{A}\boldsymbol{\beta}\quad\boldsymbol{A}^2\boldsymbol{\beta}]$ 可逆,即 $\boldsymbol{\beta},\boldsymbol{A}\boldsymbol{\beta},\boldsymbol{A}^2\boldsymbol{\beta}$ 线性无关.

(2) 由于

$$\boldsymbol{A}=\boldsymbol{P}\begin{bmatrix}\lambda_1&&\\&\lambda_2&\\&&\lambda_3\end{bmatrix}\boldsymbol{P}^{-1},\quad\boldsymbol{A}^3=\boldsymbol{P}\begin{bmatrix}\lambda_1^3&&\\&\lambda_2^3&\\&&\lambda_3^3\end{bmatrix}\boldsymbol{P}^{-1},\quad\boldsymbol{\beta}=\boldsymbol{P}\begin{bmatrix}1\\1\\1\end{bmatrix},$$

因此由条件 $\boldsymbol{A}^3\boldsymbol{\beta}=\boldsymbol{A}\boldsymbol{\beta}$ 有

$$\boldsymbol{P}\begin{bmatrix}\lambda_1^3\\\lambda_2^3\\\lambda_3^3\end{bmatrix}=\boldsymbol{P}\begin{bmatrix}\lambda_1\\\lambda_2\\\lambda_3\end{bmatrix},$$

所以 $\boldsymbol{A}$ 的三个相异特征值为 $\lambda_1=0,\lambda_2=1,\lambda_3=-1$. 从而各特征值的几何重数均为 1，即知 $\text{rank}(\boldsymbol{A}-\boldsymbol{E})=\text{rank}(\boldsymbol{E}-\boldsymbol{A})=2$.

记 $\boldsymbol{B}=\text{diag}(0,1,-1)$，则 $\boldsymbol{A}=\boldsymbol{PBP}^{-1}$，且 $|\boldsymbol{B}+2\boldsymbol{E}|=6$，于是

$$|\boldsymbol{A}+2\boldsymbol{E}|=|\boldsymbol{PBP}^{-1}+2\boldsymbol{PP}^{-1}|=|\boldsymbol{P}||\boldsymbol{B}+2\boldsymbol{E}||\boldsymbol{P}^{-1}|=|\boldsymbol{B}+2\boldsymbol{E}|=6.$$

例 49 假设 0 是 n 阶矩阵 $\boldsymbol{A}$ 的 k 重特征值，证明：$\text{rank}\,\boldsymbol{A}=\text{rank}\,\boldsymbol{A}^2$ 当且仅当 $\text{rank}\,\boldsymbol{A}=n-k$.

证 根据 Jordan 定理，存在可逆矩阵 $\boldsymbol{P}$，使得

$$\boldsymbol{P}^{-1}\boldsymbol{AP}=\text{diag}(\boldsymbol{J}_1,\boldsymbol{J}_2,\cdots,\boldsymbol{J}_t,\boldsymbol{J}_{t+1},\cdots,\boldsymbol{J}_s),$$

其中 $\boldsymbol{J}_1,\boldsymbol{J}_2,\cdots,\boldsymbol{J}_t$ 是特征值 0 对应的 Jordan 块，$\boldsymbol{J}_{t+1},\cdots,\boldsymbol{J}_s$ 是 $\boldsymbol{A}$ 的非零特征值对应的 Jordan 块. 从而

$$\boldsymbol{P}^{-1}\boldsymbol{A}^2\boldsymbol{P}=\text{diag}(\boldsymbol{J}_1^2,\boldsymbol{J}_2^2,\cdots,\boldsymbol{J}_t^2,\boldsymbol{J}_{t+1}^2,\cdots,\boldsymbol{J}_s^2),$$

于是

$$\text{rank}\,\boldsymbol{A}=\sum_{i=1}^{t}\text{rank}\,\boldsymbol{J}_i+\sum_{j=t+1}^{s}\text{rank}\,\boldsymbol{J}_j,$$

$$\text{rank}(\boldsymbol{A}^2)=\sum_{i=1}^{t}\text{rank}\,\boldsymbol{J}_i^2+\sum_{j=t+1}^{s}\text{rank}\,\boldsymbol{J}_j^2.$$

显然对一切 $j=t+1,\cdots,s$，$\boldsymbol{J}_j$ 都是满秩矩阵，故 $\text{rank}\,\boldsymbol{J}_j=\text{rank}\,\boldsymbol{J}_j^2$，因此

$$\text{rank}\,\boldsymbol{A}=\text{rank}\,\boldsymbol{A}^2\Leftrightarrow\text{rank}\,\boldsymbol{J}_i=\text{rank}\,\boldsymbol{J}_i^2,\quad i=1,2,\cdots,t.$$

由第 2 章拓展提高例 33 的评注知，对一切 $i=1,2,\cdots,t$，$\text{rank}\,\boldsymbol{J}_i=\text{rank}\,\boldsymbol{J}_i^2$ 等价于 $\boldsymbol{J}_i$ 是一阶的，即 $\boldsymbol{J}_i=0$. 故由 0 是 $\boldsymbol{A}$ 的 k 重特征值，可知 $t=k$，从而有

$$\text{rank}\,\boldsymbol{J}_i=\text{rank}\,\boldsymbol{J}_i^2(i=1,2,\cdots,t)\Leftrightarrow\text{rank}\,\boldsymbol{A}=\sum_{j=t+1}^{s}\text{rank}\,\boldsymbol{J}_j=n-k,$$

因此 $\text{rank}\,\boldsymbol{A}=\text{rank}\,\boldsymbol{A}^2$ 当且仅当 $\text{rank}\,\boldsymbol{A}=n-k$.

例 50 某实验员对 10000 株(其中 7000 株开红花，3000 株开白花)豌豆观察，得知母本为开红花的豌豆，以概率 0.95 遗传给下一代仍开红花，以概率 0.05 变异为开白花；母本为开白花的豌豆，以概率 0.85 遗传，以概率 0.15 变异为开红花.

(1) 第十代开红花和白花的豌豆各为多少?

(2) 第 30、50 代的情形呢? 试分析原因.

解 (1) 设第 n 代开红花和白花的豌豆分别为 x_n 株和 y_n 株，$x_0=7000$，$y_0=3000$，则有

$$\begin{cases}x_{n+1}=0.95x_n+0.15y_n,\\y_{n+1}=0.05x_n+0.85y_n,\end{cases}$$

可以写成矩阵形式

$$\begin{bmatrix}x_{n+1}\\y_{n+1}\end{bmatrix}=\begin{bmatrix}0.95&0.15\\0.05&0.85\end{bmatrix}\begin{bmatrix}x_n\\y_n\end{bmatrix},$$

记为

$$\begin{bmatrix}x_{n+1}\\y_{n+1}\end{bmatrix}=\boldsymbol{A}\begin{bmatrix}x_n\\y_n\end{bmatrix},$$

从而

$$\begin{bmatrix}x_{10}\\y_{10}\end{bmatrix}=\boldsymbol{A}^{10}\begin{bmatrix}x_0\\y_0\end{bmatrix}=\begin{bmatrix}0.95&0.15\\0.05&0.85\end{bmatrix}^{10}\begin{bmatrix}7000\\3000\end{bmatrix}.$$

不难求出矩阵 $\boldsymbol{A}$ 的两个特征值 $\lambda_1=1,\lambda_2=0.8$，以及它们对应的两个线性无关的特征向量 $\boldsymbol{p}_1=(3,1)^{\mathrm{T}}$ 和 $\boldsymbol{p}_2=(-1,1)^{\mathrm{T}}$，记矩阵 $\boldsymbol{P}=[\boldsymbol{p}_1\quad \boldsymbol{p}_2]$，则

$$\begin{aligned}\boldsymbol{A}^{10}&=\boldsymbol{P}\begin{bmatrix}\lambda_1 & \\ & \lambda_2\end{bmatrix}^{10}\boldsymbol{P}^{-1}=\boldsymbol{P}\begin{bmatrix}\lambda_1^{10} & \\ & \lambda_2^{10}\end{bmatrix}\boldsymbol{P}^{-1}\\ &=\begin{bmatrix}3 & -1\\ 1 & 1\end{bmatrix}\begin{bmatrix}1 & \\ & 0.8^{10}\end{bmatrix}\frac{1}{4}\begin{bmatrix}1 & 1\\ -1 & 3\end{bmatrix}\\ &=\frac{1}{4}\begin{bmatrix}3+0.8^{10} & 3-3\times 0.8^{10}\\ 1-0.8^{10} & 1+3\times 0.8^{10}\end{bmatrix},\end{aligned}$$

因此

$$\begin{bmatrix}x_{10}\\ y_{10}\end{bmatrix}=\frac{1}{4}\begin{bmatrix}30000-2000\times 0.8^{10}\\ 10000+2000\times 0.8^{10}\end{bmatrix}\approx\begin{bmatrix}7446\\ 2554\end{bmatrix},$$

所以第十代开红花和白花的豌豆各约为7446株和2554株.

(2) 按照公式

$$\boldsymbol{A}^n=\boldsymbol{P}\begin{bmatrix}\lambda_1^n & \\ & \lambda_2^n\end{bmatrix}\boldsymbol{P}^{-1}=\frac{1}{4}\begin{bmatrix}3 & -1\\ 1 & 1\end{bmatrix}\begin{bmatrix}1 & \\ & 0.8^n\end{bmatrix}\begin{bmatrix}1 & 1\\ -1 & 3\end{bmatrix},$$

不难求出，第30代开红花和白花的豌豆各约为7499株和2501株，第50代开红花和白花的豌豆各约为7500株和2500株.

注 (1) 当 $n\to\infty$ 时，有

$$\begin{bmatrix}x_n\\ y_n\end{bmatrix}=\boldsymbol{A}^n\begin{bmatrix}x_0\\ y_0\end{bmatrix}=\frac{1}{4}\begin{bmatrix}30000-2000\times 0.8^n\\ 10000+2000\times 0.8^n\end{bmatrix}\to\begin{bmatrix}7500\\ 2500\end{bmatrix}.$$

(2) 特征向量 $\boldsymbol{p}_1=(3,1)^{\mathrm{T}},\boldsymbol{p}_2=(-1,1)^{\mathrm{T}}$ 构成 $\mathbb{R}^2$ 的一个基，因此有

$$\begin{bmatrix}x_0\\ y_0\end{bmatrix}=k_1\boldsymbol{p}_1+k_2\boldsymbol{p}_2,$$

故

$$\begin{bmatrix}x_1\\ y_1\end{bmatrix}=\boldsymbol{A}\begin{bmatrix}x_0\\ y_0\end{bmatrix}=k_1\boldsymbol{A}\boldsymbol{p}_1+k_2\boldsymbol{A}\boldsymbol{p}_2=k_1\lambda_1\boldsymbol{p}_1+k_2\lambda_2\boldsymbol{p}_2,$$

进而有

$$\begin{bmatrix}x_n\\ y_n\end{bmatrix}=\boldsymbol{A}^n\begin{bmatrix}x_0\\ y_0\end{bmatrix}=k_1\lambda_1^n\boldsymbol{p}_1+k_2\lambda_2^n\boldsymbol{p}_2.$$

所以当 $n\to\infty$ 时，有 $\lambda_2^n\to 0$，从而当 n 充分大时，$\begin{bmatrix}x_n\\ y_n\end{bmatrix}\approx k_1\boldsymbol{p}_1$，这就是说开红花与开白花的豌豆数量之比近似于 $\boldsymbol{p}_1$ 中分量之比 3∶1.

巩固练习

1. 填空题

(1) 已知 $\boldsymbol{A}$ 与 $\boldsymbol{B}$ 相似，$\boldsymbol{B}=\begin{bmatrix}1 & 1 & 1\\ 0 & 2 & 1\\ 1 & 1 & 2\end{bmatrix}$，则 $\operatorname{rank}(\boldsymbol{A}+\boldsymbol{E})=$________.

(2) 设 $\boldsymbol{A}$ 为四阶方阵，满足条件 $|8\boldsymbol{E}+\boldsymbol{A}|=0$，$\boldsymbol{A}\boldsymbol{A}^{\mathrm{T}}=2\boldsymbol{E}$，$|\boldsymbol{A}|<0$，则 $\boldsymbol{A}^*$ 的一个特征值为________.

(3) 设 $\boldsymbol{A},\boldsymbol{B}$ 都是 n 阶矩阵，且 $\boldsymbol{P}^{-1}\boldsymbol{A}\boldsymbol{P}=\boldsymbol{B}$，若 $\boldsymbol{A}$ 的一个特征值为 λ_0，对应于 λ_0 的特征向量为 $\boldsymbol{\alpha}$，则 $\boldsymbol{B}$ 的对应于特征值 λ_0 的特征向量为________.

(4) 设 $\boldsymbol{A}$ 为二阶矩阵，$\boldsymbol{\alpha}_1,\boldsymbol{\alpha}_2$ 为线性无关的二维列向量，$\boldsymbol{A}\boldsymbol{\alpha}_1=\boldsymbol{0}$，$\boldsymbol{A}\boldsymbol{\alpha}_2=2\boldsymbol{\alpha}_1+\boldsymbol{\alpha}_2$，则 $\boldsymbol{A}$ 的非零特征值为________.

(5) 已知三阶矩阵 $\boldsymbol{A}$ 的特征值为 $-1,0,1$，矩阵 $\boldsymbol{B}=\boldsymbol{A}^3-4\boldsymbol{A}^2$，则 $|\boldsymbol{B}+4\boldsymbol{E}|=$________.

(6) 已知 $\lambda=2$ 是三阶矩阵 $\boldsymbol{A}$ 的一个特征值，$\boldsymbol{\alpha}_1=(1,2,0)^{\mathrm{T}}$，$\boldsymbol{\alpha}_2=(1,0,1)^{\mathrm{T}}$ 是 $\boldsymbol{A}$ 的对应于特征值 $\lambda=2$ 的特征向量，$\boldsymbol{\beta}=(-1,2,-2)^{\mathrm{T}}$，则 $\boldsymbol{A}\boldsymbol{\beta}=$________.

(7) 设 $\boldsymbol{A}$ 为三阶实对称矩阵，$\boldsymbol{\alpha}_1=(a,-a,1)^{\mathrm{T}}$ 是方程组 $\boldsymbol{A}\boldsymbol{x}=\boldsymbol{0}$ 的解，$\boldsymbol{\alpha}_2=(a,1,1-a)^{\mathrm{T}}$ 是方程组 $(\boldsymbol{A}+\boldsymbol{E})\boldsymbol{x}=\boldsymbol{0}$ 的解，则常数 $a=$________.

(8) 设三阶矩阵 $\boldsymbol{A}$ 的特征值互不相同，若行列式 $|\boldsymbol{A}|=0$，则 $\boldsymbol{A}$ 的秩为________.

(9) 若三维向量 $\boldsymbol{\alpha},\boldsymbol{\beta}$ 满足 $\boldsymbol{\alpha}^{\mathrm{T}}\boldsymbol{\beta}=2$，则矩阵 $\boldsymbol{\beta}\boldsymbol{\alpha}^{\mathrm{T}}$ 的非零特征值为________.

(10) 矩阵 $\boldsymbol{A}=\begin{bmatrix}1&1&1&1\\1&1&1&1\\1&1&1&1\\1&1&1&1\end{bmatrix}$ 的非零特征值为________.

2. 单选题

(1) 设 $\boldsymbol{A}$ 为 n 阶实矩阵，则 $\boldsymbol{A}$ 有 n 个两两正交的特征向量是 $\boldsymbol{A}$ 为对称矩阵的 【 】

(A) 充分条件； (B) 必要条件；

(C) 充要条件； (D) 既非充分也非必要条件.

(2) 设 $\boldsymbol{\alpha}=(1,-1,2)^{\mathrm{T}}$ 是矩阵 $\boldsymbol{A}=\begin{bmatrix}2&1&2\\1&b&a\\1&a&3\end{bmatrix}$ 的一个特征向量，则 a,b 的值为 【 】

(A) 1,6； (B) $-3,0$； (C) $0,-3$； (D) $1,-3$.

(3) 已知三阶矩阵 $\boldsymbol{A}$ 的特征值为 $-1,1,2$，它们对应的特征向量分别为 $\boldsymbol{p}_1,\boldsymbol{p}_2,\boldsymbol{p}_3$，令 $\boldsymbol{P}=[2\boldsymbol{p}_2\quad \boldsymbol{p}_1\quad 3\boldsymbol{p}_3]$，则 $\boldsymbol{P}^{-1}\boldsymbol{A}\boldsymbol{P}$ 为 【 】

(A) $\begin{bmatrix}2&0&0\\0&-1&0\\0&0&6\end{bmatrix}$； (B) $\begin{bmatrix}-1&0&0\\0&2&0\\0&0&6\end{bmatrix}$；

(C) $\begin{bmatrix}-1&0&0\\0&1&0\\0&0&2\end{bmatrix}$； (D) $\begin{bmatrix}1&0&0\\0&-1&0\\0&0&2\end{bmatrix}$.

(4) 设 $\boldsymbol{A},\boldsymbol{B}$ 均为可逆矩阵，且 $\boldsymbol{A}$ 与 $\boldsymbol{B}$ 相似，则下列说法错误的是 【 】

(A) $\boldsymbol{A}^*$ 与 $\boldsymbol{B}^*$ 相似； (B) $\boldsymbol{A}^{-1}$ 与 $\boldsymbol{B}^{-1}$ 相似；

(C) $\boldsymbol{A}^k$ 与 $\boldsymbol{B}^k$ 相似(k 为正整数)； (D) $\boldsymbol{A}-\boldsymbol{B}=\boldsymbol{0}$.

(5) 设三阶矩阵 $\boldsymbol{A}$ 的特征值为 $0,1,2$，且 $\boldsymbol{B}=\boldsymbol{A}^3-2\boldsymbol{A}^2$，则 $\boldsymbol{B}$ 的秩为 【 】

(A) 1； (B) 2；

(C) 3； (D) 条件不够不能确定.

(6) 下列矩阵中不能相似于对角矩阵的是　【　】

(A) $\begin{bmatrix}1&1&0\\0&2&1\\0&0&3\end{bmatrix}$；　(B) $\begin{bmatrix}1&1&0\\0&1&0\\0&0&2\end{bmatrix}$；

(C) $\begin{bmatrix}1&0&1\\0&1&0\\1&0&1\end{bmatrix}$；　(D) $\begin{bmatrix}1&0&0\\0&1&1\\0&0&2\end{bmatrix}$.

(7) 设 λ_1,λ_2 是三阶矩阵 $\boldsymbol{A}$ 的两个不同的特征值，$\boldsymbol{\alpha}_1,\boldsymbol{\alpha}_2$ 是 $\boldsymbol{A}$ 的对应于 λ_1 的线性无关的特征向量，$\boldsymbol{\alpha}_3$ 是 $\boldsymbol{A}$ 的对应于 λ_2 的特征向量，则向量组 $\boldsymbol{\alpha}_1+\boldsymbol{A}\boldsymbol{\alpha}_3,\boldsymbol{A}(\boldsymbol{\alpha}_2-\boldsymbol{\alpha}_3),\boldsymbol{A}\boldsymbol{\alpha}_1+\boldsymbol{\alpha}_3$ 线性相关的充要条件是　【　】

(A) $\lambda_1=0$ 或 $\lambda_1\lambda_2=1$；　(B) $\lambda_2=0$ 或 $\lambda_1\lambda_2=1$；

(C) $\lambda_1\neq0$ 或 $\lambda_1\lambda_2\neq1$；　(D) $\lambda_2\neq0$ 或 $\lambda_1\lambda_2\neq1$.

(8) 设 $\boldsymbol{A}$ 为四阶实对称矩阵，且 $\boldsymbol{A}^2+\boldsymbol{A}=\boldsymbol{0}$，rank $\boldsymbol{A}=3$，则 $\boldsymbol{A}$ 相似于　【　】

(A) $\begin{bmatrix}1&&&\\&1&&\\&&1&\\&&&0\end{bmatrix}$；　(B) $\begin{bmatrix}1&&&\\&1&&\\&&-1&\\&&&0\end{bmatrix}$；

(C) $\begin{bmatrix}1&&&\\&-1&&\\&&-1&\\&&&0\end{bmatrix}$；　(D) $\begin{bmatrix}-1&&&\\&-1&&\\&&-1&\\&&&0\end{bmatrix}$.

(9) 设三阶实矩阵 $\boldsymbol{A}$ 满足 $\boldsymbol{A}^3+\boldsymbol{A}^2-4\boldsymbol{A}-4\boldsymbol{E}=\boldsymbol{0}$，且 $\operatorname{rank}(\boldsymbol{A}+2\boldsymbol{E})=2$，$\operatorname{rank}(\boldsymbol{A}-2\boldsymbol{E})=3$，则 $\boldsymbol{A}$ 的特征多项式 $|\lambda\boldsymbol{E}-\boldsymbol{A}|$ 为　【　】

(A) $(\lambda+1)(\lambda-1)(\lambda+2)$；　(B) $(\lambda+1)(\lambda+2)(\lambda-2)$；

(C) $(\lambda+1)(\lambda+2)^2$；　(D) $(\lambda+1)(\lambda-2)^2$.

(10) 设 $\boldsymbol{A}=[\boldsymbol{\alpha}_1\quad\boldsymbol{\alpha}_2\quad\boldsymbol{\alpha}_3\quad\boldsymbol{\alpha}_4]$，其中 $\boldsymbol{\alpha}_i(i=1,2,3,4)$ 是四维列向量. 已知齐次方程组 $\boldsymbol{Ax}=\boldsymbol{0}$ 的基础解系为 $\boldsymbol{\xi}_1=(-2,0,1,0)^{\mathrm{T}}$，$\boldsymbol{\xi}_2=(1,0,0,1)^{\mathrm{T}}$，$\boldsymbol{\eta}$ 是 $\boldsymbol{A}$ 的对应于特征值 2 的特征向量，则以下命题中不正确的是　【　】

(A) $\boldsymbol{\alpha}_1,\boldsymbol{\alpha}_2$ 线性无关；　(B) $\boldsymbol{\alpha}_1,\boldsymbol{\alpha}_2,\boldsymbol{\eta}$ 线性无关；

(C) $\boldsymbol{\alpha}_2,\boldsymbol{\alpha}_3$ 线性无关；　(D) $\boldsymbol{\xi}_1,\boldsymbol{\xi}_2,\boldsymbol{\eta}$ 线性无关.

3. 求下列矩阵的特征值和特征向量，并判断它们可否对角化. 若可对角化，则求相似变换矩阵.

$$\boldsymbol{A}=\begin{bmatrix}1&-1&1\\2&4&-2\\-3&-3&5\end{bmatrix},\quad \boldsymbol{B}=\begin{bmatrix}3&-1&0&0\\1&1&0&0\\-2&4&5&-3\\7&5&3&-1\end{bmatrix}.$$

4. 已知三阶矩阵 $\boldsymbol{A}$ 的特征值为 1,3,5，求行列式 $|\boldsymbol{A}-2\boldsymbol{E}|$ 和 $|\boldsymbol{A}^*+\boldsymbol{E}|$.

5. 设三阶可逆矩阵 $\boldsymbol{A}$ 满足 $\boldsymbol{A}^2-\boldsymbol{A}-6\boldsymbol{E}=\boldsymbol{0}$，$|\boldsymbol{A}^*|=144$，求 $\boldsymbol{A}$ 的三个特征值.

6. 设 $\boldsymbol{A},\boldsymbol{B}$ 是 n 阶矩阵，且 $\boldsymbol{A}$ 可逆，证明 $\boldsymbol{AB}$ 与 $\boldsymbol{BA}$ 相似.

7. 设 $A=\begin{bmatrix}0&0&1\\x&1&y\\1&0&0\end{bmatrix}$ 可对角化，试确定 x,y 之间的关系.

8. 已知 $A=\begin{bmatrix}1&a&1\\a&1&b\\1&b&1\end{bmatrix}$ 与 $B=\begin{bmatrix}0&&\\&1&\\&&2\end{bmatrix}$ 相似，求一个正交矩阵 Q，使得 $Q^{-1}AQ=B$.

9. 设三阶实对称矩阵 A 的特征值为 0,1,1，α_1,α_2 是 A 的两个不同的特征向量，且 $A(\alpha_1+\alpha_2)=\alpha_2$.

(1) 证明 $\alpha_1^T\alpha_2=0$；

(2) 求方程组 $Ax=\alpha_2$ 的通解.

10. 设 A 为三阶矩阵，α_1,α_2 为 A 的分别对应于特征值 $-1,1$ 的特征向量，向量 α_3 满足 $A\alpha_3=\alpha_2+\alpha_3$.

(1) 证明 $\alpha_1,\alpha_2,\alpha_3$ 线性无关；

(2) 令 $P=[\alpha_1\quad\alpha_2\quad\alpha_3]$，求 $P^{-1}AP$.

11. 设三阶实对称矩阵 A 的秩为 1，且 $A^2-3A=0$，A 的非零特征值对应的一个特征向量为 $\alpha=(1,1,-1)^T$. 求：

(1) A 的特征值；

(2) A 的对应于特征值 0 的特征向量；

(3) A.

12. 设三阶方阵 A 满足 $A\alpha_i=i\alpha_i(i=1,2,3)$，其中 $\alpha_1=(1,2,2)^T$，$\alpha_2=(2,-2,1)^T$，$\alpha_3=(-2,-1,2)^T$. 求 A^n.

13. 设三阶实对称阵 A 的特征值为 $-1,1,1$，$p=(0,1,1)^T$ 为对应于 -1 的特征向量，求 A^n.

14. 设 $n(n>4)$ 阶矩阵的四个不同特征值为 $\lambda_1,\lambda_2,\lambda_3,\lambda_4$，其对应的特征向量依次为 $\alpha_1,\alpha_2,\alpha_3,\alpha_4$，记 $\beta=\alpha_1-\alpha_2-\alpha_3+\alpha_4$，证明：$\beta,A\beta,A^2\beta,A^3\beta$ 线性无关.

15. 设 A,B 为 n 阶实矩阵，A 为可逆矩阵，B 为反称矩阵，证明 $|A^TA+B|>0$.

单元测验

一、填空题(每小题 3 分，共 18 分)

1. 设 A 为三阶方阵，$Ax=0$ 有非零解，且 $|A+E|=|2A+E|=0$，则 $|E+3A|=$ ________.

2. 设 A 为四阶实对称矩阵，$A^2-4A-5E=0$，且方程组 $(E+A)x=0$ 的基础解系含有一个线性无关的解向量，则 $\mathrm{tr}A=$ ________.

3. 设 A 为三阶正交矩阵，已知 $A^*=A^{-1}$，则 A 中第一行各元的代数余子式的平方和 $A_{11}^2+A_{12}^2+A_{13}^2=$ ________.

4. 设 n 阶实矩阵 A 的秩为 r，则 A^TA 的零特征值的个数为 ________.

5. 设三阶实对称矩阵 A 的特征值是 1,2,3，且矩阵 A 的属于特征值 1,2 的特征向量分别是 $p_1=(1,1,-1)^T$，$p_2=(-1,2,1)^T$，则 A 的属于特征值 3 的一个单位特征向量 $p_3=$ ________.

6. 设三阶矩阵 $\boldsymbol{A}=\begin{bmatrix}0&1&0\\0&0&1\\1&0&0\end{bmatrix}$,递推关系 $\boldsymbol{C}_0=\boldsymbol{0},\boldsymbol{C}_{k+1}=\boldsymbol{A}\boldsymbol{C}_k+\boldsymbol{E}(k=0,1,\cdots,n-1)$,则矩阵 $\boldsymbol{C}_n$ 的实特征值为________.

二、单选题(每小题 3 分,共 18 分)

1. 已知 n 阶可逆矩阵 $\boldsymbol{A}$ 的一个特征值为 2,则 $3\boldsymbol{A}^{-1}-\boldsymbol{E}$ 的一个特征值为 【 】

(A) $\frac{1}{2}$; (B) $-\frac{3}{2}$; (C) $-\frac{4}{3}$; (D) $\frac{3}{2}$.

2. 已知三阶矩阵 $\boldsymbol{A}$ 的特征值为 0,1,−1,则下列结论中不正确的是 【 】

(A) 矩阵 $\boldsymbol{A}$ 是不可逆的;

(B) 矩阵 $\boldsymbol{A}$ 的主对角元之和为 0;

(C) 1 和 −1 所对应的特征向量是正交的;

(D) 方程组 $\boldsymbol{A}\boldsymbol{x}=\boldsymbol{0}$ 的基础解系由一个向量组成.

3. 设 λ_1,λ_2 是矩阵 $\boldsymbol{A}$ 的两个相异特征值,对应的特征向量分别为 $\boldsymbol{\alpha}_1,\boldsymbol{\alpha}_2$,则 $\boldsymbol{\alpha}_1,\boldsymbol{A}(\boldsymbol{\alpha}_1+\boldsymbol{\alpha}_2)$ 线性无关的充要条件是 【 】

(A) $\lambda_1=0$; (B) $\lambda_2=0$;

(C) $\lambda_1\neq0$; (D) $\lambda_2\neq0$.

4. 设 $\boldsymbol{A}$ 为三阶矩阵, $\boldsymbol{P}=[\boldsymbol{p}_1\quad\boldsymbol{p}_2\quad\boldsymbol{p}_3]$ 为可逆矩阵,且 $\boldsymbol{P}^{-1}\boldsymbol{A}\boldsymbol{P}=\begin{bmatrix}0&0&0\\0&1&0\\0&0&2\end{bmatrix}$,则 $\boldsymbol{A}(\boldsymbol{p}_1+\boldsymbol{p}_2+\boldsymbol{p}_3)=$ 【 】

(A) $\boldsymbol{p}_1+\boldsymbol{p}_2$; (B) $\boldsymbol{p}_2+2\boldsymbol{p}_3$;

(C) $\boldsymbol{p}_2+\boldsymbol{p}_3$; (D) $\boldsymbol{p}_1+2\boldsymbol{p}_2$.

5. 设 $\boldsymbol{\alpha},\boldsymbol{\beta}$ 为 n 维正交向量组,则矩阵 $\boldsymbol{A}=\boldsymbol{\alpha}\boldsymbol{\beta}^{\mathrm{T}}$ 的非零特征值的个数为 【 】

(A) 0; (B) 1;

(C) 2; (D) n.

6. 设 $\boldsymbol{A}$ 为三阶矩阵, $\boldsymbol{p}_1,\boldsymbol{p}_2$ 为 $\boldsymbol{A}$ 的特征值 1 对应的线性无关的特征向量, $\boldsymbol{p}_3$ 为 $\boldsymbol{A}$ 的特征值 −1 对应的特征向量,则满足 $\boldsymbol{P}^{-1}\boldsymbol{A}\boldsymbol{P}=\begin{bmatrix}1&0&0\\0&-1&0\\0&0&1\end{bmatrix}$ 的矩阵 $\boldsymbol{P}$ 为 【 】

(A) $[\boldsymbol{p}_1+\boldsymbol{p}_3\quad\boldsymbol{p}_2\quad-\boldsymbol{p}_3]$; (B) $[\boldsymbol{p}_1+\boldsymbol{p}_2\quad\boldsymbol{p}_2\quad-\boldsymbol{p}_3]$;

(C) $[\boldsymbol{p}_1+\boldsymbol{p}_3\quad-\boldsymbol{p}_3\quad\boldsymbol{p}_2]$; (D) $[\boldsymbol{p}_1+\boldsymbol{p}_2\quad-\boldsymbol{p}_3\quad\boldsymbol{p}_2]$.

三、(10 分) 设

$$\boldsymbol{A}=\begin{bmatrix}a&-1&c\\5&b&3\\1-c&0&-a\end{bmatrix},\quad|\boldsymbol{A}|=-1,\quad\boldsymbol{p}=\begin{bmatrix}-1\\-1\\1\end{bmatrix},$$

且 $\boldsymbol{p}$ 为 $\boldsymbol{A}^*$ 的特征向量,求 a,b,c 及 $\boldsymbol{A}^*$ 的特征向量 $\boldsymbol{p}$ 所对应的特征值.

四、(10 分) 设 n 阶矩阵 $\boldsymbol{A}$ 的每行元之和为 $a(a\neq0)$,且 $|\boldsymbol{A}|=2a$,试求 $(\boldsymbol{A}^*)^*+2\boldsymbol{A}^*-4\boldsymbol{E}$ 的一个特征值及其对应的特征向量.

五、(10 分) 设矩阵

$$A=\begin{bmatrix}2&1&0\\1&2&0\\1&a&b\end{bmatrix}$$

仅有两个不同的特征值,且 $\boldsymbol{A}$ 相似于对角矩阵,求 a,b,并求可逆矩阵 $\boldsymbol{P}$,使得 $\boldsymbol{P}^{-1}\boldsymbol{AP}$ 为对角矩阵.

六、(10 分) 设 $\boldsymbol{A}$ 为 n 阶可逆矩阵,若矩阵 $\boldsymbol{A}$ 与 $\boldsymbol{B}$ 相似,证明矩阵 $\boldsymbol{A}^*$ 与 $\boldsymbol{B}^*$ 相似.

七、(12 分) 已知线性方程组

$$\begin{cases}x_1+\quad x_2+\quad x_3=1,\\2x_1+(a+2)x_2+(a+1)x_3=a+3,\\x_1+\quad 2x_2+\quad ax_3=3\end{cases}$$

有无穷多解,且 $\boldsymbol{\alpha}_1=(1,a,0)^{\mathrm{T}}$,$\boldsymbol{\alpha}_2=(-a,1,0)^{\mathrm{T}}$,$\boldsymbol{\alpha}_3=(0,0,a)^{\mathrm{T}}$ 是矩阵 $\boldsymbol{A}$ 的属于特征值 $\lambda_1=1,\lambda_2=-2,\lambda_3=-1$ 的特征向量.求矩阵 $\boldsymbol{A}$ 和行列式 $|\boldsymbol{A}^*+2\boldsymbol{E}|$ 的值.

八、(12 分) 设 $\boldsymbol{A}$ 为 n 阶矩阵,$\boldsymbol{\alpha}_1,\boldsymbol{\alpha}_2,\cdots,\boldsymbol{\alpha}_n$ 是 n 维非零列向量,且 $\boldsymbol{A\alpha}_1=\boldsymbol{\alpha}_2,\boldsymbol{A\alpha}_2=\boldsymbol{\alpha}_3,\cdots,\boldsymbol{A\alpha}_{n-1}=\boldsymbol{\alpha}_n,\boldsymbol{A\alpha}_n=\boldsymbol{0}$.

(1) 证明$\boldsymbol{\alpha}_1,\boldsymbol{\alpha}_2,\cdots,\boldsymbol{\alpha}_n$ 线性无关;

(2) 求 $\boldsymbol{A}$ 的特征值与特征向量.

第 6 章

二 次 型

基本要求

1. 理解二次型及其矩阵表示，了解二次型秩的概念，理解合同矩阵的概念.

2. 理解二次型的标准形，掌握化实二次型为标准形的正交变换法，熟悉配方法，会用合同初等变换法.

3. 理解实二次型的规范形，了解惯性定理以及实二次型的正惯性指数、负惯性指数.

4. 了解正定二次型和正定矩阵的概念及性质，会判别二次型和矩阵的正定性.

5. 知道半正定、负定、半负定、不定二次型以及半正定、负定、半负定、不定矩阵.

内容综述

一、二次型及其矩阵表示

1. n 元二次型是指 n 个变量 $x_1,x_2,\cdots,x_n$ 的二次齐次多项式

$$f(x_1,x_2,\cdots,x_n)=\sum_{i=1}^{n}\sum_{j=1}^{n}a_{ij}x_ix_j=\boldsymbol{x}^{\mathrm{T}}\boldsymbol{A}\boldsymbol{x},$$

其中 $a_{ij}=a_{ji}(i,j=1,2,\cdots,n)$，$\boldsymbol{A}=[a_{ij}]_{n\times n}$，$\boldsymbol{x}=(x_1,x_2,\cdots,x_n)^{\mathrm{T}}$.

二次型 f 与对称矩阵 $\boldsymbol{A}$ 一一对应，rank $\boldsymbol{A}$ 称为二次型 f 的秩.

2. 设 $\boldsymbol{A},\boldsymbol{B}$ 为 n 阶矩阵，如果有 n 阶可逆矩阵 $\boldsymbol{C}$，使得 $\boldsymbol{B}=\boldsymbol{C}^{\mathrm{T}}\boldsymbol{A}\boldsymbol{C}$，则称 $\boldsymbol{A},\boldsymbol{B}$ 是合同的，记作 $\boldsymbol{A}\simeq\boldsymbol{B}$. 当 $\boldsymbol{C}$ 为实矩阵时，则称 $\boldsymbol{A}$ 与 $\boldsymbol{B}$ 是实合同的.

注 合同是方阵之间的一种等价关系；与对称矩阵合同的矩阵必定是对称矩阵.

3. 设有线性变换 $\boldsymbol{x}=\boldsymbol{C}\boldsymbol{y}$，其中 $\boldsymbol{C}\in\mathbb{F}^{n\times n}$，$\boldsymbol{x},\boldsymbol{y}\in\mathbb{F}^n$. 若 $\boldsymbol{C}$ 是实矩阵，则称为实线性变换. 若 $\boldsymbol{C}$ 为可逆矩阵，则称为可逆的(或满秩的、非退化的)线性变换. 若 $\boldsymbol{C}$ 为正交矩阵，则称为正交变换.

4. 正交变换保持向量的内积不变、向量的长度不变、向量的夹角不变.

二、二次型的标准形和规范形

1. 只含平方项的二次型称为二次型的标准形.

2. 任意一个二次型都可以经过可逆线性变换化为标准形；任何一个实二次型总可以

经过正交变换化为标准形.

3. 化实二次型为标准形有三种方法：正交变换法、配方法、合同初等变换法.

注 二次型的标准形不唯一.

4. $z_1^2+\cdots+z_p^2-z_{p+1}^2-\cdots-z_r^2$ 称为实二次型 $f(x_1,x_2,\cdots,x_n)$ 的规范形.

5. 惯性定理：任何一个实二次型可经过可逆实线性变换化为规范形，且规范形是唯一的.

6. 在实二次型 $f(x_1,x_2,\cdots,x_n)$ 的规范形中，正平方项的个数 p 称为 f 的正惯性指数；负平方项的个数 $r-p$ 称为 f 的负惯性指数.

注 实二次型的规范形由它的秩和正惯性指数唯一确定.

7. 任意实对称矩阵 $\boldsymbol{A}$ 都实合同于形如

$$\operatorname{diag}(\boldsymbol{E}_p,-\boldsymbol{E}_q,\boldsymbol{0})$$

的对角矩阵，其中 $p+q$ 等于 $\boldsymbol{A}$ 的秩，数 p 由 $\boldsymbol{A}$ 唯一确定，称为 $\boldsymbol{A}$ 的正惯性指数，数 q 称为矩阵 $\boldsymbol{A}$ 的负惯性指数. 上述对角矩阵称为 $\boldsymbol{A}$ 的实合同标准形.

三、正定二次型

1. 设 $f(x_1,x_2,\cdots,x_n)$ 是实二次型，如果对于任何不全为零的实数 $c_1,c_2,\cdots,c_n$，都有 $f(c_1,c_2,\cdots,c_n)>0$，则称实二次型 $f(x_1,x_2,\cdots,x_n)$ 是正定的. 对应的矩阵称为正定矩阵.

2. 对于实二次型 $f(x_1,x_2,\cdots,x_n)=\boldsymbol{x}^{\mathrm{T}}\boldsymbol{A}\boldsymbol{x}$，则下列条件等价：

(1) f 是正定的；

(2) f 的正惯性指数等于 n；

(3) $\boldsymbol{A}$ 的所有特征值全为正数；

(4) 存在可逆实矩阵 $\boldsymbol{C}$，使得 $\boldsymbol{C}^{\mathrm{T}}\boldsymbol{A}\boldsymbol{C}=\boldsymbol{E}$；

(5) 存在可逆实矩阵 $\boldsymbol{C}$，使得 $\boldsymbol{A}=\boldsymbol{C}^{\mathrm{T}}\boldsymbol{C}$；

(6) $\boldsymbol{A}$ 的所有顺序主子式全大于 0.

3. 设 $f(x_1,x_2,\cdots,x_n)$ 是实二次型，对于任意不全为零的实数 $c_1,c_2,\cdots,c_n$，若都有 $f(c_1,c_2,\cdots,c_n)\geqslant 0$，则称 $f(x_1,x_2,\cdots,x_n)$ 是半正定的；若都有 $f(c_1,c_2,\cdots,c_n)<0$，则称 $f(x_1,x_2,\cdots,x_n)$ 是负定的；若都有 $f(c_1,c_2,\cdots,c_n)\leqslant 0$，则称 $f(x_1,x_2,\cdots,x_n)$ 是半负定的. 若 $f(x_1,x_2,\cdots,x_n)$ 既不是半正定的也不是半负定的，则称 $f(x_1,x_2,\cdots,x_n)$ 是不定的.

若实二次型 $f=\boldsymbol{x}^{\mathrm{T}}\boldsymbol{A}\boldsymbol{x}$ 是半正定的（或负定的、或半负定的、或不定的），则称 $\boldsymbol{A}$ 是半正定的（或负定的、或半负定的、或不定的）.

疑难辨析

问题 1 二次型的化简为何要采用可逆线性变换？

答 这是因为，只有线性变换 $\boldsymbol{x}=\boldsymbol{C}\boldsymbol{y}$ 才能将旧二次型 $f=\boldsymbol{x}^{\mathrm{T}}\boldsymbol{A}\boldsymbol{x}$ 化为新二次型 $f=\boldsymbol{y}^{\mathrm{T}}(\boldsymbol{C}^{\mathrm{T}}\boldsymbol{A}\boldsymbol{C})\boldsymbol{y}$；只有线性变换 $\boldsymbol{x}=\boldsymbol{C}\boldsymbol{y}$ 可逆，才能使新、旧二次型具有相同的秩，才能从新二次型的性质推出旧二次型的性质.

问题 2 为何将可逆线性变换称为非退化的线性变换？

答 非退化的意思是“没有变坏”. 可逆线性变换可以保留原有的好的性质，例如，可逆线性变换能够保持二次型的秩不变，可逆实线性变换能够保持实二次型的正惯性指数和负惯性指数不变，这些都是二次型的重要指标. 因此称可逆线性变换为非退化的线性变换.

问题 3 为何要规定二次型的矩阵为对称矩阵？

答 研究二次型的目的是为了将一般的二次型 $f=\boldsymbol{x}^{\mathrm{T}}\boldsymbol{A}\boldsymbol{x}$ 经过可逆线性变换 $\boldsymbol{x}=\boldsymbol{C}\boldsymbol{y}$ 化为只含平方项的标准形 $f=\boldsymbol{y}^{\mathrm{T}}\boldsymbol{B}\boldsymbol{y}$，这里 $\boldsymbol{B}$ 为对角矩阵，于是

$$f=\boldsymbol{x}^{\mathrm{T}}\boldsymbol{A}\boldsymbol{x}=\boldsymbol{y}^{\mathrm{T}}(\boldsymbol{C}^{\mathrm{T}}\boldsymbol{A}\boldsymbol{C})\boldsymbol{y}=\boldsymbol{y}^{\mathrm{T}}\boldsymbol{B}\boldsymbol{y},$$

即有 $\boldsymbol{B}=\boldsymbol{C}^{\mathrm{T}}\boldsymbol{A}\boldsymbol{C}$. 由于 $\boldsymbol{B}$ 是对称矩阵，$\boldsymbol{C}$ 是可逆矩阵，因此 $\boldsymbol{A}=(\boldsymbol{C}^{-1})^{\mathrm{T}}\boldsymbol{B}\boldsymbol{C}^{-1}$ 是对称矩阵. 所以，规定二次型的矩阵为对称矩阵，是将二次型化为标准形的必然选择.

问题 4 设 $\boldsymbol{A}$ 为 n 阶矩阵，$\boldsymbol{x}=(x_1,x_2,\cdots,x_n)^{\mathrm{T}}$，试问二次型 $f(\boldsymbol{x})=\boldsymbol{x}^{\mathrm{T}}\boldsymbol{A}\boldsymbol{x}$ 的矩阵是否为 $\boldsymbol{A}$？

答 当 $\boldsymbol{A}$ 是对称矩阵时，二次型 $f(\boldsymbol{x})$ 的矩阵就是 $\boldsymbol{A}$.

当 $\boldsymbol{A}$ 不是对称矩阵时，二次型 $f(\boldsymbol{x})$ 的矩阵不是 $\boldsymbol{A}$. 注意到

$$\boldsymbol{x}^{\mathrm{T}}\boldsymbol{A}\boldsymbol{x}=(\boldsymbol{x}^{\mathrm{T}}\boldsymbol{A}\boldsymbol{x})^{\mathrm{T}}=\boldsymbol{x}^{\mathrm{T}}\boldsymbol{A}^{\mathrm{T}}\boldsymbol{x},$$

从而

$$f(\boldsymbol{x})=\frac{1}{2}(\boldsymbol{x}^{\mathrm{T}}\boldsymbol{A}\boldsymbol{x}+\boldsymbol{x}^{\mathrm{T}}\boldsymbol{A}^{\mathrm{T}}\boldsymbol{x})=\boldsymbol{x}^{\mathrm{T}}\frac{\boldsymbol{A}+\boldsymbol{A}^{\mathrm{T}}}{2}\boldsymbol{x},$$

且容易看出 $\dfrac{\boldsymbol{A}+\boldsymbol{A}^{\mathrm{T}}}{2}$ 是对称矩阵，因此它是二次型 $f(\boldsymbol{x})$ 的矩阵.

注 上述解答给出了求此类二次型的矩阵的一般方法.

问题 5 矩阵的“等价”“相似”“合同”有何区别与联系？

答 由定义及第5章疑难辨析问题1知，相似的矩阵、合同的矩阵一定等价，等价的矩阵不一定相似. 下面说明：等价的矩阵不一定合同，“合同”与“相似”之间不存在蕴含关系.

(1) $\boldsymbol{A}\cong\boldsymbol{B}$ 不蕴涵 $\boldsymbol{A}\simeq\boldsymbol{B}$. 例如，对于矩阵

$$\boldsymbol{A}=\begin{bmatrix}1&0\\0&1\end{bmatrix},\quad \boldsymbol{B}=\begin{bmatrix}1&2\\0&1\end{bmatrix},$$

显然 $\boldsymbol{A}\cong\boldsymbol{B}$. 因为 $\boldsymbol{A}$ 是对称矩阵，而 $\boldsymbol{B}$ 不是对称矩阵，所以 $\boldsymbol{A}$ 与 $\boldsymbol{B}$ 不合同.

(2) $\boldsymbol{A}\simeq\boldsymbol{B}$ 不蕴涵 $\boldsymbol{A}\sim\boldsymbol{B}$. 例如，对于矩阵

$$\boldsymbol{A}=\begin{bmatrix}1&0\\0&1\end{bmatrix},\quad \boldsymbol{B}=\begin{bmatrix}1&0\\0&4\end{bmatrix},$$

只要取 $\boldsymbol{C}=\begin{bmatrix}1&0\\0&2\end{bmatrix}$，就有 $\boldsymbol{C}^{\mathrm{T}}\boldsymbol{A}\boldsymbol{C}=\boldsymbol{B}$，即 $\boldsymbol{A}\simeq\boldsymbol{B}$. 因为与数量矩阵相似的矩阵只能是它自己，所以 $\boldsymbol{A}$ 与 $\boldsymbol{B}$ 不相似.

(3) $\boldsymbol{A}\sim\boldsymbol{B}$ 不蕴涵 $\boldsymbol{A}\simeq\boldsymbol{B}$. 例如，对于矩阵

$$\boldsymbol{A}=\begin{bmatrix}4&-3\\2&-1\end{bmatrix},\quad \boldsymbol{B}=\begin{bmatrix}2&0\\0&1\end{bmatrix},$$

取 $\boldsymbol{P}=\begin{bmatrix}3&1\\2&1\end{bmatrix}$，则得 $\boldsymbol{P}^{-1}\boldsymbol{A}\boldsymbol{P}=\boldsymbol{B}$，即 $\boldsymbol{A}\sim\boldsymbol{B}$. 由于 $\boldsymbol{A}$ 不是对称矩阵，$\boldsymbol{B}$ 是对称矩阵，因此 $\boldsymbol{A}$ 与 $\boldsymbol{B}$ 不合同.

问题 6 若 $\boldsymbol{A},\boldsymbol{B}$ 为 n 阶实对称矩阵，那么 $\boldsymbol{A}\sim\boldsymbol{B}$ 与 $\boldsymbol{A}\simeq\boldsymbol{B}$ 有何联系？

答 (1) 若 $\boldsymbol{A},\boldsymbol{B}$ 为 n 阶实对称矩阵，且 $\boldsymbol{A}\sim\boldsymbol{B}$，则 $\boldsymbol{A}\simeq\boldsymbol{B}$.

事实上，因 $\boldsymbol{A},\boldsymbol{B}$ 都是实对称矩阵，故 $\boldsymbol{A},\boldsymbol{B}$ 都可正交相似对角化；又由 $\boldsymbol{A}\sim\boldsymbol{B}$ 知 $\boldsymbol{A},\boldsymbol{B}$ 有相同的特征值，从而 $\boldsymbol{A},\boldsymbol{B}$ 正交相似于同一个对角矩阵 $\boldsymbol{\Lambda}$，即存在正交矩阵 $\boldsymbol{Q}_1,\boldsymbol{Q}_2$，使得

$$\boldsymbol{Q}_1^{\mathrm{T}}\boldsymbol{A}\boldsymbol{Q}_1=\boldsymbol{\Lambda}=\boldsymbol{Q}_2^{\mathrm{T}}\boldsymbol{B}\boldsymbol{Q}_2,$$

于是有

$$(\boldsymbol{Q}_1\boldsymbol{Q}_2^{\mathrm{T}})^{\mathrm{T}}\boldsymbol{A}(\boldsymbol{Q}_1\boldsymbol{Q}_2^{\mathrm{T}})=\boldsymbol{B},$$

即 $\boldsymbol{A}\simeq\boldsymbol{B}$.

(2) 若 $\boldsymbol{A},\boldsymbol{B}$ 为 n 阶实对称矩阵，且 $\boldsymbol{A}\simeq\boldsymbol{B}$，则不一定有 $\boldsymbol{A}\sim\boldsymbol{B}$.

反例见本章疑难辨析问题 5 的解答中(2).

问题 7 正定二次型、负定二次型、半正定二次型、半负定二次型之间有何联系和区别？

答 根据定义，可以知道：

实二次型 $f(\boldsymbol{x})$ 是负定的当且仅当 $-f(\boldsymbol{x})$ 是正定的；

实二次型 $f(\boldsymbol{x})$ 是半负定的当且仅当 $-f(\boldsymbol{x})$ 是半正定的；

正定二次型是半正定二次型，反之不真；

负定二次型是半负定二次型，反之不真.

注 对于正定矩阵、负定矩阵、半正定矩阵、半负定矩阵也有类似结论.

问题 8 如何理解矩阵的特征值和特征向量中"特征"的含义？

答 用正交变换 $\boldsymbol{x}=\boldsymbol{Q}\boldsymbol{y}$，将三元实二次型 $\boldsymbol{x}^{\mathrm{T}}\boldsymbol{A}\boldsymbol{x}$ 化为标准形 $\boldsymbol{y}^{\mathrm{T}}\boldsymbol{\Lambda}\boldsymbol{y}$，其中

$$\boldsymbol{x}=(x_1,x_2,x_3)^{\mathrm{T}},\quad \boldsymbol{y}=(y_1,y_2,y_3)^{\mathrm{T}},\quad \boldsymbol{Q}=[\boldsymbol{q}_1\quad \boldsymbol{q}_2\quad \boldsymbol{q}_3],\quad \boldsymbol{\Lambda}=\mathrm{diag}(\lambda_1,\lambda_2,\lambda_3).$$

其几何意义是用旋转变换 $\boldsymbol{x}=\boldsymbol{Q}\boldsymbol{y}$，将直角坐标系 $Ox_1x_2x_3$ 下二次曲面方程 $\boldsymbol{x}^{\mathrm{T}}\boldsymbol{A}\boldsymbol{x}=1$，化为新的直角坐标系 $Oy_1y_2y_3$ 下标准方程 $\boldsymbol{y}^{\mathrm{T}}\boldsymbol{\Lambda}\boldsymbol{y}=1$. 由此可方便地判定有心二次曲面是椭球面还是双曲面. 矩阵 $\boldsymbol{A}$ 的特征值 $\lambda_1,\lambda_2,\lambda_3$ 为新直角坐标系下二次曲面标准方程中平方项的系数，标准正交特征向量 $\boldsymbol{q}_1,\boldsymbol{q}_2,\boldsymbol{q}_3$ 则是在原直角坐标系下三个新坐标轴上的单位向量，它们都是二次曲面图形特征的关键信息. 这就从几何层面解释了特征值和特征向量中"特征"的含义.

问题 9 实二次型有规范形，那么复二次型是否也有规范形？

答 任何一个复二次型 $f(x_1,x_2,\cdots,x_n)$ 都能经可逆线性变换化为标准形，只需适当改变变量的顺序(这也是一个可逆线性变换)，就可得到

$$f=d_1y_1^2+d_2y_2^2+\cdots+d_ry_r^2,\quad d_i\neq 0,i=1,2,\cdots,r,$$

其中 r 是 $f(x_1,x_2,\cdots,x_n)$ 的秩. 然后做可逆线性变换(不一定是实线性变换)

$$\begin{cases} y_1=\dfrac{1}{\sqrt{d_1}}z_1, \\ \quad\vdots \\ y_r=\dfrac{1}{\sqrt{d_r}}z_r, \\ y_{r+1}=z_{r+1}, \\ \quad\vdots \\ y_n=z_n, \end{cases}$$

将其化为如下形式的标准形：

$$f=z_1^2+z_2^2+\cdots+z_r^2,$$

这就是复二次型 $f(x_1,x_2,\cdots,x_n)$ 的规范形.

注 (1) 复二次型的规范形也是唯一的，它由其秩所确定；

(2) 化复二次型为规范形所使用的线性变换不能要求是实线性变换.

问题 10 实对称矩阵有实合同标准形，那么复对称矩阵是否也有合同标准形？

答 根据问题 9 的回答，任意一个秩为 r 的复对称矩阵 $\boldsymbol{A}$ 都合同于对角矩阵

$$\begin{bmatrix}\boldsymbol{E}_r & \boldsymbol{0}\\ \boldsymbol{0} & \boldsymbol{0}\end{bmatrix}.$$

上述对角矩阵就是复对称矩阵 $\boldsymbol{A}$ 的合同标准形. 因此，两个同阶复对称矩阵 $\boldsymbol{A}$ 与 $\boldsymbol{B}$ 合同的充要条件是它们的秩相等.

问题 11 如何理解正定矩阵与正定二次型的几何意义？

答 对于任意一个 n 阶正定矩阵 $\boldsymbol{A}$，可以定义 $\mathbb{R}^n$ 中一个所谓的正定变换：

$$\boldsymbol{y}=\boldsymbol{A}\boldsymbol{x},\quad 对一切\ \boldsymbol{x}\in\mathbb{R}^n.$$

由正定矩阵的定义知，对于 $\mathbb{R}^n$ 中任何非零向量 $\boldsymbol{x}$，均有

$$\langle\boldsymbol{A}\boldsymbol{x},\boldsymbol{x}\rangle=(\boldsymbol{A}\boldsymbol{x})^{\mathrm{T}}\boldsymbol{x}=\boldsymbol{x}^{\mathrm{T}}\boldsymbol{A}\boldsymbol{x}>0,$$

因此正定变换使得任何非零向量 $\boldsymbol{x}$ 与其像 $\boldsymbol{A}\boldsymbol{x}$ 的夹角为锐角，即二者的方向比较接近.

一元正定二次型 $f=ax^2(a>0)$ 的图像为开口朝上、顶点在原点的抛物线. 二元正定二次型 $f=\boldsymbol{x}^{\mathrm{T}}\boldsymbol{A}\boldsymbol{x}$ 的图像为开口朝上、顶点在原点的抛物面. n 元正定二次型 $f=\boldsymbol{x}^{\mathrm{T}}\boldsymbol{A}\boldsymbol{x}$ 其实就是最优化理论中不可或缺的凸函数. 正定矩阵在凸优化理论中有着非常重要的应用.

范例解析

题型 1 二次型概念与性质的应用

例 1 二次型 $f(x_1,x_2,x_3)=x_1^2+x_2^2+x_3^2+2ax_1x_2+2x_1x_3+2bx_2x_3$ 的秩为 2，则 a，b 应满足的条件为 【 】

(A) $a\neq b$； (B) $a=b=1$；

(C) $a=b,a\neq\pm1$； (D) $a=b=-1$.

解 二次型 f 的矩阵为

$$\boldsymbol{A}=\begin{bmatrix}1 & a & 1\\ a & 1 & b\\ 1 & b & 1\end{bmatrix},$$

由 f 的秩为 2，知 $|\boldsymbol{A}|=-(a-b)^2=0$，可得 $a=b$. 又

$$\boldsymbol{A}=\begin{bmatrix}1 & a & 1\\ a & 1 & a\\ 1 & a & 1\end{bmatrix}\to\begin{bmatrix}1 & a & 1\\ 0 & 1-a^2 & 0\\ 0 & 0 & 0\end{bmatrix},$$

所以当 $a\neq\pm1$ 时，$\operatorname{rank}\boldsymbol{A}=2$，故选(C).

注 $|\boldsymbol{A}|=0$ 只能说明 $\operatorname{rank}\boldsymbol{A}<3$，而不能确定 $\operatorname{rank}\boldsymbol{A}=2$.

例 2 证明

$$f(x_1,x_2,\cdots,x_n)=\begin{vmatrix} 0 & x_1 & x_2 & \cdots & x_n \\ -x_1 & a_{11} & a_{12} & \cdots & a_{1n} \\ -x_2 & a_{21} & a_{22} & \cdots & a_{2n} \\ \vdots & \vdots & \vdots & & \vdots \\ -x_n & a_{n1} & a_{n2} & \cdots & a_{nn} \end{vmatrix}$$

是一个二次型,并求其矩阵.

证 记矩阵 $\boldsymbol{A}=[a_{ij}]$,A_{ij} 为$|\boldsymbol{A}|$中元 $a_{ij}(i,j=1,2,\cdots,n)$的代数余子式,则

$$f=-x_1\begin{vmatrix} -x_1 & a_{12} & \cdots & a_{1n} \\ -x_2 & a_{22} & \cdots & a_{2n} \\ \vdots & \vdots & & \vdots \\ -x_n & a_{n2} & \cdots & a_{nn} \end{vmatrix}+x_2\begin{vmatrix} -x_1 & a_{11} & a_{13} & \cdots & a_{1n} \\ -x_2 & a_{21} & a_{23} & \cdots & a_{2n} \\ \vdots & \vdots & \vdots & \vdots & \\ -x_n & a_{n1} & a_{n3} & \cdots & a_{nn} \end{vmatrix}+\cdots+$$

$$(-1)^{n+2}x_n\begin{vmatrix} -x_1 & a_{11} & \cdots & a_{1,n-1} \\ -x_2 & a_{21} & \cdots & a_{2,n-1} \\ \vdots & \vdots & & \vdots \\ -x_n & a_{n1} & \cdots & a_{n,n-1} \end{vmatrix}$$

$$=x_1(A_{11}x_1+A_{21}x_2+\cdots+A_{n1}x_n)+x_2(A_{12}x_1+A_{22}x_2+\cdots+A_{n2}x_n)+\cdots+$$
$$x_n(A_{1n}x_1+A_{2n}x_2+\cdots+A_{nn}x_n)$$
$$=\boldsymbol{x}^{\mathrm{T}}\boldsymbol{A}^*\boldsymbol{x}.$$

令 $\boldsymbol{B}=[b_{ij}]_{n\times n}$ 为 f 的矩阵,则 $f=\boldsymbol{x}^{\mathrm{T}}\boldsymbol{B}\boldsymbol{x}$,且 $\boldsymbol{B}$ 是对称矩阵,其中

$$b_{ij}=\frac{1}{2}(A_{ij}+A_{ji}),\quad i,j=1,2,\cdots,n.$$

注 本例使用的是本章疑难辨析问题 4 的方法.

例 3 设实二次型 $f=\sum\limits_{i=1}^{m}(a_{i1}x_1+\cdots+a_{in}x_n)^2$,令 $\boldsymbol{A}=[a_{ij}]_{m\times n}$,证明二次型 f 的秩等于 rank $\boldsymbol{A}$.

证 令 $y_i=a_{i1}x_1+a_{i2}x_2+\cdots+a_{in}x_n(1\leqslant i\leqslant n)$,则

$$\begin{bmatrix} y_1 \\ y_2 \\ \vdots \\ y_n \end{bmatrix}=\boldsymbol{A}\begin{bmatrix} x_1 \\ x_2 \\ \vdots \\ x_n \end{bmatrix},$$

从而

$$f=(y_1,y_2,\cdots,y_n)\begin{bmatrix} y_1 \\ y_2 \\ \vdots \\ y_n \end{bmatrix}=(x_1,x_2,\cdots,x_n)\boldsymbol{A}^{\mathrm{T}}\boldsymbol{A}\begin{bmatrix} x_1 \\ x_2 \\ \vdots \\ x_n \end{bmatrix},$$

故实二次型 f 的秩等于 rank $\boldsymbol{A}^{\mathrm{T}}\boldsymbol{A}$.

又因为 $\boldsymbol{A}$ 为实矩阵,所以由第 4 章拓展提高例 58 的评注可知 rank $\boldsymbol{A}^{\mathrm{T}}\boldsymbol{A}=$rank $\boldsymbol{A}$,即实

二次型 f 的秩等于 rank $\boldsymbol{A}$.

题型2　矩阵合同的判定与证明

例4　设矩阵

$$\boldsymbol{A}=\begin{bmatrix}1&1&1&1\\1&1&1&1\\1&1&1&1\\1&1&1&1\end{bmatrix},\quad \boldsymbol{B}=\begin{bmatrix}4&0&0&0\\0&0&0&0\\0&0&0&0\\0&0&0&0\end{bmatrix},$$

则 $\boldsymbol{A}$ 与 $\boldsymbol{B}$　　【　】

(A) 合同且相似；　(B) 合同但不相似；

(C) 不合同但相似；　(D) 不合同也不相似.

解　由于 $\boldsymbol{A}$ 是实对称矩阵，因此存在正交矩阵 $\boldsymbol{Q}$，使得 $\boldsymbol{Q}^{\mathrm{T}}\boldsymbol{AQ}=\boldsymbol{Q}^{-1}\boldsymbol{AQ}=\boldsymbol{\Lambda}$ 为对角矩阵，且 $\boldsymbol{\Lambda}$ 的主对角元为 $\boldsymbol{A}$ 的特征值. 由 rank $\boldsymbol{\Lambda}$ = rank $\boldsymbol{A}=1$ 知 $\boldsymbol{\Lambda}$ 的主对角元应有三个 0；又 tr $\boldsymbol{\Lambda}$ = tr $\boldsymbol{A}=4$，故 $\boldsymbol{\Lambda}$ 的另一个主对角元为 4，所以 $\boldsymbol{A}\sim\boldsymbol{B}$，且 $\boldsymbol{A}\simeq\boldsymbol{B}$. 故应选(A).

注　(1) 两个实对称矩阵相似当且仅当它们有相同的特征值.

(2) 两个实对称矩阵合同当且仅当它们有相同的秩和相同的正惯性指数.

例5　已知矩阵 $\boldsymbol{A}=\begin{bmatrix}2&-1&-1\\-1&2&-1\\-1&-1&2\end{bmatrix}$，$\boldsymbol{B}=\begin{bmatrix}1&&\\&2&\\&&0\end{bmatrix}$，矩阵 $\boldsymbol{A}$ 与 $\boldsymbol{B}$ 是否合同，是否相似？

解　因为 $|\lambda\boldsymbol{E}-\boldsymbol{A}|=\lambda(\lambda-3)^2$，所以 $\boldsymbol{A}$ 的特征值为 0,3,3. 但 $\boldsymbol{B}$ 的特征值为 0,1,2，故 $\boldsymbol{A}$ 与 $\boldsymbol{B}$ 不相似.

由于 $\boldsymbol{A}$，$\boldsymbol{B}$ 都是实对称矩阵，且秩都是 2、正惯性指数都是 2，因此 $\boldsymbol{A}\simeq\boldsymbol{B}$.

例6　设 $\boldsymbol{A}$，$\boldsymbol{B}$ 中有一个是正交矩阵，证明 $\boldsymbol{AB}$ 与 $\boldsymbol{BA}$ 合同且相似.

证　不妨设 $\boldsymbol{A}$ 是正交矩阵，则 $\boldsymbol{A}^{\mathrm{T}}\boldsymbol{A}=\boldsymbol{E}$，从而

$$\boldsymbol{A}^{\mathrm{T}}(\boldsymbol{AB})\boldsymbol{A}=\boldsymbol{BA},$$

故 $\boldsymbol{A}\simeq\boldsymbol{B}$. 又 $\boldsymbol{A}^{\mathrm{T}}=\boldsymbol{A}^{-1}$，因此 $\boldsymbol{A}\sim\boldsymbol{B}$.

题型3　二次型的标准形与规范形的求法及应用

例7　已知实二次型 $f=x_1^2+4x_2^2+tx_3^2-2x_1x_2+4x_1x_3-6x_2x_3$ 的正惯性指数为 2，负惯性指数为 1，则 t 的取值范围是________.

解　利用配方法化二次型为标准形，得

$$f=(x_1-x_2+2x_3)^2+3\left(x_2-\frac{1}{3}x_3\right)^2+\left(t-\frac{13}{3}\right)x_3^2,$$

只有 $\left(t-\frac{13}{3}\right)x_3^2$ 才可能是负平方项，故由假设知 $t<\frac{13}{3}$.

例8　设 $\boldsymbol{P}=[\boldsymbol{\alpha}_1\ \ \boldsymbol{\alpha}_2\ \ \boldsymbol{\alpha}_3]$，$\boldsymbol{Q}=[\boldsymbol{\alpha}_1\ \ -\boldsymbol{\alpha}_3\ \ \boldsymbol{\alpha}_2]$，若二次型 $f(x_1,x_2,x_3)$ 在正交变换 $\boldsymbol{x}=\boldsymbol{Py}$ 下的标准形为 $2y_1^2+y_2^2-y_3^2$，则 $f(x_1,x_2,x_3)$ 在正交变换 $\boldsymbol{x}=\boldsymbol{Qy}$ 下的标准形为　　【　】

(A) $2y_1^2-y_2^2+y_3^2$；　(B) $2y_1^2+y_2^2-y_3^2$；

(C) $2y_1^2-y_2^2-y_3^2$；　(D) $2y_1^2+y_2^2+y_3^2$.

解 由二次型 $f(x_1,x_2,x_3)$在正交变换 $\boldsymbol{x}=\boldsymbol{P}\boldsymbol{y}$ 下的标准形为 $2y_1^2+y_2^2-y_3^2$，得

$$\boldsymbol{P}^{\mathrm{T}}\boldsymbol{A}\boldsymbol{P}=\begin{bmatrix}2&0&0\\0&1&0\\0&0&-1\end{bmatrix}.$$

又

$$\boldsymbol{Q}=[\boldsymbol{\alpha}_1\quad -\boldsymbol{\alpha}_3\quad \boldsymbol{\alpha}_2]=[\boldsymbol{\alpha}_1\quad \boldsymbol{\alpha}_2\quad \boldsymbol{\alpha}_3]\begin{bmatrix}1&0&0\\0&0&1\\0&-1&0\end{bmatrix}\stackrel{\text{def}}{=}\boldsymbol{P}\boldsymbol{C},$$

故

$$\boldsymbol{Q}^{\mathrm{T}}\boldsymbol{A}\boldsymbol{Q}=\boldsymbol{C}^{\mathrm{T}}(\boldsymbol{P}^{\mathrm{T}}\boldsymbol{A}\boldsymbol{P})\boldsymbol{C}=\begin{bmatrix}2&0&0\\0&-1&0\\0&0&1\end{bmatrix},$$

从而二次型 $f(x_1,x_2,x_3)$在正交变换 $\boldsymbol{x}=\boldsymbol{Q}\boldsymbol{y}$ 下的标准形为 $2y_1^2-y_2^2+y_3^2$. 所以选(A).

例 9 用配方法、合同初等变换法将二次型

$$f=x_1^2+x_2^2+x_3^2+x_4^2+2x_1x_2-2x_1x_4-2x_2x_3+2x_3x_4$$

化为标准形和规范形.

解 (1) 配方法. 先将 f 配方成

$$f=(x_1+x_2-x_4)^2+(x_3-x_2+x_4)^2-(x_2-2x_4)^2+3x_4^2,$$

然后令

$$\begin{cases}y_1=x_1+x_2-x_4,\\y_2=x_2-2x_4,\\y_3=-x_2+x_3+x_4,\\y_4=x_4,\end{cases}\quad\text{即}\quad\begin{cases}x_1=y_1-y_2-y_4,\\x_2=y_2+2y_4,\\x_3=y_2+y_3+y_4,\\x_4=y_4,\end{cases}$$

记

$$\boldsymbol{P}=\begin{bmatrix}1&-1&0&-1\\0&1&0&2\\0&1&1&1\\0&0&0&1\end{bmatrix},$$

则二次型 f 经可逆线性变换 $\boldsymbol{x}=\boldsymbol{P}\boldsymbol{y}$ 化成标准形 $f=y_1^2-y_2^2+y_3^2+3y_4^2$.

再令

$$\begin{cases}z_1=y_1,\\z_2=y_2,\\z_3=y_3,\\z_4=\sqrt{3}\,y_4,\end{cases}\quad\text{即}\quad\begin{cases}y_1=z_1,\\y_2=z_2,\\y_3=z_3,\\y_4=\dfrac{\sqrt{3}}{3}z_4,\end{cases}$$

记 $\boldsymbol{Q}=\mathrm{diag}\left(1,1,1,\dfrac{\sqrt{3}}{3}\right)$，则二次型 f 经可逆线性变换 $\boldsymbol{x}=\boldsymbol{P}\boldsymbol{Q}\boldsymbol{z}$ 化成规范形 $f=z_1^2-z_2^2+z_3^2+z_4^2$.

(2) 合同初等变换法. 记二次型的矩阵为 $\boldsymbol{A}=\begin{bmatrix}1&1&0&-1\\1&1&-1&0\\0&-1&1&1\\-1&0&1&1\end{bmatrix}$,则

$$[\boldsymbol{A}\quad \boldsymbol{E}_4]=\begin{bmatrix}1&1&0&-1&1&0&0&0\\1&1&-1&0&0&1&0&0\\0&-1&1&1&0&0&1&0\\-1&0&1&1&0&0&0&1\end{bmatrix}$$

$$\to\begin{bmatrix}1&0&0&0&1&0&0&0\\0&2&0&0&0&1&0&1\\0&0&3&0&2&-1&1&1\\0&0&0&-\frac{1}{2}&1&-\frac{1}{2}&0&\frac{1}{2}\end{bmatrix}$$

$$\to\begin{bmatrix}1&0&0&0&1&0&0&0\\0&1&0&0&0&\frac{1}{\sqrt{2}}&0&\frac{1}{\sqrt{2}}\\0&0&1&0&\frac{2\sqrt{3}}{3}&-\frac{\sqrt{3}}{3}&\frac{\sqrt{3}}{3}&\frac{\sqrt{3}}{3}\\0&0&0&-1&\sqrt{2}&-\frac{\sqrt{2}}{2}&0&\frac{\sqrt{2}}{2}\end{bmatrix},$$

令

$$\boldsymbol{P}_1=\begin{bmatrix}1&0&0&0\\0&1&0&1\\2&-1&1&1\\1&-\frac{1}{2}&0&\frac{1}{2}\end{bmatrix}^{\mathrm{T}},\quad \boldsymbol{P}_2=\begin{bmatrix}1&0&0&0\\0&\frac{1}{\sqrt{2}}&0&\frac{1}{\sqrt{2}}\\\frac{2\sqrt{3}}{3}&-\frac{\sqrt{3}}{3}&\frac{\sqrt{3}}{3}&\frac{\sqrt{3}}{3}\\\sqrt{2}&-\frac{\sqrt{2}}{2}&0&\frac{\sqrt{2}}{2}\end{bmatrix}^{\mathrm{T}},$$

则原二次型 f 经可逆线性变换 $\boldsymbol{x}=\boldsymbol{P}_1\boldsymbol{y}$ 化成标准形 $f=y_1^2+2y_2^2+3y_3^2-\frac{1}{2}y_4^2$;二次型 f 经可逆线性变换 $\boldsymbol{x}=\boldsymbol{P}_2\boldsymbol{z}$ 化成规范形 $f=z_1^2+z_2^2+z_3^2-z_4^2$.

注 (1) 配方法化二次型为标准形的步骤如下:

如果二次型不含平方项,则先做可逆线性变换使之出现平方项. 如果二次型含平方项,则将含某个平方项中变量的那些项归并后再配方;然后对剩余部分继续归并、配方,直至将二次型化成只含平方项.

(2) 合同初等变换法化二次型为标准形的两种途径:

一种是对矩阵 $\begin{bmatrix}\boldsymbol{A}\\\boldsymbol{E}\end{bmatrix}$ 做合同初等变换(先做初等列变换再做相同的初等行变换),将 $\boldsymbol{A}$ 化为对角矩阵的同时 $\boldsymbol{E}$ 就化为要找的矩阵 $\boldsymbol{C}$.

另一种是对矩阵$[\boldsymbol{A}\quad \boldsymbol{E}]$做合同初等变换(先做初等行变换再做相同的初等列变换),将$\boldsymbol{A}$化为对角矩阵的同时$\boldsymbol{E}$就化为矩阵$\boldsymbol{C}^{\mathrm{T}}$,而$\boldsymbol{C}$就是要找的矩阵.

例 10 设四元二次型$f(x_1,x_2,x_3,x_4)=\boldsymbol{x}^{\mathrm{T}}\boldsymbol{A}\boldsymbol{x}$,其中

$$\boldsymbol{A}=\begin{bmatrix}0&1&0&0\\1&0&0&0\\0&0&y&1\\0&0&1&2\end{bmatrix}.$$

(1) 已知矩阵$\boldsymbol{A}$的一个特征值为3,求y;

(2) 求矩阵$\boldsymbol{Q}$,使$(\boldsymbol{AQ})^{\mathrm{T}}\boldsymbol{AQ}$为对角矩阵.

解 (1) $\boldsymbol{A}$的特征多项式为

$$|\lambda\boldsymbol{E}-\boldsymbol{A}|=(\lambda^2-1)(\lambda^2-(2+y)\lambda+2y-1),$$

由$\lambda=3$是$\boldsymbol{A}$的特征值可知

$$(3^2-1)(3^2-(2+y)3+2y-1)=0,$$

解得$y=2$.

(2) 令

$$\boldsymbol{B}=\boldsymbol{A}^{\mathrm{T}}\boldsymbol{A}=\begin{bmatrix}1&0&0&0\\0&1&0&0\\0&0&5&4\\0&0&4&5\end{bmatrix},$$

不难求得$\boldsymbol{B}$的特征值$\lambda_1=\lambda_2=\lambda_3=1,\lambda_4=9$,以及它们依次对应的特征向量

$$\boldsymbol{p}_1=(1,0,0,0)^{\mathrm{T}},\quad \boldsymbol{p}_2=(0,1,0,0)^{\mathrm{T}},$$

$$\boldsymbol{p}_3=(0,0,-1,1)^{\mathrm{T}},\quad \boldsymbol{p}_3=(0,0,1,1)^{\mathrm{T}}.$$

这四个向量已经两两正交,只需单位化,得

$$\boldsymbol{q}_1=(1,0,0,0)^{\mathrm{T}},\quad \boldsymbol{q}_2=(0,1,0,0)^{\mathrm{T}},$$

$$\boldsymbol{q}_3=\left(0,0,-\frac{1}{\sqrt{2}},\frac{1}{\sqrt{2}}\right)^{\mathrm{T}},\quad \boldsymbol{q}_4=\left(0,0,\frac{1}{\sqrt{2}},\frac{1}{\sqrt{2}}\right)^{\mathrm{T}}.$$

取$\boldsymbol{Q}=[\boldsymbol{q}_1\quad \boldsymbol{q}_2\quad \boldsymbol{q}_3\quad \boldsymbol{q}_4]$,则$\boldsymbol{Q}$为正交矩阵,且

$$(\boldsymbol{AQ})^{\mathrm{T}}(\boldsymbol{AQ})=\mathrm{diag}(1,1,1,9).$$

例 11 已知$f(x_1,x_2,x_3)=(1-a)x_1^2+(1-a)x_2^2+2x_3^2+2(1+a)x_1x_2$的秩为2.求:

(1) a的值;

(2) 正交变换$\boldsymbol{x}=\boldsymbol{Q}\boldsymbol{y}$,把$f(x_1,x_2,x_3)$化为标准形;

(3) 方程$f(x_1,x_2,x_3)=0$的解.

解 (1) 二次型f的矩阵为

$$\boldsymbol{A}=\begin{bmatrix}1-a&1+a&0\\1+a&1-a&0\\0&0&2\end{bmatrix},$$

由$\mathrm{rank}\,\boldsymbol{A}=2$,$|\boldsymbol{A}|=-8a$,得到$a=0$.

(2) 由 $|\lambda\boldsymbol{E}-\boldsymbol{A}|=\lambda(\lambda-2)^2=0$ 解得 $\boldsymbol{A}$ 的特征值为 $\lambda_1=0,\lambda_2=\lambda_3=2$.

对于 $\lambda_1=0$,解方程组 $(0\boldsymbol{E}-\boldsymbol{A})\boldsymbol{x}=\boldsymbol{0}$ 得对应的一个特征向量为 $\boldsymbol{p}_1=(-1,1,0)^{\mathrm{T}}$,单位化得 $\boldsymbol{q}_1=\frac{1}{\sqrt{2}}(-1,1,0)^{\mathrm{T}}$.

对于 $\lambda_2=\lambda_3=2$,解方程组 $(2\boldsymbol{E}-\boldsymbol{A})\boldsymbol{x}=\boldsymbol{0}$ 得对应的两个正交的特征向量为 $\boldsymbol{p}_2=(1,1,0)^{\mathrm{T}},\boldsymbol{p}_3=(0,0,1)^{\mathrm{T}}$,单位化得 $\boldsymbol{q}_2=\frac{1}{\sqrt{2}}(1,1,0)^{\mathrm{T}},\boldsymbol{q}_3=(0,0,1)^{\mathrm{T}}$. 所求正交矩阵为

$$\boldsymbol{Q}=[\boldsymbol{q}_1\quad\boldsymbol{q}_2\quad\boldsymbol{q}_3]=\begin{bmatrix}-\frac{1}{\sqrt{2}} & \frac{1}{\sqrt{2}} & 0\\ \frac{1}{\sqrt{2}} & \frac{1}{\sqrt{2}} & 0\\ 0 & 0 & 1\end{bmatrix}.$$

则由正交变换 $\boldsymbol{x}=\boldsymbol{Q}\boldsymbol{y}$,可将二次型化为标准形 $f=2y_2^2+2y_3^2$.

(3) 方程 $f(x_1,x_2,x_3)=0$ 的矩阵形式为 $\boldsymbol{x}^{\mathrm{T}}\boldsymbol{A}\boldsymbol{x}=0$,在正交变换 $\boldsymbol{x}=\boldsymbol{Q}\boldsymbol{y}$ 下,

$$\boldsymbol{x}^{\mathrm{T}}\boldsymbol{A}\boldsymbol{x}=\boldsymbol{y}^{\mathrm{T}}\boldsymbol{Q}^{\mathrm{T}}\boldsymbol{A}\boldsymbol{Q}\boldsymbol{y}=2y_2^2+2y_3^2=0,$$

解得 $y_2=y_3=0,y_1=c_1$ 为任意实数,从而

$$\boldsymbol{x}=\boldsymbol{Q}\boldsymbol{y}=\begin{bmatrix}-\frac{1}{\sqrt{2}} & \frac{1}{\sqrt{2}} & 0\\ \frac{1}{\sqrt{2}} & \frac{1}{\sqrt{2}} & 0\\ 0 & 0 & 1\end{bmatrix}\begin{bmatrix}c_1\\0\\0\end{bmatrix}=c_1\begin{bmatrix}-\frac{1}{\sqrt{2}}\\ \frac{1}{\sqrt{2}}\\ 0\end{bmatrix}.$$

记 $c=\frac{1}{\sqrt{2}}c_1$,则方程 $f(x_1,x_2,x_3)=0$ 的全部解为 $x_1=-c,x_2=c,x_3=0,c$ 为任意实数.

注 正交变换法化实二次型为标准形的步骤:

(1) 求二次型的矩阵;

(2) 求矩阵的特征值及每个特征值对应的特征向量;

(3) 将每个特征值对应的线性无关的特征向量正交标准化;

(4) 构造正交矩阵,将矩阵对角化;

(5) 将二次型经正交变换化为标准形.

例 12 设 a 为参数,实二次型

$$f(x_1,x_2,x_3)=(x_1-x_2+x_3)^2+(x_2+x_3)^2+(x_1+ax_3)^2.$$

(1) 求 $f(x_1,x_2,x_3)=0$ 的解;

(2) 求 $f(x_1,x_2,x_3)$的规范形.

解 (1) 由 $f(x_1,x_2,x_3)=0$ 得齐次线性方程组

$$\begin{cases}x_1-x_2+x_3=0,\\ x_2+x_3=0,\\ x_1+ax_3=0,\end{cases}$$

对其系数矩阵做初等行变换,得

$$A=\begin{bmatrix}1&-1&1\\0&1&1\\1&0&a\end{bmatrix}\to\begin{bmatrix}1&-1&1\\0&1&1\\0&0&a-2\end{bmatrix}.$$

当 $a\neq 2$ 时,齐次线性方程组只有零解.

当 $a=2$ 时,齐次方程组的通解为

$$\begin{bmatrix}x_1\\x_2\\x_3\end{bmatrix}=k\begin{bmatrix}2\\1\\-1\end{bmatrix},\quad k \text{ 为任意数}.$$

(2) 由(1)知,当 $a\neq 2$ 时,A 可逆,令

$$\begin{cases}z_1=x_1-x_2+x_3,\\z_2=x_2+x_3,\\z_3=x_1+ax_3,\end{cases}$$

则可逆线性变换 $z=Ax$,将二次型化为规范形 $f=z_1^2+z_2^2+z_3^2$.

当 $a=2$ 时,因

$$\begin{aligned}f(x_1,x_2,x_3)&=(x_1-x_2+x_3)^2+(x_2+x_3)^2+(x_1+2x_3)^2\\&=2x_1^2+2x_2^2+6x_3^2-2x_1x_2+6x_1x_3,\end{aligned}$$

故二次型的矩阵

$$B=\begin{bmatrix}2&-1&3\\-1&2&0\\3&0&6\end{bmatrix}.$$

由

$$|\lambda E-B|=\lambda(\lambda^2-10\lambda+18)=0,$$

得矩阵 B 的全部特征值 $\lambda_1=5+\sqrt{7}$,$\lambda_2=5-\sqrt{7}$,$\lambda_3=0$,从而二次型的规范形为 $f=z_1^2+z_2^2$.

注 当 $a=2$ 时,也可以用配方法求二次型的规范形.

例 13 设实二次型 $f(x_1,x_2,x_3)=ax_1^2+ax_2^2+(a-1)x_3^2+2x_1x_3-2x_2x_3$.

(1) 求二次型 f 的矩阵的所有特征值;

(2) 若二次型 f 的规范形为 $y_1^2+y_2^2$,求 a 的值.

解 (1) 二次型 f 的矩阵为

$$A=\begin{bmatrix}a&0&1\\0&a&-1\\1&-1&a-1\end{bmatrix},$$

从而

$$|\lambda E-A|=(\lambda-a)(\lambda-a-1)(\lambda-a+2),$$

故 A 的特征值为 $\lambda_1=a$,$\lambda_2=a+1$,$\lambda_3=a-2$.

(2) 因为 f 的规范形为 $y_1^2+y_2^2$,所以 A 有两个特征值为正,一个特征值为 0.

若 $\lambda_1=a=0$,则 $\lambda_2=1>0$,$\lambda_3=-2<0$,不符合题意;

若 $\lambda_2=a+1=0$,则 $\lambda_1=-1<0$,$\lambda_3=-3<0$,不符合题意;

若 $\lambda_3=a-2=0$,则 $\lambda_1=2>0$,$\lambda_2=3>0$,符合题意,故 $a=2$.

例 14 设 n 阶实对称矩阵 $\boldsymbol{A}$ 的秩为 r，且满足 $\boldsymbol{A}^2=\boldsymbol{A}$，求：

(1) 二次型 $\boldsymbol{x}^{\mathrm{T}}\boldsymbol{A}\boldsymbol{x}$ 的标准形；

(2) 行列式 $|\boldsymbol{E}+\boldsymbol{A}+\boldsymbol{A}^2+\cdots+\boldsymbol{A}^n|$ 的值.

解 (1) 设 λ 是 $\boldsymbol{A}$ 的任一特征值，由 $\boldsymbol{A}^2=\boldsymbol{A}$ 知，特征值 λ 必满足方程 $\lambda^2-\lambda=0$，从而 $\lambda=0$ 或 $\lambda=1$，即 $\boldsymbol{A}$ 的特征值只取 0 或 1.

因为 $\boldsymbol{A}$ 为实对称矩阵，且 $\operatorname{rank}\boldsymbol{A}=r$，所以 $\boldsymbol{A}$ 的特征值中有 r 个 1，$n-r$ 个 0，故二次型的一个标准形为 $y_1^2+y_2^2+\cdots+y_r^2$.

(2) 由 $\boldsymbol{A}^2=\boldsymbol{A}$ 得 $\boldsymbol{A}^k=\boldsymbol{A}(k\geqslant 2)$，故

$$|\boldsymbol{E}+\boldsymbol{A}+\boldsymbol{A}^2+\cdots+\boldsymbol{A}^n|=|\boldsymbol{E}+n\boldsymbol{A}|.$$

由于 $\boldsymbol{A}$ 的特征值中有 r 个 1，$n-r$ 个 0，因此 $\boldsymbol{E}+n\boldsymbol{A}$ 的特征值中有 r 个 $1+n$，$n-r$ 个 1，从而

$$|\boldsymbol{E}+\boldsymbol{A}+\boldsymbol{A}^2+\cdots+\boldsymbol{A}^n|=|\boldsymbol{E}+n\boldsymbol{A}|=(1+n)^r.$$

例 15 设实二次型

$$f(x_1,x_2,x_3)=x_1^2+x_2^2+x_3^2-2x_1x_2-2x_1x_3+2ax_2x_3$$

通过正交变换化为标准形 $f=2y_1^2+2y_2^2+by_3^2$. 求：

(1) a,b 及所用正交变换矩阵 $\boldsymbol{Q}$；

(2) f 在条件 $\boldsymbol{x}^{\mathrm{T}}\boldsymbol{x}=3$ 下的最大值.

解 (1) 二次型及其对应的标准形的矩阵分别为

$$\boldsymbol{A}=\begin{bmatrix}1&-1&-1\\-1&1&a\\-1&a&1\end{bmatrix},\quad \boldsymbol{B}=\begin{bmatrix}2&&\\&2&\\&&b\end{bmatrix},$$

因为 $\boldsymbol{A}\sim\boldsymbol{B}$，所以 $\boldsymbol{A}$ 的特征值为 $2,2,b$，从而由

$$|2\boldsymbol{E}-\boldsymbol{A}|=-a^2-2a-1=0$$

知 $a=-1$. 又 $\operatorname{tr}\boldsymbol{A}=\operatorname{tr}\boldsymbol{B}$，则 $b=-1$. 于是 $\boldsymbol{A}$ 的特征值为 $2,2,-1$.

对于 $\lambda=2$，解方程组 $(2\boldsymbol{E}-\boldsymbol{A})x=\boldsymbol{0}$，可得对应的线性无关特征向量为 $\boldsymbol{p}_1=(1,0,-1)^{\mathrm{T}}$，$\boldsymbol{p}_2=(1,-2,1)^{\mathrm{T}}$，单位化得 $\boldsymbol{q}_1=\dfrac{1}{\sqrt{2}}(1,0,-1)^{\mathrm{T}}$，$\boldsymbol{q}_2=\dfrac{1}{\sqrt{6}}(1,-2,1)^{\mathrm{T}}$.

对于 $\lambda=-1$，解方程组 $(-\boldsymbol{E}-\boldsymbol{A})\boldsymbol{x}=\boldsymbol{0}$，可得对应的特征向量为 $\boldsymbol{p}_3=(1,1,1)^{\mathrm{T}}$，单位化得 $\boldsymbol{q}_3=\dfrac{1}{\sqrt{3}}(1,1,1)^{\mathrm{T}}$. 所求正交矩阵为

$$\boldsymbol{Q}=[\boldsymbol{q}_1\quad\boldsymbol{q}_2\quad\boldsymbol{q}_3]=\frac{1}{\sqrt{6}}\begin{bmatrix}\sqrt{3}&1&\sqrt{2}\\0&-2&\sqrt{2}\\-\sqrt{3}&1&\sqrt{2}\end{bmatrix}.$$

(2) 因为 $\boldsymbol{x}=\boldsymbol{Q}\boldsymbol{y}$，所以 $3=\boldsymbol{x}^{\mathrm{T}}\boldsymbol{x}=\boldsymbol{y}^{\mathrm{T}}\boldsymbol{Q}^{\mathrm{T}}\boldsymbol{Q}\boldsymbol{y}=\boldsymbol{y}^{\mathrm{T}}\boldsymbol{y}$，于是

$$f=2y_1^2+2y_2^2-y_3^2\leqslant 2y_1^2+2y_2^2+2y_3^2=6,$$

取 $\boldsymbol{y}=\dfrac{1}{2}(\sqrt{6},\sqrt{6},0)^{\mathrm{T}}$，则 $\boldsymbol{y}^{\mathrm{T}}\boldsymbol{y}=3$，且使得 $f=6$，即在条件 $\boldsymbol{x}^{\mathrm{T}}\boldsymbol{x}=3$ 下，f 的最大值为 6.

题型 4　二次型的标准形的反问题

例 16　设三元实二次型 $f(\boldsymbol{x})=\boldsymbol{x}^{\mathrm{T}}\boldsymbol{A}\boldsymbol{x}$ 的矩阵 $\boldsymbol{A}$ 满足 $|\boldsymbol{A}-2\boldsymbol{E}|=0$，$\boldsymbol{AB}=\boldsymbol{0}$，其中

$$\boldsymbol{B}=\begin{bmatrix}1 & 1\\ 2 & -1\\ 1 & 1\end{bmatrix}.$$

求二次型 $f(\boldsymbol{x})$ 的表达式.

解　根据假设，$\boldsymbol{A}$ 是实对称矩阵. 记矩阵 $\boldsymbol{B}=[\boldsymbol{\alpha}_1\quad \boldsymbol{\alpha}_2]$，则有

$$\boldsymbol{0}=\boldsymbol{AB}=\boldsymbol{A}[\boldsymbol{\alpha}_1\quad \boldsymbol{\alpha}_2]=[\boldsymbol{A\alpha}_1\quad \boldsymbol{A\alpha}_2],$$

从而 $\boldsymbol{A\alpha}_1=\boldsymbol{A\alpha}_2=\boldsymbol{0}$，这说明 $\lambda_1=0$ 是 $\boldsymbol{A}$ 的一个特征值，$\boldsymbol{\alpha}_1,\boldsymbol{\alpha}_2$ 是其对应的特征向量.

又由 $|\boldsymbol{A}-2\boldsymbol{E}|=0$ 知 $\lambda_2=2$ 是 $\boldsymbol{A}$ 的另一个特征值，设 $\boldsymbol{\alpha}_3=(x_1,x_2,x_3)^{\mathrm{T}}$ 是其对应的特征向量. 因 $\lambda_1\neq\lambda_2$，故 $\boldsymbol{\alpha}_3$ 与 $\boldsymbol{\alpha}_1,\boldsymbol{\alpha}_2$ 正交，即有

$$\begin{cases}x_1+2x_2+x_3=0,\\ x_1-\ x_2+x_3=0,\end{cases}$$

解得 $\boldsymbol{\alpha}_3=(-1,0,1)^{\mathrm{T}}$.

由于 $\boldsymbol{\alpha}_1,\boldsymbol{\alpha}_2,\boldsymbol{\alpha}_3$ 已经两两正交，因此只需单位化，得

$$\boldsymbol{q}_1=\frac{1}{\sqrt{6}}(1,2,1)^{\mathrm{T}},\quad \boldsymbol{q}_2=\frac{1}{\sqrt{3}}(1,-1,1)^{\mathrm{T}},\quad \boldsymbol{q}_3=\frac{1}{\sqrt{2}}(-1,0,1)^{\mathrm{T}},$$

令 $\boldsymbol{Q}=[\boldsymbol{q}_1\quad \boldsymbol{q}_2\quad \boldsymbol{q}_3]$，则 $\boldsymbol{Q}$ 为正交矩阵，且 $\boldsymbol{Q}^{\mathrm{T}}\boldsymbol{AQ}=\mathrm{diag}(0,0,2)$，从而

$$\boldsymbol{A}=\boldsymbol{Q}\begin{bmatrix}0 & & \\ & 0 & \\ & & 2\end{bmatrix}\boldsymbol{Q}^{\mathrm{T}}=\begin{bmatrix}1 & 0 & -1\\ 0 & 0 & 0\\ -1 & 0 & 1\end{bmatrix},$$

故二次型 $f(\boldsymbol{x})=x_1^2-2x_1x_3+x_3^2$.

例 17　已知实二次型 $f(x_1,x_2,x_3)=\boldsymbol{x}^{\mathrm{T}}\boldsymbol{A}\boldsymbol{x}$ 在正交变换 $\boldsymbol{x}=\boldsymbol{Q}\boldsymbol{y}$ 下的标准形为 $y_1^2+y_2^2$，且 $\boldsymbol{Q}$ 的第三列为 $\left(\frac{\sqrt{2}}{2},0,\frac{\sqrt{2}}{2}\right)^{\mathrm{T}}$.

（1）求矩阵 $\boldsymbol{A}$；

（2）证明 $\boldsymbol{A}+\boldsymbol{E}$ 为正定矩阵.

解　（1）由于二次型 $f(x_1,x_2,x_3)=\boldsymbol{x}^{\mathrm{T}}\boldsymbol{A}\boldsymbol{x}$ 在正交变换 $\boldsymbol{x}=\boldsymbol{Q}\boldsymbol{y}$ 下的标准形为 $y_1^2+y_2^2$，因此 $\boldsymbol{A}$ 的特征值为 $\lambda_1=\lambda_2=1,\lambda_3=0$. 又因 $\boldsymbol{Q}$ 的第三列为 $\left(\frac{\sqrt{2}}{2},0,\frac{\sqrt{2}}{2}\right)^{\mathrm{T}}$，所以 $\boldsymbol{A}$ 的对应于 $\lambda_3=0$ 的特征向量为 $\boldsymbol{\alpha}_3=\left(\frac{\sqrt{2}}{2},0,\frac{\sqrt{2}}{2}\right)^{\mathrm{T}}$. 设 $\boldsymbol{A}$ 的对应于 $\lambda_1=\lambda_2=1$ 的特征向量为 $\boldsymbol{\alpha}=(x_1,x_2,x_3)^{\mathrm{T}}$，则由 $\boldsymbol{A}$ 是实对称矩阵知 $\boldsymbol{\alpha}^{\mathrm{T}}\boldsymbol{\alpha}_3=0$，即

$$\frac{\sqrt{2}}{2}x_1+\frac{\sqrt{2}}{2}x_3=0,$$

取 $\boldsymbol{\alpha}_1=(0,1,0)^{\mathrm{T}}$，$\boldsymbol{\alpha}_2=(-1,0,1)^{\mathrm{T}}$，则 $\boldsymbol{\alpha}_1,\boldsymbol{\alpha}_2,\boldsymbol{\alpha}_3$ 正交. 故令 $\boldsymbol{P}=[\boldsymbol{\alpha}_1\quad \boldsymbol{\alpha}_2\quad \boldsymbol{\alpha}_3]$，可得

$$A=P\operatorname{diag}(1,1,0)P^{-1}=\begin{bmatrix}\frac{1}{2}&0&-\frac{1}{2}\\0&1&0\\-\frac{1}{2}&0&\frac{1}{2}\end{bmatrix}.$$

(2) 因 $\boldsymbol{A}$ 的特征值为 1,1,0,故 $\boldsymbol{A}+\boldsymbol{E}$ 的特征值为 2,2,1,即 $\boldsymbol{A}+\boldsymbol{E}$ 的所有特征值为正,所以 $\boldsymbol{A}+\boldsymbol{E}$ 为正定矩阵.

例 18 已知三元实二次型 $\boldsymbol{x}^{\mathrm{T}}\boldsymbol{A}\boldsymbol{x}$ 经正交变换化为 $2y_1^2-y_2^2-y_3^2$,且 $\boldsymbol{A}^*\boldsymbol{\alpha}=\boldsymbol{\alpha}$,其中 $\boldsymbol{\alpha}=(1,1,-1)^{\mathrm{T}}$,$\boldsymbol{A}^*$ 为 $\boldsymbol{A}$ 的伴随矩阵,求此二次型的表达式.

解 由条件知三元实二次型 $\boldsymbol{x}^{\mathrm{T}}\boldsymbol{A}\boldsymbol{x}$ 的矩阵 $\boldsymbol{A}$ 的特征值为 $\lambda_1=2,\lambda_2=\lambda_3=-1$,从而 $|\boldsymbol{A}|=2\times(-1)\times(-1)=2$,于是 $\boldsymbol{A}^*$ 的特征值为 1,−2,−2.

由于 $\boldsymbol{\alpha}$ 是 $\boldsymbol{A}^*$ 的特征值 1 对应的特征向量,因此 $\boldsymbol{\alpha}$ 是 $\boldsymbol{A}$ 的特征值 2 对应的特征向量. 而实对称矩阵 $\boldsymbol{A}$ 的特征值 −1 对应的特征向量 $\boldsymbol{\beta}=(x_1,x_2,x_3)^{\mathrm{T}}$ 必与 $\boldsymbol{\alpha}$ 正交,即 $x_1+x_2-x_3=0$,得基础解系 $\boldsymbol{\beta}_1=(-1,1,0)^{\mathrm{T}},\boldsymbol{\beta}_2=(1,0,1)^{\mathrm{T}}$. 记 $\boldsymbol{P}=[\boldsymbol{\alpha}\quad\boldsymbol{\beta}_1\quad\boldsymbol{\beta}_2]$,则

$$A=P\begin{bmatrix}2&&\\&-1&\\&&-1\end{bmatrix}P^{-1}=\begin{bmatrix}0&1&-1\\1&0&-1\\-1&-1&0\end{bmatrix},$$

所以二次型的表达式为 $f=2x_1x_2-2x_1x_3-2x_2x_3$.

题型 5 正定二次型的判定与应用

例 19 判定下列二次型的正定性.

(1) $f_1(x_1,x_2,x_3)=6x_1^2+5x_2^2+7x_3^2-4x_1x_2+4x_1x_3$;

(2) $f_2(x_1,x_2,x_3)=-5x_1^2-6x_2^2-4x_3^2+4x_1x_2+4x_1x_3$;

(3) $f_3(x_1,x_2,x_3)=x_1^2+x_2^2+14x_3^2+7x_4^2+6x_1x_3+8x_1x_4-4x_2x_3+2x_2x_4+4x_3x_4$.

解 (1) 由于二次型 f_1 的矩阵为

$$A=\begin{bmatrix}6&-2&2\\-2&5&0\\2&0&7\end{bmatrix},$$

且顺序主子式依次为

$$6>0,\quad\begin{vmatrix}6&-2\\-2&5\end{vmatrix}=26>0,\begin{vmatrix}6&-2&2\\-2&5&0\\2&0&7\end{vmatrix}=162>0,$$

因此二次型 f_1 是正定二次型.

(2) 由于二次型 f_2 的矩阵为

$$B=\begin{bmatrix}-5&2&2\\2&-6&0\\2&0&-4\end{bmatrix},$$

且顺序主子式依次为

$$-5<0,\quad\begin{vmatrix}-5&2\\2&-6\end{vmatrix}=26>0,\quad\begin{vmatrix}-5&2&2\\2&-6&0\\2&0&-4\end{vmatrix}=-80<0,$$

因此二次型 f_2 是负定二次型.

(3) 对二次型 f_3 的矩阵

$$C=\begin{bmatrix}1&0&3&4\\0&1&-2&1\\3&-2&14&2\\4&1&2&7\end{bmatrix}$$

做倍加行变换将其化为上三角矩阵：

$$C=\begin{bmatrix}1&0&3&4\\0&1&-2&1\\3&-2&14&2\\4&1&2&7\end{bmatrix}\to\begin{bmatrix}1&0&3&4\\0&1&-2&1\\0&0&1&-8\\0&0&0&-74\end{bmatrix},$$

根据合同初等变换法,即知 f_3 的正惯性指数为 3,负惯性指数为 1,因此 f_3 是不定二次型.

注 将实对称矩阵 $\boldsymbol{A}$ 做倍加行变换化为上三角矩阵 $\boldsymbol{B}$,则由 $\boldsymbol{B}$ 的主对角元的符号就能确定 $\boldsymbol{A}$ 的正、负惯性指数.

例 20 求椭圆 $x_1^2+4x_1x_2+5x_2^2=1$ 的面积.

解 令 $f(x_1,x_2)=x_1^2+4x_1x_2+5x_2^2$,则二次型 $f(x_1,x_2)$ 的矩阵为 $\boldsymbol{A}=\begin{bmatrix}1&2\\2&5\end{bmatrix}$.

设 $\boldsymbol{A}$ 的特征值为 λ_1,λ_2,则 $\lambda_1\lambda_2=|\boldsymbol{A}|=1$；而 $\boldsymbol{A}$ 是正定矩阵,故 $\lambda_1>0,\lambda_2>0$,且存在正交矩阵 $\boldsymbol{Q}$,使 $\boldsymbol{Q}^{\mathrm{T}}\boldsymbol{A}\boldsymbol{Q}=\mathrm{diag}(\lambda_1,\lambda_2)$.

做正交变换 $\boldsymbol{x}=\boldsymbol{Q}\boldsymbol{y}$,使二次型化为标准形 $f=\lambda_1y_1^2+\lambda_2y_2^2$. 由于正交变换不改变几何图形,因此不改变椭圆的面积,于是原椭圆经过正交变换(即旋转变换)化为

$$\lambda_1y_1^2+\lambda_2y_2^2=1\quad 或\quad \frac{y_1^2}{\left(\frac{1}{\sqrt{\lambda_1}}\right)^2}+\frac{y_2^2}{\left(\frac{1}{\sqrt{\lambda_2}}\right)^2}=1,$$

则椭圆的面积为

$$S=\pi\cdot\frac{1}{\sqrt{\lambda_1}}\frac{1}{\sqrt{\lambda_2}}=\pi.$$

注 也可由特征方程 $|\lambda\boldsymbol{E}-\boldsymbol{A}|=\lambda^2-6\lambda+1=0$ 求出 $\boldsymbol{A}$ 的特征值为 $\lambda_1=3+\sqrt{8},\lambda_2=3-\sqrt{8}$,再代入求出椭圆面积.

例 21 已知实二次型

$$f(x_1,x_2,x_3)=2x_1^2+ax_2^2+x_3^2+2x_1x_2+2bx_1x_3$$

正定,求参数 a,b 的取值范围.

解 因为二次型 f 正定,所以 f 的矩阵

$$\boldsymbol{A}=\begin{bmatrix}2&1&b\\1&a&0\\b&0&1\end{bmatrix}$$

的各阶顺序主子式全大于零,从而

$$\begin{vmatrix}2&1\\1&a\end{vmatrix}>0,\quad\begin{vmatrix}2&1&b\\1&a&0\\b&0&1\end{vmatrix}>0,$$

即

$$2a-1>0,\quad -ab^2+(2a-1)>0,$$

因此 a,b 的取值范围为

$$a>\frac{1}{2},\quad -\sqrt{2-\frac{1}{a}}<b<\sqrt{2-\frac{1}{a}}.$$

例 22 将实二次型

$$f(x_1,x_2,x_3)=ax_1^2+bx_2^2+ax_3^2+2cx_1x_3$$

化为标准形,写出可逆变换矩阵,并指出参数 a,b,c 满足什么条件时,f 为正定二次型.

解 令

$$\begin{cases}x_1=y_1\qquad +y_3,\\ x_2=\qquad y_2,\\ x_3=y_1\qquad -y_3,\end{cases}$$

即

$$\begin{bmatrix}x_1\\x_2\\x_3\end{bmatrix}=\begin{bmatrix}1&0&1\\0&1&0\\1&0&-1\end{bmatrix}\begin{bmatrix}y_1\\y_2\\y_3\end{bmatrix},$$

这是一个可逆线性变换,此时 f 化为标准形

$$f=(2a+2c)y_1^2+by_2^2+(2a-2c)y_3^2,$$

于是,当 $2a+2c>0,b>0,2a-2c>0$,即 $a>|c|,b>0$ 时,f 为正定二次型.

拓展提高

例 23 设 $d_1\neq 0$,试证:无论 n 为何值,实二次型

$$f(x_1,x_2,x_3)=(x_1+x_2+x_3)^2+[ax_1+(a+d_1)x_2+(a+2d_1)x_3]^2+\sum_{i=2}^{n}[(a+d_i)x_1+(a+2d_i)x_2+(a+3d_i)x_3]^2$$

的秩均为 2.

证 做线性映射

$$y_0=x_1+x_2+x_3,$$
$$y_1=ax_1+(a+d_1)x_2+(a+2d_1)x_3,$$
$$y_i=(a+d_i)x_1+(a+2d_i)x_2+(a+3d_i)x_3,\quad i=2,3,\cdots,n,$$

则

$$\begin{bmatrix}y_0\\y_1\\y_2\\\vdots\\y_n\end{bmatrix}=\begin{bmatrix}1&1&1\\a&a+d_1&a+2d_1\\a+d_2&a+2d_2&a+3d_2\\\vdots&\vdots&\vdots\\a+d_n&a+2d_n&a+3d_n\end{bmatrix}\begin{bmatrix}x_1\\x_2\\x_3\end{bmatrix}.$$

记

$$A=\begin{bmatrix}1&1&1\\a&a+d_1&a+2d_1\\a+d_2&a+2d_2&a+3d_2\\\vdots&\vdots&\vdots\\a+d_n&a+2d_n&a+3d_n\end{bmatrix},\quad y=\begin{bmatrix}y_0\\y_1\\y_2\\\vdots\\y_n\end{bmatrix},\quad x=\begin{bmatrix}x_1\\x_2\\x_3\end{bmatrix},$$

从而

$$f=y_0^2+y_1^2+y_2^2+\cdots+y_n^2=y^{\mathrm T}y=x^{\mathrm T}(A^{\mathrm T}A)x.$$

对实矩阵 A 做行初等变换,得

$$A\to\begin{bmatrix}1&1&1\\0&d_1&2d_1\\0&0&0\\\vdots&\vdots&\vdots\\0&0&0\end{bmatrix},$$

所以当 $d_1\neq 0$ 时,$\operatorname{rank}A=2$,这与 n 的取值无关. 根据第 4 章拓展提高例 58 的评注,$\operatorname{rank}(A^{\mathrm T}A)=\operatorname{rank}A$,故二次型 $f(x_1,x_2,x_3)$的秩为 2.

例 24 设矩阵 A_1,B_1 合同,A_2 与 B_2 合同,证明 $\begin{bmatrix}A_1&\\&A_2\end{bmatrix}$ 与 $\begin{bmatrix}B_1&\\&B_2\end{bmatrix}$ 合同.

证 因为 $A_1\simeq B_1,A_2\simeq B_2$,所以存在可逆矩阵 C_1,C_2,使得

$$B_1=C_1^{\mathrm T}A_1C_1,\quad B_2=C_2^{\mathrm T}A_2C_2.$$

令 $C=\begin{bmatrix}C_1&\\&C_2\end{bmatrix}$,则 C 可逆. 于是

$$\begin{bmatrix}B_1&\\&B_2\end{bmatrix}=\begin{bmatrix}C_1&\\&C_2\end{bmatrix}^{\mathrm T}\begin{bmatrix}A_1&\\&A_2\end{bmatrix}\begin{bmatrix}C_1&\\&C_2\end{bmatrix}=C^{\mathrm T}\begin{bmatrix}A_1&\\&A_2\end{bmatrix}C,$$

即

$$\begin{bmatrix}A_1&\\&A_2\end{bmatrix}\simeq\begin{bmatrix}B_1&\\&B_2\end{bmatrix}.$$

例 25 设 n 元实二次型 $f=x^{\mathrm T}Ax$,证明 f 在条件 $x_1^2+x_2^2+\cdots+x_n^2=1$ 下的最大值为实二次型的矩阵 A 的最大特征值,最大特征值对应的单位特征向量为最大值点.

证 设 $\lambda_1,\lambda_2,\cdots,\lambda_n$ 是 f 的特征值,则存在正交变换 $x=Qy$,使

$$f=x^{\mathrm T}Ax=y^{\mathrm T}(Q^{\mathrm T}AQ)y=\lambda_1y_1^2+\lambda_2y_2^2+\cdots+\lambda_ny_n^2,$$

设 $\lambda_k=\max\{\lambda_1,\lambda_2,\cdots,\lambda_n\}$,由于 $x=Qy$ 为正交变换,因此保持长度不变,即

$$y_1^2+y_2^2+\cdots+y_n^2=x_1^2+x_2^2+\cdots+x_n^2=1,$$

因此

$$f=\lambda_1y_1^2+\lambda_2y_2^2+\cdots+\lambda_ny_n^2\leqslant\lambda_k(y_1^2+y_2^2+\cdots+y_n^2)\leqslant\lambda_k,$$

这说明在 $x_1^2+x_2^2+\cdots+x_n^2=1$ 的条件下 f 的最大值不超过 λ_k.

取 y_0 为 n 维基本向量 e_k,则 $y_0^{\mathrm T}y_0=1$,且

$$f=\lambda_1y_1^2+\lambda_2y_2^2+\cdots+\lambda_ky_k^2+\cdots+\lambda_ny_n^2=\lambda_k.$$

将 Q 按列分块为 $Q=[q_1\quad\cdots\quad q_k\quad\cdots\quad q_n]$,则 $x_0=Qy_0=q_k$,且 q_k 是特征值 λ_k 对应的单

位特征向量，从而 $\boldsymbol{x}_0^{\mathrm{T}}\boldsymbol{x}_0=\boldsymbol{y}_0^{\mathrm{T}}\boldsymbol{y}_0=1$，且

$$f(\boldsymbol{x}_0)=\boldsymbol{x}_0^{\mathrm{T}}\boldsymbol{A}\boldsymbol{x}_0=\boldsymbol{y}_0^{\mathrm{T}}(\boldsymbol{Q}^{\mathrm{T}}\boldsymbol{A}\boldsymbol{Q})\boldsymbol{y}_0=\lambda_k,$$

这说明 f 在 $\boldsymbol{x}_0$ 处取到 λ_k，因此 f 在 $x_1^2+x_2^2+\cdots+x_n^2=1$ 条件下的最大值为 $\boldsymbol{A}$ 的最大特征值，最大特征值对应的单位特征向量是最大值点.

注 同理可证：n 元实二次型 $f=\boldsymbol{x}^{\mathrm{T}}\boldsymbol{A}\boldsymbol{x}$ 在条件 $x_1^2+x_2^2+\cdots+x_n^2=1$ 下的最小值为实二次型的矩阵 $\boldsymbol{A}$ 的最小特征值，最小特征值对应的单位特征向量为最小值点.

例 26 设 $\boldsymbol{A}=[a_{ij}]_{n\times n}$ 为 n 阶实对称矩阵，$\operatorname{rank}\boldsymbol{A}=n$，$A_{ij}$ 是 $\boldsymbol{A}$ 中元 a_{ij} 的代数余子式 $(i,j=1,2,\cdots,n)$，二次型 $f(x_1,x_2,\cdots,x_n)=\sum\limits_{i=1}^{n}\sum\limits_{j=1}^{n}\dfrac{A_{ij}}{|\boldsymbol{A}|}x_ix_j$.

(1) 记 $\boldsymbol{x}=(x_1,x_2,\cdots,x_n)^{\mathrm{T}}$，把 $f(x_1,x_2,\cdots,x_n)$ 写成矩阵形式，并证明二次型 $f(\boldsymbol{x})$ 的矩阵为 $\boldsymbol{A}^{-1}$.

(2) 二次型 $g(\boldsymbol{x})=\boldsymbol{x}^{\mathrm{T}}\boldsymbol{A}\boldsymbol{x}$ 与 $f(\boldsymbol{x})$ 的规范形是否相同？说明理由.

解 (1) 由于

$$\begin{aligned}f(x_1,x_2,\cdots,x_n)&=\left(\sum_{j=1}^{n}\frac{A_{1j}}{|\boldsymbol{A}|}x_j\right)x_1+\left(\sum_{j=1}^{n}\frac{A_{2j}}{|\boldsymbol{A}|}x_j\right)x_2+\cdots+\left(\sum_{j=1}^{n}\frac{A_{nj}}{|\boldsymbol{A}|}x_j\right)x_n\\&=\frac{1}{|\boldsymbol{A}|}\begin{bmatrix}\sum\limits_{j=1}^{n}A_{1j}x_j & \sum\limits_{j=1}^{n}A_{2j}x_j & \cdots & \sum\limits_{j=1}^{n}A_{nj}x_j\end{bmatrix}\begin{bmatrix}x_1\\x_2\\\vdots\\x_n\end{bmatrix}\\&=(x_1,x_2,\cdots,x_n)\left(\frac{1}{|\boldsymbol{A}|}\begin{bmatrix}A_{11}&A_{21}&\cdots&A_{n1}\\A_{12}&A_{22}&\cdots&A_{n2}\\\vdots&\vdots&&\vdots\\A_{1n}&A_{2n}&\cdots&A_{nn}\end{bmatrix}\right)\begin{bmatrix}x_1\\x_2\\\vdots\\x_n\end{bmatrix},\end{aligned}$$

因此二次型的矩阵为

$$\frac{1}{|\boldsymbol{A}|}\begin{bmatrix}A_{11}&A_{21}&\cdots&A_{n1}\\A_{12}&A_{22}&\cdots&A_{n2}\\\vdots&\vdots&&\vdots\\A_{1n}&A_{2n}&\cdots&A_{nn}\end{bmatrix}=\frac{1}{|\boldsymbol{A}|}\boldsymbol{A}^*=\boldsymbol{A}^{-1}.$$

(2) 由于实二次型 $g(\boldsymbol{x})=\boldsymbol{x}^{\mathrm{T}}\boldsymbol{A}\boldsymbol{x}$ 经正交变换可化为标准形

$$g=\lambda_1y_1^2+\lambda_2y_2^2+\cdots+\lambda_ny_n^2,$$

$\lambda_1,\lambda_2,\cdots,\lambda_n$ 为 $\boldsymbol{A}$ 的特征值，因此 $f(\boldsymbol{x})=\boldsymbol{x}^{\mathrm{T}}\boldsymbol{A}^{-1}\boldsymbol{x}$ 通过正交变换可化为标准形

$$f=\frac{1}{\lambda_1}z_1^2+\frac{1}{\lambda_2}z_2^2+\cdots+\frac{1}{\lambda_n}z_n^2.$$

显然实二次型 f,g 具有相同的正、负惯性指数，于是具有相同的规范形.

例 27 设 $\boldsymbol{A}=[a_{ij}]_{3\times3}$ 为实对称矩阵，$\boldsymbol{A}^*$ 为 $\boldsymbol{A}$ 的伴随矩阵，记

$$f(x_1,x_2,x_3,x_4)=\begin{vmatrix}x_1^2&x_2&x_3&x_4\\-x_2&a_{11}&a_{12}&a_{13}\\-x_3&a_{21}&a_{22}&a_{23}\\-x_4&a_{31}&a_{32}&a_{33}\end{vmatrix},\quad \boldsymbol{x}=\begin{bmatrix}x_1\\x_2\\x_3\\x_4\end{bmatrix},\quad \boldsymbol{y}=\begin{bmatrix}y_1\\y_2\\y_3\\y_4\end{bmatrix}.$$

若$|\boldsymbol{A}|=-12$,$\operatorname{tr}\boldsymbol{A}=1$,且$(1,0,-2)^{\mathrm{T}}$为方程组$(\boldsymbol{A}^{*}-4\boldsymbol{E})\boldsymbol{x}=\boldsymbol{0}$的一个解,试用正交变换$\boldsymbol{x}=\boldsymbol{Q}\boldsymbol{y}$将$f(x_1,x_2,x_3,x_4)$化为标准形.

解 由$\boldsymbol{A}$为实对称矩阵易知$\boldsymbol{A}^{*}$为实对称矩阵,并且根据行列式按行(列)展开法则,可得

$$f(x_1,x_2,x_3,x_4)=|\boldsymbol{A}|x_1^2+(x_2,x_3,x_4)\boldsymbol{A}^{*}\begin{bmatrix}x_2\\x_3\\x_4\end{bmatrix},$$

即$f(x_1,x_2,x_3,x_4)$是四元二次型.

由$|\boldsymbol{A}|=-12$,$(\boldsymbol{A}^{*}-4\boldsymbol{E})\boldsymbol{x}=\boldsymbol{0}$得

$$(-12\boldsymbol{A}^{-1}-4\boldsymbol{E})\boldsymbol{x}=\boldsymbol{0},\quad 即(\boldsymbol{A}+3\boldsymbol{E})\boldsymbol{x}=\boldsymbol{0}.$$

记$\boldsymbol{\alpha}=(1,0,-2)^{\mathrm{T}}$,因为$\boldsymbol{\alpha}$为方程组$(\boldsymbol{A}^{*}-4\boldsymbol{E})\boldsymbol{x}=\boldsymbol{0}$的一个解,所以$\boldsymbol{\alpha}$是$\boldsymbol{A}$的对应于特征值$-3$的特征向量.设$\boldsymbol{A}$的所有特征值为$\lambda_1,\lambda_2,-3$,则由$|\boldsymbol{A}|=-12$和$\operatorname{tr}\boldsymbol{A}=1$,有

$$\lambda_1\lambda_2=4,\quad \lambda_1+\lambda_2=4,$$

解得$\lambda_1=\lambda_2=2$.而$\boldsymbol{A}$的对应于特征值2的特征向量$(t_1,t_2,t_3)^{\mathrm{T}}$必与$\boldsymbol{\alpha}$正交,即$t_1-2t_3=0$,取其基础解系$\boldsymbol{\alpha}_1=(0,1,0)^{\mathrm{T}}$,$\boldsymbol{\alpha}_2=(2,0,1)^{\mathrm{T}}$.因$\boldsymbol{\alpha}_1,\boldsymbol{\alpha}_2,\boldsymbol{\alpha}$两两正交,故只需将它们单位化,得

$$\boldsymbol{p}_1=(0,1,0)^{\mathrm{T}},\quad \boldsymbol{p}_2=\left(\frac{2}{\sqrt5},0,\frac{1}{\sqrt5}\right)^{\mathrm{T}},\quad \boldsymbol{p}_3=\left(\frac{1}{\sqrt5},0,-\frac{2}{\sqrt5}\right)^{\mathrm{T}}.$$

取正交矩阵$\boldsymbol{P}=[\boldsymbol{p}_1\quad\boldsymbol{p}_2\quad\boldsymbol{p}_3]$,则$\boldsymbol{A}=\boldsymbol{P}\operatorname{diag}(2,2,-3)\boldsymbol{P}^{\mathrm{T}}$,于是

$$\boldsymbol{A}^{*}=|\boldsymbol{A}|\boldsymbol{A}^{-1}=\boldsymbol{P}\operatorname{diag}(-6,-6,4)\boldsymbol{P}^{\mathrm{T}}.$$

令$\boldsymbol{Q}=\begin{bmatrix}1&\boldsymbol{0}\\\boldsymbol{0}&\boldsymbol{P}\end{bmatrix}$,则由$\boldsymbol{P}$为正交矩阵知$\boldsymbol{x}=\boldsymbol{Q}\boldsymbol{y}$为正交变换,且$f$的标准形为

$$\begin{aligned}f&=-12x_1^2+(x_2,x_3,x_4)\boldsymbol{P}\begin{bmatrix}-6&&\\&-6&\\&&4\end{bmatrix}\boldsymbol{P}^{\mathrm{T}}\begin{bmatrix}x_2\\x_3\\x_4\end{bmatrix}\\&=-12y_1^2-6y_2^2-6y_3^2+4y_4^2.\end{aligned}$$

例 28 已知实二次型

$$f(x_1,x_2,x_3)=x_1^2+x_2^2+x_3^2-(ax_1+bx_2+cx_3)^2,$$

其中a,b,c不全为零.问a,b,c满足什么条件时,f为正定二次型?

解 因为

$$f(x_1,x_2,x_3)=(1-a^2)x_1^2+(1-b^2)x_2^2+(1-c^2)x_3^2-2abx_1x_2-2acx_1x_3-2bcx_2x_3,$$

所以f的矩阵

$$\boldsymbol{A}=\begin{bmatrix}1-a^2&-ab&-ac\\-ab&1-b^2&-bc\\-ac&-bc&1-c^2\end{bmatrix}.$$

记

$$\boldsymbol{B}=\begin{bmatrix}a^2&ab&ac\\ab&b^2&bc\\ac&bc&c^2\end{bmatrix}=\begin{bmatrix}a\\b\\c\end{bmatrix}(a,b,c),$$

则 $\boldsymbol{B}$ 是实对称矩阵，且 $\boldsymbol{A}=\boldsymbol{E}-\boldsymbol{B}$.

由 a,b,c 不全为零知 $\operatorname{rank}\boldsymbol{B}=1$，因此实对称矩阵 $\boldsymbol{B}$ 只有一个非零特征值. 而 $\operatorname{tr}\boldsymbol{B}=a^2+b^2+c^2$，故 $\boldsymbol{B}$ 的全部特征值为 $a^2+b^2+c^2,0,0$. 于是 $\boldsymbol{A}=\boldsymbol{E}-\boldsymbol{B}$ 的全部特征值为 $1-(a^2+b^2+c^2),1,1$，从而 $a^2+b^2+c^2<1$ 时，f 为正定二次型.

例 29 已知 $\boldsymbol{A}$ 是 n 阶正定矩阵，令二次型

$$f(x_1,x_2,\cdots,x_n)=\boldsymbol{x}^{\mathrm{T}}\boldsymbol{A}\boldsymbol{x}+x_n^2$$

的矩阵为 $\boldsymbol{B}$，证明：$\boldsymbol{B}$ 是正定矩阵，且 $|\boldsymbol{B}|>|\boldsymbol{A}|$.

证 设 $\boldsymbol{A}=[a_{ij}]_{n\times n}$，则 $a_{ij}=a_{ji}(i,j=1,2,\cdots,n)$，且

$$\boldsymbol{B}=\begin{bmatrix} a_{11} & \cdots & a_{1,n-1} & a_{1n} \\ \vdots & & \vdots & \vdots \\ a_{n-1,1} & \cdots & a_{n-1,n-1} & a_{n-1,n} \\ a_{n1} & \cdots & a_{n,n-1} & a_{nn}+1 \end{bmatrix}.$$

显然 $\boldsymbol{B}$ 是实对称矩阵，且 $\boldsymbol{A},\boldsymbol{B}$ 有相同的 k 阶顺序主子式 $|\boldsymbol{A}_k|>0(k=1,2,\cdots,n-1)$，因此 $\boldsymbol{B}$ 的前 $n-1$ 阶顺序主子式也全大于零. 现在考虑 $\boldsymbol{B}$ 的 n 阶顺序主子式 $|\boldsymbol{B}|$，得

$$\begin{aligned}|\boldsymbol{B}|&=\begin{vmatrix} a_{11} & \cdots & a_{1,n-1} & a_{1n} \\ \vdots & & \vdots & \vdots \\ a_{n-1,1} & \cdots & a_{n-1,n-1} & a_{n-1,n} \\ a_{n1} & \cdots & a_{n,n-1} & a_{nn} \end{vmatrix}+\begin{vmatrix} a_{11} & \cdots & a_{1,n-1} & 0 \\ \vdots & & \vdots & \vdots \\ a_{n-1,1} & \cdots & a_{n-1,n-1} & 0 \\ a_{n1} & \cdots & a_{n,n-1} & 1 \end{vmatrix}\\ &=|\boldsymbol{A}|+|\boldsymbol{A}_{n-1}|>0,\end{aligned}$$

可见 $\boldsymbol{B}$ 是正定矩阵.

因为 $|\boldsymbol{A}_{n-1}|>0$，所以由上式可知 $|\boldsymbol{B}|>|\boldsymbol{A}|$.

例 30 设 $\boldsymbol{A},\boldsymbol{C}$ 为正定矩阵，实矩阵 $\boldsymbol{B}$ 是矩阵方程 $\boldsymbol{AX}+\boldsymbol{XA}=\boldsymbol{C}$ 的唯一解，证明 $\boldsymbol{B}$ 是正定矩阵.

证 由题设，$\boldsymbol{AB}+\boldsymbol{BA}=\boldsymbol{C}$，从而 $\boldsymbol{B}^{\mathrm{T}}\boldsymbol{A}^{\mathrm{T}}+\boldsymbol{A}^{\mathrm{T}}\boldsymbol{B}^{\mathrm{T}}=\boldsymbol{C}^{\mathrm{T}}$，即 $\boldsymbol{B}^{\mathrm{T}}\boldsymbol{A}+\boldsymbol{AB}^{\mathrm{T}}=\boldsymbol{C}$. 又因 $\boldsymbol{B}$ 是矩阵方程 $\boldsymbol{AX}+\boldsymbol{XA}=\boldsymbol{C}$ 的唯一解，故 $\boldsymbol{B}^{\mathrm{T}}=\boldsymbol{B}$.

设 λ 是 $\boldsymbol{B}$ 的任一特征值，$\boldsymbol{p}$ 为对应的特征向量，则 $\boldsymbol{Bp}=\lambda\boldsymbol{p},\boldsymbol{p}\neq\boldsymbol{0}$，于是

$$\begin{aligned}\boldsymbol{p}^{\mathrm{T}}\boldsymbol{Cp}&=\boldsymbol{p}^{\mathrm{T}}\boldsymbol{ABp}+\boldsymbol{p}^{\mathrm{T}}\boldsymbol{BAp}=\boldsymbol{p}^{\mathrm{T}}\boldsymbol{A}(\lambda\boldsymbol{p})+(\boldsymbol{Bp})^{\mathrm{T}}\boldsymbol{Ap}\\&=\lambda\boldsymbol{p}^{\mathrm{T}}\boldsymbol{Ap}+(\lambda\boldsymbol{p})^{\mathrm{T}}\boldsymbol{Ap}=2\lambda\boldsymbol{p}^{\mathrm{T}}\boldsymbol{Ap}.\end{aligned}$$

由 $\boldsymbol{A},\boldsymbol{C}$ 正定及 $\boldsymbol{p}\neq\boldsymbol{0}$ 推得 $\lambda>0$，因此 $\boldsymbol{B}$ 正定.

例 31 证明：n 阶矩阵 $\boldsymbol{A}$ 为正定矩阵的充要条件是存在正定矩阵 $\boldsymbol{B}$，使得 $\boldsymbol{A}=\boldsymbol{B}^2$.

证 必要性. 设 $\boldsymbol{A}$ 为正定矩阵，则 $\boldsymbol{A}$ 的所有特征值 $\lambda_j>0(1\leqslant j\leqslant n)$，且存在正交矩阵 $\boldsymbol{Q}$，使得

$$\begin{aligned}\boldsymbol{A}&=\boldsymbol{Q}\operatorname{diag}(\lambda_1,\lambda_2,\cdots,\lambda_n)\boldsymbol{Q}^{\mathrm{T}}\\&=\boldsymbol{Q}\operatorname{diag}(\sqrt{\lambda_1},\sqrt{\lambda_2},\cdots,\sqrt{\lambda_n})\boldsymbol{Q}^{\mathrm{T}}\boldsymbol{Q}\operatorname{diag}(\sqrt{\lambda_1},\sqrt{\lambda_2},\cdots,\sqrt{\lambda_n})\boldsymbol{Q}^{\mathrm{T}},\end{aligned}$$

令 $\boldsymbol{B}=\boldsymbol{Q}\operatorname{diag}(\sqrt{\lambda_1},\sqrt{\lambda_2},\cdots,\sqrt{\lambda_n})\boldsymbol{Q}^{\mathrm{T}}$，则 $\boldsymbol{B}$ 为实对称矩阵，且正惯性指数为 n，故 $\boldsymbol{B}$ 是正定矩阵，且 $\boldsymbol{A}=\boldsymbol{B}^2$.

充分性. 假设存在正定矩阵 $\boldsymbol{B}$，使得 $\boldsymbol{A}=\boldsymbol{B}^2$，则 $\boldsymbol{A}$ 为实对称矩阵，且 $\boldsymbol{B}$ 的所有特征值 $\mu_j>0(1\leqslant j\leqslant n)$，从而 $\boldsymbol{A}$ 的所有特征值 $\mu_j^2>0(1\leqslant j\leqslant n)$，即 $\boldsymbol{A}$ 为正定矩阵.

例 32 设 $\boldsymbol{A}$ 为 n 阶正定矩阵，$\boldsymbol{B}$ 为 n 阶实反称矩阵，证明 $\boldsymbol{A}-\boldsymbol{B}^2$ 是正定矩阵.

证 由 $\boldsymbol{A}$ 为 n 阶正定矩阵知 $\boldsymbol{A}^{\mathrm{T}}=\boldsymbol{A}$，且对任意 n 维非零实向量 $\boldsymbol{x}$，有 $\boldsymbol{x}^{\mathrm{T}}\boldsymbol{A}\boldsymbol{x}>0$. 而 $\boldsymbol{B}$ 为 n 阶实反称矩阵，即 $\boldsymbol{B}^{\mathrm{T}}=-\boldsymbol{B}$，于是

$$(\boldsymbol{A}-\boldsymbol{B}^2)^{\mathrm{T}}=\boldsymbol{A}^{\mathrm{T}}-(\boldsymbol{B}^{\mathrm{T}})^2=\boldsymbol{A}-(-\boldsymbol{B})^2=\boldsymbol{A}-\boldsymbol{B}^2,$$

即 $\boldsymbol{A}-\boldsymbol{B}^2$ 是实对称矩阵. 对任意 n 维非零实向量 $\boldsymbol{x}$，有

$$\boldsymbol{x}^{\mathrm{T}}(\boldsymbol{A}-\boldsymbol{B}^2)\boldsymbol{x}=\boldsymbol{x}^{\mathrm{T}}(\boldsymbol{A}+\boldsymbol{B}^{\mathrm{T}}\boldsymbol{B})\boldsymbol{x}=\boldsymbol{x}^{\mathrm{T}}\boldsymbol{A}\boldsymbol{x}+(\boldsymbol{B}\boldsymbol{x})^{\mathrm{T}}(\boldsymbol{B}\boldsymbol{x})>0,$$

故 $\boldsymbol{A}-\boldsymbol{B}^2$ 是正定矩阵.

注 判断抽象矩阵是否正定的常用方法：

(1) 若已知抽象矩阵满足关系式，则考察其特征值是否大于零；

(2) 若没有给出抽象矩阵所满足的关系式，则考虑使用定义.

例 33 设 $\boldsymbol{A}=[a_{ij}]_{n\times n}$ 为正定矩阵，$b_1,b_2,\cdots,b_n$ 为非零实数，记 $\boldsymbol{B}=[a_{ij}b_ib_j]_{n\times n}$，证明 $\boldsymbol{B}$ 为正定矩阵.

证 因为

$$\boldsymbol{B}=\begin{bmatrix} a_{11}b_1^2 & a_{12}b_1b_2 & \cdots & a_{1n}b_1b_n \\ a_{21}b_2b_1 & a_{22}b_2^2 & \cdots & a_{2n}b_2b_n \\ \vdots & \vdots & & \vdots \\ a_{n1}b_nb_1 & a_{n2}b_nb_2 & \cdots & a_{nn}b_n^2 \end{bmatrix}$$

$$=\begin{bmatrix} b_1 & & & \\ & b_2 & & \\ & & \ddots & \\ & & & b_n \end{bmatrix}\begin{bmatrix} a_{11} & a_{12} & \cdots & a_{1n} \\ a_{21} & a_{22} & \cdots & a_{2n} \\ \vdots & \vdots & & \vdots \\ a_{n1} & a_{n2} & \cdots & a_{nn} \end{bmatrix}\begin{bmatrix} b_1 & & & \\ & b_2 & & \\ & & \ddots & \\ & & & b_n \end{bmatrix},$$

所以由 $\boldsymbol{A}$ 为正定矩阵知 $\boldsymbol{B}$ 为实对称矩阵，并且 $\boldsymbol{B}$ 的 k 阶顺序主子式为

$$|\boldsymbol{B}_k|=\left|\begin{bmatrix} b_1 & & & \\ & b_2 & & \\ & & \ddots & \\ & & & b_k \end{bmatrix}\begin{bmatrix} a_{11} & a_{12} & \cdots & a_{1k} \\ a_{21} & a_{22} & \cdots & a_{2k} \\ \vdots & \vdots & & \vdots \\ a_{k1} & a_{k2} & \cdots & a_{kk} \end{bmatrix}\begin{bmatrix} b_1 & & & \\ & b_2 & & \\ & & \ddots & \\ & & & b_k \end{bmatrix}\right|$$

$$=\begin{vmatrix} a_{11} & a_{12} & \cdots & a_{1k} \\ a_{21} & a_{22} & \cdots & a_{2k} \\ \vdots & \vdots & & \vdots \\ a_{k1} & a_{k2} & \cdots & a_{kk} \end{vmatrix}\prod_{i=1}^{k}b_i^2.$$

由于 $\boldsymbol{A}$ 为正定矩阵，因此 $\boldsymbol{A}$ 的 k 阶顺序主子式满足

$$\begin{vmatrix} a_{11} & a_{12} & \cdots & a_{1k} \\ a_{21} & a_{22} & \cdots & a_{2k} \\ \vdots & \vdots & & \vdots \\ a_{k1} & a_{k2} & \cdots & a_{kk} \end{vmatrix}>0,$$

又由假设，有 $\prod\limits_{i=1}^{k}b_i^2>0$，从而 $\boldsymbol{B}$ 的 k 阶顺序主子式满足 $|\boldsymbol{B}_k|>0$，故 $\boldsymbol{B}$ 为正定矩阵.

例 34 设 $\boldsymbol{A}$ 是 n 阶正定矩阵，$\boldsymbol{B}$ 为 n 阶实对称矩阵，证明：存在 n 阶可逆实矩阵 $\boldsymbol{P}$，使

$\boldsymbol{P}^{\mathrm{T}}\boldsymbol{A}\boldsymbol{P}$ 与 $\boldsymbol{P}^{\mathrm{T}}\boldsymbol{B}\boldsymbol{P}$ 均为对角矩阵.

证 由 $\boldsymbol{A}$ 是 n 阶正定矩阵知,存在 n 阶可逆实矩阵 $\boldsymbol{C}$,使得 $\boldsymbol{C}^{\mathrm{T}}\boldsymbol{A}\boldsymbol{C}=\boldsymbol{E}$. 而 $\boldsymbol{B}$ 为实对称矩阵,故 $\boldsymbol{C}^{\mathrm{T}}\boldsymbol{B}\boldsymbol{C}$ 是实对称矩阵,于是存在 n 阶正交矩阵 $\boldsymbol{Q}$,使得 $\boldsymbol{Q}^{\mathrm{T}}(\boldsymbol{C}^{\mathrm{T}}\boldsymbol{B}\boldsymbol{C})\boldsymbol{Q}=\boldsymbol{\Lambda}$ 为对角矩阵. 令 $\boldsymbol{P}=\boldsymbol{C}\boldsymbol{Q}$,则 $\boldsymbol{P}$ 是 n 阶可逆实矩阵,且

$$\boldsymbol{P}^{\mathrm{T}}\boldsymbol{A}\boldsymbol{P}=(\boldsymbol{C}\boldsymbol{Q})^{\mathrm{T}}\boldsymbol{A}(\boldsymbol{C}\boldsymbol{Q})=\boldsymbol{Q}^{\mathrm{T}}(\boldsymbol{C}^{\mathrm{T}}\boldsymbol{A}\boldsymbol{C})\boldsymbol{Q}=\boldsymbol{Q}^{\mathrm{T}}\boldsymbol{Q}=\boldsymbol{E},$$

$$\boldsymbol{P}^{\mathrm{T}}\boldsymbol{B}\boldsymbol{P}=(\boldsymbol{C}\boldsymbol{Q})^{\mathrm{T}}\boldsymbol{B}(\boldsymbol{C}\boldsymbol{Q})=\boldsymbol{Q}^{\mathrm{T}}(\boldsymbol{C}^{\mathrm{T}}\boldsymbol{B}\boldsymbol{C})\boldsymbol{Q}=\boldsymbol{\Lambda},$$

因此存在 n 阶可逆矩阵 $\boldsymbol{P}$,使 $\boldsymbol{P}^{\mathrm{T}}\boldsymbol{A}\boldsymbol{P}$ 与 $\boldsymbol{P}^{\mathrm{T}}\boldsymbol{B}\boldsymbol{P}$ 均为对角矩阵.

例 35 设 $\boldsymbol{A}$ 为 n 阶正定矩阵,$\boldsymbol{b}$ 为 n 维实向量,求二次函数

$$g(\boldsymbol{x})=\frac{1}{2}\boldsymbol{x}^{\mathrm{T}}\boldsymbol{A}\boldsymbol{x}-\boldsymbol{b}^{\mathrm{T}}\boldsymbol{x}$$

的最小值.

解 设

$$\boldsymbol{A}=[a_{ij}]_{n\times n},\quad \boldsymbol{b}=(b_1,b_2,\cdots,b_n)^{\mathrm{T}},$$

则

$$g(\boldsymbol{x})=\frac{1}{2}\sum_{i=1}^{n}\sum_{j=1}^{n}a_{ij}x_ix_j-\sum_{k=1}^{n}b_kx_k,$$

因此

$$\nabla g(\boldsymbol{x})=\begin{bmatrix}\dfrac{\partial g(\boldsymbol{x})}{\partial x_1}\\ \dfrac{\partial g(\boldsymbol{x})}{\partial x_2}\\ \vdots\\ \dfrac{\partial g(\boldsymbol{x})}{\partial x_n}\end{bmatrix}=\begin{bmatrix}\sum\limits_{j=1}^{n}a_{1j}x_j-b_1\\ \sum\limits_{j=1}^{n}a_{2j}x_j-b_2\\ \vdots\\ \sum\limits_{j=1}^{n}a_{nj}x_j-b_n\end{bmatrix},$$

即 $\nabla g(\boldsymbol{x})=\boldsymbol{A}\boldsymbol{x}-\boldsymbol{b}$,并且

$$\nabla^2 g(\boldsymbol{x})=\left[\frac{\partial^2 g(\boldsymbol{x})}{\partial x_i\partial x_j}\right]_{n\times n}=[a_{ij}]_{n\times n}=\boldsymbol{A}.$$

令 $\nabla g(\boldsymbol{x})=\boldsymbol{0}$,得 $g(\boldsymbol{x})$ 的唯一驻点 $\boldsymbol{x}_0=\boldsymbol{A}^{-1}\boldsymbol{b}$. 而 $\nabla^2 g(\boldsymbol{x}_0)=\boldsymbol{A}$ 是正定矩阵,故 $\boldsymbol{x}_0$ 是 $g(\boldsymbol{x})$ 的唯一极小值点,从而 $\boldsymbol{x}_0$ 为 $g(\boldsymbol{x})$ 的唯一最小值点,最小值为

$$g(\boldsymbol{x}_0)=-\frac{1}{2}\boldsymbol{b}^{\mathrm{T}}\boldsymbol{A}^{-1}\boldsymbol{b}.$$

巩固练习

1. 填空题

(1) 二次型 $f(x_1,x_2)=2x_1^2+2x_2^2+3x_1x_2$ 在条件 $x_1^2+x_2^2=1$ 下的最大值为________.

(2) 若实二次型 $f(x_1,x_2,x_3)=x_1^2+2x_2^2+x_3^2+2tx_1x_2+2x_2x_3$ 正定,则 t 满足条件________.

(3) 设实二次型 $f(x_1,x_2,x_3)=x_1^2+ax_2^2+x_3^2+2x_1x_2-2x_2x_3-2ax_1x_3$ 的正负惯性指数均为 1,则 $a=$________.

(4) 已知实二次型 $f(x_1,x_2,x_3)=5x_1^2+5x_2^2+cx_3^2-2x_1x_2+6x_1x_3-6x_2x_3$ 的秩为 2,则 $c=$________.

(5) 设实二次型 $f(x_1,x_2,x_3)=x_1^2+x_2^2+x_3^2+ax_1x_2+ax_1x_3+ax_2x_3$,当 a 的取值范围为________时,f 是正定二次型.

(6) 设实二次型 $f(x_1,x_2,x_3)=a(x_1^2+x_2^2+x_3^2)+4x_1x_2+4x_1x_3+4x_2x_3$ 经过正交变换 $\boldsymbol{x}=\boldsymbol{Q}\boldsymbol{y}$ 可化为标准形 $f=6y_1^2$,则 $a=$________.

(7) 设三阶实对称矩阵 $\boldsymbol{A}$ 满足 $\boldsymbol{A}^3+7\boldsymbol{A}^2+16\boldsymbol{A}+10\boldsymbol{E}=\boldsymbol{0}$,则二次型 $f=\boldsymbol{x}^{\mathrm{T}}\boldsymbol{A}\boldsymbol{x}$ 经过正交变换 $\boldsymbol{x}=\boldsymbol{Q}\boldsymbol{y}$ 可化为标准形________.

(8) 设 $\boldsymbol{A}=\begin{bmatrix}0&2&0\\2&3&0\\0&0&-4\end{bmatrix}$,且 $k\boldsymbol{E}+\boldsymbol{A}$ 是正定矩阵,则 k 的取值范围是________.

(9) 设 $\boldsymbol{A}$ 为 n 阶实对称可逆矩阵,则能将二次型 $f=\boldsymbol{x}^{\mathrm{T}}\boldsymbol{A}\boldsymbol{x}$ 化为 $f=\boldsymbol{y}^{\mathrm{T}}\boldsymbol{A}^{-1}\boldsymbol{y}$ 的可逆线性变换是________.

(10) 实二次型 $f(x_1,x_2,x_3,x_4)=x_1x_2+x_3x_4$ 的正、负惯性指数分别为________、________.

2. 单选题

(1) n 阶实对称矩阵 $\boldsymbol{A}$ 为正定矩阵的充要条件是 【 】

(A) $|\boldsymbol{A}|>0$;　(B) $\boldsymbol{A}$ 的所有特征值非负;

(C) $\boldsymbol{A}^{-1}$ 为正定矩阵;　(D) $\operatorname{rank}\boldsymbol{A}=n$.

(2) 设矩阵

$$\boldsymbol{A}=\begin{bmatrix}2&-1&-1\\-1&2&-1\\-1&-1&2\end{bmatrix},\quad \boldsymbol{B}=\begin{bmatrix}1&0&0\\0&1&0\\0&0&0\end{bmatrix},$$

则 $\boldsymbol{A}$ 与 $\boldsymbol{B}$ 的关系是 【 】

(A) 合同且相似;　(B) 合同,但不相似;

(C) 不合同,但相似;　(D) 既不合同,也不相似.

(3) 三元二次型

$$f(x_1,x_2,x_3)=2x_1^2+2x_2^2+x_3^2+4x_1x_2-6x_1x_3+6x_2x_3$$

的正、负惯性指数分别为 【 】

(A) 2,1;　(B) 1,2;　(C) 1,1;　(D) 3,0.

(4) 已知

$$f(x_1,x_2,x_3,x_4)=x_1^2+x_2^2+x_3^2+9x_4^2+2t(x_1x_2+x_2x_3+x_3x_1)$$

是正定二次型,则参数 t 满足的条件是 【 】

(A) $t<1$;　(B) $-1<t<1$;

(C) $-\frac{1}{2}<t<0$;　(D) $-\frac{1}{2}<t<1$.

(5) 已知实二次型

$$f=(a_{11}x_1+a_{12}x_2+a_{13}x_3)^2+(a_{21}x_1+a_{22}x_2+a_{23}x_3)^2+(a_{31}x_1+a_{32}x_2+a_{33}x_3)^2$$

正定，$\boldsymbol{A}=[a_{ij}]_{3\times 3}$，则【 】

(A) $\boldsymbol{A}$ 是可逆矩阵； (B) $\boldsymbol{A}$ 是不可逆矩阵；

(C) $\boldsymbol{A}$ 是正定矩阵； (D) $\boldsymbol{A}$ 是正交矩阵.

(6) 设矩阵 $\boldsymbol{A}=\begin{bmatrix}2&0&0\\0&3&0\\0&0&-1\end{bmatrix}$，则与 $\boldsymbol{A}$ 合同的矩阵是【 】

(A) $\begin{bmatrix}2&&\\&3&\\&&1\end{bmatrix}$； (B) $\begin{bmatrix}-2&&\\&-3&\\&&1\end{bmatrix}$；

(C) $\begin{bmatrix}1&&\\&1&\\&&-1\end{bmatrix}$； (D) $\begin{bmatrix}-1&&\\&-1&\\&&-1\end{bmatrix}$.

(7) 设 $f(x_1,x_2,x_3)=2x_1^2+6x_2^2+x_3^2-4x_1x_2-2x_1x_3=C$，则此二次曲面是【 】

(A) $C=0$ 时为锥面； (B) $C>0$ 时为椭球面；

(C) $C<0$ 时为柱面； (D) $C=1$ 时为单叶双曲面.

(8) 已知二次型

$$f(x_1,x_2,x_3)=ax_1^2+3x_2^2+3x_3^2+2bx_2x_3$$

可通过正交变换化成标准形 $f=y_1^2+2y_2^2+5y_3^2$，则 ab^2 的值为【 】

(A) 2； (B) 4； (C) 6； (D) 8.

(9) $f(x_1,x_2,x_3)=(x_1+ax_2-2x_3)^2+(2x_2+3x_3)^2+(x_1+3x_2+ax_3)^2$ 正定的充分必要条件是【 】

(A) $a<-1$； (B) $a\neq -1$； (C) $a\neq 1$； (D) $a>1$.

(10) 设二次型 $f=\boldsymbol{x}^{\mathrm{T}}\boldsymbol{A}\boldsymbol{x}$，$\boldsymbol{A}$ 为 n 阶实对称矩阵，若二次型的秩为 r，正、负惯性指数之差为 s，则【 】

(A) r,s 奇偶性相同，且 $|s|\leqslant r$； (B) r,s 奇偶性相同，且 $|s|>r$；

(C) r,s 奇偶性不同，且 $|s|\leqslant r$； (D) r,s 奇偶性不同，且 $|s|>r$.

3. 设二次型

$$f(x_1,x_2,\cdots,x_n)=\frac{x_1^2+x_2^2+\cdots+x_n^2}{n}-\left(\frac{x_1+x_2+\cdots+x_n}{n}\right)^2,$$

试求 $f(x_1,x_2,\cdots,x_n)$ 的矩阵.

4. 求二次型

$$f(x_1,x_2,x_3)=(-2x_1+x_2+x_3)^2+(x_1-2x_2+x_3)^2+(x_1+x_2-2x_3)^2$$

的标准形及相应的可逆线性变换.

5. 已知二次型

$$f(x_1,x_2,x_3)=(x_1,x_2,x_3)\begin{bmatrix}1&-4&0\\-2&2&-1\\2&1&1\end{bmatrix}\begin{bmatrix}x_1\\x_2\\x_3\end{bmatrix}.$$

(1) 求该二次型的秩;

(2) 将该二次型化为规范形,并写出所用的非退化线性变换.

6. 已知三阶实对称矩阵 $\boldsymbol{A}$ 与 $\boldsymbol{B}=\begin{bmatrix}3&2&0\\2&3&0\\0&0&2\end{bmatrix}$ 合同,求二次型 $f=\boldsymbol{x}^{\mathrm{T}}\boldsymbol{A}\boldsymbol{x}$ 的规范形.

7. 已知二次型

$$f(x_1,x_2,x_3)=4x_2^2-3x_3^2+2ax_1x_2-4x_1x_3+8x_2x_3$$

可经过正交变换化为标准形

$$f(y_1,y_2,y_3)=y_1^2+6y_2^2+by_3^2,$$

求参数 a,b.

8. 已知二次型

$$f(x_1,x_2,x_3)=ax_1^2+4x_2^2+4x_3^2+4x_1x_2+ax_1x_3-4x_2x_3$$

的秩为 2,求它的规范形.

9. 设 $\boldsymbol{A}=\begin{bmatrix}1&-2&-2\\-2&2&0\\-2&0&0\end{bmatrix}$, $\boldsymbol{B}=(k\boldsymbol{E}+\boldsymbol{A})^2$.

(1) 求对角矩阵 $\boldsymbol{\Lambda}$,使得 $\boldsymbol{B}$ 与 $\boldsymbol{\Lambda}$ 相似;

(2) 当 k 为何值时,$\boldsymbol{B}$ 是正定矩阵?

10. 设 $\boldsymbol{A}$ 为 n 阶正定矩阵,证明 $\boldsymbol{A}^2+\boldsymbol{A}^*+3\boldsymbol{A}^{-1}$ 仍为正定矩阵.

11. 设 $\boldsymbol{A}$ 是正定矩阵,$\boldsymbol{B}$ 是半正定矩阵,则 $\boldsymbol{AB}$ 的特征值是非负的实数.

12. 设 $\boldsymbol{A}$ 为 n 阶实矩阵,λ 为正实数,记 $\boldsymbol{B}=\lambda\boldsymbol{E}+\boldsymbol{A}^{\mathrm{T}}\boldsymbol{A}$,证明 $\boldsymbol{B}$ 是正定矩阵.

13. 设 $\boldsymbol{A},\boldsymbol{B}$ 为 n 阶正定矩阵,证明方程 $|\lambda\boldsymbol{A}-\boldsymbol{B}|=0$ 的根都大于零.

14. 设 $\boldsymbol{D}=\begin{bmatrix}\boldsymbol{A}&\boldsymbol{C}\\\boldsymbol{C}^{\mathrm{T}}&\boldsymbol{B}\end{bmatrix}$ 是正定矩阵,其中 $\boldsymbol{A},\boldsymbol{B}$ 分别为 m 阶和 n 阶实对称矩阵,$\boldsymbol{C}$ 为 $m\times n$ 矩阵.

(1) 计算 $\boldsymbol{P}^{\mathrm{T}}\boldsymbol{D}\boldsymbol{P}$,其中 $\boldsymbol{P}=\begin{bmatrix}\boldsymbol{E}_m&-\boldsymbol{A}^{-1}\boldsymbol{C}\\\boldsymbol{0}&\boldsymbol{E}_n\end{bmatrix}$;

(2) 利用(1)的结果判断 $\boldsymbol{B}-\boldsymbol{C}^{\mathrm{T}}\boldsymbol{A}^{-1}\boldsymbol{C}$ 是否正定,并证明你的结论.

15. 求函数

$$f(x,y,z)=\frac{2x^2+y^2-4xy-4yz}{x^2+y^2+z^2}(x^2+y^2+z^2\neq 0)$$

的最大值和最小值,并找出一个最大值点和最小值点.

单元测验

一、填空题(每小题 3 分,共 18 分)

1. 二次型 $f(x_1,x_2,x_3)=(a_1x_1+a_2x_2+a_3x_3)^2$ 的矩阵为________.

2. 设 $\boldsymbol{A}$ 为四阶实对称矩阵,满足 $\boldsymbol{A}^3=\boldsymbol{A}$,且其正、负惯性指数均为 1,则 $|\boldsymbol{A}+2\boldsymbol{E}|=$ ________.

3. 设实二次型 $f(x_1,x_2,x_3)=2x_1^2-x_2^2+ax_3^2+2x_1x_2-8x_1x_3+2x_2x_3$ 在正交变换 $\boldsymbol{x}=\boldsymbol{Q}\boldsymbol{y}$ 下的标准形为 $\lambda_1y_1^2+\lambda_2y_2^2$,则 $a=$________.

4. 已知 $\boldsymbol{A}$ 为三阶实对称矩阵,且二次型 $f=\boldsymbol{x}^{\mathrm{T}}\boldsymbol{A}\boldsymbol{x}$ 经过正交变换 $\boldsymbol{x}=\boldsymbol{Q}\boldsymbol{y}$ 化为标准形 $y_1^2-y_2^2+2y_3^2$,则 $\boldsymbol{A}^3-2\boldsymbol{A}^2-\boldsymbol{A}+3\boldsymbol{E}=$________.

5. 设实二次型 $f(x_1,x_2,x_3)=x_1^2+x_2^2+x_3^2-2x_1x_2-2x_1x_3+2ax_2x_3$ 通过正交变换化为标准形 $f=2y_1^2+2y_2^2+by_3^2$,则该二次型 f 在条件 $\boldsymbol{x}^{\mathrm{T}}\boldsymbol{x}=3$ 下的最小值为________.

6. 设 $f(x_1,x_2,\cdots,x_n)=(x_1+a_1x_2)^2+(x_2+a_2x_3)^2+\cdots+(x_n+a_nx_1)^2$ 为实二次型,则 $a_1,a_2,\cdots,a_n$ 满足条件________________时,$f(x_1,x_2,\cdots,x_n)$是正定二次型.

二、单选题(每小题3分,共18分)

1. 二次型 $f(x_1,x_2,x_3)=(x_1+x_2)^2+(x_2+x_3)^2-(x_3-x_1)^2$ 的正、负惯性指数为 【 】

(A) 2,0; (B) 2,1; (C) 1,2; (D) 1,1.

2. 设 $\boldsymbol{A}$ 为 n 阶实对称矩阵,则 $\boldsymbol{E}-\boldsymbol{A}$ 为正定矩阵的必要条件是 【 】

(A) $\boldsymbol{A}$ 的所有特征值均小于1; (B) $\boldsymbol{A}$ 的正惯性指数为0;

(C) $\boldsymbol{A}$ 的负惯性指数为 n; (D) $\boldsymbol{A}$ 为正定矩阵.

3. 设矩阵 $\boldsymbol{A}=\begin{bmatrix}2&-1&-1\\-1&2&-1\\-1&-1&2\end{bmatrix}$,$\boldsymbol{B}=\begin{bmatrix}1&&\\&2&\\&&0\end{bmatrix}$,则 $\boldsymbol{A}$ 与 $\boldsymbol{B}$ 是 【 】

(A) 相似且合同; (B) 相似但不合同;

(C) 不相似但合同; (D) 不相似也不合同.

4. 设实二次型 $f(x_1,x_2,x_3)=x_1^2+tx_2^2+3x_3^2+2x_1x_2$ 的秩为2,则参数 t 等于 【 】

(A) 0; (B) 1; (C) 2; (D) 3.

5. 设 $\boldsymbol{A}=\begin{bmatrix}1&0&0\\0&-1&2\\0&2&2\end{bmatrix}$,则与 $\boldsymbol{A}$ 合同的矩阵是 【 】

(A) $\begin{bmatrix}1&&\\&-1&\\&&0\end{bmatrix}$; (B) $\begin{bmatrix}1&&\\&1&\\&&-1\end{bmatrix}$;

(C) $\begin{bmatrix}1&&\\&-1&\\&&-1\end{bmatrix}$; (D) $\begin{bmatrix}-1&&\\&-1&\\&&-1\end{bmatrix}$.

6. 设 $\boldsymbol{A},\boldsymbol{B}$ 是 n 阶正定矩阵,则下列矩阵不是正定矩阵的是 【 】

(A) $\boldsymbol{A}+\boldsymbol{B}^{-1}$; (B) $\boldsymbol{A}^*+\boldsymbol{A}^{-1}$;

(C) $\boldsymbol{A}\boldsymbol{B}$; (D) $\boldsymbol{A}^{\mathrm{T}}\boldsymbol{A}+\boldsymbol{B}^{\mathrm{T}}\boldsymbol{B}$.

三、(10分) 设实二次型

$$f(x_1,x_2,x_3)=(x_1-x_2+x_3)^2+(x_2+x_3)^2+(x_1+tx_3)^2$$

的秩为2,试确定参数 t 的取值,并求二次型的规范形.

四、(10分) 设二次型

$$f(x_1,x_2,x_3)=3x_1^2+3x_2^2+5x_3^2+4x_1x_3+4x_2x_3.$$

求正交变换 $\boldsymbol{x}=\boldsymbol{Q}\boldsymbol{y}$,化二次型为标准形.

五、(10 分) 已知二次型 $f=\boldsymbol{x}^{\mathrm{T}}\boldsymbol{A}\boldsymbol{x}$ 的矩阵 $\boldsymbol{A}$ 中各行元之和均为 3,且 $\boldsymbol{AB}=\boldsymbol{0}$,其中

$$\boldsymbol{B}=\begin{bmatrix}1 & 1 & 3\\ -1 & 0 & -2\\ 0 & -1 & -1\end{bmatrix},$$

求正交变换 $\boldsymbol{x}=\boldsymbol{Q}\boldsymbol{y}$,将二次型 f 化为标准形.

六、(10 分) 设 $\boldsymbol{A}$ 为实对称矩阵,证明 $\boldsymbol{A}$ 可逆的充要条件是存在实矩阵 $\boldsymbol{B}$,使 $\boldsymbol{AB}+\boldsymbol{B}^{\mathrm{T}}\boldsymbol{A}$ 正定.

七、(12 分) 设二次型

$$f(x_1,x_2,x_3)=x_1^2+x_2^2+x_3^2+2ax_1x_2+2ax_1x_3+2ax_2x_3$$

经过可逆变换 $\boldsymbol{x}=\boldsymbol{P}\boldsymbol{y}$ 变换成

$$g(y_1,y_2,y_3)=y_1^2+y_2^2+4y_3^2+2y_1y_2.$$

求 a 的值和可逆矩阵 $\boldsymbol{P}$.

八、(12 分) 已知

$$\boldsymbol{A}=\begin{bmatrix}a & 1 & -1\\ 1 & a & -1\\ -1 & -1 & a\end{bmatrix}.$$

(1) 求正交矩阵 $\boldsymbol{Q}$,使得 $\boldsymbol{Q}^{\mathrm{T}}\boldsymbol{A}\boldsymbol{Q}$ 为对角矩阵;

(2) 求正定矩阵 $\boldsymbol{C}$,使得 $\boldsymbol{C}^2=(a+3)\boldsymbol{E}-\boldsymbol{A}$.

期末考试

期末考试题(一)

一、填空题(每小题 3 分,共 18 分)

1. 已知三阶矩阵 $\boldsymbol{A}=\begin{bmatrix}1&0&1\\0&2&0\\1&0&1\end{bmatrix}$,且正整数 $n\geqslant 2$,则 $\boldsymbol{A}^n-2\boldsymbol{A}^{n-1}=$________.

2. 已知 $\boldsymbol{A}$ 的逆矩阵 $\boldsymbol{A}^{-1}=\begin{bmatrix}0&0&2\\3&1&0\\5&2&0\end{bmatrix}$,则 $\left(\frac{1}{2}\boldsymbol{A}^*\right)^{-1}=$________.

3. 已知四阶矩阵 $\boldsymbol{A}$ 和 $\boldsymbol{B}$ 的列向量组分别为 $\boldsymbol{\alpha}_1,\boldsymbol{\alpha}_2,\boldsymbol{\alpha}_3,\boldsymbol{\alpha}_4$ 和 $\boldsymbol{\beta},\boldsymbol{\alpha}_2,\boldsymbol{\alpha}_3,\boldsymbol{\alpha}_4$,且 $|\boldsymbol{A}|=4$,$|\boldsymbol{B}|=1$,则 $|\boldsymbol{A}+\boldsymbol{B}|=$________.

4. 设 $\boldsymbol{A}=[a_{ij}]_{3\times 3}$ 是正交矩阵,且 $\boldsymbol{b}=(1,0,0)^{\mathrm{T}}$,$a_{11}=1$,则 $\boldsymbol{Ax}=\boldsymbol{b}$ 有一个解是________.

5. 设 n 阶实对称矩阵 $\boldsymbol{A}$ 的特征值为 $\frac{1}{n},\frac{2}{n},\cdots,1$,则当且仅当 λ ________时,$\boldsymbol{A}-\lambda\boldsymbol{E}$ 为正定矩阵.

6. 线性空间 $V=\{\boldsymbol{A}\in\mathbb{R}^{n\times n}\mid\boldsymbol{A}\text{ 为反称矩阵}\}$ 的维数为________.

二、单选题(每小题 3 分,共 18 分)

1. 设 $\boldsymbol{A}=\begin{bmatrix}1&2\\4&3\end{bmatrix}$,$\boldsymbol{B}=\begin{bmatrix}a&1\\2&b\end{bmatrix}$,$\boldsymbol{A}$ 与 $\boldsymbol{B}$ 可交换的充要条件是 【 】

(A) $a=b-1$; (B) $a=b+1$; (C) $a=b$; (D) $a=2b$.

2. 设 n 阶非零矩阵 $\boldsymbol{A}$ 满足 $\boldsymbol{A}^3=\boldsymbol{0}$,则 【 】

(A) $\boldsymbol{E}-\boldsymbol{A}$ 不可逆,$\boldsymbol{E}+\boldsymbol{A}$ 不可逆; (B) $\boldsymbol{E}-\boldsymbol{A}$ 可逆,$\boldsymbol{E}+\boldsymbol{A}$ 不可逆;

(C) $\boldsymbol{E}-\boldsymbol{A}$ 不可逆,$\boldsymbol{E}+\boldsymbol{A}$ 可逆; (D) $\boldsymbol{E}-\boldsymbol{A}$ 可逆,$\boldsymbol{E}+\boldsymbol{A}$ 可逆.

3. 设 $\boldsymbol{A},\boldsymbol{B}$ 均为 $m\times n$ 矩阵,给定下面四个命题:

① 若 $\boldsymbol{Ax}=\boldsymbol{0}$ 的解均是 $\boldsymbol{Bx}=\boldsymbol{0}$ 的解,则 $\operatorname{rank}\boldsymbol{A}\geqslant\operatorname{rank}\boldsymbol{B}$;

② 若 $\operatorname{rank}\boldsymbol{A}\geqslant\operatorname{rank}\boldsymbol{B}$,则 $\boldsymbol{Ax}=\boldsymbol{0}$ 的解均是 $\boldsymbol{Bx}=\boldsymbol{0}$ 的解;

③ 若 $\boldsymbol{Ax}=\boldsymbol{0}$ 与 $\boldsymbol{Bx}=\boldsymbol{0}$ 同解,则 $\operatorname{rank}\boldsymbol{A}=\operatorname{rank}\boldsymbol{B}$;

④ 若 $\operatorname{rank}\boldsymbol{A}=\operatorname{rank}\boldsymbol{B}$,则 $\boldsymbol{Ax}=\boldsymbol{0}$ 与 $\boldsymbol{Bx}=\boldsymbol{0}$ 同解,

则上述命题正确的是 【 】

(A) ①②；(B) ①③；(C) ②④；(D) ③④.

4. 设 $n(n\geqslant 2)$ 阶可逆矩阵 $\boldsymbol{A}$ 的伴随矩阵为 $\boldsymbol{A}^*$，互换 $\boldsymbol{A}$ 的第一行与第二行得到矩阵 $\boldsymbol{B}$，则 【 】

(A) 互换 $\boldsymbol{A}^*$ 的第一列与第二列得到 $\boldsymbol{B}^*$；

(B) 互换 $\boldsymbol{A}^*$ 的第一行与第二行得到 $\boldsymbol{B}^*$；

(C) 互换 $\boldsymbol{A}^*$ 的第一列与第二列得到 $-\boldsymbol{B}^*$；

(D) 互换 $\boldsymbol{A}^*$ 的第一行与第二行得到 $-\boldsymbol{B}^*$.

5. 已知 $\boldsymbol{\eta}_1,\boldsymbol{\eta}_2$ 是非齐次线性方程组 $\boldsymbol{Ax}=\boldsymbol{b}$ 的两个不同解，$\boldsymbol{\xi}_1,\boldsymbol{\xi}_2$ 是对应的齐次线性方程组 $\boldsymbol{Ax}=\boldsymbol{0}$ 的基础解系，k_1,k_2 为任意常数，则 $\boldsymbol{Ax}=\boldsymbol{b}$ 的通解必是 【 】

(A) $k_1\boldsymbol{\xi}_1+k_2(\boldsymbol{\xi}_1+\boldsymbol{\xi}_2)+\dfrac{\boldsymbol{\eta}_1-\boldsymbol{\eta}_2}{2}$；

(B) $k_1\boldsymbol{\xi}_1+k_2(\boldsymbol{\xi}_1-\boldsymbol{\xi}_2)+\dfrac{\boldsymbol{\eta}_1+\boldsymbol{\eta}_2}{2}$；

(C) $k_1\boldsymbol{\xi}_1+k_2(\boldsymbol{\eta}_1+\boldsymbol{\eta}_2)+\dfrac{\boldsymbol{\eta}_1-\boldsymbol{\eta}_2}{2}$；

(D) $k_1\boldsymbol{\xi}_1+k_2(\boldsymbol{\eta}_1-\boldsymbol{\eta}_2)+\dfrac{\boldsymbol{\eta}_1+\boldsymbol{\eta}_2}{2}$.

6. 已知 $\boldsymbol{A}$ 是四阶矩阵，且 $\operatorname{rank}(3\boldsymbol{E}-\boldsymbol{A})=2$，则 $\lambda=3$ 是 $\boldsymbol{A}$ 的 【 】

(A) 一重特征值；(B) 二重特征值；

(C) k 重特征值，$k\geqslant 2$；(D) k 重特征值，$k\leqslant 2$.

三、(10 分) 计算 n 阶行列式

$$|\boldsymbol{A}|=\begin{vmatrix}1 & 2 & 3 & \cdots & n\\ x & 1 & 2 & \cdots & n-1\\ x & x & 1 & \cdots & n-2\\ \vdots & \vdots & \vdots & & \vdots\\ x & x & x & \cdots & 1\end{vmatrix}.$$

四、(10 分) 设 $\boldsymbol{A}=\begin{bmatrix}1 & 1 & -1\\ -1 & 1 & 1\\ 1 & -1 & 1\end{bmatrix}$，$\boldsymbol{A}^*\boldsymbol{X}=\boldsymbol{A}^{-1}+2\boldsymbol{X}$，求矩阵 $\boldsymbol{X}$.

五、(10 分) 已知齐次方程组(Ⅰ)的基础解系为

$$\boldsymbol{\alpha}_1=\begin{bmatrix}1\\2\\5\\7\end{bmatrix},\quad \boldsymbol{\alpha}_2=\begin{bmatrix}3\\-1\\1\\7\end{bmatrix},\quad \boldsymbol{\alpha}_3=\begin{bmatrix}2\\3\\4\\20\end{bmatrix},$$

齐次方程组(Ⅱ)的基础解系为

$$\boldsymbol{\beta}_1=\begin{bmatrix}1\\4\\7\\1\end{bmatrix},\quad \boldsymbol{\beta}_2=\begin{bmatrix}1\\-3\\-4\\2\end{bmatrix},$$

试求方程组(Ⅰ)和(Ⅱ)的公共解.

六、(10 分) 设 $\boldsymbol{p}_1,\boldsymbol{p}_2$ 分别是 n 阶矩阵 $\boldsymbol{A}$ 对应于特征值 λ_1,λ_2 的特征向量，$\lambda_1\neq\lambda_2$，证明 $\boldsymbol{p}_1+\boldsymbol{p}_2$ 必不是 $\boldsymbol{A}$ 的特征向量.

七、(12 分) 设

$$\boldsymbol{\alpha}_1=\begin{bmatrix}1\\0\\2\end{bmatrix},\quad \boldsymbol{\alpha}_2=\begin{bmatrix}1\\1\\3\end{bmatrix},\quad \boldsymbol{\alpha}_3=\begin{bmatrix}1\\-1\\a\end{bmatrix},$$

$$\boldsymbol{\beta}_1=\begin{bmatrix}1\\0\\a+1\end{bmatrix},\quad \boldsymbol{\beta}_2=\begin{bmatrix}2\\1\\2a\end{bmatrix},\quad \boldsymbol{\beta}_3=\begin{bmatrix}1\\2\\-2\end{bmatrix}.$$

试问当 a 为何值时,向量组 $\boldsymbol{\alpha}_1,\boldsymbol{\alpha}_2,\boldsymbol{\alpha}_3$ 与向量组 $\boldsymbol{\beta}_1,\boldsymbol{\beta}_2,\boldsymbol{\beta}_3$ 等价? 当 a 为何值时,向量组 $\boldsymbol{\alpha}_1,\boldsymbol{\alpha}_2,\boldsymbol{\alpha}_3$ 与向量组 $\boldsymbol{\beta}_1,\boldsymbol{\beta}_2,\boldsymbol{\beta}_3$ 不等价?

八、(12 分) 已知二次型

$$f(x_1,x_2,x_3)=ax_1^2+ax_2^2+6x_3^2+8x_1x_2-4x_1x_3+4x_2x_3\quad (a>0)$$

通过正交变换可以化为标准形 $7y_1^2+7y_2^2-2y_3^2$,求参数 a 及所用的正交变换.

期末考试题(二)

一、填空题(每小题 3 分,共 18 分)

1. 设 $\boldsymbol{\alpha}_1,\boldsymbol{\alpha}_2,\boldsymbol{\alpha}_3$ 是 Euclid 空间的标准正交基,则向量 $2\boldsymbol{\alpha}_1-\boldsymbol{\alpha}_2+3\boldsymbol{\alpha}_3$ 的长度为________.

2. 设 $\boldsymbol{A}=\begin{bmatrix}\frac{2}{3} & \frac{1}{\sqrt{2}} & \frac{1}{3\sqrt{2}}\\ a & b & -\frac{4}{3\sqrt{2}}\\ \frac{2}{3} & -\frac{1}{\sqrt{2}} & \frac{1}{3\sqrt{2}}\end{bmatrix}$ 为正交矩阵,则 $ab=$________.

3. 若实二次型 $f(x_1,x_2,x_3)=x_1^2+2\lambda x_1x_2-2x_1x_3+4x_2^2+4x_2x_3+4x_3^2$ 为正定二次型,则 λ 的取值范围为________.

4. 已知 $\boldsymbol{\alpha}_1,\boldsymbol{\alpha}_2$ 是非齐次方程组 $\boldsymbol{A}_{2\times3}\boldsymbol{x}=\boldsymbol{b}$ 的两个线性无关的解,且 $\operatorname{rank}\boldsymbol{A}=2$. 若 $\boldsymbol{\alpha}=k\boldsymbol{\alpha}_1+l\boldsymbol{\alpha}_2$ 是方程组 $\boldsymbol{Ax}=\boldsymbol{b}$ 的通解,则常数 k,l 须满足关系式________.

5. 设 n 阶实对称矩阵 $\boldsymbol{A}$ 满足 $\boldsymbol{A}^2+2\boldsymbol{A}-3\boldsymbol{E}=\boldsymbol{0}$,且 $\lambda=1$ 是 $\boldsymbol{A}$ 的一重特征值,则行列式 $|\boldsymbol{A}+2\boldsymbol{E}|=$________.

6. 设 n 阶可逆矩阵 $\boldsymbol{A}$ 的每一行元之和都等于常数 $a\neq0$,则 $\boldsymbol{A}^{-1}$ 的每一行元之和为________.

二、单选题(每小题 3 分,共 18 分)

1. 设 $\boldsymbol{A}$ 为 n 阶可逆矩阵,$\boldsymbol{A}$ 的第二行乘以 2 得到矩阵 $\boldsymbol{B}$,则 【 】

(A) $\boldsymbol{A}^{-1}$ 的第二行乘以 2 为 $\boldsymbol{B}^{-1}$; (B) $\boldsymbol{A}^{-1}$ 的第二列乘以 2 为 $\boldsymbol{B}^{-1}$;

(C) $\boldsymbol{A}^{-1}$ 的第二行乘以$\frac{1}{2}$为 $\boldsymbol{B}^{-1}$; (D) $\boldsymbol{A}^{-1}$ 的第二列乘以$\frac{1}{2}$为 $\boldsymbol{B}^{-1}$.

2. 设向量组$\boldsymbol{\alpha}_1,\boldsymbol{\alpha}_2,\boldsymbol{\alpha}_3$ 线性无关,$\boldsymbol{\alpha}_2,\boldsymbol{\alpha}_3,\boldsymbol{\alpha}_4$ 线性相关,以下命题中错误的是 【 】

(A) $\boldsymbol{\alpha}_1$ 不能被$\boldsymbol{\alpha}_2,\boldsymbol{\alpha}_3,\boldsymbol{\alpha}_4$ 线性表示; (B) $\boldsymbol{\alpha}_2$ 不能被$\boldsymbol{\alpha}_1,\boldsymbol{\alpha}_3,\boldsymbol{\alpha}_4$ 线性表示;

(C) $\boldsymbol{\alpha}_4$ 能被$\boldsymbol{\alpha}_1,\boldsymbol{\alpha}_2,\boldsymbol{\alpha}_3$ 线性表示； (D) $\boldsymbol{\alpha}_1,\boldsymbol{\alpha}_2,\boldsymbol{\alpha}_3,\boldsymbol{\alpha}_4$ 线性相关.

3. 设 $\boldsymbol{A}=[a_{ij}]_{n\times n}$，则二次型 $f(x_1,x_2,\cdots,x_n)=\sum\limits_{i=1}^{n}(a_{i1}x_1+a_{i2}x_2+\cdots+a_{in}x_n)^2$ 的矩阵为 【 】

(A) $\boldsymbol{A}$； (B) $\boldsymbol{A}^2$；

(C) $\boldsymbol{A}^{\mathrm{T}}\boldsymbol{A}$； (D) $\boldsymbol{A}\boldsymbol{A}^{\mathrm{T}}$.

4. 设 $\boldsymbol{A},\boldsymbol{B}$ 均为四阶矩阵，且 rank $\boldsymbol{A}=4$，rank $\boldsymbol{B}=3$，$\boldsymbol{A}$ 和 $\boldsymbol{B}$ 的伴随矩阵为 $\boldsymbol{A}^*$ 和 $\boldsymbol{B}^*$，则 rank$(\boldsymbol{A}^*\boldsymbol{B}^*)$等于 【 】

(A) 1； (B) 2； (C) 3； (D) 4.

5. 设$\boldsymbol{\alpha}_1,\boldsymbol{\alpha}_2,\boldsymbol{\alpha}_3,\boldsymbol{\alpha}_4$ 是向量空间 V 的一个基，则下面向量组中为 V 的基的是 【 】

(A) $\boldsymbol{\alpha}_1+\boldsymbol{\alpha}_2,\boldsymbol{\alpha}_2+\boldsymbol{\alpha}_3,\boldsymbol{\alpha}_3+\boldsymbol{\alpha}_4,\boldsymbol{\alpha}_4+\boldsymbol{\alpha}_1$； (B) $\boldsymbol{\alpha}_1-\boldsymbol{\alpha}_2,\boldsymbol{\alpha}_2-\boldsymbol{\alpha}_3,\boldsymbol{\alpha}_3-\boldsymbol{\alpha}_4,\boldsymbol{\alpha}_4-\boldsymbol{\alpha}_1$；

(C) $\boldsymbol{\alpha}_1+\boldsymbol{\alpha}_2,\boldsymbol{\alpha}_2+\boldsymbol{\alpha}_3,\boldsymbol{\alpha}_3+\boldsymbol{\alpha}_4,\boldsymbol{\alpha}_4-\boldsymbol{\alpha}_1$； (D) $\boldsymbol{\alpha}_1+\boldsymbol{\alpha}_2,\boldsymbol{\alpha}_2+\boldsymbol{\alpha}_3,\boldsymbol{\alpha}_3-\boldsymbol{\alpha}_4,\boldsymbol{\alpha}_4-\boldsymbol{\alpha}_1$.

6. 设三阶矩阵 $\boldsymbol{A}$ 的三个特征值为 $\lambda_1=0,\ \lambda_2=3,\ \lambda_3=-6$，对应于 λ_1,λ_2 的特征向量分别为 $\boldsymbol{p}_1=(1,0,-1)^{\mathrm{T}},\boldsymbol{p}_2=(2,1,1)^{\mathrm{T}}$，则 $\boldsymbol{p}_3=\boldsymbol{p}_1+\boldsymbol{p}_2$ 应当 【 】

(A) 是对应于 $\lambda_1=0$ 的特征向量； (B) 是对应于 $\lambda_2=3$ 的特征向量；

(C) 是对应于 $\lambda_3=-6$ 的特征向量； (D) 不是 $\boldsymbol{A}$ 的特征向量.

三、(10 分) 计算 n 阶行列式

$$D=\begin{vmatrix} 1 & 2 & \cdots & n-1 & n+x_n \\ 1 & 2 & \cdots & (n-1)+x_{n-1} & n \\ \vdots & \vdots & & \vdots & \vdots \\ 1 & 2+x_2 & \cdots & n-1 & n \\ 1+x_1 & 2 & \cdots & n-1 & n \end{vmatrix},$$

其中 $x_i\neq 0,i=1,2,\cdots,n$.

四、(10 分) 设 $\boldsymbol{A}=\begin{bmatrix} 1 & 0 & 1 \\ 0 & 2 & 0 \\ -2 & 0 & 1 \end{bmatrix}$满足关系式 $\boldsymbol{A}^2\boldsymbol{B}-\boldsymbol{A}-\boldsymbol{B}=\boldsymbol{E}$，试求矩阵 $\boldsymbol{B}$.

五、(10 分) 判定向量组

$$\boldsymbol{\alpha}_1=\begin{bmatrix} 1 \\ 1 \\ 2 \\ 3 \end{bmatrix},\quad \boldsymbol{\alpha}_2=\begin{bmatrix} 1 \\ -1 \\ 1 \\ 1 \end{bmatrix},\quad \boldsymbol{\alpha}_3=\begin{bmatrix} 1 \\ 3 \\ 3 \\ 5 \end{bmatrix},\quad \boldsymbol{\alpha}_4=\begin{bmatrix} 4 \\ -2 \\ 5 \\ 7 \end{bmatrix},\quad \boldsymbol{\alpha}_5=\begin{bmatrix} -3 \\ -1 \\ -5 \\ -8 \end{bmatrix}$$

的线性相关性，求其一个极大线性无关组，并将其余向量用该极大线性无关组线性表示.

六、(10 分) 设线性方程组为

$$\begin{cases} x_1-3x_2-x_3=0, \\ x_1-4x_2+ax_3=b, \\ 2x_1-x_2+3x_3=5, \end{cases}$$

问 a,b 取何值时，方程组无解、有唯一解、有无穷多解？在有无穷多解时求出其通解.

七、(12 分) 将实二次型

$$f(x_1,x_2,x_3)=2x_1x_2+2x_2x_3+2x_3x_1$$

用正交变换化为标准形，并写出所用的正交变换.

八、(12分)　设 $\boldsymbol{A}$ 是 $m\times n$ 实矩阵，$\boldsymbol{\beta}\neq\boldsymbol{0}$ 是 m 维实列向量，证明：

(1) $\operatorname{rank}\boldsymbol{A}=\operatorname{rank}(\boldsymbol{A}^{\mathrm{T}}\boldsymbol{A})$；

(2) 线性方程组 $\boldsymbol{A}^{\mathrm{T}}\boldsymbol{A}\boldsymbol{x}=\boldsymbol{A}^{\mathrm{T}}\boldsymbol{\beta}$ 有解.

期末考试题(三)

一、填空题(每小题3分，共18分)

1. 设 $D=\begin{vmatrix}-1&2&-3\\1&2&0\\-1&3&2\end{vmatrix}$，$M_{ij}$ 和 A_{ij} 分别是 D 中 (i,j) 元的余子式和代数余子式 $(i,j=1,2,3)$，则 $M_{12}+A_{21}-M_{32}=$________.

2. 设 $\boldsymbol{A}=\begin{bmatrix}\boldsymbol{B}&\boldsymbol{C}\\\boldsymbol{0}&\boldsymbol{D}\end{bmatrix}$，其中 $\boldsymbol{B},\boldsymbol{D}$ 皆为可逆矩阵，则 $\boldsymbol{A}^{-1}=$________.

3. 设 $\boldsymbol{A}=\begin{bmatrix}2&1&0&0\\0&2&0&0\\0&0&-1&2\\0&0&-2&4\end{bmatrix}$，$n$ 为正整数，则 $\boldsymbol{A}^n=$________.

4. 已知向量空间 $V=\{(2a,2b,3b,3a)\mid a,b\in\mathbb{R}\}$，则 V 的维数是________.

5. 已知矩阵 $\boldsymbol{A}=\begin{bmatrix}-2&1&1\\0&2&0\\-4&1&3\end{bmatrix}$，$\boldsymbol{A}$ 的特征值2的几何重数是________.

6. 实二次型 $f(x_1,x_2,x_3)=2x_1x_2-2x_1x_3+2x_2x_3$ 的秩为________.

二、单选题(每小题3分，共18分)

1. 在四阶行列式 $\det[a_{ij}]$ 的完全展开式中含有因子 a_{31} 的项共有　【　】

(A) 4项；　(B) 6项；

(C) 8项；　(D) 10项.

2. 设 $\boldsymbol{A},\boldsymbol{B}$ 是 n 阶矩阵，且 $\boldsymbol{B}$ 的第 j 列元全为零，则下列结论正确的是　【　】

(A) $\boldsymbol{AB}$ 的第 j 列元全等于零；　(B) $\boldsymbol{AB}$ 的第 j 行元全等于零；

(C) $\boldsymbol{BA}$ 的第 j 列元全等于零；　(D) $\boldsymbol{BA}$ 的第 j 行元全等于零.

3. 设 n 维向量组 $\boldsymbol{\alpha}_1,\boldsymbol{\alpha}_2,\boldsymbol{\alpha}_3,\boldsymbol{\alpha}_4,\boldsymbol{\alpha}_5$ 的秩为3，且满足 $\boldsymbol{\alpha}_1+2\boldsymbol{\alpha}_3-3\boldsymbol{\alpha}_5=\boldsymbol{0}$，$\boldsymbol{\alpha}_2=2\boldsymbol{\alpha}_4$，则该向量组的一个极大线性无关组为　【　】

(A) $\boldsymbol{\alpha}_1,\boldsymbol{\alpha}_2,\boldsymbol{\alpha}_5$；　(B) $\boldsymbol{\alpha}_1,\boldsymbol{\alpha}_2,\boldsymbol{\alpha}_4$；

(C) $\boldsymbol{\alpha}_2,\boldsymbol{\alpha}_4,\boldsymbol{\alpha}_5$；　(D) $\boldsymbol{\alpha}_1,\boldsymbol{\alpha}_3,\boldsymbol{\alpha}_5$.

4. 设 $\boldsymbol{A},\boldsymbol{B}$ 为 n 阶矩阵，给定以下命题：

① $\boldsymbol{A}$ 与 $\boldsymbol{B}$ 等价；　② $\boldsymbol{A}$ 与 $\boldsymbol{B}$ 相似；　③ $\boldsymbol{A},\boldsymbol{B}$ 的行向量组等价.

下列命题正确的是　【　】

(A) ①⇒②⇒③；　(B) ②⇒①⇒③；

(C) ③⇒②⇒①；　(D) 以上结论均不正确.

5. 设矩阵 $\boldsymbol{A}\sim\boldsymbol{B},\boldsymbol{C}\sim\boldsymbol{D}$,则下列命题正确的是 【 】

(A) $\boldsymbol{A}+\boldsymbol{B}\sim\boldsymbol{C}+\boldsymbol{D}$; (B) $\boldsymbol{A}-\boldsymbol{B}\sim\boldsymbol{C}-\boldsymbol{D}$;

(C) $\boldsymbol{A}^2\sim\boldsymbol{B}^2$; (D) $\boldsymbol{AB}\sim\boldsymbol{CD}$.

6. 如果 $\boldsymbol{A}$ 为反称矩阵,那么 $\boldsymbol{B}=(\boldsymbol{E}-\boldsymbol{A})(\boldsymbol{E}+\boldsymbol{A})^{-1}$ 一定为 【 】

(A) 反称矩阵; (B) 正交矩阵;

(C) 对称矩阵; (D) 对角矩阵.

三、(10 分) 设 n 阶行列式

$$D_n=\begin{vmatrix} 1 & 1 & & & \\ -1 & 1 & 1 & & \\ & -1 & \ddots & \ddots & \\ & & \ddots & 1 & 1 \\ & & & -1 & 1 \end{vmatrix},$$

证明

$$D_n=\frac{1}{\sqrt{5}}\left[\left(\frac{1+\sqrt{5}}{2}\right)^{n+1}-\left(\frac{1-\sqrt{5}}{2}\right)^{n+1}\right].$$

四、(10 分) 求 n 阶矩阵 $\boldsymbol{A}=\begin{bmatrix} 1 & 1 & 1 & \cdots & 1 \\ 1 & 0 & 1 & \cdots & 1 \\ 1 & 1 & 0 & \cdots & 1 \\ \vdots & \vdots & \vdots & & \vdots \\ 1 & 1 & 1 & \cdots & 0 \end{bmatrix}$ 的逆.

五、(10 分) 求解非齐次线性方程组

$$\begin{cases} 2x_1+3x_2+x_3=4, \\ 3x_1+8x_2-2x_3=13, \\ 4x_1-x_2+9x_3=-6, \\ x_1-2x_2+4x_3=-5. \end{cases}$$

六、(10 分) 设 $\boldsymbol{A},\boldsymbol{B}$ 为三阶矩阵,$\boldsymbol{A}$ 相似于 $\boldsymbol{B}$,$\lambda_1=-1,\lambda_2=1$ 为 $\boldsymbol{A}$ 的两个特征值,$|\boldsymbol{B}^{-1}|=\frac{1}{3}$,求行列式

$$\begin{vmatrix} -(\boldsymbol{A}-3\boldsymbol{E})^{-1} & \boldsymbol{0} \\ \boldsymbol{0} & \boldsymbol{B}^*+\left(-\frac{1}{4}\boldsymbol{B}\right)^{-1} \end{vmatrix}.$$

七、(12 分) 求一个可逆线性变换 $\boldsymbol{x}=\boldsymbol{Py}$,将二次型 f 化成二次型 g,其中

$$f=2x_1^2+9x_2^2+3x_3^2+8x_1x_2-4x_1x_3-10x_2x_3,$$
$$g=2y_1^2+3y_2^2+6y_3^2-4y_1y_2-4y_1y_3+8y_2y_3.$$

八、(12 分) 设 $\boldsymbol{A}$ 是 n 阶矩阵,证明 $\boldsymbol{A}^2=\boldsymbol{E}$ 的充要条件是

$$\operatorname{rank}(\boldsymbol{E}-\boldsymbol{A})+\operatorname{rank}(\boldsymbol{E}+\boldsymbol{A})=n.$$

期末考试题(四)

一、填空题(每小题 3 分,共 18 分)

1. 设 $A=\begin{bmatrix}1 & k & -2\\ 1 & 2 & 0\\ 1 & 1 & -3\end{bmatrix}$,行列式 $|3A|=27$,则参数 $k=$________.

2. 矩阵 $\begin{bmatrix}1 & 1 & 1\\ 0 & 1 & 2\\ -1 & 0 & 0\end{bmatrix}$ 的逆矩阵为________.

3. 设 A 是正负惯性指数均为 1 的三阶实对称矩阵,且满足 $|E+A|=|E-A|=0$,则行列式 $|2E+3A|=$________.

4. 已知二次型 $f(x_1,x_2,x_3)=ax_1^2+3x_2^2+3x_3^2+2bx_2x_3$ 可通过正交变换化成标准形 $f=y_1^2+2y_2^2+5y_3^2$,则 $ab^2=$________.

5. 已知 $A_1=\dfrac{1}{2}\begin{bmatrix}1 & -2\\ -3 & 2\end{bmatrix}$,$A_2=\begin{bmatrix}1 & 1\\ -1 & 1\end{bmatrix}$,$B=\begin{bmatrix}A_1 & \mathbf{0}\\ \mathbf{0} & A_2^{-1}\end{bmatrix}$,$B^*$ 为 B 的伴随矩阵,则 $|B^*|=$________.

6. 若向量组 $\alpha_1=(3,2,0,1)^{\mathrm{T}}$,$\alpha_2=(3,0,\lambda,0)^{\mathrm{T}}$,$\alpha_3=(1,-2,4,-1)^{\mathrm{T}}$ 线性相关,则 $\lambda=$________.

二、单选题(每小题 3 分,共 18 分)

1. 设 n 阶矩阵 A,B,C 满足关系式 $ABC=E$,则必有 【 】

(A) $BAC=E$;　(B) $B=C^{-1}A^{-1}$;　(C) $BCA=E$;　(D) $CBA=E$.

2. 设 α_1,α_2 和 β_1,β_2 是向量空间 $\mathbb{R}^2$ 的两个基,且 $\beta_1=-5\alpha_1-2\alpha_2$,$\beta_2=3\alpha_1+\alpha_2$,则由 β_1,β_2 到 α_1,α_2 的过渡矩阵是 【 】

(A) $\begin{bmatrix}0 & -4\\ 1 & -6\end{bmatrix}$;　(B) $\begin{bmatrix}1 & -3\\ 2 & -5\end{bmatrix}$;

(C) $\begin{bmatrix}5 & 2\\ -3 & -1\end{bmatrix}$;　(D) $\begin{bmatrix}1 & 3\\ 2 & 5\end{bmatrix}$.

3. 设 $\alpha_1=(1,0,0,0)^{\mathrm{T}}$,$\alpha_2=(2,-1,1,-1)^{\mathrm{T}}$,$\alpha_3=(0,1,-1,a)^{\mathrm{T}}$,$\beta=(3,-2,b,-2)^{\mathrm{T}}$,已知 β 不能由 $\alpha_1,\alpha_2,\alpha_3$ 线性表示,则 【 】

(A) $b=2$;　(B) $b\neq 2$;　(C) $a=1$;　(D) $a\neq 1$.

4. 设 A 是三阶矩阵,$|A|=-4$,且 $A^2-A=2E$,则 A 的伴随矩阵 A^* 的特征值为 【 】

(A) $-2,-2,4$;　(B) $-2,4,4$;　(C) $2,2,-4$;　(D) $2,-4,-4$.

5. 下列 4 个矩阵中,正定矩阵是 【 】

(A) $\begin{bmatrix}1 & 2 & 0\\ 2 & 4 & 0\\ 0 & 0 & 10\end{bmatrix}$;　(B) $\begin{bmatrix}-9 & 2 & 0\\ 2 & -6 & 0\\ 0 & 0 & -10\end{bmatrix}$;

(C) $\begin{bmatrix}-3 & 4 & 0\\ 4 & 3 & 0\\ 0 & 0 & -5\end{bmatrix}$;　(D) $\begin{bmatrix}6 & 2 & 0\\ 2 & 9 & 0\\ 0 & 0 & 5\end{bmatrix}$.

6. 设 $\boldsymbol{A}_{4\times 4}=[\boldsymbol{\alpha}_1\quad \boldsymbol{\alpha}_2\quad \boldsymbol{\alpha}_3\quad \boldsymbol{\alpha}_4]$，$\boldsymbol{\xi}_1=(-2,0,1,0)^{\mathrm{T}}$，$\boldsymbol{\xi}_2=(1,0,0,1)^{\mathrm{T}}$ 为齐次线性方程组 $\boldsymbol{Ax}=\boldsymbol{0}$ 的基础解系，$\boldsymbol{\eta}$ 是 $\boldsymbol{A}$ 的属于特征值 2 的特征向量，则以下命题中错误的是　【　】

(A) $\boldsymbol{\alpha}_1,\boldsymbol{\alpha}_2$ 线性无关；　(B) $\boldsymbol{\alpha}_2,\boldsymbol{\alpha}_3$ 线性无关；

(C) $\boldsymbol{\alpha}_1,\boldsymbol{\alpha}_2,\boldsymbol{\eta}$ 线性无关；　(D) $\boldsymbol{\xi}_1,\boldsymbol{\xi}_2,\boldsymbol{\eta}$ 线性无关.

三、(10 分)　计算 n 阶行列式

$$D_n=\begin{vmatrix} 1+x_1 & 1+x_1^2 & \cdots & 1+x_1^n \\ 1+x_2 & 1+x_2^2 & \cdots & 1+x_2^n \\ \vdots & \vdots & & \vdots \\ 1+x_n & 1+x_n^2 & \cdots & 1+x_n^n \end{vmatrix}.$$

四、(10 分)　求解非齐次线性方程组

$$\begin{cases} 2x_1+x_2-x_3+x_4=1, \\ 3x_1-3x_2+x_3-3x_4=4, \\ x_1+4x_2-3x_3+5x_4=-2. \end{cases}$$

五、(10 分)　设 n 维非零列向量 $\boldsymbol{\alpha}_1,\boldsymbol{\alpha}_2,\cdots,\boldsymbol{\alpha}_m$ 满足条件 $\boldsymbol{\alpha}_i^{\mathrm{T}}\boldsymbol{A}\boldsymbol{\alpha}_j=0(i\neq j)$，其中 $\boldsymbol{A}$ 是 n 阶正定矩阵，证明向量组 $\boldsymbol{\alpha}_1,\boldsymbol{\alpha}_2,\cdots,\boldsymbol{\alpha}_m$ 线性无关.

六、(10 分)　设三阶矩阵 $\boldsymbol{A}=\begin{bmatrix} 1 & 0 & 0 \\ 0 & 2 & 0 \\ 1 & 6 & 1 \end{bmatrix}$，求解矩阵方程 $\boldsymbol{AX}+\boldsymbol{E}=\boldsymbol{A}^2+\boldsymbol{X}$.

七、(12 分)　设三阶矩阵 $\boldsymbol{A}=[\boldsymbol{\alpha}_1\quad \boldsymbol{\alpha}_2\quad \boldsymbol{\alpha}_3]$，$\boldsymbol{\alpha}_1\neq\boldsymbol{0}$. 已知 $\boldsymbol{AB}=\boldsymbol{0}$，$\boldsymbol{B}=\begin{bmatrix} 1 & 2 & 3 \\ -1 & -2 & -3 \\ k & 4 & 6 \end{bmatrix}$，试根据 k 的不同取值求 $\boldsymbol{\alpha}_1,\boldsymbol{\alpha}_2,\boldsymbol{\alpha}_3$ 的一个极大线性无关组，并将其余向量用极大线性无关组线性表示.

八、(12 分)　已知三元二次型 $\boldsymbol{x}^{\mathrm{T}}\boldsymbol{Ax}$ 经正交变换化为 $2y_1^2-y_2^2-y_3^2$，矩阵 $\boldsymbol{B}$ 满足方程

$$\left[\left(\frac{1}{2}\boldsymbol{A}\right)^*\right]^{-1}\boldsymbol{BA}^{-1}=2\boldsymbol{AB}+4\boldsymbol{E},$$

且 $\boldsymbol{A}^*\boldsymbol{\alpha}=\boldsymbol{\alpha}$，其中 $\boldsymbol{\alpha}=(1,1,-1)^{\mathrm{T}}$，求二次型 $\boldsymbol{x}^{\mathrm{T}}\boldsymbol{Bx}$ 的表达式.

巩固练习参考解答

第 1 章

1. 填空题

(1) $x_1=2,x_2=0,x_3=-2$; (2) 1; (3) 4; (4) 0; (5) -5.

2. $a=1$,三条直线交于点(2,1).

3. (1) 方程组有唯一解:$x_1=2,x_2=0,x_3=-1$;

(2) 方程组的通解为 $x_1=x_3+4,x_2=x_3+3,x_3=x_3,x_4=-3$,其中 x_3 为任意数.

4. (1) 方程组的通解为 $x_1=3x_3-4x_4,x_2=-2x_3+3x_4,x_3=x_3,x_4=x_4$,其中 x_3,x_4 为任意数.

(2) 方程组的通解为 $x_1=8x_3-7x_4,x_2=-6x_3+5x_4,x_3=x_3,x_4=x_4$,其中 x_3,x_4 为任意数.

5. 对方程组做初等变换:

$$\begin{cases} ax_1+x_2+x_3=0, \\ x_1+bx_2+x_3=0, \\ x_1+2bx_2+x_3=0. \end{cases} \to \begin{cases} x_1+bx_2+x_3=0, \\ bx_2=0, \\ (1-ab)x_2+(1-a)x_3=0. \end{cases}$$

(1) 当 $b=0$ 时,方程组有非零解

$$\begin{cases} x_1=-x_3, \\ x_2=(a-1)x_3, \end{cases} \quad x_3 \text{ 为任意数.}$$

(2) 当 $a=1$ 时,方程组有非零解

$$\begin{cases} x_1=-x_3, \\ x_2=0, \end{cases} \quad x_3 \text{ 为任意数.}$$

6. 对方程组做初等变换:

$$\begin{cases} x_1+x_2+x_3+x_4=0, \\ x_2+2x_3+2x_4=1, \\ x_2+(3-a)x_3+2x_4=b, \\ 3x_1+2x_2+x_3+ax_4=-1, \end{cases} \to \begin{cases} x_1+x_2+x_3+x_4=0, \\ x_2+2x_3+2x_4=1, \\ (a-1)x_3=1-b, \\ (a-1)x_4=0. \end{cases}$$

(1) 当 $a\neq 1$ 时,方程组有唯一解

$$x_1=\frac{a+b-2}{1-a},\quad x_2=\frac{-a-2b+3}{1-a},\quad x_3=\frac{b-1}{1-a},x_4=0.$$

（2）当 $a=1,b\neq 1$ 时，方程组无解.

（3）当 $a=1,b=1$ 时，方程组可化为

$$\begin{cases} x_1+x_2+\ x_3+\ x_4=0, \\ \qquad x_2+2x_3+2x_4=1, \end{cases} \rightarrow \begin{cases} x_1 \qquad -\ x_3-\ x_4=-1, \\ \qquad x_2+2x_3+2x_4=1, \end{cases}$$

则方程组的通解为

$$\begin{cases} x_1=\quad x_3+\ x_4-1, \\ x_2=-2x_3-2x_4+1, \\ x_3=\quad x_3, \\ x_4=\qquad\quad x_4, \end{cases} \quad x_3,x_4 \text{ 为任意数.}$$

7. 由题意，得方程组

$$\begin{cases} x_1 \qquad -\ 6x_3 \qquad =0, \\ \qquad 2x_2-12x_3 \qquad =0, \\ 2x_1+\ x_2-\ 6x_3-2x_4=0. \end{cases}$$

用消元法得方程组的通解

$$\begin{cases} x_1=6x_3, \\ x_2=6x_3, \\ x_3=\ x_3, \\ x_4=6x_3, \end{cases} \quad x_3 \text{ 为任意数.}$$

因此配平的化学方程式为

$$6CO_2+6H_2O = C_6H_{12}O_6+6O_2.$$

第 2 章

1. 填空题

（1）$\frac{1}{9}(4\boldsymbol{E}-\boldsymbol{A})$；　　（2）$\begin{bmatrix} 3 & 0 & 0 \\ 0 & 3 & 0 \\ 0 & 0 & -1 \end{bmatrix}$；

（3）$\begin{bmatrix} \boldsymbol{0} & \boldsymbol{0} & \boldsymbol{C}^{-1} \\ \boldsymbol{A}^{-1} & \boldsymbol{0} & \boldsymbol{0} \\ \boldsymbol{0} & \boldsymbol{B}^{-1} & \boldsymbol{0} \end{bmatrix}$；　　（4）$\begin{bmatrix} 0 & \frac{1}{2} \\ -1 & -1 \end{bmatrix}$；

（5）3；（6）1；（7）-3；（8）1；（9）2；（10）3.

2. 单选题

（1）C；（2）D；（3）C；（4）A；（5）D；（6）C；（7）A；（8）D；（9）D；（10）B.

3. 因为

$$\begin{aligned} \boldsymbol{BC} &= (\boldsymbol{E}-\boldsymbol{A}^{\mathrm{T}}\boldsymbol{A})(\boldsymbol{E}+2\boldsymbol{A}^{\mathrm{T}}\boldsymbol{A}) \\ &= \boldsymbol{E}+2\boldsymbol{A}^{\mathrm{T}}\boldsymbol{A}-\boldsymbol{A}^{\mathrm{T}}\boldsymbol{A}-2\boldsymbol{A}^{\mathrm{T}}\boldsymbol{A}\boldsymbol{A}^{\mathrm{T}}\boldsymbol{A} \\ &= \boldsymbol{E}+\boldsymbol{A}^{\mathrm{T}}\boldsymbol{A}-2\boldsymbol{A}^{\mathrm{T}}(\boldsymbol{A}\boldsymbol{A}^{\mathrm{T}})\boldsymbol{A}, \end{aligned}$$

而 $\boldsymbol{A}\boldsymbol{A}^{\mathrm{T}}=\frac{1}{2}$，所以 $\boldsymbol{BC}=\boldsymbol{E}$.

4. 设矩阵 $\boldsymbol{B}=\begin{bmatrix}a & b\\ c & d\end{bmatrix}$ 与 $\boldsymbol{A}$ 可交换，即

$$\begin{bmatrix}1 & 0\\ 3 & 2\end{bmatrix}\begin{bmatrix}a & b\\ c & d\end{bmatrix}=\begin{bmatrix}a & b\\ c & d\end{bmatrix}\begin{bmatrix}1 & 0\\ 3 & 2\end{bmatrix},$$

从而

$$\begin{cases}a & =a+3b,\\ b & =2b,\\ 3a+2c & =c+3d,\\ 3b+2d & =2d,\end{cases}$$

解得 $b=0, c=3(d-a)$，于是与 $\boldsymbol{A}$ 可交换的矩阵为

$$\boldsymbol{B}=\begin{bmatrix}a & 0\\ 3(d-a) & d\end{bmatrix},\quad a,d\ \text{为任意数}.$$

5. 由 $\boldsymbol{A}^2=\boldsymbol{A}$，得 $4\boldsymbol{A}^2-4\boldsymbol{A}+\boldsymbol{E}=\boldsymbol{E}$，即 $(\boldsymbol{E}-2\boldsymbol{A})^2=\boldsymbol{E}$，所以 $\boldsymbol{E}-2\boldsymbol{A}$ 可逆.

6. 将 $\boldsymbol{A}$ 分块为 $\boldsymbol{A}=\begin{bmatrix}\boldsymbol{A}_1 & \boldsymbol{0}\\ \boldsymbol{0} & \boldsymbol{A}_2\end{bmatrix}$，其中 $\boldsymbol{A}_1=\begin{bmatrix}3 & 4\\ 4 & -3\end{bmatrix}$，$\boldsymbol{A}_2=\begin{bmatrix}2 & 0\\ 2 & 2\end{bmatrix}$. 因为

$$\boldsymbol{A}_1^2=\begin{bmatrix}3 & 4\\ 4 & -3\end{bmatrix}\begin{bmatrix}3 & 4\\ 4 & -3\end{bmatrix}=\begin{bmatrix}5^2 & 0\\ 0 & 5^2\end{bmatrix},\quad \boldsymbol{A}_1^4=\begin{bmatrix}5^4 & 0\\ 0 & 5^4\end{bmatrix},$$

$$\boldsymbol{A}_2^2=\begin{bmatrix}2 & 0\\ 2 & 2\end{bmatrix}\begin{bmatrix}2 & 0\\ 2 & 2\end{bmatrix}=\begin{bmatrix}2^2 & 0\\ 2^3 & 2^2\end{bmatrix},\quad \boldsymbol{A}_2^4=\begin{bmatrix}2^2 & 0\\ 2^3 & 2^2\end{bmatrix}\begin{bmatrix}2^2 & 0\\ 2^3 & 2^2\end{bmatrix}=\begin{bmatrix}2^4 & 0\\ 2^6 & 2^4\end{bmatrix},$$

所以

$$\boldsymbol{A}^4=\begin{bmatrix}\boldsymbol{A}_1^4 & \boldsymbol{0}\\ \boldsymbol{0} & \boldsymbol{A}_2^4\end{bmatrix}=\begin{bmatrix}5^4 & 0 & 0 & 0\\ 0 & 5^4 & 0 & 0\\ 0 & 0 & 2^4 & 0\\ 0 & 0 & 2^6 & 2^4\end{bmatrix}.$$

7. 因为

$$\boldsymbol{A}=\boldsymbol{E}+\boldsymbol{\alpha}\boldsymbol{\beta}^{\mathrm{T}}=\boldsymbol{E}+\begin{bmatrix}-1 & 1 & 1\\ 1 & -1 & -1\\ -2 & 2 & 2\end{bmatrix},$$

而 $\boldsymbol{\beta}^{\mathrm{T}}\boldsymbol{\alpha}=(-1,1,1)(-1,1,-2)^{\mathrm{T}}=0$，于是 $(\boldsymbol{\alpha}\boldsymbol{\beta}^{\mathrm{T}})^n=\boldsymbol{0}(n\geqslant 2)$，所以

$$\boldsymbol{A}^n=(\boldsymbol{E}+\boldsymbol{\alpha}\boldsymbol{\beta}^{\mathrm{T}})^n=\boldsymbol{E}+\mathrm{C}_n^1\boldsymbol{\alpha}\boldsymbol{\beta}^{\mathrm{T}}=\begin{bmatrix}1-n & n & n\\ n & 1-n & -n\\ -2n & 2n & 1+2n\end{bmatrix}.$$

8. 由已知条件得 $\operatorname{rank}\boldsymbol{A}=3$，故 $\boldsymbol{A}$ 为可逆矩阵，并且 $\boldsymbol{A}\boldsymbol{B}=\boldsymbol{A}^2-\boldsymbol{E}$，从而

$$\boldsymbol{B}=\boldsymbol{A}^{-1}(\boldsymbol{A}^2-\boldsymbol{E})=\boldsymbol{A}-\boldsymbol{A}^{-1}.$$

利用初等变换法求得 $\boldsymbol{A}^{-1}=\begin{bmatrix}1 & -1 & -2\\ 0 & 1 & 1\\ 0 & 0 & -1\end{bmatrix}$，所以 $\boldsymbol{B}=\begin{bmatrix}0 & 2 & 1\\ 0 & 0 & 0\\ 0 & 0 & 0\end{bmatrix}$.

9.（1）因 $2\boldsymbol{A}^{-1}\boldsymbol{B}=\boldsymbol{B}-4\boldsymbol{E}$，故 $\boldsymbol{B}-2\boldsymbol{A}^{-1}\boldsymbol{B}=4\boldsymbol{E}$，即

$$\boldsymbol{A}\boldsymbol{A}^{-1}\boldsymbol{B}-2\boldsymbol{A}^{-1}\boldsymbol{B}=4\boldsymbol{E},$$

于是

$$(\boldsymbol{A}-2\boldsymbol{E})\cdot\frac{1}{4}\boldsymbol{A}^{-1}\boldsymbol{B}=\boldsymbol{E},$$

故 $\boldsymbol{A}-2\boldsymbol{E}$ 可逆，且 $(\boldsymbol{A}-2\boldsymbol{E})^{-1}=\frac{1}{4}\boldsymbol{A}^{-1}\boldsymbol{B}$.

还可以这样做：由 $2\boldsymbol{A}^{-1}\boldsymbol{B}=\boldsymbol{B}-4\boldsymbol{E}$，得 $2\boldsymbol{B}=\boldsymbol{A}\boldsymbol{B}-4\boldsymbol{A}$，即 $(\boldsymbol{A}-2\boldsymbol{E})\boldsymbol{B}=4\boldsymbol{A}$，于是

$$(\boldsymbol{A}-2\boldsymbol{E})\cdot\frac{1}{4}\boldsymbol{B}\boldsymbol{A}^{-1}=\boldsymbol{E},$$

故 $\boldsymbol{A}-2\boldsymbol{E}$ 可逆，且 $(\boldsymbol{A}-2\boldsymbol{E})^{-1}=\frac{1}{4}\boldsymbol{B}\boldsymbol{A}^{-1}$. 这个结果与上一种解法的结果不同.

（2）由 $2\boldsymbol{A}^{-1}\boldsymbol{B}=\boldsymbol{B}-4\boldsymbol{E}$，知 $2\boldsymbol{B}=\boldsymbol{A}\boldsymbol{B}-4\boldsymbol{A}=\boldsymbol{A}(\boldsymbol{B}-4\boldsymbol{E})$，于是

$$\boldsymbol{A}=2\boldsymbol{B}(\boldsymbol{B}-4\boldsymbol{E})^{-1}.$$

不难求得

$$(\boldsymbol{B}-4\boldsymbol{E})^{-1}=\begin{bmatrix}-\frac{1}{4} & \frac{1}{4} & 0\\ -\frac{1}{8} & -\frac{3}{8} & 0\\ 0 & 0 & -\frac{1}{2}\end{bmatrix},$$

因此

$$\boldsymbol{A}=\begin{bmatrix}0 & 2 & 0\\ -1 & -1 & 0\\ 0 & 0 & -2\end{bmatrix}.$$

10. $$\boldsymbol{A}=\begin{bmatrix}1 & 1 & 1 & 1 & 0\\ 0 & 1 & 2 & 2 & 1\\ 0 & -1 & a-3 & -2 & b\\ 3 & 2 & 1 & a & -1\end{bmatrix}\to\begin{bmatrix}1 & 1 & 1 & 1 & 0\\ 0 & 1 & 2 & 2 & 1\\ 0 & 0 & a-1 & 0 & b+1\\ 0 & 0 & 0 & a-1 & 0\end{bmatrix},$$

从而当 $a=1,b=-1$ 时，$\operatorname{rank}\boldsymbol{A}=2$.

11. 对方程组的增广矩阵进行行初等变换，得

$$\begin{bmatrix}1 & 1 & 1 & 1 & 1 & a\\ 0 & 1 & 2 & 2 & 6 & b\\ 3 & 2 & 1 & 1 & -3 & 0\\ 5 & 4 & 3 & 3 & -1 & 2\end{bmatrix}\to\begin{bmatrix}1 & 0 & -1 & -1 & -5 & a-b\\ 0 & 1 & 2 & 2 & 6 & b\\ 0 & 0 & 0 & 0 & 0 & b-3a\\ 0 & 0 & 0 & 0 & 0 & b+2-5a\end{bmatrix}.$$

令

$$\begin{cases}b-3a=0,\\ b+2-5a=0,\end{cases}$$

解得 $a=1,b=3$. 从而当 $a\neq1$ 或 $b\neq3$ 时，方程组无解；当 $a=1$ 且 $b=3$ 时，方程组有无穷

多解，原方程组的通解表达式为

$$x=k_1\begin{bmatrix}1\\-2\\1\\0\\0\end{bmatrix}+k_2\begin{bmatrix}1\\-2\\0\\1\\0\end{bmatrix}+k_3\begin{bmatrix}5\\-6\\0\\0\\1\end{bmatrix}+\begin{bmatrix}-2\\3\\0\\0\\0\end{bmatrix},\quad k_1,k_2,k_3 \text{ 为任意数.}$$

12. 由$\boldsymbol{\eta}$是方程组$\boldsymbol{Ax}=\boldsymbol{b}$的一个解，可知$a=c$. 做初等行变换，得

$$[\boldsymbol{A}\quad \boldsymbol{b}]=\begin{bmatrix}2&1&1&2&0\\0&1&3&1&1\\1&a&c&1&0\end{bmatrix}\rightarrow\begin{bmatrix}2&0&-2&1&-1\\0&1&3&1&1\\0&0&1-2a&\frac{1}{2}-a&\frac{1}{2}-a\end{bmatrix}.$$

（1）当$a\neq\frac{1}{2}$时，有

$$[\boldsymbol{A}\quad \boldsymbol{b}]\rightarrow\begin{bmatrix}2&0&-2&1&-1\\0&1&3&1&1\\0&0&1&\frac{1}{2}&\frac{1}{2}\end{bmatrix}\rightarrow\begin{bmatrix}1&0&0&1&0\\0&1&0&-\frac{1}{2}&-\frac{1}{2}\\0&0&1&\frac{1}{2}&\frac{1}{2}\end{bmatrix},$$

于是方程组$\boldsymbol{Ax}=\boldsymbol{b}$的通解为

$$x=k\begin{bmatrix}-2\\1\\-1\\2\end{bmatrix}+\begin{bmatrix}1\\-1\\1\\-1\end{bmatrix},\quad k \text{ 为任意数.}$$

（2）当$a=\frac{1}{2}$时，有

$$[\boldsymbol{A}\quad \boldsymbol{b}]\rightarrow\begin{bmatrix}2&0&-2&1&-1\\0&1&3&1&1\\0&0&0&0&0\end{bmatrix}\rightarrow\begin{bmatrix}1&0&-1&\frac{1}{2}&-\frac{1}{2}\\0&1&3&1&1\\0&0&0&0&0\end{bmatrix},$$

此时方程组$\boldsymbol{Ax}=\boldsymbol{b}$的通解为

$$x=k_1\begin{bmatrix}1\\-3\\1\\0\end{bmatrix}+k_2\begin{bmatrix}1\\2\\0\\-2\end{bmatrix}+\begin{bmatrix}1\\-1\\1\\-1\end{bmatrix},\quad k_1,k_2 \text{ 为任意数.}$$

第 3 章

1. 填空题

（1）-7；（2）4；（3）81；（4）$\frac{9^n a}{b}$；（5）3^k；（6）1；（7）3；（8）$-\frac{1}{8}$；

(9) $\begin{bmatrix} 5 & -2 & -1 \\ -2 & 2 & 0 \\ -1 & 0 & 1 \end{bmatrix}$; (10) $\begin{bmatrix} \frac{5}{4} & -\frac{1}{2} & -\frac{1}{4} \\ -\frac{1}{2} & \frac{1}{2} & 0 \\ -\frac{1}{4} & 0 & \frac{1}{4} \end{bmatrix}$.

2. 单选题

(1) D; (2) D; (3) D; (4) D; (5) B; (6) B; (7) C; (8) D; (9) A; (10) B.

3. (1) $$\begin{vmatrix} a-x & a-y & a-z \\ b-x & b-y & b-z \\ c-x & c-y & c-z \end{vmatrix} = \begin{vmatrix} 1 & x & y & z \\ 0 & a-x & a-y & a-z \\ 0 & b-x & b-y & b-z \\ 0 & c-x & c-y & c-z \end{vmatrix} = \begin{vmatrix} 1 & x & y & z \\ 1 & a & a & a \\ 1 & b & b & b \\ 1 & c & c & c \end{vmatrix}$$

$$= \begin{vmatrix} 1 & x & y-x & z-x \\ 1 & a & 0 & 0 \\ 1 & b & 0 & 0 \\ 1 & c & 0 & 0 \end{vmatrix} = (y-x)\begin{vmatrix} 1 & a & 0 \\ 1 & b & 0 \\ 1 & c & 0 \end{vmatrix} = 0.$$

(2) $$\begin{vmatrix} a^2 & ab & b^2 \\ 2a & a+b & 2b \\ 1 & 1 & 1 \end{vmatrix} = \begin{vmatrix} a^2-b^2 & ab-b^2 & b^2 \\ 2a-2b & a-b & 2b \\ 0 & 0 & 1 \end{vmatrix}$$

$$= \begin{vmatrix} (a+b)(a-b) & b(a-b) \\ 2(a-b) & a-b \end{vmatrix} = (a-b)^2\begin{vmatrix} a+b & b \\ 2 & 1 \end{vmatrix} = (a-b)^3.$$

4. $$\begin{vmatrix} 1 & -1 & 1 & x-1 \\ 1 & -1 & x+1 & -1 \\ 1 & x-1 & 1 & -1 \\ x+1 & -1 & 1 & -1 \end{vmatrix} = \begin{vmatrix} x & -1 & 1 & x-1 \\ x & -1 & x+1 & -1 \\ x & x-1 & 1 & -1 \\ x & -1 & 1 & -1 \end{vmatrix}$$

$$= x\begin{vmatrix} 1 & -1 & 1 & x-1 \\ 1 & -1 & x+1 & -1 \\ 1 & x-1 & 1 & -1 \\ 1 & -1 & 1 & -1 \end{vmatrix}$$

$$= x\begin{vmatrix} 1 & 0 & 0 & x \\ 1 & 0 & x & 0 \\ 1 & x & 0 & 0 \\ 1 & 0 & 0 & 0 \end{vmatrix} = x^4.$$

5. 设 n 为奇数, $\boldsymbol{A}=[a_{ij}]$ 为 n 阶反称矩阵, 则 $\boldsymbol{A}^{\mathrm{T}}=-\boldsymbol{A}$, 于是

$$|\boldsymbol{A}| = |\boldsymbol{A}^{\mathrm{T}}| = |-\boldsymbol{A}|$$
$$= (-1)^n |\boldsymbol{A}| = -|\boldsymbol{A}|,$$

从而 $|\boldsymbol{A}|=0$.

6.（1）行列式按第一列展开，得

$$\begin{vmatrix} a & 1 & 0 & \cdots & 0 & 0 \\ 0 & a & 1 & \cdots & 0 & 0 \\ \vdots & \vdots & \vdots & & \vdots & \vdots \\ 0 & 0 & 0 & \cdots & a & 1 \\ (-1)^n & 0 & 0 & \cdots & 0 & a \end{vmatrix}$$

$$= a\begin{vmatrix} a & 1 & & \\ & \ddots & \ddots & \\ & & \ddots & 1 \\ 0 & & & a \end{vmatrix} + (-1)^{n+1}(-1)^n \begin{vmatrix} 1 & & & 0 \\ a & \ddots & & \\ & \ddots & \ddots & \\ & & a & 1 \end{vmatrix}.$$

$$= a^n - 1.$$

（2）$$\begin{vmatrix} x & a_2 & \cdots & a_n \\ a_1 & x & \cdots & a_n \\ a_1 & a_2 & \cdots & a_n \\ \vdots & \vdots & & \vdots \\ a_1 & a_2 & \cdots & x \end{vmatrix} = \begin{vmatrix} x & a_2 & \cdots & a_n \\ a_1 - x & x - a_2 & \cdots & 0 \\ a_1 - x & 0 & \cdots & 0 \\ \vdots & \vdots & & \vdots \\ a_1 - x & 0 & \cdots & x - a_n \end{vmatrix}$$

$$= \begin{vmatrix} x + \sum_{i=2}^{n} \dfrac{x - a_1}{x - a_i} a_i & a_2 & \cdots & a_n \\ 0 & x - a_2 & \cdots & 0 \\ 0 & 0 & \cdots & 0 \\ \vdots & \vdots & & \vdots \\ 0 & 0 & \cdots & x - a_n \end{vmatrix}$$

$$= \left(x + \sum_{i=2}^{n} \frac{x - a_1}{x - a_i} a_i\right) \prod_{i=2}^{n} (x - a_i).$$

（3）$$\begin{vmatrix} x_1^2 + 1 & x_1x_2 & \cdots & x_1x_n \\ x_2x_1 & x_2^2 + 1 & \cdots & x_2x_n \\ \vdots & \vdots & & \vdots \\ x_nx_1 & x_nx_2 & \cdots & x_n^2 + 1 \end{vmatrix} = \begin{vmatrix} 1 & x_1 & x_2 & \cdots & x_n \\ 0 & x_1^2 + 1 & x_1x_2 & \cdots & x_1x_n \\ 0 & x_2x_1 & x_2^2 + 1 & \cdots & x_2x_n \\ \vdots & \vdots & \vdots & & \vdots \\ 0 & x_nx_1 & x_nx_2 & \cdots & x_n^2 + 1 \end{vmatrix}$$

$$= \begin{vmatrix} 1 & x_1 & x_2 & \cdots & x_n \\ -x_1 & 1 & 0 & \cdots & 0 \\ -x_2 & 0 & 1 & \cdots & 0 \\ \vdots & \vdots & \vdots & & \vdots \\ -x_n & 0 & 0 & \cdots & 1 \end{vmatrix} = \begin{vmatrix} 1 + \sum_{i=1}^{n} x_i^2 & x_1 & x_2 & \cdots & x_n \\ 0 & 1 & 0 & \cdots & 0 \\ 0 & 0 & 1 & \cdots & 0 \\ \vdots & \vdots & \vdots & & \vdots \\ 0 & 0 & 0 & \cdots & 1 \end{vmatrix}$$

$$= 1 + \sum_{i=1}^{n} x_i^2.$$

$$(4)\ D_n(x,y)=\begin{vmatrix} a_n & x & \cdots & x & x \\ y & a_{n-1} & \cdots & x & x \\ \vdots & \vdots & & \vdots & \vdots \\ y & y & \cdots & a_2 & x \\ y & y & \cdots & y & a_1 \end{vmatrix}=\begin{vmatrix} a_n-y+y & x & \cdots & x & x \\ 0+y & a_{n-1} & \cdots & x & x \\ \vdots & \vdots & & \vdots & \vdots \\ 0+y & y & \cdots & a_2 & x \\ 0+y & y & \cdots & y & a_1 \end{vmatrix}$$

$$=\begin{vmatrix} a_n-y & x & \cdots & x & x \\ 0 & a_{n-1} & \cdots & x & x \\ \vdots & \vdots & & \vdots & \vdots \\ 0 & y & \cdots & a_2 & x \\ 0 & y & \cdots & y & a_1 \end{vmatrix}+\begin{vmatrix} y & x & \cdots & x & x \\ y & a_{n-1} & \cdots & x & x \\ \vdots & \vdots & & \vdots & \vdots \\ y & y & \cdots & a_2 & x \\ y & y & \cdots & y & a_1 \end{vmatrix}$$

$$=(a_n-y)D_{n-1}(x,y)+y\begin{vmatrix} 1 & x & \cdots & x & x \\ 1 & a_{n-1} & \cdots & x & x \\ \vdots & \vdots & & \vdots & \vdots \\ 1 & y & \cdots & a_2 & x \\ 1 & y & \cdots & y & a_1 \end{vmatrix}$$

$$=(a_n-y)D_{n-1}(x,y)+y\begin{vmatrix} 1 & 0 & \cdots & 0 & 0 \\ 1 & a_{n-1}-x & \cdots & 0 & 0 \\ \vdots & \vdots & & \vdots & \vdots \\ 1 & y-x & \cdots & a_2-x & 0 \\ 1 & y-x & \cdots & y-x & a_1-x \end{vmatrix}$$

$$=(a_n-y)D_{n-1}(x,y)+y\prod_{i=1}^{n-1}(a_i-x),$$

即

$$D_n(x,y)=(a_n-y)D_{n-1}(x,y)+y\prod_{i=1}^{n-1}(a_i-x),$$

因为 $D_n(x,y)=D_n(y,x)$，所以

$$D_n(x,y)=(a_n-x)D_{n-1}(x,y)+x\prod_{i=1}^{n-1}(a_i-y),$$

由上述两式消去 $D_{n-1}(x,y)$ 并注意到 $x\neq y$，得

$$D_n(x,y)=\frac{y\prod_{i=1}^{n}(a_i-x)-x\prod_{i=1}^{n}(a_i-y)}{y-x}.$$

7. 因为 $\boldsymbol{A}^*=[A_{ji}]_{3\times 3}=[2a_{ji}]_{3\times 3}=2\boldsymbol{A}^{\mathrm{T}}$，所以 $|\boldsymbol{A}^*|=8|\boldsymbol{A}^{\mathrm{T}}|=8|\boldsymbol{A}|$. 又 $|\boldsymbol{A}^*|=|\boldsymbol{A}|^2$，故 $|\boldsymbol{A}|^2=8|\boldsymbol{A}|$，即 $|\boldsymbol{A}|(|\boldsymbol{A}|-8)=0$，因此 $|\boldsymbol{A}|=0$ 或 $|\boldsymbol{A}|=8$. 由 $a_{11}\neq 0$ 有

$$|\boldsymbol{A}|=a_{11}\boldsymbol{A}_{11}+a_{12}\boldsymbol{A}_{12}+a_{13}\boldsymbol{A}_{13}=a_{11}^2+a_{12}^2+a_{13}^2\neq 0,$$

从而 $|\boldsymbol{A}|=8$，于是 $|\boldsymbol{A}^*|=64$.

8. 因为 $|\boldsymbol{A}_2|=|2\boldsymbol{\alpha}\quad 3\boldsymbol{\beta}\quad \boldsymbol{\gamma}|=6|\boldsymbol{\alpha}\quad \boldsymbol{\beta}\quad \boldsymbol{\gamma}|=6|\boldsymbol{A}_1|=12$，所以有

$$\begin{vmatrix} \boldsymbol{0} & \boldsymbol{A}_1 \\ \boldsymbol{A}_2 & \boldsymbol{0} \end{vmatrix}=-\begin{vmatrix} \boldsymbol{A}_1 & \boldsymbol{0} \\ \boldsymbol{0} & \boldsymbol{A}_2 \end{vmatrix}=-|\boldsymbol{A}_1||\boldsymbol{A}_2|=-24.$$

9. 由已知，$|\boldsymbol{A}|=4$，且$\boldsymbol{A}^*\boldsymbol{X}=\boldsymbol{A}^{-1}+2\boldsymbol{X}$ 得$(\boldsymbol{A}^*-2\boldsymbol{E})\boldsymbol{X}=\boldsymbol{A}^{-1}$，即

$$\boldsymbol{X}=(4\boldsymbol{E}-2\boldsymbol{A})^{-1}=\frac{1}{2}(2\boldsymbol{E}-\boldsymbol{A})^{-1}=\frac{1}{4}\begin{bmatrix}1&1&0\\0&1&1\\1&0&1\end{bmatrix}.$$

10. 由$|\boldsymbol{A}^{-1}|=-2$ 得$|\boldsymbol{A}|=-\dfrac{1}{2}$，从而

$$\boldsymbol{A}^*=|\boldsymbol{A}|\boldsymbol{A}^{-1}=-\frac{1}{2}\begin{bmatrix}1&-1&2&3\\0&1&-1&1\\1&2&0&3\\0&1&-2&2\end{bmatrix},$$

所以

$$A_{12}+2A_{34}-A_{41}=-\frac{1}{2}[0+2(-2)-3]=\frac{7}{2}.$$

11. (1) 对分块矩阵 $\boldsymbol{B}$ 做分块倍加行变换将其化为分块上三角矩阵：

$$\begin{bmatrix}\boldsymbol{E}&\boldsymbol{0}\\-\boldsymbol{\alpha}^{\mathrm{T}}\boldsymbol{A}^{-1}&1\end{bmatrix}\begin{bmatrix}\boldsymbol{A}&\boldsymbol{\beta}\\\boldsymbol{\alpha}^{\mathrm{T}}&0\end{bmatrix}=\begin{bmatrix}\boldsymbol{A}&\boldsymbol{\beta}\\\boldsymbol{0}&-\boldsymbol{\alpha}^{\mathrm{T}}\boldsymbol{A}^{-1}\boldsymbol{\beta}\end{bmatrix},$$

上式两边取行列式，得

$$|\boldsymbol{B}|=-\boldsymbol{\alpha}^{\mathrm{T}}\boldsymbol{A}^{-1}\boldsymbol{\beta}|\boldsymbol{A}|.$$

(2) 显然

$$|\boldsymbol{C}|=\begin{vmatrix}\boldsymbol{A}&\boldsymbol{\beta}\\\boldsymbol{\alpha}^{\mathrm{T}}&0\end{vmatrix}+\begin{vmatrix}\boldsymbol{A}&\boldsymbol{0}\\\boldsymbol{\alpha}^{\mathrm{T}}&k\end{vmatrix}=|\boldsymbol{B}|+k|\boldsymbol{A}|=(k-\boldsymbol{\alpha}^{\mathrm{T}}\boldsymbol{A}^{-1}\boldsymbol{\beta})|\boldsymbol{A}|,$$

由$|\boldsymbol{A}|\neq0$ 知$|\boldsymbol{C}|\neq0$ 当且仅当$\boldsymbol{\alpha}^{\mathrm{T}}\boldsymbol{A}^{-1}\boldsymbol{\beta}\neq k$，即 $\boldsymbol{C}$ 可逆当且仅当 $\boldsymbol{\alpha}^{\mathrm{T}}\boldsymbol{A}^{-1}\boldsymbol{\beta}\neq k$.

第 4 章

1. 填空题

(1) -4； (2) $a-b\neq2$； (3) $abc\neq0$； (4) $k\neq-8$； (5) $\dfrac{\pi}{3}$； (6) 6；

(7) $\dfrac{1}{2}n(n-1)$； (8) $\begin{bmatrix}3&2&1\\-1&-1&-1\\-1&-1&0\end{bmatrix}$； (9) 1； (10) $(0,0,0)^{\mathrm{T}}$.

2. 单选题

(1) D； (2) A； (3) D； (4) A； (5) B； (6) B； (7) B； (8) B； (9) C； (10) A.

3. (1) 线性相关； (2) 线性无关.

4. 令 $\boldsymbol{A}=[\boldsymbol{\alpha}_1\quad\boldsymbol{\alpha}_2\quad\boldsymbol{\alpha}_3]$，对 $\boldsymbol{A}$ 做初等行变换将其化为阶梯矩阵，得

$$\begin{bmatrix}1&3&-1\\0&-2&1\\5&3&1\\2&-4&3\end{bmatrix}\to\begin{bmatrix}1&1&0\\0&-2&1\\0&0&0\\0&0&0\end{bmatrix},$$

则向量组$\boldsymbol{\alpha}_1,\boldsymbol{\alpha}_2,\boldsymbol{\alpha}_3$ 的秩为 2，$\boldsymbol{\alpha}_1,\boldsymbol{\alpha}_3$ 是$\boldsymbol{\alpha}_1,\boldsymbol{\alpha}_2,\boldsymbol{\alpha}_3$ 的一个极大无关组，$\boldsymbol{\alpha}_2=\boldsymbol{\alpha}_1-2\boldsymbol{\alpha}_3$.

5. 因为 $|\boldsymbol{\alpha}_1 \quad \boldsymbol{\alpha}_2 \quad \boldsymbol{\alpha}_3|=-\lambda(\lambda+1)(\lambda-9)$，所以

(1) 当 $\lambda=-1$ 或 0 或 9 时，$\boldsymbol{\alpha}_1,\boldsymbol{\alpha}_2,\boldsymbol{\alpha}_3$ 线性相关；

(2) 当 $\lambda\neq-1,0,9$ 时，$\boldsymbol{\alpha}_1,\boldsymbol{\alpha}_2,\boldsymbol{\alpha}_3$ 线性无关.

6. (1) 充分性. 若 $\boldsymbol{K}$ 可逆，则 $[\boldsymbol{\alpha}_1 \quad \boldsymbol{\alpha}_2 \quad \cdots \quad \boldsymbol{\alpha}_m]=[\boldsymbol{\beta}_1 \quad \boldsymbol{\beta}_2 \quad \cdots \quad \boldsymbol{\beta}_m]\boldsymbol{K}^{-1}$，从而向量组 $\boldsymbol{\alpha}_1,\boldsymbol{\alpha}_2,\cdots,\boldsymbol{\alpha}_m$ 与 $\boldsymbol{\beta}_1,\boldsymbol{\beta}_2,\cdots,\boldsymbol{\beta}_m$ 等价. 于是由 $\boldsymbol{\alpha}_1,\boldsymbol{\alpha}_2,\cdots,\boldsymbol{\alpha}_m$ 线性无关可推出 $\boldsymbol{\beta}_1,\boldsymbol{\beta}_2,\cdots,\boldsymbol{\beta}_m$ 也线性无关.

必要性. 令 $\boldsymbol{A}=[\boldsymbol{\alpha}_1 \quad \boldsymbol{\alpha}_2 \quad \cdots \quad \boldsymbol{\alpha}_m]$，$\boldsymbol{B}=[\boldsymbol{\beta}_1 \quad \boldsymbol{\beta}_2 \quad \cdots \quad \boldsymbol{\beta}_m]$. 假设由 $\boldsymbol{\alpha}_1,\boldsymbol{\alpha}_2,\cdots,\boldsymbol{\alpha}_m$ 线性无关可推出 $\boldsymbol{\beta}_1,\boldsymbol{\beta}_2,\cdots,\boldsymbol{\beta}_m$ 线性无关，则 $\operatorname{rank}\boldsymbol{A}=\operatorname{rank}\boldsymbol{B}=m$. 由 $\boldsymbol{B}=\boldsymbol{AK}$ 知，$\operatorname{rank}\boldsymbol{B}\leqslant\operatorname{rank}\boldsymbol{K}$，因此 $\operatorname{rank}\boldsymbol{K}=m$，故 $\boldsymbol{K}$ 可逆.

(2) 若 $\boldsymbol{K}$ 可逆，则向量组 $\boldsymbol{\alpha}_1,\boldsymbol{\alpha}_2,\cdots,\boldsymbol{\alpha}_m$ 与 $\boldsymbol{\beta}_1,\boldsymbol{\beta}_2,\cdots,\boldsymbol{\beta}_m$ 等价，从而由 $\boldsymbol{\beta}_1,\boldsymbol{\beta}_2,\cdots,\boldsymbol{\beta}_m$ 线性无关可推出 $\boldsymbol{\alpha}_1,\boldsymbol{\alpha}_2,\cdots,\boldsymbol{\alpha}_m$ 线性无关.

(3) 若 $m=n$，则 $\boldsymbol{A},\boldsymbol{B}$ 都是方阵，于是 $|\boldsymbol{B}|=|\boldsymbol{A}||\boldsymbol{K}|$. 当 $\boldsymbol{\beta}_1,\boldsymbol{\beta}_2,\cdots,\boldsymbol{\beta}_m$ 线性无关时，有 $|\boldsymbol{B}|\neq0$，从而 $|\boldsymbol{A}|\neq0$，故 $\boldsymbol{\alpha}_1,\boldsymbol{\alpha}_2,\cdots,\boldsymbol{\alpha}_m$ 线性无关.

7. (1) $$[\boldsymbol{A} \quad \boldsymbol{\xi}_1]=\begin{bmatrix}1 & -1 & -1 & -1\\ -1 & 1 & 1 & 1\\ 0 & -4 & -2 & -2\end{bmatrix}\rightarrow\begin{bmatrix}1 & 0 & -\frac{1}{2} & -\frac{1}{2}\\ 0 & 1 & \frac{1}{2} & \frac{1}{2}\\ 0 & 0 & 0 & 0\end{bmatrix},$$

从而方程组 $\boldsymbol{A}\boldsymbol{x}=\boldsymbol{\xi}_1$ 的通解为

$$\boldsymbol{\xi}_2=k_1\begin{bmatrix}\frac{1}{2}\\ -\frac{1}{2}\\ 1\end{bmatrix}+\begin{bmatrix}-\frac{1}{2}\\ \frac{1}{2}\\ 0\end{bmatrix},\quad k_1\text{ 为任意数.}$$

由

$$[\boldsymbol{A}^2 \quad \boldsymbol{\xi}_1]=\begin{bmatrix}2 & 2 & 0 & -1\\ -2 & -2 & 0 & 1\\ 4 & 4 & 0 & -2\end{bmatrix}\rightarrow\begin{bmatrix}1 & 1 & 0 & -\frac{1}{2}\\ 0 & 0 & 0 & 0\\ 0 & 0 & 0 & 0\end{bmatrix},$$

于是方程组 $\boldsymbol{A}^2\boldsymbol{y}=\boldsymbol{\xi}_1$ 的通解为

$$\boldsymbol{\xi}_3=k_2\begin{bmatrix}-1\\ 1\\ 0\end{bmatrix}+k_3\begin{bmatrix}0\\ 0\\ 1\end{bmatrix}+\begin{bmatrix}-\frac{1}{2}\\ 0\\ 0\end{bmatrix},\quad k_2,k_3\text{ 为任意数.}$$

(2) 由于

$$|\boldsymbol{\xi}_1 \quad \boldsymbol{\xi}_2 \quad \boldsymbol{\xi}_3|=\begin{vmatrix}-1 & \frac{1}{2}k_1-\frac{1}{2} & -k_2-\frac{1}{2}\\ 1 & -\frac{1}{2}k_1+\frac{1}{2} & k_2\\ -2 & k_1 & k_3\end{vmatrix}=-\frac{1}{2}\neq0,$$

因此 $\boldsymbol{\xi}_1,\boldsymbol{\xi}_2,\boldsymbol{\xi}_3$ 线性无关.

8. 因 $|\boldsymbol{\alpha}_1 \quad \boldsymbol{\alpha}_2 \quad \boldsymbol{\alpha}_3|=k^2(k+3)\neq 0$,故 $k\neq 0$ 且 $k\neq -3$.

9. 反证法. 若 $\boldsymbol{\alpha}_1,\boldsymbol{\alpha}_2,\cdots,\boldsymbol{\alpha}_m$ 线性相关,则存在不全为零的数 $k_1,k_2,\cdots,k_m$,使得

$$k_1\boldsymbol{\alpha}_1+k_2\boldsymbol{\alpha}_2+\cdots+k_m\boldsymbol{\alpha}_m=\mathbf{0}.$$

设 $s=\max\{i\,|\,k_i\neq 0,1\leqslant i\leqslant m\}$,则有

$$k_1\boldsymbol{\alpha}_1+k_2\boldsymbol{\alpha}_2+\cdots+k_s\boldsymbol{\alpha}_s=\mathbf{0}.$$

若 $s>1$,则说明 $\boldsymbol{\alpha}_s$ 可由 $\boldsymbol{\alpha}_1,\boldsymbol{\alpha}_2,\cdots,\boldsymbol{\alpha}_{s-1}$ 线性表示,这与题设矛盾;若 $s=1$,则得到 $\boldsymbol{\alpha}_1=\mathbf{0}$,同样与题设矛盾. 因此 $\boldsymbol{\alpha}_1,\boldsymbol{\alpha}_2,\cdots,\boldsymbol{\alpha}_m$ 线性无关.

10. 可应用矩阵的等价标准形及矩阵秩的不等式证明之. 这里利用向量的线性相关性.

必要性. 因为 $\operatorname{rank}\boldsymbol{A}=1$,所以 $\boldsymbol{A}$ 的任意两个行向量都线性相关,即一行是另一行的倍数,于是

$$\boldsymbol{A}=\begin{bmatrix} a_1b_1 & a_1b_2 & \cdots & a_1b_n \\ a_2b_1 & a_2b_2 & \cdots & a_2b_n \\ \vdots & \vdots & & \vdots \\ a_nb_1 & a_nb_2 & \cdots & a_nb_n \end{bmatrix}=\begin{bmatrix} a_1 \\ a_2 \\ \vdots \\ a_n \end{bmatrix}(b_1,b_2,\cdots,b_n),$$

取 $\boldsymbol{\alpha}=(a_1,a_2,\cdots,a_n)^{\mathrm{T}}$,$\boldsymbol{\beta}=(b_1,b_2,\cdots,b_n)^{\mathrm{T}}$,则 $\boldsymbol{\alpha}\neq\mathbf{0}$,$\boldsymbol{\beta}\neq\mathbf{0}$,且 $\boldsymbol{A}=\boldsymbol{\alpha}\boldsymbol{\beta}^{\mathrm{T}}$.

充分性. 由于存在 n 维非零列向量 $\boldsymbol{\alpha},\boldsymbol{\beta}$,使得 $\boldsymbol{A}=\boldsymbol{\alpha}\boldsymbol{\beta}^{\mathrm{T}}$,因此由必要性知,$\boldsymbol{A}$ 的任意两行成比例,即任意两个行向量线性相关,故 $\operatorname{rank}\boldsymbol{A}=1$.

11. 记矩阵 $\boldsymbol{A}=[\boldsymbol{\alpha}_1 \quad \boldsymbol{\alpha}_2 \quad \boldsymbol{\alpha}_3]$,$\boldsymbol{B}=[\boldsymbol{\beta}_1 \quad \boldsymbol{\beta}_2 \quad \boldsymbol{\beta}_3]$,对 $[\boldsymbol{A} \quad \boldsymbol{B}]$ 做初等行变换,得

$$[\boldsymbol{A} \quad \boldsymbol{B}]=\begin{bmatrix} 0 & 3 & 2 & 2 & 0 & 4 \\ 1 & 0 & 3 & 1 & -2 & 4 \\ 2 & 6 & 10 & 6 & -4 & 16 \end{bmatrix}\rightarrow\begin{bmatrix} 1 & 0 & 3 & 1 & -2 & 4 \\ 0 & 3 & 2 & 2 & 0 & 4 \\ 0 & 0 & 0 & 0 & 0 & 0 \end{bmatrix},$$

则 $\operatorname{rank}\boldsymbol{A}=\operatorname{rank}\boldsymbol{B}=\operatorname{rank}[\boldsymbol{A} \quad \boldsymbol{B}]$,从而向量组 $\boldsymbol{\alpha}_1,\boldsymbol{\alpha}_2,\boldsymbol{\alpha}_3$ 与 $\boldsymbol{\beta}_1,\boldsymbol{\beta}_2,\boldsymbol{\beta}_3$ 等价.

12. 记 $\boldsymbol{A}=[\boldsymbol{\alpha}_1 \quad \boldsymbol{\alpha}_2 \quad \boldsymbol{\alpha}_3]$,$\boldsymbol{B}=[\boldsymbol{\beta}_1 \quad \boldsymbol{\beta}_2 \quad \boldsymbol{\beta}_3]$,对 $[\boldsymbol{A} \quad \boldsymbol{B}]$ 做初等行变换,得

$$[\boldsymbol{A} \quad \boldsymbol{B}]=\begin{bmatrix} 1 & 1 & 1 & 1 & 2 & 2 \\ 0 & 1 & -1 & 2 & 1 & 2 \\ 2 & 3 & a+2 & a+3 & a+6 & a+2 \end{bmatrix}$$

$$\rightarrow\begin{bmatrix} 1 & 1 & 1 & 1 & 2 & 2 \\ 0 & 1 & -1 & 2 & 1 & 2 \\ 0 & 0 & a+1 & a-1 & a+1 & a-4 \end{bmatrix}.$$

当 $a\neq -1$ 时,$\operatorname{rank}\boldsymbol{A}=\operatorname{rank}[\boldsymbol{A} \quad \boldsymbol{B}]=3$,且 $|\boldsymbol{B}|=a+12$.

(1) 当 $a\neq -1$ 且 $a\neq -12$ 时,$\operatorname{rank}\boldsymbol{A}=\operatorname{rank}\boldsymbol{B}=3$,向量组(Ⅰ)与(Ⅱ)等价;

当 $a=-12$ 时,$\operatorname{rank}\boldsymbol{A}=3$,$\operatorname{rank}\boldsymbol{B}<3$,向量组(Ⅰ)与(Ⅱ)不等价;

当 $a=-1$ 时,$\operatorname{rank}\boldsymbol{A}=2$,$\operatorname{rank}\boldsymbol{B}=3$,向量组(Ⅰ)与(Ⅱ)不等价.

因此,当 $a\neq -1$ 且 $a\neq -12$ 时,向量组(Ⅰ)与(Ⅱ)等价;当 $a=-1$ 或 $a=-12$ 时,向量组(Ⅰ)与(Ⅱ)不等价.

(2) 因为当 $a=-12$ 时,$\operatorname{rank}\boldsymbol{A}=3$,$\operatorname{rank}\boldsymbol{B}<3$,向量组(Ⅰ)不能被向量组(Ⅱ)线性表示;

当 $a=-1$ 时,$\operatorname{rank}\boldsymbol{B}=3$,即知方程组 $\boldsymbol{B}\boldsymbol{x}=\boldsymbol{\alpha}_i\,(i=1,2,3)$ 有唯一解,向量组(Ⅰ)能被向量组(Ⅱ)线性表示,但向量组(Ⅱ)不能被向量组(Ⅰ)线性表示.

13. $\boldsymbol{\beta}$ 能否被 $\boldsymbol{\alpha}_1,\boldsymbol{\alpha}_2,\boldsymbol{\alpha}_3$ 线性表示，等价于方程组$[\boldsymbol{\alpha}_1\ \ \boldsymbol{\alpha}_2\ \ \boldsymbol{\alpha}_3]\boldsymbol{x}=\boldsymbol{\beta}$ 是否有解. 对增广矩阵做初等行变换：

$$[\boldsymbol{\alpha}_1\ \ \boldsymbol{\alpha}_2\ \ \boldsymbol{\alpha}_3\ \ \boldsymbol{\beta}]=\begin{bmatrix}a&1&1&4\\1&b&1&3\\1&3b&1&9\end{bmatrix}\to\begin{bmatrix}1&0&1&0\\0&b&0&3\\0&1-ab&1-a&4-3a\end{bmatrix}.$$

(1) 当 $b=0$ 时，$\mathrm{rank}[\boldsymbol{\alpha}_1\ \ \boldsymbol{\alpha}_2\ \ \boldsymbol{\alpha}_3]=2$，$\mathrm{rank}[\boldsymbol{\alpha}_1\ \ \boldsymbol{\alpha}_2\ \ \boldsymbol{\alpha}_3\ \ \boldsymbol{\beta}]=3$，故方程组无解，从而 $\boldsymbol{\beta}$ 不能被$\boldsymbol{\alpha}_1,\boldsymbol{\alpha}_2,\boldsymbol{\alpha}_3$ 线性表示；

当 $b\neq0$ 时，对增广矩阵进一步做初等变换化为最简阶梯矩阵：

$$[\boldsymbol{\alpha}_1\ \ \boldsymbol{\alpha}_2\ \ \boldsymbol{\alpha}_3\ \ \boldsymbol{\beta}]\to\begin{bmatrix}1&0&1&0\\0&1&0&\dfrac{3}{b}\\0&0&1-a&\dfrac{4b-3}{b}\end{bmatrix},$$

若 $a=1$ 且 $b\neq\dfrac{3}{4}$，则 $\mathrm{rank}[\boldsymbol{\alpha}_1\ \ \boldsymbol{\alpha}_2\ \ \boldsymbol{\alpha}_3]=2$，$\mathrm{rank}[\boldsymbol{\alpha}_1\ \ \boldsymbol{\alpha}_2\ \ \boldsymbol{\alpha}_3\ \ \boldsymbol{\beta}]=3$，故方程组无解，从而 $\boldsymbol{\beta}$ 不能被 $\boldsymbol{\alpha}_1,\boldsymbol{\alpha}_2,\boldsymbol{\alpha}_3$ 线性表示.

(2) 当 $b\neq0$ 且 $a\neq1$ 时，$\mathrm{rank}[\boldsymbol{\alpha}_1\ \ \boldsymbol{\alpha}_2\ \ \boldsymbol{\alpha}_3]=\mathrm{rank}[\boldsymbol{\alpha}_1\ \ \boldsymbol{\alpha}_2\ \ \boldsymbol{\alpha}_3\ \ \boldsymbol{\beta}]=3$，方程组有唯一解

$$x_1=\frac{3-4b}{b(1-a)},\quad x_2=\frac{3}{b},\quad x_3=\frac{4b-3}{b(1-a)},$$

从而向量 $\boldsymbol{\beta}$ 能被向量组 $\boldsymbol{\alpha}_1,\boldsymbol{\alpha}_2,\boldsymbol{\alpha}_3$ 唯一线性表示为

$$\boldsymbol{\beta}=\frac{3-4b}{b(1-a)}\boldsymbol{\alpha}_1+\frac{3}{b}\boldsymbol{\alpha}_2+\frac{4b-3}{b(1-a)}\boldsymbol{\alpha}_3.$$

(3) 当 $a=1$ 且 $b=\dfrac{3}{4}$时，$\mathrm{rank}[\boldsymbol{\alpha}_1\ \ \boldsymbol{\alpha}_2\ \ \boldsymbol{\alpha}_3]=\mathrm{rank}[\boldsymbol{\alpha}_1\ \ \boldsymbol{\alpha}_2\ \ \boldsymbol{\alpha}_3\ \ \boldsymbol{\beta}]=2$，方程组有无穷多解. 对增广矩阵做初等变换，得

$$[\boldsymbol{\alpha}_1\ \ \boldsymbol{\alpha}_2\ \ \boldsymbol{\alpha}_3\ \ \boldsymbol{\beta}]\to\begin{bmatrix}1&0&1&0\\0&1&0&4\\0&0&0&0\end{bmatrix},$$

方程组的通解为 $\boldsymbol{x}=k(-1,0,1)^{\mathrm{T}}+(0,4,0)^{\mathrm{T}}$，$k$ 为任意数. 向量$\boldsymbol{\beta}$ 能被向量组$\boldsymbol{\alpha}_1,\boldsymbol{\alpha}_2,\boldsymbol{\alpha}_3$ 表示为

$$\boldsymbol{\beta}=(-k)\boldsymbol{\alpha}_1+4\boldsymbol{\alpha}_2+k\boldsymbol{\alpha}_3,\quad k\ \text{为任意数}.$$

14. 将 $\boldsymbol{x}=(2,-1,1,-1)^{\mathrm{T}}$ 代入方程组，得 $a=b$. 将增广矩阵做初等行变换，得

$$[\boldsymbol{A}\ \ \boldsymbol{b}]=\begin{bmatrix}1&a&a&2&0\\1&1&1&1&1\\3&2+a&4+a&4&4\end{bmatrix}\to\begin{bmatrix}1&1&1&1&1\\0&0&1&0&1\\0&a-1&a-1&1&-1\end{bmatrix}.$$

(1) 当 $a=1$ 时，增广矩阵可经初等行变换化为

$$[\boldsymbol{A}\ \ \boldsymbol{b}]\to\begin{bmatrix}1&1&0&0&1\\0&0&1&0&1\\0&0&0&1&-1\end{bmatrix},$$

求得原方程组的通解 $\boldsymbol{x}=k(-1,1,0,0)^{\mathrm{T}}+(1,0,1,-1)^{\mathrm{T}}$，$k$ 为任意数.

当 $a\neq 1$ 时，增广矩阵可化为

$$[\boldsymbol{A}\quad \boldsymbol{b}]\rightarrow\begin{bmatrix}1 & 2-a & 0 & 0 & a\\ 0 & a-1 & 0 & 1 & -a\\ 0 & 0 & 1 & 0 & 1\end{bmatrix},$$

得到原方程组的通解 $\boldsymbol{x}=k(a-2,1,0,1-a)^{\mathrm{T}}+(a,0,1,-a)^{\mathrm{T}}$，$k$ 为任意数.

(2) 若要求满足条件 $x_2=x_3$，则当 $a=1$ 时，由解的表达式知 $k=1$，即满足条件的解为 $\boldsymbol{x}=(0,1,1,-1)^{\mathrm{T}}$；当 $a\neq 1$ 时，由解的表达式知 $k=1$，即满足条件的解为 $\boldsymbol{x}=(2a-2,1,1,1-2a)^{\mathrm{T}}$.

15. 将方程组(Ⅰ)与(Ⅱ)合并为方程组(Ⅲ)：

$$\begin{cases}x_1+x_2+3x_3=0,\\ x_1+3x_2+ax_3=0,\\ 3x_1+9x_2+a^2x_3=0,\\ x_1+3x_2+3x_3=a^2-9,\end{cases}$$

则(Ⅲ)的解即为要求的公共解. 对(Ⅲ)的增广矩阵做初等行变换，得

$$[\boldsymbol{A}\quad \boldsymbol{b}]=\begin{bmatrix}1 & 1 & 3 & 0\\ 1 & 3 & a & 0\\ 3 & 9 & a^2 & 0\\ 1 & 3 & 3 & a^2-9\end{bmatrix}\rightarrow\begin{bmatrix}1 & 1 & 3 & 0\\ 0 & 2 & a-3 & 0\\ 0 & 0 & 3-a & a^2-9\\ 0 & 0 & a(a-3) & 0\end{bmatrix}.$$

当 $a\neq 0$，$a\neq -3$ 且 $a\neq 3$ 时，$\operatorname{rank}\boldsymbol{A}=3$，$\operatorname{rank}[\boldsymbol{A}\quad \boldsymbol{b}]=4$，方程组(Ⅰ)与(Ⅱ)无公共解.

当 $a=0$ 时，有

$$[\boldsymbol{A}\quad \boldsymbol{b}]\rightarrow\begin{bmatrix}1 & 1 & 3 & 0\\ 0 & 2 & -3 & 0\\ 0 & 0 & 3 & -9\\ 0 & 0 & 0 & 0\end{bmatrix}\rightarrow\begin{bmatrix}1 & 0 & 0 & \dfrac{27}{2}\\ 0 & 1 & 0 & -\dfrac{9}{2}\\ 0 & 0 & 1 & -3\\ 0 & 0 & 0 & 0\end{bmatrix},$$

方程组(Ⅰ)与(Ⅱ)有唯一公共解 $\boldsymbol{x}=\left(\dfrac{27}{2},-\dfrac{9}{2},-3\right)^{\mathrm{T}}$.

当 $a=-3$ 时，$\operatorname{rank}\boldsymbol{A}=\operatorname{rank}[\boldsymbol{A}\quad \boldsymbol{b}]=3$，方程组(Ⅰ)与(Ⅱ)有公共解，为零解. 当 $a=3$ 时，有

$$[\boldsymbol{A}\quad \boldsymbol{b}]\rightarrow\begin{bmatrix}1 & 1 & 3 & 0\\ 0 & 2 & 0 & 0\\ 0 & 0 & 0 & 0\\ 0 & 0 & 0 & 0\end{bmatrix}\rightarrow\begin{bmatrix}1 & 0 & 3 & 0\\ 0 & 1 & 0 & 0\\ 0 & 0 & 0 & 0\\ 0 & 0 & 0 & 0\end{bmatrix},$$

方程组(Ⅰ)与(Ⅱ)的公共解为 $\boldsymbol{x}=k(-3,0,1)^{\mathrm{T}}$，$k$ 为任意数.

16. (1) 因为 $\boldsymbol{\alpha}_1,\boldsymbol{\alpha}_2,\cdots,\boldsymbol{\alpha}_{n-1}$ 线性相关，所以 $\boldsymbol{\alpha}_1,\boldsymbol{\alpha}_2,\cdots,\boldsymbol{\alpha}_{n-1},\boldsymbol{\alpha}_n$ 线性相关，从而由 $\boldsymbol{\alpha}_2,\boldsymbol{\alpha}_3,\cdots,\boldsymbol{\alpha}_n$ 无关，知 $\operatorname{rank}[\boldsymbol{\alpha}_2\quad \boldsymbol{\alpha}_3\quad \cdots\quad \boldsymbol{\alpha}_n]=n-1$，且 $\boldsymbol{\alpha}_1$ 可以由 $\boldsymbol{\alpha}_2,\cdots,\boldsymbol{\alpha}_n$ 线性表示. 已知 $\boldsymbol{\beta}$ 可由 $\boldsymbol{\alpha}_1,\boldsymbol{\alpha}_2,\cdots,\boldsymbol{\alpha}_n$ 线性表示，故 $\boldsymbol{\alpha}_1,\boldsymbol{\alpha}_2,\cdots,\boldsymbol{\alpha}_n,\boldsymbol{\beta}$ 与 $\boldsymbol{\alpha}_1,\boldsymbol{\alpha}_2,\cdots,\boldsymbol{\alpha}_n$ 等价，于是 $\operatorname{rank}[\boldsymbol{A}\quad \boldsymbol{\beta}]=$

$\operatorname{rank}\boldsymbol{A}=n-1$,故方程组 $\boldsymbol{A}\boldsymbol{x}=\boldsymbol{\beta}$ 有无穷多解.

(2) 因为 $\boldsymbol{\alpha}_1,\boldsymbol{\alpha}_2,\cdots,\boldsymbol{\alpha}_{n-1}$ 线性相关,所以存在不全为零的数 $k_1,k_2,\cdots,k_{n-1}$,使得

$$k_1\boldsymbol{\alpha}_1+k_2\boldsymbol{\alpha}_2+\cdots+k_{n-1}\boldsymbol{\alpha}_{n-1}=\boldsymbol{0},$$

即

$$k_1\boldsymbol{\alpha}_1+k_2\boldsymbol{\alpha}_2+\cdots+k_{n-1}\boldsymbol{\alpha}_{n-1}+0\boldsymbol{\alpha}_n=\boldsymbol{0},$$

亦即

$$\boldsymbol{A}(k_1,k_2,\cdots,k_{n-1},0)^{\mathrm{T}}=\boldsymbol{0}.$$

由 $\operatorname{rank}\boldsymbol{A}=n-1$,知方程组 $\boldsymbol{A}\boldsymbol{x}=\boldsymbol{0}$ 的基础解系只含一个解向量 $(k_1,\cdots,k_{n-1},0)^{\mathrm{T}}$;而 $\boldsymbol{\beta}=\boldsymbol{\alpha}_1+\boldsymbol{\alpha}_2+\cdots+\boldsymbol{\alpha}_n$,即 $(1,1,\cdots,1)^{\mathrm{T}}$ 是 $\boldsymbol{A}\boldsymbol{x}=\boldsymbol{\beta}$ 的特解,故 $\boldsymbol{A}\boldsymbol{x}=\boldsymbol{\beta}$ 的通解为

$$\boldsymbol{x}=c(k_1,k_2,\cdots,k_{n-1},0)^{\mathrm{T}}+(1,1,\cdots,1)^{\mathrm{T}},\quad c\text{ 为任意数}.$$

第 5 章

1. 填空题

(1) 3; (2) $\frac{1}{2}$; (3) $\boldsymbol{P}^{-1}\boldsymbol{\alpha}$; (4) 1; (5) -4; (6) $(-2,4,-4)^{\mathrm{T}}$; (7) 1;

(8) 2; (9) 2; (10) 4.

2. 单选题

(1) C; (2) B; (3) D; (4) D; (5) A; (6) B; (7) A; (8) D; (9) C; (10) B.

3. (1) 由 $|\lambda\boldsymbol{E}-\boldsymbol{A}|=(\lambda-2)^2(\lambda-6)$,知 $\boldsymbol{A}$ 的全部特征值为 $\lambda_1=\lambda_2=2,\lambda_3=6$. 求得 $\boldsymbol{A}$ 的对应于 $\lambda_1=\lambda_2=2$ 的特征向量 $\boldsymbol{p}_1=(-1,1,0)^{\mathrm{T}},\boldsymbol{p}_2=(1,0,1)^{\mathrm{T}}$;$\boldsymbol{A}$ 的对应于 $\lambda_3=6$ 的特征向量 $\boldsymbol{p}_3=(1,-2,3)^{\mathrm{T}}$. 因此 $\boldsymbol{A}$ 可对角化,其相似变换矩阵为 $\boldsymbol{P}=[\boldsymbol{p}_1\quad\boldsymbol{p}_2\quad\boldsymbol{p}_3]$.

(2) 由 $|\lambda\boldsymbol{E}-\boldsymbol{B}|=(\lambda-2)^4$,知 $\boldsymbol{B}$ 的全部特征值为 $\lambda_1=\lambda_2=\lambda_3=\lambda_4=2$. 求得其对应的特征向量 $\boldsymbol{p}=(0,0,1,1)^{\mathrm{T}}$,于是 $\boldsymbol{B}$ 不可对角化.

4. $|\boldsymbol{A}-2\boldsymbol{E}|=-3,|\boldsymbol{A}^*+\boldsymbol{E}|=384$.

5. 设 λ 为 $\boldsymbol{A}$ 的任一特征值,由 $\boldsymbol{A}^2-\boldsymbol{A}-6\boldsymbol{E}=\boldsymbol{0}$ 知,$\lambda^2-\lambda-6=0$,从而 $\lambda=3$ 或 -2. 而 $|\boldsymbol{A}^*|=|\boldsymbol{A}|^2=144$,故 $|\boldsymbol{A}|=\pm12$,因此 $\lambda_1=3,\lambda_2=\lambda_3=-2$.

6. 因为 $\boldsymbol{A}^{-1}(\boldsymbol{AB})\boldsymbol{A}=\boldsymbol{BA}$,所以 $\boldsymbol{AB}$ 与 $\boldsymbol{BA}$ 相似.

7. 由 $|\lambda\boldsymbol{E}-\boldsymbol{A}|=(\lambda-1)^2(\lambda+1)$ 知 $\boldsymbol{A}$ 的特征值为 $\lambda_1=-1,\lambda_2=\lambda_3=1$. 又由 $\boldsymbol{A}$ 可对角化,知 $\operatorname{rank}(\boldsymbol{E}-\boldsymbol{A})=1$. 而

$$\boldsymbol{E}-\boldsymbol{A}=\begin{bmatrix}1&0&-1\\-x&0&-y\\-1&0&1\end{bmatrix}\to\begin{bmatrix}1&0&-1\\0&0&x+y\\0&0&0\end{bmatrix},$$

于是得 $x+y=0$.

8. 由 $\boldsymbol{A}$ 与 $\boldsymbol{B}$ 相似,有 $|\boldsymbol{A}|=|\boldsymbol{B}|$,可得 $a=b$. 再由 $|\lambda\boldsymbol{E}-\boldsymbol{A}|=|\lambda\boldsymbol{E}-\boldsymbol{B}|$,可得 $a=b=0$. 显然 0,1,2 为 $\boldsymbol{A}$ 的特征值,求得对应的特征向量依次为

$$\boldsymbol{p}_1=(-1,0,1)^{\mathrm{T}},\quad\boldsymbol{p}_2=(0,1,0)^{\mathrm{T}},\quad\boldsymbol{p}_3=(1,0,1)^{\mathrm{T}}.$$

将其单位化得

$$\boldsymbol{q}_1=\frac{1}{\sqrt{2}}(-1,0,1)^{\mathrm{T}},\quad\boldsymbol{q}_2=(0,1,0)^{\mathrm{T}},\quad\boldsymbol{q}_3=\frac{1}{\sqrt{2}}(1,0,1)^{\mathrm{T}}.$$

令 $\boldsymbol{Q}=[\boldsymbol{q}_1 \quad \boldsymbol{q}_2 \quad \boldsymbol{q}_3]$，则 $\boldsymbol{Q}$ 为正交矩阵，且 $\boldsymbol{Q}^{-1}\boldsymbol{A}\boldsymbol{Q}=\boldsymbol{B}$.

9. (1) 由题意知，$\boldsymbol{\alpha}_1$ 是 $\boldsymbol{A}$ 的属于特征值 0 的特征向量，$\boldsymbol{\alpha}_2$ 是 $\boldsymbol{A}$ 的属于特征值 1 的特征向量. 因 $\boldsymbol{A}$ 是实对称矩阵，故 $\boldsymbol{\alpha}_1^{\mathrm{T}}\boldsymbol{\alpha}_2=0$.

(2) 由于 $\boldsymbol{A}$ 的非零特征值的个数为 2，因此 $\operatorname{rank}\boldsymbol{A}=2$，从而 $\boldsymbol{A}\boldsymbol{x}=\boldsymbol{0}$ 的基础解系只含一个向量. 又因为 $\boldsymbol{A}\boldsymbol{\alpha}_1=\boldsymbol{0}$，$\boldsymbol{A}\boldsymbol{\alpha}_2=\boldsymbol{\alpha}_2$，所以方程组 $\boldsymbol{A}\boldsymbol{x}=\boldsymbol{\alpha}_2$ 的通解为 $k\boldsymbol{\alpha}_1+\boldsymbol{\alpha}_2$，其中 k 为任意数.

10. (1) 假若 $\boldsymbol{\alpha}_1,\boldsymbol{\alpha}_2,\boldsymbol{\alpha}_3$ 线性相关，则由 $\boldsymbol{\alpha}_1,\boldsymbol{\alpha}_2$ 线性无关，知 $\boldsymbol{\alpha}_3$ 可由 $\boldsymbol{\alpha}_1,\boldsymbol{\alpha}_2$ 线性表示，设 $\boldsymbol{\alpha}_3=l_1\boldsymbol{\alpha}_1+l_2\boldsymbol{\alpha}_2$，于是

$$\boldsymbol{A}\boldsymbol{\alpha}_3=\boldsymbol{\alpha}_2+\boldsymbol{\alpha}_3=\boldsymbol{\alpha}_2+l_1\boldsymbol{\alpha}_1+l_2\boldsymbol{\alpha}_2,$$
$$\boldsymbol{A}\boldsymbol{\alpha}_3=\boldsymbol{A}(l_1\boldsymbol{\alpha}_1+l_2\boldsymbol{\alpha}_2)=-l_1\boldsymbol{\alpha}_1+l_2\boldsymbol{\alpha}_2,$$

即 $\boldsymbol{\alpha}_2+l_1\boldsymbol{\alpha}_1+l_2\boldsymbol{\alpha}_2=-l_1\boldsymbol{\alpha}_1+l_2\boldsymbol{\alpha}_2$，整理得 $2l_1\boldsymbol{\alpha}_1+\boldsymbol{\alpha}_2=\boldsymbol{0}$，则 $\boldsymbol{\alpha}_1,\boldsymbol{\alpha}_2$ 线性相关，矛盾，因此 $\boldsymbol{\alpha}_1,\boldsymbol{\alpha}_2,\boldsymbol{\alpha}_3$ 线性无关.

(2) 记 $\boldsymbol{P}=[\boldsymbol{\alpha}_1 \quad \boldsymbol{\alpha}_2 \quad \boldsymbol{\alpha}_3]$，则 $\boldsymbol{P}$ 可逆，且

$$\boldsymbol{A}[\boldsymbol{\alpha}_1 \quad \boldsymbol{\alpha}_2 \quad \boldsymbol{\alpha}_3]=[\boldsymbol{\alpha}_1 \quad \boldsymbol{\alpha}_2 \quad \boldsymbol{\alpha}_3]\begin{bmatrix}-1&0&0\\0&1&1\\0&0&1\end{bmatrix},\quad \text{即}\quad \boldsymbol{P}^{-1}\boldsymbol{A}\boldsymbol{P}=\begin{bmatrix}-1&0&0\\0&1&1\\0&0&1\end{bmatrix}.$$

11. (1) 由 $\boldsymbol{A}^2-3\boldsymbol{A}=\boldsymbol{0}$ 知，$\boldsymbol{A}$ 的特征值为 0 或 3. 又 $\boldsymbol{A}$ 为三阶实对称矩阵，且秩为 1，故 $\boldsymbol{A}$ 的特征值为 0,0,3.

(2) 设 $\boldsymbol{A}$ 的对应于特征值 0 的特征向量为 $\boldsymbol{x}=(x_1,x_2,x_3)^{\mathrm{T}}$，则 $\boldsymbol{\alpha}^{\mathrm{T}}\boldsymbol{x}=0$，即

$$x_1+x_2-x_3=0,$$

取其基础解系

$$\boldsymbol{\beta}=(0,1,1)^{\mathrm{T}},\quad \boldsymbol{\gamma}=(-2,1,-1)^{\mathrm{T}},$$

则 $\boldsymbol{A}$ 的对应于特征值 0 的特征向量为 $k_1\boldsymbol{\beta}+k_2\boldsymbol{\gamma}$ (k_1,k_2 不同时为零).

(3) 令 $\boldsymbol{P}=[\boldsymbol{\alpha} \quad \boldsymbol{\beta} \quad \boldsymbol{\gamma}]$，则

$$\boldsymbol{A}=\boldsymbol{P}\begin{bmatrix}3&&\\&0&\\&&0\end{bmatrix}\boldsymbol{P}^{-1}=\begin{bmatrix}1&1&-1\\1&1&-1\\-1&-1&1\end{bmatrix}.$$

12. 令 $\boldsymbol{P}=[\boldsymbol{\alpha}_1 \quad \boldsymbol{\alpha}_2 \quad \boldsymbol{\alpha}_3]$，则

$$\boldsymbol{A}^n=\left(\boldsymbol{P}\begin{bmatrix}1&&\\&2&\\&&3\end{bmatrix}\boldsymbol{P}^{-1}\right)^n=\boldsymbol{P}\begin{bmatrix}1&&\\&2^n&\\&&3^n\end{bmatrix}\boldsymbol{P}^{-1}$$
$$=\frac{1}{9}\begin{bmatrix}1+2^{n+2}+4\cdot 3^n & 2-2^{n+2}+2\cdot 3^n & 2+2^{n+1}-4\cdot 3^n\\ 2-2^{n+2}+2\cdot 3^n & 4+2^{n+2}+3^n & 4-2^{n+1}-2\cdot 3^n\\ 2+2^{n+2}-4\cdot 3^n & 4-2^{n+2}-2\cdot 3^n & 4+2^n+4\cdot 3^n\end{bmatrix}.$$

13. 设 $\boldsymbol{A}$ 的对应于特征值 1 的特征向量为 $\boldsymbol{x}=(x_1,x_2,x_3)^{\mathrm{T}}$，则 $\boldsymbol{p}^{\mathrm{T}}\boldsymbol{x}=0$，即

$$x_2+x_3=0,$$

取其基础解系 $\boldsymbol{p}_1=(1,0,0)^{\mathrm{T}}$，$\boldsymbol{p}_2=(0,1,-1)^{\mathrm{T}}$. 令 $\boldsymbol{P}=[\boldsymbol{p}_1 \quad \boldsymbol{p}_2 \quad \boldsymbol{p}]$，则

$$\boldsymbol{A}^n=\boldsymbol{P}\begin{bmatrix}1&&\\&1&\\&&-1\end{bmatrix}^n\boldsymbol{P}^{-1}=\begin{bmatrix}1&0&0\\0&\frac{1}{2}+\frac{1}{2}(-1)^n&-\frac{1}{2}+\frac{1}{2}(-1)^n\\0&-\frac{1}{2}+\frac{1}{2}(-1)^n&\frac{1}{2}+\frac{1}{2}(-1)^n\end{bmatrix}.$$

14. 因为

$$\begin{cases}\boldsymbol{\beta}=\boldsymbol{\alpha}_1-\boldsymbol{\alpha}_2-\boldsymbol{\alpha}_3+\boldsymbol{\alpha}_4,\\ \boldsymbol{A\beta}=\lambda_1\boldsymbol{\alpha}_1-\lambda_2\boldsymbol{\alpha}_2-\lambda_3\boldsymbol{\alpha}_3+\lambda_4\boldsymbol{\alpha}_4,\\ \boldsymbol{A}^2\boldsymbol{\beta}=\lambda_1^2\boldsymbol{\alpha}_1-\lambda_2^2\boldsymbol{\alpha}_2-\lambda_3^2\boldsymbol{\alpha}_3+\lambda_4^2\boldsymbol{\alpha}_4,\\ \boldsymbol{A}^3\boldsymbol{\beta}=\lambda_1^3\boldsymbol{\alpha}_1-\lambda_2^3\boldsymbol{\alpha}_2-\lambda_3^3\boldsymbol{\alpha}_3+\lambda_4^3\boldsymbol{\alpha}_4,\end{cases}$$

所以

$$[\boldsymbol{\beta}\quad \boldsymbol{A\beta}\quad \boldsymbol{A}^2\boldsymbol{\beta}\quad \boldsymbol{A}^3\boldsymbol{\beta}]=[\boldsymbol{\alpha}_1\quad \boldsymbol{\alpha}_2\quad \boldsymbol{\alpha}_3\quad \boldsymbol{\alpha}_4]\begin{bmatrix}1&\lambda_1&\lambda_1^2&\lambda_1^3\\-1&-\lambda_2&-\lambda_2^2&-\lambda_2^3\\-1&-\lambda_3&-\lambda_3^2&-\lambda_3^3\\1&\lambda_4&\lambda_4^2&\lambda_4^3\end{bmatrix}.$$

由题设知上式最后那个矩阵的行列式不为零，于是

$$\operatorname{rank}[\boldsymbol{\beta}\quad \boldsymbol{A\beta}\quad \boldsymbol{A}^2\boldsymbol{\beta}\quad \boldsymbol{A}^3\boldsymbol{\beta}]=\operatorname{rank}[\boldsymbol{\alpha}_1\quad \boldsymbol{\alpha}_2\quad \boldsymbol{\alpha}_3\quad \boldsymbol{\alpha}_4]=4,$$

故 $\boldsymbol{\beta},\boldsymbol{A\beta},\boldsymbol{A}^2\boldsymbol{\beta},\boldsymbol{A}^3\boldsymbol{\beta}$ 线性无关.

15. 设 λ 为 $\boldsymbol{A}^{\mathrm{T}}\boldsymbol{A}+\boldsymbol{B}$ 的任一特征值，则存在 $\boldsymbol{p}\neq\boldsymbol{0}$，使 $(\boldsymbol{A}^{\mathrm{T}}\boldsymbol{A}+\boldsymbol{B})\boldsymbol{p}=\lambda\boldsymbol{p}$，从而

$$\boldsymbol{p}^{\mathrm{T}}\boldsymbol{A}^{\mathrm{T}}\boldsymbol{A}\boldsymbol{p}+\boldsymbol{p}^{\mathrm{T}}\boldsymbol{B}\boldsymbol{p}=\lambda\boldsymbol{p}^{\mathrm{T}}\boldsymbol{p}.$$

由 $\boldsymbol{A}$ 可逆，知 $\boldsymbol{Ap}\neq\boldsymbol{0}$，因此 $\boldsymbol{p}^{\mathrm{T}}\boldsymbol{A}^{\mathrm{T}}\boldsymbol{A}\boldsymbol{p}=(\boldsymbol{Ap})^{\mathrm{T}}\boldsymbol{Ap}>0$.

由 $\boldsymbol{B}$ 是反称矩阵，知 $\boldsymbol{B}^{\mathrm{T}}=-\boldsymbol{B}$，从而 $\boldsymbol{p}^{\mathrm{T}}\boldsymbol{Bp}=(\boldsymbol{p}^{\mathrm{T}}\boldsymbol{Bp})^{\mathrm{T}}=-\boldsymbol{p}^{\mathrm{T}}\boldsymbol{Bp}$，即 $\boldsymbol{p}^{\mathrm{T}}\boldsymbol{Bp}=0$.

于是有 $\lambda\boldsymbol{p}^{\mathrm{T}}\boldsymbol{p}>0$，即 $\lambda>0$，所以 $|\boldsymbol{A}^{\mathrm{T}}\boldsymbol{A}+\boldsymbol{B}|>0$.

第 6 章

1. 填空题

(1) 3.5； (2) $|t|<1$； (3) -2； (4) 3； (5) $-1<a<2$； (6) 2；
(7) $-y_1^2-y_2^2-y_3^2$； (8) $k>4$； (9) $\boldsymbol{x}=\boldsymbol{A}^{-1}\boldsymbol{y}$； (10) 2,2.

2. 单选题

(1) C； (2) B； (3) A； (4) D； (5) A； (6) C； (7) B； (8) D； (9) C； (10) A.

3. $\boldsymbol{A}=-\dfrac{1}{n^2}\begin{bmatrix}1-n&1&\cdots&1\\1&1-n&\cdots&1\\\vdots&\vdots&&\vdots\\1&1&\cdots&1-n\end{bmatrix}.$

4. 将括号展开，合并同类项，并配方得

$$\begin{aligned}f&=6(x_1^2+x_2^2+x_3^2-x_1x_2-x_1x_3-x_2x_3)\\&=6\left(x_1-\frac{1}{2}x_2-\frac{1}{2}x_3\right)^2+\frac{9}{2}(x_2-x_3)^2,\end{aligned}$$

令

$$\begin{bmatrix} y_1 \\ y_2 \\ y_3 \end{bmatrix} = \begin{bmatrix} 1 & -\frac{1}{2} & -\frac{1}{2} \\ 0 & 1 & -1 \\ 0 & 0 & 1 \end{bmatrix} \begin{bmatrix} x_1 \\ x_2 \\ x_3 \end{bmatrix}, \quad 即 \quad \begin{bmatrix} x_1 \\ x_2 \\ x_3 \end{bmatrix} = \begin{bmatrix} 1 & \frac{1}{2} & 1 \\ 0 & 1 & 1 \\ 0 & 0 & 1 \end{bmatrix} \begin{bmatrix} y_1 \\ y_2 \\ y_3 \end{bmatrix},$$

则在此可逆线性变换下 f 的标准形为 $f=6y_1^2+\frac{9}{2}y_2^2$.

5. (1) 二次型可写成

$$f(x_1,x_2,x_3)=x_1^2+2x_2^2+x_3^2-6x_1x_2+2x_1x_3,$$

对二次型的矩阵做初等行变换化为阶梯矩阵,得

$$\boldsymbol{A}=\begin{bmatrix} 1 & -3 & 1 \\ -3 & 2 & 0 \\ 1 & 0 & 1 \end{bmatrix} \to \begin{bmatrix} 1 & -3 & 1 \\ 0 & 1 & 0 \\ 0 & 0 & 3 \end{bmatrix},$$

则 $\operatorname{rank} \boldsymbol{A}=3$,即二次型的秩为 3.

(2) 由配方法得

$$f(x_1,x_2,x_3)=(x_1-3x_2+x_3)^2-7\left(x_2-\frac{3}{7}x_3\right)^2+\frac{9}{7}x_3^2,$$

令 $y_1=x_1-3x_2+x_3, y_2=x_2-\frac{3}{7}x_3, y_3=x_3$,即

$$x_1=y_1+3y_2+\frac{2}{7}y_3, \quad x_2=y_2+\frac{3}{7}y_3, \quad x_3=y_3,$$

再令 $y_1=z_1, y_2=\frac{1}{\sqrt{7}}z_2, y_3=\frac{\sqrt{7}}{3}z_3$,即

$$x_1=z_1+\frac{3}{\sqrt{7}}z_2+\frac{2}{3\sqrt{7}}z_3, \quad x_2=\frac{1}{\sqrt{7}}z_2+\frac{1}{\sqrt{7}}z_3, \quad x_3=\frac{\sqrt{7}}{3}z_3,$$

故二次型的规范形为 $f=z_1^2-z_2^2+z_3^2$,所用的非退化线性变换为 $\boldsymbol{x}=\boldsymbol{C}\boldsymbol{z}$,其中

$$\boldsymbol{C}=\begin{bmatrix} 1 & \frac{3}{\sqrt{7}} & \frac{2}{3\sqrt{7}} \\ 0 & \frac{1}{\sqrt{7}} & \frac{1}{\sqrt{7}} \\ 0 & 0 & \frac{\sqrt{7}}{3} \end{bmatrix}.$$

6. 因为 $|\lambda \boldsymbol{E}-\boldsymbol{B}|=(\lambda-1)(\lambda-2)(\lambda-5)$,所以 $\boldsymbol{B}$ 的三个特征值为 1,2,5,从而 $\boldsymbol{B}$ 的正惯性指数为 3,负惯性指数为 0. 由 $\boldsymbol{A}$ 与 $\boldsymbol{B}$ 合同知二次型 $f=\boldsymbol{x}^{\mathrm{T}}\boldsymbol{A}\boldsymbol{x}$ 的规范形为 $z_1^2+z_2^2+z_3^2$.

7. 二次型及其标准形的矩阵分别为

$$\boldsymbol{A}=\begin{bmatrix} 0 & a & -2 \\ a & 4 & 4 \\ -2 & 4 & -3 \end{bmatrix}, \quad \boldsymbol{B}=\begin{bmatrix} 1 & & \\ & 6 & \\ & & b \end{bmatrix},$$

则 $\boldsymbol{A}$ 与 $\boldsymbol{B}$ 相似，因此由 $\operatorname{tr}\boldsymbol{A}=\operatorname{tr}\boldsymbol{B}$ 得 $b=-6$. 再由 $|\boldsymbol{A}|=|\boldsymbol{B}|$ 可得 $a=2$ 或 $a=\dfrac{10}{3}$.

因为 $\boldsymbol{A}$ 与 $\boldsymbol{B}$ 相似，所以对任何数 λ，均有 $|\lambda\boldsymbol{E}-\boldsymbol{A}|=|\lambda\boldsymbol{E}-\boldsymbol{B}|$. 若 $a=\dfrac{10}{3}$，则取 $\lambda=-3$，有 $|-3\boldsymbol{E}-\boldsymbol{A}|=\dfrac{388}{3}$. 而 $|-3\boldsymbol{E}-\boldsymbol{B}|=108$，此为矛盾，故 $a=\dfrac{10}{3}$ 不符合题意.

8. 二次型的矩阵为

$$\boldsymbol{A}=\begin{bmatrix} a & 2 & \dfrac{a}{2} \\ 2 & 4 & -2 \\ \dfrac{a}{2} & -2 & 4 \end{bmatrix},$$

由 $\operatorname{rank}\boldsymbol{A}=2$ 知 $|\boldsymbol{A}|=0$，从而得 $a=4$. 容易算得 $|\lambda\boldsymbol{E}-\boldsymbol{A}|=\lambda(\lambda-6)^2$，故 $\boldsymbol{A}$ 的三个特征值为 6,6,0，于是二次型的规范形为 $z_1^2+z_2^2$.

9. (1) 由于 $|\lambda\boldsymbol{E}-\boldsymbol{A}|=(\lambda-1)(\lambda+2)(\lambda-4)$，因此 $\boldsymbol{A}$ 的特征值 $\lambda_1=4,\lambda_2=1,\lambda_3=-2$.

因为 $\boldsymbol{A}$ 是对称矩阵，所以存在正交矩阵 $\boldsymbol{Q}$，使得 $\boldsymbol{A}=\boldsymbol{Q}\operatorname{diag}(4,1,-2)\boldsymbol{Q}^{\mathrm{T}}$. 记 $\boldsymbol{D}=\operatorname{diag}(4,1,-2)$，则

$$\boldsymbol{B}=(k\boldsymbol{E}+\boldsymbol{A})^2=(k\boldsymbol{Q}\boldsymbol{Q}^{\mathrm{T}}+\boldsymbol{Q}\boldsymbol{D}\boldsymbol{Q}^{\mathrm{T}})^2=[\boldsymbol{Q}(k\boldsymbol{E}+\boldsymbol{D})\boldsymbol{Q}^{\mathrm{T}}]^2=\boldsymbol{Q}(k\boldsymbol{E}+\boldsymbol{D})^2\boldsymbol{Q}^{\mathrm{T}}.$$

于是取对角矩阵

$$\boldsymbol{\Lambda}=(k\boldsymbol{E}+\boldsymbol{D})^2=\operatorname{diag}((k+4)^2,(k+1)^2,(k-2)^2),$$

则 $\boldsymbol{B}=\boldsymbol{Q}\boldsymbol{\Lambda}\boldsymbol{Q}^{\mathrm{T}}=\boldsymbol{Q}\boldsymbol{\Lambda}\boldsymbol{Q}^{-1}$，即 $\boldsymbol{B}$ 与 $\boldsymbol{\Lambda}$ 相似.

(2) 由(1)知 $\boldsymbol{B}=(k\boldsymbol{E}+\boldsymbol{A})^2$ 的特征值为 $(k+4)^2,(k+1)^2,(k-2)^2$. 若要使 $\boldsymbol{B}$ 为正定矩阵，$\boldsymbol{B}$ 的全部特征值必须全为正数，即

$$\begin{cases}(k+4)^2>0, \\ (k+1)^2>0, \\ (k-2)^2>0,\end{cases}$$

亦即 $k\neq-4,k\neq-1,k\neq2$，于是当 $k\neq-4,-1,2$ 时，矩阵 $\boldsymbol{B}$ 是正定矩阵.

10. 因为 $\boldsymbol{A}$ 是正定矩阵，所以 $\boldsymbol{A}$ 为实对称矩阵，且 $\boldsymbol{A}$ 的特征值全大于零，从而 $\boldsymbol{A}^2,\boldsymbol{A}^*,\boldsymbol{A}^{-1}$ 都是实对称矩阵，且它们的特征值全大于零，于是 $\boldsymbol{A}^2,\boldsymbol{A}^*,\boldsymbol{A}^{-1}$ 都是正定矩阵，$\boldsymbol{A}^2+\boldsymbol{A}^*+3\boldsymbol{A}^{-1}$ 为实对称矩阵.

对任意 $\boldsymbol{x}\neq\boldsymbol{0}$，有

$$\boldsymbol{x}^{\mathrm{T}}(\boldsymbol{A}^2+\boldsymbol{A}^*+3\boldsymbol{A}^{-1})\boldsymbol{x}=\boldsymbol{x}^{\mathrm{T}}\boldsymbol{A}^2\boldsymbol{x}+\boldsymbol{x}^{\mathrm{T}}\boldsymbol{A}^*\boldsymbol{x}+\boldsymbol{x}^{\mathrm{T}}\boldsymbol{A}^{-1}\boldsymbol{x}>0,$$

即 $\boldsymbol{A}^2+\boldsymbol{A}^*+3\boldsymbol{A}^{-1}$ 的正定矩阵.

11. 由 $\boldsymbol{A}$ 正定知 $\boldsymbol{A}^{-1}$ 正定，即存在可逆矩阵 $\boldsymbol{P}$，使得 $\boldsymbol{A}^{-1}=\boldsymbol{P}^{\mathrm{T}}\boldsymbol{P}$，因此

$$\begin{aligned}|\lambda\boldsymbol{E}-\boldsymbol{A}\boldsymbol{B}|&=|\boldsymbol{A}||\lambda\boldsymbol{A}^{-1}-\boldsymbol{B}|\\&=|\boldsymbol{A}||\boldsymbol{P}^{\mathrm{T}}||\lambda\boldsymbol{E}-(\boldsymbol{P}^{\mathrm{T}})^{-1}\boldsymbol{B}\boldsymbol{P}^{-1}||\boldsymbol{P}|\\&=|\boldsymbol{A}||\boldsymbol{P}^{\mathrm{T}}||\boldsymbol{P}||\lambda\boldsymbol{E}-(\boldsymbol{P}^{-1})^{\mathrm{T}}\boldsymbol{B}\boldsymbol{P}^{-1}|\\&=|\lambda\boldsymbol{E}-(\boldsymbol{P}^{-1})^{\mathrm{T}}\boldsymbol{B}\boldsymbol{P}^{-1}|,\end{aligned}$$

由于 $\boldsymbol{B}$ 是半正定的，因此 $(\boldsymbol{P}^{-1})^{\mathrm{T}}\boldsymbol{B}\boldsymbol{P}^{-1}$ 是半正定的，于是 $|\lambda\boldsymbol{E}-(\boldsymbol{P}^{-1})^{\mathrm{T}}\boldsymbol{B}\boldsymbol{P}^{-1}|=0$ 的根即

$|\lambda\boldsymbol{E}-\boldsymbol{AB}|=0$ 的根是非负实数，即 $\boldsymbol{AB}$ 的特征值是非负的实数.

12. 因为 $\boldsymbol{B}^{\mathrm{T}}=(\lambda\boldsymbol{E}+\boldsymbol{A}^{\mathrm{T}}\boldsymbol{A})^{\mathrm{T}}=\lambda\boldsymbol{E}+\boldsymbol{A}^{\mathrm{T}}\boldsymbol{A}=\boldsymbol{B}$，所以 $\boldsymbol{B}$ 是实对称矩阵.

对任意 $\boldsymbol{x}\neq\boldsymbol{0}$，有 $\langle\boldsymbol{x},\boldsymbol{x}\rangle>0$，$\langle\boldsymbol{Ax},\boldsymbol{Ax}\rangle\geqslant 0$，因此

$$\boldsymbol{x}^{\mathrm{T}}\boldsymbol{Bx}=\boldsymbol{x}^{\mathrm{T}}(\lambda\boldsymbol{E}+\boldsymbol{A}^{\mathrm{T}}\boldsymbol{A})\boldsymbol{x}=\lambda\boldsymbol{x}^{\mathrm{T}}\boldsymbol{x}+\boldsymbol{x}^{\mathrm{T}}\boldsymbol{A}^{\mathrm{T}}\boldsymbol{Ax}=\lambda\langle\boldsymbol{x},\boldsymbol{x}\rangle+\langle\boldsymbol{Ax},\boldsymbol{Ax}\rangle>0,$$

于是 $\boldsymbol{B}=\lambda\boldsymbol{E}+\boldsymbol{A}^{\mathrm{T}}\boldsymbol{A}$ 为正定矩阵.

13. 由 $\boldsymbol{A}$ 为正定矩阵可知，存在可逆矩阵 $\boldsymbol{P}$，使得 $\boldsymbol{P}^{\mathrm{T}}\boldsymbol{AP}=\boldsymbol{E}$. 于是

$$|\boldsymbol{P}^{\mathrm{T}}||\lambda\boldsymbol{A}-\boldsymbol{B}||\boldsymbol{P}|=|\lambda\boldsymbol{P}^{\mathrm{T}}\boldsymbol{AP}-\boldsymbol{P}^{\mathrm{T}}\boldsymbol{BP}|=|\lambda\boldsymbol{E}-\boldsymbol{P}^{\mathrm{T}}\boldsymbol{BP}|,$$

故方程 $|\lambda\boldsymbol{A}-\boldsymbol{B}|=0$ 与 $|\lambda\boldsymbol{E}-\boldsymbol{P}^{\mathrm{T}}\boldsymbol{BP}|=0$ 的根完全相同.

由 $\boldsymbol{B}$ 为正定矩阵可知，$\boldsymbol{P}^{\mathrm{T}}\boldsymbol{BP}$ 也是正定矩阵，因此特征方程 $|\lambda\boldsymbol{E}-\boldsymbol{P}^{\mathrm{T}}\boldsymbol{BP}|=0$ 的根均大于零，从而方程 $|\lambda\boldsymbol{A}-\boldsymbol{B}|=0$ 的根也都大于零.

14. (1) 由 $\boldsymbol{A}$ 是实对称矩阵知 $\boldsymbol{A}^{-1}$ 也是实对称矩阵，因此

$$\boldsymbol{P}^{\mathrm{T}}\boldsymbol{DP}=\begin{bmatrix}\boldsymbol{E}_m & \boldsymbol{0}\\ -\boldsymbol{C}^{\mathrm{T}}\boldsymbol{A}^{-1} & \boldsymbol{E}_n\end{bmatrix}\begin{bmatrix}\boldsymbol{A} & \boldsymbol{C}\\ \boldsymbol{C}^{\mathrm{T}} & \boldsymbol{B}\end{bmatrix}\begin{bmatrix}\boldsymbol{E}_m & -\boldsymbol{A}^{-1}\boldsymbol{C}\\ \boldsymbol{0} & \boldsymbol{E}_n\end{bmatrix}=\begin{bmatrix}\boldsymbol{A} & \boldsymbol{0}\\ \boldsymbol{0} & \boldsymbol{B}-\boldsymbol{C}^{\mathrm{T}}\boldsymbol{A}^{-1}\boldsymbol{C}\end{bmatrix}.$$

(2) 因为 $\boldsymbol{D}\simeq\boldsymbol{P}^{\mathrm{T}}\boldsymbol{DP}$ 且 $\boldsymbol{D}$ 正定，所以 $\boldsymbol{P}^{\mathrm{T}}\boldsymbol{DP}$ 正定，即 $\begin{bmatrix}\boldsymbol{A} & \boldsymbol{0}\\ \boldsymbol{0} & \boldsymbol{B}-\boldsymbol{C}^{\mathrm{T}}\boldsymbol{A}^{-1}C\end{bmatrix}$ 正定，从而它的特征值都是正数. 又由(1)得

$$|\lambda\boldsymbol{E}_{m+n}-\boldsymbol{P}^{\mathrm{T}}\boldsymbol{DP}|=|\lambda\boldsymbol{E}_m-\boldsymbol{A}||\lambda\boldsymbol{E}_n-(\boldsymbol{B}-\boldsymbol{C}^{\mathrm{T}}\boldsymbol{A}^{-1}\boldsymbol{C})|,$$

即 $\boldsymbol{A}$ 与 $\boldsymbol{B}-\boldsymbol{C}^{\mathrm{T}}\boldsymbol{A}^{-1}\boldsymbol{C}$ 的特征值都是 $\boldsymbol{P}^{\mathrm{T}}\boldsymbol{DP}$ 的特征值，因此 $\boldsymbol{B}-\boldsymbol{C}^{\mathrm{T}}\boldsymbol{A}^{-1}\boldsymbol{C}$ 的特征值都是正数. 显然 $\boldsymbol{B}-\boldsymbol{C}^{\mathrm{T}}\boldsymbol{A}^{-1}\boldsymbol{C}$ 是实对称矩阵，故 $\boldsymbol{B}-\boldsymbol{C}^{\mathrm{T}}\boldsymbol{A}^{-1}\boldsymbol{C}$ 是正定矩阵.

15. 记

$$\boldsymbol{A}=\begin{bmatrix}2 & -2 & 0\\ -2 & 1 & -2\\ 0 & -2 & 0\end{bmatrix},\quad \boldsymbol{x}=\begin{bmatrix}x\\ y\\ z\end{bmatrix},$$

则

$$f(x,y,z)=\frac{\boldsymbol{x}^{\mathrm{T}}\boldsymbol{Ax}}{\|\boldsymbol{x}\|^2},\quad \boldsymbol{x}\neq\boldsymbol{0},$$

不难求得 $\boldsymbol{A}$ 的三个特征值 $-2,1,4$，且最大特征值 4 对应的一个特征向量为 $\boldsymbol{\alpha}_1=(2,-2,1)^{\mathrm{T}}$，最小特征值 -2 对应的一个特征向量为 $\boldsymbol{\alpha}_2=(1,2,2)^{\mathrm{T}}$，因此由第 6 章拓展提高例 25 的评注可知

$$f_{\max}=f(2,-2,1)=4,\quad f_{\min}=f(1,2,2)=-2.$$

单元测验参考解答

第 2 章

一、填空题(每小题 3 分,共 18 分)

1. $\frac{1}{2}\begin{bmatrix} 2 & 0 & 0 \\ -1 & 1 & 0 \\ 0 & 0 & 2 \end{bmatrix}$； 2. $\begin{bmatrix} \mathbf{0} & \frac{1}{2}\boldsymbol{B} \\ (\boldsymbol{A}^{-1})^{\mathrm{T}} & \mathbf{0} \end{bmatrix}$； 3. $4^{98}\begin{bmatrix} 2 & 1 \\ 4 & 2 \end{bmatrix}$； 4. $\begin{bmatrix} 11 & 1 & 1 \\ 22 & 2 & 2 \\ 165 & 15 & 15 \end{bmatrix}$；

5. 2； 6. $\frac{1}{2}(\boldsymbol{A}+3\boldsymbol{E})$.

二、单选题(每小题 3 分,共 18 分)

1. C； 2. D； 3. B； 4. A； 5. D； 6. B.

三、(10 分) 由

$$\boldsymbol{A} \to \begin{bmatrix} 1 & 2 & -1 & \lambda \\ 0 & -1-2\lambda & \lambda+2 & 1 \\ 0 & 9-3\lambda & \lambda-3 & 0 \end{bmatrix}$$

得

$$\operatorname{rank} \boldsymbol{A} = \begin{cases} 2, & \lambda = 3, \\ 3, & \lambda \neq 3. \end{cases}$$

四、(10 分) $\boldsymbol{A}^{-1} = \begin{bmatrix} 0 & 0 & \frac{1}{2} & 0 & 0 \\ 0 & 0 & 1 & -2 & -5 \\ 0 & 0 & \frac{1}{2} & -1 & -3 \\ -7 & -3 & 0 & 0 & 0 \\ -5 & -2 & 0 & 0 & 0 \end{bmatrix}$.

五、(10 分) 将 $\boldsymbol{A}$ 分块为 $\begin{bmatrix} \boldsymbol{B} & \mathbf{0} \\ \mathbf{0} & \boldsymbol{C} \end{bmatrix}$,则$\boldsymbol{A}^k = \begin{bmatrix} \boldsymbol{B}^k & \mathbf{0} \\ \mathbf{0} & \boldsymbol{C}^k \end{bmatrix}$.

注意到$\boldsymbol{B}^2 = \begin{bmatrix} 3 & 4 \\ 4 & -3 \end{bmatrix}^2 = 5^2\boldsymbol{E}_2$,因此

$$\boldsymbol{B}^k = \begin{bmatrix} 3 & 4 \\ 4 & -3 \end{bmatrix}^k = \begin{cases} 5^k\boldsymbol{E}_2, & k \text{ 为偶数}, \\ 5^{k-1}\begin{bmatrix} 3 & 4 \\ 4 & -3 \end{bmatrix}, & k \text{ 为奇数}. \end{cases}$$

又

$$C^k=\begin{bmatrix}-1&0\\0&2\end{bmatrix}^k=\begin{cases}\begin{bmatrix}1&0\\0&2^k\end{bmatrix}, & k\text{ 为偶数},\\ \begin{bmatrix}-1&0\\0&2^k\end{bmatrix}, & k\text{ 为奇数},\end{cases}$$

从而

$$A^k=\begin{cases}\begin{bmatrix}5^k&0&0&0\\0&5^k&0&0\\0&0&1&0\\0&0&0&2^k\end{bmatrix}, & k\text{ 为偶数},\\ \begin{bmatrix}3\cdot 5^{k-1}&4\cdot 5^{k-1}&0&0\\4\cdot 5^{k-1}&-3\cdot 5^{k-1}&0&0\\0&0&-1&0\\0&0&0&2^k\end{bmatrix}, & k\text{ 为奇数}.\end{cases}$$

六、(10 分) 因 $\boldsymbol{A}-\boldsymbol{B}^{-1}=(\boldsymbol{AB}-\boldsymbol{E})\boldsymbol{B}^{-1}$，且 $\boldsymbol{AB}-\boldsymbol{E},\boldsymbol{B}^{-1}$ 可逆，故 $\boldsymbol{A}-\boldsymbol{B}^{-1}$ 可逆. 又 $(\boldsymbol{A}-\boldsymbol{B}^{-1})^{-1}-\boldsymbol{A}^{-1}=(\boldsymbol{A}-\boldsymbol{B}^{-1})^{-1}[\boldsymbol{E}-(\boldsymbol{A}-\boldsymbol{B}^{-1})\boldsymbol{A}^{-1}]=(\boldsymbol{A}-\boldsymbol{B}^{-1})^{-1}(\boldsymbol{AB})^{-1}$，而 $(\boldsymbol{A}-\boldsymbol{B}^{-1})^{-1},(\boldsymbol{AB})^{-1}$ 可逆，因此 $(\boldsymbol{A}-\boldsymbol{B}^{-1})^{-1}-\boldsymbol{A}^{-1}$ 可逆.

七、(12 分) 由 $\boldsymbol{A}$ 可逆，$\boldsymbol{ABA}=-2\boldsymbol{E}+\boldsymbol{AB}$ 可知 $\boldsymbol{BA}=-2\boldsymbol{A}^{-1}+\boldsymbol{B}$，即

$$\boldsymbol{B}(\boldsymbol{E}-\boldsymbol{A})=2\boldsymbol{A}^{-1},$$

故 $\boldsymbol{B}=2[(\boldsymbol{E}-\boldsymbol{A})\boldsymbol{A}]^{-1}$，容易求得

$$\boldsymbol{B}=-\frac{1}{3}\begin{bmatrix}2&-2&-2\\-1&2&0\\-1&2&6\end{bmatrix}.$$

八、(12 分) 设该方程组的系数矩阵为 $\boldsymbol{A}$，增广矩阵为 $\widetilde{\boldsymbol{A}}$，则

$$\widetilde{\boldsymbol{A}}=\begin{bmatrix}1&1&k&4\\0&k+1&k+1&k^2+4\\2&0&k+2&0\end{bmatrix}\to\begin{bmatrix}1&1&k&4\\0&1&\frac{1}{2}k-1&4\\0&0&-\frac{1}{2}(k+1)(k-4)&k(k-4)\end{bmatrix}.$$

当 $k\neq 4,-1$ 时，$\operatorname{rank}\boldsymbol{A}=\operatorname{rank}\widetilde{\boldsymbol{A}}=3$，方程组有唯一解；

当 $k=-1$ 时，$\operatorname{rank}\boldsymbol{A}=2$，$\operatorname{rank}\widetilde{\boldsymbol{A}}=3$，方程组无解；

当 $k=4$ 时，方程组的增广矩阵可化为

$$\widetilde{\boldsymbol{A}}\to\begin{bmatrix}1&0&3&0\\0&1&1&4\\0&0&0&0\end{bmatrix},$$

则原方程组的通解为

$$\boldsymbol{x}=k\begin{bmatrix}-3\\-1\\1\end{bmatrix}+\begin{bmatrix}0\\4\\0\end{bmatrix},\quad k\text{ 为任意数}.$$

第 3 章

一、填空题(每小题 3 分,共 18 分)

1. $\frac{1}{2}\boldsymbol{A}^{-1}$; 2. -28; 3. 1; 4. -6^{n-1}; 5. 3; 6. a^{n^2-n+1}.

二、单选题(每小题 3 分,共 18 分)

1. B; 2. D; 3. C; 4. D; 5. B; 6. B.

三、(10 分)

$$D_{n+1}=\begin{vmatrix}1 & x_1 & x_1^2 & \cdots & x_1^n\\ 1 & x_2 & x_2^2 & \cdots & x_2^n\\ \vdots & \vdots & \vdots & & \vdots\\ 1 & x_n & x_n^2 & \cdots & x_n^n\\ -2 & -2 & -2 & \cdots & -2\end{vmatrix}+\begin{vmatrix}0 & x_1 & x_1^2 & \cdots & x_1^n\\ 0 & x_2 & x_2^2 & \cdots & x_2^n\\ \vdots & \vdots & \vdots & & \vdots\\ 0 & x_n & x_n^2 & \cdots & x_n^n\\ 2 & -2 & -2 & \cdots & -2\end{vmatrix}$$

$$=-2\begin{vmatrix}1 & x_1 & x_1^2 & \cdots & x_1^n\\ 1 & x_2 & x_2^2 & \cdots & x_2^n\\ \vdots & \vdots & \vdots & & \vdots\\ 1 & x_n & x_n^2 & \cdots & x_n^n\\ 1 & 1 & 1 & \cdots & 1\end{vmatrix}+2(-1)^n\begin{vmatrix}x_1 & x_1^2 & \cdots & x_1^n\\ x_2 & x_2^2 & \cdots & x_2^n\\ \vdots & \vdots & & \vdots\\ x_n & x_n^2 & \cdots & x_n^n\end{vmatrix}$$

$$=-2\prod_{i=1}^{n}(1-x_i)\prod_{1\leqslant i<j\leqslant n}(x_j-x_i)+2(-1)^n\prod_{i=1}^{n}x_i\prod_{1\leqslant i<j\leqslant n}(x_j-x_i).$$

四、(10 分) 容易算得

$$D=A_{11}+A_{12}+A_{13}+A_{14}=0,\quad A_{21}+A_{22}+A_{23}+A_{24}=0,$$
$$A_{31}+A_{32}+A_{33}+A_{34}=0,\quad A_{41}+A_{42}+A_{43}+A_{44}=0,$$

所以 D 中各元的代数余子式之和 0.

注 也可由第 3 章范例解析例 5 的评注知,D 中各元的代数余子式之和等于 D,而 $D=0$.

五、(10 分) 由已知得 $|\boldsymbol{A}|=8$,且 $(\boldsymbol{A}^*-8\boldsymbol{A})\boldsymbol{X}\boldsymbol{A}=8\boldsymbol{E}-8\boldsymbol{A}$,即

$$(8\boldsymbol{A}^{-1}-8\boldsymbol{A})\boldsymbol{X}\boldsymbol{A}=8\boldsymbol{E}-8\boldsymbol{A},$$

从而

$$\boldsymbol{A}(\boldsymbol{A}^{-1}-\boldsymbol{A})\boldsymbol{X}=\boldsymbol{A}(\boldsymbol{E}-\boldsymbol{A})\boldsymbol{A}^{-1},$$

化简得

$$(\boldsymbol{E}-\boldsymbol{A}^2)\boldsymbol{X}=\boldsymbol{E}-\boldsymbol{A},$$

由于 $\boldsymbol{E}-\boldsymbol{A}$ 可逆,因此 $(\boldsymbol{E}+\boldsymbol{A})\boldsymbol{X}=\boldsymbol{E}$,所以

$$\boldsymbol{X}=(\boldsymbol{E}+\boldsymbol{A})^{-1}=\frac{1}{3}\begin{bmatrix}1 & 0 & 0\\ -1 & 1 & 0\\ 0 & -1 & 1\end{bmatrix}.$$

六、(10 分) 因为

$$\begin{aligned}|\boldsymbol{E}-\boldsymbol{A}^2|&=|\boldsymbol{A}\boldsymbol{A}^{\mathrm{T}}-\boldsymbol{A}^2|=|\boldsymbol{A}(\boldsymbol{A}^{\mathrm{T}}-\boldsymbol{A})|\\&=|\boldsymbol{A}||\boldsymbol{A}^{\mathrm{T}}-\boldsymbol{A}|=(-1)^{2n+1}|\boldsymbol{A}||\boldsymbol{A}-\boldsymbol{A}^{\mathrm{T}}|\\&=-|\boldsymbol{A}||(\boldsymbol{A}^{\mathrm{T}}-\boldsymbol{A})^{\mathrm{T}}|=-|\boldsymbol{A}||\boldsymbol{A}^{\mathrm{T}}-\boldsymbol{A}|\\&=-|\boldsymbol{A}\boldsymbol{A}^{\mathrm{T}}-\boldsymbol{A}^2|=-|\boldsymbol{E}-\boldsymbol{A}^2|,\end{aligned}$$

所以$|\boldsymbol{E}-\boldsymbol{A}^2|=0$.

七、(12 分) 因为$|\boldsymbol{A}|=1$,所以方程组$\boldsymbol{A}\boldsymbol{x}=\boldsymbol{b}$有唯一解$\boldsymbol{x}=\boldsymbol{A}^{-1}\boldsymbol{b}$.

由$a_{ij}=A_{ij}$知$\boldsymbol{A}^{\mathrm{T}}=\boldsymbol{A}^*$,从而$\boldsymbol{A}^{-1}=\boldsymbol{A}^*$,因此

$$\boldsymbol{x}=\boldsymbol{A}^{-1}\boldsymbol{b}=\boldsymbol{A}^*\boldsymbol{b}=\boldsymbol{A}^{\mathrm{T}}\boldsymbol{b}=\begin{bmatrix}a_{11}&a_{21}&a_{31}\\a_{12}&a_{22}&a_{32}\\a_{13}&a_{23}&a_{33}\end{bmatrix}\begin{bmatrix}0\\0\\1\end{bmatrix}=\begin{bmatrix}a_{31}\\a_{32}\\a_{33}\end{bmatrix}.$$

又

$$|\boldsymbol{A}|=a_{31}A_{31}+a_{32}A_{32}+a_{33}A_{33}=a_{31}^2+a_{32}^2+a_{33}^2,$$

由$|\boldsymbol{A}|=1$,$a_{33}=-1$知,$a_{31}^2+a_{32}^2=0$,从而$a_{31}=a_{32}=0$,方程组$\boldsymbol{A}\boldsymbol{x}=\boldsymbol{b}$的解为$\boldsymbol{x}=(0,0,-1)^{\mathrm{T}}$.

八、(12 分) 由

$$|\boldsymbol{M}|=\begin{vmatrix}\boldsymbol{A}&\boldsymbol{A}\\\boldsymbol{C}-\boldsymbol{B}&\boldsymbol{C}\end{vmatrix}=\begin{vmatrix}\boldsymbol{A}&\boldsymbol{0}\\\boldsymbol{C}-\boldsymbol{B}&\boldsymbol{B}\end{vmatrix}=|\boldsymbol{A}||\boldsymbol{B}|$$

知$|\boldsymbol{M}|\neq0$等价于$|\boldsymbol{A}||\boldsymbol{B}|\neq0$,即$|\boldsymbol{A}|\neq0$且$|\boldsymbol{B}|\neq0$. 故$\boldsymbol{M}$可逆的充要条件是$\boldsymbol{A},\boldsymbol{B}$均可逆.

当$\boldsymbol{M}$可逆时,由分块初等行变换得

$$\begin{bmatrix}\boldsymbol{A}&\boldsymbol{A}&\boldsymbol{E}_n&\boldsymbol{0}\\\boldsymbol{C}-\boldsymbol{B}&\boldsymbol{C}&\boldsymbol{0}&\boldsymbol{E}_n\end{bmatrix}\to\begin{bmatrix}\boldsymbol{E}&\boldsymbol{E}&\boldsymbol{A}^{-1}&\boldsymbol{0}\\-\boldsymbol{B}&\boldsymbol{0}&-\boldsymbol{C}\boldsymbol{A}^{-1}&\boldsymbol{E}\end{bmatrix}$$

$$\to\begin{bmatrix}\boldsymbol{E}&\boldsymbol{E}&\boldsymbol{A}^{-1}&\boldsymbol{0}\\\boldsymbol{0}&\boldsymbol{B}&\boldsymbol{B}\boldsymbol{A}^{-1}-\boldsymbol{C}\boldsymbol{A}^{-1}&\boldsymbol{E}\end{bmatrix}\to\begin{bmatrix}\boldsymbol{E}&\boldsymbol{E}&\boldsymbol{A}^{-1}&\boldsymbol{0}\\\boldsymbol{0}&\boldsymbol{E}&\boldsymbol{A}^{-1}-\boldsymbol{B}^{-1}\boldsymbol{C}\boldsymbol{A}^{-1}&\boldsymbol{B}^{-1}\end{bmatrix}$$

$$\to\begin{bmatrix}\boldsymbol{E}&\boldsymbol{0}&\boldsymbol{B}^{-1}\boldsymbol{C}\boldsymbol{A}^{-1}&-\boldsymbol{B}^{-1}\\\boldsymbol{0}&\boldsymbol{E}&\boldsymbol{A}^{-1}-\boldsymbol{B}^{-1}\boldsymbol{C}\boldsymbol{A}^{-1}&\boldsymbol{B}^{-1}\end{bmatrix},$$

所以

$$\boldsymbol{M}^{-1}=\begin{bmatrix}\boldsymbol{B}^{-1}\boldsymbol{C}\boldsymbol{A}^{-1}&-\boldsymbol{B}^{-1}\\\boldsymbol{A}^{-1}-\boldsymbol{B}^{-1}\boldsymbol{C}\boldsymbol{A}^{-1}&\boldsymbol{B}^{-1}\end{bmatrix}.$$

第 4 章

一、填空题(每小题 3 分,共 18 分)

1. $\frac{1}{2}$; 2. 3; 3. $pst=1$; 4. $(1,1,2)^{\mathrm{T}}$; 5. $k(1,1,\cdots,1)^{\mathrm{T}}$,$k$为任意数;

6. $k(6,7,-26)^{\mathrm{T}}+(3,3,-10)^{\mathrm{T}}$,$k$为任意数.

二、单选题(每小题 3 分,共 18 分)

1. D; 2. B; 3. C; 4. A; 5. B; 6. A.

三、(10 分) 设向量$\boldsymbol{x}=(x_1,x_2,x_3,x_4)^{\mathrm{T}}$满足$\boldsymbol{\alpha}_1^{\mathrm{T}}\boldsymbol{x}=0$,即

$$x_1+3x_2+2x_3+x_4=0,$$

得方程组的基础解系为$\boldsymbol{\beta}_1=(-3,1,0,0)^{\mathrm{T}}$,$\boldsymbol{\beta}_2=(-2,0,1,0)^{\mathrm{T}}$,$\boldsymbol{\beta}_3=(-1,0,0,1)^{\mathrm{T}}$. 用 Gram-Schmidt 正交化方法,得到

$$\boldsymbol{\gamma}_1=(-3,1,0,0)^{\mathrm{T}},\quad \boldsymbol{\gamma}_2=\frac{1}{5}(-1,-3,5,0)^{\mathrm{T}},\quad \boldsymbol{\gamma}_3=\frac{1}{14}(-1,-3,-2,14)^{\mathrm{T}},$$

取$\boldsymbol{\alpha}_2=(-3,1,0,0)^{\mathrm{T}}$,$\boldsymbol{\alpha}_3=(-1,-3,5,0)^{\mathrm{T}}$,$\boldsymbol{\alpha}_4=(-1,-3,-2,14)^{\mathrm{T}}$,则$\boldsymbol{\alpha}_1,\boldsymbol{\alpha}_2,\boldsymbol{\alpha}_3,\boldsymbol{\alpha}_4$为正

交向量组.

四、(10分) (1) 对矩阵$[\boldsymbol{\alpha}_1 \quad \boldsymbol{\alpha}_2 \quad \boldsymbol{\alpha}_3 \quad \boldsymbol{\beta}_1 \quad \boldsymbol{\beta}_2]$做初等行变换,化为阶梯矩阵:

$$\begin{bmatrix}1&1&1&-1&1\\0&1&2&2&0\\1&2&a&1&b\end{bmatrix}\rightarrow\begin{bmatrix}1&1&1&-1&1\\0&1&2&2&0\\0&0&a-3&0&b-1\end{bmatrix},$$

当 $a=3,b\neq1$ 时,向量组 $\boldsymbol{\beta}_1,\boldsymbol{\beta}_2$ 不能由向量组 $\boldsymbol{\alpha}_1,\boldsymbol{\alpha}_2,\boldsymbol{\alpha}_3$ 线性表示.

(2) 当 $a\neq3$ 时,矩阵方程 $\boldsymbol{AX}=\boldsymbol{B}$ 有唯一解:

$$\boldsymbol{X}=\begin{bmatrix}-3&1+\dfrac{b-1}{a-3}\\2&-\dfrac{2(b-1)}{a-3}\\0&\dfrac{b-1}{a-3}\end{bmatrix};$$

当 $a=3,b=1$ 时,对增广矩阵做初等行变换:

$$\begin{bmatrix}1&1&1&-1&1\\0&1&2&2&0\\0&0&0&0&0\end{bmatrix}\rightarrow\begin{bmatrix}1&0&-1&-3&1\\0&1&2&2&0\\0&0&0&0&0\end{bmatrix},$$

从而 $\boldsymbol{AX}=\boldsymbol{B}$ 有无穷多解:

$$\boldsymbol{X}=k\begin{bmatrix}1&0\\-2&0\\1&0\end{bmatrix}+l\begin{bmatrix}0&1\\0&-2\\0&1\end{bmatrix}+\begin{bmatrix}-3&1\\2&0\\0&0\end{bmatrix},\quad k,l \text{ 为任意数}.$$

五、(10分) 将线性方程组(Ⅰ)和(Ⅱ)联立求解,得到线性方程组(Ⅲ),对其增广矩阵做初等行变换:

$$[\boldsymbol{A}\quad \boldsymbol{b}]=\begin{bmatrix}1&1&1&0\\1&2&a&0\\1&4&a^2&0\\1&2&1&a-1\end{bmatrix}\rightarrow\begin{bmatrix}1&0&1&1-a\\0&1&0&a-1\\0&0&1-a&a-1\\0&0&0&(a-1)(a-2)\end{bmatrix}.$$

因为线性方程组(Ⅰ)和(Ⅱ)有公共解,所以线性方程组(Ⅲ)有解,故 $a=1$ 或 $a=2$.

当 $a=1$ 时,线性方程组(Ⅲ)的增广矩阵化为

$$[\boldsymbol{A}\quad \boldsymbol{b}]\rightarrow\begin{bmatrix}1&0&1&0\\0&1&0&0\\0&0&0&0\\0&0&0&0\end{bmatrix},$$

线性方程组(Ⅰ)和(Ⅱ)的所有公共解为 $k(1,0,-1)^{\mathrm{T}}$,k 为任意数.

当 $a=2$ 时,线性方程组(Ⅲ)的增广矩阵化为

$$[\boldsymbol{A}\quad \boldsymbol{b}]\rightarrow\begin{bmatrix}1&0&0&0\\0&1&0&1\\0&0&1&-1\\0&0&0&0\end{bmatrix},$$

线性方程组(Ⅰ)和(Ⅱ)的所有公共解为$(0,1,-1)^{\mathrm{T}}$.

六、(10分) 设有一组数$k,k_1,k_2,\cdots,k_s$,使得$k\boldsymbol{\beta}+\sum_{i=1}^{s}k_i(\boldsymbol{\beta}+\boldsymbol{\alpha}_i)=\boldsymbol{0}$,即

$$\left(k+\sum_{i=1}^{s}k_i\right)\boldsymbol{\beta}=\sum_{i=1}^{s}(-k_i)\boldsymbol{\alpha}_i,$$

两边左乘$\boldsymbol{A}$,得

$$\left(k+\sum_{i=1}^{s}k_i\right)\boldsymbol{A\beta}=\sum_{i=1}^{s}(-k_i)\boldsymbol{A\alpha}_i=\boldsymbol{0}.$$

因为$\boldsymbol{A\beta}\neq\boldsymbol{0}$,所以$k+\sum_{i=1}^{s}k_i=0$,从而$\sum_{i=1}^{s}(-k_i)\boldsymbol{\alpha}_i=\boldsymbol{0}$,即$\sum_{i=1}^{s}k_i\boldsymbol{\alpha}_i=\boldsymbol{0}$. 由$\boldsymbol{\alpha}_1,\boldsymbol{\alpha}_2,\cdots,\boldsymbol{\alpha}_s$是$\boldsymbol{Ax}=\boldsymbol{0}$的基础解系,可知$\boldsymbol{\alpha}_1,\boldsymbol{\alpha}_2,\cdots,\boldsymbol{\alpha}_s$线性无关,于是$k_1=k_2=\cdots=k_s=0$,从而$k=0$,因此$\boldsymbol{\beta},\boldsymbol{\beta}+\boldsymbol{\alpha}_1,\boldsymbol{\beta}+\boldsymbol{\alpha}_2,\cdots,\boldsymbol{\beta}+\boldsymbol{\alpha}_s$线性无关.

七、(12分) 设所求的线性方程组为$\boldsymbol{Ax}=\boldsymbol{b}$,则

$$\boldsymbol{\alpha}_1=\begin{bmatrix}14\\-20\\1\\3\\2\end{bmatrix},\quad \boldsymbol{\alpha}_2=\begin{bmatrix}12\\-20\\2\\5\\1\end{bmatrix},\quad \boldsymbol{\alpha}_3=\begin{bmatrix}14\\-20\\3\\1\\2\end{bmatrix}$$

是导出方程组$\boldsymbol{Ax}=\boldsymbol{0}$的基础解系,即$\boldsymbol{A\alpha}_i=\boldsymbol{0}(i=1,2,3)$,故

$$\boldsymbol{A}[\boldsymbol{\alpha}_1\quad\boldsymbol{\alpha}_2\quad\boldsymbol{\alpha}_3]=[\boldsymbol{A\alpha}_1\quad\boldsymbol{A\alpha}_2\quad\boldsymbol{A\alpha}_3]=\boldsymbol{0},$$

令$\boldsymbol{B}=[\boldsymbol{\alpha}_1\quad\boldsymbol{\alpha}_2\quad\boldsymbol{\alpha}_3]$,则$\boldsymbol{B}^{\mathrm{T}}\boldsymbol{A}^{\mathrm{T}}=\boldsymbol{0}$,因此$\boldsymbol{A}^{\mathrm{T}}$的列向量是齐次方程组$\boldsymbol{B}^{\mathrm{T}}\boldsymbol{y}=\boldsymbol{0}$的解向量. 由于$\mathrm{rank}\,\boldsymbol{A}=5-3=2$,因此可设$\boldsymbol{A}$只有两行,且这两个行向量线性无关,所以$\boldsymbol{A}^{\mathrm{T}}$的两个列向量是$\boldsymbol{B}^{\mathrm{T}}\boldsymbol{y}=\boldsymbol{0}$的线性无关的解.

将矩阵$\boldsymbol{B}^{\mathrm{T}}$做初等行变换,化为最简阶梯矩阵,得

$$\boldsymbol{B}^{\mathrm{T}}=\begin{bmatrix}14&-20&1&3&2\\12&-20&2&5&1\\14&-20&3&1&2\end{bmatrix}\rightarrow\begin{bmatrix}1&&&-\frac{3}{2}&\frac{1}{2}\\&1&&-\frac{5}{4}&\frac{1}{4}\\&&1&-1&0\end{bmatrix},$$

从而可得$\boldsymbol{B}^{\mathrm{T}}\boldsymbol{y}=\boldsymbol{0}$的一个基础解系为$(6,5,4,4,0)^{\mathrm{T}},(-2,-1,0,0,4)^{\mathrm{T}}$,于是

$$\boldsymbol{A}=\begin{bmatrix}6&5&4&4&0\\-2&-1&0&0&4\end{bmatrix}.$$

因为$\boldsymbol{x}_0=(-16,23,0,0,0)^{\mathrm{T}}$为$\boldsymbol{Ax}=\boldsymbol{b}$的一个特解,所以$\boldsymbol{b}=\boldsymbol{A}\,\boldsymbol{x}_0=(19,9)^{\mathrm{T}}$,从而所求的线性方程组为$\boldsymbol{Ax}=\boldsymbol{b}$.

八、(12分) (1) 设存在数k_1,k_2,使得$k_1\boldsymbol{\eta}_1+k_2(\boldsymbol{\eta}_1-\boldsymbol{\eta}_2)=\boldsymbol{0}$,则

$$\boldsymbol{A}[k_1\boldsymbol{\eta}_1+k_2(\boldsymbol{\eta}_1-\boldsymbol{\eta}_2)]=\boldsymbol{0},\qquad 即\qquad k_1\boldsymbol{A\eta}_1+k_2\boldsymbol{A}(\boldsymbol{\eta}_1-\boldsymbol{\eta}_2)=\boldsymbol{0},$$

从而$k_1\boldsymbol{b}+k_2\boldsymbol{0}=\boldsymbol{0}$,得$k_1=0$,因此$k_2(\boldsymbol{\eta}_1-\boldsymbol{\eta}_2)=0$,由$\boldsymbol{\eta}_1\neq\boldsymbol{\eta}_2$,知$k_2=0$,故向量组$\boldsymbol{\eta}_1,\boldsymbol{\eta}_1-\boldsymbol{\eta}_2$线性无关.

(2) 若 $\text{rank}\,\boldsymbol{A}=n-1$，则齐次线性方程组 $\boldsymbol{Ax}=\boldsymbol{0}$ 的解空间是一维的，向量组 $\boldsymbol{\xi}$，$\boldsymbol{\eta}_1-\boldsymbol{\eta}_2$ 线性相关，即存在不全为零的数 k_1,k_2，使得

$$k_1\boldsymbol{\xi}+k_2(\boldsymbol{\eta}_1-\boldsymbol{\eta}_2)=\boldsymbol{0},$$

即 $k_1\boldsymbol{\xi}+k_2\boldsymbol{\eta}_1-k_2\boldsymbol{\eta}_2=\boldsymbol{0}$，从而向量组 $\boldsymbol{\xi}$，$\boldsymbol{\eta}_1$，$\boldsymbol{\eta}_2$ 线性相关.

第 5 章

一、填空题(每小题 3 分，共 18 分)

1. 1； 2. 14； 3. 1；4. $n-r$； 5. $\left(\frac{1}{\sqrt{2}},0,\frac{1}{\sqrt{2}}\right)^{\mathrm{T}}$； 6. n.

二、单选题(每小题 3 分，共 18 分)

1. A； 2. C； 3. D； 4. B； 5. A； 6. D.

三、(10 分) 设 $\boldsymbol{p}$ 是 $\boldsymbol{A}^*$ 的特征值 λ 对应的特征向量，则 $\boldsymbol{A}^*\boldsymbol{p}=\lambda\boldsymbol{p}$，从而 $\boldsymbol{Ap}=\frac{|\boldsymbol{A}|}{\lambda}\boldsymbol{p}$，即

$$\begin{bmatrix} a & -1 & c \\ 5 & b & 3 \\ 1-c & 0 & -a \end{bmatrix}\begin{bmatrix} -1 \\ -1 \\ 1 \end{bmatrix}=-\frac{1}{\lambda}\begin{bmatrix} -1 \\ -1 \\ 1 \end{bmatrix},$$

亦即

$$\begin{cases} \lambda(-a+1+c)=1, \\ \lambda(-5-b+3)=1, \\ \lambda(c-1-a)=-1, \end{cases}$$

解得 $a=c,\lambda=1,b=-3$. 由题设知 $|\boldsymbol{A}|=a-3=-1$，故 $a=2$. 从而 $\boldsymbol{A}^*$ 的特征向量 $\boldsymbol{p}$ 所对应的特征值为 1.

四、(10 分) 记 n 维向量 $\boldsymbol{p}=(1,1,\cdots,1)^{\mathrm{T}}$，因为 n 阶矩阵 $\boldsymbol{A}$ 的每行元之和为 $a(a\neq 0)$，所以 $\boldsymbol{Ap}=a\boldsymbol{p}$，故 $\lambda=a$ 为矩阵 $\boldsymbol{A}$ 的一个特征值，从而

$$\boldsymbol{A}^*\boldsymbol{p}=\frac{2a}{a}\boldsymbol{p}=2\boldsymbol{p}.$$

又

$$(\boldsymbol{A}^*)^*=|\boldsymbol{A}^*|(\boldsymbol{A}^*)^{-1}=||\boldsymbol{A}|\boldsymbol{A}^{-1}|(|\boldsymbol{A}|\boldsymbol{A}^{-1})^{-1}=|\boldsymbol{A}|^{n-2}\boldsymbol{A}=(2a)^{n-2}\boldsymbol{A},$$

于是

$$(\boldsymbol{A}^*)^*\boldsymbol{p}=(2a)^{n-2}\boldsymbol{Ap}=2^{n-2}a^{n-1}\boldsymbol{p},$$

所以

$$[(\boldsymbol{A}^*)^*+2\boldsymbol{A}^*-4\boldsymbol{E}]\boldsymbol{p}=(2^{n-2}a^{n-1}+2\times 2-4)\boldsymbol{p}=2^{n-2}a^{n-1}\boldsymbol{p},$$

即矩阵 $(\boldsymbol{A}^*)^*+2\boldsymbol{A}^*-4\boldsymbol{E}$ 的一个特征值为 $2^{n-2}a^{n-1}$，对应的特征向量为 $\boldsymbol{p}$.

五、(10 分) 因为

$$|\lambda\boldsymbol{E}-\boldsymbol{A}|=\begin{vmatrix} \lambda-2 & -1 & 0 \\ -1 & \lambda-2 & 0 \\ -1 & -a & \lambda-b \end{vmatrix}=(\lambda-b)(\lambda-3)(\lambda-1),$$

所以 $\lambda_1=b,\lambda_2=3,\lambda_3=1$. 由矩阵 $\boldsymbol{A}$ 仅有两个不同的特征值，可知 $b=3$ 或 $b=1$.

当 $b=3$ 时，由 $\boldsymbol{A}$ 相似于对角矩阵，知 $\text{rank}(3\boldsymbol{E}-\boldsymbol{A})=1$，从而由

$$3E-A=\begin{bmatrix}1&-1&0\\-1&1&0\\-1&-a&0\end{bmatrix},$$

有 $a=-1$,故 $\lambda_1=\lambda_2=3$ 对应的特征向量为 $\boldsymbol{\xi}_1=(1,1,0)^{\mathrm T},\boldsymbol{\xi}_2=(0,0,1)^{\mathrm T}$;由

$$E-A=\begin{bmatrix}-1&-1&0\\-1&-1&0\\-1&1&-2\end{bmatrix}\to\begin{bmatrix}1&0&1\\0&1&-1\\0&0&0\end{bmatrix},$$

知 $\lambda_3=1$ 对应的特征向量为 $\boldsymbol{\xi}_3=(-1,1,1)^{\mathrm T}$. 令

$$P=[\boldsymbol{\xi}_1\quad\boldsymbol{\xi}_2\quad\boldsymbol{\xi}_3]=\begin{bmatrix}1&0&-1\\1&0&1\\0&1&1\end{bmatrix},$$

则 $P^{-1}AP=\mathrm{diag}(3,3,1)$.

当 $b=1$ 时,由 A 相似于对角矩阵,知 $\mathrm{rank}(E-A)=1$,从而由

$$E-A=\begin{bmatrix}-1&-1&0\\-1&-1&0\\-1&-a&0\end{bmatrix},$$

有 $a=1$,故 $\lambda_1=\lambda_3=1$ 对应的特征向量为 $\boldsymbol{\xi}_1=(1,-1,0)^{\mathrm T},\boldsymbol{\xi}_2=(0,0,1)^{\mathrm T}$;由

$$3E-A=\begin{bmatrix}1&-1&0\\-1&1&0\\-1&1&2\end{bmatrix}\to\begin{bmatrix}1&-1&0\\0&0&1\\0&0&0\end{bmatrix},$$

知 $\lambda_2=3$ 对应的特征向量为 $\boldsymbol{\xi}_3=(1,1,0)^{\mathrm T}$. 令

$$P=[\boldsymbol{\xi}_1\quad\boldsymbol{\xi}_2\quad\boldsymbol{\xi}_3]=\begin{bmatrix}1&0&1\\-1&0&1\\0&1&0\end{bmatrix},$$

则 $P^{-1}AP=\mathrm{diag}(1,1,3)$.

六、(10 分) 因为 A 与 B 相似,所以存在可逆矩阵 P,使得 $P^{-1}AP=B$,从而

$$|B|=|P^{-1}AP|=|P^{-1}||A||P|=|A|,$$

由 A 为 n 阶可逆矩阵,知 $|A|\neq0$,因此 $|B|\neq0$. 又

$$B^{-1}=(P^{-1}AP)^{-1}=P^{-1}A^{-1}P,$$

从而

$$|B|B^{-1}=|A|P^{-1}A^{-1}P=P^{-1}|A|A^{-1}P,$$

故 $P^{-1}A^{*}P=B^{*}$,即矩阵 A^{*} 与 B^{*} 相似.

七、(12 分) (1) 因为方程组有无穷多解,所以系数行列式 $(a-1)^2=0$,得 $a=1$,因此,A 的属于特征值 $\lambda_1=1,\lambda_2=-2,\lambda_3=-1$ 的特征向量分别为

$$\boldsymbol{\alpha}_1=(1,1,0)^{\mathrm T},\quad\boldsymbol{\alpha}_2=(-1,1,0)^{\mathrm T},\quad\boldsymbol{\alpha}_3=(0,0,1)^{\mathrm T}.$$

令 $P=[\boldsymbol{\alpha}_1\quad\boldsymbol{\alpha}_2\quad\boldsymbol{\alpha}_3]$,则

$$A=P\Lambda P^{-1}=\begin{bmatrix}1&-1&0\\1&1&0\\0&0&1\end{bmatrix}\begin{bmatrix}1&&\\&-2&\\&&-1\end{bmatrix}\begin{bmatrix}1&-1&0\\1&1&0\\0&0&1\end{bmatrix}^{-1}=\begin{bmatrix}-\frac{1}{2}&\frac{3}{2}&0\\\frac{3}{2}&-\frac{1}{2}&0\\0&0&-1\end{bmatrix}.$$

(2) 因为 $\boldsymbol{A}$ 的特征值为 $\lambda_1=1,\lambda_2=-2,\lambda_3=-1$，所以 $|\boldsymbol{A}|=2$，从而 $\boldsymbol{A}^*$ 的特征值为 $2,-1,-2$，于是 $\boldsymbol{A}^*+2\boldsymbol{E}$ 的特征值为 $4,1,0$，故 $|\boldsymbol{A}^*+2\boldsymbol{E}|=0$.

八、(12 分) (1) 设有一组数 $k_1,k_2,\cdots,k_n$，使得

$$k_1\boldsymbol{\alpha}_1+k_2\boldsymbol{\alpha}_2+\cdots+k_n\boldsymbol{\alpha}_n=\boldsymbol{0},$$

两边左乘 $\boldsymbol{A}$，且利用题设条件，得

$$k_1\boldsymbol{\alpha}_2+k_2\boldsymbol{\alpha}_3+\cdots+k_{n-1}\boldsymbol{\alpha}_n=\boldsymbol{0},$$

继续同样的方法，得

$$k_1\boldsymbol{\alpha}_3+k_2\boldsymbol{\alpha}_4+\cdots+k_{n-2}\boldsymbol{\alpha}_n=\boldsymbol{0},$$

$$\vdots$$

$$k_1\boldsymbol{\alpha}_{n-1}+k_2\boldsymbol{\alpha}_n=\boldsymbol{0},$$

再左乘 $\boldsymbol{A}$，得

$$k_1\boldsymbol{\alpha}_n=\boldsymbol{0},$$

由 $\boldsymbol{\alpha}_n\neq\boldsymbol{0}$，知 $k_1=0$，从而 $k_2=0,\cdots,k_n=0$. 即 $\boldsymbol{\alpha}_1,\boldsymbol{\alpha}_2,\cdots,\boldsymbol{\alpha}_n$ 线性无关.

(2) 由题设条件得

$$\boldsymbol{A}[\boldsymbol{\alpha}_1\quad\boldsymbol{\alpha}_2\quad\cdots\quad\boldsymbol{\alpha}_n]=[\boldsymbol{\alpha}_1\quad\boldsymbol{\alpha}_2\quad\cdots\quad\boldsymbol{\alpha}_n]\begin{bmatrix}0&0&\cdots&0&0\\1&0&\cdots&0&0\\0&1&\cdots&0&0\\\vdots&\vdots&&\vdots&\vdots\\0&0&\cdots&1&0\end{bmatrix},$$

记上式最后一个矩阵为 $\boldsymbol{B}$，$\boldsymbol{P}=[\boldsymbol{\alpha}_1\quad\boldsymbol{\alpha}_2\quad\cdots\quad\boldsymbol{\alpha}_n]$，则由 $\boldsymbol{\alpha}_1,\boldsymbol{\alpha}_2,\cdots,\boldsymbol{\alpha}_n$ 线性无关，知 $\boldsymbol{P}$ 可逆，从而 $\boldsymbol{A}=\boldsymbol{PBP}^{-1}$，故

$$|\lambda\boldsymbol{E}-\boldsymbol{A}|=|\lambda\boldsymbol{E}-\boldsymbol{B}|=\lambda^n,$$

于是 $\boldsymbol{A}$ 的特征值为 $\lambda_1=\lambda_2=\cdots=\lambda_n=0$. 因为 $\operatorname{rank}\boldsymbol{A}=\operatorname{rank}\boldsymbol{B}=n-1$，且 $\boldsymbol{A}\boldsymbol{\alpha}_n=\boldsymbol{0}$，所以 $\boldsymbol{A}$ 对应的特征向量为 $k\boldsymbol{\alpha}_n$，其中 k 为任意非零数.

第 6 章

一、填空题(每小题 3 分，共 18 分)

1. $\begin{bmatrix}a_1^2&a_1a_2&a_1a_3\\a_1a_2&a_2^2&a_2a_3\\a_1a_3&a_2a_3&a_3^2\end{bmatrix}$；2. 12；3. 2；4. $\boldsymbol{E}$；5. -3；6. $a_1a_2\cdots a_n\neq(-1)^n$.

二、单选题(每小题 3 分，共 18 分)

1. D；2. A；3. C；4. B；5. B；6. C.

三、(10 分) 因为

$$\begin{aligned}f(x_1,x_2,x_3)&=(x_1^2+x_2^2+x_3^2-2x_1x_2+2x_1x_3-2x_2x_3)+\\&\quad(x_2^2+x_3^2+2x_2x_3)+(x_1^2+t^2x_3^2+2tx_1x_3)\\&=2x_1^2+2x_2^2+(t^2+2)x_3^2-2x_1x_2+2(t+1)x_1x_3,\end{aligned}$$

所以二次型的矩阵为

$$A=\begin{bmatrix}2 & -1 & t+1\\ -1 & 2 & 0\\ t+1 & 0 & t^2+2\end{bmatrix},$$

从而

$$A=\begin{bmatrix}2 & -1 & t+1\\ -1 & 2 & 0\\ t+1 & 0 & t^2+2\end{bmatrix}\to\begin{bmatrix}-1 & 2 & 0\\ 0 & 3 & t+1\\ 0 & 2(t+1) & t^2+2\end{bmatrix},$$

由条件知 rank $A=2$，于是

$$\frac{3}{2(t+1)}=\frac{t+1}{t^2+2},\quad \text{即 } t^2-4t+4=0,$$

解得 $t=2$.

由于

$$|\lambda E-A|=\lambda(\lambda^2-10\lambda+18)=0,$$

所以 A 的全部特征值 $\lambda_1=5+\sqrt{7}$，$\lambda_2=5-\sqrt{7}$，$\lambda_3=0$，因此二次型的规范形为 $f=y_1^2+y_2^2$.

四、(10 分) 二次型 $f(x_1,x_2,x_3)=3x_1^2+3x_2^2+5x_3^2+4x_1x_3+4x_2x_3$ 的矩阵为

$$A=\begin{bmatrix}3 & 0 & 2\\ 0 & 3 & 2\\ 2 & 2 & 5\end{bmatrix},$$

从而由

$$|\lambda E-A|=\begin{vmatrix}\lambda-3 & 0 & -2\\ 0 & \lambda-3 & -2\\ -2 & -2 & \lambda-5\end{vmatrix}=(\lambda-1)(\lambda-3)(\lambda-7),$$

得到 A 的特征值 $\lambda_1=1$，$\lambda_2=3$，$\lambda_3=7$. 对于 $\lambda_1=1$，由

$$A-E=\begin{bmatrix}2 & 0 & 2\\ 0 & 2 & 2\\ 2 & 2 & 4\end{bmatrix}\to\begin{bmatrix}1 & 0 & 1\\ 0 & 1 & 1\\ 0 & 0 & 0\end{bmatrix},$$

得到对应的特征向量 $\boldsymbol{\xi}_1=(1,1,-1)^{\mathrm{T}}$；对于 $\lambda_2=3$，由

$$A-3E=\begin{bmatrix}0 & 0 & 2\\ 0 & 0 & 2\\ 2 & 2 & 2\end{bmatrix}\to\begin{bmatrix}1 & 1 & 0\\ 0 & 0 & 1\\ 0 & 0 & 0\end{bmatrix},$$

得到对应的特征向量 $\boldsymbol{\xi}_2=(1,-1,0)^{\mathrm{T}}$；对于 $\lambda_3=7$，由

$$A-7E=\begin{bmatrix}-4 & 0 & 2\\ 0 & -4 & 2\\ 2 & 2 & -2\end{bmatrix}\to\begin{bmatrix}2 & 0 & -1\\ 0 & 2 & -1\\ 0 & 0 & 0\end{bmatrix},$$

对应的特征向量为 $\boldsymbol{\xi}_3=(1,1,2)^{\mathrm{T}}$. 令

$$Q=\left[\frac{\boldsymbol{\xi}_1}{\|\boldsymbol{\xi}_1\|}\quad\frac{\boldsymbol{\xi}_2}{\|\boldsymbol{\xi}_2\|}\quad\frac{\boldsymbol{\xi}_3}{\|\boldsymbol{\xi}_3\|}\right]=\begin{bmatrix}\frac{1}{\sqrt{3}} & \frac{1}{\sqrt{2}} & \frac{1}{\sqrt{6}}\\ \frac{1}{\sqrt{3}} & -\frac{1}{\sqrt{2}} & \frac{1}{\sqrt{6}}\\ -\frac{1}{\sqrt{3}} & 0 & \frac{2}{\sqrt{6}}\end{bmatrix},$$

则正交变换 $\boldsymbol{x}=\boldsymbol{Q}\boldsymbol{y}$,将二次型化为 $f=y_1^2+3y_2^2+7y_3^2$.

五、(10 分) 由题意知 $\boldsymbol{\beta}_0=(1,1,1)^{\mathrm{T}}$ 是矩阵 $\boldsymbol{A}$ 的对应于特征值 3 的特征向量,记 $\boldsymbol{B}=[\boldsymbol{\beta}_1\quad\boldsymbol{\beta}_2\quad\boldsymbol{\beta}_3]$,则 $\boldsymbol{A}\boldsymbol{\beta}_i=\boldsymbol{0}(i=1,2,3)$,且 $\boldsymbol{\beta}_1,\boldsymbol{\beta}_2$ 线性无关,从而 $\boldsymbol{\beta}_1,\boldsymbol{\beta}_2$ 是 $\boldsymbol{A}$ 的对应于特征值 0 的线性无关的特征向量,将 $\boldsymbol{\beta}_1,\boldsymbol{\beta}_2$ 正交化,再将 $\boldsymbol{\beta}_0$ 单位化,得

$$\boldsymbol{q}_1=\frac{1}{\sqrt{3}}(1,1,1)^{\mathrm{T}},\quad \boldsymbol{q}_2=\frac{1}{\sqrt{2}}(1,-1,0)^{\mathrm{T}},\quad \boldsymbol{q}_3=\frac{1}{\sqrt{6}}(1,1,-2)^{\mathrm{T}},$$

令 $\boldsymbol{Q}=[\boldsymbol{q}_1\quad\boldsymbol{q}_2\quad\boldsymbol{q}_3]$,作正交变换 $\boldsymbol{x}=\boldsymbol{Q}\boldsymbol{y}$,将二次型化为标准形 $f=3y_1^2$.

六、(10 分) 必要性. 取 $\boldsymbol{B}=\boldsymbol{A}^{-1}$,则由 $\boldsymbol{A}$ 是对称矩阵可知

$$\boldsymbol{AB}+\boldsymbol{B}^{\mathrm{T}}\boldsymbol{A}=\boldsymbol{E}+(\boldsymbol{A}^{-1})^{\mathrm{T}}\boldsymbol{A}=2\boldsymbol{E},$$

当然 $\boldsymbol{AB}+\boldsymbol{B}^{\mathrm{T}}\boldsymbol{A}$ 是正定矩阵.

充分性. 假若 $\boldsymbol{A}$ 不是可逆矩阵,则存在 $\boldsymbol{x}_0\neq\boldsymbol{0}$,使得 $\boldsymbol{A}\boldsymbol{x}_0=\boldsymbol{0}$. 从而由 $\boldsymbol{A}$ 是实对称矩阵、$\boldsymbol{B}$ 是实矩阵,可知

$$\boldsymbol{x}_0^{\mathrm{T}}(\boldsymbol{AB}+\boldsymbol{B}^{\mathrm{T}}\boldsymbol{A})\boldsymbol{x}_0=(\boldsymbol{A}\boldsymbol{x}_0)^{\mathrm{T}}\boldsymbol{B}\boldsymbol{x}_0+\boldsymbol{x}_0^{\mathrm{T}}\boldsymbol{B}^{\mathrm{T}}(\boldsymbol{A}\boldsymbol{x}_0)=0,$$

这与 $\boldsymbol{AB}+\boldsymbol{B}^{\mathrm{T}}\boldsymbol{A}$ 是正定矩阵矛盾,故 $\boldsymbol{A}$ 可逆.

七、(12 分) 二次型 $f(x_1,x_2,x_3)$ 和 $g(y_1,y_2,y_3)$ 对应的矩阵分别为

$$\boldsymbol{A}=\begin{bmatrix}1 & a & a\\ a & 1 & a\\ a & a & 1\end{bmatrix},\quad \boldsymbol{B}=\begin{bmatrix}1 & 1 & 0\\ 1 & 1 & 0\\ 0 & 0 & 4\end{bmatrix}.$$

显然 $\operatorname{rank}\boldsymbol{B}=2$,故 $\operatorname{rank}\boldsymbol{A}=2$,从而

$$|\boldsymbol{A}|=\begin{vmatrix}1 & a & a\\ a & 1 & a\\ a & a & 1\end{vmatrix}=(2a+1)(a-1)^2=0,$$

解得 $a=-\dfrac{1}{2}$ 或 $a=1$,当 $a=1$ 时,$\operatorname{rank}\boldsymbol{A}=1$,因此 $a=-\dfrac{1}{2}$.

方法 1 用配方法求可逆矩阵 $\boldsymbol{P}$. 配方得

$$f(x_1,x_2,x_3)=\left(x_1-\frac{1}{2}x_2-\frac{1}{2}x_3\right)^2+\frac{3}{4}(x_2-x_3)^2,$$

令 $z_1=x_1-\dfrac{1}{2}x_2-\dfrac{1}{2}x_3,z_2=\dfrac{\sqrt{3}}{2}x_2-\dfrac{\sqrt{3}}{2}x_3,z_3=x_3$,记

$$\boldsymbol{P}_1=\begin{bmatrix}1 & -\frac{1}{2} & -\frac{1}{2}\\ 0 & \frac{\sqrt{3}}{2} & -\frac{\sqrt{3}}{2}\\ 0 & 0 & 1\end{bmatrix},$$

则 $\boldsymbol{z}=\boldsymbol{P}_1\boldsymbol{x}$，且

$$f(x_1,x_2,x_3)=z_1^2+z_2^2.$$

经配方，又得

$$g(y_1,y_2,y_3)=(y_1+y_2)^2+4y_3^2,$$

令 $z_1=y_1+y_2,z_2=2y_3,z_3=y_2$，记

$$\boldsymbol{P}_2=\begin{bmatrix}1&1&0\\0&0&2\\0&1&0\end{bmatrix},$$

则 $\boldsymbol{z}=\boldsymbol{P}_2\boldsymbol{y}$，且

$$g(y_1,y_2,y_3)=z_1^2+z_2^2.$$

故 $\boldsymbol{P}_1\boldsymbol{x}=\boldsymbol{P}_2\boldsymbol{y}$，从而 $\boldsymbol{x}=\boldsymbol{P}_1^{-1}\boldsymbol{P}_2\boldsymbol{y}$，所以

$$\boldsymbol{P}=\boldsymbol{P}_1^{-1}\boldsymbol{P}_2=\begin{bmatrix}1&-\frac{1}{2}&-\frac{1}{2}\\0&\frac{\sqrt{3}}{2}&-\frac{\sqrt{3}}{2}\\0&0&1\end{bmatrix}^{-1}\begin{bmatrix}1&1&0\\0&0&2\\0&1&0\end{bmatrix}=\begin{bmatrix}1&2&\frac{2}{\sqrt{3}}\\0&1&\frac{4}{\sqrt{3}}\\0&1&0\end{bmatrix}.$$

方法 2　用合同初等变换法求可逆矩阵 $\boldsymbol{P}$. 做合同初等变换

$$\begin{bmatrix}\boldsymbol{A}\\\boldsymbol{E}\end{bmatrix}=\begin{bmatrix}1&-\frac{1}{2}&-\frac{1}{2}\\-\frac{1}{2}&1&-\frac{1}{2}\\-\frac{1}{2}&-\frac{1}{2}&1\\1&0&0\\0&1&0\\0&0&1\end{bmatrix}\xrightarrow[\substack{c_2+\frac{3}{2}c_1\\c_3+\frac{1}{2}c_1}]{\substack{r_2+\frac{3}{2}r_1\\r_3+\frac{1}{2}r_1}}\begin{bmatrix}1&1&0\\1&\frac{7}{4}&-\frac{3}{4}\\0&-\frac{3}{4}&\frac{3}{4}\\1&\frac{3}{2}&\frac{1}{2}\\0&1&0\\0&0&1\end{bmatrix}$$

$$\xrightarrow[c_2+c_3]{r_2+r_3}\begin{bmatrix}1&1&0\\1&1&0\\0&0&\frac{3}{4}\\1&2&\frac{1}{2}\\0&1&0\\0&1&1\end{bmatrix}\xrightarrow[\left(\frac{4}{\sqrt{3}}\right)c_3]{\left(\frac{4}{\sqrt{3}}\right)r_3}\begin{bmatrix}1&1&0\\1&1&0\\0&0&4\\1&2&\frac{2}{\sqrt{3}}\\0&1&0\\0&1&\frac{4}{\sqrt{3}}\end{bmatrix},$$

于是可逆矩阵

$$\boldsymbol{P}=\begin{bmatrix}1&2&\frac{2}{\sqrt{3}}\\0&1&0\\0&1&\frac{4}{\sqrt{3}}\end{bmatrix}.$$

八、(12 分) (1) 因为

$$|\lambda \boldsymbol{E}-\boldsymbol{A}|=\begin{vmatrix}\lambda-a & -1 & 1\\ -1 & \lambda-a & 1\\ 1 & 1 & \lambda-a\end{vmatrix}=(\lambda-a+1)^2(\lambda-a-2),$$

所以 $\boldsymbol{A}$ 的特征值 $\lambda_1=a+2,\lambda_2=\lambda_3=a-1$. 对于 $\lambda_1=a+2$,由

$$(a+2)\boldsymbol{E}-\boldsymbol{A}=\begin{bmatrix}2 & -1 & 1\\ -1 & 2 & 1\\ 1 & 1 & 2\end{bmatrix}\rightarrow\begin{bmatrix}1 & 0 & 1\\ 0 & 1 & 1\\ 0 & 0 & 0\end{bmatrix},$$

得到对应的特征向量 $\boldsymbol{\xi}_1=(1,1,-1)^{\mathrm{T}}$; 对于 $\lambda_2=\lambda_3=a-1$,由

$$(a-1)\boldsymbol{E}-\boldsymbol{A}=\begin{bmatrix}-1 & -1 & 1\\ -1 & -1 & 1\\ 1 & 1 & -1\end{bmatrix}\rightarrow\begin{bmatrix}1 & 1 & -1\\ 0 & 0 & 0\\ 0 & 0 & 0\end{bmatrix},$$

得到对应的特征向量为 $\boldsymbol{\xi}_2=(1,-1,0)^{\mathrm{T}},\boldsymbol{\xi}_3=(1,0,1)^{\mathrm{T}}$. 正交化得

$$\boldsymbol{\eta}_2=\boldsymbol{\xi}_2=(1,-1,0)^{\mathrm{T}},$$

$$\boldsymbol{\eta}_3=\boldsymbol{\xi}_3-\frac{\langle\boldsymbol{\xi}_3,\boldsymbol{\eta}_2\rangle}{\langle\boldsymbol{\eta}_2,\boldsymbol{\eta}_2\rangle}\boldsymbol{\eta}_2=(1,0,1)^{\mathrm{T}}-\frac{1}{2}(1,-1,0)^{\mathrm{T}}=\left(\frac{1}{2},\frac{1}{2},1\right)^{\mathrm{T}}.$$

构造正交矩阵

$$\boldsymbol{Q}=\begin{bmatrix}\dfrac{\boldsymbol{\xi}_1}{\|\boldsymbol{\xi}_1\|} & \dfrac{\boldsymbol{\eta}_2}{\|\boldsymbol{\eta}_2\|} & \dfrac{\boldsymbol{\eta}_3}{\|\boldsymbol{\eta}_3\|}\end{bmatrix}=\begin{bmatrix}\dfrac{1}{\sqrt{3}} & \dfrac{1}{\sqrt{2}} & \dfrac{1}{\sqrt{6}}\\ \dfrac{1}{\sqrt{3}} & -\dfrac{1}{\sqrt{2}} & \dfrac{1}{\sqrt{6}}\\ -\dfrac{1}{\sqrt{3}} & 0 & \dfrac{2}{\sqrt{6}}\end{bmatrix},$$

则有

$$\boldsymbol{Q}^{\mathrm{T}}\boldsymbol{A}\boldsymbol{Q}=\begin{bmatrix}a+2 & & \\ & a-1 & \\ & & a-1\end{bmatrix}.$$

(2) 由(1)有

$$(a+3)\boldsymbol{E}-\boldsymbol{A}=\boldsymbol{Q}\begin{bmatrix}1 & & \\ & 4 & \\ & & 4\end{bmatrix}\boldsymbol{Q}^{\mathrm{T}}=\boldsymbol{Q}\begin{bmatrix}1 & & \\ & 2 & \\ & & 2\end{bmatrix}\boldsymbol{Q}^{\mathrm{T}}\boldsymbol{Q}\begin{bmatrix}1 & & \\ & 2 & \\ & & 2\end{bmatrix}\boldsymbol{Q}^{\mathrm{T}},$$

令

$$\boldsymbol{C}=\boldsymbol{Q}\begin{bmatrix}1 & & \\ & 2 & \\ & & 2\end{bmatrix}\boldsymbol{Q}^{\mathrm{T}}=\begin{bmatrix}\dfrac{5}{3} & -\dfrac{1}{3} & \dfrac{1}{3}\\ -\dfrac{1}{3} & \dfrac{5}{3} & \dfrac{1}{3}\\ \dfrac{1}{3} & \dfrac{1}{3} & \dfrac{5}{3}\end{bmatrix},$$

则 $\boldsymbol{C}$ 是正定矩阵,且 $\boldsymbol{C}^2=(a+3)\boldsymbol{E}-\boldsymbol{A}$.

期末考试参考解答

期末考试题(一)

一、填空题(每小题 3 分,共 18 分)

1. $\mathbf{0}$; 2. $\begin{bmatrix}0 & 8 & -4\\0 & -20 & 12\\2 & 0 & 0\end{bmatrix}$; 3. 40; 4. $(1,0,0)^{\mathrm{T}}$; 5. $<\frac{1}{n}$; 6. $\frac{1}{2}n(n-1)$.

二、单选题(每小题 3 分,共 18 分)

1. A; 2. D; 3. B; 4. C; 5. B; 6. C.

三、(10 分)

$$|\boldsymbol{A}| \xlongequal[i=1,2,\cdots,n-1]{r_i-r_{i+1}} \begin{vmatrix}1-x & 1 & 1 & \cdots & 1 & 1\\0 & 1-x & 1 & \cdots & 1 & 1\\0 & 0 & 1-x & \cdots & 1 & 1\\\vdots & \vdots & \vdots & & \vdots & \vdots\\0 & 0 & 0 & \cdots & 1-x & 1\\x & x & x & \cdots & x & 1\end{vmatrix}$$

$$\xlongequal[i=n,n-1,\cdots,3,2]{c_i-c_{i-1}} \begin{vmatrix}1-x & x & 0 & \cdots & 0 & 0\\0 & 1-x & x & \cdots & 0 & 0\\0 & 0 & 1-x & \cdots & 0 & 0\\\vdots & \vdots & \vdots & & \vdots & \vdots\\0 & 0 & 0 & \cdots & 1-x & x\\x & 0 & 0 & \cdots & 0 & 1-x\end{vmatrix}$$

$$=(1-x)\begin{vmatrix}1-x & x & 0 & \cdots & 0\\0 & 1-x & x & \cdots & 0\\0 & 0 & 1-x & \cdots & 0\\\vdots & \vdots & \vdots & & \vdots\\0 & 0 & 0 & \cdots & 1-x\end{vmatrix}+$$

$$(-1)^{n+1}x\begin{vmatrix}x & 0 & 0 & \cdots & 0\\1-x & x & 0 & \cdots & 0\\0 & 1-x & x & \cdots & 0\\\vdots & \vdots & \vdots & & \vdots\\0 & 0 & 0 & \cdots & x\end{vmatrix}$$

$$=(1-x)^n+(-1)^{n+1}x^n.$$

四、(10 分)　由$A^*X=A^{-1}+2X$ 得$AA^*X=E+2AX$,从而

$$(|A|E-2A)X=E,\quad 即\quad X=(|A|E-2A)^{-1}.$$

而$|A|=4$,故

$$X=(|A|E-2A)^{-1}=\frac{1}{2}\begin{bmatrix}1&-1&1\\1&1&-1\\-1&1&1\end{bmatrix}^{-1}=\frac{1}{4}\begin{bmatrix}1&1&0\\0&1&1\\1&0&1\end{bmatrix}.$$

五、(10 分)　因为 $k_1\boldsymbol{\alpha}_1+k_2\boldsymbol{\alpha}_2+k_3\boldsymbol{\alpha}_3$ 是方程组(Ⅰ)的通解,$l_1\boldsymbol{\beta}_1+l_2\boldsymbol{\beta}_2$ 是方程组(Ⅱ)的通解,所以求方程组(Ⅰ)和(Ⅱ)的公共解即是令

$$k_1\boldsymbol{\alpha}_1+k_2\boldsymbol{\alpha}_2+k_3\boldsymbol{\alpha}_3=l_1\boldsymbol{\beta}_1+l_2\boldsymbol{\beta}_2,$$

得

$$\begin{cases}k_1+3k_2+2k_3-l_1-l_2=0,\\2k_1-k_2+3k_3-4l_1+3l_2=0,\\5k_1+k_2+4k_3-7l_1+4l_2=0,\\7k_1+7k_2+20k_3-l_1-2l_2=0,\end{cases}$$

对该方程组的系数矩阵做初等行变换化为最简阶梯矩阵:

$$[\boldsymbol{\alpha}_1\quad\boldsymbol{\alpha}_2\quad\boldsymbol{\alpha}_3\quad-\boldsymbol{\beta}_1\quad-\boldsymbol{\beta}_2]=\begin{bmatrix}1&3&2&-1&-1\\2&-1&3&-4&3\\5&1&4&-7&4\\7&7&20&-1&-2\end{bmatrix}\to\begin{bmatrix}1&0&0&0&\frac{3}{14}\\0&1&0&0&-\frac{4}{7}\\0&0&1&0&0\\0&0&0&1&-\frac{1}{2}\end{bmatrix},$$

得到通解

$$k_1=-\frac{3}{14}t,\quad k_2=\frac{4}{7}t,\quad k_3=0,\quad l_1=\frac{1}{2}t,\quad l_2=t,\quad t\ 为任意数.$$

于是方程组(Ⅰ)和(Ⅱ)的公共解为

$$\frac{1}{2}t\boldsymbol{\beta}_1+t\boldsymbol{\beta}_2=\frac{t}{2}(3,-2,-1,5)^{\mathrm{T}},\quad t\ 为任意数.$$

六、(10 分)　因$\lambda_1\neq\lambda_2$,故 $\boldsymbol{p}_1,\boldsymbol{p}_2$ 线性无关.假若 $\boldsymbol{p}_1+\boldsymbol{p}_2$ 是 A 的对应于特征值λ 的特征向量,则

$$A(\boldsymbol{p}_1+\boldsymbol{p}_2)=\lambda(\boldsymbol{p}_1+\boldsymbol{p}_2).$$

而 $A\boldsymbol{p}_1=\lambda_1\boldsymbol{p}_1,A\boldsymbol{p}_2=\lambda_2\boldsymbol{p}_2$,故

$$A(\boldsymbol{p}_1+\boldsymbol{p}_2)=\lambda_1\boldsymbol{p}_1+\lambda_2\boldsymbol{p}_2,$$

于是 $\lambda_1\boldsymbol{p}_1+\lambda_2\boldsymbol{p}_2=\lambda\boldsymbol{p}_1+\lambda\boldsymbol{p}_2$,即

$$(\lambda-\lambda_1)\boldsymbol{p}_1+(\lambda-\lambda_2)\boldsymbol{p}_2=\mathbf{0}.$$

由 $\boldsymbol{p}_1,\boldsymbol{p}_2$ 线性无关知$\lambda-\lambda_1=\lambda-\lambda_2=0$,即 $\lambda_1=\lambda_2$,矛盾.这说明 $\lambda_1\neq\lambda_2$ 时 $\boldsymbol{p}_1+\boldsymbol{p}_2$ 不是 A 的征向量.

七、(12 分)　做初等行变换,得

$$[\boldsymbol{\alpha}_1\quad\boldsymbol{\alpha}_2\quad\boldsymbol{\alpha}_3\quad\boldsymbol{\beta}_1\quad\boldsymbol{\beta}_2\quad\boldsymbol{\beta}_3]=\begin{bmatrix}1&1&1&1&2&1\\0&1&-1&0&1&2\\2&3&a&a+1&2a&-2\end{bmatrix}$$

$$\rightarrow\begin{bmatrix}1&0&2&1&1&-1\\0&1&-1&0&1&2\\0&0&a-1&a-1&2a-5&-6\end{bmatrix}.$$

(1) 当 $a\neq1$ 时，$\text{rank}[\boldsymbol{\alpha}_1\quad\boldsymbol{\alpha}_2\quad\boldsymbol{\alpha}_3]=\text{rank}[\boldsymbol{\alpha}_1\quad\boldsymbol{\alpha}_2\quad\boldsymbol{\alpha}_3\quad\boldsymbol{\beta}_1\quad\boldsymbol{\beta}_2\quad\boldsymbol{\beta}_3]=3$，所以，向量组 $\boldsymbol{\beta}_1,\boldsymbol{\beta}_2,\boldsymbol{\beta}_3$ 可由向量组 $\boldsymbol{\alpha}_1,\boldsymbol{\alpha}_2,\boldsymbol{\alpha}_3$ 线性表示.

由 $a\neq1$ 即知

$$\begin{vmatrix}1&1&-1\\0&1&2\\a-1&2a-5&-6\end{vmatrix}=-a+1\neq0,$$

故 $\text{rank}[\boldsymbol{\beta}_1\quad\boldsymbol{\beta}_2\quad\boldsymbol{\beta}_3]=3$，因此向量组 $\boldsymbol{\alpha}_1,\boldsymbol{\alpha}_2,\boldsymbol{\alpha}_3$ 可由向量组 $\boldsymbol{\beta}_1,\boldsymbol{\beta}_2,\boldsymbol{\beta}_3$ 线性表示. 从而向量组 $\boldsymbol{\alpha}_1,\boldsymbol{\alpha}_2,\boldsymbol{\alpha}_3$ 与向量组 $\boldsymbol{\beta}_1,\boldsymbol{\beta}_2,\boldsymbol{\beta}_3$ 等价.

(2) 当 $a=1$ 时，

$$[\boldsymbol{\alpha}_1\quad\boldsymbol{\alpha}_2\quad\boldsymbol{\alpha}_3\quad\boldsymbol{\beta}_1\quad\boldsymbol{\beta}_2\quad\boldsymbol{\beta}_3]\rightarrow\begin{bmatrix}1&0&2&1&1&-1\\0&1&-1&0&1&2\\0&0&0&0&-3&-6\end{bmatrix},$$

即 $\text{rank}[\boldsymbol{\alpha}_1\quad\boldsymbol{\alpha}_2\quad\boldsymbol{\alpha}_3]<\text{rank}[\boldsymbol{\alpha}_1\quad\boldsymbol{\alpha}_2\quad\boldsymbol{\alpha}_3\quad\boldsymbol{\beta}_2]$，故向量 $\boldsymbol{\beta}_2$ 不能由向量组 $\boldsymbol{\alpha}_1,\boldsymbol{\alpha}_2,\boldsymbol{\alpha}_3$ 线性表示.

八、(12 分)　二次型的矩阵为

$$\boldsymbol{A}=\begin{bmatrix}a&4&-2\\4&a&2\\-2&2&6\end{bmatrix},$$

而 $\boldsymbol{A}$ 的特征值为 $7,7,-2$，所以 $a+a+6=7+7-2=12$，即 $a=3$.

当 $\lambda_1=7$ 时，解方程组 $(7\boldsymbol{E}-\boldsymbol{A})\boldsymbol{x}=\boldsymbol{0}$ 得基础解系

$$\boldsymbol{\xi}_1=(1,1,0)^{\mathrm{T}},\quad\boldsymbol{\xi}_2=(-1,0,2)^{\mathrm{T}},$$

将 $\boldsymbol{\xi}_1,\boldsymbol{\xi}_2$ 正交化、单位化得

$$\boldsymbol{q}_1=\frac{1}{\sqrt{2}}(1,1,0)^{\mathrm{T}},\quad\boldsymbol{q}_2=\frac{1}{3\sqrt{2}}(-1,1,4)^{\mathrm{T}}.$$

当 $\lambda_2=-2$ 时，解方程组 $(-2\boldsymbol{E}-\boldsymbol{A})\boldsymbol{x}=\boldsymbol{0}$ 得基础解系

$$\boldsymbol{\xi}_3=(2,-2,1)^{\mathrm{T}},$$

单位化得

$$\boldsymbol{q}_3=\frac{1}{3}(2,-2,1)^{\mathrm{T}}.$$

令

$$\boldsymbol{Q}=[\boldsymbol{q}_1\quad\boldsymbol{q}_2\quad\boldsymbol{q}_3]=\begin{bmatrix}\frac{1}{\sqrt{2}}&-\frac{1}{3\sqrt{2}}&\frac{2}{3}\\\frac{1}{\sqrt{2}}&\frac{1}{3\sqrt{2}}&-\frac{2}{3}\\0&\frac{4}{3\sqrt{2}}&\frac{1}{3}\end{bmatrix},$$

则所用的正交变换为 $\boldsymbol{x}=\boldsymbol{Q}\boldsymbol{y}$.

期末考试题(二)

一、填空题(每小题 3 分,共 18 分)

1. $\sqrt{14}$; 2. 0; 3. $-2<\lambda<1$; 4. $k=1-l$,l 为任意数; 5. $(-1)^{n-1}3$; 6. $\frac{1}{a}$.

二、单选题(每小题 3 分,共 18 分)

1. D; 2. B; 3. C; 4. A; 5. C; 6. D.

三、(10 分) 用升阶法.

$$D=\begin{vmatrix}1&0&0&0&0&0\\1&1&2&\cdots&n-1&n+x_n\\1&1&2&\cdots&(n-1)+x_{n-1}&n\\\vdots&\vdots&\vdots&&\vdots&\vdots\\1&1&2+x_2&\cdots&n-1&n\\1&1+x_1&2&\cdots&n-1&n\end{vmatrix}$$

$$=\begin{vmatrix}1&-1&-2&\cdots&-(n-1)&-n\\1&0&0&\cdots&0&x_n\\1&0&0&\cdots&x_{n-1}&0\\\vdots&\vdots&\vdots&&\vdots&\vdots\\1&0&x_2&\cdots&0&0\\1&x_1&0&\cdots&0&0\end{vmatrix}$$

$$=\prod_{i=1}^{n}x_i\begin{vmatrix}1+\sum_{i=1}^{n}\frac{i}{x_i}&-\frac{1}{x_1}&-\frac{2}{x_2}&\cdots&-\frac{n-1}{x_{n-1}}&-\frac{n}{x_n}\\0&0&0&\cdots&0&1\\0&0&0&\cdots&1&0\\\vdots&\vdots&\vdots&&\vdots&\vdots\\0&0&1&\cdots&0&0\\0&1&0&\cdots&0&0\end{vmatrix}$$

$$=(-1)^{\frac{n(n-1)}{2}}\left(1+\sum_{i=1}^{n}\frac{i}{x_i}\right)\prod_{i=1}^{n}x_i.$$

四、(10 分) 由 $(\boldsymbol{A}^2-\boldsymbol{E})\boldsymbol{B}=\boldsymbol{A}+\boldsymbol{E}$ 得

$$\boldsymbol{B}=(\boldsymbol{A}^2-\boldsymbol{E})^{-1}(\boldsymbol{A}+\boldsymbol{E})=(\boldsymbol{A}-\boldsymbol{E})^{-1}=\begin{bmatrix}0&0&1\\0&1&0\\-2&0&0\end{bmatrix}^{-1}=\begin{bmatrix}0&0&-\frac{1}{2}\\0&1&0\\1&0&0\end{bmatrix}.$$

五、(10 分) 因为

$$[\boldsymbol{\alpha}_1\quad\boldsymbol{\alpha}_2\quad\boldsymbol{\alpha}_3\quad\boldsymbol{\alpha}_4\quad\boldsymbol{\alpha}_5]=\begin{bmatrix}1&1&1&4&-3\\1&-1&3&-2&-1\\2&1&3&5&-5\\3&1&5&7&-8\end{bmatrix}$$

$$\rightarrow \begin{bmatrix} 1 & 0 & 2 & 0 & -1 \\ 0 & 1 & -1 & 0 & 2 \\ 0 & 0 & 0 & 1 & -1 \\ 0 & 0 & 0 & 0 & 0 \end{bmatrix},$$

所以$\boldsymbol{\alpha}_1,\boldsymbol{\alpha}_2,\boldsymbol{\alpha}_3,\boldsymbol{\alpha}_4,\boldsymbol{\alpha}_5$线性相关，$\boldsymbol{\alpha}_1,\boldsymbol{\alpha}_2,\boldsymbol{\alpha}_4$为其一个极大无关组，且

$$\boldsymbol{\alpha}_3=2\boldsymbol{\alpha}_1-\boldsymbol{\alpha}_2,\quad \boldsymbol{\alpha}_5=-\boldsymbol{\alpha}_1+2\boldsymbol{\alpha}_2-\boldsymbol{\alpha}_4.$$

六、(10 分) $\widetilde{\boldsymbol{A}}=\begin{bmatrix} 1 & -3 & -1 & 0 \\ 1 & -4 & a & b \\ 2 & -1 & 3 & 5 \end{bmatrix}\rightarrow\begin{bmatrix} 1 & -3 & -1 & 0 \\ 0 & 1 & 1 & 1 \\ 0 & 0 & a+2 & b+1 \end{bmatrix}.$

当$a\neq-2$时，方程组有唯一解；

当$a=-2,b\neq-1$时，方程组无解；

当$a=-2,b=-1$时，$\operatorname{rank}\boldsymbol{A}=\operatorname{rank}\widetilde{\boldsymbol{A}}=2<3$，方程组有无穷多解，其通解为

$$\boldsymbol{\alpha}=(3,1,0)^{\mathrm{T}}+k(-2,-1,1)^{\mathrm{T}},\quad k\text{ 为任意数}.$$

七、(12 分) 二次型f的矩阵为$\boldsymbol{A}=\begin{bmatrix} 0 & 1 & 1 \\ 1 & 0 & 1 \\ 1 & 1 & 0 \end{bmatrix}$，其特征值为$\lambda_1=\lambda_2=-1,\lambda_3=2$，对应的线性无关的特征向量为

$$\boldsymbol{p}_1=(-1,1,0)^{\mathrm{T}},\quad \boldsymbol{p}_2=(-1,0,1)^{\mathrm{T}},\quad \boldsymbol{p}_3=(1,1,1)^{\mathrm{T}};$$

将它们正交化、单位化得

$$\boldsymbol{q}_1=\frac{1}{\sqrt{2}}(-1,1,0)^{\mathrm{T}},\quad \boldsymbol{q}_2=\frac{1}{\sqrt{6}}(-1,-1,2)^{\mathrm{T}},\quad \boldsymbol{q}_3=\frac{1}{\sqrt{3}}(1,1,1)^{\mathrm{T}},$$

于是正交变换$\boldsymbol{x}=\boldsymbol{Q}\boldsymbol{y}$，即

$$\begin{cases} x_1=-\dfrac{1}{\sqrt{2}}y_1-\dfrac{1}{\sqrt{6}}y_2+\dfrac{1}{\sqrt{3}}y_3, \\ x_2=\dfrac{1}{\sqrt{2}}y_1-\dfrac{1}{\sqrt{6}}y_2+\dfrac{1}{\sqrt{3}}y_3, \\ x_3=\dfrac{2}{\sqrt{6}}y_2+\dfrac{1}{\sqrt{3}}y_3, \end{cases}$$

化二次型为标准形$f=-y_1^2-y_2^2+2y_3^2$.

八、(12 分) (1) 若$\boldsymbol{A}\boldsymbol{\xi}=\boldsymbol{0}$，则$\boldsymbol{A}^{\mathrm{T}}\boldsymbol{A}\boldsymbol{\xi}=\boldsymbol{0}$. 反之，若$\boldsymbol{A}^{\mathrm{T}}\boldsymbol{A}\boldsymbol{\xi}=\boldsymbol{0}$，$\boldsymbol{\xi}$为实向量，则

$$\|\boldsymbol{A}\boldsymbol{\xi}\|^2=(\boldsymbol{A}\boldsymbol{\xi})^{\mathrm{T}}\boldsymbol{A}\boldsymbol{\xi}=\boldsymbol{\xi}^{\mathrm{T}}(\boldsymbol{A}^{\mathrm{T}}\boldsymbol{A}\boldsymbol{\xi})=\boldsymbol{0},$$

得$\boldsymbol{A}\boldsymbol{\xi}=\boldsymbol{0}$. 因此齐次方程组$\boldsymbol{A}\boldsymbol{x}=\boldsymbol{0}$与$\boldsymbol{A}^{\mathrm{T}}\boldsymbol{A}\boldsymbol{x}=\boldsymbol{0}$同解，故$\operatorname{rank}\boldsymbol{A}=\operatorname{rank}(\boldsymbol{A}^{\mathrm{T}}\boldsymbol{A})$.

(2) 因为

$$\begin{aligned}\operatorname{rank}(\boldsymbol{A}^{\mathrm{T}}\boldsymbol{A}) &\leqslant \operatorname{rank}[\boldsymbol{A}^{\mathrm{T}}\boldsymbol{A}\quad \boldsymbol{A}^{\mathrm{T}}\boldsymbol{\beta}]=\operatorname{rank}(\boldsymbol{A}^{\mathrm{T}}[\boldsymbol{A}\quad \boldsymbol{\beta}]) \\ &\leqslant \operatorname{rank}(\boldsymbol{A}^{\mathrm{T}})=\operatorname{rank}\boldsymbol{A}=\operatorname{rank}(\boldsymbol{A}^{\mathrm{T}}\boldsymbol{A}),\end{aligned}$$

所以$\operatorname{rank}[\boldsymbol{A}^{\mathrm{T}}\boldsymbol{A}\quad \boldsymbol{A}^{\mathrm{T}}\boldsymbol{\beta}]=\operatorname{rank}(\boldsymbol{A}^{\mathrm{T}}\boldsymbol{A})$，故方程组$\boldsymbol{A}^{\mathrm{T}}\boldsymbol{A}\boldsymbol{x}=\boldsymbol{A}^{\mathrm{T}}\boldsymbol{\beta}$有解.

期末考试题(三)

一、填空题(每小题 3 分,共 18 分)

1. -14;　2. $\begin{bmatrix} \boldsymbol{B}^{-1} & -\boldsymbol{B}^{-1}\boldsymbol{C}\boldsymbol{D}^{-1} \\ \boldsymbol{0} & \boldsymbol{D}^{-1} \end{bmatrix}$;　3. $\begin{bmatrix} 2^n & n2^{n-1} & 0 & 0 \\ 0 & 2^n & 0 & 0 \\ 0 & 0 & -3^{n-1} & 2\cdot 3^{n-1} \\ 0 & 0 & -2\cdot 3^{n-1} & 4\cdot 3^{n-1} \end{bmatrix}$;

4. 2;　5. 2;　6. 3.

二、单选题(每小题 3 分,共 18 分)

1. B;　2. A;　3. A;　4. D;　5. C;　6. B.

三、(10 分)　方法 1　先将 D_n 按第一行展开,再按第一列展开得 $D_n=D_{n-1}+D_{n-2}, n\geqslant 3$.

下面对 n 用归纳法证明题中等式成立. 因为 $D_1=1, D_2=2$,所以当 $n=1,2$ 时,等式成立. 现在假设对所有小于 n 的正整数等式成立,从而

$$\begin{aligned}
D_n &= D_{n-1}+D_{n-2} \\
&= \frac{1}{2^n\sqrt{5}}\left[(1+\sqrt{5})^n-(1-\sqrt{5})^n\right]+ \\
&\quad \frac{1}{2^{n-1}\sqrt{5}}\left[(1+\sqrt{5})^{n-1}-(1-\sqrt{5})^{n-1}\right] \\
&= \frac{1}{2^n\sqrt{5}}\left[(1+\sqrt{5})^n-(1-\sqrt{5})^n\right]+ \\
&\quad \frac{1}{2^{n+1}\sqrt{5}}\left[(1+\sqrt{5})^n(-1+\sqrt{5})+(1-\sqrt{5})^n(1+\sqrt{5})\right] \\
&= \frac{1}{2^{n+1}\sqrt{5}}(1+\sqrt{5})^n\left[2+(-1+\sqrt{5})\right]-\frac{1}{2^{n+1}\sqrt{5}}(1-\sqrt{5})^n\left[2-(1+\sqrt{5})\right] \\
&= \frac{1}{2^{n+1}\sqrt{5}}\left[(1+\sqrt{5})^{n+1}-(1-\sqrt{5})^{n+1}\right].
\end{aligned}$$

方法 2　先将 D_n 按第一行展开,再按第一列展开得 $D_n=D_{n-1}+D_{n-2}, n\geqslant 3$.

令数 a,b 满足 $a+b=1, ab=-1$,解得

$$a=\frac{1+\sqrt{5}}{2},\quad b=\frac{1-\sqrt{5}}{2},$$

从而

$$D_n=(a+b)D_{n-1}-abD_{n-2},\quad n\geqslant 3.$$

因 $D_1=1, D_2=2$,故递推可得

$$D_n-aD_{n-1}=b^n,\quad D_n-bD_{n-1}=a^n,$$

消去 D_{n-1} 得到

$$D_n=\frac{1}{\sqrt{5}}\left[\left(\frac{1+\sqrt{5}}{2}\right)^{n+1}-\left(\frac{1-\sqrt{5}}{2}\right)^{n+1}\right].$$

四、(10分) 因为

$$[\boldsymbol{A}\quad \boldsymbol{E}]=\begin{bmatrix}1&1&1&\cdots&1&1&1&0&0&\cdots&0&0\\1&0&1&\cdots&1&1&0&1&0&\cdots&0&0\\1&1&0&\cdots&1&1&0&0&1&\cdots&0&0\\\vdots&\vdots&\vdots&&\vdots&\vdots&\vdots&\vdots&\vdots&&\vdots&\vdots\\1&1&1&\cdots&0&1&0&0&0&\cdots&1&0\\1&1&1&\cdots&1&0&0&0&0&\cdots&0&1\end{bmatrix}$$

$$\to\begin{bmatrix}1&0&0&\cdots&0&0&2-n&1&1&\cdots&1&1\\0&1&0&\cdots&0&0&1&-1&0&\cdots&0&0\\0&0&1&\cdots&0&0&1&0&-1&\cdots&0&0\\\vdots&\vdots&\vdots&&\vdots&\vdots&\vdots&\vdots&\vdots&&\vdots&\vdots\\0&0&0&\cdots&1&0&1&0&0&\cdots&-1&0\\0&0&0&\cdots&0&1&1&0&0&\cdots&0&-1\end{bmatrix},$$

所以

$$\boldsymbol{A}^{-1}=\begin{bmatrix}2-n&1&1&\cdots&1&1\\1&-1&0&\cdots&0&0\\1&0&-1&\cdots&0&0\\\vdots&\vdots&\vdots&&\vdots&\vdots\\1&0&0&\cdots&-1&0\\1&0&0&\cdots&0&-1\end{bmatrix}.$$

五、(10分) 对方程组的增广矩阵做初等行变换,得

$$[\boldsymbol{A}\quad \boldsymbol{b}]=\begin{bmatrix}2&3&1&4\\3&8&-2&13\\4&-1&9&-6\\1&-2&4&-5\end{bmatrix}\to\begin{bmatrix}1&0&2&-1\\0&1&-1&2\\0&0&0&0\\0&0&0&0\end{bmatrix}.$$

原方程组等价于

$$\begin{cases}x_1\qquad +2x_3=-1,\\ \qquad x_2-\ x_3=\ \ 2.\end{cases}$$

此方程组一个特解及其导出方程组的基础解系分别为

$$\boldsymbol{\eta}_0=\begin{bmatrix}-1\\2\\0\end{bmatrix},\quad \boldsymbol{\xi}=\begin{bmatrix}-2\\1\\1\end{bmatrix},$$

方程组的通解为 $\boldsymbol{x}=k\boldsymbol{\xi}+\boldsymbol{\eta}_0$,$k$ 为任意数.

六、(10分) 由 $|\boldsymbol{B}^{-1}|=\dfrac{1}{3}$ 知,$|\boldsymbol{B}|=3$. 而 $\boldsymbol{A}\sim\boldsymbol{B}$,故 $\boldsymbol{A}$,$\boldsymbol{B}$ 的第三个特征值为 $\lambda_3=-3$,从而 $\boldsymbol{A}-3\boldsymbol{E}$ 的特征值为 $-4,-2,-6$,即知 $|-(\boldsymbol{A}-3\boldsymbol{E})^{-1}|=\dfrac{1}{48}$. 而

$$\boldsymbol{B}^*+\left(-\frac{1}{4}\boldsymbol{B}\right)^{-1}=|\boldsymbol{B}|\boldsymbol{B}^{-1}-4\boldsymbol{B}^{-1}=-\boldsymbol{B}^{-1},$$

因此

$$\begin{vmatrix} -(\boldsymbol{A}-3\boldsymbol{E})^{-1} & 0 \\ 0 & \boldsymbol{B}^*+\left(-\frac{1}{4}\boldsymbol{B}\right)^{-1} \end{vmatrix}=|-(\boldsymbol{A}-3\boldsymbol{E})^{-1}|\,|-\boldsymbol{B}^{-1}|=-\frac{1}{144}.$$

七、(12 分) 方法 1 记 $f=\boldsymbol{x}^{\mathrm{T}}\boldsymbol{A}\boldsymbol{x}$，$g=\boldsymbol{y}^{\mathrm{T}}\boldsymbol{B}\boldsymbol{y}$，其中

$$\boldsymbol{A}=\begin{bmatrix} 2 & 4 & -2 \\ 4 & 9 & -5 \\ -2 & -5 & 3 \end{bmatrix},\quad \boldsymbol{B}=\begin{bmatrix} 2 & -2 & -2 \\ -2 & 3 & 4 \\ -2 & 4 & 6 \end{bmatrix}.$$

对 $\boldsymbol{A}$ 做初等合同变换，得

$$\begin{bmatrix} \boldsymbol{A} \\ \boldsymbol{E} \end{bmatrix}=\begin{bmatrix} 2 & 4 & -2 \\ 4 & 9 & -5 \\ -2 & -5 & 3 \\ 1 & 0 & 0 \\ 0 & 1 & 0 \\ 0 & 0 & 1 \end{bmatrix}\to\begin{bmatrix} 2 & 0 & 0 \\ 0 & 1 & -1 \\ 0 & -1 & 1 \\ 1 & -2 & 1 \\ 0 & 1 & 0 \\ 0 & 0 & 1 \end{bmatrix}\to\begin{bmatrix} 2 & 0 & 0 \\ 0 & 1 & 0 \\ 0 & 0 & 0 \\ 1 & -2 & -1 \\ 0 & 1 & 1 \\ 0 & 0 & 1 \end{bmatrix},$$

在可逆线性变换 $\boldsymbol{x}=\boldsymbol{C}_1\boldsymbol{z}$ 下，$f=2z_1^2+z_2^2$，其中

$$\boldsymbol{C}_1=\begin{bmatrix} 1 & -2 & -1 \\ 0 & 1 & 1 \\ 0 & 0 & 1 \end{bmatrix}.$$

再对 $\boldsymbol{B}$ 做初等合同变换，得

$$\begin{bmatrix} \boldsymbol{B} \\ \boldsymbol{E} \end{bmatrix}=\begin{bmatrix} 2 & -2 & -2 \\ -2 & 3 & 4 \\ -2 & 4 & 6 \\ 1 & 0 & 0 \\ 0 & 1 & 0 \\ 0 & 0 & 1 \end{bmatrix}\to\begin{bmatrix} 2 & 0 & 0 \\ 0 & 1 & 2 \\ 0 & 2 & 4 \\ 1 & 1 & 1 \\ 0 & 1 & 0 \\ 0 & 0 & 1 \end{bmatrix}\to\begin{bmatrix} 2 & 0 & 0 \\ 0 & 1 & 0 \\ 0 & 0 & 0 \\ 1 & 1 & -1 \\ 0 & 1 & -2 \\ 0 & 0 & 1 \end{bmatrix},$$

在可逆线性变换 $\boldsymbol{y}=\boldsymbol{C}_2\boldsymbol{z}$ 下 $g=2z_1^2+z_2^2$，其中

$$\boldsymbol{C}_2=\begin{bmatrix} 1 & 1 & -1 \\ 0 & 1 & -2 \\ 0 & 0 & 1 \end{bmatrix}.$$

由 $\boldsymbol{z}=\boldsymbol{C}_2^{-1}\boldsymbol{y}$ 得 $\boldsymbol{x}=\boldsymbol{C}_1\boldsymbol{z}=\boldsymbol{C}_1\boldsymbol{C}_2^{-1}\boldsymbol{y}$. 令

$$\boldsymbol{P}=\boldsymbol{C}_1\boldsymbol{C}_2^{-1}=\begin{bmatrix} 1 & -3 & -6 \\ 0 & 1 & 3 \\ 0 & 0 & 1 \end{bmatrix},$$

在可逆线性变换 $\boldsymbol{x}=\boldsymbol{P}\boldsymbol{y}$ 下，$f=g=2z_1^2+z_2^2$.

方法 2 由配方法，有

$$f=(2x_1^2+8x_1x_2-4x_1x_3)+9x_2^2+3x_3^2-10x_2x_3,$$
$$=2[x_1^2+2x_1(2x_2-x_3)+(2x_2-x_3)^2]-2(2x_2-x_3)^2+9x_2^2+3x_3^2-10x_2x_3$$

$$=2[x_1+2x_2-x_3]^2+x_2^2+x_3^2-2x_2x_3$$
$$=2[x_1+2x_2-x_3]^2+(x_2-x_3)^2,$$

令

$$\begin{cases}z_1=x_1+2x_2-x_3,\\ z_2=\qquad\quad x_2-x_3,\\ z_3=\qquad\qquad\quad x_3,\end{cases}\quad \text{即}\quad \begin{bmatrix}z_1\\z_2\\z_3\end{bmatrix}=\begin{bmatrix}1&2&-1\\0&1&-1\\0&0&1\end{bmatrix}\begin{bmatrix}x_1\\x_2\\x_3\end{bmatrix},\quad \text{或}\quad \boldsymbol{z}=\boldsymbol{P}_1\boldsymbol{x},$$

从而

$$\begin{bmatrix}x_1\\x_2\\x_3\end{bmatrix}=\begin{bmatrix}1&-2&-1\\0&1&1\\0&0&1\end{bmatrix}\begin{bmatrix}z_1\\z_2\\z_3\end{bmatrix},\quad \text{或}\quad \boldsymbol{x}=\boldsymbol{P}_1^{-1}\boldsymbol{z}.$$

由配方法，有

$$g=(2y_1^2-4y_1y_2-4y_1y_3)+3y_2^2+6y_3^2+8y_2y_3$$
$$=2[y_1-y_2-y_3]^2+y_2^2+4y_3^2+4y_2y_3$$
$$=2[y_1-y_2-y_3]^2+[y_2+2y_3]^2,$$

令

$$\begin{cases}z_1=y_1-y_2-\ y_3,\\ z_2=\qquad y_2-2y_3,\\ z_3=\qquad\qquad\ y_3,\end{cases}\quad \text{即}\quad \begin{bmatrix}z_1\\z_2\\z_3\end{bmatrix}=\begin{bmatrix}1&-1&-1\\0&1&2\\0&0&1\end{bmatrix}\begin{bmatrix}y_1\\y_2\\y_3\end{bmatrix},\quad \text{或}\quad \boldsymbol{z}=\boldsymbol{P}_2\boldsymbol{y},$$

因此可逆线性变换

$$\boldsymbol{x}=\boldsymbol{P}_1^{-1}\boldsymbol{z}=\boldsymbol{P}_1^{-1}\boldsymbol{P}_2\boldsymbol{y}=\begin{bmatrix}1&-3&-6\\0&1&3\\0&0&1\end{bmatrix}\begin{bmatrix}y_1\\y_2\\y_3\end{bmatrix}$$

将二次型 f 化为 g.

八、(12 分)　一方面，由 $\boldsymbol{A}^2=\boldsymbol{E}$ 有 $(\boldsymbol{E}-\boldsymbol{A})(\boldsymbol{E}+\boldsymbol{A})=\boldsymbol{0}$，故

$$\operatorname{rank}(\boldsymbol{E}-\boldsymbol{A})+\operatorname{rank}(\boldsymbol{E}+\boldsymbol{A})\leqslant n.$$

另一方面，有

$$n=\operatorname{rank}(2\boldsymbol{E})=\operatorname{rank}(\boldsymbol{E}-\boldsymbol{A}+\boldsymbol{E}+\boldsymbol{A})\leqslant\operatorname{rank}(\boldsymbol{E}-\boldsymbol{A})+\operatorname{rank}(\boldsymbol{E}+\boldsymbol{A}),$$

故 $\operatorname{rank}(\boldsymbol{E}-\boldsymbol{A})+\operatorname{rank}(\boldsymbol{E}+\boldsymbol{A})=n$.

反之，由 $\operatorname{rank}(\boldsymbol{E}-\boldsymbol{A})+\operatorname{rank}(\boldsymbol{E}+\boldsymbol{A})=n$ 可得

$$(n-\operatorname{rank}(\boldsymbol{E}-\boldsymbol{A}))+(n-\operatorname{rank}(\boldsymbol{E}+\boldsymbol{A}))=n,$$

即方程组 $(\boldsymbol{E}-\boldsymbol{A})\boldsymbol{x}=\boldsymbol{0}$ 与 $(\boldsymbol{E}+\boldsymbol{A})\boldsymbol{x}=\boldsymbol{0}$ 两个解空间的维数之和为 n，故 $\boldsymbol{A}$ 有 n 个分别属于特征值 $1,-1$ 的线性无关的特征向量，于是存在可逆矩阵 $\boldsymbol{P}$，使得

$$\boldsymbol{A}=\boldsymbol{P}\begin{bmatrix}\boldsymbol{E}_s&\\&-\boldsymbol{E}_t\end{bmatrix}\boldsymbol{P}^{-1},$$

从而

$$\boldsymbol{A}^2=\boldsymbol{P}\begin{bmatrix}\boldsymbol{E}_s&\\&-\boldsymbol{E}_t\end{bmatrix}^2\boldsymbol{P}^{-1}=\boldsymbol{P}\boldsymbol{E}_n\boldsymbol{P}^{-1}=\boldsymbol{A}.$$

期末考试题(四)

一、填空题(每小题 3 分 共 18 分)

1. $\dfrac{5}{3}$； 2. $\begin{bmatrix} 0 & 0 & -1 \\ 2 & -1 & 2 \\ -1 & 1 & -1 \end{bmatrix}$； 3. -10； 4. 8； 5. $-\dfrac{1}{8}$； 6. 3.

二、单选题(每小题 3 分 共 18 分)

1. C； 2. B； 3. B； 4. A； 5. D； 6. C.

三、(10 分) 用升阶法.

$$D_n=\begin{vmatrix} 1 & 0 & 0 & \cdots & 0 \\ 1 & 1+x_1 & 1+x_1^2 & \cdots & 1+x_1^n \\ 1 & 1+x_2 & 1+x_2^2 & \cdots & 1+x_2^n \\ \vdots & \vdots & \vdots & & \vdots \\ 1 & 1+x_n & 1+x_n^2 & \cdots & 1+x_n^2 \end{vmatrix}=\begin{vmatrix} 1 & -1 & -1 & \cdots & -1 \\ 1 & x_1 & x_1^2 & \cdots & x_1^n \\ 1 & x_2 & x_2^2 & \cdots & x_2^n \\ \vdots & \vdots & \vdots & & \vdots \\ 1 & x_n & x_n^2 & \cdots & x_n^2 \end{vmatrix}$$

$$=\begin{vmatrix} 2 & 0 & 0 & \cdots & 0 \\ 1 & x_1 & x_1^2 & \cdots & x_1^n \\ 1 & x_2 & x_2^2 & \cdots & x_2^n \\ \vdots & \vdots & \vdots & & \vdots \\ 1 & x_n & x_n^2 & \cdots & x_n^2 \end{vmatrix}-\begin{vmatrix} 1 & 1 & 1 & \cdots & 1 \\ 1 & x_1 & x_1^2 & \cdots & x_1^n \\ 1 & x_2 & x_2^2 & \cdots & x_2^n \\ \vdots & \vdots & \vdots & & \vdots \\ 1 & x_n & x_n^2 & \cdots & x_n^2 \end{vmatrix}$$

$$=2\prod_{i=1}^{n}x_i\prod_{1\leqslant i<j\leqslant n}(x_j-x_i)-\prod_{i=1}^{n}(x_i-1)\prod_{1\leqslant i<j\leqslant n}(x_j-x_i)$$

$$=\left[2\prod_{i=1}^{n}x_i-\prod_{i=1}^{n}(x_i-1)\right]\prod_{1\leqslant i<j\leqslant n}(x_j-x_i).$$

四、(10 分) 对此方程组的增广矩阵进行初等行变换：

$$[\boldsymbol{A}\quad \boldsymbol{b}]=\begin{bmatrix} 2 & 1 & -1 & 1 & 1 \\ 3 & -3 & 1 & -3 & 4 \\ 1 & 4 & -3 & 5 & -2 \end{bmatrix}\rightarrow\begin{bmatrix} 1 & 0 & -3 & 5 & -2 \\ 0 & 1 & 0 & 0 & 0 \\ 0 & 0 & 5 & -9 & 5 \end{bmatrix},$$

原方程组等价于

$$\begin{cases} x_1 \quad -3x_3+5x_4=-2, \\ x_2 \qquad\qquad = 0, \\ \qquad 5x_3-9x_4= 5. \end{cases}$$

得到方程组的一个特解及其导出方程组的基础解系

$$\boldsymbol{\eta}_0=\begin{bmatrix} 1 \\ 0 \\ 1 \\ 0 \end{bmatrix},\quad \boldsymbol{\xi}=\begin{bmatrix} 2 \\ 0 \\ 9 \\ 5 \end{bmatrix},$$

故方程组的通解为

$$\boldsymbol{x}=k\boldsymbol{\xi}+\boldsymbol{\eta}_0,k\text{ 为任意数}.$$

五、(10分) 假设存在 m 个常数 $k_1,k_2,\cdots,k_m$,使得

$$k_1\boldsymbol{\alpha}_1+k_2\boldsymbol{\alpha}_2+\cdots+k_m\boldsymbol{\alpha}_m=\mathbf{0},$$

两边左乘以 $\boldsymbol{A}$,得

$$k_1\boldsymbol{A}\boldsymbol{\alpha}_1+k_2\boldsymbol{A}\boldsymbol{\alpha}_2+\cdots+k_m\boldsymbol{A}\boldsymbol{\alpha}_m=\mathbf{0},$$

两边左乘以$\boldsymbol{\alpha}_i^{\mathrm{T}}(i=1,2,\cdots,m)$,由条件$\boldsymbol{\alpha}_i^{\mathrm{T}}\boldsymbol{A}\boldsymbol{\alpha}_j=0(i\neq j)$,即知 $k_i\boldsymbol{\alpha}_i^{\mathrm{T}}\boldsymbol{A}\boldsymbol{\alpha}_i=0(i=1,2,\cdots,m)$.又由 $\boldsymbol{A}$ 为正定矩阵知 $\boldsymbol{\alpha}_i^{\mathrm{T}}\boldsymbol{A}\boldsymbol{\alpha}_i>0$,因此 $k_i=0(i=1,2,\cdots,m)$,故$\boldsymbol{\alpha}_1,\boldsymbol{\alpha}_2,\cdots,\boldsymbol{\alpha}_m$ 线性无关.

六、(10分) 将题中的矩阵方程变形为

$$(\boldsymbol{A}-\boldsymbol{E})\boldsymbol{X}=\boldsymbol{A}^2-\boldsymbol{E}.$$

因为 $\operatorname{rank}(\boldsymbol{A}-\boldsymbol{E})=2$,即 $\boldsymbol{A}-\boldsymbol{E}$ 不可逆,为此令

$$\boldsymbol{X}=[\boldsymbol{x}_1\quad \boldsymbol{x}_2\quad \boldsymbol{x}_3],\quad \boldsymbol{A}^2-\boldsymbol{E}=[\boldsymbol{b}_1\quad \boldsymbol{b}_2\quad \boldsymbol{b}_3],$$

得到三个方程组

$$(\boldsymbol{A}-\boldsymbol{E})\boldsymbol{x}_i=\boldsymbol{b}_i,\quad i=1,2,3,$$

用初等行变换法求解三个方程组:

$$[\boldsymbol{A}-\boldsymbol{E}\quad \boldsymbol{A}^2-\boldsymbol{E}]=\begin{bmatrix}0&0&0&0&0&0\\0&1&0&0&3&0\\1&6&0&2&18&0\end{bmatrix}\to\begin{bmatrix}1&0&0&2&0&0\\0&1&0&0&3&0\\0&0&0&0&0&0\end{bmatrix},$$

则

$$\boldsymbol{x}_1=\begin{bmatrix}2\\0\\a\end{bmatrix},\quad \boldsymbol{x}_2=\begin{bmatrix}0\\3\\b\end{bmatrix},\quad \boldsymbol{x}_3=\begin{bmatrix}0\\0\\c\end{bmatrix},\quad a,b,c\text{ 为任意数},$$

于是

$$\boldsymbol{X}=[\boldsymbol{x}_1\quad \boldsymbol{x}_2\quad \boldsymbol{x}_3]=\begin{bmatrix}2&0&0\\0&3&0\\a&b&c\end{bmatrix},\quad a,b,c\text{ 为任意数}.$$

七、(12分) (1) 当 $k\neq2$ 时,$\operatorname{rank}\boldsymbol{B}=2$.由 $\boldsymbol{AB}=\mathbf{0}$,$\boldsymbol{\alpha}_1\neq\mathbf{0}$ 知,$\operatorname{rank}\boldsymbol{A}=1$,则所求极大无关组为$\boldsymbol{\alpha}_1$.由 $\boldsymbol{AB}=\mathbf{0}$ 有

$$\begin{cases}\boldsymbol{\alpha}_1-\boldsymbol{\alpha}_2+k\boldsymbol{\alpha}_3=\mathbf{0},\\2\boldsymbol{\alpha}_1-2\boldsymbol{\alpha}_2+4\boldsymbol{\alpha}_3=\mathbf{0},\end{cases}$$

即$(4-2k)\boldsymbol{\alpha}_3=\mathbf{0}$,而 $k\neq2$,故$\boldsymbol{\alpha}_3=\mathbf{0}$,$\boldsymbol{\alpha}_2=\boldsymbol{\alpha}_1$.

(2) 当 $k=2$ 时,$\operatorname{rank}\boldsymbol{B}=1$.由 $\boldsymbol{AB}=\mathbf{0}$,$\boldsymbol{\alpha}_1\neq\mathbf{0}$ 知 $1\leqslant\operatorname{rank}\boldsymbol{A}\leqslant2$,$\boldsymbol{\alpha}_1-\boldsymbol{\alpha}_2+2\boldsymbol{\alpha}_3=\mathbf{0}$.

若 $\operatorname{rank}\boldsymbol{A}=1$,则所求极大无关组为$\boldsymbol{\alpha}_1$,且$\boldsymbol{\alpha}_2=c\boldsymbol{\alpha}_1$,$\boldsymbol{\alpha}_3=-\dfrac{1}{2}(c-1)\boldsymbol{\alpha}_1$,$c$ 为常数;

若 $\operatorname{rank}\boldsymbol{A}=2$,则$\boldsymbol{\alpha}_1,\boldsymbol{\alpha}_2$ 线性无关,否则由$\boldsymbol{\alpha}_1-\boldsymbol{\alpha}_2+2\boldsymbol{\alpha}_3=\mathbf{0}$ 知$\boldsymbol{\alpha}_3$ 可由$\boldsymbol{\alpha}_1,\boldsymbol{\alpha}_2$ 线性表示,与 $\operatorname{rank}\boldsymbol{A}=2$ 矛盾,从而所求极大无关组为$\boldsymbol{\alpha}_1,\boldsymbol{\alpha}_2$,且$\boldsymbol{\alpha}_3=-\dfrac{1}{2}(\boldsymbol{\alpha}_1-\boldsymbol{\alpha}_2)$.

八、(12分) 因 $\boldsymbol{A}$ 的特征值为 $2,-1,-1$,故$|\boldsymbol{A}|=2$.由 $\boldsymbol{A}^*\boldsymbol{\alpha}=\boldsymbol{\alpha}$,知 $\boldsymbol{A}\boldsymbol{\alpha}=2\boldsymbol{\alpha}$.由于

$$\left(\frac{1}{2}\boldsymbol{A}\right)^*=\left(\frac{1}{2}\right)^2|\boldsymbol{A}|\boldsymbol{A}^{-1}=\frac{1}{2}\boldsymbol{A}^{-1},$$

因此

$$2\boldsymbol{ABA}^{-1}=2\boldsymbol{AB}+4\boldsymbol{E},$$

解得 $\boldsymbol{B}=2(\boldsymbol{E}-\boldsymbol{A})^{-1}$，故 $\boldsymbol{B}$ 的特征值为$-2,1,1$，且 $\boldsymbol{B\alpha}=-2\boldsymbol{\alpha}$.

设 $\boldsymbol{B}$ 的属于特征值 1 的特征向量为$\boldsymbol{\beta}=(x_1,x_2,x_3)^{\mathrm{T}}$，由 $\boldsymbol{A}$ 是实对称矩阵知 $\boldsymbol{B}=2(\boldsymbol{E}-\boldsymbol{A})^{-1}$ 也是实对称矩阵，所以$\boldsymbol{\alpha}$ 与$\boldsymbol{\beta}$ 正交，即 $x_1+x_2-x_3=0$，解得

$$\boldsymbol{\beta}_1=(1,-1,0)^{\mathrm{T}},\quad \boldsymbol{\beta}_2=(1,0,1)^{\mathrm{T}}.$$

令 $\boldsymbol{P}=[\boldsymbol{\alpha}\quad \boldsymbol{\beta}_1\quad \boldsymbol{\beta}_2]$，则 $\boldsymbol{P}^{-1}\boldsymbol{BP}=\mathrm{diag}(-2,1,1)$，从而

$$\boldsymbol{B}=\boldsymbol{P}\begin{bmatrix}-2 & & \\ & 1 & \\ & & 1\end{bmatrix}\boldsymbol{P}^{-1}=\begin{bmatrix}0 & -1 & 1\\ -1 & 0 & 1\\ 1 & 1 & 0\end{bmatrix},$$

于是

$$\boldsymbol{x}^{\mathrm{T}}\boldsymbol{Bx}=-2x_1x_2+2x_1x_3+2x_2x_3.$$